INHALT

W0188490

Kuchling
Taschenbuch der Physik

TASCHENBUCH DER PHYSIK

von
Oberstudienrat HORST KUCHLING

16. Auflage

Mit zahlreichen Abbildungen und Tabellen

FACHBUCHVERLAG LEIPZIG
im Carl Hanser Verlag

Die Deutsche Bibliothek – CIP-Einheitsaufnahme

Taschenbuch der Physik :
Taschenbuch der Physik / von Horst Kuchling. – 16. Aufl. –
Leipzig : Fachbuchverl., 1996
ISBN 3-446-18692-1

ISBN 3-446-18692-1

Fachbuchverlag Leipzig im
Carl Hanser Verlag München Wien

© 1996 Carl Hanser Verlag München Wien

Satz: Formelsatz Steffenhagen, Königsfeld
Druck und Binden: Ludwig Auer GmbH, Donauwörth
Printed in Germany

VORWORT

Dieses bisher in über 1 Million Exemplaren verbreitete Taschenbuch der Physik liegt seit der 14. Auflage neubearbeitet und in neuer, zweifarbiger Gestaltung vor.

Das Taschenbuch

- dient Schülern und Studenten beim *Erarbeiten* und *Wiederholen* des Lernstoffes sowie bei der *Vorbereitung* von Prüfungen und Klausuren;
- hilft im Beruf bei der *Auffrischung* früher erworbenen Wissens;
- ist seit über 3 Jahrzehnten bei Gymnasiasten, Fachoberschülern, Studenten, Lehrern, Dozenten und Professoren als *Nachschlagebuch* bekannt und eingeführt;
- ist eine *Fundgrube* für Einheiten, Materialwerte, Naturkonstanten;
- leitet jede Formel ab, erläutert die Anwendung, gibt Hinweise auf Einheiten und Gültigkeitsgrenzen;
- nimmt Rücksicht auf mathematisch weniger Bewanderte;
- ersetzt kein Lehrbuch, ist aber weit mehr als eine Formelsammlung;
- enthält viele den Text erläuternde Bilder;
- ermöglicht schnellen Zugriff durch ein gut gegliedertes *Inhaltsverzeichnis,* das *Daumenregister* für die Hauptkapitel am rechten Seitenrand und ein umfangreiches *Sachwortverzeichnis.*

Verbesserungen an Text und Bildern und Berücksichtigung neuer Erkenntnisse und Festlegungen erhöhen den Informationsgehalt erheblich. Die bewährte Darstellungsform wurde weiter verbessert.

Auch in Zukunft sind Verlag und Verfasser für Anregungen und Verbesserungsvorschläge dankbar, insbesondere für das Aufspüren der – trotz größter Sorgfalt – leider nicht gänzlich zu vermeidenden Druckfehler.

Möge das Taschenbuch auch weiterhin den vielen Benutzern in Schule, Hochschule und Beruf ein unentbehrlicher Ratgeber sein!

Mittweida   *Horst Kuchling*

BENUTZUNGSHINWEISE

- Sämliche Formeln dieses Buches sind als **Größengleichungen** geschrieben, also unabhängig von den gewählten Einheiten. Wird aus Gründen der Zweckmäßigkeit ausnahmsweise eine zugeschnittene Größengleichung benutzt, so ist sie als solche gekennzeichnet.

- Grundsätzlich werden **SI-Einheiten** verwendet. Jedoch wird mit „VT" auf ihre dezimalen Vielfachen und Teile hingewiesen, wenn deren Anwendung zweckmäßig ist. Die Einheiten sind für alle Größen neben der jeweiligen Formel tabellenartig aufgeführt. Dort befinden sich auch vielfach die Umrechnungen jetzt ungültiger Einheiten in SI-Einheiten. Sonst sind sie den Umrechnungstabellen auf der hinteren Innenseite des Buchumschlages zu entnehmen.

- Die physikalischen **Konstanten** in der Tabelle ($\rightarrow$ S. 712) sind mit derzeitig bekannter Genauigkeit (jedoch ohne Fehlergrenze) aufgeführt. Desgleichen besitzen die Umrechnungsfaktoren inkohärenter Einheiten in der Tabelle 63 die gleiche Genauigkeit wie in den amtlichen Veröffentlichungen.

- Von dieser Ausnahme abgesehen wurde die **Genauigkeit** der Konstanten und Umrechnungsfaktoren bei den Formeln im gesamten Buch und in den Umrechnungstabellen auf **4 Stellen** (unabhängig von der Stellung des Kommas) begrenzt, weil in der Regel Meß- und Materialwerte höchstens mit dieser Genauigkeit vorliegen. Dies entspricht auch den Gepflogenheiten der Praxis. Bei Formeln, die eine höhere Rechengenauigkeit erfordern, will man *sinnvolle* Ergebnisse erhalten, ist die Genauigkeit der Konstanten dieser Forderung angepaßt.

- Bei der üblichen Verwendung elektronischer Rechner sollte man sich hüten, die Ergebnisse einer Rechnung mit mehr Stellen abzulesen, als bei den gegebenen Größen vorhanden waren.

● Auf andere Stellen des Buches wird **verwiesen**
   −   auf ein Kapitel: ($\rightarrow$ 23.5)
   −   auf eine Formel: $\rightarrow$ (W 16.22)
   −   auf eine Tabelle: ($\rightarrow$ Tab. 43)

● **Ableitungen** nach der Zeit sind – wie üblich – durch einen Punkt über dem Formelzeichen der abgeleiteten Größe gekennzeichnet, z. B. $v = ds/dt = \dot{s}$.

● Als Quelle für die **Tabellenwerte** diente die entsprechende Standardliteratur. Bei widersprüchlichen Angaben wurde der *wahrscheinlichere* Wert gewählt. Dabei sind kleine Unstimmigkeiten nicht immer vermeidbar.

● Die Einordnung der **Stichwörter** in das Sachwortverzeichnis erfolgt streng nach dem Alphabet. Umlaute werden nicht berücksichtigt, die griechischen Buchstaben entsprechend ihrer Aussprache eingegliedert.

INHALTSVERZEICHNIS I

GRÖSSEN UND EINHEITEN   G

1   Physikalische Größen

Physikalische Gesetzmäßigkeiten sind mathematische Verknüpfungen physikalischer Größen. Unter diesen versteht man meßbare Merkmale (Eigenschaften) physikalischer Objekte (Dinge, Zustände, Vorgänge).

> Der *Wert* jeder physikalischen Größe ist das Produkt aus einem *Zahlenwert* und einer *Einheit*.

> Wert der Größe = Zahlenwert × Einheit

Der Ausdruck Zeit = 5 Sekunden

$$t = 5\,\text{s} \qquad \text{besagt also,}$$

daß die gemessene Zeit das 5fache einer Sekunde beträgt.

Der Zahlenwert allein reicht zur Bestimmung des Wertes einer physikalischen Größe nicht aus. Die entsprechende Einheit darf demnach niemals weggelassen werden!

Beachte:
- Für Zahlenwert und Einheit werden vielfach noch die Bezeichnungen Maßzahl und Maßeinheit benutzt.

1.1   Basisgrößenarten

In der Physik werden 7 Basisgrößenarten (früher Grundgrößenarten genannt) verwendet. Es sind dies:

Länge, Zeit, Masse, Temperatur, Stromstärke, Stoffmenge, Lichtstärke.

1.2   Abgeleitete Größenarten

Aus den Basisgrößenarten lassen sich alle weiteren Größenarten entweder als Aussage eines Naturgesetzes oder als zweckmäßige Definition in Form von Potenzprodukten (Produkte und Quotienten) ableiten, z. B.

Geschwindigkeit = Weg/Zeit   Arbeit = Kraft · Weg

Dichte = Masse/Volumen   Ladung = Stromstärke · Zeit

usw.

G

1.3   Formelzeichen

Die Bezeichnungen physikalischer Größenarten dürfen besonders in Gleichungen, Tabellen, grafischen Darstellungen usw. durch ein Symbol, das **Formelzeichen**, ersetzt werden. In Übereinstimmung mit internationalen Vereinbarungen wurden die Formelzeichen der physikalischen Größenarten durch entsprechende DIN (besonders DIN 1304, T1 – T8) festgelegt. Dies gilt auch für die Verwendung der Formelzeichen außerhalb der Physik, z. B. in der Technik.
Entsprechend DIN 1338 sind in Büchern und Zeitschriften Formelzeichen *kursiv (schräg)* zu drucken. Das gilt auch für die Indizes, wenn sie Formelzeichen und keine Abkürzungen sind.

■   Eine eckige Klammer [ ] um ein Formelzeichen bedeutet „Einheit von. . .“; z. B.

$[U] = V$ gelesen: Einheit der Spannung gleich Volt.

Eine eckige Klammer um eine Einheit (z. B. [V]) ist **falsch**, wenn auch eine immer noch weit verbreitete Unsitte!

■   Eine geschweifte Klammer { } um ein Formelzeichen bedeutet „Zahlenwert von . . .“; z. B.

$\{U\} = 220$ gelesen: Zahlenwert der Spannung gleich 220.

Da der Wert einer Größe aus dem Produkt Zahlenwert mal Einheit besteht, ergibt sich für obiges Beispiel:

Spannung $U = \{U\} \cdot [U] = 220\,\mathrm{V}$.

■   Zwischen Zahlenwert und Einheit einer physikalischen Größe ist beim Schreiben stets ein Abstand zu lassen, z. B.

$A = 5\,\mathrm{mm}^2$ $r = 12\,\mathrm{cm}$ $\varphi = 0,2\,\mathrm{rad}$ $T = 300\,\mathrm{K}$ $t = -5\,°\mathrm{C}$

Eine Ausnahme bilden Winkelangaben in Grad ($°$), Minute ($'$) und Sekunde ($''$).

$$\alpha = 22° \, 30' \quad \beta = 90°$$

1.4   Dimension

Die Dimension einer physikalischen Größe gibt deren Zusammenhang mit den Basisgrößen an. Sie ist das Potenzprodukt der Dimensionszeichen der Basisgrößenarten.

Basisgrößenart	Formelzeichen	Dimensionszeichen
Länge	l	L
Zeit	t	T, Z
Masse	m	M
elektrische Stromstärke	I	I
Kelvin-Temperatur	T	Θ, T
Stoffmenge	n	N
Lichtstärke	I_v	J, I_L

Demnach lautet die Dimension der Geschwindigkeit = Weg/Zeit:

$\dim v = LT^{-1}$.

Beachte:
- Zwischen den Begriffen **Dimension** und **Einheit** ist sorgfältig zu unterscheiden. Vielfach wird statt Einheit **fälschlich** Dimension gesagt.
- Die Dimension physikalischer Größenarten → Tab. 63

1.5   Skalare Größen

Es muß zwischen **skalaren** und **vektoriellen** Größen unterschieden werden.

> Skalare Größen sind durch **Zahlenwert** und **Einheit** vollständig charakterisiert.

Beispiel:
Zeit t, Temperatur T, elektrische Ladung Q, Masse m.

Als Formelzeichen skalarer Größen werden kleine und große Buchstaben des lateinischen und des griechischen Alphabets verwendet. Mit skalaren Größen wird wie mit reellen Zahlen gerechnet. Alle dafür geltenden Gesetzmäßigkeiten sind ohne Einschränkung anwendbar. Skalare Größen können einen positiven oder einen negativen Zahlenwert besitzen (Ausnahme: Kelvin-Temperatur).

G

1.6   Vektorielle Größen

Vektorielle Größen sind durch **Zahlenwert**, **Einheit** und **Richtung** vollständig charakterisiert.

Beispiel:
Geschwindigkeit, Kraft, elektrische Feldstärke.

Als Formelzeichen vektorieller Größen verwendet man ebenfalls kleine und große Buchstaben des lateinischen und des griechischen Alphabets. Der vektorielle Charakter wird durch einen Pfeil über dem sonst üblichen Formelzeichen ausgedrückt: $\vec{v}$, $\vec{F}$, $\vec{E}$ usw.

Beachte:
- Manchmal werden Vektoren auch durch Fettdruck gekennzeichnet: **v**, **F**, **E** usw.
- Früher war die Bezeichnung durch Frakturbuchstaben (deutsche Buchstaben) üblich: $\mathfrak{v}$, $\mathfrak{F}$, $\mathfrak{E}$ ...

Spielt bei der Anwendung einer vektoriellen Größe die Richtung keine Rolle, benötigt man also nur Zahlenwert und Einheit, **Betrag** des Vektors $\vec{A}$ genannt, so schreibt man $|\vec{A}|$ oder kurz A.
Veranschaulicht wird eine vektorielle physikalische Größe durch einen mathematischen Vektor, d. i. eine gerichtete Strecke mit bestimmter Länge.
Freie Vektoren können parallel zu sich selbst (in der Ebene oder im Raum) verschoben werden. In der Physik sind Vektoren meist an ihre Wirkungslinie gebunden und nur längs dieser verschiebbar (**gebundene Vektoren**, **linienflüchtige Vektoren**). Vektoren, die in einem bestimmten festen Punkt (z. B. dem Koordinatenursprung) beginnen, können überhaupt nicht verschoben werden und heißen **Ortsvektoren**. Für das Rechnen mit vektoriellen Größen gelten besondere Gesetzmäßigkeiten ($\rightarrow$ 1.7).

1.7   Rechnen mit vektoriellen Größen

Es werden hier nur die wichtigsten Regeln für das Rechnen mit vektoriellen Größen angeführt. Weitere Angaben sind den Mathematikbüchern zu entnehmen.

1.7.1   Summe vektorieller Größen

(G 1.1) $\boxed{\vec{A} + \vec{B} = \vec{B} + \vec{A} = \vec{S}}$

Bei dieser **geometrischen Addition** werden die beiden Vektoren unter Beibehaltung ihrer Richtung aneinandergereiht. Der Summenvektor $\vec{S}$ verbindet dann Anfang des ersten und Ende des zweiten Vektors.

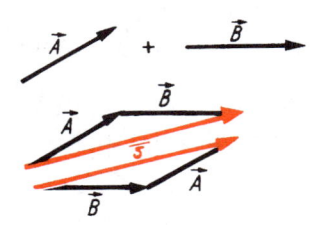

1.7.2   Differenz vektorieller Größen

(G 1.2) $\boxed{\vec{A} - \vec{B} = \vec{A} + (-\vec{B}) = \vec{D}}$

Bei dieser **geometrischen Subtraktion** wird zunächst der Gegenvektor gebildet und dieser dann addiert. Der Differenzvektor verbindet dann Anfang des ersten und Ende des zweiten (Gegen-)Vektors.

Beachte:

● Summen- und Differenzvektor bilden die beiden Diagonalen eines Vektorparallelogramms!

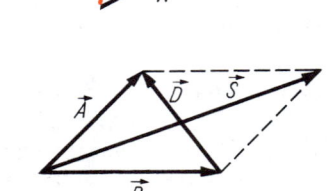

1.7.3   Produkt einer vektoriellen mit einer skalaren Größe

Die Multiplikation eines Vektors mit einem Skalar ergibt wieder einen Vektor gleicher Richtung.

(G 1.3) $$\vec{B} = \lambda \vec{A}$$
$$|\vec{B}| = |\lambda|\,|\vec{A}|$$

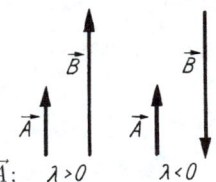

G

Beachte:
- Für $\lambda > 0$ hat $\vec{B}$ die gleiche Richtung wie $\vec{A}$; $\lambda > 0$ $\lambda < 0$
  für $\lambda < 0$ hat $\vec{B}$ die Gegenrichtung von $\vec{A}$!

■ Nach (G 1.3) kann man zu jedem Vektor $\vec{A}$ durch Multiplikation mit $\lambda = 1/A$ den **Einheitsvektor** $\vec{A}^0$ finden. $\vec{A}^0$ stimmt in der Richtung mit Vektor $\vec{A}$ überein, besitzt jedoch den Betrag $|\vec{A}^0| = A^0 = 1$.
So läßt sich jeder Vektor darstellen als Produkt seines Betrages mit seinem Einheitsvektor.

(G 1.4) $$\vec{A} = |\vec{A}|\vec{A}^0 = A\vec{A}^0$$

Wählt man in (G 1.3) $\lambda = 0$, so ergibt sich nach der Multiplikation mit $\vec{A}$: $\vec{B} = \vec{0}$.
$\vec{0}$ ist richtungslos und hat den Betrag $|\vec{0}| = 0$. Er wird als **Nullvektor** bezeichnet, d. h., bei diesem Vektor fallen Anfangs- und Endpunkt zusammen, und man kann ihm deshalb jede Richtung zuordnen.

1.7.4   Skalarprodukt zweier vektorieller Größen

Unter dem skalaren Produkt zweier Vektoren versteht man das Produkt des Betrages des einen Vektors mit dem Betrag der Projektion des anderen auf ihn.

Wenn
$\vec{A}$, $\vec{B}$ 2 Vektoren,
$(\vec{A}, \vec{B})$ Winkel zwischen den
                Vektoren $\vec{A}$ und $\vec{B}$,
dann gilt für das skalare Produkt
beider Vektoren

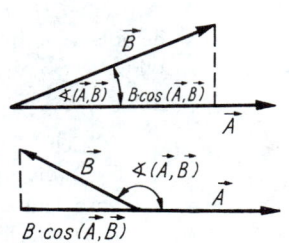

(G 1.5) $$\vec{A} \cdot \vec{B} = AB\cos(\vec{A}, \vec{B})$$

Beachte:
- $\vec{A} \cdot \vec{B}$ (sprich: A Punkt B) heißt skalares Produkt, weil das Ergebnis ein Skalar ist.
- Das Ergebnis kann – abhängig vom Winkel – jeden Wert von $+AB$ bis $-AB$, auch null, besitzen.
- Das skalare Produkt wird häufig auch als inneres Produkt bezeichnet.

■ Für das skalare Produkt des Vektors $\vec{A}$ mit sich selbst folgt aus (G 1.5)

(G 1.6) $\boxed{\vec{A} \cdot \vec{A} = \vec{A}^2 = A^2}$

1.7.5   Vektorprodukt zweier vektorieller Größen

Unter dem Vektorprodukt zweier Vektoren $\vec{A}$ und $\vec{B}$ versteht man den Vektor $\vec{P}$, der senkrecht auf der Fläche eines von den Vektoren $\vec{A}$ und $\vec{B}$ gebildeten Parallelogramms steht und dessen Betrag dem Flächeninhalt dieses Parallelogramms entspricht.

Wenn
$\vec{A}, \vec{B}$ 2 Vektoren,
$(\vec{A}, \vec{B})$ Winkel zwischen den Vektoren $\vec{A}$ und $\vec{B}$,
dann gilt für das Vektorprodukt zweier vektorieller Größen

(G 1.7) $\boxed{\vec{P} = \vec{A} \times \vec{B} = AB\sin(\vec{A}, \vec{B})\vec{P}^0}$

wobei $|\vec{P}| = P = AB\sin(\vec{A}, \vec{B})$
         $\vec{P} \perp \vec{A}$ und $\vec{P} \perp \vec{B}$
und $\vec{A}, \vec{B}$ und $\vec{P}$ in dieser Reihenfolge ein Rechtssystem bilden.

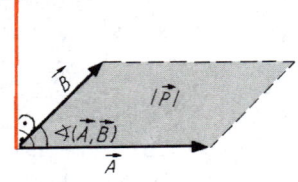

Beachte:
- $\vec{A} \times \vec{B}$ (sprich: A Kreuz B) heißt Vektorprodukt, weil das Ergebnis ein Vektor ist.
- $\vec{A} \times \vec{B}$ wird häufig auch als vektorielles Produkt, Kreuzprodukt oder äußeres Produkt bezeichnet.

1.7.6   Komponentendarstellung vektorieller Größen

Wenn
$\vec{A}$ Vektor (in einem rechtwinkligen kartesischen Koordinaten-
            system),
$\vec{A}_x, \vec{A}_y, \vec{A}_z$ vektorielle Komponenten von $\vec{A}$,
A_x, A_y, A_z Beträge (skalare Komponenten) von $\vec{A}$, auch als Koor-
             dinaten des Vektors $\vec{A}$ bezeichnet,
$\vec{\imath}$ Einheitsvektor in Richtung der x-Achse,
$\vec{\jmath}$ Einheitsvektor in Richtung der y-Achse,
$\vec{k}$ Einheitsvektor in Richtung der z-Achse,
$\vec{r}$ Radiusvektor, Ortsvektor,
dann gilt

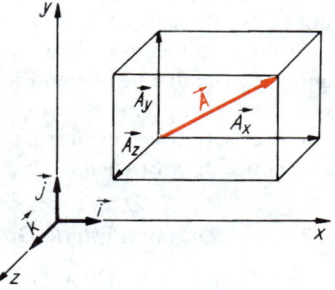

(G 1.8)
$$\vec{A} = \vec{A}_x + \vec{A}_y + \vec{A}_z$$
$$= A_x \vec{\imath} + A_y \vec{\jmath} + A_z \vec{k}$$

und für den Betrag des Vektors $\vec{A}$

(G 1.9) $A = \sqrt{A_x^2 + A_y^2 + A_z^2}$

Ortsvektor (Radiusvektor)

Der Ortsvektor $\vec{r}$ bestimmt die Lage eines beliebigen Punktes P im
Raum. Er reicht vom Koordinatenursprung bis zum Punkt P.

Wenn
x, y, z Koordinaten des Punktes P,
$\vec{\imath}, \vec{\jmath}, \vec{k}$ Einheitsvektoren,
dann gilt für den Ortsvektor $\vec{r}$ analog zu
(G 1.8) und (G 1.9)

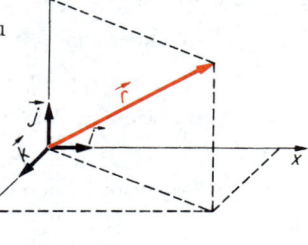

(G 1.10) $\vec{r} = \overrightarrow{OP} = x\vec{\imath} + y\vec{\jmath} + z\vec{k}$

und für seinen Betrag $|\vec{r}|$

(G 1.11) $r = \sqrt{x^2 + y^2 + z^2}$

2   Gleichungen physikalischer Größen

Die Verknüpfung physikalischer Größen erfolgt mit mathematischen Gleichungen. Es sind drei Möglichkeiten der Schreibweise zu unterscheiden:

▶   Größengleichungen,

▶   zugeschnittene Größengleichungen und

▶   Zahlenwertgleichungen.

2.1   Größengleichungen

Grundsätzlich sollten nur Größengleichungen verwendet werden. In Ihnen stellt jedes Formelzeichen ($\rightarrow$ 1.3) die Kurzbezeichnung einer physikalischen Größe dar, die verschiedene Werte (= Zahlenwert × Einheit) annehmen kann. Größengleichungen gelten deshalb **unabhängig von den benutzten Einheiten**. Es können alle Einheiten verwendet werden, ohne daß die Gültigkeit der Größengleichung eingeschränkt wird. **Auch in diesem Buche sind alle Gleichungen als Größengleichungen geschrieben.**

2.2   Zugeschnittene Größengleichungen

Muß häufig mit derselben Gleichung gerechnet werden oder enthält diese Konstanten und Materialwerte, so ist es zweckmäßig, die Einheiten zusammenzufassen und auch die wiederkehrenden Zahlenwerte bereits auszurechnen. Natürlich können dann die Einheiten der restlichen Größen nicht mehr frei gewählt werden. Man erhält eine Größengleichung, die für den konkreten Fall „zugeschnitten" ist. Die Angabe der Einheit erfolgt direkt am Formelzeichen unter einem meist schrägen Bruchstrich, z. B.

U/V Spannung in Volt,

$v\left/\dfrac{\text{km}}{\text{h}}\right.$ Geschwindigkeit in Kilometer je Stunde, aber auch $\dfrac{v}{\text{km/h}}$,

P/W Leistung in Watt u.ä.

Auch in zugeschnittenen Größengleichungen bedeutet jedes Formelzeichen eine physikalische Größe, deren Wert ebenfalls ein Produkt aus Zahlenwert und Einheit ist. Nach dem Einsetzen eines Wertes läßt sich die Einheit kürzen.

Beispiel:
Für die Endgeschwindigkeit eines Elektrons im elektrischen Feld gilt nach 33.4.1

$$v = \sqrt{\frac{2eU}{m_e}} \quad \text{mit } e = 1,602 \cdot 10^{-19}\,\text{C und } m_e = 9,11 \cdot 10^{-31}\,\text{kg}.$$

G

Erweitert man die Größen mit den gewünschten Einheiten und setzt die gegebenen Konstanten ein, so erhält man

$$\frac{v}{\text{km/s}} \cdot \text{km/s} = \sqrt{0,352 \cdot 10^{12}\,\frac{\text{C}}{\text{kg}} \cdot \frac{U}{\text{V}} \cdot \text{V}}.$$

Mit $\text{C} = \text{A} \cdot \text{s} = \frac{\text{W} \cdot \text{s}}{\text{V}} = \frac{\text{kg} \cdot \text{m}^2}{\text{s}^2 \cdot \text{V}}$ und $1\,\text{km} = 10^3\,\text{m}$ folgt nach Umstellung

$$\frac{v}{\text{km/s}} = \sqrt{0,352 \cdot 10^{12}\,\frac{\text{kg} \cdot \text{m}^2 \cdot \text{s}^2 \cdot \text{V}}{\text{s}^2 \cdot \text{V} \cdot \text{kg} \cdot 10^6\,\text{m}^2} \cdot \frac{U}{\text{V}}}.$$

Kürzen führt zur zugeschnittenen Größengleichung

$$v \Big/ \frac{\text{km}}{\text{s}} = 593\sqrt{U/\text{V}}.$$

Umstellen ergibt die übersichtlichste Schreibweise

$$v = 593\sqrt{U/\text{V}}\,\frac{\text{km}}{\text{s}}.$$

Nach Einsetzen einer Spannung U in V erhält man mit dieser zugeschnittenen Größengleichung die Geschwindigkeit v direkt in km/s.

2.2.1 Tabellenköpfe

Zahlenangaben in Tabellen bilden zusammen mit den Angaben im Tabellenkopf ebenfalls eine zugeschnittene Größengleichung, denn Zahlenwerte haben natürlich nur bei gleichzeitiger Angabe der Einheit einen Sinn.

Beispiel:

Schallgeschwindigkeit	$c \big/ \dfrac{\mathrm{m}}{\mathrm{s}}$
Luft (0 °C)	332
Blei	1 200
Stahl	5 100
usw.	

Als Gleichung gelesen: Geschwindigkeit in Meter je Sekunde $= 332$, also $c \big/ \dfrac{\mathrm{m}}{\mathrm{s}} = 332$ oder umgestellt $c = 332\,\dfrac{\mathrm{m}}{\mathrm{s}}$.

2.2.2   Koordinatenachsen

In grafischen Darstellungen werden zur Beschriftung der Achsen nur Größengleichungen verwendet. Sie müssen zugeschnitten werden, weil auch hier der Zahlenwert nur bei gleichzeitiger Festlegung der Einheit einen Sinn hat.

Beispiel:
Zu einem Punkt der Kurve nebenstehenden Diagramms gehört folgendes Wertepaar:

$5 = v \big/ \dfrac{\mathrm{m}}{\mathrm{s}}$ und $3 = t/\mathrm{s}$.

Diese zugeschnittenen Größengleichungen ergeben nach Umstellung

$v = 5\,\mathrm{m/s}$ und $t = 3\,\mathrm{s}$.

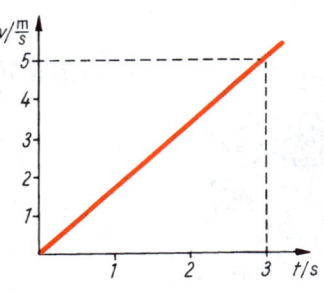

2.3   Zahlenwertgleichungen

Sie sind grundsätzlich abzulehnen, weil in ihnen Formelzeichen nur den Zahlenwert einer Größe verkörpern. Sie gelten demnach nur, wenn bestimmte, genau vorzuschreibende Einheiten verwendet werden. Da Zahlenwertgleichungen im Widerspruch zur Festlegung

Wert der Größe = Zahlenwert × Einheit $(\rightarrow 1)$

stehen, werden sie in der physikalischen Literatur *nicht benutzt*. Leider findet man sie gelegentlich noch in (veralteter) technischer Literatur.

3   Internationales Einheitensystem (SI)

Das Messen ist eine der wichtigsten Aufgaben in Physik und Technik. Neben den erforderlichen Meßgeräten werden dafür vor allem genormte Einheiten benötigt, die in einem System zusammengefaßt sind.

Heute wird ausschließlich das 1960 international vereinbarte „Système International d'Unités" verwendet. Dieses „Internationale Einheitensystem" wird in allen Sprachen der Welt mit SI abgekürzt, seine Einheiten werden als **SI-Einheiten** bezeichnet.

3.1   Basiseinheiten des SI

Das SI baut auf folgenden 7 Basiseinheiten (Grundeinheiten) auf:

▶ Einheit der Länge   **das Meter**   (m)
▶ Einheit der Zeit   **die Sekunde**   (s)
▶ Einheit der Masse   **das Kilogramm**   (kg)
▶ Einheit der elektr. Stromstärke   **das Ampere**   (A)
▶ Einheit der Temperatur   **das Kelvin**   (K)
▶ Einheit der Stoffmenge   **das Mol**   (mol)
▶ Einheit der Lichtstärke   **die Candela**   (cd)

3.2   Abgeleitete SI-Einheiten

Die weiteren SI-Einheiten werden als *Potenzprodukte* aus den Basiseinheiten **kohärent**, d. h. ohne Verwendung von Zahlenfaktoren, abgeleitet. Alle anderen Einheiten sind inkohärent und somit keine SI-Einheiten. Eine Liste der SI-Einheiten mit besonderem Namen → vordere Einbandinnenseite.

Beispiel:
Watt (W) ist eine kohärente Leistungseinheit, weil

$$1\,\mathrm{W} = 1\,\mathrm{kg} \cdot \mathrm{m}^2/\mathrm{s}^3\,,\text{ also } \textit{ohne}\text{ Zahlenfaktor abgeleitet.}$$

Kilowatt (kW) ist eine inkohärente Leistungseinheit, weil

$$1\,\mathrm{kW} = 10^3\,\mathrm{kg} \cdot \mathrm{m}^2/\mathrm{s}^3\,,\text{ also } \textit{mit}\text{ Hilfe eines Zahlenfaktors}$$
abgeleitet.

3.3   Dezimale Vielfache und Teile der SI-Einheiten

Weil die SI-Einheiten für den praktischen Gebrauch vielfach zu groß
oder zu klein sind, dürfen von ihnen dezimale Vielfache und Teile
durch besondere **Vorsätze** gebildet werden, sofern dies im Einzelfall
nicht ausdrücklich untersagt ist. Die Zusammenstellung dieser SI-
Vorsätze → letzte Seite.

Für die Anwendung der Vorsätze gelten einige Regeln. Die wichtigsten
sind:

▶ Keine Einheit darf gleichzeitig mehr als einen Vorsatz erhalten.

▶ Die Kombination der Kurzzeichen des Vorsatzes und der Einheit
gilt als **ein** Symbol, das ohne Verwendung von Klammern in eine
Potenz erhoben wird. Oder anders ausgedrückt: Exponenten der
Einheit gelten auch für den dezimalen Vorsatz.

▶ Vorsätze, die einer ganzzahligen Potenz von 10^3 entsprechen (also
10^{3n}), sind zu bevorzugen. Die Vorsätze Hekto, Deka, Dezi und
Zenti sollen nur bei den Einheiten verwendet werden, bei denen
sie *bereits üblich* sind.

▶ Bei zusammengesetzten Einheiten kann jede der Einheiten einen
dezimalen Vorsatz erhalten (sofern er für diese Einheit zulässig
ist). Angestrebt werden soll jedoch, möglichst nur einen Vorsatz,
und diesen im Zähler, zu verwenden.

▶ Die Einheiten von Ergebnissen sollen mit *dem* Vorsatz versehen werden, der den Zahlenwert möglichst in den Bereich
0,1 ... 1 000 bringt.

Einheiten, die mit einem Vorsatz für dezimale Vielfache und Teile
versehen wurden, sind *inkohärent* und nicht Bestandteil des SI. Sie
gelten jedoch als *gesetzliche* Einheiten, z. B. 1 Kilometer (1 km) =
10^3 m.

3.4   SI-fremde Einheiten

Sie sind *inkohärent* abgeleitet, aber wegen ihrer Bedeutung in Wissen-
schaft, Technik und Wirtschaft für dauernd zugelassen, einige jedoch
nur in **Spezialgebieten**. Sie sind in der Tabelle 63 mit „g" bzw. „(g)"
gekennzeichnet.

3.5   Gesetzliche Einheiten

Mit dem „Gesetz über Einheiten im Meßwesen" und der „Ausführungsverordnung" zu diesem Gesetz von 13. 12. 1985 in Verbindung mit DIN 1301, Teil 1 (12.85) wurde festgelegt, daß in Deutschland gesetzliche Einheiten sind:

▶   die Basiseinheiten des SI ($\rightarrow$ 3.1),

▶   die abgeleiteten SI-Einheiten ($\rightarrow$ 3.2),

▶   die dezimalen Vielfachen und Teile von SI-Einheiten ($\rightarrow$ 3.3),

▶   bestimmte SI-fremde Einheiten, z. T. mit eingeschränktem Anwendungsbereich.

SI-, SI-fremde, ausländische und ungültige Einheiten wichtiger physikalischer Größenarten $\rightarrow$ Tabelle 63.

MECHANIK

4   Basiseinheiten der Mechanik

4.1   Einheit der Länge

Grundlage der Längenmessung war das Urmeter, ein in Paris aufbewahrter Stab aus einer Platin-Iridium-Legierung. Ursprünglich sollte die Länge dieses Stabes der zehnmillionste Teil eines Erdmeridianquadranten (Längengrad zwischen Pol und Äquator) sein. Genauere Messungen haben Abweichungen nachgewiesen.

Später wurde ein Meter als die Länge von 1 650 763,73 Wellenlängen der gelben Strahlung des Atoms Krypton 86 im Vakuum (Übergang zwischen den Niveaus $2p_{10}$ und $5d_5$) beschrieben. Seit 1983 wird das Meter mit Hilfe der (exakt festgelegten) Lichtgeschwindigkeit definiert.

Das Meter ist der Weg, den das Licht im Vakuum innerhalb von 1/299 792 458 Sekunde durchläuft.

Umrechnung:

10^{-3} km = **1 m** = 10 dm = 10^2 cm = 10^3 mm = 10^6 μm (Mikrometer) = 10^9 nm (Nanometer) = 10^{12} pm (Pikometer)

SI-fremde Einheiten:

1 Seemeile (sm)	= 1 852 m	= 1, 852 km
1 astronomische Einheit (AE)	= 1, 496 00 · 10^{11} m	= 149, 600 Gm
1 Lichtjahr (ly)	= 9, 460 5 · 10^{15} m	= 9, 460 5 Pm
1 Parsec (pc)	= 3, 085 7 · 10^{16} m	= 30, 857 Pm
1 Ångström (Å)	= 10^{-10} m	= 100 pm
1 X-Einheit (XE)	= 1, 002 02 · 10^{-13} m	= 100, 202 fm
1 mile (mi) = 1 760 yd	= 1 609, 344 m	= 1, 609 344 km
1 yard (yd) = 3 ft	= 0, 914 4 m	= 91, 44 cm
1 foot (ft) = 12 in	= 0, 304 8 m	= 30, 48 cm
1 inch (in) = Zoll($''$)	= 0, 025 4 m	= 25, 4 mm

Beachte:
- Die Bezeichnung Mikron (μ) für 10^{-6} m $=$ 1 Mikrometer (μm) ist nicht zulässig.

Übersicht:

Größen und Entfernungen in der Natur	in m
Durchmesser eines Atomkerns	$1,5 \cdot 10^{-14}$
Durchmesser eines Atoms	$3 \cdot 10^{-10}$
Wellenlänge des sichtbaren Lichts	$5 \cdot 10^{-7}$
Durchmesser der Erde	$1,3 \cdot 10^{7}$
Entfernung Erde–Mond	$3,8 \cdot 10^{8}$
Durchmesser der Sonne	$1,4 \cdot 10^{9}$
Entfernung Erde–Sonne	$1,5 \cdot 10^{11}$
Entfernung zum nächsten Fixstern	$4 \cdot 10^{16}$
Durchmesser der Milchstraße	$7 \cdot 10^{20}$
Grenze des Weltalls	$1 \cdot 10^{26}$

M

■ Zum Messen von Längen werden hauptsächlich benutzt: Maßstäbe, Bandmaße und Parallelendmaße, Meßschieber, Meßschrauben und Meßuhren, optische Methoden (Interferenz und Laufzeit von Licht), Radar- und Laserstrahlen.

4.1.1   Fläche

SI-Einheit der Fläche: $[A] =$ Quadratmeter (m^2),
außerdem: Ar (a), Hektar (ha) für die Fläche von Flur- und Grundstücken.

Beachte:
- Die Abkürzungen qcm für cm^2 (Quadratzentimeter),
  qm für m^2 (Quadratmeter),
  qkm für km^2 (Quadratkilometer)
  sind nicht zulässig!

■ Der Inhalt unregelmäßig begrenzter Flächen läßt sich mit dem Polarplanimeter bestimmen.

Umrechnung:

$10^{-6}\,\text{km}^2 = \mathbf{1\,m^2} = 10^2\,\text{dm}^2 = 10^4\,\text{cm}^2 = 10^6\,\text{mm}^2$
1 Ar (a) $= 100\,\text{m}^2$
1 Hektar (ha) $= 100\,\text{a} = 10^4\,\text{m}^2$

SI-fremde Einheiten:

1 square mile (mi^2) $= 3{,}097\,6 \cdot 10^6\,\text{yd}^2$	$= 2{,}589\,988 \cdot 10^6\,\text{m}^2$
	$= 2{,}589\,988\,\text{km}^2$
1 square yard (yd^2) $= 9\,\text{ft}^2 = 1\,296\,\text{in}^2$	$= 0{,}836\,1\,\text{m}^2$
1 square foot (ft^2) $= 144\,\text{in}^2$	$= 0{,}092\,9\,\text{m}^2$
	$= 9{,}29\,\text{dm}^2$
1 square inch (in^2)	$= 0{,}645\,2 \cdot 10^{-3}\,\text{m}^2$
	$= 6{,}452\,\text{cm}^2$

4.1.2   Volumen

SI-Einheit des Volumens: $[V] = $ Kubikmeter (m^3),
außerdem: Liter (l, L)$= 10^{-3}\,\text{m}^3$.

■ Das Volumen unregelmäßig geformter fester Körper kann z. B. mit einem Überlaufgefäß oder durch Auftriebsmessung in einer bekannten Flüssigkeit bestimmt werden.

Umrechnung:

$\mathbf{1\,m^3} = 10^3\,\text{dm}^3 = 10^6\,\text{cm}^3 = 10^9\,\text{mm}^3$
1 Liter (l) $= 1\,\text{dm}^3$ 1 Milliliter (ml) $= 1\,\text{cm}^3$

SI-fremde Einheiten:

1 cubic yard (yd^3)	$= 27\,\text{ft}^3 = 46\,656\,\text{in}^3$	$= 0{,}764\,6\,\text{m}^3$
1 cubic foot (ft^3)	$= 1\,728\,\text{in}^3$	$= 28{,}32\,\text{dm}^3$
1 cubic inch (in^3)		$= 16{,}39\,\text{cm}^3$
1 register ton (reg. ton)	$= 100\,\text{ft}^3$	$= 2{,}832\,\text{m}^3$
1 bushel	$= 8\,\text{gal (brit.)}$	$= 36{,}37\,\text{dm}^3$
1 gallon (gal) brit.		$= 4{,}546\,\text{dm}^3$
1 gallon (gal) USA		$= 3{,}785\,\text{dm}^3$

Beachte:

● Die Abkürzungen cbm für m³ (Kubikmeter),
          cdm für dm³ (Kubikdezimeter),
          ccm für cm³ (Kubikzentimeter)
sind nicht zulässig!

4.1.3   Winkel

SI-Einheit des Winkels: $[\varphi] = $ Radiant (rad) $= \text{m/m} = 1$,
außerdem: Grad (°), (Winkel-)Minute ('), (Winkel-)Sekunde (").

$$1 \text{ Vollwinkel} = 2\pi \text{ rad} = 360°$$

Der Winkel wird definiert als das Verhältnis
des von den Winkelschenkeln eingeschlossenen
Kreisbogens zum Radius:

$$\varphi = \frac{b}{r} \text{ rad} \quad \text{(früher als Bogenmaß bezeichnet).}$$

Umrechnung:

1 Grad (°) = 60 Minuten (') = 3 600 Sekunden (")			
$360° = 2\pi$ rad $= 6,283$ rad	$1° = 17,45$ mrad	1 rad $= 57,3°$	
$180° = \pi$ rad $= 3,142$ rad	$1' = 290,9$ μrad	1 mrad $= 3,438'$	
$90° = \pi/2$ rad $= 1,571$ rad	$1'' = 4,848$ μrad	1 μrad $= 0,206\,3''$	

■ Zum Messen dienen Winkelmesser, oft kombiniert mit einem
Zielfernrohr (Theodolit).

Beachte:

● Die Einheit Radiant muß bei Winkelangaben nur geschrieben
  werden, wenn Verwechselungen mit Grad möglich sind. Da sie
  ein Streckenverhältnis ist, wird der Quotient der Einheiten eins.
● Eine weitere gesetzliche Einheit ist das Gon (gon). Es wird vor
  allem in der Geodäsie verwendet. 100 gon $= 90°= 1,570\,8$ rad.
● Vorsätze für dezimale Vielfache und Teile sind bei Grad, Minute
  und Sekunde unzulässig.

4.2   Zeiteinheit

SI-Einheit der Zeit: $[t] = $ Sekunde (s).
Die Sekunde ist definiert als die Dauer von 9 192 631 770 Perioden der Strahlung des Atoms Caesium 133, die dem Übergang zwischen den beiden Hyperfeinstrukturniveaus im Grundzustand entspricht.

Umrechnung:

---

1 Tag (d) = 24 Stunden (h) = 1 440 Minuten (min) = 86 400 s
1 h = 60 min = 3 600 s
1 Jahr (a) = 365 d = 8 760 h = $5,256 \cdot 10^5$ min = $31,536 \cdot 10^6$ s
$= 31,536$ Ms

Beachte:
- Nur bei der Zeiteinheit Sekunde (s) sind Vorsätze für dezimale Teile und Vielfache zulässig!
- Die Abkürzungen sec oder sek sind *nicht* zulässig! Richtig: s!

■ Zum Messen bzw. Vergleich der Zeit dienen periodisch verlaufende Vorgänge, z. B. Schwingungen: Pendeluhren, Quarzuhren; ferner Atom- und Moleküluhren (Maser). Für lange Zeiträume eignet sich der radioaktive Zerfall von Kernen mit sehr großer Halbwertszeit.

4.3   Masseneinheit

SI-Einheit der Masse: $[m] = $ Kilogramm (kg).

Das Kilogramm wird definiert als die Masse des internationalen Kilogrammprototyps, eines in Paris aufbewahrten Zylinders aus Platin-Iridium von 39 mm Höhe und 39 mm Durchmesser.

Beachte:
- Die Masseneinheit Karat (Kt, auch: k, ct) wird für den Handel mit Edelsteinen und Perlen verwendet: $1\,\text{Kt} = 0,2\,\text{g}$.

■ Massen werden mit Hebelwaagen (nicht Federwaagen!) durch Vergleich bestimmt.

Umrechnung:

---

1 kg = 10^3 g = 10^6 mg (Milligramm) = 10^9 µg (Mikrogramm)
1 Dekagramm (dag)[1)] = 10 g
1 Tonne (t) = 1 Megagramm (Mg) = 10 Dezitonnen (dt) = 10^3 kg
1 Dezitonne = 100 kg

SI-fremde Einheiten:

1 long ton (l tn) = 2 240 lb	= 1 016, 05 kg	= 1, 016 05 t
1 short ton (sh tn) = 2 000 lb	= 907, 2 kg	= 0, 907 2 t
1 slug (slug) = 32, 174 lb	= 14, 594 kg	
1 pound (lb) = 16 oz	= 0, 453 6 kg	= 453, 6 g
1 ounce (oz)	= 0, 028 35 kg	= 28, 35 g

[1)] Besonders in Polen, Ungarn, Österreich, der Tschechischen und der Slowakischen Republik gebräuchlich, z. T. abgekürzt mit dkg.

M

---

5   Statik des starren Körpers

SI-Einheit der Kraft: $[F]$ = Newton (N) = kg $\cdot \dfrac{m}{s^2}$.

Unzulässige Einheiten: Kilopond (kp): 1 kp = 9, 806 65 N.
Dyn (dyn); 1 dyn = 10^{-5} N = 10 µN.
Umrechnung von Krafteinheiten → hintere Innenseite des Buchumschlages.

5.1   Zusammensetzen von Kräften

Kräfte sind vektorielle Größen. Sie sind bestimmt durch *Betrag, Richtung* und *Lage der Wirkungslinie.* Dargestellt werden sie durch Pfeile, deren Spitze die Richtung angibt und deren Länge ein Maß für die Größe der Kraft ist. Sie können am starren Körper nur entlang ihrer Wirkungslinie verschoben werden (**linienflüchtige Vektoren**). Wirken mehrere Kräfte auf einen Körper, so kann man diese zu einer *Resultierenden* (Ersatzkraft) zusammensetzen. Die Einzelkräfte nennt man *Komponenten.* Das Vereinigen der Komponenten zu einer Resultierenden stellt eine geometrische Addition dar. Schreibweise vektorieller Größen (→ 1.6). Rechnen mit vektoriellen Größen (→ 1.7).

Beachte:

● In den folgenden Abschnitten sind Kräfte nur dann vektoriell geschrieben, wenn ihre Richtung zu beachten ist. In allen anderen Fällen sind stets nur die Beträge gemeint.

5.1.1   Kräfte mit gleicher Wirkungslinie

Besitzen mehrere Kräfte eine gemeinsame Wirkungslinie, so findet man die Resultierende als *Summe* oder *Differenz* der Beträge aller Einzelkräfte;

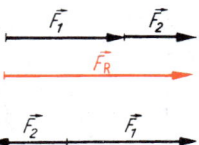

algebraische Addition:

(M 5.1) $\boxed{F_\mathrm{R} = F_1 + F_2}$

5.1.2   Kräfte mit gleichem, Angriffspunkt

Zwei Kräfte, die in einem Punkt angreifen, werden mit Hilfe des Kräfteparallelogramms zu einer Resultierenden vereinigt. Die Diagonale des Parallelogramms gibt *Betrag* und *Richtung* der resultierenden Kraft an;

geometrische Addition:

$$\vec{F}_\mathrm{R} = \vec{F}_1 + \vec{F}_2$$

■ Die Resultierende kann auch berechnet werden.

Wenn
F_R Betrag der resultierenden Kraft,
F_1 Betrag der Einzelkraft (Komponente) 1,
F_2 Betrag der Einzelkraft (Komponente) 2,
γ Winkel zwischen beiden Komponenten $= \alpha + \beta$,
dann gilt nach dem Kosinussatz der Trigonometrie

(M 5.2) $\boxed{F_\mathrm{R} = \sqrt{F_1^2 + F_2^2 + 2F_1 F_2 \cos\gamma}}$

Bilden beide Kräfte einen rechten Winkel, so vereinfacht sich (M.5.2), weil $\cos 90^\circ = 0$, zu

(M 5.3) $\boxed{F_\mathrm{R} = \sqrt{F_1^2 + F_2^2}}$ (Satz des Pythagoras)

Die Richtung der Resultierenden folgt aus

(M 5.4) $\sin \alpha = \dfrac{F_2}{F_R} \sin \gamma$ und $\sin \beta = \dfrac{F_1}{F_R} \sin \gamma$

■   Greifen *mehr als zwei* Kräfte in einem Punkt an, dann ist das Parallelogramm mehrere Male zu bilden, *oder* man benutzt besser das **Krafteck** (Kräftezug, Kräftepolygon). Man reiht alle Kraftvektoren unter Beachtung von *Größe* und *Richtung* aneinander. Die Resultierende aller Kräfte ist dann die Verbindung zwischen Anfang der ersten und Ende der letzten Kraft.

M

Geometrische Addition:

$$\vec{F}_R = \vec{F}_1 + \vec{F}_2 + \vec{F}_3$$

Ist das Krafteck geschlossen, fallen also Anfang des ersten und Ende des letzten Kraftvektors zusammen, dann ist die Resultierende gleich null, d. h., alle Kräfte sind im Gleichgewicht, ihre Wirkungen heben sich also auf.

5.1.3   Kräfte mit verschiedenen Angriffspunkten

Solche Kräfte verschiebt man auf ihren Wirkungslinien bis zu deren Schnittpunkt. Dann kann das Kräfteparallelogramm in der üblichen Weise gebildet werden. Die Konstruktion liefert nur *Betrag*, *Richtung* und *Wirkungslinie* der Resultierenden.

5.1.4   Parallele Kräfte

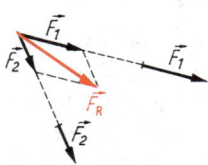

Die Wirkungslinien paralleler Kräfte besitzen keinen Schnittpunkt. Deshalb fügt man jeder

Komponente eine Hilfskraft zu. Beide Hilfskräfte müssen gleich groß, aber entgegengesetzt gerichtet sein, sie heben sich gegenseitig auf. Dann werden die Resultierenden aus den Kräften und den Hilfskräften zur Gesamtresultierenden zusammengesetzt.

■ Die Resultierende kann auch berechnet werden. Ihr *Betrag* ist

$$F_R = F_1 + F_2$$

Ihre Wirkungslinie teilt den Abstand beider Kräfte im umgekehrten Verhältnis beider Kräfte:

> Die Abstände der Kräfte von der Resultierenden verhalten sich umgekehrt wie die Kräfte selbst (Hebelgesetz).

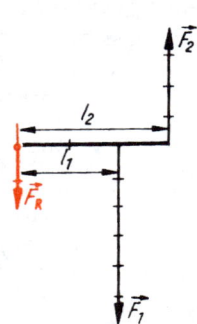

(M 5.5) $\boxed{F_1 : F_2 = l_2 : l_1}$

Beachte:

● Bei antiparallelen Kräften (parallel, jedoch entgegengesetzt gerichtet) wendet man das gleiche Verfahren an. Die Resultierende liegt dann außerhalb, also nicht zwischen den Kräften.

5.2   Zerlegen von Kräften

Soll eine Kraft in zwei Komponenten zerlegt werden, dann muß von diesen die Richtung oder die Größe bekannt sein. Meist kennt man die Richtungen der zu ermittelnden Komponenten. Ihre Wirkungslinien zieht man durch den Angriffspunkt der zu zerlegenden Kraft und konstruiert das Parallelogramm.

Die Komponenten können auch berechnet werden.

Wenn

F Betrag der zu zerlegenden Kraft,
F_1 Betrag der Komponente 1,
F_2 Betrag der Komponente 2,
α Winkel zwischen $\vec{F}$ und $\vec{F}_2$,
β Winkel zwischen $\vec{F}$ und $\vec{F}_1$,
dann gilt

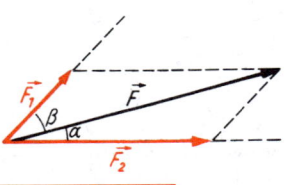

(M 5.6) $\boxed{F_1 = F \dfrac{\sin \alpha}{\sin(\alpha + \beta)} \quad \text{und} \quad F_2 = F \dfrac{\sin \beta}{\sin(\alpha + \beta)}}$

Oft ist es nötig, Kräfte in zwei zueinander *senkrechte* Komponenten zu zerlegen.

Wegen $\alpha + \beta = 90°$ und $\sin\beta = \cos\alpha$ vereinfacht sich (M 5.6) dann zu

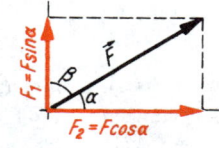

(M 5.7)
$$F_1 = F \sin\alpha = F \cos\beta$$
$$F_2 = F \cos\alpha = F \sin\beta$$

Beachte:

● Liegen die Kräfte F_1 und F_2 parallel zu den Achsen eines rechtwinkligen Koordinatensystems, so werden sie häufig als F_x und F_y bezeichnet.

5.3   Drehmoment

Wirkt eine Kraft auf einen drehbaren starren Körper, so erzeugt sie ein Drehmoment. Das entspricht der Wirkung eines *Kräftepaares.*

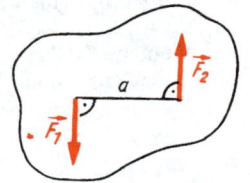

Unter einem Drehmoment versteht man das Produkt aus einer Kraft und dem senkrechten Abstand ihrer Wirkungslinie vom Drehpunkt.

SI-Einheit des Drehmomentes: $[M] =$ Newtonmeter (N · m).

Unzulässige Einheiten: Kilopondmeter (kp · m) $= 9,807\,\mathrm{N} \cdot \mathrm{m}$
Pondzentimeter (p · cm) $= 9,807 \cdot 10^{-5}\,\mathrm{N} \cdot \mathrm{m}$
$= 98,07\,\mu\mathrm{N} \cdot \mathrm{m}$

Wenn
M Drehmoment,
F wirkende Kraft,
r Abstand Drehpunkt–Angriffspunkt
l senkrechter Abstand Drehpunkt–Wirkungslinie der Kraft,
α Winkel zwischen F und r,
dann gilt

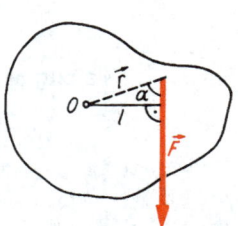

(M 5.8) $M = Fl = Fr \sin\alpha$

oder in vektorieller Schreibweise

(M 5.9) $\boxed{\vec{M} = \vec{r} \times \vec{F}}$

> Das Drehmoment $\vec{M}$ ist das Vektorprodukt aus Radiusvektor $\vec{r}$
> und Kraft $\vec{F}$.

Das Drehmoment ist ein **axialer Vektor**. Dieser liegt in der Drehachse
und weist bei Rechtsdrehung nach vorn (Schrauben- oder Korkenzieherregel). Seine Länge entspricht M. Axiale Vektoren sind an keine
Wirkungslinie gebunden, sondern parallel verschiebbar (**freie Vektoren**).

■ Wirken auf einen drehbaren Körper mehrere Kräfte, so gilt der

> **Momentensatz:**
> Das resultierende Drehmoment ist gleich der Summe der einzel-
> nen Drehmomente.

Beachte:
● Hierbei sind zwei Fälle zu unterscheiden:
  ▶ Die Drehmomente wirken in gleicher Ebene. Ihre Summe er-
    gibt sich aus einer algebraischen Addition, wobei linksdre-
    hende Momente allgemein als positiv, rechtsdrehende als ne-
    gativ bezeichnet werden.
  ▶ Die Drehmomente wirken in verschiedenen Ebenen, die Dreh-
    achsen sind nicht parallel. Die Summe ergibt sich aus einer
    geometrischen Addition.

5.4   Gleichgewichtsbedingungen

Die auf einen starren Körper wirkenden Kräfte können sowohl eine
fortschreitende Bewegung (Translation) als auch eine Drehbewegung
(Rotation) erzeugen. Soll sich ein Körper im Gleichgewicht befinden,
so müssen folgende Bedingungen erfüllt sein:
▶ Die Resultierende aller wirkenden Kräfte muß gleich null sein.
▶ Die Summe aller Drehmomente muß gleich null sein.

Für Kräfte in einer Ebene gilt daher als
Gleichgewichtsbedingung

(M 5.10) $$\sum \vec{F}_x = 0; \quad \sum \vec{F}_y = 0; \quad \sum \vec{M} = 0$$

also $$\sum_{i=1}^{n} F_i \sin \alpha_i = 0; \quad \sum_{i=1}^{n} F_i \cos \alpha_i = 0; \quad \sum_{i=1}^{n} F_i l_i = 0$$

M

5.5 Einfache Maschinen

Sie haben die Aufgabe, bei bestimmten Arbeiten Größe oder Richtung der erforderlichen Kraft zu verändern. Nach (M 7.11) bezeichnet man das Produkt aus Kraft und Weg als Arbeit. An der Größe der Arbeit können diese Maschinen nichts ändern. Soll die Kraft verkleinert werden, so muß dafür der Weg größer werden. Es gilt die sogenannte

„Goldene Regel der Mechanik":
Was an Kraft gespart wird, muß an Weg zugesetzt werden.

5.5.1 Hebel

Als Hebel bezeichnet man einen starren, um eine Achse drehbaren Körper.

Bei einem *einseitigen* Hebel liegt der Drehpunkt am Ende (antiparallele Kräfte → 5.1.4).

Bei einem *zweiseitigen* Hebel liegt der Drehpunkt zwischen den angreifenden Kräften (parallele Kräfte → 5.1.4).

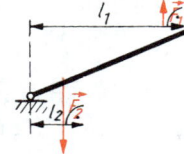

Wenn

F_1 Kraft, die mit der Last F_2 im Gleichgewicht ist,

F_2 Last,

l_1 Kraftarm, senkrechter Abstand Wirkungslinie der Kraft–Drehpunkt,

l_2 Lastarm, senkrechter Abstand Wirkungslinie der Last–Drehpunkt, dann gilt das **Hebelgesetz**

(M 5.11) $\boxed{F_1 l_1 = F_2 l_2}$ Kraft × Kraftarm = Last × Lastarm

Beachte:

● Bilden beide Hebelarme einen Winkel $< 180°$, so spricht man von einem *Winkelhebel*. Auch bei ihm bedeuten l_1 und l_2 die *senkrechten* Abstände der Kräfte vom Drehpunkt.

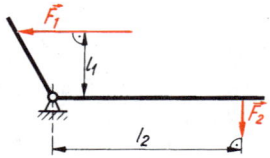

5.5.2   Feste Rolle

Sie wirkt als zweiseitiger gleicharmiger Hebel. Die auf beiden Seiten wirkenden Drehmomente sind gleich, also auch die Kräfte. Für die feste Rolle gilt

(M 5.12) $\boxed{\text{Kraft} = \text{Last}; \quad F_1 = F_2}$

Beachte:

● Eine feste Rolle kann die Richtung der erforderlichen Kraft beliebig verändern.

5.5.3   Lose Rolle

Sie wirkt als einseitiger Hebel. Bezogen auf einen Drehpunkt O wirken folgende Drehmomente, die im Falle des Gleichgewichtes gleich sein müssen:
$F_1 \cdot 2r = F_2 r$. Daraus folgt

(M 5.13) $\boxed{\text{Kraft} = \text{halbe Last}; \quad F_1 = \dfrac{F_2}{2}}$

Beachte:

● Eine lose Rolle ändert die Größe der erforderlichen Kraft.

5.5.4   Flaschenzug

Besteht er aus insgesamt n Rollen, so verteilt sich die Last ebenfalls auf n Seile. Im Falle des Gleichgewichtes

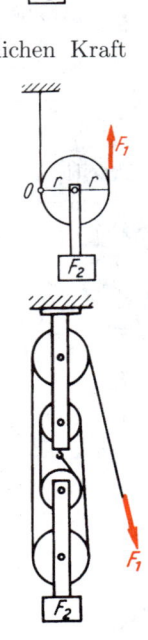

gilt

(M 5.14) $\quad \boxed{\text{Kraft} = \dfrac{\text{Last}}{\text{Anzahl der Seile}}; \quad F_1 = \dfrac{F_2}{n}}$

5.5.5   Differentialflaschenzug

Wenn

R Radius der größeren festen Rolle,
r Radius der kleineren festen Rolle,
F_1 aufzuwendende Kraft,
F_2 Last,
dann gilt

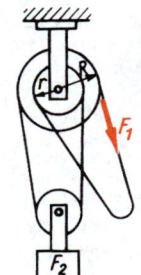

(M 5.15) $\quad \boxed{F_1 = F_2 \dfrac{R-r}{2R} = \dfrac{F_2}{2}\left(1 - \dfrac{r}{R}\right)}$

5.5.6   Geneigte Ebene

Darunter versteht man eine Ebene, die gegen die Horizontale geneigt ist, früher als *schiefe* Ebene bezeichnet. Die Gewichtskraft eines Körpers auf der geneigten Ebene läßt sich in zwei einen rechten Winkel bildende Kraftkomponenten zerlegen:

▶ in die **Hangabtriebskraft** parallel zur geneigten Ebene und
▶ in die **Normalkraft** rechtwinklig zur geneigten Ebene.

Wenn

G Gewichtskraft des Körpers,
F_H Hangabtriebskraft,
F_N Normalkraft,
b (horizontale) Basis der geneigten Ebene,
l Länge der geneigten Ebene,
h Höhe der geneigten Ebene,
α Neigungswinkel,
dann gilt

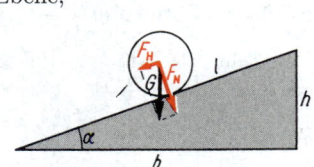

$F_\mathrm{H} : G = h : l \quad$ oder

(M 5.16) $\quad \boxed{F_\mathrm{H} = \dfrac{Gh}{l} = G\sin\alpha}$

und $F_\mathrm{N} : G = b : l$ oder

(M 5.17) $$F_\mathrm{N} = \frac{Gb}{l} = G \cos \alpha$$

Beachte:
- Als **Anstieg** bezeichnet man das Verhältnis $h : b = \tan \alpha$.
- Im Gegensatz dazu wird das Verhältnis $h : l = \sin \alpha$ vielfach – vor allem bei Straßen und Bahnstrecken – als **Neigung** (Steigung oder Gefälle) bezeichnet und meist in Prozent angegeben. Bei relativ kleinem Neigungswinkel α ist jedoch der Unterschied zwischen $\tan \alpha$ und $\sin \alpha$ gering.

5.5.7   Keil

Er besteht aus zwei mit der Basis zusammen-gefügten geneigten Ebenen. Die von den Flanken ausgeübten seitlichen Kräfte stehen senkrecht auf den Flanken (Normalkraft).

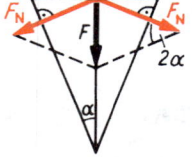

Wenn
F auf den Rücken des Keils ausgeübte Kraft,
F_N Flankenkraft des Keils,
r Breite des Keilrückens,
s Länge einer Flanke,
α halber Keilwinkel,
dann gilt

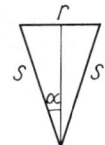

(M 5.18) $$F_\mathrm{N} = F \frac{s}{r} = \frac{F}{2 \sin \alpha}$$

5.5.8   Schraube

Eine Schraube kann man deuten als geneigte Ebene, die um eine Achse gewickelt wurde.

Wenn
F_1 zur Drehung der Schraube erforderliche Kraft, wirksam im Abstand r,
F_2 Kraft, in Achsrichtung wirkend,

h Ganghöhe der Schraube,

r mittlerer Gewinderadius,

α Neigungswinkel der abgewickelten geneigten Ebene,

dann gilt

$F_1 : F_2 = h : b = \tan \alpha$ oder

(M 5.19) $\boxed{F_1 = F_2 \tan \alpha}$

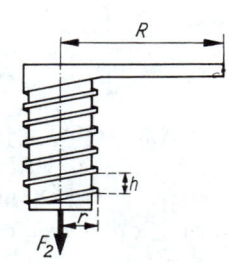

Wirkt F_1 in einem beliebigen Abstand R von der Drehachse, so ergibt sich

$F_1 : F_2 = h : b = h : 2\pi R$ oder

(M 5.20) $\boxed{F_1 = \dfrac{F_2 h}{2\pi R}}$

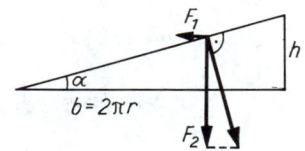

M

5.6   Gleichgewicht

5.6.1   Schwerpunkt (Massenmittelpunkt)

Die Gewichtskraft (früher: Gewicht) eines Körpers ist gleich der Summe der Gewichtskräfte seiner Massenelemente. Die Resultierende greift im Schwerpunkt des Körpers an.

Zur experimentellen Bestimmung der Lage des Schwerpunktes hängt man den Körper mindestens an zwei verschiedenen Punkten der Oberfläche auf und lotet jeweils vom Aufhängepunkt nach unten. Die Lote (Angriffslinien der Schwerkraft) schneiden sich im Schwerpunkt des Körpers.

> Der Schwerpunkt eines Körpers ist der Angriffspunkt der Resultierenden aller seiner Teilgewichtskräfte. Er kann auch außerhalb des Körpers liegen.

Für die rechnerische Bestimmung der Lage des Schwerpunktes dient der Momentensatz ($\rightarrow$ 5.3). Danach muß bezüglich jeder Raumachse das von der Gewichtskraft des Körpers im Schwerpunkt erzeugte Drehmoment gleich der Summe der Drehmomente aller Teilgewichtskräfte sein.

Wenn

G Gewichtskraft des Körpers,

m seine Masse,

V sein Volumen,

$\Delta G, \Delta m, \Delta V$ Gewichtskraft, Masse und Volumen einzelner Elemente des Körpers,

x, y, z Koordinaten der Schwerpunkte der Elemente,

dann gilt nach dem Drehmomentensatz

$$x_\mathrm{s} G = \sum x \, \Delta G; \quad y_\mathrm{s} G = \sum y \, \Delta G; \quad z_\mathrm{s} G = \sum z \, \Delta G.$$

Wegen $G = mg$ (M 7.3) kürzt sich g aus allen Gleichungen:

$$x_\mathrm{s} m = \sum x \, \Delta m \quad \text{usw.}$$

Für homogene Körper (Dichte ϱ an allen Stellen gleich) vereinfachen sich die Gleichungen wegen $m = V \varrho$ (M 7.4) zu

$$x_\mathrm{s} V = \sum x \, \Delta V; \quad y_\mathrm{s} V = \sum y \, \Delta V; \quad z_\mathrm{s} V = \sum z \, \Delta V.$$

Demnach sind die Koordinaten des Schwerpunktes eines **homogenen Körpers**

(M 5.21) $$x_\mathrm{s} = \frac{\sum x \, \Delta V}{V}; \quad y_\mathrm{s} = \frac{\sum y \, \Delta V}{V}; \quad z_\mathrm{s} = \frac{\sum z \, \Delta V}{V}$$

■   Analog ergeben sich die Koordinaten für den Schwerpunkt einer **Fläche**

(M 5.22) $$x_\mathrm{s} = \frac{\sum x \, \Delta A}{A}; \quad y_\mathrm{s} = \frac{\sum y \, \Delta A}{A}$$

und für den Schwerpunkt einer **Linie**

(M 5.23) $$x_\mathrm{s} = \frac{\sum x \, \Delta l}{l}; \quad y_\mathrm{s} = \frac{\sum y \Delta l}{l}$$

Die Koordinaten des Schwerpunktes einer zusammengesetzten Fläche ergeben sich aus den Koordinaten der Schwerpunkte der Teilflächen.

■ Zur Berechnung muß von jedem Teilvolumen ΔV die Lage des Schwerpunktes bekannt sein. Ist eine Zerlegung in Teile mit bekanntem Schwerpunkt nicht möglich, so geht man auf differentielle Volumenelemente zurück, sofern der Körper mathematisch erfaßbar ist.

(M 5.24)

$$x_{\mathrm{s}} = \frac{1}{V} \int x\,\mathrm{d}V; \quad y_{\mathrm{s}} = \frac{1}{V} \int y\,\mathrm{d}V; \quad z_{\mathrm{s}} = \frac{1}{V} \int z\,\mathrm{d}V$$

M

Beachte:
● Eine analoge Gleichung ergibt sich für die Koordinaten des Flächenschwerpunktes.

5.6.2   Gleichgewichtsarten

Die Gleichgewichtslage eines Körpers hängt vom Verhalten seines Schwerpunktes bei einer Bewegung des Körpers ab.

Übersicht:

Das Gleichgewicht ist		der Schwerpunkt
stabil		hebt sich
labil		senkt sich
indifferent		bleibt in gleicher Höhe

5.6.3   Standfestigkeit

Ein Körper ist so lange standsicher, wie sein Schwerpunkt lotrecht oberhalb der Unterstützungsfläche liegt; denn so lange ist er im stabilen Gleichgewicht. Liegt der Schwerpunkt lotrecht oberhalb der Kippkante, dann ist das Gleichgewicht labil, und der Körper kippt bei der kleinsten Störung. Ein Maß für die Standfestigkeit ist das

zum Kippen erforderliche Kippmoment, das höchstens so groß sein
darf wie das Standmoment.

Wenn

h Höhe der Kraft über der Grundfläche,

l senkrechter Abstand Kippkante –
    Schwerpunktslot,

G Gewichtskraft des Körpers,

F Kippkraft,

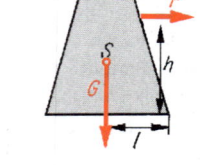

dann gilt

Standmoment Gl = Kippmoment Fh, und damit

(M 5.25) $$F = \frac{Gl}{h}$$

Die Standfestigkeit eines bestimmten Körpers ist um so größer,

▶ je größer die Gewichtskraft des Körpers ist ($F \sim G$),

▶ je größer die Grundfläche ist ($F \sim l$),

▶ je niedriger die Kippkraft angreift ($F \sim 1/h$).

6   Kinematik

Die Kinematik (Bewegungslehre) behandelt die Gesetzmäßigkeiten,
die den Bewegungsabläufen zugrunde liegen. Die bei der Bewegung
auftretenden Kräfte bleiben unberücksichtigt. Man unterscheidet zwei
Arten von Bewegungen:

▶ **Translation (geradlinige Bewegung)** ($\rightarrow$ 6.1) und

▶ **Rotation (Drehbewegung)** ($\rightarrow$ 6.3)

Beachte:

● Die in der Kinematik verwendeten Größen

  – Weg s, Geschwindigkeit v, Beschleunigung a,

  – Winkelgeschwindigkeit ω und Winkelbeschleunigung α

  sind *vektorielle* Größen. Sie sind in den folgenden Abschnitten
  jedoch nur dann vektoriell geschrieben, wenn ihre Richtung zu
  beachten ist. In allen anderen Fällen sind stets nur ihre Beträge
  gemeint!

6.1   Translation

Übersicht:

Art der Translation	Geschwin-digkeit v zeitlich	Beschleu-nigung a zeitlich	→ Abschn.
gleichförmig	konstant	0	6.1.1
gleichmäßig beschleunigt	ändert sich gleichmäßig	konstant	6.1.2
ungleichmäßig beschleunigt	ändert sich ungleichmäßig	ändert sich	6.1.3

Die Größen der Translation **Weg**, **Geschwindigkeit** und **Beschleunigung** sind Funktionen der Zeit. Von den Diagrammen, die den zeitlichen Verlauf dieser Größen wiedergeben, ist das Geschwindigkeit-Zeit-Diagramm (v, t-Kurve) das wichtigste. Es zeigt die Größe der Geschwindigkeit zu jedem Zeitpunkt und den bis dahin zurückgelegten Weg (er entspricht der Fläche unter der Kurve). Ferner kann die Beschleunigung aus dem Anstieg der Kurve bestimmt werden.

Außerdem werden das Weg-Zeit-Diagramm (s, t-Kurve) und das Beschleunigung-Zeit-Diagramm (a, t-Kurve) verwendet, um die gesetzmäßigen Beziehungen zwischen den genannten Größen zu veranschaulichen.

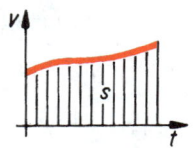

6.1.1   Gleichförmige Translation

Eine Translation heißt gleichförmig, wenn die **Geschwindigkeit** v **konstant** ist, d. h. in gleichen Zeitabschnitten gleiche Wege zurückgelegt werden.

Wenn

v Geschwindigkeit, während der Zeit t konstant,

s Weg, der in der Zeit t zurückgelegt wird,

t Zeit, die für den Weg s benötigt wird,

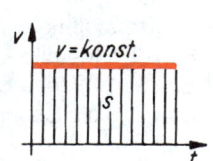

dann gilt, weil der Weg s dem Inhalt des Rechtecks entspricht, $s = vt$
oder

(M 6.1) $\boxed{v = \dfrac{s}{t}}$

	v	s	t
SI	$\dfrac{m}{s}$	m	s
VT	$\dfrac{km}{h}$	km	h

> Unter der *konstanten* Geschwindigkeit v versteht man das
> Verhältnis des zurückgelegten Weges zu der dafür benötigten
> Zeit. Sie entspricht dem Anstieg der s, t-Kurve, also $\{v\} = \tan\delta$.

SI-Einheit der Geschwindigkeit: $[v] = $ Meter/Sekunde (m/s)

Umrechnung:

---

1 m/s = 3,6 km/h;   1 km/h = 0,277 8 m/s

SI-fremde Einheiten:

1 Knoten (kn) = 1 sm/h	$= 1,852$ km/h $= 0,514\,4$ m/s
1 mile per hour (mi/hr = m.p.h.)	$= 1,609$ km/h $= 0,447$ m/s
1 yard/second (yd/s)	$= 3,292$ km/h $= 0,914\,4$ m/s
1 foot/second (ft/s)	$= 1,097\,3$ km/h $= 0,304\,8$ m/s

Übersicht:

Geschwindigkeiten in Natur und Technik	in m/s	in km/h
Elektronen in metallischen Leitern	$4 \cdot 10^{-3}$	$0,014$
Schnecke	$1,5 \cdot 10^{-3}$	$0,005$
Fußgänger	$1,4$	5
Radfahrer	5	18
Kurzstreckenläufer	10	36
Wind bei Stärke 12	50	180
Schall in Normluft	340	$1\,200$
Gewehrgeschoß (Anfangsgeschwindigkeit)	800	$2\,900$
Mond um die Erde	$1\,000$	$3\,600$
Wasserstoffmolekül (Normzustand)	$1\,800$	$6\,500$
Schall in Metall	$5\,000$	$18\,000$
Erdsatellit (Höhe 500 km)	$7\,600$	$27\,000$
Erde um die Sonne	$3 \cdot 10^{4}$	$110\,000$
Licht im Vakuum	$3 \cdot 10^{8}$	$1,1 \cdot 10^{9}$

6.1.2   Gleichmäßig beschleunigte Translation

Eine Translation ist gleichmäßig beschleunigt, wenn

▶ die Beschleunigung $a = \text{konstant}$,
▶ die Geschwindigkeit $v \sim t$.

Wenn

a Beschleunigung,
Δv Geschwindigkeitsänderung
     (Zu- oder Abnahme),
Δt Zeit (Dauer der Beschleunigung),
dann gilt

$$\text{(M 6.2)} \quad \boxed{a = \frac{\Delta v}{\Delta t}} \quad \text{SI} \quad \begin{array}{c|ccc} & a & v & t \\ \hline & \dfrac{\text{m}}{\text{s}^2} & \dfrac{\text{m}}{\text{s}} & \text{s} \end{array}$$

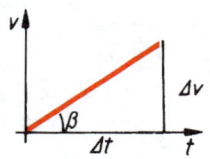

Demnach entspricht die Beschleunigung im v,t-Diagramm dem Tangens des Winkels zwischen Kurve und t-Achse: $\{a\} = \tan\beta$.

Unter konstanter Beschleunigung a versteht man das Verhältnis der Geschwindigkeitsänderung zu der dafür benötigten Zeit.

SI-Einheit der Beschleunigung: $[a] = \text{m/s}^2$.

Beachte:
● Die Verzögerung (Bremsvorgang) unterscheidet sich von der Beschleunigung nur durch das negative Vorzeichen des Zahlenwertes.

Beschleunigung: $a > 0$

Verzögerung: $a < 0$

Übersicht:

Beschleunigungen in Natur und Technik (stark gerundet)	in m/s^2
Personenzug mit E-Lok	0,25
Straßenbahn	0,3
S- und U-Bahn	0,6
S- und U-Bahn, Bremsen	1
Pkw	1 ... 5
Rennwagen	bis 8
Pkw-Bremsen	5 ... 8
freier Fall	10
Geschoß im Gewehrlauf	5 000
Elektron in Vakuumröhre	10^{15}

■   Bei der gleichmäßig beschleunigten Translation müssen 2 Fälle unterschieden werden: *ohne* oder *mit* Anfangsgeschwindigkeit.

Ohne Anfangsgeschwindigkeit

Die Geschwindigkeit nimmt aus der Ruhe heraus gleichmäßig zu.

Wenn
v Geschwindigkeit nach Ablauf der Zeit t,
s Weg, der in der Zeit t zurückgelegt wurde,
t Zeit,
a Beschleunigung, während der Zeit t konstant,
dann gilt, weil im v, t-Diagramm der zurückgelegte Weg der Dreiecksfläche unter der Kurve entspricht,

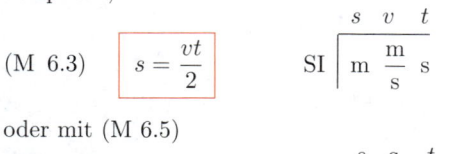

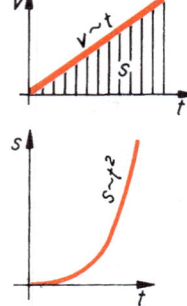

(M 6.3) $$s = \frac{vt}{2}$$ SI $\left|\ \begin{array}{ccc} s & v & t \\ \mathrm{m} & \dfrac{\mathrm{m}}{\mathrm{s}} & \mathrm{s} \end{array}\right.$

oder mit (M 6.5)

(M 6.4) $$s = \frac{at^2}{2}$$ SI $\left|\ \begin{array}{ccc} s & a & t \\ \mathrm{m} & \dfrac{\mathrm{m}}{\mathrm{s}^2} & \mathrm{s} \end{array}\right.$

Weil die Bewegung aus der Ruhe beginnt, ist die Geschwindigkeitsänderung gleich der erreichten Geschwindigkeit, (M 6.2) nimmt die Form an

(M 6.5) $\boxed{v = at}$ SI $\begin{array}{ccc} v & a & t \\ \hline \dfrac{m}{s} & \dfrac{m}{s^2} & s \end{array}$

Nach (M 6.5) ist $t = \dfrac{v}{a}$. Eingesetzt in (M 6.3) und umgestellt ergibt

(M 6.6) $\boxed{v = \sqrt{2as}}$ SI $\begin{array}{ccc} v & a & s \\ \hline \dfrac{m}{s} & \dfrac{m}{s^2} & m \end{array}$

Die **mittlere Geschwindigkeit** $\bar{v}$ (Durchschnittsgeschwindigkeit) läßt sich als arithmetisches Mittel der Anfangs- und Endgeschwindigkeit aus

$\bar{v} = \dfrac{0 + v}{2} = \dfrac{v}{2}$ bestimmen zu

(M 6.7) $\boxed{\bar{v} = \dfrac{at}{2} = \dfrac{s}{t}}$ SI $\begin{array}{cccc} v & a & s & t \\ \hline \dfrac{m}{s} & \dfrac{m}{s^2} & m & s \end{array}$

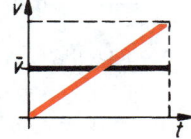

Mit Anfangsgeschwindigkeit

Die zur Zeit $t = 0$ vorhandene Anfangsgeschwindigkeit v_0 ändert sich gleichmäßig um Δv, die Beschleunigung ist konstant.

Wenn
v_0 Anfangsgeschwindigkeit,
v Endgeschwindigkeit,
s Weg, der in der Zeit t zurückgelegt wurde,
t Zeit (Dauer der Beschleunigung),
a Beschleunigung, während der Zeit t konstant,

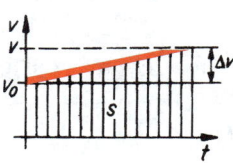

dann gilt, weil im v,t-Diagramm der zurückgelegte Weg der Fläche des Trapezes unter der Kurve entspricht,

(M 6.8) $\boxed{s = \dfrac{v_0 + v}{2} t}$ SI $\begin{array}{ccc} s & v & t \\ \hline m & \dfrac{m}{s} & s \end{array}$

oder, weil sich der Trapezinhalt auch als Summe der Inhalte von Rechteck und Dreieck darstellen läßt,

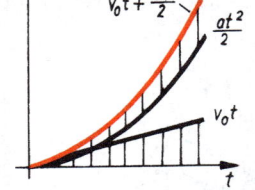

$$s = v_0 t + \frac{(v - v_0)t}{2} \quad \text{und damit}$$

(M 6.9) $\quad \boxed{s = v_0 t + \dfrac{at^2}{2}} \quad$ Einh. $\to$ (M 6.10)

Ferner ergibt sich aus dem v, t-Diagramm $v = v_0 + \Delta v$ und daraus entsprechend (M 6.2)

(M 6.10) $\quad \boxed{v = v_0 + at}$

v	a	t	s
SI $\dfrac{\text{m}}{\text{s}}$	$\dfrac{\text{m}}{\text{s}^2}$	s	m

Durch Auflösen von (M 6.10) nach t und Einsetzen in (M 6.8) erhält man

$s = \dfrac{v^2 - v_0^2}{2a}$. Umstellen ergibt die „zeit-

freie Gleichung"

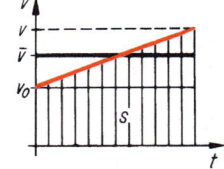

(M 6.11) $\quad \boxed{v = \sqrt{v_0^2 + 2as}} \quad$ Einh. $\to$ (M 6.10)

Für die **mittlere Geschwindigkeit** $\bar{v}$ (Durchschnittsgeschwindigkeit) ergibt sich

(M 6.12) $\quad \boxed{\bar{v} = \dfrac{v_0 + v}{2} = v_0 + \dfrac{at}{2} = \dfrac{s}{t}}$

oder für ein **Intervall** der Bewegung

(M 6.13) $\quad \boxed{\bar{v} = \dfrac{\Delta s}{\Delta t} = \dfrac{s_2 - s_1}{t_2 - t_1}}$

Soll der zur Zeit t_0 bereits zurückgelegte Weg s_0 berücksichtigt werden, so ergibt sich aus (M 6.8) und (M 6.9) als **Gesamtweg**

(M 6.14) $\quad \boxed{s = s_0 + \dfrac{v_0 + v}{2} t = s_0 + v_0 t + \dfrac{at^2}{2}} \quad$ Einh. $\to$ (M 6.10)

Beachte:

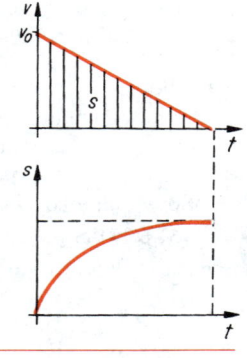

- (M 6.3) bis (M 6.7) sind Sonderfälle von (M 6.8) bis (M 6.12). Weil die Bewegung aus der Ruhe beginnt, ist $v_0 = 0$.
- Bei einer verzögerten Bewegung (Verzögerung = negative Beschleunigung) besitzt a einen negativen Zahlenwert. Die Geschwindigkeit v nimmt ab ($v < v_0$), evtl. bis zur Ruhe ($v = 0$) oder negativen Werten.

M

6.1.3 Ungleichmäßig beschleunigte Translation

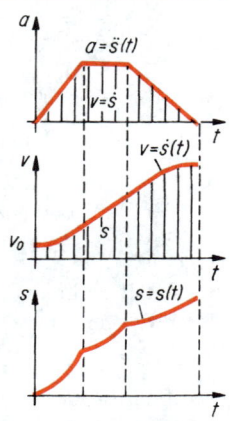

Eine Translation ist ungleichmäßig beschleunigt, wenn die Geschwindigkeitsänderung nicht proportional der Zeit, die Beschleunigung also nicht konstant ist. Geschwindigkeit und Beschleunigung sind Funktionen der Zeit: $v = v(t)$; $a = a(t)$.

Die gesetzmäßigen Verknüpfungen der Größen s, v und a sind den entsprechenden Diagrammen zu entnehmen.

Momentangeschwindigkeit

Das s, t-Diagramm zeigt den in bestimmten Zeiten zurückgelegten Weg. Je steiler die Kurve, desto größer ist die Momentangeschwindigkeit zu diesem Zeitpunkt.

Wenn

α Winkel zwischen Tangente und t-Achse,
v Momentangeschwindigkeit zum Zeitpunkt t,
s Weg, der bis zum Zeitpunkt t zurückgelegt wurde,

dann gilt $\{v\} = \tan \alpha$ oder

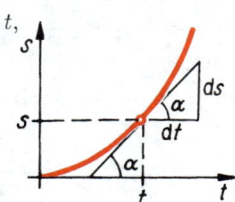

$$(M\ 6.15) \quad \boxed{v = \frac{\mathrm{d}s}{\mathrm{d}t} = \dot{s}}$$

> Die Momentangeschwindigkeit ist die 1. Ableitung der s,t-Funktion nach der Zeit ($v = \dot{s}$).

Beachte:

- Zur Berechnung von v muß das Weg-Zeit-Gesetz der jeweiligen Bewegung bekannt sein.
- (M 6.1) und (M 6.3) sind mit $a = 0$ bzw. $a =$ konstant einfache Sonderfälle von (M 6.15).

Aus (M 6.15) ergibt sich $ds = v\,dt$
und durch Integration

$$\int ds = \int v\,dt \quad \text{oder}$$

(M 6.16) $\boxed{s = \int\limits_{t_1}^{t_2} v\,dt}$

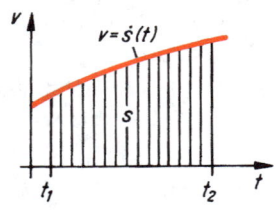

> Der Weg ist das Zeitintegral der Geschwindigkeit.

Beachte:

- Zur Berechnung von s muß das Geschwindigkeit-Zeit-Gesetz der jeweiligen Bewegung bekannt sein.

Durchschnittsgeschwindigkeit (mittlere Geschwindigkeit)

Sie ergibt sich nach der Definition

$$\text{Durchschnittsgeschwindigkeit} = \frac{\text{Gesamtweg}}{\text{benötigte Gesamtzeit}} \quad \text{zu}$$

(M 6.17) $\boxed{\bar{v} = \dfrac{s}{t}}$ SI $\left|\; \dfrac{\text{m}}{\text{s}} \quad \text{m} \quad \text{s}\right.$

oder für ein **Intervall** der Bewegung

(M 6.18) $\boxed{\bar{v} = \dfrac{s_2 - s_1}{t_2 - t_1} = \dfrac{\Delta s}{\Delta t}}$

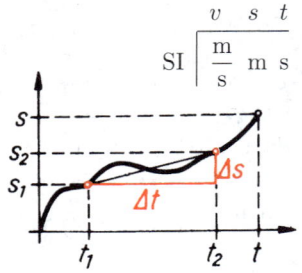

Momentanbeschleunigung

Das v, t-Diagramm zeigt die zu bestimmten Zeiten vorhandene Geschwindigkeit. Je steiler die Kurve, desto größer ist die Momentanbeschleunigung zu diesem Zeitpunkt.

Wenn

β Winkel zwischen Tangente und t-Achse,

a Momentanbeschleunigung zum Zeitpunkt t,

v Momentangeschwindigkeit zum Zeitpunkt t,

dann gilt $\{a\} = \tan \beta$ oder

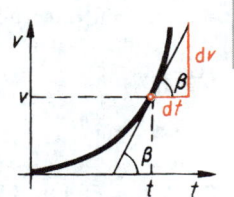

(M 6.19) $$a = \frac{\mathrm{d}v}{\mathrm{d}t} = \dot{v} = \ddot{s}$$

> Die Momentanbeschleunigung ist die 1. Ableitung der v, t-Funktion nach der Zeit ($a = \dot{v}$) bzw. die 2. Ableitung der s, t-Funktion nach der Zeit ($a = \ddot{s}$).

Beachte:

- Zur Berechnung von a müssen das Geschwindigkeit-Zeit-Gesetz oder das Weg-Zeit-Gesetz der jeweiligen Bewegung bekannt sein.
- (M 6.2) ist mit $a = $ konstant ein einfacher Sonderfall von (M 6.19).

Aus (M 6.19) ergibt sich $\mathrm{d}v = a\,\mathrm{d}t$ und durch Integration

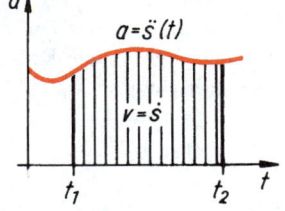

$$\int \mathrm{d}v = \int a\,\mathrm{d}t \quad \text{oder für die}$$

Momentangeschwindigkeit

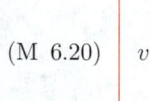

(M 6.20) $$v = \int\limits_{t_1}^{t_2} a\,\mathrm{d}t$$

> Die Geschwindigkeit ist das Zeitintegral der Beschleunigung.

Beachte:

- Zur Berechnung von v muß das Beschleunigung-Zeit-Gesetz der jeweiligen Bewegung bekannt sein.
- (M 6.5) ist ein einfacher Sonderfall von (M 6.20).

Durchschnittsbeschleunigung (mittlere Beschleunigung)

Sie ergibt sich aus $\dfrac{\text{gesamte Geschwindigkeitsänderung}}{\text{benötigte Zeit}}$

analog (M 6.2) zu

(M 6.21) $\boxed{\bar{a} = \dfrac{\Delta v}{\Delta t} = \dfrac{v - v_0}{t}}$

SI $\begin{array}{c|ccc} & a & v & t \\ \hline & \dfrac{\text{m}}{\text{s}^2} & \dfrac{\text{m}}{\text{s}} & \text{s} \end{array}$

bzw. für ein **Intervall** der Bewegung

(M 6.22) $\boxed{\bar{a} = \dfrac{\Delta v}{\Delta t} = \dfrac{v_2 - v_1}{t_2 - t_1}}$

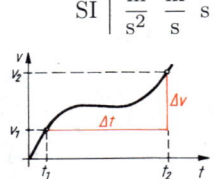

6.2   Fall und Wurf

6.2.1   Freier Fall

Er ist ein Sonderfall der gleichmäßig beschleunigten Translation ohne Anfangsgeschwindigkeit ($\rightarrow$ 6.1.2). Bei ihm ist die Beschleunigung gleich der Fallbeschleunigung (auch Schwere- oder Erdbeschleunigung genannt). Es gelten sinngemäß (M 6.3) bis (M 6.6).

Wenn

v Fallgeschwindigkeit nach Ablauf der Zeit t,

g Fallbeschleunigung $= 9{,}807\,\text{m/s}^2$,

h Fallhöhe (in der Zeit t durchfallener Weg),

t Zeit, die für den Fall benötigt wird,

dann gilt entsprechend (M 6.3) bis (M 6.6)

(M 6.23) $\boxed{h = \dfrac{vt}{2}}$

(M 6.24) $\boxed{h = \dfrac{gt^2}{2}}$

SI $\begin{array}{c|cccc} & h & v & g & t \\ \hline & \text{m} & \dfrac{\text{m}}{\text{s}} & \dfrac{\text{m}}{\text{s}^2} & \text{s} \end{array}$

(M 6.25) $\boxed{v = gt}$

(M 6.26) $\boxed{v = \sqrt{2gh}}$

Beachte:

- Der Luftwiderstand ist in diesen Beziehungen *nicht* berücksichtigt.
- Die angegebene Fallbeschleunigung $g = 9,807\,\text{m/s}^2$ bezieht sich auf die Erdoberfläche. Für andere Entfernungen vom Erdmittelpunkt $\rightarrow$ (M 7.73)!
- Die Größe der Fallbeschleunigung an der Oberfläche anderer Himmelskörper $\rightarrow$ folgende Übersicht.

M

Übersicht:

Fallbeschleunigung g in m/s^2 bei Himmelskörpern (bezogen auf die Oberfläche)			
Merkur	3,82	Saturn	10,4
Venus	8,83	Uranus	9,42
Erde	9,81	Neptun	11,3
Mars	3,73	Sonne	274
Jupiter	24,6	Mond	1,63

6.2.2   Senkrechter Wurf

Der senkrechte **Wurf nach unten** ist eine gleichmäßig beschleunigte Bewegung mit der Anfangsgeschwindigkeit v_0 und der Beschleunigung $a = +g$. Der in bestimmten Zeiten zurückgelegte Weg wird als Höhe h bezeichnet. Es gelten sinngemäß (M 6.8) bis (M 6.12).

Wenn

v_0 Anfangsgeschwindigkeit (Abwurfgeschwindigkeit),
v Endgeschwindigkeit nach Ablauf der Zeit t,
g Fallbeschleunigung $= 9,807\,\text{m/s}^2$,
h Höhe, die während der Zeit t durchflogen wird,
t Zeit,

dann gilt entsprechend (M 6.8) bis (M 6.12)

(M 6.27) $$h = \frac{v_0 + v}{2} t$$

(M 6.28) $$h = v_0 t + \frac{gt^2}{2}$$

	h	v	g	t
SI	m	$\dfrac{\text{m}}{\text{s}}$	$\dfrac{\text{m}}{\text{s}^2}$	s

(M 6.29) $\boxed{v = v_0 + gt}$

(M 6.30) $\boxed{v = \sqrt{v_0^2 + 2gh}}$

Beachte:

● Der senkrechte **Wurf nach oben** ist eine gleichmäßig verzögerte Translation mit $a = -g$. In den Gleichungen (M 6.28) bis (M 6.30) ist also einzusetzen $-g = -9,807\,\text{m/s}^2$.

● Der Luftwiderstand ist in diesen Gleichungen *nicht* berücksichtigt.

■ Die maximale Steighöhe wird beim senkrechten **Wurf nach oben** erreicht, wenn die Geschwindigkeit $v = 0$ geworden ist.

Wenn

h_{m} maximale Steighöhe,

v_0 Anfangsgeschwindigkeit beim senkrechten Wurf nach oben,

$t_{h\text{m}}$ Zeit zum Erreichen vom h_{m}, Steigzeit,

g Fallbeschleunigung $= 9,807\,\text{m/s}^2$,

dann gilt entsprechend (M 6.30) mit $v = 0$

(M 6.31) $\boxed{h_{\text{m}} = \dfrac{v_0^2}{2g}}$

h	v	g
SI		
m	$\dfrac{\text{m}}{\text{s}}$	$\dfrac{\text{m}}{\text{s}^2}$

und entsprechend (M 6.29) mit $v = 0$

(M 6.32) $\boxed{t_{h\text{m}} = \dfrac{v_0}{g}}$

t	v	g
SI		
s	$\dfrac{\text{m}}{\text{s}}$	$\dfrac{\text{m}}{\text{s}^2}$

6.2.3   Zusammengesetzte Bewegungen

Ein Körper kann gleichzeitig mehrere Translationsbewegungen ausführen. Da Beschleunigung, Geschwindigkeit und Weg vektorielle Größen sind, können sie nach den Gesetzen der vektoriellen (geometrischen) Addition zusammengesetzt werden: **Parallelogramm der Bewegungen**. Entsprechend (G 1.1) gilt:

$$\vec{s}_{\text{R}} = \vec{s}_1 + \vec{s}_2; \quad \vec{v}_{\text{R}} = \vec{v}_1 + \vec{v}_2; \quad \vec{a}_{\text{R}} = \vec{a}_1 + \vec{a}_2.$$

Der Betrag der Resultierenden läßt sich leicht berechnen, wie hier am Beispiel der Geschwindigkeit gezeigt wird.

Wenn

v_R resultierende Momentangeschwindigkeit,
v_1 Momentangeschwindigkeit der Bewegung 1,
v_2 Momentangeschwindigkeit der Bewegung 2,
α Winkel zwischen beiden Geschwindigkeitsvektoren,

dann gilt entsprechend dem Kosinussatz der Trigonometrie

(M 6.33) $$v_R = \sqrt{v_1^2 + v_2^2 + 2v_1v_2\cos\alpha}$$

Bilden die beiden Bewegungen einen rechten Winkel, dann vereinfacht sich (M 6.33), weil $\cos 90° = 0$, zu

(M 6.34) $$v_R = \sqrt{v_1^2 + v_2^2}$$

Beachte:

● Entsprechendes gilt für die Beschleunigungen und Wege!
● Der senkrechte Wurf ist ein Sonderfall von (M 6.33); bei ihm ist $\alpha = 0°$ bzw. $180°$.

6.2.4   Waagerechter Wurf

Er ist zusammengesetzt aus zwei einen rechten Winkel bildenden Translationen,

–   waagerecht: gleichförmige Translation ($\rightarrow$ 6.1.1),
–   senkrecht: freier Fall ($\rightarrow$ 6.2.1).

Legt man die Wurfbahn in ein Koordinatensystem, so sind die Koordinaten eines beliebigen Punktes P der Bahn bestimmt durch die Wege, die in waagerechter Richtung mit der konstanten Geschwindigkeit v_0 und in senkrechter Richtung mit wachsender Fallgeschwindigkeit v_F durchlaufen wurden:

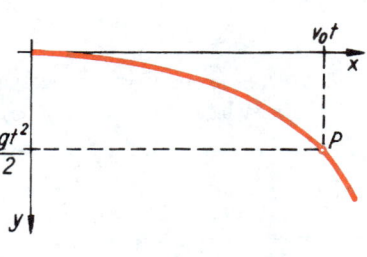

$x = v_0 t$ und $y = \dfrac{gt^2}{2}$. Daraus ergibt sich mit $t = \dfrac{x}{v_0}$ die

Bahngleichung des waagerechten Wurfes

(M 6.35) $\boxed{y = \dfrac{g}{2v_0^2} x^2}$

Da g und v_0 konstant sind, ist die Wurfbahn wegen $y \sim x^2$ eine **Parabel**.

■ Vektoriell ergibt sich die Lage eines Bahnpunktes P aus dem Ortsvektor $\vec{r}$, der die Resultierende des waagerechten und des senkrechten Wegvektors ist:

$\vec{r} = \vec{s} + \vec{h}$ oder

(M 6.36) $\boxed{\vec{r} = \vec{v}_0 t + \dfrac{\vec{g} t^2}{2}}$

Ähnlich ergibt sich der **Vektor der Momentangeschwindigkeit** in einem beliebigen Bahnpunkt P als Resultierende aus den Momentangeschwindigkeiten beider Teilbewegungen:

(M 6.37) $\boxed{\vec{v}_B = \vec{v}_0 + \vec{g} t}$

Die *Richtung* der Momentangeschwindigkeit $\vec{v}_B$ läßt sich bestimmen zu

(M 6.38) $\boxed{\tan \alpha = \dfrac{gt}{v_0}}$

und der *Betrag* der Momentangeschwindigkeit (Bahngeschwindigkeit) v_B ergibt sich nach (M 6.34) zu

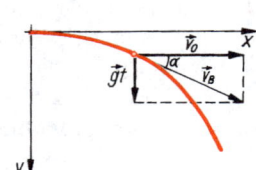

	v	g	t
SI	$\dfrac{m}{s}$	$\dfrac{m}{s^2}$	s

(M 6.39) $\boxed{v_B = \sqrt{v_0^2 + g^2 t^2}}$

Wenn

s Wurfweite, der in horizontaler Richtung während der Zeit t zurückgelegte Weg,

h Fallhöhe, der in vertikaler Richtung während der Zeit t zurückgelegte Weg,

v_0 Anfangsgeschwindigkeit in horizontaler Richtung,

t Zeit, Dauer des Wurfes,

g Fallbeschleunigung $= 9,807\,\text{m/s}^2$,

dann gilt entsprechend (M 6.1) und (M 6.24)

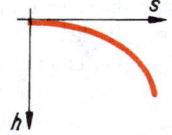

(M 6.40) $\boxed{s = v_0 t = v_0 \sqrt{\dfrac{2h}{g}}}$ und

	s, h	v	g	t
SI	m	$\dfrac{\text{m}}{\text{s}}$	$\dfrac{\text{m}}{\text{s}^2}$	s

(M 6.41) $\boxed{h = \dfrac{gt^2}{2}}$

Beachte:

●   Der Luftwiderstand ist in diesen Gleichungen *nicht* berücksichtigt.

6.2.5   Schräger Wurf

Er ist zusammengesetzt aus zwei Translationen:

–   freier Fall in senkrechter Richtung und

–   gleichförmige Translation unter dem Winkel α zur Waagerechten.

Die Koordinaten eines beliebigen Punktes P der Bahn sind

$x = v_0 t \cos\alpha$ und $y = v_0 t \sin\alpha - \dfrac{gt^2}{2}$.

Mit $t = \dfrac{x}{v_0 \cos\alpha}$ ergibt sich

$y = \dfrac{v_0 x \sin\alpha}{v_0 \cos\alpha} - \dfrac{gx^2}{2v_0^2 \cos^2\alpha}$

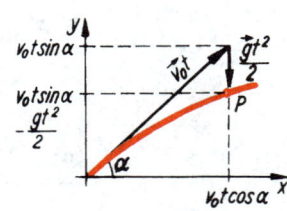

und daraus die

Bahngleichung des schrägen Wurfes

(M 6.42) $\boxed{y = x \tan\alpha - \dfrac{g}{2v_0^2 \cos^2\alpha}x^2}$

Da v_0, α und g konstant sind, ist die Wurfbahn eine **Parabel.**

Wenn

v_0 Anfangsgeschwindigkeit (unter dem Winkel α zur Waagerechten),

v_x Geschwindigkeit in horizontaler Richtung nach Ablauf der Zeit t,

v_y Geschwindigkeit in vertikaler Richtung nach Ablauf der Zeit t,

v_B Bahngeschwindigkeit (Momentangeschwindigkeit) nach Ablauf der Zeit t,

s Wurfweite nach Ablauf der Zeit t,

h Wurfhöhe nach Ablauf der Zeit t,

s_m größte Wurfweite nach Ablauf der Zeit t_{sm},

h_m größte Steighöhe nach Ablauf der Zeit t_{hm},

t_{hm} Zeit zum Erreichen von h_m,

t_{sm} Zeit zum Erreichen von s_m,

t Zeit zum Erreichen von s und h,

α Winkel zwischen der Abwurfrichtung und der Waagerechten,

dann gilt, weil sich $\vec{v}_0$ zerlegen läßt in eine

– horizontale Komponente $\vec{v}_{0x} = \vec{v}_0 \cos\alpha$ und in eine

– vertikale Komponente $\vec{v}_{0y} = \vec{v}_0 \sin\alpha$ nach Ablauf der Zeit t

$$\vec{v}_x = \frac{\mathrm{d}\vec{x}}{\mathrm{d}t} = \vec{v}_0 \cos\alpha \quad \text{und} \quad \vec{v}_y = \frac{\mathrm{d}\vec{y}}{\mathrm{d}t} = \vec{v}_0 \sin\alpha - \vec{g}t.$$

Somit ergibt sich für den **Betrag der Bahngeschwindigkeit** nach **(M 6.34)**

$$v_\mathrm{B} = \sqrt{v_0^2 \cos^2\alpha + (v_0 \sin\alpha - gt)^2}$$

$$v_\mathrm{B} = \sqrt{v_0^2 \cos^2\alpha + v_0^2 \sin^2\alpha - 2gtv_0 \sin\alpha + g^2t^2}$$

$$v_\mathrm{B} = \sqrt{v_0^2(\cos^2\alpha + \sin^2\alpha) - 2g\left(v_0 t \sin\alpha - \frac{gt^2}{2}\right)}$$

$$v_\mathrm{B} = \sqrt{v_0^2 - 2g\left(v_0 t \sin\alpha - \frac{gt^2}{2}\right)} \quad \text{oder nach (M 6.45)}$$

(M 6.43) $\boxed{v_\mathrm{B} = \sqrt{v_0^2 - 2gh}}$

v	g	h
SI $\dfrac{\mathrm{m}}{\mathrm{s}}$	$\dfrac{\mathrm{m}}{\mathrm{s}^2}$	m

Für die nach Ablauf der Zeit t zurückgelegten **Wege** gilt entsprechend (M 6.1) und (M 6.28)

(M 6.44) $\boxed{s = v_0 t \cos \alpha}$ und

(M 6.45) $\boxed{h = v_0 t \sin \alpha - \dfrac{gt^2}{2}}$

	s, h	v	t	g
SI	m	$\dfrac{m}{s}$	s	$\dfrac{m}{s^2}$

Die **Steigzeit** ergibt sich mit $v_y = 0$ aus

$0 = v_0 \sin \alpha - g t_{h\mathrm{m}}$ zu

(M 6.46) $\boxed{t_{h\mathrm{m}} = \dfrac{v_0 \sin \alpha}{g}}$

	t	v	g
SI	s	$\dfrac{m}{s}$	$\dfrac{m}{s^2}$

Da die **Wurfzeit** doppelt so groß sein muß (Steigzeit = Fallzeit), ergibt sich

(M 6.47) $\boxed{t_{s\mathrm{m}} = \dfrac{2v_0 \sin \alpha}{g}}$ Einheiten $\rightarrow$ (M 6.46)

Die **maximale Steighöhe** folgt aus (M 6.45)

$h_{\mathrm{m}} = v_0 t_{h\mathrm{m}} \sin \alpha - \dfrac{g t_{h\mathrm{m}}^2}{2}$ und nach Einsetzen von (M 6.46)

$h_{\mathrm{m}} = \dfrac{v_0^2 \sin^2 \alpha}{g} - \dfrac{v_0^2 \sin^2 \alpha}{2g}$; also

(M 6.48) $\boxed{h_{\mathrm{m}} = \dfrac{v_0^2 \sin^2 \alpha}{2g}}$

	h, s	v	g
SI	m	$\dfrac{m}{s}$	$\dfrac{m}{s^2}$

Für die **maximale Wurfweite** ergibt sich entsprechend (M 6.44)

$s_{\mathrm{m}} = v_0 t_{s\mathrm{m}} \cos \alpha$,   nach Einsetzen von (M 6.47)

$s_{\mathrm{m}} = \dfrac{2v_0^2 \sin \alpha \cos \alpha}{g}$ und vereinfacht

(M 6.49) $\boxed{s_{\mathrm{m}} = \dfrac{v_0^2 \sin 2\alpha}{g}}$ Einheiten $\rightarrow$ (M 6.48)

M

Beachte:

- Der Luftwiderstand ist *nicht* berücksichtigt.

- Bei bestimmter Anfangsgeschwindigkeit v_0 ist die erzielbare Wurfweite s_m eine Funktion des Winkels α. Nach (M 6.49) wird sie maximal für $\alpha = 45°$, weil $\sin 2\alpha = 1$. Sowohl für $\alpha > 45°$ als auch für $\alpha < 45°$ ergeben sich kleinere Wurfweiten.

- (M 6.27) bis (M 6.32) mit $\alpha = 90°$ und (M 6.39) bis (M 6.41) mit $\alpha = 0°$ sind Sonderfälle von (M 6.43) bis (M 6.49).

6.3   Rotation

Die für die Rotationsbewegung (Drehbewegung) geltenden Gesetze sind denen der Translationsbewegung analog. Die Gleichungen der Rotation ergeben sich aus denen der Translation, wenn ersetzt werden

▶ Weg s → Drehwinkel φ
▶ Geschwindigkeit v → Winkelgeschwindigkeit ω
▶ Beschleunigung a → Winkelbeschleunigung α

Übersicht:

Art der Rotation	Winkel-geschwin-digkeit ω	Winkel-beschleu-nigung α	→ Abschn.
gleichförmig	konstant	0	6.3.1
gleichmäßig beschleunigt	ändert sich gleichmäßig	konstant	6.3.2
ungleichmäßig beschleunigt	ändert sich ungleichmäßig	ändert sich	6.3.3

Drehwinkel

In allen Gleichungen der Rotationsbewegung werden die Winkel stets in der Einheit Radiant (rad) angegeben, früher Bogenmaß genannt ($\rightarrow$ 4.1.4).

Wenn
φ Winkel (im Bogenmaß),
s Länge des von den Winkelschenkeln
       eingeschlossenen Kreisbogens,
r Radius,

dann gilt als Definitionsgleichung

(M 6.50) $\boxed{\varphi = \dfrac{s}{r}}$

	s	r	φ
SI	m	m	rad $= 1$

Umrechnung:

$\dfrac{\varphi/\text{rad}}{\varphi/°} = \dfrac{\pi}{180}$	1 rad $= 57,3°$	$1° = 17,45\,\text{mrad}$	$1' = 291\,\mu\text{rad}$

M

Beachte:

● Die Einheit Radiant (rad) wird im allgemeinen nur mitgeschrieben, wenn die Möglichkeit einer Verwechslung mit Grad (°) besteht. Als das Verhältnis zweier Strecken ist 1 rad $= 1$.

Übersicht:

$\varphi/°$:	30	45	60	90	120	150	180	270	360
φ/rad :	$\dfrac{\pi}{6}$	$\dfrac{\pi}{4}$	$\dfrac{\pi}{3}$	$\dfrac{\pi}{2}$	$\dfrac{2\pi}{3}$	$\dfrac{5\pi}{6}$	π	$\dfrac{3\pi}{2}$	2π
	0,524	0,785	1,05	1,57	2,09	2,62	3,14	4,71	6,28

Die Beziehungen zwischen der Winkelgeschwindigkeit, dem Drehwinkel und der Zeit zeigt bei allen Rotationsarten das Winkelgeschwindigkeit-Zeit-Diagramm (ω, t-Kurve). Es läßt erkennen, welche Winkelgeschwindigkeit zu den verschiedenen Zeiten

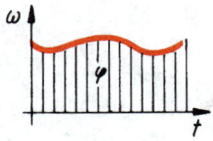

vorliegt und um welchen Winkel (er entspricht der Fläche φ) bisher gedreht wurde.

Drehzahl

Bei allen Rotationsarten wird der Begriff **Drehzahl** n verwendet. Ihm gleichwertig ist die Bezeichnung **Umlauffrequenz** f. Beide drücken die Anzahl N der Umläufe während der Zeit t aus.

SI-Einheit: $[n] = [f] = \dfrac{\text{Umdrehung}}{\text{Sekunde}} \left(\dfrac{\text{U}}{\text{s}}\right) = \dfrac{1}{\text{s}} = \text{Hertz (Hz)}.$

In der Technik üblich: Umdrehung/Minute (U/min) $= 1/\text{min}$. Der Kehrwert der Drehzahl ergibt die Dauer eines Umlaufs.

Wenn

n Drehzahl,

f Umlauffrequenz, Drehfrequenz,

T Umlaufdauer (Periodendauer), Dauer eines Umlaufs (bzw. einer Umdrehung),

φ Drehwinkel,

N Anzahl der ausgeführten Umdrehungen,

t Zeit, Dauer der Rotation,

ω Kreisfrequenz (Winkelfrequenz),

dann gilt

(M 6.51) $$T = \frac{1}{f} = \frac{1}{n}$$

T	f, n
s	$Hz = \dfrac{1}{s}$

SI

Ferner ist der Drehwinkel das Produkt aus der Anzahl der Umläufe und dem Winkel eines Umlaufs.

(M 6.52) $$\varphi = 2\pi N$$

φ	N
rad $= 1$	$-$

SI

Aus (M 6.54) folgt mit den Werten für *einen* Umlauf

(M 6.53) $$\omega = 2\pi f = \frac{2\pi}{T}$$

ω	f	T
$\dfrac{1}{s}$	$Hz = \dfrac{1}{s}$	s

SI

Beachte:

- (M 6.51) bis (M 6.53) gelten für alle Arten der Rotationbewegung, unabhängig, ob winkelbeschleunigt oder nicht. Sie verknüpfen jeweils konstante Werte, Durchschnittswerte, Anfangs- oder Endwerte und beliebige Momentanwerte.

- Die Drehzahl n ist entgegen ihrer Bezeichnung *keine* Zahl, sondern eine physikalische Größe. Ihre Einheit $[n] = s^{-1}$ wird auch als reziproke Sekunde bezeichnet.

- Zwischen der Drehzahl n und der Anzahl der Umdrehungen N muß sorgfältig unterschieden werden.

6.3.1   Gleichförmige Rotation

Eine Rotation heißt gleichförmig, wenn die **Winkelgeschwindigkeit konstant** ist, d. h. in gleichen Zeitabschnitten um gleiche Winkel gedreht wird.

Wenn

ω Winkelgeschwindigkeit (während der Zeit t konstant),

φ Drehwinkel,

t Zeit, die für die Drehung um φ benötigt wird,

dann gilt, weil im ω, t-Diagramm der Drehwinkel φ dem Inhalt des Rechtecks unter der Kurve entspricht, $\varphi = \omega t$ oder

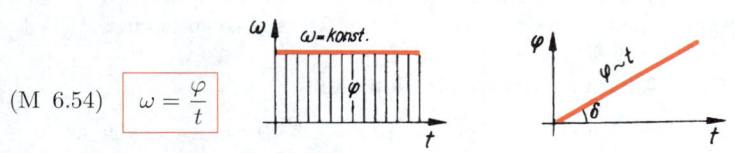

(M 6.54) $$\omega = \frac{\varphi}{t}$$

> Unter der konstanten Winkelgeschwindigkeit ω versteht man das Verhältnis des Drehwinkels zu der für die Drehung benötigten Zeit. Sie entspricht dem Anstieg der φ, t-Kurve, also $\{\omega\} = \tan \delta$.

SI-Einheit der Winkelgeschwindigkeit: $[\omega] = \mathrm{rad/s} = 1/\mathrm{s}$.

6.3.2   Gleichmäßig beschleunigte Rotation

Eine Rotation ist gleichmäßig (winkel)beschleunigt, wenn

▶   die Winkelbeschleunigung $\alpha = \mathrm{konstant}$,

▶   die Winkelgeschwindigkeit $\omega \sim t$.

Wenn

α Winkelbeschleunigung,

$\Delta\omega$ Winkelgeschwindigkeitsänderung (Zu- oder Abnahme),

Δt Zeit (Dauer der Winkelbeschleunigung),

dann gilt

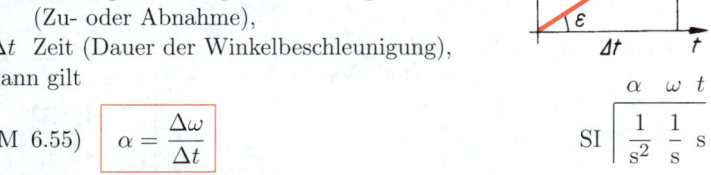

(M 6.55) $$\alpha = \frac{\Delta\omega}{\Delta t}$$

	α	ω	t
SI	$\dfrac{1}{\mathrm{s}^2}$	$\dfrac{1}{\mathrm{s}}$	s

> Unter konstanter Winkelbeschleunigung versteht man das Verhältnis der Winkelgeschwindigkeitsänderung zu der dafür benötigten Zeit. Sie entspricht im ω, t-Diagramm dem Tangens des Winkels zwischen Kurve und t-Achse: $\{\alpha\} = \tan \varepsilon$.

SI-Einheit der Winkelbeschleunigung: $[\alpha] = \mathrm{rad/s^2} = 1/\mathrm{s^2}$.

Beachte:

● Die Winkelverzögerung unterscheidet sich von der Winkelbeschleunigung nur durch das negative Vorzeichen des Zahlenwertes:

Winkelbeschleunigung: Winkelverzögerung:

$\alpha > 0$ $\alpha < 0$

■   Bei der gleichmäßig beschleunigten Rotation müssen 2 Fälle unterschieden werden: *ohne* oder *mit* Anfangswinkelgeschwindigkeit.

Ohne Anfangswinkelgeschwindigkeit

Die Winkelgeschwindigkeit nimmt aus der Ruhe gleichmäßig zu.

Wenn

ω Augenblickswinkelgeschwindigkeit nach Ablauf der Zeit t,

α Winkelbeschleunigung, während der Zeit t konstant,

φ Winkel, um den in der Zeit t gedreht wird,

t Zeit (Dauer der Winkelbeschleunigung),

dann gilt, weil im ω, t-Diagramm der Drehwinkel dem Inhalt der Dreiecksfläche unter der Kurve entspricht,

(M 6.56) $\boxed{\varphi = \dfrac{\omega t}{2}}$ SI $\begin{array}{c|ccc} & \varphi & \omega & t \\ \hline & \text{rad} = 1 & \dfrac{1}{s} & s \end{array}$

oder entsprechend (M 6.58)

(M 6.57) $\boxed{\varphi = \dfrac{\alpha t^2}{2}}$ SI $\begin{array}{c|ccc} & \varphi & \alpha & t \\ \hline & \text{rad} = 1 & \dfrac{1}{s^2} & s \end{array}$

Weil die Rotation aus der Ruhe heraus beginnt, ist die Winkelgeschwindigkeitsänderung $\Delta\omega$ gleich der erreichten Winkelgeschwindigkeit ω, (M 6.55) wird zu

(M 6.58) $\boxed{\omega = \alpha t}$ Einheiten → (M 6.59)

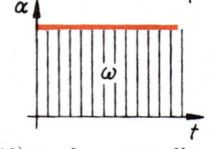

Nach (M 6.58) ist $t = \dfrac{\omega}{\alpha}$. Eingesetzt in (M 6.56) und umgestellt, ergibt

(M 6.59) $\boxed{\omega = \sqrt{2\alpha\varphi}}$ SI $\begin{array}{c|ccc} & \omega & \alpha & t \\ \hline & \dfrac{1}{s} & \dfrac{1}{s^2} & s \end{array}$

■ Die **mittlere Winkelgeschwindigkeit** $\bar{\omega}$
(Durchschnittswinkelgeschwindigkeit) läßt sich
als arithmetisches Mittel der Anfangs- und Endwinkelgeschwindigkeit aus

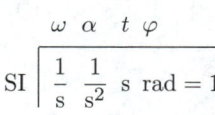

$$\bar{\omega} = \frac{0+\omega}{2} = \frac{\omega}{2} \quad \text{bestimmen zu}$$

(M 6.60) $\boxed{\bar{\omega} = \dfrac{\alpha t}{2} = \dfrac{\varphi}{t}}$

	ω	α	t	φ
SI	$\dfrac{1}{s}$	$\dfrac{1}{s^2}$	s	$rad = 1$

M

Beachte:

● (M 6.51) bis (M 6.53) gelten auch bei einer beschleunigten
Rotation.

Mit Anfangswinkelgeschwindigkeit

Die zur Zeit $t = 0$ vorhandene Anfangswinkelgeschwindigkeit ω_0 ändert sich
gleichmäßig um $\Delta\omega$, die Winkelbeschleunigung ist konstant.

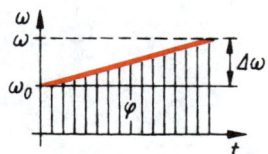

Wenn
ω_0 Anfangswinkelgeschwindigkeit,
ω Endwinkelgeschwindigkeit,
φ Winkel, um den in der Zeit t gedreht wird,
t Zeit (Dauer der Winkelbeschleunigung),
α Winkelbeschleunigung, während der Zeit t konstant,
dann gilt, weil im ω, t-Diagramm der Drehwinkel der Fläche des
Trapezes unter der Kurve entspricht,

(M 6.61) $\boxed{\varphi = \dfrac{\omega_0 + \omega}{2} t}$

	φ	ω	t
SI	$rad = 1$	$\dfrac{1}{s}$	s

oder, weil sich der Trapezinhalt auch als Summe der Inhalte von
Rechteck und Dreieck darstellen läßt,

$$\varphi = \omega_0 t + \frac{\omega - \omega_0}{2} t \quad \text{und damit}$$

(M 6.62) $\boxed{\varphi = \omega_0 t + \dfrac{\alpha t^2}{2}}$

	φ	ω	t	α
SI	$rad = 1$	$\dfrac{1}{s}$	s	$\dfrac{1}{s^2}$

Soll der zur Zeit t_0 bereits vorhandene Drehwinkel φ_0 berücksichtigt werden, so ergibt sich aus (M 6.61) und (M 6.62) als

Gesamtdrehwinkel

$$(M\ 6.63)\quad \boxed{\varphi = \varphi_0 + \frac{\omega_0 + \omega}{2}t = \varphi_0 + \omega_0 t + \frac{\alpha t^2}{2}}$$

■ Aus dem ω, t-Diagramm folgt ferner

$\omega = \omega_0 + \Delta\omega$ und daraus entsprechend (M 6.55)

$$(M\ 6.64)\quad \boxed{\omega = \omega_0 + \alpha t}$$

$$\text{SI}\ \begin{array}{c|c|c} \omega & \alpha & t \\ \hline \dfrac{1}{s} & \dfrac{1}{s^2} & s \end{array}$$

Durch Auflösen von (M 6.64) nach t und Einsetzen in (M 6.61) erhält man

$\varphi = \dfrac{\omega^2 - \omega_0^2}{2\alpha}$. Umstellen ergibt die „zeitfreie Gleichung"

$(M\ 6.65)$

$$\boxed{\omega = \sqrt{\omega_0^2 + 2\alpha\varphi}}\qquad \text{SI}\ \begin{array}{c|c|c} \omega & \alpha & \varphi \\ \hline \dfrac{1}{s} & \dfrac{1}{s^2} & \text{rad} = 1 \end{array}$$

■ Die **mittlere Winkelgeschwindigkeit** $\bar{\omega}$ (Durchschnittswinkelgeschwindigkeit) ist das arithmetische Mittel aus Anfangs- und Endwinkelgeschwindigkeit.

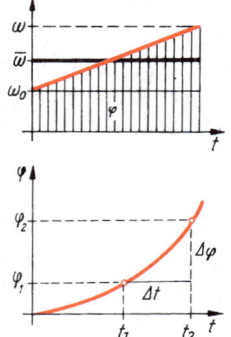

$$(M\ 6.66)\quad \boxed{\bar{\omega} = \frac{\omega_0 + \omega}{2} = \omega_0 + \frac{\alpha t}{2} = \frac{\varphi}{t}}$$

oder für ein **Intervall** der Bewegung

$$(M\ 6.67)\quad \boxed{\bar{\omega} = \frac{\Delta\varphi}{\Delta t} = \frac{\varphi_2 - \varphi_1}{t_2 - t_1}}$$

Beachte:
● (M 6.56) bis (M 6.60) sind Sonderfälle von (M 6.61) bis (M 6.67). Weil die Drehbewegung aus der Ruhe beginnt, sind $\omega_0 = 0$ und $\varphi_0 = 0$.

- Bei einer verzögerten Drehbewegung besitzt α einen negativen Zahlenwert ($\alpha < 0$). Die Winkelgeschwindigkeit ω nimmt ab ($\omega < \omega_0$), evtl. bis zur Ruhe ($\omega = 0$) oder zu negativen Werten.

6.3.3 Ungleichmäßig beschleunigte Rotation

Eine Rotation ist ungleichmäßig beschleunigt, wenn die Winkelgeschwindigkeitsänderung nicht proportional der Zeit, die Winkelbeschleunigung also nicht konstant ist. Winkelgeschwindigkeit und -beschleunigung sind Funktionen der Zeit: $\omega = \omega(t)$; $\alpha = \alpha(t)$.

Die gesetzmäßigen Verknüpfungen der Größen φ, ω und α sind den entsprechenden Diagrammen zu entnehmen.

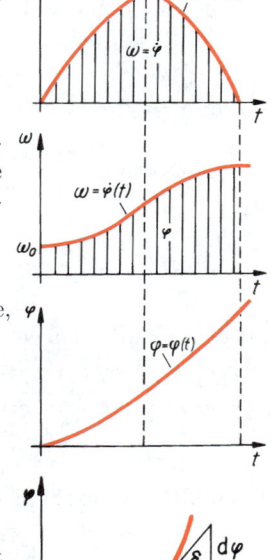

Momentane Winkelgeschwindigkeit

Das φ, t-Diagramm zeigt den Gesamtdrehwinkel zu bestimmten Zeiten. Je steiler die Kurve, desto größer ist die momentane Winkelgeschwindigkeit zu diesem Zeitpunkt.

Wenn

δ Winkel zwischen Tangente und t-Achse,

ω momentane Winkelgeschwindigkeit,

φ Drehwinkel nach Ablauf der Zeit t,

dann gilt $\{\omega\} = \tan\delta$ oder

(M 6.68) $\boxed{\omega = \dfrac{\mathrm{d}\varphi}{\mathrm{d}t} = \dot{\varphi}}$

Die momentane Winkelgeschwindigkeit ist die 1. Ableitung der φ, t-Funktion nach der Zeit ($\omega = \dot{\varphi}$).

Beachte:

- Zur Berechnung von ω muß das Winkel-Zeit-Gesetz der jeweiligen Rotation bekannt sein.
- (M 6.54) und (M 6.56) sind mit $\alpha = 0$ bzw. $\alpha =$ konstant einfache Sonderfälle von (M 6.68).

■ Aus (M 6.68) ergibt sich $d\varphi = \omega\,dt$ und durch Integration

$$\int d\varphi = \int \omega\,dt \quad \text{oder}$$

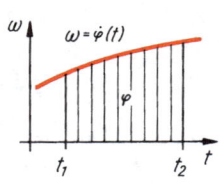

(M 6.69) $$\varphi = \int\limits_{t_1}^{t_2} \omega\,dt$$

■ Der Drehwinkel ist das Zeitintegral der Winkelgeschwindigkeit.

Beachte:
● Zur Berechnung von φ muß das Winkelgeschwindigkeit-Zeit-Gesetz der jeweiligen Bewegung bekannt sein.

Mittlere Winkelgeschwindigkeit

Sie ergibt sich zu $\dfrac{\text{gesamter Drehwinkel}}{\text{benötigte Gesamtzeit}}$

	ω	φ		t
SI	$\dfrac{1}{s}$	rad	$= 1$	s

(M 6.70) $$\bar{\omega} = \frac{\varphi}{t}$$

oder für ein **Intervall** der Rotation

(M 6.71) $$\bar{\omega} = \frac{\varphi_2 - \varphi_1}{t_2 - t_1} = \frac{\Delta\varphi}{\Delta t}$$

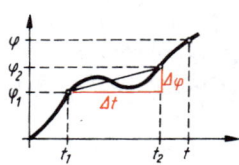

Die **mittlere Drehzahl** ist nach (M 6.53)

(M 6.72) $$\bar{n} = \bar{f} = \frac{\bar{\omega}}{2\pi}$$

Momentane Winkelbeschleunigung

Das ω, t-Diagramm zeigt die zu bestimmten Zeiten vorhandene Winkelgeschwindigkeit. Je steiler die Kurve, desto größer ist die momentane Winkelbeschleunigung zu diesem Zeitpunkt.

Wenn

ε Winkel zwischen Tangente und t-Achse,

α momentane Winkelbeschleunigung zur Zeit t,

ω momentane Winkelgeschwindigkeit zur Zeit t,

dann gilt $\{\alpha\} = \tan\varepsilon$ oder

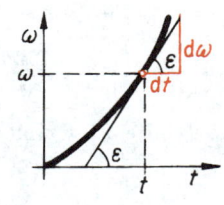

(M 6.73) $\boxed{\alpha = \dfrac{\mathrm{d}\omega}{\mathrm{d}t} = \dot{\omega} = \ddot{\varphi}}$

> Die momentane Winkelbeschleunigung ist die 1. Ableitung der ω, t-Funktion nach der Zeit ($\alpha = \dot{\omega}$) bzw. die 2. Ableitung der φ, t-Funktion nach der Zeit ($\alpha = \ddot{\varphi}$).

Beachte:

● Zur Berechnung von α müssen das Winkelgeschwindigkeit-Zeit-Gesetz oder das Winkel-Zeit-Gesetz der jeweiligen Rotation bekannt sein.

● (M 6.66) ist ein Sonderfall von (M 6.73).

■ Aus (M 6.73) ergibt sich

$\mathrm{d}\omega = \alpha\,\mathrm{d}t$ und durch Integration

$\displaystyle\int \mathrm{d}\omega = \int \alpha\,\mathrm{d}t$ oder für die

momentane Winkelgeschwindigkeit

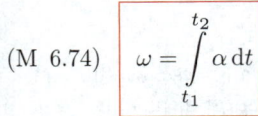

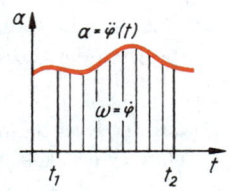

(M 6.74) $\boxed{\omega = \displaystyle\int_{t_1}^{t_2} \alpha\,\mathrm{d}t}$

> Die Winkelgeschwindigkeit ω ist das Zeitintegral der Winkelbeschleunigung.

Beachte:

● Zur Berechnung von ω muß das Winkelbeschleunigung-Zeit-Gesetz der jeweiligen Bewegung bekannt sein.

● (M 6.58) ist mit α = konstant ein einfacher Sonderfall von (M 6.74).

Mittlere Winkelbeschleunigung

Sie ergibt sich aus $\dfrac{\text{gesamte Winkelgeschwindigkeitsänderung}}{\text{benötigte Zeit}}$

analog (M 6.55) zu

(M 6.75) $\overline{\alpha} = \dfrac{\Delta\omega}{\Delta t} = \dfrac{\omega - \omega_0}{t}$

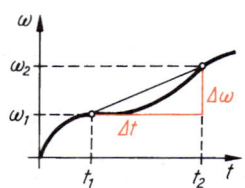

bzw. für ein **Intervall** der Bewegung

(M 6.76) $\overline{\alpha} = \dfrac{\Delta\omega}{\Delta t} = \dfrac{\omega_2 - \omega_1}{t_2 - t_1}$

6.3.4   Bewegung auf der Kreisbahn (Umfangsbewegung)

Bei jeder Drehbewegung führen die nicht im Drehmittelpunkt liegenden Massenelemente eines starren Körpers eine Bewegung auf einer Kreisbahn aus, eine Umfangsbewegung. Gleiches gilt für die Bewegung einer Punktmasse im Abstand $r > 0$ um eine Drehachse, ferner für beliebige Körper bei hinreichend großem Abstand r von der Achse (z. B. Himmelskörper).

Für die Verknüpfung der Bahngrößen s_B, v_B und a_B untereinander gelten ohne Einschränkung die Gesetzmäßigkeiten der Translation ($\rightarrow$ 6.1).

Ferner stehen die Bahngrößen mit den Größen der Rotation φ, ω und α in bestimmten Beziehungen.

Wenn

s_B auf der Kreisbahn zurückgelegter Weg,
v_B Geschwindigkeit auf der Kreisbahn (Umfangsgeschwindigkeit),
a_B Beschleunigung auf der Kreisbahn (Umfangsbeschleunigung),
r Radius der Kreisbahn,
d Durchmesser der Kreisbahn,
φ Drehwinkel,
ω Winkelgeschwindigkeit,
α Winkelbeschleunigung,
f Frequenz,
dann gilt

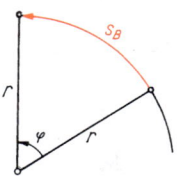

(M 6.77) $s_B = \varphi r$

(M 6.78) $\boxed{v_\mathrm{B} = \omega r = d\pi f}$

s	v	a	φ		ω	α	r, d	f

(M 6.79) $\boxed{a_\mathrm{B} = \alpha r}$ SI | m $\dfrac{\mathrm{m}}{\mathrm{s}}$ $\dfrac{\mathrm{m}}{\mathrm{s}^2}$ $\mathrm{rad} = 1$ $\dfrac{1}{\mathrm{s}}$ $\dfrac{1}{\mathrm{s}^2}$ m $\mathrm{Hz} = \dfrac{1}{\mathrm{s}}$

Beachte:
- (M 6.77) bis (M 6.79) gelten für konstante, durchschnittliche und momentane Größen, also für alle Arten der Rotation.

6.3.5   Größen der Rotation als Vektoren

Winkelgeschwindigkeit und Winkelbeschleunigung sind vektorielle Größen. Bei ihnen zeigt der Vektorpfeil in Richtung der Drehachse (axialer Vektor), seine Länge bestimmt den Betrag der Drehgröße. Der Drehsinn ergibt sich aus der Festlegung, daß die Pfeilspitze bei einer Rechtsdrehung im Sinne einer Schraubenbewegung vorwärts zeigt (rechtsherum–vorwärts).

Führt ein Körper gleichzeitig mehrere Rotationsbewegungen aus, so ergibt sich z. B. die resultierende Winkelgeschwindigkeit aus einer vektoriellen (geometrischen) Addition entsprechend (G 1.1) zu

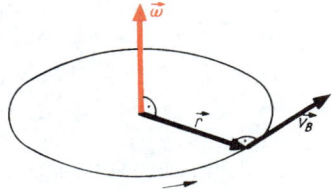

$$\vec{\omega}_\mathrm{R} = \vec{\omega}_1 + \vec{\omega}_2.$$

Für den Betrag der resultierenden Winkelgeschwindigkeit gilt analog (M 6.33) bzw. (M 6.34)

(M 6.80) $\boxed{\omega_\mathrm{R} = \sqrt{\omega_1^2 + \omega_2^2 + 2\omega_1\omega_2\cos\alpha}}$

oder, wenn beide Drehachsen einen rechten Winkel bilden,

(M 6.81) $\boxed{\omega_\mathrm{R} = \sqrt{\omega_1^2 + \omega_2^2}}$

Beachte:
- Entsprechendes gilt für die Winkelbeschleunigungen.
- Zeichnerisch findet man die Resultierende als Diagonale des Vektoren-Parallelogramms.

6.4   Krummlinige Bewegung

Die Geschwindigkeit $\vec{v}$ ist eine vektorielle Größe, also nach Betrag und Richtung bestimmt. Jede zeitliche Änderung des Geschwindigkeitsvektors bedeutet definitionsgemäß eine Beschleunigung: $\vec{a} = \dfrac{\Delta \vec{v}}{\Delta t}$.

Dabei kann $\Delta \vec{v}$ eine Änderung des *Betrages* und/oder der *Richtung* der Geschwindigkeit bedeuten.

▶ Bei Änderung *nur* des Geschwindigkeitsbetrages liegt eine geradlinige beschleunigte Bewegung vor ($\rightarrow$ 6.1.2 und 6.1.3):

$$a = \frac{\Delta v}{\Delta t} \quad \text{bzw.} \quad a = \frac{\mathrm{d}v}{\mathrm{d}t}.$$

▶ Bei Änderung *nur* der Geschwindigkeitsrichtung liegt eine gleichförmige Bewegung auf gekrümmter Bahn vor. Bei gleichen Beträgen $v_1 = v_2 = v_B$ ändert sich in der Zeit Δt die Geschwindigkeit $\vec{v}_1$ um $\Delta \vec{v}$ zu $\vec{v}_2$. Dabei steht $\Delta \vec{v}$ immer senkrecht auf der Bahngeschwindigkeit. $\dfrac{\Delta \vec{v}}{\Delta t}$ bezeichnet man als Radial-, Zentral- oder Normalbeschleunigung (a_r, a_z, a_n).

Ist die Radialbeschleunigung konstant, so handelt es sich um die Bewegung auf einer Kreisbahn.

▶ Eine *gleichzeitige* Änderung von Betrag und Richtung der Geschwindigkeit ergibt eine beschleunigte Bewegung auf gekrümmter Bahn. Neben der Radialbeschleunigung a_r wirkt hierbei in Richtung der jeweiligen Bahntangente die Tangentialbeschleunigung a_t. Bei der Kreisbewegung wird die Tangentialbeschleunigung a_t auch als Bahnbeschleunigung a_B bezeichnet.

Übersicht:

Bewegungsart		a_t	a_r
geradlinig	gleichförmig	0	
	gleichmäßig beschleunigt	konstant	0
	ungleichmäßig beschleunigt	ändert sich	

Bewegungsart		a_t	a_r
Kreisbahn	gleichförmig	0	konstant
	gleichmäßig beschleunigt	konstant	
	ungleichmäßig beschleunigt	ändert sich	
krummlinig	gleichförmig	0	ändert sich
	gleichmäßig beschleunigt	konstant	
	ungleichmäßig beschleunigt	ändert sich	

M

6.4.1 Radialbeschleunigung

Bei jeder nicht geradlinigen Bewegung wirkt eine Radialbeschleunigung (Normalbeschleunigung). Sie steht immer senkrecht auf der Richtung der momentanen Bahngeschwindigkeit.

Für ein genügend kleines Zeitintervall Δt gilt

$$\frac{\Delta s}{r} = \frac{\Delta v}{v_\mathrm{B}}. \quad \text{Mit} \quad \Delta s = v_\mathrm{B}\Delta t \quad \text{folgt}$$

$$\frac{\Delta v}{v_\mathrm{B}} = \frac{v_\mathrm{B}\Delta t}{r}$$

oder $\dfrac{\Delta v}{\Delta t} = \dfrac{v_\mathrm{B}^2}{r}$ und daraus die

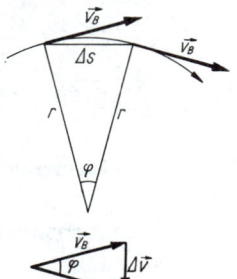

Radialbeschleunigung

(M 6.82) $\quad \boxed{a_\mathrm{r} = \dfrac{v_\mathrm{B}^2}{r} = \omega^2 r}$

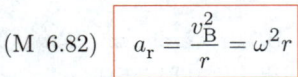

Beachte:

● Die Radialbeschleunigung ändert nur die Richtung, nicht den Betrag der Bahngeschwindigkeit.

Zum gleichen Ergebnis kommt man, wenn man von den Koordinaten ausgeht, die der Körper in einem Punkte P der Kreisbahn hat.

Sie betragen $x = r\cos\varphi$ und $y = r\sin\varphi$.

Darin ist nach (M 6.54) $\varphi = \omega t$. Da nach (6.19) $a = \ddot{s}$, also die Beschleunigung gleich der 2. Ableitung des Weges nach der Zeit ist, erhält man die Beschleunigungen in Richtung der Koordinatenachsen durch zweimaliges Differenzieren der Koordinaten:

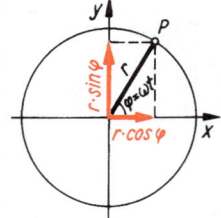

$$\dot{x} = -\omega r \sin \omega t \quad \text{und} \quad \dot{y} = \omega r \cos \omega t$$

$$\ddot{x} = -\omega^2 r \cos \omega t \quad \text{und} \quad \ddot{y} = -\omega^2 r \sin \omega t.$$

Die Minuszeichen zeigen, daß die Beschleunigungen zum Koordinatenmittelpunkt hin gerichtet sind. Aus diesen beiden Teilbeschleunigungen ergibt sich

$$a_r^2 = (-\omega^2 r \cos \omega t)^2 + (-\omega^2 r \sin \omega t)^2$$

$$a_r^2 = \omega^4 r^2 (\cos^2 \omega t + \sin^2 \omega t) \quad \text{und}$$

$$a_r = \sqrt{\omega^4 r^2} = \omega^2 r, \quad \text{also übereinstimmend mit (M 6.82).}$$

7   Dynamik

Die Dynamik behandelt die Kräfte als **Ursache** von Bewegungsabläufen. Dabei ist zu unterscheiden zwischen

▶   Dynamik der *Translation* oder Dynamik des *Massenpunktes* und

▶   Dynamik der *Rotation* oder Dynamik des *starren Körpers*.

7.1   Kräfte bei der Translation

7.1.1   Masse und Kraft

Erstes Newtonsches Axiom

Ohne äußere Krafteinwirkung verharrt ein Körper im Zustand der Ruhe oder der geradlinig gleichförmigen Bewegung.

Diese Eigenschaft aller Körper nennt man Beharrungsvermögen oder **Trägheit**.

Aus dem 1. Newtonschen Axiom folgt:

Ursache jeder Änderung des Bewegungszustandes ist das Wirken von Kräften.

Untersucht man die Beziehungen zwischen der wirkenden Kraft als Ursache und der daraus folgenden Änderung des Bewegungszustandes (Beschleunigung) als Wirkung, so erhält man als

Zweites Newtonsches Axiom

Die wirkende Kraft und die erzielte Beschleunigung sind einander proportional: $F \sim a$.

Aus dem 2. Newtonschen Axiom folgt:

Das Verhältnis der wirkenden Kraft zur erzielten Beschleunigung ist für jeden Körper eine konstante Größe. Es ist seine Masse.

$$\frac{\text{Kraft}}{\text{Beschleunigung}} = \text{Masse}$$

Die Masse eines Körpers ist eine unveränderliche ortsunabhängige Größe. Sie verkörpert zwei Eigenschaften:

▶ die Trägheit; der Körper ändert nur unter äußerer Krafteinwirkung seinen Bewegungszustand, und

▶ die Schwere; zwischen ihm und anderen Körpern wirken (anziehende) Gravitationskräfte.

Dies gilt nicht nur für Körper, also stoffliche Materie, sondern für alle Materieformen (z. B. Strahlungen, Felder).

Allgemein kann man sagen:

Masse ist die Eigenschaft jeder Materie, träge und schwer zu sein.

Beachte:

● Die Masse eines Körpers ist von seiner Geschwindigkeit abhängig ($\rightarrow$ 41.4.1). Dieser relativistische Massenzuwachs macht sich jedoch erst bei sehr großen Geschwindigkeiten bemerkbar, vor allem bei Elementarteilchen. Die kleinste Masse, die im Ruhezustand, bezeichnet man als Ruhemasse m_0.

■ Mit Hilfe der Basisgröße Masse läßt sich die Kraft als Ursache einer Beschleunigung definieren.

Wenn

F Kraft, die auf den Körper beschleunigend wirkt,

m Masse des beschleunigten Körpers,

a erzielte Beschleunigung,

dann gilt das **Grundgesetz der Dynamik**

(M 7.1) $\boxed{F = ma}$

oder in vektorieller Schreibweise

(M 7.2) $\boxed{\vec{F} = m\vec{a}}$

SI	F	m	a
	N	kg	$\dfrac{\mathrm{m}}{\mathrm{s}^2}$

SI-Einheit der Kraft: $[F] = \text{Newton (N)} = \mathrm{kg} \cdot \mathrm{m/s}^2$

Unzulässige Einheiten: Kilopond (kp); 1 kp $= 9,807\,\mathrm{N}$
                          Dyn (dyn); 1 dyn $= 10^{-5}\,\mathrm{N} = 10\,\mu\mathrm{N}$

Umrechnung von Krafteinheiten $\rightarrow$ hintere Innenseite des Buchumschlages

Es gilt also:

> 1 N ist die Kraft, die einer Masse von 1 kg eine Beschleunigung von $1\,\mathrm{m/s}^2$ erteilt.

Umrechnung:

SI-*fremde Einheiten:*

1 Kilopond (kp)	$= 9,807\,\mathrm{N}$
1 Dyn (dyn)	$= 10\,\mu\mathrm{N}$
1 long ton-force $\Big\}$ 1 long ton-weight	$= 9,964\,\mathrm{kN}$
1 short ton-force $\Big\}$ 1 short ton-weight	$= 8,896\,\mathrm{kN}$
1 pound-force (lbf) $\Big\}$ 1 pound-weight (lb wt)	$= 4,448\,\mathrm{N}$
1 poundal (pdl)	$= 0,138\,3\,\mathrm{N}$

■ Auf jeden Körper wirkt die Schwerkraft der Erde bzw. anderer Himmelskörper als Folge der Gravitation.

> Unter der **Gewichtskraft** (früher als Gewicht bezeichnet) eines Körpers versteht man die auf ihn im Schwerefeld eines Himmelskörpers wirkende Schwerkraft.

Auch diese Kraft ruft eine Beschleunigung entsprechend (M 7.1) hervor. Man nennt sie **Fallbeschleunigung** (auch Schwere- oder Erdbeschleunigung).

Wenn

G Gewichtskraft des Körpers, vielfach mit F_G bezeichnet,

m Masse des Körpers,

g Fallbeschleunigung,

dann gilt entsprechend (M 7.1)

(M 7.3) $\boxed{G = mg}$

$$\begin{array}{c|ccc} & G & m & g \\ \hline \text{SI} & \text{N} & \text{kg} & \dfrac{\text{m}}{\text{s}^2} \end{array}$$

Beachte:

- Die Normfallbeschleunigung (am Normort, d. h. 45° nördl. Breite in Meeresspiegelhöhe) beträgt $g_n = 9{,}80665\,\text{m/s}^2$. An den Polen ist die Fallbeschleunigung größer $(9{,}832\,\text{m/s}^2)$, am Äquator kleiner $(9{,}780\,\text{m/s}^2)$. Im allgemeinen wird mit dem gerundeten Mittelwert $9{,}81\,\text{m/s}^2$ gerechnet.

- Aus (M 7.3) und der Umrechnung Newton → Kilopond ergab sich: Die Masse eines Körpers in Kilogramm und seine Gewichtskraft in Kilopond hatten am Normort den gleichen **Zahlenwert.**

Drittes Newtonsches Axiom

Übt ein Körper auf einen anderen eine Kraft aus, so erfährt er von diesem eine entgegengerichtet gleiche Kraft. Kräfte treten also immer paarweise auf. Zu jeder auf einen Körper wirkenden Kraft $\vec{F}$ gehört eine Gegenkraft $\vec{F}'$, die am anderen Körper angreift.

> **Reaktions- oder Wechselwirkungsprinzip:**
>
> Jede Kraft $\vec{F}$ besitzt eine Gegenkraft $\vec{F}'$ (Reaktionskraft) von gleichem Betrag, aber entgegengesetzter Richtung: $\vec{F}' = -\vec{F}$. Die Angriffspunkte von $\vec{F}$ und $\vec{F}'$ liegen in zwei verschiedenen Körpern (**actio = reactio**).

Solche Wechselwirkungskräfte sind:

- Gravitationskraft; anziehende Kraft zwischen zwei Körpern;
- anziehende oder abstoßende Kräfte zwischen zwei Magneten;
- anziehende oder abstoßende Kräfte zwischen elektrisch geladenen Körpern;
- anziehende Kräfte zwischen den Nukleonen im Atomkern;
- Kräfte bei elastischen Verformungen;
- Kräfte zwischen den Molekülen usw.

Beachte:

- Wenn zwei Kräfte an **einem** Körper angreifen (dem Betrag nach gleich oder ungleich, entgegengerichtet), so sind sie nicht Kraft und Reaktionskraft im Sinne des 3. Newtonschen Axioms! Man bezeichnet sie im Falle gleichen Betrages oft als Kompensationskräfte.

7.1.2   Dichte

Körper gleichen Volumens besitzen nicht gleiche Massen, wenn sie aus unterschiedlichem Material bestehen, d. h., die Masse eines Körpers hängt außer von seinem Volumen auch von der Stoffart ab.

> Als Dichte bezeichnet man das Verhältnis der Masse eines Körpers zu seinem Volumen.
> Dichte = Körpermasse/Körpervolumen.

Wenn

ϱ Dichte eines festen, flüssigen oder gasförmigen Stoffes ($\rightarrow$ Tab. 1),

m Masse des Körpers,

V Volumen des Körpers,

dann gilt

(M 7.4) $\varrho = \dfrac{m}{V}$

	ϱ	m	V
SI	$\dfrac{\text{kg}}{\text{m}^3}$	kg	m^3
bei festen u. flüssigen VT	$\dfrac{\text{kg}}{\text{dm}^3}$	kg	dm^3
Stoffen üblich: VT	$\dfrac{\text{g}}{\text{cm}^3}$	g	cm^3

Beachte:

- Die Dichte fester und flüssiger Stoffe ist *temperaturabhängig*. Umrechnung der Tabellenwerte auf andere Temperaturen mit (W 15.10).

- Die Dichte gasförmiger Stoffe ist *druck-* und *temperaturabhängig*. Tabellenwerte beziehen sich auf die **Normdichte** ϱ_n ($0\,°\text{C}$ und $1\,013,25\,\text{hPa} = 101,325\,\text{kPa}$). Umrechnung auf andere Zustände mit (W 15.18).

- Unter der leider gelegentlich noch verwendeten **Wichte** γ versteht man das Verhältnis der Gewichtskraft eines Körpers zu seinem Volumen. Wurde sie in kp/dm^3 (bzw. kp/m^3 bei Gasen) gemessen, so stimmten die Zahlenwerte von Wichte und Dichte überein.

Übersicht:

Dichten in der Natur	in kg/m^3
Weltall	$4 \cdot 10^{-33}$
Luft im Normzustand	$1,29$
Saturn	$0,68 \cdot 10^3$
Wasser	$1 \cdot 10^3$
Sonne	$1,42 \cdot 10^3$
Mond	$3,36 \cdot 10^3$
Mars	$3,95 \cdot 10^3$
Venus	$5,23 \cdot 10^3$
Erde	$5,52 \cdot 10^3$
Platin	$21,4 \cdot 10^3$
Atomkern	$2 \cdot 10^{17}$

M

■ Bei der Bestimmung der mittleren Dichte mehrerer Stoffe bzw. von Stoffgemischen muß der Volumenanteil der einzelnen Substanzen berücksichtigt werden. Die mittlere Dichte ergibt sich aus der Überlegung

$$\varrho_m = \frac{\text{Gesamtmasse}}{\text{Gesamtvolumen}} = \frac{m_1 + m_2 + \cdots}{V_1 + V_2 + \cdots}.$$

Setzt man für $m = \varrho V$, so folgt

(M 7.5) $\qquad \boxed{\varrho_m = \dfrac{\varrho_1 V_1 + \varrho_2 V_2 + \cdots}{V_1 + V_2 + \cdots}} \qquad$ Einheiten $\rightarrow$ (M 7.4)

7.1.3   Federkraft

Nach dem 1. und 2. Newtonschen Axiom sind Kräfte die Ursache aller Änderungen des Bewegungszustandes eines Körpers. Darüber hinaus können Kräfte aber auch durch Druck- oder Zugwirkung die Form eines Körpers verändern, z. B. die Länge einer Feder.

▌Kräfte sind Ursache von Beschleunigungen (dynamische Kraftwirkung) und von Formänderungen (statische Kraftwirkung).

Innerhalb der Elastizitätsgrenze des Materials sind Kraft und Deformierung proportional. Es gilt das Hooksche Gesetz →
(M 12.1). Der Proportionalitätsfaktor wird
als Richtgröße bzw. speziell bei Federn als
Federkonstante bezeichnet.

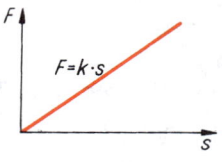

Wenn
k Richtgröße, Federkonstante,
F Kraft, die die Länge z. B. einer Feder verändert,
s durch die Kraft F hervorgerufene Längenänderung, Federweg,
dann gilt

(M 7.6) $$k = \frac{F}{s}$$

	k	F	s
SI	$\frac{N}{m}$	N	m
VT	$\frac{N}{cm}$	N	cm

$$1\,\text{kp} = 9,807\,\text{N}$$

■   Zur Kraft, die an der Feder angreift, gibt es eine Reaktionskraft,
die Federkraft. Analog (M 7.6) gilt unter Beachtung der Richtungen
für die

Federkraft

(M 7.7) $$F = -ks$$ Einheiten → (M 7.6)

Beachte:
- Je „härter"die Feder ist, um so größer ist die Richtgröße (Feder-
  konstante) k.
- Kraftmesser (Dynamometer) sind Federn, bei denen die Längen-
  änderung gemessen, jedoch an einer Skala die sie verursachende
  Kraft direkt abgelesen wird.
- Benutzt man Kraftmesser zum Bestimmen von Gewichtskräften,
  dann bezeichnet man sie meist als Federwaagen.

7.1.4   Reibungskraft

Außer dem Widerstand des umgebenden Mediums tritt bei Bewegungen die Reibung als energiezehrender Widerstand auf. Sie wirkt an
der Kontaktfläche zweier sich berührender fester Körper und hemmt
die Relativbewegung zwischen beiden Körpern.

Die Reibungskraft wirkt stets parallel zur Kontaktfläche und ist der Bewegung und damit auch der die Bewegung verursachenden Kraft entgegengerichtet. Die Reibungskraft ist kleiner als die Normalkraft.

Wenn

F_R Reibungskraft

μ Reibungszahl ($\to$ Tab. 2),

F_N Normalkraft, Kraft senkrecht zur Kontaktfläche, $\to$ (M 5.17),

dann gilt

(M 7.8) $\boxed{F_R = \mu F_N}$

Beachte:

● Die Reibungskraft ist unabhängig von der Größe der Kontaktfläche.

Man unterscheidet folgende Reibungsarten:

▶ **Gleitreibung**. Sie wirkt bei einer Bewegung des Körpers relativ zu einem anderen (meist Unterlage u. ä.) und ist geschwindigkeitsunabhängig.

▶ **Haftreibung**. Sie wirkt bei ruhendem Körper und ist dem Betrag nach gleich der entgegengerichteten äußeren Zugkraft. Mit (M 7.8) ergibt sich stets der Maximalwert der Haftreibungskraft. Bei fehlender äußerer Kraft ist $F_R = 0$. Die Haftreibungszahl μ_0 ist größer als die Gleitreibungszahl ($\mu_0 > \mu$).

▶ **Rollreibung**. Sie tritt auf, wenn der Körper auf der Unterlage rollt, und ist sehr viel kleiner als die Gleitreibung ($\mu' \ll \mu$).

In die Berechnung der Rollreibungskraft geht an sich der Radius des rollenden Rades ein. Da bei typischen Fällen (Eisenbahn, Kraftfahrzeug) der Radius jeweils etwa gleich ist, berücksichtigt man ihn bereits in der Rollreibungszahl μ.

■ Die Reibungszahl läßt sich durch Versuche bestimmen. Man vergrößert den Winkel einer geneigten Ebene so lange, bis der aufgelegte Probekörper zu gleiten beginnt (Haftreibung μ_0) bzw. gleichförmig gleitet (Gleitreibung μ).

Wenn

μ zu bestimmende Reibungszahl,

ϱ Winkel der geneigten Ebene = Reibungswinkel,

dann gilt, weil unter den genannten Bedingungen

Reibungskraft = Hangabtriebskraft

$$\mu F_N = F_H$$

$$\mu G \cos \varrho = G \sin \varrho$$

$$\mu = \frac{\sin \varrho}{\cos \varrho} \quad \text{oder}$$

(M 7.9) $\boxed{\mu = \tan \varrho}$

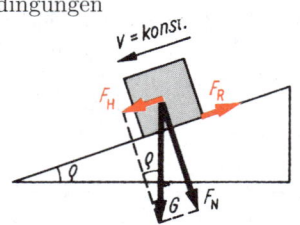

Fahrwiderstand

Für Fahrzeugräder wirkt nicht nur die Rollreibung am Umfang des Rades, sondern auch noch die Reibung in den Achslagern energiezehrend. Beide Reibungszahlen faßt man in der **Fahrwiderstandszahl** μ_F zusammen. Für die Berechnung des Fahrwiderstandes gilt dann auch (M 7.8). Experimentell wird μ_F durch Ausrollversuche ermittelt. Richtwerte für die Fahrwiderstandszahl $\mu_F \rightarrow$ Tab. 2!

7.1.5   Trägheitskräfte bei der Translation

Kräfte sind **Ursache** jeder Änderung eines Bewegungszustandes, also jeder Beschleunigung. Sie wirken in Richtung der Beschleunigung. Daneben kennt man **Trägheitskräfte**, die eine **Folge** von Beschleunigungen sind. Ihre Richtung ist der der Beschleunigung entgegengesetzt. Man erkennt Trägheitskräfte nur in einem beschleunigten Bezugssystem; sie sind **Scheinkräfte**.

> Kräfte und Trägheitskräfte als Ursache und Wirkung ein und derselben Beschleunigung sind stets gleich groß, aber entgegengerichtet.

Wenn

F beschleunigende Kraft,

F_T Trägheitskraft,

m beschleunigte Masse,

a Beschleunigung,

dann gilt

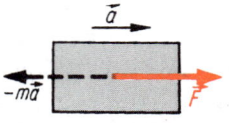

$$\vec{F}_T = -\vec{F} \quad \text{oder}$$

(M 7.10) $\boxed{\vec{F}_T = -m\vec{a} \quad \text{oder} \quad \vec{F} - m\vec{a} = 0}$

	F	m	a
SI	N	kg	$\dfrac{\text{m}}{\text{s}^2}$

■ Zur Bestimmung des Bewegungszustandes eines Körpers unter dem Einfluß mehrerer Kräfte wird häufig von einem **dynamischen Gleichgewicht** ($\sum F = 0$) ausgegangen, wobei außer Antriebs- und Widerstandskräften auch die Schein-Trägheitskräfte zu berücksichtigen sind (**Prinzip von d'Alembert**).

7.2   Arbeit, Energie und Leistung

7.2.1   Arbeit

Wenn eine Kraft einen Körper auf einem bestimmten Weg verschiebt, so verrichtet sie am Körper Arbeit.

▌ Unter *Arbeit W* versteht man das Produkt aus Kraft und Weg. Arbeit = Kraft mal Weg.

SI-Einheit der Arbeit: $[W] = [F] \cdot [s] = \text{N} \cdot \text{m} = \text{Joule (J)}$

$$= \text{W} \cdot \text{s} = \frac{\text{kg} \cdot \text{m}^2}{\text{s}^2}$$

Unzulässige Einheiten: Kilopondmeter (kp · m)
                         Erg (erg) = dyn · cm.

Umrechnung:

1 kWh	$= 3,6 \cdot 10^6 \, \text{J} = 3,6 \, \text{MJ}$
SI-fremde Einheiten:	
1 kp · m	$= 9,807 \, \text{J}$
1 erg (= 1 dyn · cm)	$= 10^{-7} \, \text{J} = 0,1 \, \mu\text{J}$
1 horse-power-hour (hp h)	$= 2,684 \, \text{MJ}$
1 foot-pound-force (ft lbf)	$= 1,356 \, \text{J}$
1 inch-pound-force (in lbf)	$= 0,113 \, \text{J}$
1 foot-poundal (ft pdl)	$= 42,14 \, \text{mJ}$
1 yard-pound-force (yd lbf)	$= 4,067 \, \text{J}$

Beachte:
● Umrechnung von Arbeitseinheiten → hintere Innenseite des Buchumschlages.

Wenn
W verrichtete Arbeit
F *konstante* Kraft, die in Richtung des Weges wirkt,
s vom Körper zurückgelegter Weg,

dann gilt

(M 7.11) $\boxed{W = Fs}$

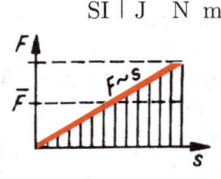

	W	F	s
SI	J	N	m

Beachte:
- Kraft- und Wegrichtung müssen gleich sein. Sonst (M 7.12) benutzen!
- Die Kraft muß während des Vorganges konstant sein. Bei linearer Änderung, z. B. Federspannarbeit, Mittelwert einsetzen, sonst (M 7.14) benutzen!

■ Bilden Kraft- und Wegrichtung einen Winkel $\alpha < 90\,°$, dann darf der Weg nur mit der Kraftkomponente in Wegrichtung (bzw. die Kraft mit der Wegkomponente in Kraftrichtung) multipliziert werden.

Wenn
α Winkel zwischen den Richtungen von Kraft und Weg,
dann gilt entsprechend (M 7.11)

(M 7.12) $\boxed{W = Fs \cos\alpha}$

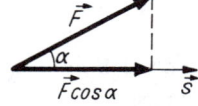

bzw. in vektorieller Schreibweise

(M 7.13) $\boxed{W = \vec{F} \cdot \vec{s}}$

Beachte:
- Die Arbeit ist eine skalare Größe.

■ Ist die Kraft nicht konstant, sondern eine Funktion des Weges $F(s)$, und bilden Kraft und Weg den Winkel α, dann gilt

$dW = F \cos\alpha\, ds$ oder

(M 7.14) $\boxed{W = \int_{s_1}^{s_2} F \cos\alpha\, ds}$ oder in vektorieller Schreibweise

(M 7.15) $\boxed{W = \int_{s_1}^{s_2} \vec{F}\, d\vec{s}}$

■ Die Arbeit ist das Wegintegral der Kraft.

Beachte:
● Daraus folgt, daß im F, s-Diagramm die Fläche unter der Kurve der verrichteten Arbeit entspricht.

Hubarbeit

Wird ein Körper mit konstanter Geschwindigkeit (gleichförmig) gegen die Schwerkraft gehoben, so wird nach (M 7.11) $W = Fs$ eine Arbeit verrichtet. Dabei ist F von gleicher Richtung wie s und dem Betrag nach gleich der Gewichtskraft G.

Wenn
W_H Hubarbeit,
G Gewichtskraft des gehobenen Körpers,
m Masse des gehobenen Körpers,
g Fallbeschleunigung $= 9,807\,\text{m/s}^2$,
h Weg, Höhe, um die der Körper gehoben wird,
dann gilt

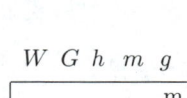

(M 7.16) $\boxed{W_H = Gh = mgh}$

W	G	h	m	g
SI	J	N	m	kg	$\dfrac{\text{m}}{\text{s}^2}$

Beachte:
● Die am Körper verrichtete Hubarbeit bleibt als Energie der Lage E_p (potentielle Energie) erhalten ($\rightarrow$ 7.2.2).
● Auch bei reibungsfreien Hubbewegungen auf beliebigen Bahnen (einschließlich der geneigten Ebene) gilt (M 7.16), wobei als Hubweg h die Wegkomponente in Richtung der Gewichtskraft einzusetzen ist.

Reibungsarbeit

Wird ein Körper mit konstanter Geschwindigkeit (gleichförmig) gegen eine Reibungskraft bewegt, so wird nach (M 7.11) die Arbeit $W = Fs$ verrichtet. Dabei ist F von gleicher Richtung wie s und dem Betrag nach gleich der Reibungskraft F_R.

Wenn
W_R Reibungsarbeit,
F_R Reibungskraft,
μ Reibungszahl,
F_N Normalkraft,
s zurückgelegter Weg,

dann gilt

(M 7.17) $\boxed{W_\mathrm{R} = F_\mathrm{R}s = \mu F_\mathrm{N}s}$

	W	F	s	μ
SI	J	N	m	–

Beachte:

● Die Reibungsarbeit wird in Wärmeenergie umgewandelt.

■ Bei einer unbeschleunigten Aufwärtsbewegung auf der geneigten Ebene wird Hub- und Reibungsarbeit verrichtet. Die in Richtung des Weges s wirkende Kraft ist dem Betrag nach gleich der Summe aus Hangabtriebskraft F_H und Reibungskraft F_R. Entsprechend (M 7.11) folgt

$$W = (F_\mathrm{H} + F_\mathrm{R})s = (F_\mathrm{H} + \mu F_\mathrm{N})s$$
$$= (G \sin \alpha + \mu G \cos \alpha)s$$

und daraus

(M 7.18) $\boxed{W = mgs(\sin \alpha + \mu \cos \alpha)}$

	W	m	g	s	μ
SI	J	kg	$\dfrac{\mathrm{m}}{\mathrm{s}^2}$	m	–

Beschleunigungsarbeit

Wird ein Körper durch eine konstante Kraft F_B längs des Weges s gleichmäßig beschleunigt, so wird nach (M 7.11) die Arbeit $W = Fs$ verrichtet. Dabei haben Kraft F_B, Beschleunigung a und Weg s die gleiche Richtung.

Wenn
W_B Beschleunigungsarbeit,
m Masse des beschleunigten Körpers,
v erreichte Geschwindigkeit,
a erzielte Beschleunigung,

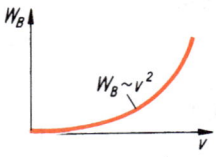

dann gilt $W_\mathrm{B} = F_\mathrm{B}s = mas$ und bei Beschleunigung aus der Ruhe heraus mit (M 6.6) $W_\mathrm{B} = m\dfrac{v^2}{2s}s$ und damit

(M 7.19) $\boxed{W_\mathrm{B} = mas = \dfrac{mv^2}{2}}$

	m	a	s	v	W
SI	kg	$\dfrac{\mathrm{m}}{\mathrm{s}^2}$	m	$\dfrac{\mathrm{m}}{\mathrm{s}}$	J

Beginnt die Beschleunigung des Körpers bei $v_0 \neq 0$, so muß für a in

(M 7.19) entsprechend (M 6.11) $a = \dfrac{v^2 - v_0^2}{2s}$ eingesetzt werden. Es ergibt sich dann

(M 7.20) $\boxed{W_\mathrm{B} = mas = \dfrac{m}{2}(v^2 - v_0^2)}$ Einheiten $\rightarrow$ (M 7.19)

Beachte:

- Die am Körper verrichtete Beschleunigungsarbeit bleibt in Form kinetischer Energie E_k erhalten ($\rightarrow$ 7.2.2).
- Wie die zweiten Ausdrücke in (M 7.19) und (M 7.20) zeigen, ist die Beschleunigungsarbeit unabhängig von der wirkenden Kraft, diese braucht deshalb nicht konstant zu sein, sondern kann z. B. eine Funktion des Weges oder der Zeit sein:

$$F_\mathrm{B} = F_\mathrm{B}(s) \quad \text{oder} \quad F_\mathrm{B} = F_\mathrm{B}(t).$$

Verformungsarbeit

Wird eine Feder um den Federweg s verlängert, so ist die erforderliche Kraft nicht konstant, sondern wächst entsprechend (M 7.6) proportional s von 0 bis F_max. In (M 7.11) $W = Fs$ ist deshalb für F einzusetzen

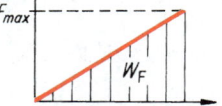

$$\overline{F} = \dfrac{F_\mathrm{max}}{2}$$

Wenn

W_F Arbeit gegen die Federkraft, Verformungsarbeit,
k Richtgröße der Feder, Federkonstante,
s Federweg,

dann gilt mit (M 7.6)

$$W_\mathrm{F} = \dfrac{ks}{2}s \quad \text{und somit}$$

(M 7.21) $\boxed{W_\mathrm{F} = \dfrac{ks^2}{2}}$

	W	k	s
SI	J	$\dfrac{\mathrm{N}}{\mathrm{m}}$	m

Beachte:

- Die verrichtete Verformungsarbeit (Spannarbeit) bleibt in Form potentieller Energie E_p der gespannten Feder erhalten ($\rightarrow$ 7.2.2).
- Ebenfalls zu (M 7.21) führt (M 7.15) $W = \int\limits_{s_1}^{s_2} F \, \mathrm{d}s$ mit $s_1 = 0$ und $F = ks$.

7.2.2   Energie

Jede an einem Körper verrichtete Arbeit vergrößert dessen Energie und versetzt ihn in die Lage, seinerseits Arbeit zu verrichten.

> Unter Energie E versteht man die Fähigkeit eines Körpers, Arbeit zu verrichten.
> Energie = Arbeitsvermögen oder Arbeitsvorrat

Sie wird in den gleichen Einheiten gemessen wie die Arbeit.

SI-Einheit der Energie: $[E] =$ Joule (J) $=$ N $\cdot$ m $=$ W $\cdot$ s $= \dfrac{\text{kg} \cdot \text{m}^2}{\text{s}^2}$.

Gesetzliche Einheit: Kilowattstunde (kWh) $= 3,6 \cdot 10^6$ J $= 3,6$ MJ

Unzulässige Einheiten: Kilopondmeter (kp $\cdot$ m) $= 9,807$ J
Erg (erg) $=$ dyn $\cdot$ cm $= 10^{-7}$ J $= 0,1\,\mu$J.

Beachte:

● Umrechnung von Energieeinheiten $\rightarrow$ hintere Innenseite des Buchumschlages

Potentielle Energie (Lageenergie und Spannungsenergie)

Um den Abstand eines Körpers vom Erdmittelpunkt zu vergrößern, ihn zu heben, muß Arbeit verrichtet werden. Diese ist dann in Form von potentieller Energie im Körper gespeichert.

Wenn

E_p potentielle Energie des Körpers, Lageenergie,

m Masse des Körpers,

h Höhe, um die der Körper gehoben wird,

g Fallbeschleunigung $= 9,807$ m/s^2,

dann gilt, weil die aufzuwendende Arbeit (**Hubarbeit**) entsprechend (M 7.16) $W_H = Gh = mgh$,

	E	G	h	m	g
SI	J	N	m	kg	$\dfrac{\text{m}}{\text{s}^2}$

(M 7.22) $\boxed{E_p = Gh = mgh}$

Beachte:

● Die nach (M 7.22) bestimmte potentielle Energie entspricht nicht der gesamten, sondern ist nur der Zuwachs an potentieller Energie beim Heben um die Strecke h, weil ihr Anfangspunkt willkürlich gewählt werden kann.

■ (M 7.22) gilt nur für den Fall, daß die Fallbeschleunigung g über die Hubhöhe annähernd konstant ist. Dies ist nur bei relativ kleinen Hubwegen der Fall. Im Schwerefeld jedes Himmelskörpers nimmt die Schwerkraft und damit die Fallbeschleunigung mit dem Quadrat des Abstandes vom Massenmittelpunkt ab, → (M 7.71)!

Bei größeren Hubwegen muß also berücksichtigt werden, daß $g = g(h)$ und damit auch $G = G(h)$.

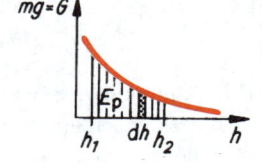

(M 7.23)
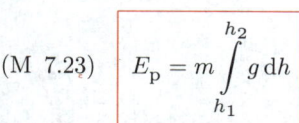

$$E_\mathrm{p} = m \int_{h_1}^{h_2} g \, \mathrm{d}h$$

Beachte:

● Wird der Körper um die Höhe h gesenkt, so gibt er die mit (M 7.22) und (M 7.23) bestimmte Energie E_p ab.

● Durchfällt ein Körper die Höhe h, so wandelt sich seine potentielle Energie E_p in kinetische Energie E_k (Bewegungsenergie) gleicher Größe um.

■ Auch die zur Verformung elastischer Körper aufzuwendende **Verformungsarbeit** W_F wird im Körper als potentielle Energie gespeichert und als Spannungsenergie bezeichnet.

Wenn
E_p potentielle Energie, Spannungsenergie,
k Richtgröße, Federkonstante,
s Federweg,
dann gilt analog (M 7.21)

(M 7.24)
$$E_\mathrm{p} = \frac{ks^2}{2}$$

	E	k	s
SI	J	$\dfrac{\mathrm{N}}{\mathrm{m}}$	m

Kinetische Energie (Energie der Bewegung)

Um einen Körper zu beschleunigen und ihn auf eine bestimmte Geschwindigkeit zu bringen, muß Arbeit verrichtet werden. Diese ist dann in Form von kinetischer Energie im Körper gespeichert.

Wenn

E_k kinetische Energie des Körpers,

m Masse des Körpers,

v Geschwindigkeit des Körpers,

dann gilt, weil die aufgewendete Arbeit (**Beschleunigungsarbeit**) entsprechend (M 7.19) $W_B = mas = mv^2/2$,

	E	m	v
SI	J	kg	$\dfrac{\text{m}}{\text{s}}$

(M 7.25)
$$E_k = \frac{mv^2}{2}$$

Eine Änderung der Geschwindigkeit von v_1 auf v_2 hat demnach eine Änderung der kinetischen Energie zur Folge. Diese ist dann

(M 7.26)
$$\Delta E_k = \frac{m}{2}(v_2^2 - v_1^2)$$

Beachte:

- Ist $v_2 < v_1$, dann wird der Klammerausdruck negativ und damit auch $E_k < 0$, d. h., der Körper gibt diese kinetische Energie ab.

7.2.3   Gesetz von der Erhaltung der Energie

Das von Robert Mayer formulierte Gesetz besagt, daß Energie weder entstehen noch verschwinden kann. Daraus folgt:

> Die Energiesumme ist in einem abgeschlossenen System, dem also weder Energie zugeführt noch entzogen wird, konstant.

Dieser allgemeingültige Satz läßt sich auch auf das Teilgebiet Mechanik beziehen.

> **Energieerhaltungssatz der Mechanik:**
>
> In einem abgeschlossenen mechanischen System bleibt die Summe der mechanischen Energie (potentielle und kinetische Energie einschließlich der Rotationsenergie) konstant.

(M 7.27)
$$E_p + E_k + E_r = E_{ges} = \text{konstant}$$

Beachte:

● Rotationsenergie ($\rightarrow$ 7.4.7).

● Zur potentiellen Energie zählen Lageenergie und Spannungsenergie.

● In der Praxis gibt es keine rein mechanischen Vorgänge, weil infolge der Reibung ein Teil der mechanischen Energie in Wärmeenergie umgewandelt wird.

7.2.4   Leistung

Unter der Leistung P versteht man das Verhältnis der verrichteten Arbeit zur benötigten Arbeitszeit.

$$\text{Leistung} = \frac{\text{Arbeit}}{\text{Zeit}}$$

SI-Einheit der Leistung: $[P] = \text{Watt (W)} = \dfrac{\text{J}}{\text{s}} = \dfrac{\text{kg} \cdot \text{m}^2}{\text{s}^3}$.

Unzulässige Einheiten: kp $\cdot$ m/s,
                         Pferdestärke (PS).

Umrechnung:

SI-fremde Einheiten:	
1 kp · m/s	= 9, 807 W
1 PS	= 735, 5 W
1 erg/s	= 10^{-7} W = 0, 1 μW
1 horse-power (hp)	= 745, 7 W
1 foot-pound-force per second (ft lbf/s)	= 1, 356 W
1 inch-pound-force per second (in lbf/s)	= 0, 113 W
1 foot-poundal per second (ft pdl/s)	= 42, 14 mW
1 yard-pound-force per second (yd lbf/s)	= 4, 067 W

Mittlere Leistung (Durchschnittsleistung)

Wenn
$\overline{P}$ mittlere Leistung,
W verrichtete Arbeit,
t Zeit, die dafür benötigt wurde,

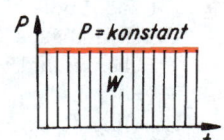

dann gilt

(M 7.28) $\boxed{\overline{P} = \dfrac{W}{t}}$ $\text{SI} \begin{array}{c|ccc} & P & W & t \\ \hline & W & J & s \end{array}$

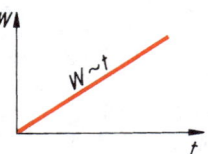

Beachte:
●   Wenn $W \sim t$, dann ist die Leistung konstant.

Momentanleistung

Meist ist P nicht konstant, sondern eine Funktion der Zeit $P = P(t)$. Während mit (M 7.28) die mittlere Leistung bestimmt wird, ergibt sich die Momentanleistung zu einem bestimmten Zeitpunkt zu

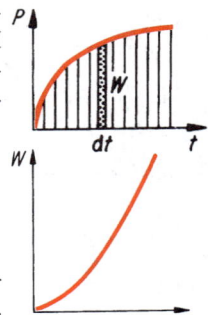

(M 7.29) $\boxed{P = \dfrac{\mathrm{d}W}{\mathrm{d}t} = \dot{W}}$

Die Momentanleistung ist der Differentialquotient der Arbeit nach der Zeit: $P = \dot{W}$.

Mit $\mathrm{d}W = F\,\mathrm{d}s$ (M 7.14) ergibt sich aus (M 7.29) $P = \dfrac{F\,\mathrm{d}s}{\mathrm{d}t}$ und daraus wegen

$$\frac{\mathrm{d}s}{\mathrm{d}t} = \dot{s} = v$$

(M 7.30) $\boxed{P = Fv}$ $\text{SI} \begin{array}{c|ccc} & P & F & v \\ \hline & W & N & \frac{m}{s} \end{array}$

Momentanleistung $=$ Momentankraft $\times$ Momentangeschwindigkeit

Beachte:
●   (M 7.30) gilt für *konstante* und *nicht konstante* Kraft bzw. Geschwindigkeit, z. B.:
▶ $F =$ konst. und $v =$ konst.: konstante Dauerleistung P;
▶ $F =$ konst.: gleichmäßig beschleunigte Bewegung, *maximale* Leistung $P_{\max} = Fv_{\max}$ und *mittlere* Leistung $\overline{P} = F\bar{v}$.

7.2.5   Wirkungsgrad

Jede Maschine nimmt eine größere Leistung auf, als sie abgibt, weil in ihr Verluste (Reibung, Luftwiderstand, Erwärmung usw.) auftreten.

> Unter dem Wirkungsgrad η versteht man das Verhältnis der abgegebenen Leistung zur zugeführten Leistung.

Wenn

η Wirkungsgrad,

P_{ab} abgegebene Leistung = Nutz- oder effektive Leistung
= zugeführte Leistung minus Verlustleistung,

P_{zu} zugeführte Leistung   =   Antriebs- , Nenn- oder indizierte Leistung,

dann gilt

(M 7.31) $$\eta = \frac{P_{zu} - P_{verlust}}{P_{zu}} = 1 - \frac{P_{verlust}}{P_{zu}} = \frac{P_{ab}}{P_{zu}}$$

> Vielfach ist es zweckmäßiger, den Wirkungsgrad nicht als Verhältnis zweier Leistungen, sondern als Verhältnis zweier Arbeiten auszudrücken. Dies gilt besonders, wenn Aufnahme und Abgabe nicht gleichzeitig und/oder nicht gleich schnell erfolgen (z. B. Spannen und Entspannen einer Feder). Man definiert dann:

> $$\text{Wirkungsgrad} = \frac{\text{Nutzarbeit}}{\text{Gesamtarbeit}}$$

Beachte:

- Der Wirkungsgrad der Leistung η_P und der Wirkungsgrad der Arbeit η_W stimmen nur dann überein, wenn Zufuhr und Abgabe gleiche Zeit beanspruchen.
- Wegen der unvermeidlichen Verluste ist der Wirkungsgrad stets kleiner als eins; $\eta < 1$.
- Meist wird der Wirkungsgrad in Prozenten ausgedrückt, also

$$\eta = \frac{P_{ab}}{P_{zu}} \cdot 100\,\% \quad \text{bzw.} \quad \eta = \frac{W_{ab}}{W_{zu}} \cdot 100\,\%.$$

Gesamtwirkungsgrad

Bei einer mehrfachen Energieumsetzung bzw. -übertragung ergibt sich der Gesamtwirkungsgrad als Produkt der einzelnen Wirkungsgrade.

(M 7.32) $\boxed{\eta_{\text{ges}} = \eta_1 \eta_2 \eta_3 \cdots}$

7.3 Impuls und Stoß

7.3.1 Impuls

Unter dem Impuls p (Bewegungsgröße) eines Körpers versteht man das Produkt aus seiner Masse und seiner Geschwindigkeit.

Der Impuls ist eine **vektorielle** Größe. Er hat die Richtung der Geschwindigkeit.

SI-Einheit des Impulses: $[p] = \dfrac{\text{kg} \cdot \text{m}}{\text{s}} = \text{N} \cdot \text{s}$.

Wenn

p Impuls des Körpers,

m Masse des Körpers,

v Geschwindigkeit des Körpers,

dann gilt

(M 7.33) $\boxed{\vec{p} = m\vec{v}}$

$$
\begin{array}{c|ccc}
 & p & & m & v \\
\hline
\text{SI} & \text{N} \cdot \text{s} = \dfrac{\text{kg} \cdot \text{m}}{\text{s}} & \text{kg} & \dfrac{\text{m}}{\text{s}}
\end{array}
$$

7.3.2 Kraftstoß

Eine Änderung des Impulses kann (bei konstanter Masse) nur durch eine Geschwindigkeitsänderung erfolgen und ist in jedem Falle die Folge einer Krafteinwirkung.

Wenn

Δp Impulsänderung,

m Masse des Körpers,

Δv Geschwindigkeitsänderung $= v_2 - v_1$,

F beschleunigende konstante Kraft,

Δt Dauer der Krafteinwirkung,

dann gilt entsprechend (M 7.2) und (M 6.2)

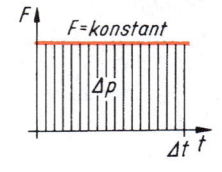

$$
\vec{F} = m\vec{a} = m\frac{\Delta\vec{v}}{\Delta t}
$$

(M 7.34) $\boxed{\Delta\vec{p} = m\Delta\vec{v} = \vec{F}\,\Delta t = I}$

$$
\begin{array}{c|cccc}
 & p & & F & t & m & v \\
\hline
\text{SI} & \text{N} \cdot \text{s} = \dfrac{\text{kg} \cdot \text{m}}{\text{s}} & \text{N} & \text{s} & \text{kg} & \dfrac{\text{m}}{\text{s}}
\end{array}
$$

Das Produkt $F\Delta t$ heißt **Kraftstoß** I oder **Antrieb**. Es ist gleich der erzielten Impulsänderung.

SI-Einheit des Kraftstoßes: $[I] = \mathrm{N} \cdot \mathrm{s} = \dfrac{\mathrm{kg} \cdot \mathrm{m}}{\mathrm{s}}$.

Beachte:
● (M 7.34) gilt nur, wenn die Kraft während der Zeit Δt konstant ist.

■ Ist die Kraft *nicht* konstant, sondern eine Funktion der Zeit, also $\vec{F} = \vec{F}(t)$, so gilt

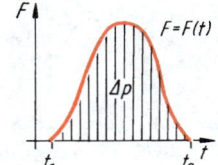

(M 7.35) $$\Delta \vec{p} = m\Delta \vec{v} = \int_{t_1}^{t_2} \vec{F}\, \mathrm{d}t$$

M

▌ Die Impulsänderung bzw. der Kraftstoß ist das Zeitintegral der Kraft.

■ Aus (M 7.35) ergibt sich eine Definition der Kraft:

$$\mathrm{d}\vec{p} = \vec{F}\, \mathrm{d}t \quad \text{und daraus}$$

(M 7.36) $$\vec{F} = \frac{\mathrm{d}\vec{p}}{\mathrm{d}t} = \frac{\mathrm{d}(m\vec{v})}{\mathrm{d}t} = \dot{\vec{p}}$$

▌ Die Momentankraft ist die 1. Ableitung des Impulses nach der Zeit.

Beachte:
● (M 7.36) gilt auch, wenn die Masse während des Beschleunigungsvorganges nicht konstant ist: relativistischer Massenzuwachs bei stark beschleunigten Elementarteilchen, Raketenstart usw.

7.3.3   Impulssatz

Der folgende Satz ist für die Physik von ähnlich grundlegender Bedeutung wie der Energieerhaltungssatz.

▌ **Impulserhaltungssatz:**
Der Gesamtimpuls eines abgeschlossenen Systems (es wirken keine äußeren Kräfte) ist konstant.

$$(M\ 7.37)\quad \boxed{\vec{p}_1 + \vec{p}_2 + \vec{p}_3 + \cdots = \vec{p}_{\text{ges}} = \sum_{i=1}^{n} \vec{p}_i = \text{konstant}}$$

Beachte:

- Der Gesamtimpuls $\vec{p}_{\text{ges}}$ ist die **Vektorsumme** der Einzelimpulse.
- Soll der Gesamtimpuls $\vec{p}_{\text{ges}}$ konstant bleiben, dann muß die Vektorsumme aller Impulsänderungen null sein:

$$\Delta \vec{p}_{\text{ges}} = \sum_{i=1}^{n} \Delta \vec{p}_i = 0$$

7.3.4   Elastischer Stoß

Als Stoß bezeichnet man das Zusammenprallen von zwei Körpern. Während der Berührung beider findet ein Energie- und Impulsaustausch statt. Nach dem Stoß haben beide Körper nach Betrag und Richtung veränderte Geschwindigkeiten.

Bei einem *geraden zentralen* Stoß bewegen sich die Massenmittelpunkte beider Körper auf einer gemeinsamen Geraden. Die Wechselwirkungskräfte während des Stoßes wirken parallel zur Bewegungsrichtung. Bei der Anwendung des Impulssatzes kann der Gesamtimpuls p_{ges} als **algebraische Summe** der Einzelimpulse betrachtet werden.

Ist der Stoß elastisch, so bewegen sich beide Körper während einer kurzen Berührungsphase mit der gemeinsamen Geschwindigkeit v; dann stoßen sie sich aufgrund ihrer Elastizität wieder voneinander ab und bewegen sich mit unterschiedlichen Geschwindigkeitsbeträgen.

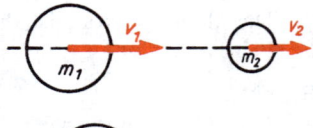

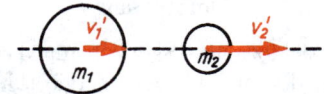

Wenn

m_1 Masse des Körpers 1,

m_2 Masse des Körpers 2,

v_1 Geschwindigkeit des Körpers 1 vor dem Stoß,

v_2 Geschwindigkeit des Körpers 2 vor dem Stoß,

v gemeinsame Geschwindigkeit beider Körper während des Stoßes,

v_1' Geschwindigkeit des Körpers 1 nach dem Stoß,
v_2' Geschwindigkeit des Körpers 2 nach dem Stoß,
dann gilt nach dem Impulssatz (M 7.37)

$$m_1 v_1 + m_2 v_2 = m_1 v_1' + m_2 v_2'$$

oder

$$m_1(v_1 - v_1') = m_2(v_2' - v_2)$$

und nach dem Energiesatz

$$\frac{m_1 v_1^2}{2} + \frac{m_2 v_2^2}{2} = \frac{m_1 v_1'^2}{2} + \frac{m_2 v_2'^2}{2}$$

oder

$$m_1(v_1^2 - v_1'^2) = m_2(v_2'^2 - v_2^2)$$

und daraus

$$m_1(v_1 - v_1')(v_1 + v_1') = m_2(v_2' - v_2)(v_2' + v_2)$$

oder, wenn der umgeformte Impulssatz eingesetzt wird,

(M 7.38) $\boxed{v_1 + v_1' = v_2 + v_2'}$

> Die Summe der Geschwindigkeiten ist für jeden am Stoß beteiligten Körper gleich groß.

Aus (M 7.38) folgt

$$v_2' = v_1' + v_1 - v_2 \quad \text{und} \quad v_1' = v_2 + v_2' - v_1.$$

Nach Einsetzen in den umgeformten Impulssatz ergeben sich

$$m_1(v_1 - v_1') = m_2(v_1' + v_1 - v_2 - v_2) \quad \text{und}$$

$$m_1(v_1 - v_2 - v_2' + v_1) = m_2(v_2' - v_2)$$

oder aufgelöst nach v_1' bzw. v_2'

(M 7.39)
$$\boxed{\begin{aligned} v_1' &= \frac{(m_1 - m_2)v_1 + 2m_2 v_2}{m_1 + m_2} \\ v_2' &= \frac{(m_2 - m_1)v_2 + 2m_1 v_1}{m_2 + m_1} \end{aligned}}$$

$$\begin{array}{c|ccc} & m & v & v' \\ \hline \text{SI} & \text{kg} & \dfrac{\text{m}}{\text{s}} & \dfrac{\text{m}}{\text{s}} \end{array}$$

Beachte:
- Geschwindigkeiten in Gegenrichtung sind *negativ*.

● Die Energiesumme ist vor und nach dem elastischen Stoß gleich; die Körper erfahren keine bleibenden Verformungen.

7.3.5   Unelastischer Stoß

Sind die an einem Stoßvorgang beteiligten Körper *unelastisch,* so verformen sie sich an den Berührungsstellen und bewegen sich dann mit *gemeinsamer* Geschwindigkeit weiter; eine Trennung erfolgt nicht.

Wenn

m_1 Masse des Körpers 1,
m_2 Masse des Körpers 2,
v_1 Geschwindigkeit des Körpers 1 vor dem Stoß,
v_2 Geschwindigkeit des Körpers 2 vor dem Stoß,
v gemeinsame Geschwindigkeit beider Körper nach dem Stoß,

dann gilt entsprechend (M 7.37)

$m_1 v_1 + m_2 v_2 = (m_1 + m_2)v.$ Umgestellt ergibt sich

(M 7.40) $$v = \frac{m_1 v_1 + m_2 v_2}{m_1 + m_2}$$

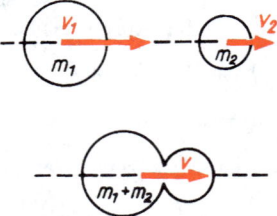

■ Nach dem Gesetz von der Erhaltung der Energie ist die Bewegungsenergie nach dem Stoß kleiner als vor dem Stoß, weil ein Teil der Energie für die Verformung der unelastischen Körper benötigt wird.

Wenn

E_1 Summe der Bewegungsenergien beider Körper vor dem Stoß,
E_2 Summe der Bewegungsenergien beider Körper nach dem Stoß,
ΔE Energieverlust = Verformungsarbeit W,

dann gilt entsprechend (M 7.26)

$$E_1 = \frac{m_1 v_1^2}{2} + \frac{m_2 v_2^2}{2} \quad \text{und} \quad E_2 = \frac{(m_1 + m_2)v^2}{2}.$$

Ersetzt man v durch (M 7.39), so folgt nach entsprechender Umformung für die

Verformungsarbeit

(M 7.41)
$$W = E_1 - E_2 = \frac{m_1 m_2}{2(m_1 + m_2)}(v_1 - v_2)^2$$
Einheiten
$\rightarrow$ (M 7.39)

Beachte:
- Geschwindigkeiten in Gegenrichtung sind negativ.

M

7.3.6   Teilelastischer Stoß

Bei einem elastischen Stoß bleibt die Energiesumme beider Körper erhalten, bei einem unelastischen Stoß wird wegen $v_1' = v_2' = v$ ein maximaler Teil in Verformungsarbeit umgewandelt. Beides sind idealisierte Sonderfälle.

Bei allen realen Stoßvorgängen wird ein mehr oder weniger großer Teil der Energie durch Reibungsvorgänge im Innern der Körper und kleinere Verformungen aufgezehrt.

Von der Verformungsarbeit beim unelastischen Stoß (M 7.41) $W = E_1 - E_2$ wird ein Teil $(E_1 - E_2)k^2$ wieder in kinetische Energie zurückverwandelt.

Wenn
ΔE Energieverlust beim teilelastischen Stoß,
m_1 Masse des Körpers 1,
m_2 Masse des Körpers 2,
v_1 Geschwindigkeit des Körpers 1 vor dem Stoß,
v_2 Geschwindigkeit des Körpers 2 vor dem Stoß,
v_1' Geschwindigkeit des Körpers 1 nach dem Stoß,
v_2' Geschwindigkeit des Körpers 2 nach dem Stoß,
k Stoßzahl, Stoßparameter,
dann gilt für

$$\Delta E = (E_1 - E_2) - (E_1 - E_2)k^2 \quad \text{oder}$$
$$= (E_1 - E_2)(1 - k^2) \quad \text{und mit (M 7.41)}$$

(M 7.42)
$$\Delta E = \frac{m_1 m_2}{2(m_1 + m_2)}(v_1 - v_2)^2 (1 - k^2)$$

	E	m	v	k
SI	J	kg	$\dfrac{\text{m}}{\text{s}}$	–

■ Infolge des Energieverlustes sind die Geschwindigkeiten nach dem teilelastischen Stoß kleiner als nach einem elastischen Stoß. (M 7.38) nimmt hier die Form an

$$(v_1 - v_2)k = v_2' - v_1'.$$

Nach einer hier nicht angeführten Ableitung ergibt sich daraus

(M 7.43)
$$v_1' = \frac{m_1 v_1 + m_2 v_2 - (v_1 - v_2)m_2 k}{m_1 + m_2}$$

$$v_2' = \frac{m_1 v_1 + m_2 v_2 - (v_1 - v_2)m_1 k}{m_1 + m_2}$$

Einheiten
$\rightarrow$ (M 7.42)

Beachte:
● Elastischer Stoß (7.3.4) und unelastischer Stoß (7.3.5) sind Sonderfälle des teilelastischen Stoßes. Die Gleichungen für ΔE, v_1' und v_2' unterscheiden sich nur durch den Wert von k:

－unelastisch $0 = k$
－teilelastisch $0 < k < 1$
－elastisch $k = 1$.

■ Die **Stoßzahl** k, die gewissermaßen den Grad der Elastizität angibt, läßt sich experimentell bestimmen. Man läßt eine Kugel auf eine Platte gleichen Materialls fallen und zurückprallen.

Wenn
k Stoßzahl,
h_1 Fallhöhe,
h_2 Rückprallhöhe,
dann gilt mit $v_2 = 0$ und $m_2 \gg m_1$ entsprechend (M 7.43) $k = -v_1'/v_1$. Mit $v = \sqrt{2gh}$ folgt daraus $k = \sqrt{2gh_2}/\sqrt{2gh_1}$ und schließlich

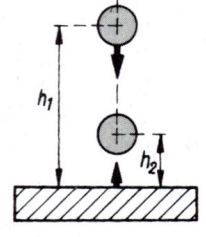

(M 7.44)
$$k = \sqrt{\frac{h_2}{h_1}}$$

Beachte:
● Die Stoßzahl k ist keine reine Materialkonstante, sondern auch von v_1 abhängig. Zahlenwerte $\rightarrow$ Tab. 3.

7.4 Dynamik der Drehbewegung (Dynamik starrer Körper)

7.4.1 Zentripetalkraft

Bewegt sich eine Punktmasse oder ein Massenpunkt eines starren Körpers auf einer Kreisbahn, so ist ständig eine zum Mittelpunkt gerichtete Zentralbeschleunigung (Radialbeschleunigung $a_r \rightarrow 6.4.1$) wirksam. Voraussetzung für die Kreisbewegung ist somit eine zum Drehzentrum gerichtete Kraft. Man nennt sie Zentripetalkraft (Radialkraft). Auch für sie gilt (M 7.2) $\vec{F} = m\vec{a}$.

Wenn

F_r Zentripetalkraft = zum Mittelpunkt weisende Kraft,

r Bahngeschwindigkeit des Körpers,

ω Winkelgeschwindigkeit des Körpers,

r Radius der Kreisbahn,

m Masse des Körpers,

p Impuls des Körpers,

dann gilt entsprechend (M 7.1)

$F_r = ma_r$ oder mit (M 6.82) und (M 7.33)

$$(M\ 7.45) \quad \boxed{F_r = \frac{mv^2}{r} = m\omega^2 r = p\omega}$$

$$\begin{array}{c|ccccc} & F & m & v & r & \omega & p \\ \hline \mathrm{SI} & \mathrm{N} & \mathrm{kg} & \dfrac{\mathrm{m}}{\mathrm{s}} & \mathrm{m} & \dfrac{\mathrm{rad}}{\mathrm{s}} = \dfrac{1}{\mathrm{s}} & \mathrm{N}\cdot\mathrm{s} \end{array}$$

Beachte:
- Die Zentripetalkraft ist die Ursache der Zentralbewegung.
- Die **Zentrifugalkraft** (Fliehkraft) ist die Trägheitskraft, die der Änderung des Bewegungszustandes entgegengerichtet, also vom Drehzentrum weg gerichtet ist ($\rightarrow$ 7.4.2).

Zentripetal- und Zentrifugalkraft sind gleich groß, aber entgegengerichtet.

7.4.2   Trägheitskräfte bei der Rotation

Zentrifugalkraft (Fliehkraft)

Die Zentripetalkraft ($\rightarrow$ 7.4.1) zwingt einen Körper auf eine Kreisbahn und hindert ihn, der Trägheit folgend, tangential weiterzufliegen. Die zur Zentripetalkraft gehörende Gegenkraft (Trägheitskraft) wird als Zentrifugalkraft F_Z (Fliehkraft) bezeichnet. Beide sind entgegengesetzt gleich: $\vec{F}_Z = -\vec{F}_r$.

Wenn

F_Z Fliehkraft, bei einer Kreisbewegung radial nach außen wirkende Trägheitskraft,

dann gilt in Übereinstimmung mit (M 7.45)

(M 7.46)

$$F_Z = \frac{mv^2}{r} = m\omega^2 r = p\omega$$

F	m	v	r	ω		p
N	kg	$\frac{m}{s}$	m	$\frac{rad}{s} = \frac{1}{s}$		N·s

SI

Beachte:

- Bei der Bewegung auf einer Kreisbahn wirkt die Zentrifugalkraft stets zusätzlich zur Gewichtskraft des Körpers. Beide sind nach den Gesetzen der Addition von Kräften zusammenzufassen ($\rightarrow$ 5.1).

Coriolis-Kraft

Bewegt sich in einem rotierenden Bezugssystem ein Körper radial nach innen oder außen, so ändert sich seine Bahngeschwindigkeit. Er erfährt somit eine Tangentialbeschleunigung, deren Ursache die Coriolis-Kraft ist.

Wenn

v konstante Radialgeschwindigkeit des Körpers,
ω Winkelgeschwindigkeit des rotierenden Systems,
m Masse des Körpers,
a_C Coriolis-Beschleunigung,
F_C Coriolis-Kraft,

dann gilt für den Weg des Körpers in Richtung des Radius $r = vt$. Im gleichen Zeitabschnitt bewegt sich ein Punkt im Abstand r vom

Drehzentrum auf einer Kreisbahn um die Strecke $s = r\omega t$ weiter. Aus beiden Gleichungen ergibt sich $s = vt\omega t = v\omega t^2$. Dieser wegen $s \sim t^2$ beschleunigt zurückgelegte Weg ist andererseits $s = at^2/2$. Daraus folgt $v\omega t^2 = at^2/2$ und für die

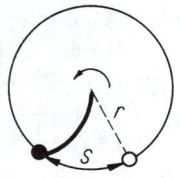

Coriolis-Beschleunigung

(M 7.47) $\boxed{a_C = 2v\omega}$

$$
\begin{array}{c|ccc}
 & a & v & \omega \\
\hline
\text{SI} & \dfrac{\text{m}}{\text{s}^2} & \dfrac{\text{m}}{\text{s}} & \dfrac{\text{rad}}{\text{s}} = \dfrac{1}{\text{s}}
\end{array}
$$

M

Unter Anwendung von (M 7.1) ergibt sich für den *Betrag* der **Coriolis-Kraft** $F_C = ma_C$ oder

(M 7.48) $\boxed{F_C = 2mv\omega}$

$$
\begin{array}{c|cccc}
 & F & m & v & \omega \\
\hline
\text{SI} & \text{N} & \text{kg} & \dfrac{\text{m}}{\text{s}} & \dfrac{\text{rad}}{\text{s}} = \dfrac{1}{\text{s}}
\end{array}
$$

oder in vektorieller Schreibweise für die

Coriolis-Kraft

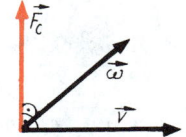

(M 7.49) $\boxed{\vec{F}_C = 2m(\vec{v} \times \vec{\omega})}$

Beachte:
- (M 7.47) bis (M 7.49) gelten auch, wenn v und ω nicht konstant sind. Es ergibt sich dann der *augenblickliche* Wert der Coriolis-Beschleunigung bzw. -Kraft.

7.4.3   Dynamisches Grundgesetz der Rotation

Unter der Wirkung eines Drehmomentes erfährt ein drehbarer starrer Körper eine Winkelbeschleunigung.

Wenn
M Gesamtdrehmoment, das auf den Körper wirkt = Summe der auf die einzelnen Massenelemente Δm wirkenden Drehmomente $M_1 + M_2 + \cdots$,

m Masse des Körpers = Summe der einzelnen Massenelemente $\Delta m_1 + \Delta m_2 + \cdots$,

r_1 Abstand des Massenelementes Δm_1 von der Drehachse usw.,

α	Winkelbeschleunigung, die der starre Körper erfährt, für alle Massenelemente gleich,

J	Trägheitsmoment des Körpers,

dann gilt

$$M = M_1 + M_2 + \cdots + M_n = \sum_{i=1}^{n} M_i$$

$$M = F_1 r_1 + F_2 r_2 + \cdots + F_n r_n = \sum_{i=1}^{n} F_i r_i. \quad \text{Mit}$$

$$Fr = mar = m\frac{\Delta v}{\Delta t} r = m\frac{r\Delta \omega}{\Delta t} r = mr^2\alpha \quad \text{ergibt sich}$$

$$M = r_1^2 \Delta m_1 \alpha + r_2^2 \Delta m_2 \alpha + \cdots + r_n^2 \Delta m_n \alpha = \sum_{i=1}^{n} r_i^2 \Delta m_i \alpha \quad \text{oder,}$$

da die Winkelbeschleunigung für alle Massenelemente gleich ist,

$$M = \alpha \sum_{i=1}^{n} r_i^2 \Delta m_i.$$

Die Summe ist offensichtlich nur von der Verteilung der Körpermasse bezüglich der Drehachse abhängig. Man bezeichnet sie als Trägheitsmoment J. So ergibt sich für den Betrag des einen starren Körper winkelbeschleunigenden Drehmomentes

(M 7.50)	$\boxed{M = J\alpha}$

	M	J	α
SI	$\mathrm{N \cdot m}$	$\mathrm{kg \cdot m^2}$	$\dfrac{\mathrm{rad}}{\mathrm{s^2}} = \dfrac{1}{\mathrm{s^2}}$

oder in vektorieller Schreibweise für das Drehmoment

(M 7.51)	$\boxed{\vec{M} = J\vec{\alpha}}$

Beachte:
- Die für die Rotation geltenden Gleichungen (M 7.50) und (M 7.51) entsprechen den Gleichungen (M 7.1) und (M 7.2) bei der Translation (Dynamisches Grundgesetz).

7.4.4   Trägheitsmoment

Aus (M 7.50) folgt

> Bei einem drehbaren Körper ist das Verhältnis von wirkendem Drehmoment zur erzielten Winkelbeschleunigung eine konstante Größe. Es ist sein Trägheitsmoment.
>
> Drehmoment/Winkelbeschleunigung = Trägheitsmoment

M

Somit ist das Trägheitsmoment (früher als Massenträgheitsmoment bezeichnet) bei der Rotation ein Maß für die Trägheit und entspricht der Masse bei der Translation.

SI-Einheit der Trägheitsmomentes: $[J] = \mathrm{kg} \cdot \mathrm{m}^2$.

Vielfach werden als dezimale Teile $\mathrm{kg} \cdot \mathrm{cm}^2$ und $\mathrm{g} \cdot \mathrm{cm}^2$ verwendet.

■ Das Trägheitsmoment eines auf einer Kreisbahn mit dem Radius r umlaufenden **Massenpunktes** Δm ergibt sich zu

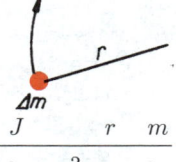

	J	r	m
SI	$\mathrm{kg} \cdot \mathrm{m}^2$	m	kg
VT	$\mathrm{kg} \cdot \mathrm{cm}^2$	cm	kg
VT	$\mathrm{g} \cdot \mathrm{cm}^2$	cm	g

(M 7.52) $$J = r^2 \Delta m$$

Bei einem Körper, der aus n Massenelementen Δm_i besteht, gilt für sein Trägheitsmoment

(M 7.53) $$J = \sum_{i=1}^{n} r_i^2 \Delta m_i$$

Bei kontinuierlicher Massenverteilung muß zur Integralform übergangen werden:

(M 7.54) $$J = \int_{0}^{m_{\mathrm{ges}}} r^2 \, \mathrm{d}m$$

Handelt es sich um einen homogenen Körper mit der Dichte ϱ und dem Volumen V, so ergibt sich wegen $\varrho = m/V$ oder $m = \varrho V$

(M 7.55)
$$J = \varrho \int\limits_0^{V_{\text{ges}}} r^2 \, \mathrm{d}V$$

	J	ϱ	r	V
SI	$\mathrm{kg \cdot m^2}$	$\dfrac{\mathrm{kg}}{\mathrm{m^3}}$	m	$\mathrm{m^3}$

Daraus folgt, daß das Trägheitsmoment eines Körpers abhängt von
▶ seiner Masse und
▶ der Verteilung dieser Masse bezüglich der jeweiligen Drehachse.

■ Eine Berechnung des Trägheitsmomentes ist also nur möglich, wenn die Masse und ihre Verteilung bekannt sind. Das ist einfach, wenn alle Massenelemente Δm den gleichen Abstand von der Drehachse haben, z. B. bei einem dünnen Kreisring.

Wenn
m Masse eines dünnen Kreisringes,
r einheitlicher Abstand aller Massenelemente von der Drehachse,
J_S Trägheitsmoment bezüglich einer durch den Kreismittelpunkt S gehenden Drehachse senkrecht zur Kreisebene,
dann gilt entsprechend (M 7.53), weil $\sum \Delta m = m$,

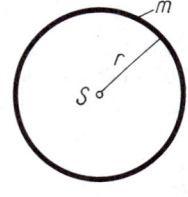

(M 7.56) $J_S = mr^2$

	J	m	r
SI	$\mathrm{kg \cdot m^2}$	kg	m
VT	$\mathrm{kg \cdot cm^2}$	kg	cm
VT	$\mathrm{g \cdot cm^2}$	g	cm

Beachte:
● Die Trägheitsmomente anderer regelmäßig geformter Körper sind in der Übersicht zusammengestellt. Sie wurden mit (M 7.54) bestimmt.
● Das Trägheitsmoment *unregelmäßig* geformter Körper kann experimentell bestimmt werden ($\rightarrow$ 13.2.4).
● Das Trägheitsmoment eines **zusammengesetzten Körpers** ist gleich der Summe der Trägheitsmomente seiner Teile bezüglich der *gleichen* Drehachse.
● Gelegentlich wird das Trägheitsmoment auch als **Drehmasse** bezeichnet.

Freie Achsen

Durch den Schwerpunkt jedes Körpers lassen sich beliebig viele Drehachsen legen. Für zwei bestimmte, senkrecht aufeinander stehende Achsen ist das Trägheitsmoment am größten bzw. am kleinsten ($J_{S\,\text{max}}$ und $J_{S\,\text{min}}$). Nur um diese beiden Achsen ist eine stabile Rotation eines frei beweglichen Körpers möglich. Um eine weitere auf beiden senkrecht stehende Achse ist keine stabile Rotation möglich. Alle drei Achsen bezeichnet man als die **Hauptträgheitsachsen** eines Körpers. Da bei einer Drehung um eine der Hauptträgheitsachsen sich alle Zentrifugalkräfte aufheben, werden diese auch als **freie Achsen** bezeichnet.

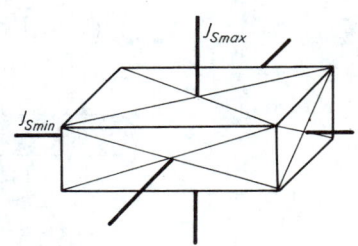

Parallele Achsen

Jede parallele Verlagerung einer Schwerpunktsdrehachse führt zu einer *Vergrößerung* des Trägheitsmomentes.

Wenn

J_S Trägheitsmoment eines Körpers, bezogen auf eine durch den Schwerpunkt S gehende Drehachse,

J_A Trägheitsmoment des gleichen Körpers, bezogen auf eine Drehachse durch A,

s Abstand beider parallel zueinander verlaufender Achsen,

m Masse des Körpers,

dann gilt für die Energie des um S rotierenden Körpers

$$E = J_S\omega^2/2 \quad \text{(M 7.64)}$$

Wird die Drehachse von S nach A verlagert, so führt der Körper gleichzeitig zwei Bewegungen aus, er rotiert nach wie vor um S und zusätzlich um A. Beide Bewegungen erfolgen mit gleicher Winkelgeschwindigkeit.

Übersicht:

Trägheitsmoment J_S einiger Körper (bezogen auf eine Schwerpunktachse)		
Körper	**Lage der Achse**	$J_S =$
Kreisring, dünn		$x:\quad r^2$
		$y:\quad \dfrac{m}{2}r^2$
Kreisring		$x:\quad m\left(r_1^2 + \dfrac{3}{4}r_2^2\right)$
Kreisbogen, dünn		$x:\quad \dfrac{m}{2}r^2\left(1 - \dfrac{\sin\alpha}{\alpha}\right)$
		$y:\quad \dfrac{m}{2}r^2\left(1 + \dfrac{\sin\alpha}{\alpha}\right)$
		$z:\quad mr^2$
Kreisscheibe, dünn		$x:\quad \dfrac{m}{2}r^2$
		$y:\quad \dfrac{m}{4}r^2$
Kreissektor, dünn		$x:\quad \dfrac{m}{4}r^2\left(1 - \dfrac{\sin\alpha}{\alpha}\right)$
		$y:\quad \dfrac{m}{4}r^2\left(1 + \dfrac{\sin\alpha}{\alpha}\right)$
		$z:\quad \dfrac{m}{2}r^2$
Kugel		$\dfrac{2}{5}mr^2$
Hohlkugel		$\dfrac{2}{5}m\dfrac{r_a^5 - r_i^5}{r_a^3 - r_i^3}$
Hohlkugel, dünnwandig		$\dfrac{2}{3}mr^2$

Übersicht (Fortsetzung):

Trägheitsmoment J_S einiger Körper
(bezogen auf eine Schwerpunktachse)

Körper	Lage der Achse	$J_S =$
Zylinder, voll	x :	$\dfrac{m}{2} r^2$
	y :	$\dfrac{m}{12}(3r^2 + h^2)$
Hohlzylinder, dünnwandig	x :	mr^2
	y :	$\dfrac{m}{4}\left(2r^2 + \dfrac{h^2}{3}\right)$
Hohlzylinder	x :	$\dfrac{m}{2}(r_1^2 + r_2^2)$
	y :	$\dfrac{m}{4}\left(r_1^2 + r_2^2 + \dfrac{h^2}{3}\right)$
Stab, lang, dünn	x :	$\dfrac{m}{12} l^2$
Quader	x :	$\dfrac{m}{12}(b^2 + c^2)$
	y :	$\dfrac{m}{12}(a^2 + c^2)$
	z :	$\dfrac{m}{12}(a^2 + b^2)$
Platte, dünn rechteckig	x :	$\dfrac{m}{12} l^2$
Kegel	x :	$\dfrac{3}{10} mr^2$
	y :	$\dfrac{3}{20} m\left(r^2 + \dfrac{h^2}{4}\right)$

M

Die Gesamtenergie des Körpers setzt sich jetzt zusammen aus der Energie der Rotation um S und der Energie bei der Bewegung um A:

$$E = J_S \omega^2/2 + mv^2/2.$$

Daraus wird wegen der Gleichheit der Winkelgeschwindigkeiten beider Bewegungen

$$E = J_S \omega^2/2 + ms^2\omega^2/2 = (J_S + ms^2)\omega^2/2.$$

Die Gesamtenergie beträgt also

$$E = J_A \omega^2/2.$$

Die Beziehung zwischen J_S und J_A heißt

Satz von Steiner

(M 7.57) $\boxed{J_A = J_S + ms^2}$

	J	m	s
SI	$kg \cdot m^2$	kg	m
VT	$kg \cdot cm^2$	kg	cm
VT	$g \cdot cm^2$	g	cm

Beachte:
- Die Achsen durch A und S müssen parallel sein!
- Bei jeder Rotation ist das Trägheitsmoment am kleinsten, wenn die Drehachse durch S verläuft: $ms^2 = 0$.

Reduzierte Masse

Als reduzierte Masse m_{red} bezeichnet man eine Ersatzmasse, die, eigentlich im Abstand r von der Drehachse angeordnet, das gleiche Trägheitsmoment besitzt.

Wenn

m_{red} reduzierte Masse = Ersatzmasse mit gleichem Trägheitsmoment,

J Trägheitsmoment des Körpers,

r vorgegebener einheitlicher Abstand aller Teile der Ersatzmasse von der Drehachse,

dann gilt entsprechend (M 7.56)

$$J = m_{\mathrm{red}} r^2 \quad \text{oder}$$

(M 7.58) $\boxed{m_{\mathrm{red}} = \dfrac{J}{r^2}}$

	m	J	r
SI	kg	$kg \cdot m^2$	m
VT	kg	$kg \cdot cm^2$	cm
VT	g	$g \cdot cm^2$	cm

Übersicht:

Reduzierte Masse einiger Körper		
Zylinder	$m_{red} = 0,5m$	am Zylinderumfang
Hohlzylinder	$m_{red} = 0,5m\left(1 + \dfrac{r_i^2}{r_a^2}\right)$	am äußeren Zylinderumfang
Kugel	$m_{red} = 0,4m$	am Kugeläquator
Kegel	$m_{red} = 0,3m$	am Kegelgrundkreisumfang

M

Trägheitsradius

Als Trägheitsradius i eines Körpers bezeichnet man den Abstand von der Drehachse, den seine *gesamte* Masse bei gleichem Trägheitsmoment haben müßte.

Wenn

i Trägheitsradius = einheitlicher Abstand aller Massenteilchen von der Drehachse,

J Trägheitsmoment des Körpers,

m Masse des Körpers,

r Körperradius,

dann gilt entsprechend (M 7.56)

$J = mi^2$ oder

(M 7.59) $\boxed{i = \sqrt{\dfrac{J}{m}}}$

	m	i	J
SI	kg	m	$kg \cdot m^2$
VT	kg	cm	$kg \cdot cm^2$
VT	g	cm	$g \cdot cm^2$

Übersicht:

Trägheitsradien einiger Körper (bezogen auf Symmetrieachse)	
dünner Kreisring	$i = r$
Zylinder	$i = \sqrt{0,5}\,r = 0,707\,r$
Kugel	$i = \sqrt{0,4}\,r = 0,632\,r$
Kegel	$i = \sqrt{0,3}\,r = 0,548\,r$

Schwungmoment

Häufig wird in der Technik der Begriff Schwungmoment benutzt.

Wenn

mD^2	Schwungmoment des Körpers,
m	Masse des Körpers,
D	Trägheitsdurchmesser $= 2i$,
J	Trägheitsmoment des Körpers,

dann gilt entsprechend (M 7.59)

$$J = mi^2 = mD^2/4 \quad \text{oder}$$

(M 7.60) $\boxed{mD^2 = 4J}$

	D	J	m
SI	m	$\mathrm{kg \cdot m^2}$	kg
VT	cm	$\mathrm{kg \cdot cm^2}$	kg
VT	cm	$\mathrm{g \cdot cm^2}$	g

7.4.5   Arbeit bei der Rotation

Nach (M 7.11) ist Arbeit gleich Kraft mal Weg. Das gilt auch für die Rotation.

Wenn

W	verrichtete Arbeit,
F	konstante Kraft, die tangential am Umfang des rotierenden Körpers wirkt,
s	Weg, der von einem Punkt des Umfangs zurückgelegt wird,
M	konstantes Drehmoment, das der am Umfang angreifenden Kraft entspricht,
φ	Winkel, um den sich der Körper dreht,

dann gilt

$$W = Fs, \quad \text{worin}$$

$$F = M/r \text{ (M 5.8)} \quad \text{und} \quad s_{\mathrm{B}} = \varphi r \text{ (M 6.77)}; \quad \text{daraus}$$

$$W = M\varphi r/r, \quad \text{also}$$

(M 7.61) $\boxed{W = M\varphi}$

W	M	φ
SI	J	$\mathrm{N \cdot m}$	$\mathrm{rad} = 1$

■   Arbeit bei der Rotation = Drehmoment × Drehwinkel

Beachte:

● Das Drehmoment muß während des Vorganges konstant sein. Bei linearer Änderung (Verdrillung einer Drehfeder u. ä.) Mittelwert einsetzten, sonst (M 7.62) benutzen!

● Weitere (SI-fremde) Arbeitseinheiten ($\rightarrow$ 7.2.1).
Umrechnung von Arbeitseinheiten $\rightarrow$ hintere Innenseite des Buchumschlages

■ Ist das Drehmoment nicht konstant, sondern eine Funktion des Drehwinkels, also $M = M(\varphi)$, dann gilt

(M 7.62) $$W = \int_{\varphi_1}^{\varphi_2} M \, d\varphi$$

W	M	φ
SI	J	$N \cdot m$	rad $= 1$

7.4.6   Leistung bei der Rotation

Nach (M 7.29) ist die Momentanleistung $P = \dot{W}$. Das gilt auch für die Arbeit bei einer Drehbewegung.
Wenn

P Leistung,

M Drehmoment, das die Drehung verursacht,

ω Winkelgeschwindigkeit des Körpers,

dann gilt

$$P = \frac{dW}{dt} \quad \text{oder mit (M 7.61)}$$

$$P = \frac{M \, d\varphi}{dt} = M\dot{\varphi}. \quad \text{Daraus}$$

(M 7.63) $P = M\omega$

P	M	ω
SI	W	$N \cdot m$	$\dfrac{rad}{s} = \dfrac{1}{s}$

Momentanleistung
= Momentandrehmoment × Momentanwinkelgeschwindigkeit

Beachte:

● (M 7.63) gilt auch, wenn M *oder* ω konstant ist. Sind M *und* ω konstant, dann ergibt sich für P eine konstante Dauerleistung.

● Weitere (SI-fremde) Leistungseinheiten ($\rightarrow$ 7.2.4).

● Umrechnung von Leistungseinheiten $\rightarrow$ hintere Innenseite des Buchumschlages

M

■   Setzt man in (M 7.63) für $M = Fr$ und für $\omega = v/r$, so ergibt sich nach Vereinfachung übereinstimmend mit (M 7.30) $P = Fv$. Diese Gleichung der Translation kann verwendet werden, wenn F die *tangential* am Körperumfang wirkende Kraft und v die *Umfangsgeschwindigkeit* ist.

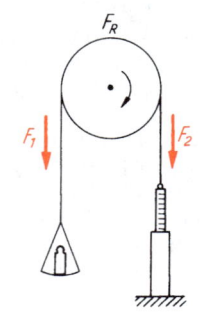

Messung der Motorleistung

Mit Hilfe einer Bremswaage (Pronyscher Zaum) oder eines Bremsbandes kann die Motorleistung gemessen werden. Es ergibt sich

$$P = F_\mathrm{R} v = F_\mathrm{R} r\omega = (F_1 - F_2) \cdot 2\pi f r.$$

7.4.7   Rotationsenergie

Ein rotierender Körper besitzt auf Grund der Geschwindigkeit seiner einzelnen Massenelemente Bewegungsenergie, die in diesem Falle als Rotationsenergie bezeichnet wird. Dabei ist die Energie des gesamten Körpers gleich der Summe der Energien seiner einzelnen Massenelemente.

Wenn

E_rot	Energie des rotierenden Körpers,
J	Trägheitsmoment des Körpers (bezogen auf die Rotationsachse),
ω	Winkelgeschwindigkeit des Körpers,
m_1	Masse des Teilchens 1 usw.,
v_1	Bahngeschwindigkeit des Teilchens 1 usw.,
r_1	Abstand des Teilchens 1 von der Drehachse usw.,

dann gilt

$$E_\mathrm{rot} = E_1 + E_2 + \cdots + E_n$$

$$E_\mathrm{rot} = \frac{r_1^2 \Delta m_1 \omega_1^2}{2} + \frac{r_2^2 \Delta m_2 \omega_2^2}{2} + \cdots + \frac{r_n^2 \Delta m_n \omega_n^2}{2}$$

$$E_\mathrm{rot} = \left(r_1^2 \Delta m_1 + r_2^2 \Delta m_2 + \cdots + r_n^2 \Delta m_n \right) \frac{\omega^2}{2}$$

$$E_\mathrm{rot} = \sum_{i=1}^{n} r_i^2 \Delta m_i \frac{\omega^2}{2}$$

und mit (M 7.53)

$$\text{(M 7.64)} \qquad \boxed{E_{\text{rot}} = \frac{J\omega^2}{2}}$$

$$\text{SI} \quad \begin{array}{c|ccc} & E & J & \omega \\ \hline & \text{J} & \text{kg} \cdot \text{m}^2 & \dfrac{\text{rad}}{\text{s}} = \dfrac{1}{\text{s}} \end{array}$$

■ Eine Änderung der Winkelgeschwindigkeit von ω_1 auf ω_2 hat demnach eine Änderung der Rotationsenergie zur Folge. Diese ist dann

$$\text{(M 7.65)} \qquad \boxed{\Delta E_{\text{rot}} = \frac{J}{2}(\omega_2^2 - \omega_1^2)}$$

Beachte:

- Das in (M 7.64) bzw. (M 7.65) einzusetzende Trägheitsmoment J muß auf die Achse bezogen sein, um die der Körper rotiert; bei Rotation um S: J_S, bei exzentrischer Rotation: J_A.
- Umrechnung von Energieeinheiten→ hintere Innenseite des Buchumschlages.

7.4.8 Drehimpuls

Unter dem *Drehimpuls* (Drall) eines rotierenden Körpers versteht man das Produkt aus seinem Trägheitsmoment und seiner Winkelgeschwindigkeit.

Der Drehimpuls ist eine vektorielle Größe. Er hat die Richtung der Winkelgeschwindigkeit.

SI-Einheit des Drehimpulses: $[L] = \dfrac{\text{kg} \cdot \text{m}^2}{\text{s}} = \text{N} \cdot \text{m} \cdot \text{s}$.

Wenn

L Drehimpuls des rotierenden Körpers,
J Trägheitsmoment des Körpers,
ω Winkelgeschwindigkeit des rotierenden Körpers,
dann gilt

$$\text{(M 7.66)} \qquad \boxed{\vec{L} = J\vec{\omega}}$$

$$\text{SI} \quad \begin{array}{c|ccc} & L & J & \omega \\ \hline & \dfrac{\text{kg} \cdot \text{m}^2}{\text{s}} = \text{N} \cdot \text{m} \cdot \text{s} & \text{kg} \cdot \text{m}^2 & \dfrac{\text{rad}}{\text{s}} = \dfrac{1}{\text{s}} \end{array}$$

■ Eine Änderung des Drehimpulses kann (bei konstantem Trägheitsmoment) nur durch eine Winkelgeschwindigkeitsänderung erfolgen und ist in jedem Falle die Folge eines Drehmomentes.

Wenn
ΔL Änderung des Drehimpulses,
M beschleunigendes Drehmoment,
t Dauer der Beschleunigung,
J Trägheitsmoment des Körpers (bezogen auf die Drehachse),
$\Delta \omega$ Änderung der Winkelgeschwindigkeit des Körpers,
dann gilt entsprechend (M 7.50) und (M 6.57)

$$\vec{M} = J\vec{\alpha} = J\frac{\Delta\vec{\omega}}{\Delta t} \quad \text{oder}$$

(M 7.67)

$$\boxed{\begin{aligned} \Delta\vec{L} &= J\Delta\vec{\omega} \\ &= \vec{M}\,\Delta t \end{aligned}}$$

	L	J	ω	M	t
SI	$\dfrac{\text{kg}\cdot\text{m}^2}{\text{s}} = \text{N}\cdot\text{m}\cdot\text{s}$	$\text{kg}\cdot\text{m}^2$	$\dfrac{\text{rad}}{\text{s}} = \dfrac{1}{\text{s}}$	$\text{N}\cdot\text{m}$	s

Das Produkt $\vec{M}\,\Delta t$ heißt **Drehmomentenstoß** oder **Antriebsmoment**. Es ist gleich der erzielten Drehimpulsänderung.

SI-Einheit des Antriebsmomentes: $[\vec{M}\,\Delta t] = \text{N}\cdot\text{m}\cdot\text{s} = \dfrac{\text{kg}\cdot\text{m}^2}{\text{s}}$.

Beachte:

● (M 7.67) gilt nur, wenn das Drehmoment während der Zeit Δt konstant ist.

■ Ist das Drehmoment nicht konstant, sondern eine Funktion der Zeit, also $\vec{M} = \vec{M}(t)$, so folgt aus

$$\vec{M} = J\vec{\alpha} = J\frac{\mathrm{d}\vec{\omega}}{\mathrm{d}t}$$

$\vec{M}\,\mathrm{d}t = J\,\mathrm{d}\vec{\omega}$ und nach Integration

$$\int_{t_1}^{t_2} \vec{M}\,\mathrm{d}t = J\int_{\omega_1}^{\omega_2} \mathrm{d}\vec{\omega} \quad \text{und daraus}$$

(M 7.68)
$$\boxed{\Delta\vec{L} = J\Delta\vec{\omega} = \int_{t_1}^{t_2} \vec{M}\,\mathrm{d}t}$$

Die Änderung des Drehimpulses bzw. das Antriebsmoment ist das Zeitintegral des Drehmomentes.

■ Aus (M 7.68) ergibt sich die Definition des Drehmomentes $\mathrm{d}\vec{L} = \vec{M}\,\mathrm{d}t$ und daraus

(M 7.69) $$\boxed{\vec{M} = \frac{\mathrm{d}\vec{L}}{\mathrm{d}t} = \frac{\mathrm{d}(J\vec{\omega})}{\mathrm{d}t} = \dot{\vec{L}}}$$

M

Das momentane Drehmoment ist die 1. Ableitung des Drehimpulses nach der Zeit.

Beachte:
● (M 7.69) gilt auch, wenn die Masse während des winkelbeschleunigten Vorganges nicht konstant ist.

Drehimpulserhaltungssatz:
Der Gesamtdrehimpuls (Betrag und Richtung) eines abgeschlossenen Systems (es wirken keine äußeren Drehmomente) ist konstant.

(M 7.70) $$\boxed{\vec{L}_1 + \vec{L}_2 + \cdots + \vec{L}_i = \vec{L}_{\text{ges}} = \sum_{i=1}^{n} \vec{L}_i = \text{konstant}}$$

Beachte:
● Der Gesamtdrehimpuls $\vec{L}_{\text{ges}}$ ist die Vektorsumme der Einzelimpulse!
● Die Gesetzmäßigkeiten der Kreiselbewegung beruhen auf dem Drehimpulserhaltungssatz.
● **Kupplungsvorgänge** sind eine unelastischer Drehstoß mit $\omega_2 = 0$. Beide Körper rotieren nach dem Kuppeln mit gleicher Winkelgeschwindigkeit ω. Für diese folgt aus (M 7.70) und analog (M 7.40)

$$\omega = \frac{J_1\omega_1 + J_2\omega_2}{J_1 + J_2}.$$

7.5   Gravitation

Als Gravitation (oder Massenanziehung) bezeichnet man die von ihren Massen abhängige gegenseitige Anziehung der Körper. Die an der

Erdoberfläche auf alle Körper wirkende *Schwer-* oder *Gewichtskraft* entspricht der Gravitation zwischen Erde und den Körpern. Da auch andere materielle Erscheinungen (Felder, Strahlungen) Masse besitzen, unterliegen sie ebenfalls der Gravitation.

7.5.1   Gravitationsgesetz

Die Anziehungskraft zwischen zwei Körpern heißt Gravitationskraft. Sie läßt sich mit dem Newtonsche Gravitationsgesetz bestimmen.

Wenn

F Gravitationskraft; Anziehungskraft zwischen zwei Körpern,

m_1 Masse des Körpers 1,

m_2 Masse des Körpers 2,

r Abstand der Schwerpunkte beider Körper voneinander,

f Gravitationskonstante $= 6,673 \cdot 10^{-11}\,\mathrm{N} \cdot \mathrm{m}^2/\mathrm{kg}^2$,

dann gilt

	F, G	f		m	r
(M 7.71) $F = f\dfrac{m_1 m_2}{r^2}$ SI	N	$\dfrac{\mathrm{N} \cdot \mathrm{m}^2}{\mathrm{kg}^2} = \dfrac{\mathrm{m}^3}{\mathrm{kg} \cdot \mathrm{s}^2}$		kg	m

Beachte:

● Die Massenanziehung darf nicht mit magnetischer oder elektrostatischer Anziehung verwechselt werden. Sie ist ihrem Wesen nach etwas völlig anderes.

● Bei der Gravitationskraft gibt es keine abstoßende Wirkung, ferner ist gegen sie keine Abschirmung möglich.

■ Aus (M 7.71) erhält man die Gewichtskraft eines Körpers, wenn man im Zähler die Massen der Erde und des Körpers, für r den Abstand des Körpers vom Erdmittelpunkt einsetzt:

(M 7.72) $G = \dfrac{f m_{\mathrm{E}}}{r^2} m_{\mathrm{K}}$ Einheiten $\rightarrow$ (M 7.71)

Die Gewichtskraft eines Körpers nimmt mit dem Quadrat des Abstandes vom Erdmittelpunkt ab, also $G \sim 1/r^2$.

Beachte:

- In einer endlichen Entfernung kann die Gewichtskraft nicht null werden; nur wenn r gegen unendlich geht, geht G gegen null.
- (M 7.72) läßt sich sinngemäß auch auf andere Himmelskörper anwenden.

7.5.2 Fallbeschleunigung

Mit dem Abstand von der Erdoberfläche ändert sich auch die Größe der Fallbeschleunigung. Mit (M 7.72) kann sie für beliebige Abstände bestimmt werden.

M

Wenn
- g_0 Fallbeschleunigung auf der Oberfläche $= 9,807\,\text{m/s}^2$,
- g Fallbeschleunigung im Abstand r vom Erdmittelpunkt,
- R mittlerer Erdradius $= 6,371 \cdot 10^6\,\text{m}$,
- r Abstand vom Erdmittelpunkt $= R + h$,
- m Masse eines beliebigen Körpers,
- M Erdmasse $= 5,974 \cdot 10^{24}\,\text{kg}$,
- f Gravitationskonstante $= 6,673 \cdot 10^{-11}\,\text{m}^3/(\text{kg} \cdot \text{s}^2)$,

dann gilt

Gewichtskraft = Gravitationskraft, also

$$mg_0 = \frac{fmM}{R^2} \quad \text{(auf der Erdoberfläche) und}$$

$$mg = \frac{fmM}{r^2} \quad \text{(im Abstand } r\text{).}$$

Aus beiden Gleichungen gewinnt man die Beziehung

$gr^2 = g_0 R^2 = fM$.   Daraus folgt

(M 7.73) $$g = g_0 \frac{R^2}{r^2} = \frac{fM}{r^2}$$

g	m, M	r, R	f
SI $\frac{\text{m}}{\text{s}^2}$	kg	m	$\frac{\text{m}^3}{\text{kg} \cdot \text{s}^2}$

Die Fallbeschleunigung nimmt mit dem Quadrat des Abstandes vom Erdmittelpunkt ab, also $g \sim 1/r^2$.

Beachte:

- (M 7.73) läßt sich sinngemäß auf andere Himmelskörper übertragen. Für R, M und g_0 sind dann die entsprechenden Werte einzusetzen.

■   Aus obenstehender Ableitung ergibt sich der vielseitig anwend-
bare Ausdruck

(M 7.74) $\boxed{g_0 R^2 = fM}$ Einheiten → (M 7.73)

der ebenfalls auf alle Himmelskörper anwendbar ist.

7.5.3   Gravitationsfeld

Jeder Körper (z. B. die Erde) ist Mittelpunkt eines ihn umgebenden
Kraftfeldes, seines Schwerefeldes. Die Feldstärke bestimmt die Kraft,
die an einer bestimmten Stelle des Feldes auf einen zweiten Körper
wirkt.

Wenn
$\vec{g}$ Gravitationsfeldstärke,
$\vec{F}$ Gravitationskraft, auf einen Körper der Masse m wirkend,
m Masse eines Körpers im Gravitationsfeld,
dann gilt

	g		F	m
(M 7.75) $\vec{g} = \dfrac{\vec{F}}{m}$ SI	$\dfrac{\text{N}}{\text{kg}}$	$= \dfrac{\text{m}}{\text{s}^2}$	N	kg

Beachte:
● $\vec{g}$ ist eine vektorielle Größe, deren Richtung von der Gravitationskraft $\vec{F}$ bestimmt wird. Ihr Betrag folgt aus (M 7.74).
● In Betrag, Richtung, Einheit usw. stimmen Gravitationsfeldstärke und Fallbeschleunigung überein. Ihrem physikalischen Wesen
  nach sind sie verschieden. Während die Feldstärke den Zustand
  des Raumes um einen Körper kennzeichnet, treten Kraft und
  Beschleunigung erst auf, wenn sich ein Probekörper in diesem
  Feld befindet.

■   Stellt man die Funktion $\vec{g} = \vec{g}(r)$ grafisch dar, so erkennt man, daß $\vec{g}$ erst dann
gegen null geht, wenn r gegen unendlich
geht.

Aussagen wie „die Raumsonde hat das
Gravitationsfeld der Erde verlassen"sind
falsch.

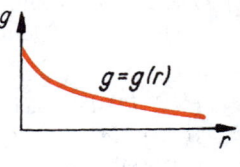

Die Gravitationsfelder der Himmelskörper überlagern sich demnach. Trägt man über der Geraden, die Erd- und Mondmittelpunkt verbindet, die Stärke der Gravitationsfelder beider Himmelskörper auf, so erkennt man, daß von einer bestimmten Stelle an die Feldstärke des Mondes überwiegt.

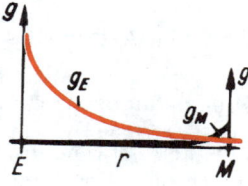

M

7.5.4   Arbeit im Gravitationsfeld

Werden im Gravitationsfeld gegen die Gravitationskraft größere Wege zurückgelegt, so kann wegen $F \sim 1/r^2$ nicht mit $W = Fh$ gerechnet werden (z. B. Raketenstart).

Wenn

W Arbeit bei Bewegung im Schwerefeld,

M Masse der Erde (oder eines anderen Himmelskörpers),

m Masse des bewegten Körpers,

r Abstand vom Erdmittelpunkt,

f Gravitationskonstante $= 6,673 \cdot 10^{-11}$ N $\cdot$ m^2/kg^2,

dann gilt für eine Bewegung in Richtung des Radius $dW = F\,dr$; nach Integration ergibt sich für die gesamte Arbeit

$$W = \int_{r_1}^{r_2} F\,dr = \int_{r_1}^{r_2} f\frac{Mm}{r^2}\,dr = fMm \int_{r_1}^{r_2} \frac{1}{r^2}\,dr \quad \text{und daraus}$$

(M 7.76) $\boxed{W = fMm\left(\dfrac{1}{r_1} - \dfrac{1}{r_2}\right)}$

	W	f	M, m	r
SI	J	$\dfrac{\text{N} \cdot \text{m}^2}{\text{kg}^2}$	kg	m

Beachte:

● W ist unabhängig von Form und Richtung des Weges von r_1 nach r_2, da von den Wegen nur die radialen Komponenten dr in die Rechnung eingehen und diese mit der Kraftrichtung übereinstimmen.

● (M 7.76) läßt sich sinngemäß auf die Gravitationsfelder anderer Himmelskörper übertragen.

7.5.5   Astronautische Geschwindigkeiten

Kreisbahngeschwindigkeit (1. astronautische Geschwindigkeit)

Mit (M 7.73) kann die Kreisbahngeschwindigkeit eines Erdsatelliten in beliebiger Höhe bestimmt werden.

Wenn

v_K Kreisbahngeschwindigkeit eines Satelliten,

h Höhe des Satelliten über der Erdoberfläche,

R Erdradius $= 6,371 \cdot 10^6$ m,

r Radius der Satellitenbahn $= R + h$,

f Gravitationskonstante $= 6,673 \cdot 10^{-11}$ m^3/(kg $\cdot$ s^2)

g_0 Fallbeschleunigung auf der Erdoberfläche $= 9,807$ m/s^2,

M Masse der Erde $= 5,974 \cdot 10^{24}$ kg,

T Umlaufzeit, Dauer eines vollen Umlaufs,

dann gilt für den Satelliten: Gewichtskraft $=$ Zentripetalkraft, also

$mg = mv_K^2/r$.   Daraus folgt

$v_K = \sqrt{gr}$ und mit (M 7.73)

	v	r, R	g	M	f		T
	$\dfrac{\text{m}}{\text{s}}$	m	$\dfrac{\text{m}}{\text{s}^2}$	kg	$\dfrac{\text{m}^3}{\text{kg} \cdot \text{s}^2}$		s

(M 7.77) $v_K = R\sqrt{\dfrac{g_0}{r}} = \sqrt{\dfrac{fM}{r}}$ SI

Beachte:

- Mit (M 7.77) ergibt sich die Geschwindigkeit auf der Kreisbahn. Die Geschwindigkeit bei Brennschluß der Trägerrakete muß jedoch wegen der noch aufzubringenden Hubarbeit entsprechend größer sein.

- Bei einer Kreisbahn in unmittelbarer Nähe der Erdoberfläche ist **$v_K = 7,9$ km/s**.

- (M 7.77) ist sinngemäß auf andere Zentralkörper anwendbar. Sie gilt auch für die Bewegung des Mondes um die Erde. Für die Planetenbewegung um die Sonne ist sie nur anwendbar, wenn die Bahn nicht sehr von der Kreisbahn abweicht, also eine kleine Exzentrizität besitzt.

■ Aus (M 7.77) folgt mit $v_{\mathrm{K}} = \omega r = 2\pi f r = 2\pi r/T$

$$\frac{2\pi r}{T} = R\sqrt{g_0/r} = \sqrt{fM/r} \quad \text{und nach dem Quadrieren}$$

$$\frac{(2\pi r)^2}{T^2} = R^2 g_0/r = fM/r. \quad \text{Nach Umstellung ergibt sich daraus}$$

M

(M 7.78) $\qquad r = \sqrt[3]{\dfrac{R^2 g_0 T^2}{4\pi^2}} = \sqrt[3]{\dfrac{fM T^2}{4\pi^2}} \qquad$ Einheiten → (M 7.77)

Speziell mit den Werten der Erde erhält man nach Einsetzen aller Konstanten

(M 7.79) $\qquad r = \sqrt[3]{1,01 \cdot 10^{13}\,\dfrac{\mathrm{m}^3}{\mathrm{s}^2} \cdot T^2} \qquad$ SI $\left|\begin{array}{cc} r & T \\ \hline \mathrm{m} & \mathrm{s} \end{array}\right.$

Beachte:

● Mit (M 7.78) lassen sich aus der gut beobachtbaren Umlaufzeit T bei Satelliten und Planeten die Bahnradien bestimmen.

Fluchtgeschwindigkeit (2. astronautische Geschwindigkeit)

Sie bestimmt die Mindestgeschwindigkeit, die ein Körper besitzen muß, um das Gravitationsfeld der Erde zu überwinden, d. h. sich ohne weiteren Antrieb unendlich weit von der Erde zu entfernen.

Wenn

m Masse des Körpers,
M Erdmasse = $5,974 \cdot 10^{24}$ kg,
r Abstand des Startortes vom Erdmittelpunkt,
f Gravitationskonstante = $6,673 \cdot 10^{-11}\,\mathrm{m}^3/(\mathrm{kg} \cdot \mathrm{s}^2)$,
v_{F} Fluchtgeschwindigkeit,

dann gilt kinetische Energie des Körpers = erforderliche Arbeit im Schwerefeld: $mv_{\mathrm{F}}^2/2 = fMm/r$ entsprechend (M 7.76), nach Vereinfachung und Umstellung folgt daraus

(M 7.80) $\qquad v_{\mathrm{F}} = \sqrt{\dfrac{2fM}{r}} = v_{\mathrm{K}}\sqrt{2} \qquad$ SI $\left|\begin{array}{cccc} v & f & M & r \\ \hline \mathrm{m} & \mathrm{m}^3 & & \\ \dfrac{\mathrm{m}}{\mathrm{s}} & \dfrac{\mathrm{m}^3}{\mathrm{kg} \cdot \mathrm{s}^2} & \mathrm{kg} & \mathrm{m} \end{array}\right.$

Beachte:

- Für einen Punkt der Erdoberfläche $(r = R)$ ergibt sich $v_F = 11,2\,\text{km/s}$.
- (M 7.80) läßt sich sinngemäß auf andere Himmelskörper übertragen.
- Wählt man die Sonne als Zentralkörper und die Erdoberfläche als Startpunkt, so erhält man die **3. astronautische Geschwindigkeit** mit **16 km/s**.

7.5.6   Keplersche Gesetze

Die Planeten bewegen sich unter dem ständigen Einfluß der zur Sonne gerichteten Gravitationskraft, ebenso Mond und künstliche Erdsatelliten um die Erde. Solche Bewegungen um einen Zentralkörper nennt man *Zentralbewegungen.* Für sie gelten die Keplerschen Gesetze.

1. Keplersches Gesetz

Die Planeten bewegen sich auf Ellipsenbahnen, in deren gemeinsamem Brennpunkt die Sonne steht.

Beachte:

- Strenggenommen bewegen sich Planet und Sonne um den gemeinsamen Schwerpunkt. Weil Sonnenmasse $\gg$ Planetenmasse, liegt dieser jedoch noch innerhalb der Sonne.

2. Keplersches Gesetz

Die Verbindungsgerade Sonne–Planet überstreicht in gleichen Zeiten gleiche Flächen.

Beachte:

- Dies folgt aus dem Gesetz von der Erhaltung des Drehimpulses.
- Bei zunehmendem Abstand Sonne–Planet sinkt die Bahngeschwindigkeit und umgekehrt.

3. Keplersches Gesetz

Die Quadrate der Umlaufzeiten der Planeten verhalten sich wie die Kuben der großen Halbachsen ihrer Bahn um die Sonne, also $r^3/T^2 = $ konstant.

Beachte:

● Dieses Gesetz ergibt sich aus dem Ansatz Zentripetalkraft $=$ Gravitationskraft: $m_P \omega^2 r = f m_S m_P / r^2$, daraus wird

$$\frac{4\pi^2 r}{T^2} = \frac{f m_S}{r^2} \quad \text{und daraus}$$

$$\frac{r^3}{T^2} = \frac{f m_S}{4\pi^2}, \quad \text{wobei der rechte Ausdruck nur aus Konstanten}$$

besteht. Er beträgt $3,362 \cdot 10^{18}\,\mathrm{m^3/s^2}$ (mit der Sonne als Zentralkörper) bzw. $1,010 \cdot 10^{13}\,\mathrm{m^3/s^2}$ (Erde als Zentralkörper).

■ Die Keplerschen Gesetze gelten auch für künstliche Planeten in bezug auf die Sonne und für künstliche Monde (Satelliten) in bezug auf die Erde oder andere Planeten.

7.5.7   Daten des Sonnensystems

Die folgende Übersicht zeigt die wichtigsten Daten der Planeten, der Sonne und des Erdmondes. Die Daten des Planeten Pluto sind unsicher.

Beachte:

● Unter der numerischen Exzentrizität versteht man den Quotienten aus dem Brennpunktsabstand und der großen Achse der Ellipse. Für eine Kreisbahn ist sie null.

● Mittlerer Äquatorradius der Erde: $r_{\ddot{A}} = 6378,140\,\mathrm{km}$,

   mittlerer Polradius: $r_P = 6356,774\,\mathrm{km}$,

   Radius einer volumengleichen Kugel: $r_K = 6371,211\,\mathrm{km}$.

● Masse der Erde: $m_E = 5,974 \cdot 10^{24}\,\mathrm{kg}$.

● Masse der Sonne: $m_S = 3,329 \cdot 10^5\, m_E = 1,989 \cdot 10^{30}\,\mathrm{kg}$.

● Masse des Mondes: $m_M = 0,0123\, m_E = 7,348 \cdot 10^{22}\,\mathrm{kg}$. Sein mittlerer Erdabstand beträgt $384\,400\,\mathrm{km}$, die Exzentrizität seiner Bahn um die Erde $0,0549$.

Körper	mittlerer Sonnenabstand in 10^6 km	Umlaufzeit in a	relative Masse m/m_{Erde}	mittlere Bahngeschwindigkeit in km/s	Fallbeschleunigung[3] in m/s²	mittlere Dichte in kg/dm³	Äquatordurchmesser in 10^3 km	Rotationsdauer	numerische Exzentrizität
Sonne	–	–	332 946	–	273,4	1,42	1393	31 d	–
Merkur	57,9	0,241	0,053	47,9	3,82	5,6	4,88	58,5 d	0,2056
Venus	108,2	0,615	0,815	35,05	8,83	5,2	12,112	–243 d	0,0068
Erde	149,6	1,000	1,000[2]	29,8	9,81	5,52	12,757	23 h 56'	0,0167
Mars	227,9	1,881	0,108	24,14	3,73	3,95	6,790	24 h 37'	0,0934
Jupiter	778,3	11,86	317,9	13,1	24,6	1,30	142,8	9 h 51'	0,0485
Saturn	1 428	29,46	95,11	9,65	10,4	0,68	120,7	10 h 40'	0,0556
Uranus	2 872	84,01	14,52	6,80	9,42	1,19	52,3	10 h 48'	0,0472
Neptun	4 501	164,8	17,22	5,43	11,3	2,2	44,6	15 h 40'	0,0086
Pluto	5 910	247,7	0,05	4,74	8,0	3	2,32	153 h	0,2534
Mond	0,3844[1]	27,32 d	0,01230	1,02	1,63	3,36	3,476	–	0,0549

[1] mittl. Erdabstand
1 Jahr (a) = 365, 25 d

[2] $m_{Erde} = 5,974 \cdot 10^{24}$ kg

[3] an der Oberfläche

8   Ruhende Flüssigkeiten

Infolge der gegenseitigen Verschiebbarkeit der Moleküle besitzen Flüssigkeiten keine eigene Gestalt, sondern nehmen die Form des Gefäßes an. Aus dem gleichen Grund stellt sich die Oberfläche einer Flüssigkeit stets senkrecht zur wirkenden Kraft ein.

> Der Spiegel einer ruhenden Flüssigkeit stellt sich unter dem Einfluß der Schwerkraft stets horizontal, d. h. auf gleiche Höhe, ein.

M

Das gilt auch für kompliziert geformte oder mehrere miteinander verbundene Gefäße.

> In verbundenen Gefäßen steht eine Flüssigkeit überall gleich hoch.

An jeder Stelle innerhalb einer Flüssigkeit herrscht ein Druck.

> Unter dem Druck versteht man das Verhältnis einer *senkrecht* auf eine Fläche wirkenden Kraft zur Größe dieser Fläche.
> Druck = Normalkraft/Fläche

Der Druck ist eine *skalare* Größe, besitzt also keine Richtung.

SI-Einheit des Druckes: $[p] = \dfrac{\text{N}}{\text{m}^2} = \text{Pascal (Pa)} = \dfrac{\text{kg}}{\text{m} \cdot \text{s}^2}$;
außerdem gesetzlich: Bar (bar).
Ungültige Einheiten: Torr,
technische Atmosphäre (at),
physikalische Atmosphäre (atm).

Wenn
p Druck,
A Fläche,
F Kraft, die auf die Fläche wirkt,
dann gilt

(M 8.1) $p = \dfrac{F}{A}$

p	F	A
SI Pa $= \dfrac{\text{N}}{\text{m}^2}$	N	m^2

$1\,\text{at} = 98,07\,\text{kPa}$

Beachte:
● Umrechnung von Druckeinheiten → hintere Innenseite des Buchumschlages.

Umrechnung:

SI-fremde Einheiten:	
1 at = 735, 6 Torr	= 98, 07 kPa
1 m WS = 0, 1 at	= 9, 807 kPa
1 mmHg	= 133, 3 Pa
1 bar = 750 Torr	= 10^5 Pa = 100 kPa = 1 000 hPa
1 Torr	= 133, 3 Pa
1 atm = 760 Torr	= $1, 013 \cdot 10^5$ Pa = 1 013 hPa
1 $\dfrac{\text{pound-force}}{\text{square yard}}$ (lbf/yd^2)	= 5, 320 Pa
1 $\dfrac{\text{pound-force}}{\text{square foot}}$ (lbf/ft^2)	= 47, 88 Pa
1 $\dfrac{\text{pound-force}}{\text{square inch}}$ (lbf/in^2 = psi)	= 6, 895 kPa
1 $\dfrac{\text{poundal}}{\text{square foot}}$ (pdl/ft^2)	= 1, 488 Pa
1 $\dfrac{\text{ton-force}}{\text{square foot}}$ (tonf/ft^2)	= 107, 3 kPa
1 inch of water (inH$_2$O)	= 2, 49, 1 Pa
1 inch of mercury (inHg)	= 3, 386 kPa

8.1   Druck in Flüssigkeiten

8.1.1   Kolbendruck

Wird von außen auf eine Flüssigkeit ein Druck ausgeübt (z. B. mit einem beweglichen Kolben), so pflanzt sich dieser auf Grund der Verschiebbarkeit der Moleküle allseitig mit gleicher Stärke fort. Bei offenen Gefäßen wirkt der Luftdruck als Kolbendruck.

Bei einer **hydraulischer Presse** wirkt auf alle Kolben der gleiche Druck. Er übt aber auf die verschieden großen Kolbenflächen unterschiedliche Kräfte aus. Dabei gilt entsprechend (M 8.1).

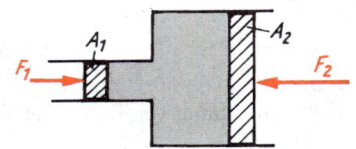

Die Kräfte verhalten sich wie die Kolbenflächen, also wie die Quadrate der Kolbendurchmesser.

$$p = \frac{F_1}{A_1} = \frac{F_2}{A_2} \quad \text{oder} \quad \frac{F_1}{F_2} = \frac{A_1}{A_2} = \frac{d_1^2}{d_2^2}$$

Anwendung findet diese Gesetzmäßigkeit in hydraulischen Hebeeinrichtungen (Wagenheber, Hebebühnen), hydraulischen Bremsen, Druckwandlern u. a.

M

8.1.2 Schweredruck

Jede Flüssigkeit erfährt infolge ihrer eigenen Gewichtskraft einen Druck. Bei Wasser beträgt er je $10\,\text{m}$ Säule $\approx 10^5\,\text{Pa} = 100\,\text{kPa}$.

Wenn

p Schweredruck in der Tiefe h,
h Höhe der drückenden Flüssigkeitssäule,
ϱ Dichte der Flüssigkeit,
g Fallbeschleunigung
   $= 9{,}807\,\text{m/s}^2$,

dann gilt

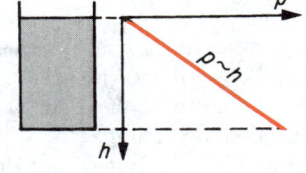

Druck in der Flüssigkeit = Gewichtskraft/Fläche

$p = G/A$ oder wegen (M 7.3)

$p = mg/A$. Mit (M 7.4) $m = \varrho V$ folgt $p = \varrho V g/A$ und, weil für $V = Ah$ gesetzt werden kann,

(M 8.2) $\boxed{p = \varrho g h}$

	p	ϱ	g	h
SI	$\text{Pa} = \dfrac{\text{kg}}{\text{s}^2 \cdot \text{m}}$	$\dfrac{\text{kg}}{\text{m}^3}$	$\dfrac{\text{m}}{\text{s}^2}$	m

Beesobachte:

- Die Dichte ϱ ist temperaturabhängig. Für sehr genaue Rechnungen Dichte mit (W 15.10) umrechnen!
- Die Einheit der Dichte weicht von der in den Tabellen verwendeten ab.
- Boden-, Seiten- und Aufdruck sind in der gleichen Tiefe ebenso groß wie der Schweredruck.
- Umrechnung für die Druckeinheiten $\rightarrow$ hintere Innenseite des Buchumschlages

● Die Summe aus Schwere- und Kolbendruck bezeichnet man als *hydrostatischen Druck*.

8.2   Kompressibilität

Trotz der leichten Verschiebbarkeit der Moleküle lassen sich Flüssigkeiten nur bei sehr großen Drücken merklich zusammendrücken. Sie sind nur *gering volumelastisch*. Die relative Volumenänderung ist dabei der Druckänderung proportional: $\dfrac{\mathrm{d}V}{V} \sim -\mathrm{d}p$.

> Unter der *Kompressibilität* $\varkappa$ versteht man das Verhältnis der relativen Volumenänderung zur erforderlichen Druckänderung:
>
> $$\varkappa = -\frac{\mathrm{d}V}{V\,\mathrm{d}p}$$

Wenn
$\varkappa$ Kompressibilität der Flüssigkeit ($\rightarrow$ Tab. 4),
V Volumen der Flüssigkeit,
ΔV Volumenabnahme bei Drucksteigerung bzw. umgekehrt,
Δp Druckänderung,
dann gilt entsprechend der Definition für die Kompressibilität

(M 8.3) $\boxed{\Delta V = -\varkappa \Delta p V}$

bzw. in differentieller Schreibweise

(M 8.4) $\boxed{\mathrm{d}V = -\varkappa\,\mathrm{d}p V}$

p	$\varkappa$
SI Pa	$\dfrac{1}{\mathrm{Pa}}$

Beachte:
● Die Volumenänderung ist wegen ihrer Kleinheit in vielen Fällen zu vernachlässigen.
● Das Minuszeichen ergibt sich, weil Druck- und Volumenänderung verschiedene Vorzeichen besitzen.
● Die Kompressibilität ist gering temperatur- und druckabhängig.

8.3   Auftrieb

Jeder in eine Flüssigkeit getauchte Körper verliert scheinbar einen Teil seiner Gewichtskraft. Man nennt die seiner Gewichtskraft entgegengerichtete Kraft **Auftriebskraft**. Sie entspricht der Gewichtskraft der vom Körper verdrängten Flüssigkeit und entsteht als Differenz von Aufdruckkraft und Bodendruckkraft. Diese Gesetzmäßigkeit bezeichnet man als

Archimedisches Prinzip:

Beim Eintauchen in eine Flüssigkeit erfährt jeder Körper eine nach oben gerichtete Auftriebskraft. Diese ist dem Betrag nach gleich der Gewichtskraft der vom Körper verdrängten Flüssigkeit.

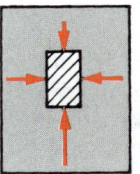

M

Wenn
F_A Auftriebskraft,
V Volumen der vom Körper verdrängten Flüssigkeit,
ϱ Dichte der Flüssigkeit,
g Fallbeschleunigung $= 9,807\,\mathrm{m/s^2}$,

dann gilt

(M 8.5) $\boxed{F_A = V\varrho g}$

	F_A	V	ϱ	g
SI	N	$\mathrm{m^3}$	$\dfrac{\mathrm{kg}}{\mathrm{m^3}}$	$\dfrac{\mathrm{m}}{\mathrm{s^2}}$
VT	N	$\mathrm{dm^3}$	$\dfrac{\mathrm{kg}}{\mathrm{dm^3}}$	$\dfrac{\mathrm{m}}{\mathrm{s^2}}$

Beachte:

● Das Produkt ϱg wurde früher als **Wichte** bezeichnet: $\gamma = G/V = mg/V$. Die Auftriebskraft ergab sich dann zu $F_A = V\gamma$. Da dies nur im Zusammenhang mit der jetzt ungültigen Krafteinheit Kilopond Vorteile brachte, sollte man die Wichte (alte Bezeichnung; spezifisches Gewicht) nicht mehr verwenden.

■ Je nach der Größe der Auftriebskraft F_A gibt es bei einem vollständig eintauchenden Körper mit der Gewichtskraft G_K drei Möglichkeiten:

▶ $F_A < G_K$: Körper **sinkt** zu Boden;
▶ $F_A = G_K$: Körper bleibt vollständig eingetaucht und **schwebt**;
▶ $F_A > G_K$: Körper steigt zur Oberfläche, taucht nur noch teilweise ein und **schwimmt**. Dieser Gleichgewichtszustand ist erreicht, wenn die Gewichtskräfte des Körpers und der verdrängten Flüssigkeit gleich sind ($G_K = G_F$).

8.3.1   Bestimmung der Dichte fester Körper

Man benutzt eine hydrostatische Waage, die es gestattet, einen festen Körper sowohl in Luft als auch in einer Flüssigkeit zu wägen.

Wenn

ϱ zu bestimmende Dichte des festen Körpers,

ϱ_F Dichte der Flüssigkeit, in der der Körper gewogen wird,

G Gewichtskraft des Körpers in Luft,

G_F scheinbare Gewichtskraft des Körpers, wenn er völlig in die Flüssigkeit eintaucht $(G - F_A)$,

dann gilt

(M 8.6) $$\varrho = \varrho_F \frac{G}{G - G_F}$$

Beachte:

● Messung ist nur möglich, wenn der Körper nicht auf der Flüssigkeit schwimmt.

8.3.2   Bestimmung der Dichte von Flüssigkeiten

Hierzu wird ebenfalls eine hydrostatische Waage verwendet.

Wenn

ϱ_1 zu bestimmende Dichte der Flüssigkeit 1,

ϱ_2 Dichte einer bekannten Flüssigkeit 2 (z. B. Wasser),

G Gewichtskraft des festen Körpers (in Luft),

G_{F1} scheinbare Gewichtskraft des Körpers in der Flüssigkeit 1,

G_{F2} scheinbare Gewichtskraft des Körpers in der Flüssigkeit 2,

dann gilt

(M 8.7) $$\varrho_1 = \varrho_2 \frac{G - G_{F1}}{G - G_{F2}}$$

Beachte:

● Es kann ein beliebiger fester Körper benutzt werden, sofern er auf beiden Flüssigkeiten nicht schwimmt. Sein Volumen und seine Dichte brauchen nicht bekannt zu sein.

● Einfacher läßt sich die Dichte mit dem Aräometer (Senkwaage) bestimmen.

9   Ruhende Gase

Charakteristisch für sie ist das fast völlige Fehlen einer Kohäsion. Sie sind daher unbestimmt an Gestalt und Volumen und nehmen beides vom Gefäß an. Sie füllen also jedes ihnen gebotenen Volumen. Jedes Gas steht unter einem bestimmten Druck. Dieser pflanzt sich nach allen Seiten gleichmäßig fort.

M

9.1   Druck und Volumen eines Gases

Der Druck eines Gases ist bei konstanter Temperatur proportional der im Raum anwesenden Anzahl von Molekülen, also seiner Masse. Ferner gilt das

Gesetz von Boyle-Mariotte:

Das Volumen eines eingeschlossenen Gases gleichbleibender Temperatur ist seinem Druck umgekehrt proportional.

oder

Das Produkt aus Druck und Volumen ist bei einem eingeschlossenen Gas gleichbleibender Temperatur konstant.

oder

Bei einem eingeschlossenen Gas konstanter Temperatur sind Druck und Dichte einander proportional:

$p \sim \varrho$

Wenn

p_1 Anfangsdruck des Gases,
p_2 Enddruck des Gases,
V_1 Anfangsvolumen des Gases,
V_2 Endvolumen des Gases,
dann gilt

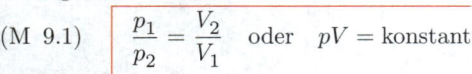

(M 9.1) $$\frac{p_1}{p_2} = \frac{V_2}{V_1} \quad \text{oder} \quad pV = \text{konstant}$$

Beachte:

- Umrechnung von Druckeinheiten → hintere Innenseite des Buchumschlages
- Es ist stets der **Gesamtdruck** (absolute Druck) einzusetzen (→ 9.1.1).

9.1.1   Überdruck

In der Technik wird vielfach der Druck eines Gases als *Überdruck* angegeben.

> Unter dem Überdruck versteht man die Differenz zwischen dem Innendruck und dem äußeren Luftdruck.

Wenn

p absoluter Druck des Gases,

p_L Luftdruck außerhalb des Gasgefäßes,

$p_\ddot{u}$ Überdruck,

dann gilt

(M 9.2) $\boxed{p_\ddot{u} = p - p_L}$

Beachte:

- Ist der genaue Wert des Luftdrucks nicht bekannt, so rechnet man mit $\approx 100\,\text{kPa} = 1\,000\,\text{hPa}$.
- Die Kennzeichnung des Überdrucks darf nicht an der Einheit erfolgen (wie z. B. früher atü).
- Ist in (M 9.2) $p < p_L$, so ergibt sich ein *Unterdruck* p_u.

9.1.2   Messung des Gasdrucks

Zum Messen dienen Manometer:

- offenes Manometer (auf beiden Seiten oben offenes U-Rohr)
- geschlossenes Manometer (auf einer Seite oben zugeschmolzenes U-Rohr)
- Membranmanometer, Röhrenfedermanometer, Bourdonsche Röhre.

9.2   Luftdruck

Das Eigengewicht der Lufthülle erzeugt in der Luft einen Druck, der mit zunehmendem Abstand von der Erdoberfläche kleiner wird. In der *Nähe der Erdoberfläche* gilt:

> Mit je 8 m Höhenunterschied ändert sich der Luftdruck um je $100\,\text{Pa} = 1\,\text{hPa}$.

Setzt man eine in den verschiedenen Höhen gleiche Temperatur voraus, so nimmt der Luftdruck bei zunehmender Höhe nach einer Exponentialfunktion ab.

Wenn

p_0 Luftdruck an der Erdoberfläche,

p_h Luftdruck in der Höhe h,

h Höhe über der Erdoberfläche,

ϱ_0 Luftdichte an der Erdoberfläche,

g Fallbeschleunigung,

e $= 2{,}718\,28$,

dann gilt für Höhen bis zu $\approx 100\,\mathrm{km}$ bei konstanter Temperatur die

barometrische Höhenformel

(M 9.3) $$p_h = p_0 \mathrm{e}^{-\dfrac{\varrho_0 g h}{p_0}}$$

SI $\;\left|\; \begin{array}{cccc} p & \varrho & g & h \\ \hline \mathrm{Pa} = \dfrac{\mathrm{N}}{\mathrm{m}^2} & \dfrac{\mathrm{kg}}{\mathrm{m}^3} & \dfrac{\mathrm{m}}{\mathrm{s}^2} & \mathrm{m} \end{array} \right.$

Für $p_0 = p_\mathrm{n} = 101{,}325\,\mathrm{kPa} = 1\,013{,}25\,\mathrm{hPa}$ am Boden und $t = 0\,^\circ\mathrm{C}$ in der gesamten Atmosphäre folgt aus (M 9.3)

(M 9.4) $$p_h = p_0 \mathrm{e}^{-\dfrac{h}{7{,}99\,\mathrm{km}}}$$

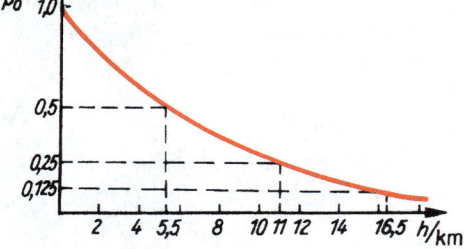

und

(M 9.5) $$h = 18{,}4\,\mathrm{km}\,\lg \dfrac{p_0}{p_h}$$

■ Bei genauen Luftdruckberechnungen muß beachtet werden, daß die Temperatur mit der Höhe abnimmt. Für $p_\mathrm{n} = 1\,013{,}25\,\mathrm{hPa}$ (Jahresmittel in Meereshöhe) und $15\,^\circ\mathrm{C}$ (Jahresmittel in Meereshöhe) gilt für Höhen bis zu $11\,000\,\mathrm{m}$ (Troposphäre) die

internationale Höhenformel

(M 9.6)
$$p_h = 1\,013\,\text{hPa}\left(1 - \frac{6,5h}{288\,\text{km}}\right)^{5,255}$$

und

(M 9.7)
$$\varrho_h = 1,225\,5\,\frac{\text{kg}}{\text{m}^3}\left(1 - \frac{6,5h}{288\,\text{km}}\right)^{4,255}$$

Beachte:

- Der jeweilige Luftdruck ist orts-, temperatur- und wetterabhängig.
- In Meeresspiegelhöhe herrscht bei $15\,°\text{C}$ Jahresmittel ein Luftdruck von p_n = $\mathbf{1\,013, 25\,hPa = 101, 325\,kPa}$ **(Normdruck).**
- Den Luftdruck im Jahresmittel in Abhängigkeit von der Höhe → Tab. 5!

9.2.1   Luftdruckmessung

Der Luftdruck wird mit Barometern gemessen:
- Dosenbarometer (Aneroidbarometer),
- Quecksilberbarometer

Die Anzeige eines Quecksilberbarometers ist abhängig von der Temperatur des Quecksilbers, denn dieses unterliegt der Wärmeausdehnung. Bei genauen Messungen ist daher umzurechnen.

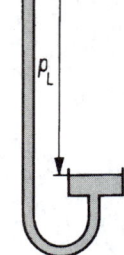

Wenn

p_0 auf $0\,°\text{C}$ reduzierte Luftdruckanzeige,

p_t bei der Temperatur t abgelesener Luftdruck,

t Temperatur des Quecksilbers,

dann gilt

(M 9.8)
$$p_0 = p_t(1 - 0,000\,181\,t/°\text{C})$$

9.2.2   Wirkung des Luftdrucks

Die Funktionen folgender Geräte lassen sich mit dem Wirken des Luftdrucks erklären:

Pipette, Kolbensaugpumpe, Kolbendruckpumpe, Kreiselpumpe.

■ Die größte Förderhöhe einer Saugpumpe ergibt sich aus der Überlegung: Schweredruck = Luftdruck. Da der Luftdruck $\approx 10^5$ Pa beträgt, kann die Förderhöhe bei Wasser auch nicht größer als $\approx 10\,\mathrm{m}$ sein.

10   Strömungen

Unter einer Strömung versteht man die Bewegung von Flüssigkeiten oder Gasen. Die Gesetze strömender Flüssigkeiten gelten auch für strömende Gase, solange die Strömungsgeschwindigkeit unter der Schallgeschwindigkeit bleibt, d. h. die strömenden Gase als praktisch inkompressibel angesehen werden können. Ursache einer Strömung sind u. a. Schwerkraft und Druckdifferenzen.

Jedes Teilchen einer Strömung hat in jedem Augenblick eine in Betrag und Richtung bestimmte Geschwindigkeit. Den Raum, den die strömenden Teilchen erfüllen, bezeichnet man als **Strömungsfeld**. Zur Kennzeichnung der Geschwindigkeitsrichtung der Teilchen verwendet man **Stromlinien**. Die an einen Punkt der Stromlinie gelegte Tangente gibt die Strömungsrichtung in diesem Punkte an. Die Verhältnisse sind besonders übersichtlich, wenn die Bahnen der Teilchen mit den Stromlinien übereinstimmen. Das ist der Fall, wenn die Stromlinien für eine längere Zeit ihre Form behalten, die Strömung heißt dann **stationär**.

10.1   Reibungsfreie Strömung

Sieht man von Wirbelbildung und vor allem innerer Reibung ab, spricht man von einer **idealen Flüssigkeit** und einer **idealen Strömung**.

10.1.1   Ausfluß aus Gefäßen

Die Ausflußgeschwindigkeit hängt nur von der Höhe der drückenden Flüssigkeitssäule ab, wie sich mit dem Ansatz $\varrho g h = \varrho v^2/2$ als Sonderfall aus (M 10.7) ergibt; vorausgesetzt, die Oberfläche besitzt keine nennenswerte Sinkgeschwindigkeit.

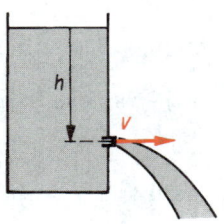

Wenn

v Ausflußgeschwindigkeit,

h Druckhöhe = Tiefe der Ausflußöffnung unter dem Flüssigkeits-
       spiegel,

g Fallbeschleunigung = $9,807\,\mathrm{m/s^2}$,

dann gilt

(M 10.1) $\boxed{v = \sqrt{2gh}}$

$$\text{SI} \left|\; \begin{array}{ccc} v & g & h \\ \dfrac{\mathrm{m}}{\mathrm{s}} & \dfrac{\mathrm{m}}{\mathrm{s^2}} & \mathrm{m} \end{array} \right.$$

Beachte:

● Die Ausflußgeschwindigkeit ist so groß wie
  nach einem freien Fall aus der Höhe h.

● Der Luftdruck ist ohne Wirkung, weil er
  beiderseitig wirkt.

■ In Wirklichkeit ist die Ausflußgeschwindigkeit vor allem an scharfkantigen Ausströmöff-
nungen z. T. erheblich kleiner.

Das wird berücksichtigt mit der **Ausflußzahl μ**

(M 10.2) $\boxed{v = \mu\sqrt{2gh}}$

● Zahlenwerte für $\mu \rightarrow$ Abbildung!

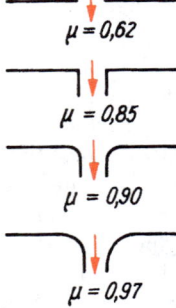

$\mu = 0{,}62$

$\mu = 0{,}85$

$\mu = 0{,}90$

$\mu = 0{,}97$

10.1.2   Durchfluß durch Röhren

Wenn

V Volumen der durch den Querschnitt A strömenden Flüssigkeit,

t Dauer der Strömung,

A Querschnitt des Rohres,

v Strömungsgeschwindigkeit der Flüssigkeit,

dann gilt

(M 10.3) $\boxed{V = Avt}$

$$\text{SI} \left|\; \begin{array}{cccc} V & A & v & t \\ \mathrm{m^3} & \mathrm{m^2} & \dfrac{\mathrm{m}}{\mathrm{s}} & \mathrm{s} \end{array} \right.$$

Hierin wird das Produkt $A \cdot v$ als Volumenstrom $\dot{V}$ bezeichnet.

(M 10.4) $\boxed{\dot{V} = Av = \dfrac{V}{t}}$

$$\text{SI} \left|\; \begin{array}{ccccc} \dot{V} & A & v & V & t \\ \dfrac{\mathrm{m^3}}{\mathrm{s}} & \mathrm{m^2} & \dfrac{\mathrm{m}}{\mathrm{s}} & \mathrm{m^3} & \mathrm{s} \end{array} \right.$$

oder für den momentanen Volumenstrom

(M 10.5) $\boxed{\dot{V} = \dfrac{\mathrm{d}V}{\mathrm{d}t}}$

SI-Einheit des Volumenstroms: $[\dot{V}] = \dfrac{\mathrm{m}^3}{\mathrm{s}}$.

■ Aus (M 10.4) folgt, daß durch jeden Querschnitt eines Rohres in der gleichen Zeit t das gleiche Volumen V hindurchtreten muß, da ja die Flüssigkeit so gut wie nicht kompressibel ist. Durch kleinere Querschnitte strömt die Flüssigkeit schneller und umgekehrt.

Wenn
A_1 Querschnitt an der Stelle 1,
A_2 Querschnitt an der Stelle 2,
v_1 Geschwindigkeit an der Stelle 1,
v_2 Geschwindigkeit an der Stelle 2,
dann gilt die

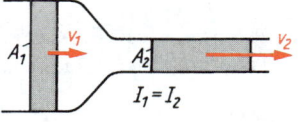

Kontinuitätsgleichung (Durchflußgleichung)

(M 10.6) $\boxed{A_1 v_1 = A_2 v_2}$ oder $\boxed{Av = \text{konstant}}$ $A \sim \dfrac{1}{v}$

10.1.3   Druck in Strömungen

In jeder Strömung setzt sich der Gesamtdruck aus zwei Teildrücken zusammen:

▶ der **statische Druck** folgt aus der potentiellen Energie der unter Druck stehenden Flüssigkeit;

▶ der **dynamische Druck (Staudruck)** folgt aus der kinetischen Energie der strömenden Flüssigkeit.

Mit der Strömungsgeschwindigkeit wächst deshalb der dynamische Druck, dafür sinkt der statische Druck. In einer ruhenden Flüssigkeit

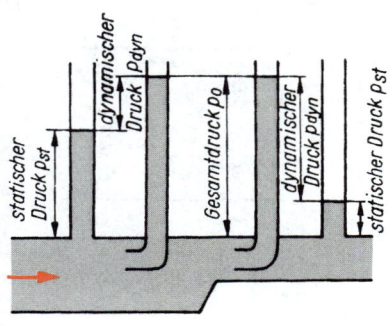

ist der dynamische Druck null und der statische Druck gleich dem Gesamtdruck, dem hydrostatischen Druck. Dieser wiederum ergibt sich als Summe aus Kolbendruck ($\rightarrow$ 8.1.1) und Schweredruck ($\rightarrow$ 8.1.2).

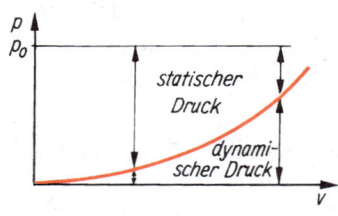

Gesetz von Bernoulli:

In einer stationären Strömung ist die Summe aus statischem und dynamischem Druck konstant. Sie entspricht dem hydrostatischen Druck der ruhenden Flüssigkeit.

■ Strömt die Flüssigkeit durch eine geneigte Röhre, so muß zusätzlich die damit verbundene Energieänderung berücksichtigt werden.

Wenn

p_1 statischer Druck an der Stelle 1,

p_2 statischer Druck an der Stelle 2,

v_1 Strömungsgeschwindigkeit an der Stelle 1,

v_2 Strömungsgeschwindigkeit an der Stelle 2,

h_1 Höhe der Strömung an der Stelle 1 über einem willkürlich gewählten Niveau,

h_2 Höhe der Strömung an der Stelle 2,

p_0 Gesamtdruck, er entspricht dem statischen Druck bei $v = 0$,

ϱ Dichte der Flüssigkeit,

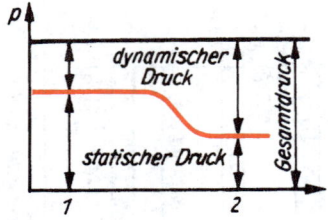

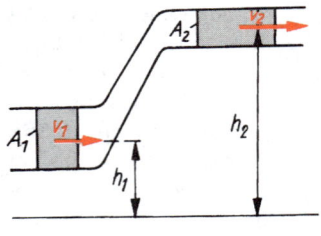

dann gilt für die zur Änderung von Geschwindigkeit v und Höhe h erforderliche Arbeit

W = Gewinn an Lageenergie + Gewinn an kinetischer Energie.

Da für das *Volumenelement* ΔV

$$W = F\Delta s = pA\Delta s = p\Delta V, \quad \text{ergibt sich}$$

$$(p_1 - p_2)\Delta V = mg(h_2 - h_1) + \frac{\Delta m}{2}(v_2^2 - v_1^2)$$

und nach Division durch ΔV, das ja wegen der Inkompressibilität von Flüssigkeiten unverändert bleibt,

$$p_1 - p_2 = \varrho g h_2 - \varrho g h_1 + \frac{\varrho}{2}v_2^2 - \frac{\varrho}{2}v_1^2.$$

Geordnet nach Indizes ergibt dies die

Bernoullische Gleichung

(M 10.7)
oder

$$p_1 + \varrho g h_1 + \frac{\varrho}{2}v_1^2 = p_2 + \varrho g h_2 + \frac{\varrho}{2}v_2^2$$

$$p + \varrho g h + \frac{\varrho}{2}v^2 = \text{konstant}$$

Einheiten
$\rightarrow$ (M 10.8)

Die Summe aus statischem Druck p, Schweredruck $\varrho g h$ und dynamischem Druck $\varrho v^2/2$ ist an jeder Stelle einer Stromlinie konstant.

Beachte:

● (M 10.7) gilt nur für eine reibungsfreie Strömung.

Verläuft die Strömung annähernd in gleicher Höhe, so vereinfacht sich (M 10.7) zu

(M 10.8)
oder

$$p_1 + \frac{\varrho}{2}v_1^2 = p_2 + \frac{\varrho}{2}v_2^2$$

$$p + \frac{\varrho}{2}v^2 = p_0 = \text{konstant}$$

	p	ϱ	v	g	h
SI	Pa	$\frac{\text{kg}}{\text{m}^3}$	$\frac{\text{m}}{\text{s}}$	$\frac{\text{m}}{\text{s}^2}$	m

10.1.4 Druckmessung in Strömungen

■ **Statischer Druck**. Man mißt ihn mit einem rechtwinklig zur Strömungsrichtung angebrachten Manometer. Ist es im einfachsten Fall ein offenes Flüssigkeitsmanometer, so mißt es den Überdruck (p_{st} – Luftdruck).

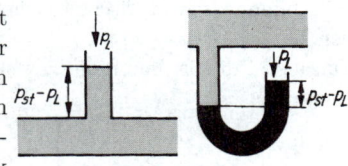

■ **Gesamtdruck**. Er wird mit einem in Strömungsrichtung angebrachten Manometer **(Pitot-Rohr)** gemessen und ist um den Staudruck
größer als der statische Druck.

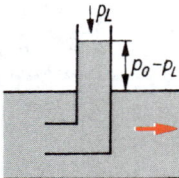

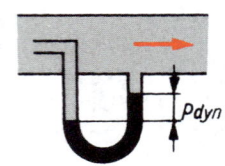

■ **Staudruck**. Die Differenz aus Gesamt- und
statischem Druck mißt man mit einer Kombination der entsprechenden Geräte. Man nennt
sie **Prandtlsches Staurohr** und benutzt dieses
besonders zur Bestimmung der Strömungsgeschwindigkeit in Gasen.

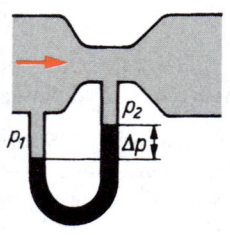

Wenn
v Geschwindigkeit des strömenden Mediums,
p_0 Gesamtdruck,
p statischer Druck,
ϱ Dichte des Mediums,
dann gilt entsprechend (M 10.8)

(M 10.9) $$v = \sqrt{\frac{2(p_0 - p)}{\varrho}}$$

$$\text{SI} \quad \begin{array}{c|ccc} v & p & & \varrho \\ \hline \dfrac{m}{s} & Pa & = & \dfrac{kg}{m \cdot s^2} & \dfrac{kg}{m^3} \end{array}$$

■ **Differenz zweier statischer Drücke.** Besonders zur Bestimmung der Strömungsgeschwindigkeit in Flüssigkeiten verwendet
man das **Venturi-Rohr**. Es gestattet, an zwei
Stellen mit unterschiedlichem Querschnitt
die Differenz der statischen Drücke zu messen.
Daraus ist die Strömungsgeschwindigkeit bestimmbar.

Wenn
p_1, v_1, A_1 Druck, Geschwindigkeit und Querschnittsfläche an der
                Stelle 1,

p_2, v_2, A_2 Druck, Geschwindigkeit und Querschnittsfläche an der Stelle 2,

ϱ Dichte des strömenden Mediums,

dann gilt entsprechend (M 10.8)

$$\Delta p = p_1 - p_2 = \frac{\varrho}{2} v_2^2 - \frac{\varrho}{2} v_1^2 = \frac{\varrho}{2}(v_2^2 - v_1^2).$$

Aus (M 10.6) folgt $v_2 = A_1 v_1 / A_2$, und damit wird

M

$$\Delta p = \frac{\varrho}{2}\left(\frac{A_1^2}{A_2^2} v_1^2 - v_1^2\right) = \frac{\varrho}{2} v_1^2\left[\left(\frac{A_1}{A_2}\right)^2 - 1\right] \quad \text{und umgestellt}$$

(M 10.10)

$$v_1 = \sqrt{\frac{2\Delta p}{\varrho\left[\left(\dfrac{A_1}{A_2}\right)^2 - 1\right]}}$$

	v	p		ϱ	A
SI	$\dfrac{\text{m}}{\text{s}}$	$\text{Pa} = \dfrac{\text{kg}}{\text{m} \cdot \text{s}^2}$		$\dfrac{\text{kg}}{\text{m}^3}$	m^2

Aus (M 10.4) $\dot{V} = Av$ folgt für den Volumenstrom $\dot{V}$ in einer Strömung

(M 10.11)

$$\dot{V} = A_1 \sqrt{\frac{2\Delta p}{\varrho\left[\left(\dfrac{A_1}{A_2}\right)^2 - 1\right]}}$$

	$\dot{V}$	p		ϱ	A
SI	$\dfrac{\text{m}^3}{\text{s}}$	$\text{Pa} = \dfrac{\text{kg}}{\text{m} \cdot \text{s}^2}$		$\dfrac{\text{kg}}{\text{m}^3}$	m^2

10.2   Laminare Strömung

Strömungen mit innerer Reibung, aber ohne Wirbelbildung, bezeichnet man als laminar. Die innere Reibung ist eine Folge der Kraftwirkung zwischen den Molekülen. Im Gegensatz zur äußeren Reibung, die zwischen den Grenzflächen zweier Körper auftritt, beobachtet man sie nur im Inneren des strömenden Mediums zwischen benachbarten Flüssigkeitsschichten verschiedener Geschwindigkeit.

10.2.1   Dynamische Viskosität (Zähigkeit)

Die innere Reibung wird spürbar, wenn z. B. in einer Flüssigkeit parallel zu einer ebenen Wand eine ebene Platte bewegt werden soll. Das erfordert eine Kraft, die dem Betrag nach gleich der Reibungskraft ist.

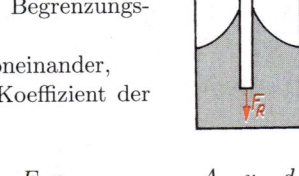

Wenn

F_R innere Reibungskraft,

A Berührungsfläche,

v Relativgeschwindigkeit zwischen Begrenzungsflächen,

d Abstand der Begrenzungsflächen voneinander,

η dynamische Viskosität, Zähigkeit, Koeffizient der inneren Reibung ($\to$ Tab. 6),

dann gilt

F	η		A	v	d

(M 10.12) $F_R = \dfrac{\eta A v}{d}$ $\quad$ SI $\quad$ N $\dfrac{\text{N} \cdot \text{s}}{\text{m}^2} = \text{Pa} \cdot \text{s} \quad \text{m}^2 \quad \dfrac{\text{m}}{\text{s}} \quad \text{m}$

SI-Einheit der dynamischen Viskosität: $[\eta] = \text{Pascalsekunde (Pa} \cdot \text{s)}$
$$= \frac{\text{N} \cdot \text{s}}{\text{m}^2} = \frac{\text{kg}}{\text{m} \cdot \text{s}}.$$

Unzulässige Einheiten: Poise (P) und
$\qquad\qquad\qquad$ Zentipoise (cP).

Umrechnung:

1 Poise (P) = 0,1 Pa · s = 0,1 $\dfrac{\text{N} \cdot \text{s}}{\text{m}^2}$	1 cP = 1 mPa · s = 1 $\dfrac{\text{mN} \cdot \text{s}}{\text{m}^2}$

(M 10.12) gilt auch für Zwischenschichten in einem Abstand $\Delta d < d$, wenn die entsprechende Relativgeschwindigkeit Δv eingesetzt wird:

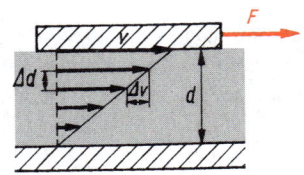

(M 10.13) $F_R = \eta A \dfrac{\Delta v}{\Delta d}$

v/d bzw. $\Delta v/\Delta d$ wird als **Geschwindigkeitsgefälle** bezeichnet. Ist dieses nicht konstant, so tritt an seine Stelle dv/dd (**Geschwindigkeitsgradient**):

| | F | η | | A | v | d |

(M 10.14) $\quad \boxed{F_R = \eta A \dfrac{dv}{dd}} \qquad\qquad$ SI $\left| \; N \quad \dfrac{N \cdot s}{m^2} = Pa \cdot s \quad m^2 \quad \dfrac{m}{s} \quad m \right.$

Beachte:

- Die dynamische Viskosität η nimmt bei Flüssigkeiten mit steigender Temperatur sehr stark ab: $\eta \approx A e^{b/T}$, worin A und b empirische Konstanten sind.
- Die dynamische Viskosität η nimmt bei Gasen mit steigender Temperatur zu!

■ Ferner werden die Begriffe **Fluidität** und **kinematische Viskosität** verwendet.

Unter der *Fluidität* versteht man den Kehrwert der dynamischen Viskosität:

Fluidität $\varphi = 1/$dynamische Viskosität η

SI-Einheit der Fluidität: $[\varphi] = \dfrac{m^2}{N \cdot s} = \dfrac{1}{Pa \cdot s}$.

Als *kinematische Viskosität* bezeichnet man den Quotienten aus der dynamischen Viskosität des Mediums und seiner Dichte:

Kinematische Viskosität $\nu = \dfrac{\text{dynamische Viskosität } \eta}{\text{Dichte } \varrho}$

SI-Einheit der kinematischen Viskosität: $[\nu] = \dfrac{m^2}{s}$.

Unzulässige Einheiten: Stokes (St) und
$\qquad\qquad\qquad\qquad$ Zentistokes (cSt).

Umrechnung:

$$1\ \text{Stokes (St)} = 10^{-4}\ \frac{m^2}{s} = 1\ \frac{cm^2}{s} \qquad 1\ cSt = 10^{-6}\ \frac{m^2}{s} = 1\ \frac{mm^2}{s}$$

10.2.2   Laminare Strömung durch ein Rohr

In laminaren Strömungen haben die einzelnen Flüssigkeitsschichten unterschiedliche Geschwindigkeit. Unmittelbar an den Wandungen ist sie null, in der Rohrachse am größten. Um die Geschwindigkeit im Abstand r von der Rohrachse zu bestimmen, betrachtet man einen Flüssigkeitszylinder, der sich mit konstanter Geschwindigkeit durch die Flüssigkeit bewegt.

Wenn

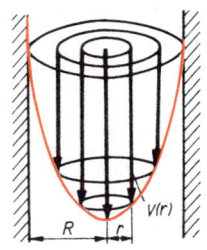

v Geschwindigkeit im Abstand r von der Rohrachse,

r Radius des bewegten Zylinders,

l Länge des Zylinders,

R Innenradius des Rohres,

Δp Druckdifferenz zwischen beiden Zylinderenden,

η dynamische Viskosität der Flüssigkeit ($\rightarrow$ Tab. 6),

dann gilt, weil die Beträge der auf den Zylinder wirkenden Kraft und der Reibungskraft gleich sein müssen,

$\eta A \, \mathrm{d}v/\,\mathrm{d}r = -r^2 \pi \Delta p$

$\eta \cdot 2\pi r l \, \mathrm{d}v/\mathrm{d}r = -r^2 \pi \Delta p$ und daraus

$\eta \cdot 2l \, \mathrm{d}v/\mathrm{d}r = -r\Delta p.$ Für $\mathrm{d}v$ folgt daraus

$\mathrm{d}v = \dfrac{\Delta p r}{2l\eta} \mathrm{d}r$ und für v nach Integration

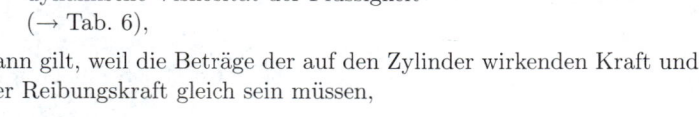

$$v = \int\limits_{v}^{0} \mathrm{d}v = \int\limits_{r}^{R} \frac{\Delta p r}{2l\eta} \mathrm{d}r$$

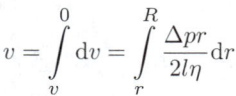

(für $r = R$ muß $v = 0$ werden)

(M 10.15) $\boxed{v = \dfrac{\Delta p}{4l\eta}(R^2 - r^2)}$ Einheiten $\rightarrow$ (M 10.16)

Beachte:

● Die Spitzen der Geschwindigkeitsvektoren liegen auf einem Paraboloid, die Geschwindigkeitsverteilung ist parabolisch.

■ Für die Berechnung des in der Zeit t durch das Rohr strömenden Flüssigkeitsvolumens kann (M 10.3) nicht verwendet werden.

M

Wenn
V Volumen der Flüssigkeit, das in der Zeit t das Rohr durchströmt,
R Radius des Rohres (mit glatter Wandung),
Δp Druckdifferenz zwischen den beiden Rohrenden,
t Dauer des Flusses,
l Länge des Rohres,
η dynamische Viskosität ($\rightarrow$ Tab. 6),
dann gilt, weil durch einen Hohlzylinder zwischen r und $\mathrm{d}r$ in der Zeit t das Volumen $\mathrm{d}V$ strömt:

$\mathrm{d}V = 2\pi r\, \mathrm{d}r\, tv$ und mit (M 10.15)

$\mathrm{d}V = 2\pi r\, \mathrm{d}r\, t\, \Delta p (R^2 - r^2)/(4\eta l)$ und durch das ganze Rohr

$V = \displaystyle\int_{r=0}^{R} \mathrm{d}V = \int_{r=0}^{R} 2\pi t \frac{\Delta p (R^2 - r^2)}{4\eta l} r\, \mathrm{d}r.$ Dies ergibt das

Gesetz von Hagen-Poiseuille

(M 10.16) $V = \dfrac{\pi\, \Delta p t R^4}{8\eta l}$

V	p	t	R	l	η	v
SI m^3	Pa	s	m	m	Pa·s	$\dfrac{\mathrm{m}}{\mathrm{s}}$

Beachte:

● Das Durchflußvolumen ($V \sim \Delta p R^4$) kann in erster Linie durch Vergrößerung des Radius und nicht der Druckdifferenz gesteigert werden.

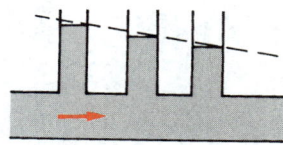

Aus (M 10.16) folgt für ein Rohr mit konstantem Querschnitt $\Delta p \sim l$.

▌ Der Druckabfall ist in einem Rohr mit konstantem Querschnitt proportional der Länge.

■ Aus (M 10.16) läßt sich die vom strömenden Medium auf die Rohrwand ausgeübte Reibungskraft bestimmen, wenn man die wegen der Druckdifferenz zwischen beiden Rohrenden auf die Flüssigkeit wirkende Kraft gleichsetzt dem Betrag der Reibungskraft. Durch Umstellen von (M 10.16) ergibt sich

$$F_{\mathrm{R}} = F = R^2 \pi \Delta p = 8\eta l V/(R^2 t).$$

Führt man mit $\bar{v} = V/(\pi R^2 t)$ die mittlere Geschwindigkeit ein, so erhält man

(M 10.17) $\boxed{F_{\mathrm{R}} = 8\pi \eta l \bar{v}}$

F	η		l	v
N	Pa · s $=$	$\dfrac{\mathrm{N \cdot s}}{\mathrm{m}^2}$	m	$\dfrac{\mathrm{m}}{\mathrm{s}}$

SI

10.2.3   Laminare Strömung um eine Kugel

Bewegt sich eine Kugel durch eine Flüssigkeit, so ist eine Reibungskraft zu überwinden.

Wenn
F_{R} zu überwindende Reibungskraft,
v Geschwindigkeit der Kugel relativ zur Flüssigkeit,
r Radius der Kugel,
η dynamische Viskosität,
dann gilt unter der Voraussetzung, das die Reynoldssche Zahl ($\rightarrow$ 10.3.3) $Re < 1$, das

Stokessche Gesetz

(M 10.18) $\boxed{F_{\mathrm{R}} = 6\pi \eta r v}$

F	η		r	v
N	Pa · s $=$	$\dfrac{\mathrm{N \cdot s}}{\mathrm{m}^2}$	m	$\dfrac{\mathrm{m}}{\mathrm{s}}$

SI

■ Viskositätsbestimmungen mit dem **Höppler-Viskosimeter** beruhen auf dem Stokesschen Gesetz. Durch ein mit der zu messenden Flüssigkeit gefülltes Rohr bestimmten konstanten Querschnitts läßt man eine Kugel sinken und bestimmt aus Sinkweg und -zeit die Sinkgeschwindigkeit als Maß der Viskosität.

Wenn
v Sinkgeschwindigkeit der Kugel,
r Radius der Kugel,

ϱ_{K} Dichte der Kugel,
ϱ_{M} Dichte des Mediums,
g Fallbeschleunigung,
η dynamische Viskosität ($\rightarrow$ Tab. 6),
dann ergibt sich aus dem Ansatz

Reibungskraft F_{R} = Gewichtskraft G – Auftriebskraft F_{A}

mit (M 10.18) nach Umstellung

(M 10.19)

$$\eta = \frac{2(\varrho_{\mathrm{K}} - \varrho_{\mathrm{M}})gr^2}{9v}$$

	v	ϱ	g	r	η
SI	$\dfrac{\mathrm{m}}{\mathrm{s}}$	$\dfrac{\mathrm{kg}}{\mathrm{m}^3}$	$\dfrac{\mathrm{m}}{\mathrm{s}^2}$	m	$\mathrm{Pa} \cdot \mathrm{s} = \dfrac{\mathrm{kg}}{\mathrm{m} \cdot \mathrm{s}}$

10.3 Turbulente Strömung

Oberhalb der sogenannten *kritischen Geschwindigkeit* geht eine laminare in eine turbulente Strömung über. Es entstehen Wirbel und damit Kräfte, die entgegen der Bewegungsrichtung wirken. Der Strömungswiderstand, also die Kraft auf einen umströmten Körper, ergibt sich u. a. aus der Differenz der Drücke vor und hinter dem Körper und der Reibungskraft an der Körperoberfläche.

10.3.1 Strömungswiderstand

Wenn
F_{W} Strömungswiderstand,
c Widerstandsbeiwert, abhängig von der Form des umströmten Körpers ($\rightarrow$ Tab. 7),
A größter der Strömung entgegenstehender Körperquerschnitt,
ϱ Dichte des strömenden Mediums,
v Relativgeschwindigkeit zwischen Körper und Medium,
dann gilt mit Kraft = Druck × Fläche ($F = pA$)

(M 10.20) $$F_{\mathrm{W}} = cA\frac{\varrho}{2}v^2$$

	F	A	ϱ	v
SI	$\mathrm{N} = \dfrac{\mathrm{kg} \cdot \mathrm{m}}{\mathrm{s}^2}$	m^2	$\dfrac{\mathrm{kg}}{\mathrm{m}^3}$	$\dfrac{\mathrm{m}}{\mathrm{s}}$

Beachte:
● Der Widerstandsbeiwert c ist eine Zahl und besitzt somit keine Einheit.

- Der Widerstandsbeiwert wird experimentell bestimmt und ist geschwindigkeitsabhängig.
- Der Strömungswiderstand nimmt mit dem Quadrat der Geschwindigkeit zu: $F_W \sim v^2$!

10.3.2 Strömungsleistung

Für die bei der Bewegung eines Körpers gegen eine Strömung erforderliche Leistung ergibt sich nach (M 7.30) $P = Fv$

(M 10.21) $\boxed{P = cA\dfrac{\varrho}{2}v^3}$ SI $\left| \begin{array}{cccc} P & A & \varrho & v \\ \mathrm{W} = \dfrac{\mathrm{kg}\cdot\mathrm{m}^2}{\mathrm{s}^3} & \mathrm{m}^2 & \dfrac{\mathrm{kg}}{\mathrm{m}^3} & \dfrac{\mathrm{m}}{\mathrm{s}} \end{array} \right.$

Beachte:
- Die Strömungsleistung wächst mit der 3. Potenz der Geschwindigkeit: $P \sim v^3$!

10.3.3 Reynoldssches Ähnlichkeitsgesetz

Der für die Berechnung des Strömungswiderstandes bzw. der Strömungsleistung erforderliche Widerstandsbeiwert hängt nicht nur von der Form des umströmten Körpers, sondern auch vom Medium ab. Es zeigt sich, daß der Widerstandsbeiwert c nur eine Funktion der **Reynoldsschen Zahl** Re ist.

Wenn
Re Reynoldssche Zahl,
l eine für den jeweiligen Körper charakteristische Länge (Kugelradius, Rohrradius usw.)
ϱ Dichte des strömenden Mediums,
v Relativgeschwindigkeit zwischen Medium und Körper,
η dynamische Viskosität,
ν kinematische Viskosität ($\rightarrow$ Tab. 6),
dann gilt

(M 10.22) $\left. \begin{array}{cccccc} Re & l & \varrho & v & \eta & \nu \end{array} \right.$

$\boxed{Re = \dfrac{l\varrho v}{\eta} = \dfrac{lv}{\nu}}$ SI $\left| \begin{array}{cccccc} - & \mathrm{m} & \dfrac{\mathrm{kg}}{\mathrm{m}^3} & \dfrac{\mathrm{m}}{\mathrm{s}} & \mathrm{Pa}\cdot\mathrm{s} = \dfrac{\mathrm{kg}}{\mathrm{m}\cdot\mathrm{s}} & \dfrac{\mathrm{m}^2}{\mathrm{s}} \end{array} \right.$

■ Bei kleinen Geschwindigkeiten, also bei kleiner Reynoldsscher Zahl, ist jede reale Strömung laminar. Wird die Geschwindigkeit vergrößert, so erreicht man schließlich die kritische Geschwindigkeit v_{krit} und die dazugehörige kritische Reynoldssche Zahl Re_{krit}, bei der die laminare Strömung in eine turbulente umschlägt, wobei sich der Strömungswiderstand wesentlich vergrößert.

Für die Strömung in glatten Röhren beträgt dieser Grenzwert $Re_{krit} \approx 1\,160$. Er hängt allerdings in starkem Maße von der Beschaffenheit der Rohrwandung und den Einströmbedingungen ab und kann unter Umständen bis auf 20 000 wachsen.

(M 10.22) zeigt, daß die Reynoldssche Zahl bei einer maßstabgetreuen Verkleinerung des Körpers erhalten bleibt, wenn dafür die Strömungsgeschwindigkeit entsprechend vergrößert oder die Viskosität verkleinert wird. Es gilt das

Ähnlichkeitsgesetz:

Geometrisch ähnliche Körper besitzen gleiche Widerstandsbeiwerte, wenn sie in der Reynoldsschen Zahl übereinstimmen. Dann sind auch die beiden Strömungen einander ähnlich.

Daraus ergib sich die Möglichkeit, Strömungsversuche mit Modellen auszuführen.

11   Moleküle

11.1   Molekularkräfte

Zwischen den Molekülen (bzw. Atomen und Ionen) wirken Kräfte, deren Größe bestimmend für den Aggregatzustand ist. Bei Festkörpern und Flüssigkeiten bestimmen diese Kräfte das Volumen. Da jede Volumenänderung (Verkleinerung oder Vergrößerung) das Wirken einer äußeren Kraft voraussetzt, müssen die Moleküle ohne Krafteinwirkung einen bestimmten Abstand voneinander haben, bei dem sie im Gleichgewicht sind.

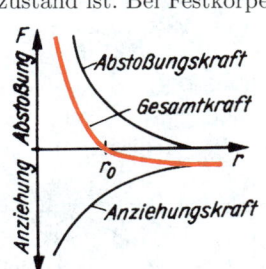

Bei kleinerem als dem Normalabstand sind die Molekularkräfte abstoßend, bei größerem dagegen anziehend.

Die Molekularkräfte sind jeweils Resultierende einer Abstoßungs- und einer Anziehungskraft, die sich im Normalabstand genau kompensieren. Die Reichweite dieser Kräfte ist sehr gering, die abstoßende Kraft nimmt mit der Entfernung stärker ab als die anziehende Kraft. Die sogenannte **Wirkungssphäre** ist eine Kugel mit dem Radius von der Größenordnung 10 Nanometer (nm).

11.1.1   Kohäsion und Adhäsion

Kräfte zwischen den Molekülen ein und desselben Körpers nennt man **Kohäsionskräfte** (Zusammenhangskräfte); solche zwischen den Molekülen zweier Körper dagegen heißen **Adhäsionskräfte** (Anhangskräfte).

> Unter der Kohäsion versteht man den Zusammenhang zwischen den Molekülen eines Körpers, hervorgerufen durch gegenseitige Anziehung.

Kohäsion ist bei festen und flüssigen Körpern zu beobachten. Gase zeigen sie erst bei sehr starker Abkühlung bzw. großem Druck, wenn der Abstand zwischen den Molekülen klein genug ist.

> Unter der Adhäsion versteht man den Zusammenhang zwischen den Molekülen zweier Körper, hervorgerufen durch gegenseitige Anziehung.

Adhäsionskräfte wirken zwischen festen, festen und flüssigen sowie festen und gasförmigen Körpern, im letzten Falle als **Adsorption** bezeichnet.

11.1.2   Oberflächenspannung

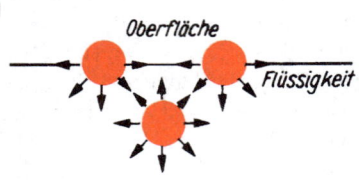

Sie ist eine Folge der Kohäsion. Während sich bei einem Molekül in der Flüssigkeit die nach allen Seiten gleich großen Kohäsionskräfte aufheben, bleibt bei Molekülen in der Nähe der Oberfläche eine nach innen gerichtete Restkraft bestehen. Es muß also Arbeit verrichtet werden, soll ein Molekül gegen diese resultierende Kraft an die Oberfläche gebracht werden. Oberflächenmoleküle besitzen demnach potentielle Energie, die man **Oberflächenenergie** nennt. Beim Fehlen äußerer Kräfte ist die Oberflächenenergie ein Minimum, ebenso die Oberfläche selbst. Freie Flüssigkeitsoberflächen nehmen Kugelform (Minimalfläche) an.

Unter **Oberflächenenergiedichte (Oberflächenspannung)** versteht man das Verhältnis der zur Vergrößerung der Oberfläche erforderlichen Arbeit zur Oberflächenänderung.

$$\sigma = \frac{\Delta W}{\Delta A}$$

M

SI-Einheit der Oberflächenspannung: $[\sigma] = \dfrac{J}{m^2} = \dfrac{N}{m} = \dfrac{kg}{s^2}.$

Unzulässige Einheit: Dyn/Zentimeter; $1\,\text{dyn/cm} = 1\,\text{mN/m}$

■ Zur Messung der Oberflächenspannung kann man die Bügelmethode anwenden. Mit Hilfe eines Drahtes wird eine Flüssigkeitslamelle gebildet und damit die Oberfläche vergrößert.

Wenn
σ Oberflächenspannung ($\rightarrow$ Tab. 8),
F Kraft, die zur Dehnung der Oberfläche erforderlich ist,
l Länge der Randlinie,
dann gilt mit Arbeit = Kraft × Weg

$$\Delta W = F\Delta s$$

und für die Änderung der beiden Oberflächen an der Vorder- und der Rückseite der Lamelle

$$\Delta A = 2\Delta sl \quad \text{und somit für die Oberflächenspannung}$$

σ	F	l
SI $\dfrac{N}{m}$	N	m

$$\sigma = \frac{F\Delta s}{2\Delta sl} \quad \text{oder}$$

(M 11.1) $\boxed{\sigma = \dfrac{F}{2l}}$ $1\,\dfrac{\text{dyn}}{\text{cm}} = 1\,\dfrac{\text{mN}}{\text{m}}$

■ Aus (M 11.1) läßt sich der Druck in einer *Flüssigkeitskugel* bzw. in einer *Gasblase* innerhalb einer Flüssigkeit bestimmen.

Wenn

p Druck in einer Flüssigkeitskugel oder Gasblase,

σ Oberflächenspannung der Flüssigkeit ($\rightarrow$ Tab. 8),

r Radius der Kugel,

dann gilt, wenn r um Δr und damit A um ΔA vergrößert werden soll, daß die aufzuwendende Arbeit gleich der Vergrößerung der Oberflächenenergie sein muß:

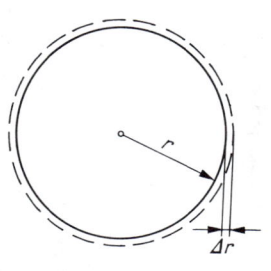

$$\Delta W = \sigma \Delta A = \sigma [4\pi(r + \Delta r)^2 - 4\pi r^2] \quad \text{und wegen } \Delta r^2 \ll 2r\Delta r$$

$$\Delta W = \sigma \cdot 8\pi r \Delta r. \quad \text{Andererseits ist die aufzuwende Arbeit}$$

$$\Delta W = F\Delta r = p\Delta V = pA\Delta r = p \cdot 4r^2 \pi \Delta r,$$

nach Gleichsetzen folgt

(M 11.2) $\boxed{p = \dfrac{2\sigma}{r}}$

p	σ	r
SI $\quad$ Pa $= \dfrac{N}{m^2}$	$\dfrac{N}{m}$	m

Beachte:

● Da $p \sim 1/r$, ist der Druck um so größer, je kleiner der Kugelradius!

11.1.3   Kapillarität

Zwischen den Molekülen der Gefäßwand und den Oberflächenmolekülen der Flüssigkeit wirken Adhäsionskräfte. Diese verursachen im Zusammenwirken mit der Kohäsionskräften den **Randwinkel** α zwischen Gefäßwand und Flüssigkeitsoberfläche. Die Resultierende aus Kohäsionskraft F_K und Adhäsionskraft F_A steht immer senkrecht auf der Oberfläche.

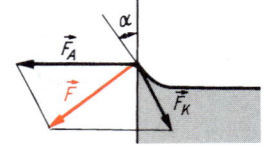

Wenn

▶ $\alpha < 90\,°$: benetzende Flüssigkeit,

▶ $\alpha > 90\,°$: nicht benetzende Flüssigkeit!

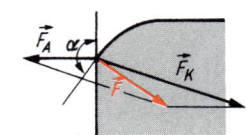

■ Besonders wirksam ist diese Erscheinung in engen Röhrchen (Haarröhrchen oder Kapillare).

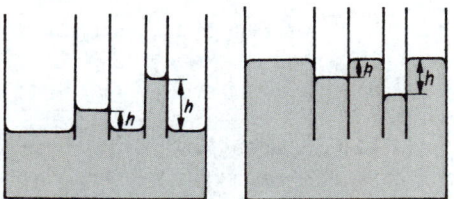

Unter Kapillarität versteht man die Erscheinung, daß in einer engen Röhre (Kapillare) eine Flüssigkeit höher oder tiefer steht, als es nach dem Gesetz von den verbundenen Gefäßen sein dürfte.

Wenn

h kapillare Steighöhe (bzw. Sinktiefe),

σ Oberflächenspannung der Flüssigkeit ($\rightarrow$ Tab. 8),

g Fallbeschleunigung $= 9,807\,\text{m/s}^2$,

ϱ Dichte der Flüssigkeit ($\rightarrow$ Tab. 1),

r Radius des Röhrchens,

r_K Radius der kugelförmigen Flüssigkeitsoberfläche,

dann gilt, weil der Druck in einer Flüssigkeitskugel als Folge der Kohäsionskräfte im Gleichgewicht sein muß mit dem der Steighöhe h entsprechenden Schweredruck,

$p = 2\sigma / r_\text{K} = h\varrho g$ und weil

$$\cos\alpha = \frac{r}{r_\text{K}}$$

(M 11.3) $\boxed{h = \dfrac{2\sigma\cos\alpha}{\varrho g r}}$

	h	σ		g	ϱ	r
SI	m	$\dfrac{\text{N}}{\text{m}}$ =	$\dfrac{\text{kg}}{\text{s}^2}$	$\dfrac{\text{m}}{\text{s}^2}$	$\dfrac{\text{kg}}{\text{m}^3}$	m

Beachte:

● Mit (M 11.3) läßt sich aus der leicht meßbaren kapillaren Steighöhe und dem Randwinkel die Oberflächenspannung der Flüssigkeit bestimmen.

● Der Randwinkel α beträgt bei Wasser–Glas $\approx 0°$, bei Quecksilber–Glas $\approx 140°$.

● Abgesehen von den Materialkonstanten hängt die kapillare Steighöhe nur vom Radius des Röhrchens ab: $h \sim 1/r$!

11.2　Molekularbewegung

Auf Grund ihrer kinetischen Energie befinden sich die Moleküle aller
Körper ständig in Bewegung.
In *Festkörpern* schwingen sie um einen festen Platz im Gefüge des
Kristallgitters.
In *Flüssigkeiten* schwingen sie um eine veränderliche Momentanlage.
In *Gasen* bewegen sich die Moleküle wegen des Fehlens der Kohäsion
mit relativ großer Geschwindigkeit. Zwischen zwei Zusammenstößen
mit anderen Molekülen oder Hindernissen verläuft ihre Bahn gerad-
linig (→ 19.5.1 und 19.5.2).
Die Molekularbewegung in Flüssigkeiten und Gasen kann indirekt be-
obachtet werden. Kleine Teilchen (Rauch, Farbstoffe u. ä.) beschrei-
ben in dem Medium unter der Wirkung der auftreffenden Moleküle
eine im Mikroskop sichtbare regellose Zickzackbewegung (**Brownsche
Molekularbewegung**).

11.2.1　Diffusion

Eine Folge der Bewegung der Moleküle ist ihr ständiger Ortswechsel,
den man als Diffusion bezeichnet. Bei der **Selbst-** oder **Eigendiffusion**
vermischen sich Moleküle *gleicher* Art; **Fremddiffusion** ist ein Durch-
mischen von Molekülen *verschiedener* Stoffe.

> Unter *Diffusion* versteht man das selbsttätige Vermischen der
> Moleküle als Folge ihrer thermischen Bewegung.

Diffusion tritt sowohl in Gasen und Flüssigkeiten wie in Festkörpern
auf. Wegen der großen Beweglichkeit der Gasmoleküle verläuft sie
jedoch bei Gasen am schnellsten. In allen Aggregatzuständen ist sie
stark temperaturabhängig.

11.2.2　Osmose

Behindert man die Durchmischung
von Lösung und Lösungsmittel mit
Hilfe einer halbdurchlässigen (semi-
permeablen) Trennwand, so entsteht
in dem einen Raum ein Überdruck
(osmotischer Druck), weil die Wand

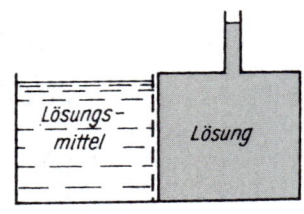

nur für die Moleküle des Lösungsmittels durchlässig ist. Die Tendenz des Konzentrationsausgleichs bewirkt eine einseitige Diffusion der Moleküle des Lösungsmittels.

11.3   Lösungen

Wenn kleine Partikeln eines Stoffes in einem anderen gleichmäßig verteilt sind, spricht man von einem **dispersen System**. Je nach Partikelgröße haben sie verschiedene Bezeichnungen und Eigenschaften.

11.3.1   Molekulardisperse Systeme (echte Lösungen)

Hierin besitzen die Partikeln des gelösten Stoffes Molekülgröße. Sie vermischen sich mit den Molekülen des Lösungsmittels in einem Diffusionsvorgang.

> Unter einer echten Lösung versteht man die vollständige Vermischung der Moleküle zweier verschiedener Stoffe. Sie ist immer klar und durchsichtig.

Feste Stoffe lassen sich in Flüssigkeiten nur bis zur temperaturabhängigen Sättigungsmenge lösen.

Auch die Moleküle zweier *Flüssigkeiten* lassen sich so vermischen. Aber nicht alle Flüssigkeiten sind ineinander löslich, also dauernd und unbegrenzt mischbar.

Die Lösung von *Gasen* in Flüssigkeiten bezeichnet man als **Absorption**.

Ein Maß für die Menge des gelösten Stoffes ist die **Konzentration**.

▶ Massenkonzentration $= \dfrac{\text{Masse des gelösten Stoffes}}{\text{Volumen der Lösung}}$

▶ Massenanteil (in %) $= \dfrac{\text{Masse des gelösten Stoffes}}{\text{Masse der Lösung}} 100\,\%$

▶ Stoffmengenkonzentration $= \dfrac{\text{Stoffmenge des gelösten Stoffes}}{\text{Volumen der Lösung}}$
$$(\text{in mol/l})$$

11.3.2   Kolloiddisperse Systeme (kolloide Lösungen)

> Unter Kolloiden versteht man kleinste Stoffpartikelchen mit einem Durchmesser von etwa 10^{-6} bis 10^{-4} mm.

Bei einer kolloiden Lösung sind also nicht die Moleküle, sondern kleinste Partikeln (10^3 bis 10^9 Atome) des gelösten Stoffes mit den Molekülen des Lösungsmittels vermischt.

11.3.3   Korpuskulardisperse Systeme

Bei einer weiteren Vergrößerung der Partikeln (sie sind dann bereits im Mikroskop erkennbar) ist die Lösung nicht mehr beständig, es tritt (meist als Folge der Schwerkraft) eine Entmischung ein.

Je nach Aggregatzustand des gelösten Stoffes und des Lösungsmittels werden bestimmte Bezeichnungen verwendet, wobei die Grenze zwischen korpuskular- und kolloiddispersen System häufig verwischt ist.

Übersicht:

Verteilter Stoff	Verteilungsmittel	Bezeichnungen
fest	fest	festes Sol; z. B. Glas
fest	flüssig	Suspension, Sol
fest	gasförmig	Rauch, Aerosol
flüssig	fest	feste Emulsion (Paste), Gel
flüssig	flüssig	Emulsion
flüssig	gasförmig	Nebel, Aerosol
gasförmig	fest	poröser Körper; z. B. Bimsstein
gasförmig	flüssig	Schaum

12   Elastizität fester Körper

In den Gebieten Statik, Kinematik und Dynamik werden die Körper als Abstraktionen „Massenpunkt" und „starrer Körper" betrachtet. Tatsächlich treten aber unter dem Einfluß äußerer Kräfte Form- und Volumenänderungen **(Deformatio-**

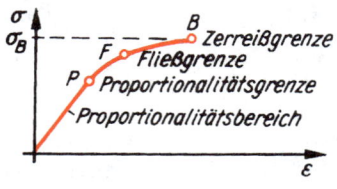

nen) auf, die eine Relativbewegung zwischen den Körperelementen (Molekülen) voraussetzen.

Verschwinden mit der äußeren Kraft die Deformationen, so spricht man von **Elastizität**. Bei Überschreiten der Elastizitätsgrenze treten jedoch Gefügeänderungen ein, der Körper wird **plastisch**, er bleibt auch ohne äußere Kraft deformiert.

Hinsichtlich der Auswirkung äußerer Kräfte können folgende Möglichkeiten unterschieden werden.

Übersicht:

Vorgang	Formänderg.	Volumenänderg.	Abschn.
Dehnung	ja	ja	12.1
Kompressibilität	nein	ja	12.2
Scherung	ja	nein	12.3
Drillung, Torsion	ja	nein	12.4

M

12.1   Dehnung

Bei einem stabförmigen Körper verursacht eine Zug- oder Druckkraft eine Längenänderung Δl. Ihre Größe hängt außer von den Abmessungen des Stabes vom Material und der Kraft ab.

Wenn

l Stablänge ohne Kraftwirkung,

Δl Längenänderung unter Kraftwirkung,

ε Dehnung $= \Delta l/l$, relative Längenänderung,

A Querschnittsfläche,

F Kraft,

σ Spannung $= F/A$,

E Elastizitätsmodul ($\rightarrow$ Tab. 9),

dann gilt das

Hookesche Gesetz

(M 12.1)
$$\frac{F}{A} = E\frac{\Delta l}{l}$$
$$\sigma = E\varepsilon$$

	F	A	E	σ
SI	N	m^2	$\dfrac{\text{N}}{\text{m}^2}$	$\dfrac{\text{N}}{\text{m}^2}$
VT	N	mm^2	$\dfrac{\text{N}}{\text{mm}^2}$	$\dfrac{\text{N}}{\text{mm}^2}$

$$1\,\text{kp/mm}^2 = 9,807\,\text{N/mm}^2$$

Spannung und Dehnung sind einander proportional.

Der Elastizitätsmodul ist das Verhältnis der erforderlichen Spannung zur erzielten relativen Längenänderung (Dehnung):

$$E = \frac{\sigma}{\varepsilon}$$

Beachte:
- Das Hookesche Gesetz gilt nur innerhalb des Proportionalitätsbereiches (Elastizitätsbereich).
- Aus (M 12.1) folgt auch: Kraft und Längenänderung sind proportional; $F \sim l$.
- Den Kehrwert des Elastizitätsmoduls bezeichnet man auch als Dehnungsgröße α (manchmal Dehnungszahl, obwohl keine Zahl!): $1/E = \alpha$; $[\alpha] = \mathrm{m^2/N}$.

■ Für die Längenänderung Δl ergibt sich aus (M 12.1)

(M 12.2) $\boxed{\Delta l = \dfrac{\sigma l}{E}}$

	l	σ	E
SI	m	$\dfrac{\mathrm{N}}{\mathrm{m^2}}$	$\dfrac{\mathrm{N}}{\mathrm{m^2}}$

Beachte:
- Bei Druckkräften ergibt sich eine Verkürzung; Spannung σ und Längenänderung Δl sind negativ!

■ Eine mechanische Spannung in Längsrichtung verursacht außer der Verlängerung eine Querkontraktion. Mit der Länge ändert sich also auch die Abmessung des Körpers quer zur Kraft.

Wenn
d Querabmessung (Durchmesser, Breite o. ä.),
Δd Änderung der Querabmessung,
l Länge,
Δl Längenänderung,
μ Poisson-Zahl ($\rightarrow$ Tab. 9),
dann gilt

(M 12.3) $\boxed{\begin{aligned} \frac{\Delta d}{d} &= -\mu \frac{\Delta l}{l} \\ \varepsilon_{\mathrm{q}} &= -\mu \varepsilon \end{aligned}}$

Die Poisson-Zahl μ gibt das Verhältnis von relativer Änderung der Querabmessung zu relativer Längenänderung an, also Querdehnung/Längsdehnung.

Beachte:

● Zahlenwerte für die Poisson-Zahl ($\rightarrow$ Tab. 9) liegen *etwa* zwischen 0,2 und 0,5.

■ Die Änderungen von Länge und Querabmessung ergeben zusammen eine Volumenänderung, die sich als Differenz

ΔV = neues Volumen − altes Volumen ausdrücken läßt:

$$\Delta V = (l + \Delta l)(d + \Delta d)^2 - d^2 l,$$

wenn es sich um einen Stab mit quadratischem Querschnitt d^2 handelt. Daraus

$$\Delta V = (l + \Delta l)(d^2 + 2d\Delta d + \Delta d^2) - d^2 l$$

$$\Delta V = d^2 l + 2dl\Delta d + l\Delta d^2 + d^2 \Delta l + 2d\Delta d\Delta l + \Delta l\Delta d^2 - d^2 l$$

Nach Vereinfachung und Vernachlässigung kleiner Größen höherer Ordnung ergibt sich

$$\Delta V = d^2 \Delta l + 2dl\Delta d$$

und für die relative Volumenänderung

$$\frac{\Delta V}{V} = \frac{\Delta V}{d^2 l} = \frac{d^2 \Delta l}{d^2 l} + \frac{2dl\Delta d}{d^2 l} = \frac{\Delta l}{l} + 2\frac{\Delta d}{d}$$

$$\frac{\Delta V}{V} = \frac{\Delta l}{l}\left(1 + 2\frac{\Delta d}{d} \middle/ \frac{\Delta l}{l}\right) \quad \text{und daraus}$$

(M 12.4) $\boxed{\dfrac{\Delta V}{V} = \varepsilon(1 - 2\mu)}$

Beachte:

● Da eine Zugkraft (positive mechanische Spannung σ) keine Volumenverkleinerung bewirken kann, folgt mit $\Delta V > 0$ für die Poisson-Zahl $0 < \mu < 0,5$.

12.2   Kompression

Wird auf einen Körper allseitig ein Druck $p = -\sigma$ ausgeübt, so ist die relative Volumenänderung dreimal so groß, wie sie sich aus (M 12.4) ergibt:

$$\frac{\Delta V}{V} = 3\varepsilon(1 - 2\mu).$$

Mit dem Hookeschen Gesetz (M 12.1) $\varepsilon = \sigma/E$ ergibt sich dann

$$\frac{\Delta V}{V} = 3\frac{\sigma}{E}(1 - 2\mu) = -3\frac{\Delta p}{E}(1 - 2\mu) \quad \text{und daraus}$$

$$-\frac{\Delta p V}{\Delta V} = -\frac{E}{3(1 - 2\mu)}.$$

Den linken Ausdruck definiert man analog zum Elastizitätsmodul als **Kompressionsmodul**.

> Der *Kompressionsmodul K* ist das Verhältnis der erforderlichen Druckänderung Δp zur erzielten relativen Volumenänderung $\Delta V/V$:
>
> $$K = -\frac{\Delta p V}{\Delta V}$$

Wenn
ΔV Volumenabnahme bei Drucksteigerung bzw. umgekehrt,
V Volumen des Körpers,
Δp Druckänderung,
K Kompressionsmodul des Materials ($\rightarrow$ Tab. 9),
dann gilt

		K, p

(M 12.5) $$\boxed{\Delta V = -\frac{1}{K}V\Delta p}$$ SI $\dfrac{\text{N}}{\text{m}^2}$

VT $\dfrac{\text{N}}{\text{mm}^2}$

bzw. in differentieller Schreibweise

(M 12.6) $$\boxed{\mathrm{d}V = -\frac{1}{K}V\,\mathrm{d}p}$$ $1\,\text{kp/mm}^2 = 9,807\,\text{N/mm}^2$

Beachte:

● Der Kehrwert des Kompressionsmoduls $1/K$ ist identisch mit der Kompressibilität $\varkappa$ ($\rightarrow$ 8.2), die vorwiegend bei Flüssigkeiten verwendet wird.

■ Der Kompressionsmodul K läßt sich aus den anderen Elastizitätskonstanten berechnen.

Wenn
K Kompressionsmodul,
E Elastizitätsmodul,
μ Poisson-Zahl,

dann gilt

(M 12.7) $$K = \frac{E}{3(1 - 2\mu)}$$

12.3   Scherung

Ist die Kraftwirkung parallel zu zwei gegenüberliegenden Flächen des Körpers, so werden beide Flächen gegeneinander verschoben.
Die Schubspannung erzeugt eine Schiebung.

Wenn

F Kraft, parallel zu A,

A Fläche,

τ Schubspannung,

γ Schiebung,   Scherung, Schubwinkel $\approx \tan \gamma = a/d$,

G Schub- oder Gleitmodul, Torsionsmodul ($\to$ Tab. 9),

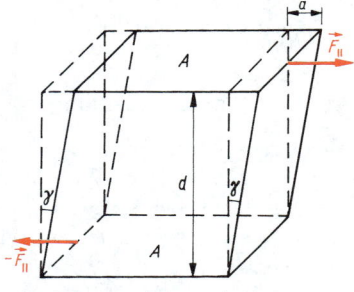

dann gilt entsprechend dem Hookeschen Gesetz (M 12.1)

(M 12.8) $$\frac{F}{A} = G\frac{a}{d}$$
$$\tau = G\gamma$$

	τ, G	γ	F	a, d	A
SI	$\dfrac{\text{N}}{\text{m}^2}$	$\text{rad} = 1$	N	m	m^2
VT	$\dfrac{\text{N}}{\text{mm}^2}$	$\text{rad} = 1$	N	mm	mm^2

$$1\,\text{kp/mm}^2 = 9,807\,\text{N/m}^2$$

Schubspannung und Schiebung (Scherung) sind einander proportional.
Der Schubmodul ist das Verhältnis der erforderlichen Schubspannung zur erzielten Schiebung: $G = \tau/\gamma$.

Beachte:

● Den Kehrwert des Schubmoduls bezeichnet man als Schubkoeffizienten β (manchmal auch Schubzahl, obwohl keine Zahl!): $1/G = \beta$; $[\beta] = \text{m}^2/\text{N}$.

■ Der Schubmodul G läßt sich aus den anderen Elastizitätskonstanten bestimmen.

Wenn

G Schubmodul ($\rightarrow$ Tab. 9),

E Elastizitätsmodul ($\rightarrow$ Tab. 9),

μ Poisson-Zahl ($\rightarrow$ Tab. 9),

dann gilt

(M 12.9) $$G = \frac{E}{2(1+\mu)}$$

Beachte:

● Aus den Grenzen für μ $(0 < \mu < 0,5)$ ergeben sich mit (M 12.9) auch Grenzen für $G : \dfrac{E}{2} > G > \dfrac{E}{3}$.

12.4   Torsion (Drillung)

Im Gegensatz zur Scherung, bei der die einzelnen Schichten eines Körpers parallel verschoben werden, tritt bei der Torsion eine Verdrehung der Schichten gegeneinander ein. Als Wirkung eines Drehmomentes wird ein Ende eines zylindrischen Stabes gegen das andere Ende verdrillt.

Wenn

φ Drillwinkel,

G Torsionsmodul = Schubmodul ($\rightarrow$ Tab. 9),

l Länge des Zylinders,

r Radius der Zylinderquerschnittsfläche,

M Drehmoment,

dann gilt

(M 12.10)

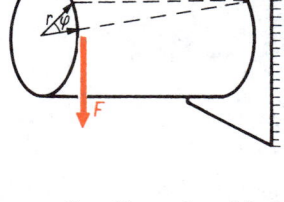

$$\varphi = \frac{2l}{\pi G r^4} M$$

φ	G	D	l, r	M
SI	rad = 1 $\dfrac{\text{N}}{\text{m}^2}$	$\dfrac{\text{N} \cdot \text{m}}{\text{rad}}$	m	N · m

▌ Drehmoment und Drillwinkel sind einander proportional.

Nach (M 13.12) ist der Proportionalitätsfaktor das Richtmoment (Winkelrichtgröße) D, also $M = D\varphi$ und damit

(M 12.11) $$D = \frac{\pi G r^4}{2l}$$ Einheiten $\rightarrow$ (M 12.10)

12.5   Härte

Darunter versteht man die Größe des Widerstandes, den ein fester Körper (besonders seine Oberfläche) dem Eindringen eines anderen Körpers entgegensetzt. Stoff 1 ist härter als Stoff 2, wenn Stoff 1 den Stoff 2 leichter ritzt als umgekehrt (Ritzhärte). Man bedient sich der empirisch aufgestellten Härteskala nach Mohs, in der 10 Stoffe (Mineralien) die einzelnen Härtegrade verkörpern.

Übersicht:

Härteskala nach Mohs			
Härtegrad	Mineral	Härtegrad	Mineral
1	Talk	6	Feldspat
2	Gips	7	Quarz
3	Kalkspat	8	Topas
4	Flußspat	9	Korund
5	Apatit	10	Diamant

Da beim Ritzen auch Material abgetragen wird, handelt es sich hierbei um keine physikalische Meßmethode.

■ Bei physikalischen Härtebestimmungen wird ein definierter Probekörper mit bestimmter Kraft stoßfrei einige Zeit lang gegen die Oberfläche des zu prüfenden Materials gedrückt.

Das Brinell-Verfahren (HB) verwendet eine gehärtete Stahlkugel. Der Härtewert HB ist dann der Quotient aus der Prüfkraft F und der Oberfläche A des entstandenen Eindrucks (Kugelkalotte). Die Prüfbedingungen (Kugeldurchmesser, Kraft und Dauer) sind anzugeben.

Beim Vickers-Verfahren (HV) drückt eine Diamantpyramide (mit quadratischer Grundfläche) gegen die Oberfläche. Auch hier ergibt der Quotient Kraft/Fläche den Härtewert HV. Die Prüfbedingungen (Kraft und Dauer) sind anzugeben. In guter Näherung entsprechen sich Brinell- und Vickers-Härtewerte.

Nach dem Rockwell-Verfahren (HR) ergibt sich der Härtewert direkt aus der Eindringtiefe eines Probekörpers (Stahlkugel [HRB] oder Diamantkegel [HRC]). Mit einer Vorkraft von 98 N wird zunächst ein sicherer Oberflächenkontakt erzeugt, und dann wird der Probekörper mit einer mindestens viermal so großen Kraft eingedrückt.

13   Mechanische harmonische Schwingungen

Schwingungen sind Vorgänge, bei denen sich eine physikalische Größe in Abhängigkeit von der Zeit periodisch ändert. Damit verbunden ist immer ein periodischer Wechsel zwischen zwei Energieformen. Bei mechanischen Schwingungen sind dies potentielle und kinetische Energie.

Die einfachste und gleichzeitig bedeutendste Schwingungsform ist die **harmonische Schwingung**. Bei ihr erfolgt die zeitliche Änderung der charakteristischen physikalischen Größe im Sinne einer **Sinusfunktion**. Sämtliche anderen Schwingungsarten (z. B. Kippschwingung) sind **anharmonisch**.

Jede mechanische Schwingung ist eine ungleichmäßig beschleunigte Bewegung. Weg, Geschwindigkeit und Beschleunigung sind Funktionen der Zeit. Wegen der Periodizität jeder Schwingung wiederholt sich der Bewegungsablauf nach einer als Schwingungsdauer (Periodendauer) bezeichneten Zeit T.

Eine mechanische Schwingung entsteht, wenn einem Schwinger (schwingungsfähiges System, z. B. Pendel) Energie zugeführt wird (z. B. in Form eines Impulses). Es sind zu unterscheiden:

▶   **Ungedämpfte Schwingung** mit konstanter Amplitude $\hat{y}$. Hier wird vorausgesetzt, daß die zugeführte Energie dem schwingenden System erhalten bleibt. Dies ist auch bei kleinen Energieverlusten und kurzer Beobachtungszeit nur angenähert der Fall. Zur Erzeugung einer wirklich ungedämpften Schwingung muß der Energieverlust durch regelmäßige Energiezufuhr ausgeglichen werden.

▶   **Gedämpfte Schwingung** mit gesetzmäßig abnehmender Amplitude $\hat{y}$. Ohne Energiezufuhr ist jede Schwingung mehr oder weniger stark gedämpft.

■   Die wichtigsten **Kenngrößen** einer Schwingung sind:

–   Elongation $y = y(t)$ momentaner Abstand von der
     (Auslenkung)   Ruhelage,
–   Amplitude $\hat{y}, y_m$ Maximalwert der Elongation,
                                             Schwingungsweite.

–   Schwingungsdauer $T = 1/f$ Dauer einer vollen Schwingung
     (Periodendauer)   (Hin- und Hergang),

	Frequenz	$f = 1/T$	Anzahl der Schwingungen je Zeit(einheit) t,
–	Kreisfrequenz (Winkelfrequenz)	$\omega = 2\pi f$ $= 2\pi/T$	Winkelgeschwindigkeit der Kreisbewegung, deren Projektion die harmonische Schwingung ergibt,
–	Phasenwinkel	$\varphi = \omega t + \varphi_0$	bestimmt den Schwingungszustand zur Zeit t,
–	Nullphasenwinkel (Phasenkonstante)	φ_0	Phasenwinkel zur Zeit $t = 0$.

M

Ferner verwendet man den Begriff **Phase**. Sie ist kennzeichnend für den augenblicklichen Zustand der Schwingung und wird durch zwei Schwingungsgrößen (z. B. Elongation und Zeit) bestimmt.

13.1   Ungedämpfte harmonische Schwingung

Eine harmonische Schwingung kann als Projektion der gleichförmigen Kreisbewegung eines Körpers angesehen werden. Stellt man die Elongation als Funktion des Drehwinkels grafisch dar, so ergibt sich eine Sinuskurve.

Deshalb werden harmonische Schwingungen vielfach auch als Sinusschwingungen bezeichnet.

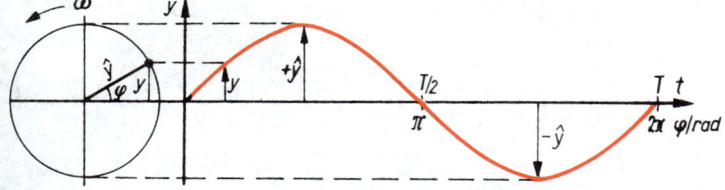

Radius und Drehwinkel der Kreisbewegung entsprechen in der Projektion der Amplitude $\hat{y}$ und dem Phasenwinkel φ der harmonischen Schwingung.

13.1.1   Phasenwinkel

Elongation y, Momentangeschwindigkeit v und Momentanbeschleunigung a einer Schwingung sind Funktion der Zeit t und wegen $\varphi = \omega t$ (M 6.54) auch Funktionen des Phasenwinkels φ.

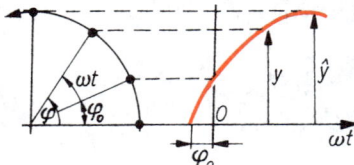

Beginn der Zeitmessung ($t = 0$) und Phasenwinkel $\varphi = 0$ fallen jedoch häufig nicht zusammen (z. B. Loslassen eines Pendels im Umkehrpunkt). Bei der Bestimmung des Phasenwinkels muß deshalb der zu Beginn der Zeitmessung ($t = 0$; $\omega t = 0$) bereits vorhandene sogenannte Nullphasenwinkel φ_0 (Phasenkonstante) berücksichtigt werden.

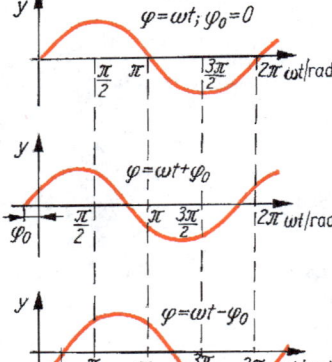

Wenn

φ Phasenwinkel,

φ_0 Nullphasenwinkel,

ω Kreisfrequenz $= 2\pi f = 2\pi/T$,

f Frequenz,

t Zeit,

T Schwingungsdauer $= 1/f$,

dann gilt

(M 13.1) $\boxed{\varphi = \omega t + \varphi_0 = 2\pi f t + \varphi_0}$

φ, φ_0	ω	f	t
SI	rad $= 1$	$\dfrac{1}{s}$ Hz $= \dfrac{1}{s}$	s

Beachte:

● Der Phasenwinkel ergibt sich in (M 13.1) stets in rad! Umrechnungen Radiant $\leftrightarrow$ Grad $\rightarrow$ 6.3!

13.1.2 Elongation

Wenn

y Elongation (Auslenkung) zur Zeit t,

$\widehat{y}$ Amplitude (Auslenkungsmaximum),

φ Phasenwinkel,

dann gilt entsprechend der Definition der harmonischen Schwingung

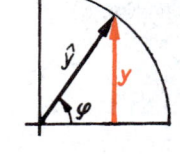

(M 13.2) $\boxed{y = \widehat{y} \sin \varphi = \widehat{y} \sin(\omega t + \varphi_0)}$ Einheiten $\rightarrow$ (M 13.1)

Beachte:

- Da sich der Phasenwinkel in rad ergibt, ist entweder vor Einsetzen in (M 13.2) in Grad umzurechnen ($1\,\mathrm{rad} = 57,3°$) oder bei Benutzung eines Rechners dieser auf „rad" zu schalten.

13.1.3 Geschwindigkeit

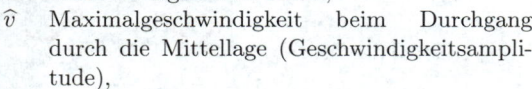

M

Wenn

v Geschwindigkeit zur Zeit t,

$\widehat{v}$ Maximalgeschwindigkeit beim Durchgang durch die Mittellage (Geschwindigkeitsamplitude),

ω Kreisfrequenz $= 2\pi f = 2\pi/T$,

φ Phasenwinkel $= \omega t + \varphi_0$,

dann gilt, weil die Momentangeschwindigkeit des Schwingers stets gleich der Vertikalkomponente der Kreisbahngeschwindigkeit $v_\mathrm{B} = r\omega = \widehat{y}\omega$ ist, entsprechend der Zeichnung

$$\cos\varphi = \frac{v}{\widehat{y}\omega} \quad \text{bzw. nach (M 6.15)}$$

$$v = \frac{\mathrm{d}y}{\mathrm{d}t} = \dot{y}\,. \quad \text{Aus beiden Ansätzen folgt}$$

(M 13.3)
$$\boxed{\begin{aligned} v &= \widehat{y}\omega\cos\varphi \\ &= \widehat{v}\cos\varphi \end{aligned}}$$

	v	y	ω	φ
SI	$\dfrac{\mathrm{m}}{\mathrm{s}}$	m	$\dfrac{1}{\mathrm{s}}$	$\mathrm{rad}=1$

Beim Durchschwingen der Ruhelage ist $\varphi = 0°$ bzw. $180°$ und damit $\cos\varphi = \pm 1$; (M 13.3) wird zu

(M 13.4) $\boxed{\widehat{v} = \widehat{y}\omega}$ Einheiten $\rightarrow$ (M 13.3)

13.1.4 Beschleunigung

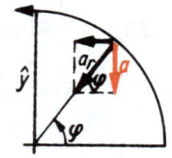

Die harmonische Schwingung ist eine ungleichmäßig beschleunigte Bewegung, d. h., die Beschleunigung ist nicht konstant, sondern eine Funktion der Zeit: $a = a(t)$.

Wenn

a Beschleunigung zur Zeit t,

$\widehat{a}$ Maximalbeschleunigung in den Umkehrpunkten (Beschleunigungsamplitude),

ω Kreisfrequenz $= 2\pi f = 2\pi/T$,

φ Phasenwinkel $= \omega t + \varphi_0$,

dann gilt, weil die Momentanbeschleunigung des Schwingers stets gleich der Vertikalkomponente der Zentripetalbeschleunigung $a_r = \widehat{y}\omega^2$ ist, entsprechend der Zeichnung

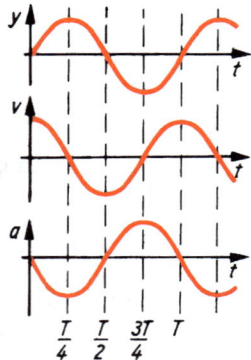

$$\sin\varphi = \frac{a}{\widehat{y}\omega^2} \quad \text{bzw. nach (M 6.19)}$$

$$a = \frac{\mathrm{d}v}{\mathrm{d}t} = \frac{\mathrm{d}^2 y}{\mathrm{d}t^2} = \ddot{y}. \quad \text{Aus beidem folgt}$$

(M 13.5)
$$\boxed{\begin{aligned} a &= -\widehat{y}\omega^2 \sin\varphi \\ &= \widehat{a}\sin\varphi \\ &= -y\omega^2 \end{aligned}}$$

$$\text{SI} \begin{array}{cccc} a & y & \omega & \varphi \\ \hline \dfrac{\mathrm{m}}{\mathrm{s}^2} & \mathrm{m} & \dfrac{1}{\mathrm{s}} & \mathrm{rad} = 1 \end{array}$$

In den Umkehrpunkten ist $\varphi = 90°$ bzw. $270°$ und damit $\sin\varphi = \pm 1$; (M 13.5) wird zu

(M 13.6) $\boxed{\widehat{a} = -\widehat{y}\omega^2}$ Einheiten $\rightarrow$ (M 13.5)

Beachte:

●   Das Minuszeichen in (M 13.5) bringt zum Ausdruck, daß die Richtung der Beschleunigung entgegengesetzt zu der der Auslenkung, die Beschleunigung also stets zur Ruhelage gerichtet ist.

13.1.5   Rückstellkraft

Zu jedem Zeitpunkt wirkt bei einer harmonischen Schwingung in Richtung der Beschleunigung eine Kraft, die den schwingenden Körper immer wieder in die Mittellage zieht, die Rückstellkraft.

Wenn

F_R Rückstellkraft,

m schwingende Masse,

φ Phasenwinkel $= \omega t + \varphi_0$,

y Elongation, Auslenkung,

$\widehat{y}$ Amplitude,

ω Kreisfrequenz $= 2\pi f = 2\pi/T$,

dann gilt auch für die Rückstellkraft das Grundgesetz der Dynamik (M 7.1), also

$F_R = ma$ oder mit (M 13.5)

(M 13.7)
$$F_R = -m\omega^2 \widehat{y} \sin\varphi = m\widehat{a} \sin\varphi$$
$$= -m\omega^2 y$$

Die Rückstellkraft ist der Elongation proportional: **lineares Kraftgesetz**.

> Kennzeichen jeder harmonischen Schwingung ist:
> Rückstellkraft $F_R \sim -$ Auslenkung y.

Beachte:

- Das Minuszeichen besagt, daß die Rückstellkraft der Elongation stets entgegengerichtet ist.

- Der Proportionalitätsfaktor zwischen F_R und y in (M 13.7) heißt **Richtgröße k,** also

(M 13.8)
$$k = m\omega^2 = -\frac{F_R}{y}$$

	k	ω	m	F	y
SI	$\dfrac{N}{m}$	$\dfrac{1}{s}$	kg	N	m

Beachte:

- Die Richtgröße k ist bei elastischen Schwingungen identisch mit der Federkonstanten k in (M 7.6).

13.2 Eigenfrequenz der ungedämpften harmonischen Schwingung

13.2.1 Schwingungsgleichung

Das Grundgesetz der Dynamik lautet für eine harmonische Schwingung: Rückstellkraft = Masse × Beschleunigung. Aus

$F_R = ma$ folgt mit (M 13.8)

$-yk = ma$. Division durch m und Umstellung ergeben

$a + y\dfrac{k}{m} = 0$ oder mit $k/m = \omega^2$ (M 13.8)

$a + y\omega^2 = 0$. Mit (M 6.19) folgt übereinstimmend mit (M 13.5) die

Gleichung der ungedämpften harmonischen Schwingung

(M 13.9) $\boxed{\ddot{y} + y\omega^2 = 0}$

Eine Lösung dieser Differentialgleichung ist (M 13.2), wie durch zweimaliges Differenzieren nach t nachgewiesen werden kann $\rightarrow$ (M 13.5).

13.2.2   Lineare Federschwingung

Bei Federschwingungen hat die Rückstellkraft ihre Ursache in der Elastizität. Innerhalb bestimmter Grenzen ist nach dem Hookeschen Gesetz die verformende Kraft proportional der Verformung. Elastische Schwingungen sind deshalb harmonisch. Bei Federn wird die Richtgröße k als Federkonstante bezeichnet.

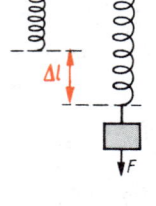

Wenn

k Federkonstante, Richtgröße,

F Kraft, die die Änderung Δl verursacht $= -F_R$,

Δl Längenänderung, Durchbiegung o. ä. elastische Formveränderung,

ω Kreisfrequenz $= 2\pi f = 2\pi/T$,

f Frequenz $= 1/T$,

T Schwingungsdauer $= 1/f$, Dauer eines vollen Hin- und Herganges (Periode),

m Masse des Schwingers, meist in Form eines an der Feder befestigten Körpers,

dann gilt für die Bestimmung der Federkonstanten

	k	F	Δl	ω	f	T	m
(M 13.10) $\boxed{k = F/\Delta l}$ SI	$\dfrac{\text{N}}{\text{m}}$	N	m	$\dfrac{1}{\text{s}}$	$\text{Hz} = \dfrac{1}{\text{s}}$	s	kg

■   Die Eigenfrequenz der Federschwingung ergibt sich aus (M 13.8).

(M 13.11) $\boxed{\omega = \sqrt{\dfrac{k}{m}} \quad f = \dfrac{1}{2\pi}\sqrt{\dfrac{k}{m}} \quad T = 2\pi\sqrt{\dfrac{m}{k}}}$ Einheiten $\rightarrow$ (M 13.10)

Beachte:

- Die Masse der Feder selbst bleibt in (M 13.11) unberücksichtigt. Für sehr genaue Rechnungen ist m um etwa ein Drittel der Federmasse zu vergrößern.

- ω, f und T sind unabhängig von der Amplitude.

- (M 13.11) gilt für jede lineare ungedämpfte harmonische Schwingung, wenn die Richtgröße k aus den jeweiligen speziellen Bedingungen ermittelt wird.

- Im Gegensatz zur gedämpften Schwingung ($\rightarrow$ 13.3) werden die Größen ω, f und T häufig mit dem Index 0 versehen, um die ungedämpfte Schwingung zu kennzeichnen.

M

13.2.3   Drehschwingung

Bei ihr gelten grundsätzlich der linearen Schwingung analoge Gesetzmäßigkeiten. Es entsprechen sich

Elongation y und Drehwinkel ε
Geschwindigkeit $v = \dot{y}$ und Winkelgeschwindigkeit $\dot{\varepsilon}$
Beschleunigung $a = \ddot{y}$ und Winkelbeschleunigung $\ddot{\varepsilon}$

Bei Drehschwingungen nehmen also (M 13.2), (M 13.3) und (M 13.5) folgende Form an:

(M 13.12)
$$\varepsilon = \widehat{\varepsilon}\sin\varphi = \widehat{\varepsilon}\sin(\omega t + \varphi_0)$$
$$\dot{\varepsilon} = \widehat{\varepsilon}\omega\cos\varphi = \widehat{\dot{\varepsilon}}\cos\varphi$$
$$\ddot{\varepsilon} = -\widehat{\varepsilon}\omega^2\sin\varphi = -\widehat{\ddot{\varepsilon}}\sin\varphi = -\varepsilon\omega^2$$

Einheiten
$\rightarrow$ (M 13.13)

Jede Drehschwingung wird ermöglicht durch ein **Rückstelldrehmoment**, das der Auslenkung (Drehwinkel ε), zu jeder Zeit proportional, aber entgegengerichtet ist: $M_R \sim -\varepsilon$. Der Richtgröße (Federkonstante) k entspricht bei Drehschwingungen die **Winkelrichtgröße** D, die sich analog zu (M 13.10) aus dem auslenkenden Drehmoment ($M = -M_R$) und dem Auslenkungswinkel ε bestimmen läßt.

Wenn
D Winkelrichtgröße (Richtmoment) $= M/\varepsilon$,
M Drehmoment, das die Auslenkung verursacht,
ε Auslenkung, Drehwinkel,
ω Kreisfrequenz $= 2\pi f = 2\pi/T$,
f Frequenz $= 1/T$,

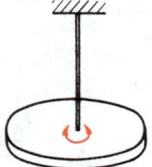

T Schwingungsdauer $= 1/f$, Dauer einer vollen Schwingung,
J Trägheitsmoment des die Drehschwingung ausführenden Körpers, bezogen auf seine Drehachse,

dann gelten analog zu (M 13.11)

(M 13.13) $$\boxed{\omega = \sqrt{\frac{D}{J}} \quad\Bigg|\quad f = \frac{1}{2\pi}\sqrt{\frac{D}{J}} \quad\Bigg|\quad T = 2\pi\sqrt{\frac{J}{D}}}$$

	D	M	ε	ω	f		T	J
SI	$\dfrac{\text{N} \cdot \text{m}}{\text{rad}}$	$\text{N} \cdot \text{m}$	rad	$\dfrac{1}{\text{s}}$	$\text{Hz} = \dfrac{1}{\text{s}}$		s	$\text{kg} \cdot \text{m}^2$

13.2.4   Pendelschwingungen

Pendel führen Drehschwingungen aus. Das rückstellende Drehmoment wird von der Schwerkraft erzeugt.

Mathematisches Pendel

Das Fadenpendel mit punktförmiger Masse am masselosen Faden ist nicht realisierbar. Ist jedoch die Masse des Fadens vernachlässigbar klein gegenüber der Masse des Pendelkörpers und die Fadenlänge groß gegenüber den Abmessungen des Körpers, dann kann mit ausreichender Genauigkeit die Bewegung des mathematischen Pendels als lineare Schwingung angesehen werden, solange die Auslenkung nach jeder Seite klein bleibt ($\varepsilon < 8°$).

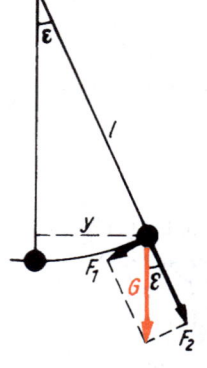

Wenn
T Schwingungsdauer $= 1/f$, Dauer eines vollen Hin- und Herganges (Periode),
l Pendellänge, Abstand Drehpunkt – Schwerpunkt,
g Fallbeschleunigung $= 9,807\,\text{m}/\text{s}^2$ (auf der Erde),

dann gilt $F_1/G = y/l$ und, da y bei kleinem Winkel ε dem Weg auf dem Bogen gleichgesetzt werden kann, entsprechend (M 13.8)

$$k = \frac{F_1}{y} = \frac{G}{l} = \frac{mg}{l} \quad \text{und eingesetzt in (M 13.11)}$$

$$T = 2\pi\sqrt{\frac{ml}{mg}} \quad \text{oder}$$

(M 13.14) $\quad T = 2\pi\sqrt{\dfrac{l}{g}}$

	T	l	g
SI	s	m	$\dfrac{\text{m}}{\text{s}^2}$

Beachte:

- Die Schwingungsdauer T hängt nicht von der Masse des Pendelkörpers ab.
- Die Schwingungsdauer hängt innerhalb der angegebenen Grenzen ($\varepsilon < 8°$) nicht von der Amplitude ab.

M

Physisches Pendel

Pendel, bei denen die Bedingungen des mathematischen Pendels nicht erfüllt sind, heißen physische (d. h. körperliche) Pendel (leider manchmal physikalische Pendel genannt),

Wenn
T Schwingungsdauer $= 1/f$,
J_A Trägheitsmoment des pendelnden Körpers, bezogen auf die durch den Drehpunkt A gehende Achse,
m Masse des pendelnden Körpers,
s Abstand Drehpunkt A – Schwerpunkt S,
dann gilt entsprechend (M 13.12)

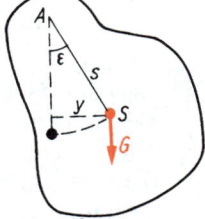

$$D = \frac{M}{\varepsilon} = \frac{Gy}{\varepsilon} = \frac{Gs\sin\varepsilon}{\varepsilon} \quad \text{oder, weil bei kleinen Winkeln } \frac{\sin\varepsilon}{\varepsilon} \approx 1,$$

$$D = Gs = mgs \quad \text{und entsprechend (M 13.13)}$$

(M 13.15) $\quad T = 2\pi\sqrt{\dfrac{J_A}{mgs}}$

	T	J	m	g	s
SI	s	$\text{kg} \cdot \text{m}^2$	kg	$\dfrac{\text{m}}{\text{s}^2}$	m

Beachte:

- (M 13.15) gilt nur für Amplituden kleiner als $\approx 8°$.
- J_A ist mit dem Satz von Steiner zu bestimmen.
- Mit $J_A = ms^2$ und $s = l$ ergibt sich die Schwingungsdauer des mathematischen Pendels (M 13.14).

Reduzierte Pendellänge

Unter der *reduzierten Pendellänge* eines physischen Pendels versteht man die Länge eines mathematischen Pendels gleicher Schwingungsdauer.

Wenn

l' reduzierte Pendellänge,

J_A Trägheitsmoment, bezogen auf die durch den Drehpunkt A gehende Achse,

m Masse des physischen Pendels,

s Abstand Schwerpunkt S – Drehpunkt A,

dann gilt entsprechend (M 13.14) und (M 13.15)

$$2\pi\sqrt{\frac{l'}{g}} = 2\pi\sqrt{\frac{J_A}{mgs}} \quad \text{oder}$$

(M 13.16) $\boxed{l' = \dfrac{J_A}{ms}}$

	l'	J_A	m	s
SI	m	kg · m^2	kg	m

Beachte:

- Im Abstand l' senkrecht unter dem Aufhängepunkt eines drehbar gelagerten Körpers befindet sich der **Schwingungs-** oder **Stoßmittelpunkt**. Stöße, die den Körper zum Pendeln bringen sollen, müssen gegen diesen Punkt gerichtet sein, wenn im Aufhängepunkt keine „Rückstöße" auftreten sollen.
- Die Schwingungsdauer eines physischen Pendels ändert sich nicht, wenn Aufhängepunkt und Schwingungsmittelpunkt vertauscht werden. Anwendung beim **Reversionspendel** z. B. zur Bestimmung der Fallbeschleunigung.

Bestimmung des Trägheitsmomentes

Durch Messung von s, m und T kann das Trägheitsmoment eines beliebigen Körpers experimentell bestimmt werden.

Aus (M 13.15) und (M 7.57) folgt

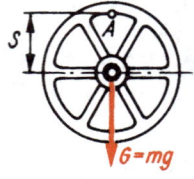

$$J_S = \frac{mgsT^2}{4\pi^2} - ms^2 \quad \text{oder}$$

(M 13.17) $\boxed{J_S = ms\left(\dfrac{gT^2}{4\pi^2} - s\right)}$

	J	m	g	s	T
SI	kg · m^2	kg	$\dfrac{m}{s^2}$	m	s

Beachte:

● Zur Bestimmung von J_S ist der Körper an einem Punkt *außerhalb* S aufzuhängen und mit *kleiner* Amplitude anzustoßen.

13.2.5   Flüssigkeitsschwingungen

Wird die Flüssigkeit in den Schenkeln eines U-Rohres aus dem Gleichgewicht gebracht, so führt sie harmonische Schwingungen aus.

Wenn

T Schwingungsdauer $= 1/f$,

l Länge der Flüssigkeitssäule von Oberfläche bis Oberfläche,

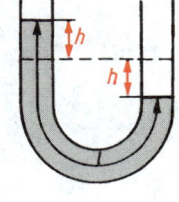

g Fallbeschleunigung $= 9,807\,\mathrm{m/s^2}$ (auf der Erde),

dann gilt, wenn der Höhenunterschied zwischen beiden Oberflächen $2h$ beträgt, für die Rückstellkraft $F_R = G = -2hA\varrho g$. Die Richtgröße $k = -F_R/y = -F_R/h$ ergibt sich zu $k = 2A\varrho g$. Mit der Masse $m = lA\varrho$ folgt für die Schwingungsdauer entsprechend (M 13.11) $T = 2\pi\sqrt{m/k}$

$$T = 2\pi\sqrt{\frac{lA\varrho}{2A\varrho g}} \quad \text{und daraus}$$

(M 13.18) $\boxed{T = 2\pi\sqrt{\dfrac{l}{2g}}}$

	T	l	g
SI	s	m	$\dfrac{\mathrm{m}}{\mathrm{s^2}}$

Beachte:

● Die Schwingungsdauer hängt nur von l, nicht aber von ϱ, A oder h ab.

● Die schwingende Flüssigkeitssäule besitzt die gleiche Schwingungsdauer wie ein mathematisches Pendel mit der halben Länge der Flüssigkeitssäule.

13.2.6   Schwingungsenergie

Die Energie eines ungedämpft schwingenden Systems ist konstant. Sie setzt sich aus potentieller Energie E_p und kinetischer Energie E_k zusammen. Beide Energiearten ändern ihre Größe periodisch. Zu jedem

Zeitpunkt gilt $E = E_\mathrm{p} + E_\mathrm{k}$. Mit (M 7.21) und (M 7.19) ergibt sich

$$E = \frac{ky^2}{2} + \frac{mv^2}{2}\,.$$

Wenn

E Energie des Schwingers,

k Richtgröße,

y Amplitude, Auslenkungsmaximum,

φ Phasenwinkel $= \omega t + \varphi_0$,

dann gilt mit (M 13.2) und (M 13.3)

$$E = \frac{k}{2}\widehat{y}^2 \sin^2 \varphi + \frac{m}{2}\widehat{y}^2 \omega^2 \cos^2 \varphi. \quad \text{Mit } m\omega^2 = k \text{ (M 13.8) folgt}$$

$$E = \frac{k}{2}\widehat{y}^2 \sin^2 \varphi + \frac{k}{2}\widehat{y}^2 \cos^2 \varphi \quad \text{und schließlich}$$

(M 13.19)

$$E = \frac{k}{2}\widehat{y}^2 (\sin^2 \varphi + \cos^2 \varphi)$$
$$= \frac{k\widehat{y}^2}{2} = \frac{m\widehat{v}^2}{2}$$

	E	k	y	v	m	φ
SI	$\mathrm{J = N \cdot m}$	$\dfrac{\mathrm{N}}{\mathrm{m}}$	m	$\dfrac{\mathrm{m}}{\mathrm{s}}$	kg	$\mathrm{rad} = 1$

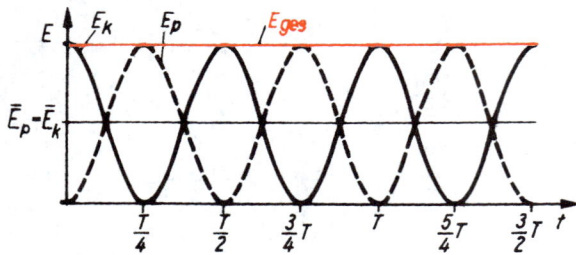

Beachte:

● Bei konstanter Gesamtenergie wandelt sich potentielle Energie in kinetische um und umgekehrt. Der Wechsel zwischen beiden Energiearten erfolgt periodisch.

● In den Umkehrpunkten und bei den Nulldurchgängen ist eine der beiden Energiearten null, während die andere ihr Maximum erreicht hat.

Übersicht:

	allgemein	**Umkehrpunkt**	**Nulldurchgang**
$E_p =$	$\dfrac{ky^2}{2} = \dfrac{k\widehat{y}^2}{2}\sin^2\varphi$	$\widehat{E}_p = \dfrac{k\widehat{y}^2}{2}$	0
$E_k =$	$\dfrac{mv^2}{2} = \dfrac{m\widehat{v}^2}{2}\cos^2\varphi$	0	$\widehat{E}_k = \dfrac{m\widehat{v}^2}{2}$

M

13.3 Freie gedämpfte Schwingung

Die Energie eines schwingenden Systems wird durch bremsende Kräfte wie innere und äußere Reibung, Luftwiderstand u. ä. allmählich aufgezehrt. Da $E \sim \widehat{y}^2$ (M 13.19), nimmt auch die Amplitude $\widehat{y}$ bis zu null ab.

> Als *Dämpfung* bezeichnet man das gesetzmäßige Abnehmen der Amplitude im Verlaufe einer Schwingung.

Dabei sind – unabhängig von der Art der dämpfenden Kraft – zwei Möglichkeiten zu unterscheiden:

▶ Die Kraft ist konstant, z. B. Reibung in der Lagerung des Schwingers. Dann sind die Amplituden Glieder einer fallenden *arithmetischen* Reihe, sie nehmen linear ab. Die *Differenz* zweier benachbarter Amplituden gleichen Vorzeichens $(\widehat{y}_i - \widehat{y}_{i+1})$ ist konstant.

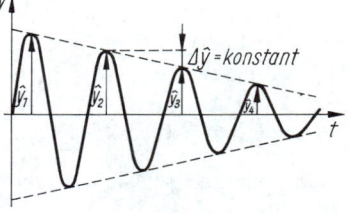

▶ Die Kraft ist der Momentangeschwindigkeit proportional, z. B. innere Reibung bei elastischer Verformung. Dann sind die Amplituden Glieder einer fallenden *geometrischen* Reihe, sie nehmen exponentiell ab. Der *Quotient* zweier benachbarter Amplituden gleichen Vorzeichens $(\widehat{y}_i/\widehat{y}_{i+1})$ ist konstant.

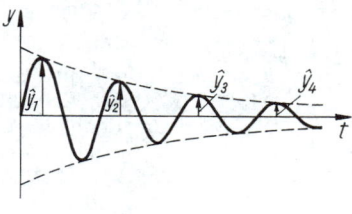

■ Bei gedämpften Schwingungsvorgängen wird in der Technik die geschwindigkeitsabhängige Dämpfung angestrebt. Da sich aber auch bei guter Lagerung des Schwingers Reibung nie ganz vermeiden läßt, treten beide Dämpfungsarten meist gleichzeitig auf. Die Hüllkurve der Amplituden ergibt sich dann aus einer Überlagerung beider Hüllkurven.

13.3.1   Schwingungsgleichung

Verursacht wird die Dämpfung durch eine Kraft (meist innere Reibung), die der Geschwindigkeit proportional und ihr entgegengerichtet ist: $F_D \sim -v$. Der Proportionalitätsfaktor wird als **Dämpfungskonstante** β bezeichnet, also $F_D = -\beta v = -\beta \dot{y}$.

SI-Einheit der Dämpfungskonstante: $[\beta] = \dfrac{N \cdot s}{m} = \dfrac{kg}{s}$.

Wenn

y Elongation, Auslenkung,

$\dot{y}$ Momentangeschwindigkeit,

$\ddot{y}$ Momentanbeschleunigung,

β Dämpfungskonstante,

δ Abklingkoeffizient $= \beta/(2m)$,

ω_0 Eigenkreisfrequenz der gleichen Schwingung ohne Dämpfung $= 2\pi f_0$,

dann lautet die Grundgleichung der Dynamik (M 7.1) in diesem Falle:

Rückstellkraft + Dämpfungskraft = Masse × Beschleunigung, also

$-ky - \beta \dot{y} = m \ddot{y}$. Daraus folgt

$\ddot{y} + \dfrac{\beta}{m} \dot{y} + \dfrac{k}{m} y = 0$. Mit $\beta/m = 2\delta$ und $k/m = {\omega_0}^2$ ergibt sich die

Gleichung der gedämpften Schwingung

(M 13.20) $\boxed{\ddot{y} + 2\delta \dot{y} + {\omega_0}^2 y = 0}$

Beachte:

● **Die Bezeichnungen Dämpfungskonstante β und Abklingkoeffizient δ werden in der Literatur nicht einheitlich verwendet.**

13.3.2 Elongation

Wenn

y Elongation (Auslenkung) zur Zeit t,

$\widehat{y}_0$ Anfangswert der Amplitudenhüllkurve (zur Zeit $t = 0$),

$\widehat{y}$ Amplitude,

e   Basis des natürlichen Logarithmus $= 2,718\,28 \ldots$,

φ Phasenwinkel $= \omega_\mathrm{d} t + \varphi_0$,

ω_d Kreisfrequenz der gedämpften Schwingung $\to$ (M 13.29),

φ_0 Nullphasenwinkel,

δ Abklingskoeffizient $= \beta/(2m)$,

dann gilt als eine Lösung der Differentialgleichung (M 13.20)

(M 13.21) $\boxed{y = \widehat{y}_0 \mathrm{e}^{-\delta t} \sin \varphi}$

	$y, \widehat{y}_0$	t	δ	φ
SI	m	s	$\dfrac{1}{\mathrm{s}}$	rad $= 1$

■ Für Messungen und Rechnungen ist es günstig, die Zeit mit $t = 0$ von einem Augenblick an zu zählen, der eine bequeme (mathematische) Anwendung von (M 13.21) ermöglicht. Dies sind der Durchgang durch die Mittellage und der Umkehrpunkt.

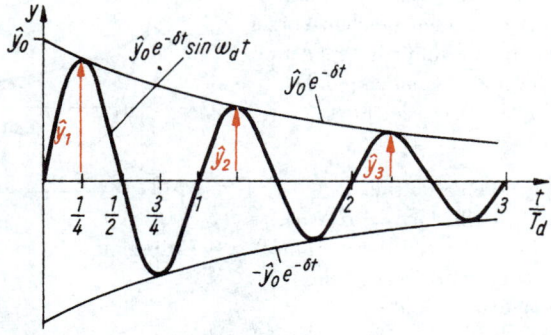

▶ Im Augenblick des *Nulldurchganges* herrschen folgende Anfangsbedingungen: $t = 0$, $y_0 = 0$, $v_0 = \widehat{v}$, $\varphi_0 = 0$. Anstelle des (nicht meßbaren) Anfangswertes der Amplitudenhüllkurve $\widehat{y}_0$ wird wegen $\widehat{v} = \widehat{y}\omega$ (M 13.4) geschrieben $\widehat{v}/\omega_\mathrm{d}$. (M 13.21) nimmt dann die Form an

(M 13.22)
$$y = \frac{\widehat{v}}{\omega_{\mathrm{d}}} \mathrm{e}^{-\delta t} \sin \omega_{\mathrm{d}} t$$

▶ Im *Umkehrpunkt* gelten die Anfangsbedingungen: $t = 0$, $v_0 = 0$, $y_0 = \widehat{y}_0$, $\varphi_0 = 90° = \pi/2\,\mathrm{rad}$. (M 13.21) nimmt die Form an

(M 13.23)
$$y = \widehat{y}_0 \mathrm{e}^{-\delta t} \sin\left(\omega_{\mathrm{d}} t + \frac{\pi}{2}\right) = \widehat{y}_0 \mathrm{e}^{-\delta t} \cos \omega_{\mathrm{d}} t$$

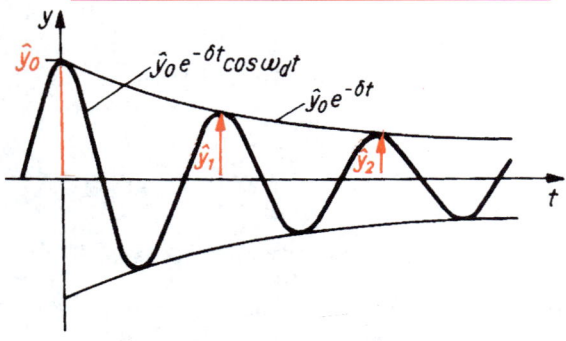

■ Der Quotient zweier aufeinander-folgender Amplituden gleichen Vorzeichens ist konstant und wird als Amplitudenverhältnis q (manchmal Dämpfungsverhältnis $\varkappa$) bezeichnet.

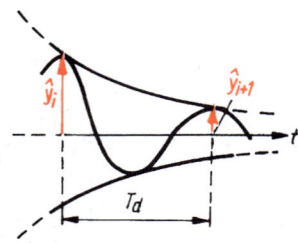

Wenn

q Amplitudenverhältnis,
δ Abklingkoeffizient $= \beta/(2m)$,
T_{d} Schwingungsdauer der gedämpften Schwingung,
Λ logarithmisches Dekrement,
n beliebige ganze Zahl,
dann gilt $\widehat{y}_i/\widehat{y}_{i+1} = q$. Daraus folgt für die n-te Amplitude

(M 13.24)
$$\widehat{y}_{i+n} = \frac{\widehat{y}_i}{q^n}$$

Da der zeitliche Abstand zweier benachbarter Amplituden eine Schwingungsdauer T_d beträgt, folgt aus (M 13.21)

(M 13.25) $$e^{\delta T_d} = \frac{\widehat{y}_i}{\widehat{y}_{i+1}} = q \quad \text{und}$$

(M 13.26) $$e^{n\delta T_d} = \frac{\widehat{y}_i}{\widehat{y}_{i+1}} = q^n$$

	δ	T
SI	$\frac{1}{s}$	s

M

Den Exponenten δT_d bezeichnet man als **logarithmisches Dekrement** Λ. Aus (M 13.25) erhält man durch Logarithmieren

(M 13.27) $$\Lambda = \delta T_d = \ln \frac{\widehat{y}_i}{\widehat{y}_{i+1}} = \ln q \qquad \text{Einheiten} \rightarrow \text{(M 13.26)}$$

■ Die Amplituden nehmen exponentiell mit der Zeit ab. Die für den Rückgang auf den e-ten Teil des Anfangswertes erforderliche Zeit heißt **Abklingzeit** τ. Aus (M 13.21) folgt mit $y = \widehat{y}_0/e = \widehat{y}_0 e^{-\delta\tau}$

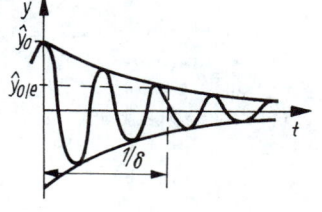

(M 13.28) $$\tau = 1/\delta$$

13.3.3   Eigenfrequenz

Die Dämpfung bewirkt eine vom Abklingkoeffizienten δ abhängige Veränderung von Frequenz, Kreisfrequenz und Schwingungsdauer.

Wenn

ω_d Kreisfrequenz der gedämpften Schwingung $= 2\pi f_d = 2\pi/T_d$,

ω_0 Kreisfrequenz der gleichen, jedoch ungedämpften Schwingung $= 2\pi f_0 = 2\pi/T_0 = \sqrt{k/m}$,

δ Abklingkoeffizient $= \beta/(2m)$,

ϑ Dämpfungsgrad $= \delta/\omega_0$,

dann gilt (M 13.21) als eine Lösung der Differentialgleichung

(M 13.20) nur unter der Bedingung, daß

$$\text{(M 13.29)} \quad \boxed{\omega_\mathrm{d} = \sqrt{{\omega_0}^2 - \delta^2} = \omega_0 \sqrt{1 - \vartheta^2}}$$

	ω	δ	ϑ
SI	$\dfrac{1}{s}$	$\dfrac{1}{s}$	$-$

Daraus folgt für die Schwingungsdauer

$$\text{(M 13.30)} \quad \boxed{T_\mathrm{d} = \frac{2\pi}{\sqrt{{\omega_0}^2 - \delta^2}} = \frac{T_0}{\sqrt{1 - \vartheta^2}}}$$

	T	δ	ω	ϑ
SI	s	$\dfrac{1}{s}$	$\dfrac{1}{s}$	$-$

Dämpfung bewirkt bei jeder Schwingung eine Verkleinerung von Kreisfrequenz und Frequenz bzw. eine Vergrößerung der Schwingungsdauer.

Beachte:

- Die Frequenz einer gedämpften Schwingung ist kleiner als die der ungedämpften. Sie ist aber *unabhängig* von der Amplitude und damit während des Schwingungsvorganges *konstant*.

- In den meisten praktisch vorkommenden Fällen unterscheiden sich ω_d und ω_0 bzw. T_d und T_0 nur um wenige Promille.

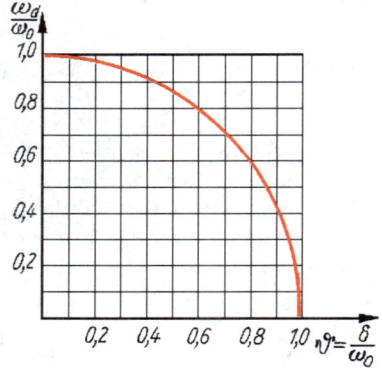

13.3.4 Aperiodische Bewegung

Eine gedämpfte Schwingung kommt nur zustande, wenn in (M 13.29) $\delta < \omega_0$. Ist dies nicht der Fall, also $\delta \geq \omega_0$, so kehrt das angeregte System nach einmaligem Ausschlag asymptotisch in die Ausgangslage zurück (**Kriechfall**), am schnellsten, wenn $\delta = \omega_0$ (**aperiodischer Grenzfall**).

Beachte:

- Aperiodischer Grenzfall und Kriechfall sind im physikalischen Sinne keine Schwingungen, weil ihnen die Periodizität fehlt.

- In vielen technischen Fällen sollen Schwingungen eines Systems (elektrische Meßgeräte, Waagen, Fahrzeugfederungen u. a.)

Übersicht:

	δ	β	$\vartheta = \delta/\omega_0$	ω_d
ungedämpfte Schwingung	$= 0$	$= 0$	$= 0$	$= \omega_0$
gedämpfte Schwingung	$< \omega_0$	$< 2\sqrt{km}$	< 1	$< \omega_0$
aperiodischer Grenzfall	$= \omega_0$	$= 2\sqrt{km}$	$= 1$	$= 0$
Kriechfall	$> \omega_0$	$> 2\sqrt{km}$	> 1	imaginär

M

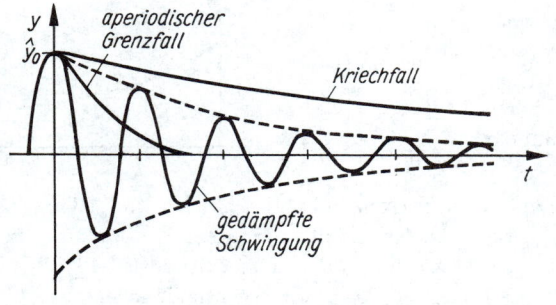

verhindert werden. Nach einer einmaligen Auslenkung soll es möglichst schnell in die Ausgangslage zurückkehren, ohne über diese hinauszuschwingen. Die Dämpfung (z. B. Wirbelstromdämpfung) muß dann so bemessen sein, daß sie möglichst den aperiodischen Grenzfall erreicht. Bei elektrischen Meßgeräten z. B. wird mit dem Anlegen einer Spannung die Ruhelage des Zeigers in den Meßwert verlagert. In Zeigerstellung „Null"befindet sich das Meßwerk also im elongierten Zustand, aus dem es möglichst schnell und ohne zu schwingen auf die Zeigerstellung „Meßwert" übergehen soll.

Achtung! Dieser Fall ist nicht durch äußere Reibung (z. B. in den Lagerungen) zu erreichen, denn diese ist *geschwindigkeitsunabhängig*. Folge: Schwinger würde neben der Ruhelage stehen bleiben und Verlust an Empfindlichkeit!

■ Beim **Kriechfall** ($\delta > \omega_0$) wird in (M 13.22) ω_d imaginär. Für $\sqrt{\omega_0{}^2 - \delta^2}$ kann $\sqrt{-1} \cdot \sqrt{\delta^2 - \omega_0{}^2} = j\,\omega_d{}'$ geschrieben werden. Ferner ist $\sin \omega_d{}' t j = j \sinh \omega_d{}' t$.

Wenn

y Elongation zur Zeit t,
$\widehat{v}$ Maximalgeschwindigkeit bei $y = 0$,
$\widehat{y}_0$ Maximalelongation bei $v = 0$,
$\omega_\mathrm{d}' = \sqrt{\delta^2 - \omega_0{}^2}$,
δ Abklingkoeffizient,

dann wird mit $y_0 = 0$ und $v_0 = \widehat{v}$

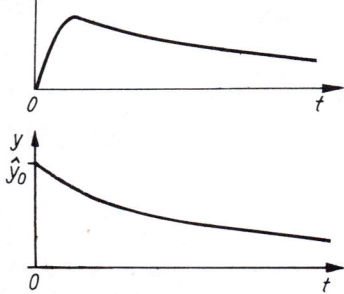

(M 13.31) $\boxed{y = \dfrac{\widehat{v}}{\omega_\mathrm{d}'}\mathrm{e}^{-\delta t}\sinh\omega_\mathrm{d}'t}$

und (M 13.23) (Anfangswerte $y_0 = \widehat{y}_0$ und $v_0 = 0$) mit $\cos\omega_\mathrm{d}'t\mathrm{j} = \cosh\omega_\mathrm{d}'t$ zu

(M 13.32) $\boxed{y = \widehat{y}_0\,\mathrm{e}^{-\delta t}\cosh\omega_\mathrm{d}'t}$

■   Der **aperiodische Grenzfall** ($\delta = \omega_0$) trennt die gedämpfte Schwingung ($\delta < \omega_0$) vom Kriechfall ($\delta > \omega_0$). Die Gleichung für die momentane Auslenkung folgt aus (M 13.22) und (M 13.23), wenn man δ gegen ω_0, also $\omega_\mathrm{d} = \sqrt{\omega_0{}^2 - \delta^2}$ gegen null, gehen läßt.

Wenn

y Elongation zur Zeit t,
$\widehat{v}$ Maximalgeschwindigkeit bei $y = 0$ und $t = 0$,
$\widehat{y}_0$ Maximalelongation bei $v = 0$ und $t = 0$,
δ Abklingkoeffizient, in diesem Falle $= \omega_0$,
ω_0 Kreisfrequenz der ungedämpften Schwingung $= \sqrt{k/m}$,

dann wird mit $y_0 = 0$ und $v_0 = \widehat{v}$
(M 13.22) zu

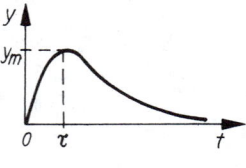

(M 13.33) $\boxed{y = \widehat{v}t\mathrm{e}^{-\delta t}}$

wobei der Maximalausschlag y_m nach $t = 1/\delta = \tau$ erreicht wird.

Mit $y_0 = \widehat{y}_0$ und $v_0 = 0$ folgt aus (M 13.23)

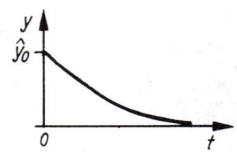

(M 13.34) $\boxed{y = \widehat{y}_0(1 + \delta t)\mathrm{e}^{-\delta t}}$

13.4 Erzwungene Schwingung

Kann ein schwingungsfähiges System nach einer einmaligen Auslenkung ungestört ausschwingen, so spricht man von einer **freien Schwingung**.

Wirkt dagegen auf das System von außen über eine Kopplung eine periodisch veränderliche Kraft, die das System zum Mitschwingen zwingt, dann handelt es sich um eine **erzwungene Schwingung**.

M

13.4.1 Schwingungsgleichung

Auf das schwingungsfähige System wirken 3 Kräfte:

▶ Rückstellkraft $F_{\mathrm{R}} = -ky$,
▶ Dämpfungskraft $F_{\mathrm{D}} = -\beta\dot{y}$,
▶ Erregerkraft $F_{\mathrm{E}} = \widehat{F}_{\mathrm{E}} \cos \omega t$.

Das Grundgesetz der Dynamik lautet in diesem Falle:

$$F_{\mathrm{E}} + F_{\mathrm{R}} + F_{\mathrm{D}} = ma = m\ddot{y}\,.$$

Wenn

y Elongation, Auslenkung,
$\dot{y}$ Momentangeschwindigkeit,
$\ddot{y}$ Momentanbeschleunigung,
m Masse des Schwingers,
k Richtgröße $= F/y$,
β Dämpfungskonstante,
δ Abklingkoeffizient $= \beta/(2m)$,
$\widehat{F}_{\mathrm{E}}$ Erregerkraft, Maximalkraft,
ω Erregerkreisfrequenz,
ω_0 Kreisfrequenz des ungedämpften Schwingers,
t Zeit,

dann gilt $\widehat{F}_{\mathrm{E}} \cos \omega t - ky - \beta\dot{y} = m\ddot{y}$ oder nach Umstellung und mit $\beta/m = 2\delta$ und $k/m = \omega_0{}^2$ als

Gleichung der erzwungenen Schwingung

(M 13.35) $$\ddot{y} = 2\delta\dot{y} + \omega_0{}^2 y = \frac{\widehat{F}_{\mathrm{E}}}{m} \cos \omega t$$

13.4.2 Elongation

Nach dem Einsetzen der erregenden Kraft (vielfach auch als Störkraft bezeichnet) braucht das System eine gewisse Zeit, bis sich ein stationärer Zustand einstellt. Dann befindet es sich im „eingeschwungenen Zustand". Auf diesen sind die folgenden Gleichungen bezogen.

Wenn

y Elongation zur Zeit t,

$\widehat{y}$ Amplitude des schwingenden Systems,

$\widehat{F}_E$ Maximalwert der erregenden Kraft,

ω_0 Eigenkreisfrequenz des ungedämpften Schwingers (Resonator),

ω Kreisfrequenz der Erregerkraft und des Systems im eingeschwungenen Zustand,

m Masse des Schwingers (Resonator),

α Phasenverzögerung des Resonators gegenüber dem Erreger,

β Dämpfungskonstante,

δ Abklingkoeffizient $= \beta/(2m)$,

t Zeit,

dann gilt als eine Lösung der Differentialgleichung (M 13.35) für den stationären Zustand des Systems

(M 13.36) $\boxed{y = \widehat{y}\cos(\omega t - \alpha)}$

mit

(M 13.37) $\boxed{\widehat{y} = \dfrac{\widehat{F}_E}{\sqrt{m^2(\omega_0^2 - \omega^2)^2 + \beta^2\omega^2}}}$

	y	F	m	ω	β	δ
SI	m	N	kg	$\dfrac{1}{s}$	$\dfrac{kg}{s}$	$\dfrac{1}{s}$

und

(M 13.38) $\boxed{\begin{aligned}\alpha &= \arctan\dfrac{\omega\beta}{m(\omega_0{}^2 - \omega^2)} \\ &= \arctan\dfrac{2\omega\delta}{\omega_0{}^2 - \omega^2}\end{aligned}}$

	α
SI	rad = 1

Beachte:

● Die Amplitude $\widehat{y}$ ist auch bei gedämpftem Resonator konstant. Sie ändert sich stark mit der Erregerkreisfrequenz ω und der Dämpfungskonstanten β. Sie kann (wenn $\omega \to \omega_0$ und $\beta \to 0$ gehen) noch vor Erreichen des stationären Zustandes größer werden, als es die mechanischen Bedingungen zulassen.

- Die Phasenwinkeldifferenz α zeigt, daß der Resonator jede Phase des Erregers erst zu einem späteren Zeitpunkt erreicht, sofern nicht $\beta = 0$, was jedoch nur theoretisch möglich ist.
- Die erzwungene Schwingung besitzt die Frequenz des Erregers.

13.4.3   Resonanz

Bei bestimmter Erregerkraft $\widehat{F}_E$ und Dämpfungskonstante β (bzw. Abklingkoeffizient δ) ist die Amplitude $\widehat{y}$ nur eine Funktion der Erregerkreisfrequenz. Wenn $\omega \approx \omega_0$, erreicht sie besonders große

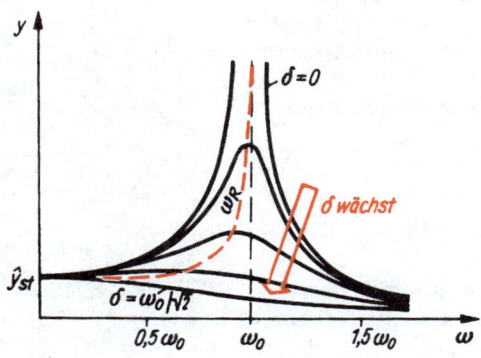

Werte (**Resonanzfall**). In der Zeichnung ist $\widehat{y}$ über ω aufgetragen (Resonanzkurve). Als Parameter wurde der Abklingkoeffizient δ verwendet. Für sehr kleine Werte von δ wächst $\widehat{y}$ über alle Maßen. Wenn $\delta > 0$, ist im Resonanzfall stets $\omega < \omega_0$. $\widehat{y}_{st}$ ist die statische Auslenkung des Systems unter dem Einfluß der konstanten Kraft $\widehat{F}_E$ ($\omega = 0$).

Wenn
$\widehat{y}_{st}$ statische Auslenkung bei konstanter Kraft ($\omega = 0$),
$\widehat{F}_E$ konstante Kraft = Maximalwert der sich periodisch ändernden Erregerkraft,
m Masse des Schwingers (Resonators),
ω_0 Eigenkreisfrequenz des ungedämpften Schwingers,

dann gilt, wenn in (M 13.37) $\omega = 0$ gesetzt wird,

$$\text{(M 13.39)} \quad \boxed{\widehat{y}_{\text{st}} = \frac{\widehat{F}_{\text{E}}}{m\omega_0{}^2}}$$

y	F	m	ω
SI	m	N	kg	$\frac{1}{\text{s}}$

■ Zur Bestimmung der Resonanzkreisfrequenz ist die Funktion $\widehat{y} = \widehat{y}(\omega)$ auf ihr Maximum zu untersuchen. Setzt man die 1. Ableitung gleich null, so erhält man

mit

ω_{R} Resonanzkreisfrequenz, bei der die Amplitude ein Maximum wird,

m_0 Eigenkreisfrequenz des ungedämpften Schwingers,

m Masse des Schwingers,

β Dämpfungskonstante,

δ Abklingkoeffizient $= \beta/(2m)$

die

Resonanzkreisfrequenz

$$\text{(M 13.40)} \quad \boxed{\omega_{\text{R}} = \sqrt{\omega_0{}^2 - \frac{\beta^2}{2m^2}} = \sqrt{\omega_0{}^2 - 2\delta^2}}$$

ω	m	β	δ
SI	$\frac{1}{\text{s}}$	kg	$\frac{\text{kg}}{\text{s}}$	$\frac{1}{\text{s}}$

Beachte:

● Die Resonanzkreisfrequenz ω_{R} ist etwas kleiner als die Eigenkreisfrequenz ω des gedämpften Systems → (M 13.29).

● Für $\delta \geq \omega_0/\sqrt{2}$ verschwindet die Erscheinung der Resonanz völlig. Bei allen Frequenzen des Erregers ist dann die Schwingungsamplitude kleiner als die statische Auslenkung.

■ Die Größe der Amplitude im Resonanzfall erhält man durch Einsetzen von (M 13.40) in (M 13.37).

Mit

$\widehat{y}_{\text{R}}$ Resonanzamplitude,

$\widehat{F}_{\text{E}}$ Maximalwert der Erregerkraft,

m Masse des Schwingers,

ω_0 Eigenkreisfrequenz des ungedämpften Schwingers,

ω_{d} Kreisfrequenz des gedämpften Schwingers $= \sqrt{\omega_0{}^2 - \delta^2}$,

β Dämpfungskonstante,

δ Abklingkoeffizient $= \beta/(2m)$,

Λ logarithmisches Dekrement

ergibt sich die

Resonanzamplitude

(M 13.41) $\quad \widehat{y}_{\mathrm{R}} = \dfrac{\widehat{F}_{\mathrm{E}}}{\beta\sqrt{{\omega_0}^2 - \delta^2}} = \dfrac{\widehat{F}_{\mathrm{E}}}{\beta\omega_{\mathrm{d}}} = \dfrac{\widehat{F}_{\mathrm{E}}}{2\delta m\omega_{\mathrm{d}}}$ $\quad$ Einheiten $\to$ (M 13.37) u. (M 13.40)

■ Das Verhältnis der Resonanzamplitude zur statischen Auslenkung bezeichnet man als **Resonanzüberhöhung** oder auch **Gütefaktor** Q. Mit (M 13.41) und (M 13.39) beträgt sie

(M 13.42) $\quad \dfrac{\widehat{y}_{\mathrm{R}}}{\widehat{y}_{\mathrm{st}}} = \dfrac{{\omega_0}^2}{2\delta\sqrt{{\omega_0}^2 - \delta^2}} = \dfrac{{\omega_0}^2}{2\delta\omega_{\mathrm{d}}} = \dfrac{\pi{\omega_0}^2}{\Lambda\,{\omega_{\mathrm{d}}}^2}$ $\quad$ SI $\begin{array}{c|ccc} & \omega & \delta & \Lambda \\ \hline & \frac{1}{\mathrm{s}} & \frac{1}{\mathrm{s}} & - \end{array}$

Weil bei geringer Dämpfung der Unterschied zwischen ω und ω_0 gering ist, schreibt man für (M 13.42) (vor allem in der Nachrichtentechnik für elektrische Schwingkreise) in guter Näherung

(M 13.43) $\quad Q \approx \dfrac{\pi}{\Lambda}$

Für beliebige Erregerkreisfrequenzen gilt als Verhältnis von Amplitude des Resonators zur statischen Auslenkung (Erregeramplitude) mit (M 13.37) und (M 13.39)

(M 13.44) $\quad \dfrac{\widehat{y}}{\widehat{y}_{\mathrm{st}}} = \dfrac{{\omega_0}^2}{\sqrt{({\omega_0}^2 - \omega^2)^2 + (2\delta\omega)^2}}$ $\quad$ SI $\begin{array}{c|cc} & \omega & \delta \\ \hline & \frac{1}{\mathrm{s}} & \frac{1}{\mathrm{s}} \end{array}$

■ Nach (M 13.38) ist auch die Phasenwinkeldifferenz α abhängig von der Erregerkreisfrequenz. In der Zeichnung ist α über der Erregerfrequenz aufgetragen. Als Parameter wurde der Abklingkoeffizient δ verwendet. Unabhängig von der Dämpfung beträgt für $\omega = \omega_0$ die Phasenwinkeldifferenz $\alpha = (\pi/2)\,\mathrm{rad} = 90°$.

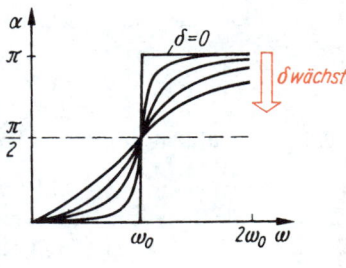

■ Die Bedeutung der Resonanz in Technik und Alltag ist groß. Die meisten mechanischen Gebilde sind schwingungsfähig und können

durch äußere periodische Kräfte angeregt werden. Im Resonanzfall kommt es zum „Aufschaukeln", das bis zur Zerstörung führt (**Resonanzkatastrophe**). Bei Drehbewegungen nennt man die Resonanzfrequenz **kritische Drehzahl**.

Zur Verhinderung zu großer Amplituden kann man

▶ periodische Kräfte vermeiden,

▶ große Differenzen zwischen Erregerfrequenz und Eigenfrequenz einhalten,

▶ Resonanzfrequenz nur für Zeiten kleiner als die Einschwingzeit zulassen,

▶ Dämpfungselemente einsetzen.

13.5   Überlagerung von Schwingungen

Jeder Schwinger kann gleichzeitig mehrere Schwingungen ausführen. Die Einzelschwingungen überlagern sich zu einer resultierenden Schwingung. Es gilt als Überlagerungsgesetz das

Prinzip der ungestörten Superposition:
Wird ein Körper zu mehreren Schwingungen angeregt, so überlagern sich diese unabhängig voneinander, d. h. ohne sich gegenseitig zu beeinflussen.

Da Elongationen und Amplituden vektorielle Größen sind, lassen sich die Resultierenden nach den bekannten Verfahren sowohl *zeichnerisch* als auch *rechnerisch* ermitteln.

Es muß unterschieden werden zwischen der Überlagerung von

▶ Schwingungen mit gleicher Schwingungsrichtung und

▶ Schwingungen, deren Schwingungsrichtungen einen rechten Winkel bilden.

13.5.1   Schwingungen gleicher Richtung und Frequenz

Durch Überlagerung von zwei harmonischen Schwingungen gleicher Richtung und Frequenz entsteht wieder eine harmonische Schwingung gleicher Frequenz, deren Amplitude von den Einzelamplituden und den Nullphasenwinkeln abhängt.

Die *resultierende* Elongation ist zu jedem Zeitpunkt gleich der *algebraischen Summe* der Einzelelongationen.

Wenn

$\widehat{y}_1, y_1, \varphi_{01}$ Amplitude, Elongation und Nullphasenwinkel der Schwingung 1,

$\widehat{y}_2, y_2, \varphi_{02}$ Amplitude, Elongation und Nullphasenwinkel der Schwingung 2,

ω Kreisfrequenz beider Schwingungen,

t Dauer beider Schwingungen,

$\widehat{y}_R, y_R, \varphi_{0R}$ Amplitude, Elongation und Nullphasenwinkel der resultierenden Schwingung,

dann gilt

$$y_R = y_1 + y_2 = \hat{y}_1 \sin(\omega t + \varphi_{01}) + \hat{y}_2 \sin(\omega t + \varphi_{02})$$

und unter mehrfacher Verwendung von Additionstheoremen

(M 13.45) $\boxed{y_R = \widehat{y}_R \sin(\omega t + \varphi_{0R})}$

mit

(M 13.46) $\boxed{\widehat{y}_R = \sqrt{\widehat{y}_1{}^2 + \widehat{y}_2{}^2 + 2\widehat{y}_1\widehat{y}_2 \cos(\varphi_{01} - \varphi_{02})}}$

sowie

(M 13.47) $\boxed{\varphi_{0R} = \arctan \dfrac{\widehat{y}_1 \sin\varphi_{01} + \widehat{y}_2 \sin\varphi_{02}}{\widehat{y}_1 \cos\varphi_{01} + \widehat{y}_2 \cos\varphi_{02}}}$

Beachte:

●   In der Zeichnung sind die Amplituden als Vektoren dargestellt. Ihre Richtungen entsprechen den Nullphasenwinkeln. Während der Zeit t drehen sich alle um den gleichen Winkel ωt, weil alle Schwingungen frequenzgleich sind. Diese Darstellung als rotierende Vektoren heißt **Zeigerdiagramm**. Es gibt die Möglichkeit, Amplitude und Elongationen ohne Rechnung zu ermitteln.

■   Im **Sonderfall gleicher Amplituden** vereinfachen sich (M 13.46) und (M 13.47) mit $\widehat{y}_1 = \widehat{y}_2$ zu

(M 13.48) $\boxed{\widehat{y}_R = 2\widehat{y}_1 \cos \dfrac{\varphi_{01} - \varphi_{02}}{2}}$

und

(M 13.49) $\quad \varphi_{0R} = \dfrac{\varphi_{01} + \varphi_{02}}{2}$

Für die Differenz der Nullphasenwinkel $\Delta\varphi_0 = 0$ bzw. π ergeben sich weitere

Sonderfälle:

Bedingungen		Überlagerungsergebnis
$\widehat{y}_1 = \widehat{y}_2$	$\Delta\varphi = 0$	Verdoppelung der Elongationen
$\widehat{y}_1 \neq \widehat{y}_2$	$\Delta\varphi = 0$	Addition der Elongationen
$\widehat{y}_1 = \widehat{y}_2$	$\Delta\varphi = \pi$	beide Schwingungen heben sich auf
$\widehat{y}_1 \neq \widehat{y}_2$	$\Delta\varphi = \pi$	Subtraktion der Elongationen

Beachte:
- $\Delta\varphi = \varphi_{01} - \varphi_{02}$.

13.5.2   Schwingungen gleicher Richtung und ungleicher Frequenz

Durch Überlagerung von zwei harmonischen Schwingungen mit gleicher Richtung und ungleichen Frequenzen entsteht eine nichtharmonische Schwingung.

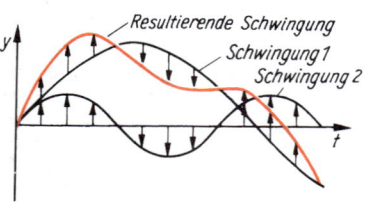

Beachte:
- Jede nichtharmonische Schwingung kann als Resultierende mehrerer harmonischer Schwingungen angesehen werden. Dieses mathematische Verfahren heißt **Fourieranalyse**.

■ Unter der vereinfachenden Voraussetzung, daß $\widehat{y}_1 = \widehat{y}_2$ und $\varphi_{01} = \varphi_{02}$, ergibt sich bei der Überlagerung von zwei Schwingungen mit **geringem Frequenzunterschied** als Überlagerungsergebnis eine **Schwebung**.

Wenn
ω_1 Kreisfrequenz der Schwingung 1,
ω_2 Kreisfrequenz der Schwingung 2,

$\widehat{y}$ Amplitude beider Schwingungen,

y_R Elongation der resultierenden Schwingung,

t Zeit,

dann gilt

$$y_R = y_1 + y_2 = \widehat{y}(\sin\omega_1 t + \sin\omega_2 t)\,.$$

Mit Hilfe von Additionstheoremen ergibt sich daraus

(M 13.50) $\quad y_R = 2\widehat{y}\cos\left(\dfrac{\omega_1 - \omega_2}{2}t\right)\sin\left(\dfrac{\omega_1 + \omega_2}{2}t\right)$

M

Beachte:

● Die Schwebung ist eine Schwingung mit der *mittleren* Frequenz $(f_1 + f_2)/2$. Die Amplitude schwankt periodisch zwischen dem Maximalwert $2\widehat{y}$ und dem Minimalwert 0.

● An jeder Nullstelle der Amplitude tritt ein Phasensprung von π auf.

■ Als **Schwebungsdauer** T_S bezeichnet man den zeitlichen Abstand zweier benachbarter Nullstellen der Amplitude. Wegen der Kosinusfunktion, die für $\pi/2, 3\pi/2 \ldots$ null wird, gilt

$$\frac{\omega_1 - \omega_2}{2}T_S = \pi\,. \quad \text{Daraus folgt mit } \omega = 2\pi f$$

$$\frac{2\pi f_1 - 2\pi f_2}{2} = f_S\pi\,. \quad \text{Umstellung ergibt die}$$

Schwebungsfrequenz

(M 13.51) $\quad f_S = f_1 - f_2$

Die Schwebungsfrequenz $= \dfrac{\text{Anzahl der Amplitudenminima}}{\text{Zeit}}$ ist gleich der Differenzfrequenz.

Aus (M 13.51) ergibt sich mit $T_S = 1/f_S$

$$T_S = \frac{1}{\dfrac{1}{T_1} - \dfrac{1}{T_2}}$$

und nach Umformung

(M 13.52) $$T_\text{S} = \frac{T_1 T_2}{T_2 - T_1}$$

■ Die **Frequenz** der resultierenden Schwingung ergibt sich aus (M 13.51) zu

(M 13.53) $$f_\text{R} = \frac{f_1 + f_2}{2} = \overline{f}$$

Daraus folgt für die **Periodendauer** der resultierenden Schwingung mit $T_\text{R} = 1/f_\text{R}$

(M 13.54) $$T_\text{R} = \frac{2 T_1 T_2}{T_1 + T_2}$$

■ Ist die als Voraussetzung für eine Schwebung eingeführte Bedingung $\widehat{y}_1 = \widehat{y}_2$ nicht erfüllt, so entsteht eine **unreine Schwebung**. Bei ihr wird die Schwingungsamplitude nicht null, sondern durchläuft nur ein Minimum. Außerdem ist die Schwingungsdauer T_R nicht konstant, sondern schwankt periodisch. Sie besitzt ihr Maximum im Amplitudenminimum und umgekehrt.

13.5.3   Schwingungen ungleicher Richtung

Beide Schwingungen erfolgen in den x- und y-Achsen eines rechtwinkligen Koordinatensystems:

$$x = \widehat{x} \sin(\omega_x t + \varphi_{0x}) \quad \text{und} \quad y = \widehat{y} \sin(\omega_y t + \varphi_{0y}) .$$

Die resultierende Elongation zur Zeit t ist durch eine Vektoraddition zu bestimmen

Wenn

r resultierende Elongation zur Zeit t,

x, y Elongationen der Einzelschwingungen zur Zeit t,

ε Winkel zwischen der resultierenden Elongation und der positiven x-Richtung,

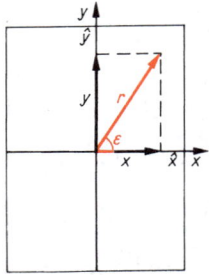

dann gilt

(M 13.55) $\boxed{r = \sqrt{x^2 + y^2}}$

und

(M 13.56) $\boxed{\varepsilon = \arctan \dfrac{y}{x}}$

M

Beachte:
- r und ε sind die Polarkoordinaten des Endpunktes der resultierenden Elongation.

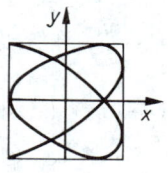

■ Bestimmt man die resultierenden Elongationen zu den verschiedenen Zeiten und verbindet deren Endpunkte, so erhält man die Bahnkurve der resultierenden Schwingung (in der x, y-Ebene). Es sind Kurven komplizierter Struktur, die als **Lissajous-Figuren** bezeichnet werden. Nur im Falle *gleicher Frequenz* ergeben sich *Ellipsen* unterschiedlicher Exzentrizität (Gerade und Kreis eingeschlossen).

■ Die Gleichungen der Bahnkurven für den Fall $f_1 = f_2$ findet man aus den Gleichungen der Einzelschwingungen: $x = \widehat{x}\sin\omega t$ und $y = \widehat{y}\sin(\omega t + \alpha)$, wenn zwischen beiden Schwingungen eine Phasenwinkeldifferenz von $\Delta\varphi = \alpha$ besteht. Mit

$$\sin\omega t = \frac{x}{\widehat{x}} \quad \text{und} \quad \cos\omega t = \sqrt{1 - \frac{x^2}{\widehat{x}^2}}$$

ergibt sich nach Anwendung eines Additionstheorems zunächst

$y = \widehat{y}\sin\omega t\cos\alpha + \widehat{y}\cos\omega t\sin\alpha \qquad$ und weiter

$y = \widehat{y}\dfrac{x}{\widehat{x}}\cos\alpha + \widehat{y}\sqrt{1 - \dfrac{x^2}{\widehat{x}^2}}\sin\alpha\,. \qquad$ Umformen ergibt

$\dfrac{y}{\widehat{y}} - \dfrac{x}{\widehat{x}}\cos\alpha = \sqrt{1 - \dfrac{x^2}{\widehat{x}^2}}\sin\alpha\,.$

Quadrieren und Umformen liefert die Gleichung für die Bahnkurve

$$\frac{y^2}{\widehat{y}^2} + \frac{x^2}{\widehat{x}^2} - \frac{2xy}{2\widehat{x}\widehat{y}}\cos\alpha = \sin^2\alpha\,.$$

Es ist die Gleichung einer Ellipse mit dem Mittelpunkt im Koordinatenursprung und einer Neigung der Ellipsenachsen gegen die Koordinatenachsen.

■   Die Bahngleichung vereinfacht sich für bestimmte Phasenwinkeldifferenzen $\Delta\varphi = \alpha$:

▶ $\Delta\varphi = 0$

Die Bahngleichung lautet

$$\frac{x^2}{\widehat{x}^2} + \frac{y^2}{\widehat{y}^2} - \frac{2xy}{2\widetilde{xy}} = 0 \,. \quad \text{Daraus folgt}$$

$$\frac{x}{\widehat{x}} - \frac{y}{\widehat{y}} = 0 \quad \text{oder} \quad y = \frac{\widehat{y}}{\widehat{x}}x \,.$$

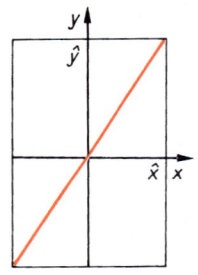

Dieses ist die Gleichung einer Geraden mit einer Neigung

$$\varepsilon = \arctan(\widehat{y}/\widehat{x}) \,.$$

▶ $\Delta\varphi = \dfrac{\pi}{2}$

Die Bahngleichung vereinfacht sich zu

$$\frac{x^2}{\widehat{x}^2} + \frac{y^2}{\widehat{y}^2} = 1 \,.$$

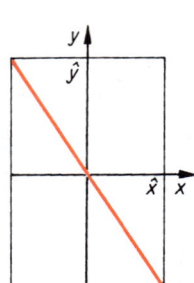

Dies ist die Gleichung einer Ellipse, deren Achsen mit den Koordinatenachsen zusammenfallen.

▶ $\Delta\varphi = \pi$

Aus der Bahngleichung folgt

$$y = -\frac{\widehat{y}}{\widehat{x}}x \,.$$

Dies ist wieder die Gleichung einer Geraden.

Beachte:
●   Die mit $\Delta\varphi = \pi/2$ entstehende Ellipse ist bei Amplitudengleichheit $(\widehat{x} = \widehat{y})$ ein Kreis (**zirkulare Schwingung**).

M

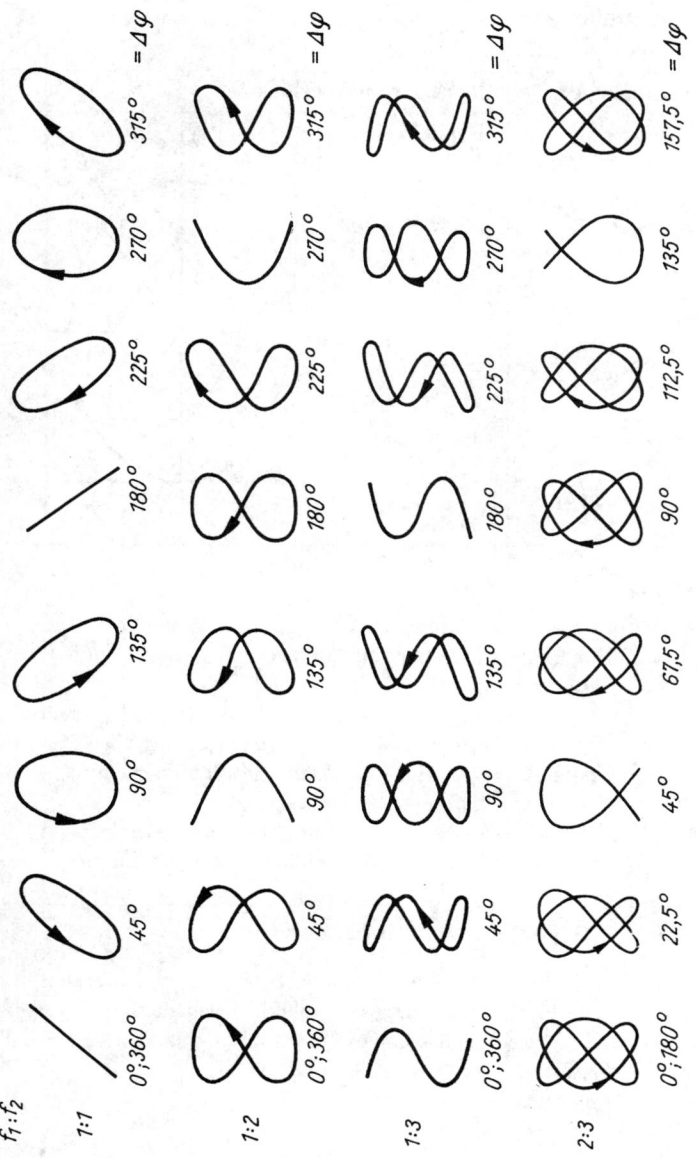

Sonderfälle (für $f_1 = f_2$):

Bedingungen	Überlagerungsergebnis	
$\Delta\varphi = 0$	Gerade	
$0 < \Delta\varphi < \dfrac{\pi}{2}$	Ellipse, geneigt	
$\Delta\varphi = \dfrac{\pi}{2}$	Ellipse	
$\Delta\varphi = \dfrac{\pi}{2} \quad \widehat{y} = \widehat{x}$	Kreis	
$\dfrac{\pi}{2} < \Delta\varphi < \pi$	Ellipse, geneigt	
$\Delta\varphi = \pi$	Gerade	

Beachte:
- Bei Phasenwinkeldifferenzen $\pi < \Delta\varphi < 2\pi$ entstehen analoge Figuren, sie werden aber mit entgegengesetzter Umlaufrichtung durchlaufen.
- Bei ungleichen Frequenzen ergibt sich eine unveränderliche Lissajous-Figur, wenn beide Frequenzen ein rationales Verhältnis bilden, anderenfalls wiederholen sich die Bahnkurven nicht, die Lissajous-Figur verändert sich stetig.
- Die Form der Lissajous-Figur ist vom Frequenzverhältnis und der zu Beginn vorhandenen Phasenwinkeldifferenz abhängig.

13.6   Gekoppelte Schwingungen

Zwei miteinander gekoppelte Schwinger beeinflussen sich gegenseitig. Sie sind nicht mehr unabhängig voneinander, weil sie über die Kopplung Energie austauschen können. Die Kopplung kann beruhen auf
- Elastizität,
- Reibung oder
- Trägheit.

Wird einer der beiden gekoppelten Schwinger durch einmalige Energiezufuhr zum Schwingen gebracht, dann gibt er seine Energie allmählich an den 2. Schwinger ab. Die Geschwindigkeit, mit der dies erfolgt, hängt von der Stärke der Kopplung (Kopplungsgrad $\varkappa$) ab. Haben beide Schwinger gleiche Frequenz f_0, dann ändert sich die Richtung des Energieflusses erst, wenn Schwinger 1 zur Ruhe gekommen ist (keine Energie mehr besitzt). Beide Schwinger führen **Schwebungen** aus, die zeitlich um $T_S/2$ verschoben sind.

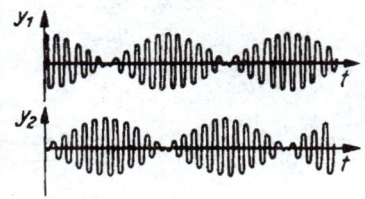

M

Die Schwebungen entstehen durch Überlagerung der beiden **Fundamentalschwingungen**.

Das sind die beiden Schwingungsmöglichkeiten des gekoppelten Systems, bei denen kein Energieaustausch stattfindet:

▶ Beide Schwinger bewegen sich gleichsinnig (gleichphasig). Das Koppelelement bewirkt keine Frequenzänderung, beide Schwinger haben die Frequenz $f_1 = f_0$.

▶ Beide Schwinger bewegen sich gegensinnig (gegenphasig; $\Delta\varphi = \pi$). Das Koppelelement bewirkt mit seiner zusätzlichen Richtgröße k_K eine Verkleinerung der Frequenz. Beide Schwinger schwingen mit f_2.

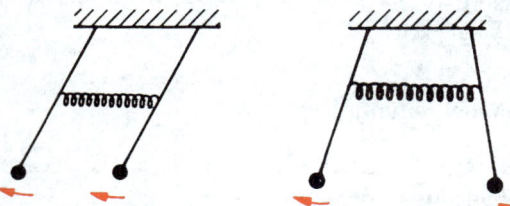

Die **Frequenzen** der beiden Fundamentalschwingungen f_1 und f_2 ergeben sich mit

k Richtgröße des Schwingers 1 = Richtgröße des Schwingers 2,
k_K zusätzliche Richtgröße des Koppelelementes,
m Masse Schwinger 1 = Masse Schwinger 2

zu

(M 13.57)

$$f_1 = f_0 = \frac{1}{2\pi}\sqrt{\frac{k}{m}}$$

$$f_2 = \frac{1}{2\pi}\sqrt{\frac{k + 2k_{\mathrm{K}}}{m}}$$

$$\mathrm{SI}\ \left|\ \mathrm{Hz} = \frac{1}{\mathrm{s}}\ \frac{\mathrm{N}}{\mathrm{m}} = \frac{\mathrm{kg}}{\mathrm{s}^2}\ \mathrm{kg}\ \mathrm{s}\right.$$

$$\begin{array}{cccc} f & k & m & T \end{array}$$

Aus den Richtgrößen bzw. den Schwingungsdauern $T = 1/f$ der Fundamentalschwingungen bestimmt sich der

Kopplungsgrad zu

(M 13.58)

$$\varkappa = \frac{k_{\mathrm{K}}}{k + k_{\mathrm{K}}} = \frac{T_1{}^2 - T_2{}^2}{T_1{}^2 + T_2{}^2} = \frac{f_2{}^2 - f_1{}^2}{f_2{}^2 + f_1{}^2}$$

Beachte:

• (M 13.57) und (M 13.58) gelten nur, wenn beide Schwinger gleiche Masse, Eigenfrequenz und Richtgröße haben.

14   Mechanische Wellen

Eine mechanische Welle ist ein Schwingungsvorgang in einem ausgedehnten **Medium**. Dieses besteht aus einer Vielzahl von schwingungsfähigen Teilchen, die alle miteinander gekoppelt sind. Wird eines dieser Teilchen zum Schwingen angeregt, so wird es zum Zentrum einer sich ausbreitenden Wellenbewegung. Kinematisches Kennzeichen ist das Wandern der Schwingungsphase, dynamisches Kennzeichen der Energietransport. Beides geschieht mit der Phasengeschwindigkeit (Wellengeschwindigkeit).

14.1   Wellenausbreitung

14.1.1   Huygenssches Prinzip

Die Erscheinungen der Wellenausbreitung lassen sich leicht erklären und deuten, wenn man ihnen das Huygenssche Prinzip zugrunde legt.

> Jeder von einer Wellenbewegung erfaßte Punkt eines Mediums wird selbst zum Ausgangspunkt einer neuen Welle, einer Elementarwelle.

Die vielen entstehenden Elementarwellen kommen zur Überlagerung. Als
Ergebnis entsteht die der Beobach-
tung zugängliche gemeinsame Wellenfront aller Elementarwellen. Das Huygenssche Prinzip gilt für alle Wellenarten, auch für elektromagnetische Wellen.

M

14.1.2   Wellenarten

Wellen, bei denen die Richtung der Teil-
chengeschwindigkeit zur Richtung der
Phasengeschwindigkeit senkrecht ist,
heißen **Querwellen** (**transversale Wellen**). In ihnen wechseln Wellenberge und
Wellentäler.
Sind die Richtungen von Schwing- und
Phasengeschwindigkeit gleich, so heißen
die Wellen **Längswellen** (**longitudinale
Wellen**). In Ihnen wechseln **Verdichtun-
gen** und **Verdünnungen**.
Entsprechend ihrer Ausbreitungsmög-
lich keit· unterscheidet man **lineare
Wellen**, **Flächenwellen** und **Raumwel-
len** (1-, 2- und 3dimensionale Wellen).
Die Ausbreitungsrichtung ei-
ner Weile wird als **Wellen-
strahl** bezeichnet. Senkrecht
zu diesem verläuft die **Wellenfront**. Sie ist geometri-
scher Ort aller Teilchen gleicher Phase. Den Abstand
zweier Wellenfronten be-
zeichnet man als Wellenlänge
λ. Bei Flächen- und Raum-
wellen mit punktförmigem

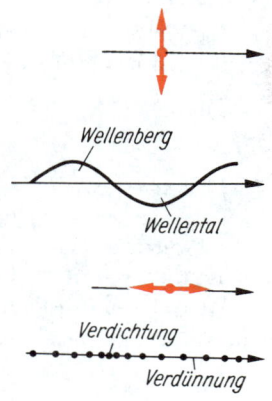

Wellenberg

Wellental

Verdichtung

Verdünnung

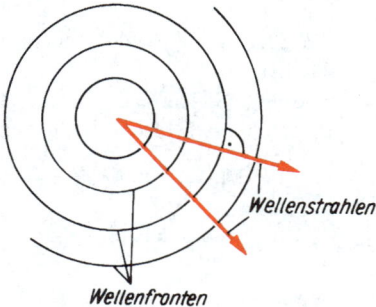

Wellenstrahlen

Wellenfronten

Erregerzentrum verlaufen die Strahlen **radial**, die Wellenfronten sind
Kreise bzw. Kugelschalen. Bei flächenhaften bzw. weit entfernten

Wellenzentren spricht man von ebenen Wellen. Die Strahlen sind parallel, die Fronten eben. Der Abstand zweier benachbarter Wellenfronten heißt **Wellenlänge** λ.

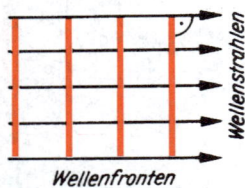

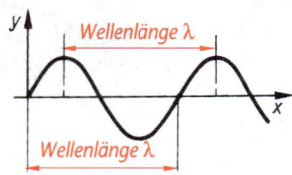

Als Wellenlänge bezeichnet man den Abstand zweier benachbarter Teilchen gleicher Schwingungsphase. Sie ist weder orts- noch zeitabhängig.

Wenn

c Phasengeschwindigkeit, Ausbreitungsgeschwindigkeit der Welle,

f Frequenz, mit der jedes Teilchen der Welle schwingt,

T Schwingungsdauer $= 1/f$, Dauer der vollen Schwingung eines Teilchens,

λ Wellenlänge, Abstand zweier Teilchen gleicher Phase,

dann gilt entsprechend (M 6.1) $c = \lambda/T$ oder

(M 14.1) $\boxed{c = \lambda f}$

$$
\begin{array}{c|ccc}
 & c & \lambda & f \\
\hline
\text{SI} & \dfrac{\text{m}}{\text{s}} & \text{m} & \text{Hz} = \dfrac{1}{\text{s}}
\end{array}
$$

Beachte:

● (M 14.1) gilt für alle Wellenarten, auch für elektromagnetische Wellen.

● Spezielle Gleichungen für die Bestimmung der Phasengeschwindigkeit in verschiedenen Medien → 14.2.3.

14.2   Lineare Sinuswelle

Es sei angenommen, daß die Ausgangsschwingung der Welle harmonisch ist und bei der Ausbreitung der Welle im Medium keine Energieverluste auftreten.

14.2.1   Wellengleichung

Hier nicht erwähnte Ansätze führen bei mechanischen Wellen jeder Art zu der partiellen Differentialgleichung einer Welle

(M 14.2) $\quad \dfrac{\partial^2 y}{\partial x^2} - \dfrac{1}{c^2}\dfrac{\partial^2 y}{\partial t^2} = 0$

M

Beachte:

- (M 14.2) sagt aus, daß die 2. Ableitung der Elongation nach der Zeit proportional der 2. Ableitung nach dem Weg ist.
- Der Faktor c kennzeichnet die Eigenschaften des Mediums (Elastizität, Dichte u. ä.). Er ist identisch mit der Phasengeschwindigkeit.

14.2.2   Elongation

Eine Lösung von (M 14.2) ergibt sich durch den Ansatz $y = y\big(t \pm \dfrac{x}{c}\big)$.

Da es sich hier um eine beliebige (allerdings zweimal nach t und x differenzierbare) Funktion handelt, können sich Störungen jeder Art als Welle durch ein Medium ausbreiten. Bei der Bestimmung der Elongation im Abstand x vom Wellenzentrum muß die Zeit t um die *Laufzeit* der Welle (Laufstrecke x / Geschwindigkeit c) verringert werden. Speziell im Falle der harmonischen Schwingung gilt mit

y Elongation eines Teilchens am Ort x und zur Zeit t,
$\widehat{y}$ Amplitude der erregenden Schwingung und der Welle,
ω Kreisfrequenz $= 2\pi f = 2\pi/T$,
t Zeit,
x Abstand vom Wellenzentrum, Laufstrecke der Welle,
c Phasengeschwindigkeit,
T Schwingungsdauer,
λ Wellenlänge

(M 14.3) $\quad y = \widehat{y}\sin\omega\left(t - \dfrac{x}{c}\right)$

Mit $f = 1/T$ und $f/c = 1/\lambda$ folgt

(M 14.4) $\quad y = \widehat{y}\sin 2\pi\left(\dfrac{t}{T} - \dfrac{x}{\lambda}\right)$

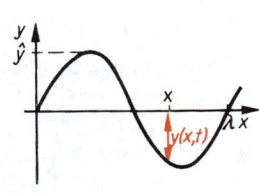

Beachte:

- (M 14.3) und (M 14.4) gelten für eine Wellenausbreitung in positiver x-Richtung. Bei einer Ausbreitung in der Gegenrichtung werden die x-Werte negativ und die Klammer damit zu einer Summe.

■ Gleichung (M 14.4) läßt ein wesentliches Merkmal einer Welle erkennen:

▎ Eine Welle ist zeitlich und örtlich periodisch.

14.2.3   Phasengeschwindigkeit

Die Phasengeschwindigkeit ist abhängig von den mechanischen Eigenschaften des Mediums.

Wenn

c Phasengeschwindigkeit,
F Spannkraft des Seiles, Drahtes o. ä.,
A Querschnittsfläche des Seiles, Drahtes o. ä.,
E Elastizitätsmodul ($\rightarrow$ Tab. 9),
K Kompressionsmodul $= 1/\varkappa$,
$\varkappa$ Kompressibilität bei Flüssigkeiten ($\rightarrow$ Tab. 4),
      Isentropenexponent bei Gasen ($\rightarrow$ Tab. 18),
ϱ Dichte ($\rightarrow$ Tab. 1),
dann gelten für eine

elastische Querwelle in Festkörpern

(M 14.5) $$c = \sqrt{\dfrac{F}{\varrho A}}$$

	c	F		ϱ	A
SI	$\dfrac{\text{m}}{\text{s}}$	$\text{N} =$	$\dfrac{\text{kg} \cdot \text{m}}{\text{s}^2}$	$\dfrac{\text{kg}}{\text{m}^3}$	m^2

elastische Längswelle in Festkörpern (Stab)

(M 14.6) $$c = \sqrt{\dfrac{E}{\varrho}}$$

	c	E	ϱ
SI	$\dfrac{\text{m}}{\text{s}}$	$\dfrac{\text{kg}}{\text{s}^2 \cdot \text{m}}$	$\dfrac{\text{kg}}{\text{m}^3}$

Längswelle in Flüssigkeiten

(M 14.7) $$c = \sqrt{\dfrac{K}{\varrho}} = \sqrt{\dfrac{1}{\varkappa \varrho}}$$

	c	K	$\varkappa$	ϱ
SI	$\dfrac{\text{m}}{\text{s}}$	$\dfrac{\text{kg}}{\text{s}^2 \cdot \text{m}}$	$\dfrac{\text{m}^2}{\text{N}}$	$\dfrac{\text{kg}}{\text{m}^3}$

Längswelle in Gasen

	c	$\varkappa$	p		ϱ

(M 14.8) $c = \sqrt{\dfrac{\varkappa p}{\varrho}}$

SI $\quad \dfrac{\text{m}}{\text{s}} \quad - \quad \text{Pa} = \dfrac{\text{kg}}{\text{s}^2 \cdot \text{m}} \quad \dfrac{\text{kg}}{\text{m}^3}$

14.2.4   Phasensprung

Wird eine eindimensionale Welle (z. B. Seilwelle) an der Grenze Medium 1 – Medium 2 (ganz oder teilweise) reflektiert, so tritt ein Phasensprung von π auf, wenn Medium 2 „dichter" ist, d. h. die kleinere Phasengeschwindigkeit besitzt.

Ein Phasensprung von π bedeutet, daß ein ankommender Wellenberg nach der Reflexion als Wellental zurückläuft (und umgekehrt).

14.2.5   Stehende Wellen

Zwei Wellen, die gleichzeitig in entgegengesetzter Richtung durch das gleiche Medium laufen, überlagern sich zu einer stehenden Welle, vorausgesetzt, beide Wellen stimmen in Amplitude, Frequenz und Wellenlänge überein. Am häufigsten entstehen stehende Wellen, wenn eine eindimensionale Welle nach einer Reflexion mit sich selbst zur Überlagerung kommt.

Wenn

y_R Elongation der resultierenden stehenden Welle,

$\widehat{y}$ Amplitude der sich überlagernden Wellen,

ω Kreisfrequenz $2\pi f = 2\pi/T$ der sich überlagernden Wellen,

t Zeit,

λ Wellenlänge der sich überlagernden Wellen,

x Ort,

dann gilt für die hinlaufende Welle die Wellengleichung (M 14.4)

$$y_1 = \widehat{y} \sin 2\pi \left(\frac{t}{T} - \frac{x}{\lambda} \right) \quad \text{und für die Welle in Gegenrichtung}$$

$$y_2 = \widehat{y} \sin 2\pi \left(\frac{t}{T} + \frac{x}{\lambda} \right). \quad \text{Daraus ergibt sich für die Resultierende}$$

$$y_R = y_1 + y_2 = \widehat{y} \left[\sin 2\pi \left(\frac{t}{T} - \frac{x}{\lambda} \right) + \sin 2\pi \left(\frac{t}{T} + \frac{x}{\lambda} \right) \right]$$

Nach Anwendung eines Additionstheorems erhält man daraus

$$y_R = 2\widehat{y}\cos 2\pi \frac{x}{\lambda} \sin 2\pi \frac{t}{T} \quad \text{oder mit}$$

$$\frac{1}{T} = f \quad \text{und} \quad 2\pi f = \omega$$

(M 14.9) $\boxed{y_R = 2\widehat{y}\cos 2\pi \dfrac{x}{\lambda} \sin \omega t}$

Das ist die Gleichung einer Sinusschwingung mit ortsabhängiger Amplitude $2\widehat{y}\cos 2\pi \dfrac{x}{\lambda}$. Für bestimmte Werte von x, also bestimmte Stellen der Welle, ist die Amplitude $2\widehat{y}$, für andere 0. Diese Stellen der Welle bewegen sich nicht weiter und haben voneinander einen Abstand von jeweils $\lambda/2$.

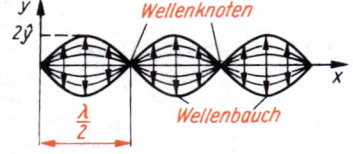

Beachte:
- Stehende Wellen ergeben sich sowohl bei einer Reflexion am dünneren wie auch am dichteren Medium.
- Stellen, deren Amplitude immer null ist, heißen **Wellenknoten**; Stellen, deren Amplitude immer $2\widehat{y}$ ist, heißen **Wellenbäuche**.
- In einem Medium begrenzter Länge l kann sich eine stehende Welle nur bilden, wenn l ein ganzzahliges Vielfaches der halben Wellenlänge $\lambda/2$ ist.

14.3   Wellen in ausgedehnten Medien

14.3.1   Überlagerung

Durchlaufen mehrere Wellen ein Medium, so kommt es zur Überlagerung (**Interferenz**). Auch bei Wellen gilt das „Prinzip der ungestörten Überlagerung" (Superpositionsprinzip).

Die resultierende Elongation zur Zeit t am Ort x bei der Überlagerung von 2 Wellenzügen gleicher Frequenz beträgt

$$y_R = \widehat{y}_1 \sin \omega\left(t - \frac{x}{c}\right) + \widehat{y}_2 \sin\left[\omega\left(t - \frac{x}{c}\right) + \Delta\varphi\right] \quad \text{oder}$$

$$y_R = \widehat{y}_1 \sin \omega\left(t - \frac{x}{c}\right) + \widehat{y}_2 \sin \omega\left(t - \frac{x + \Delta x}{c}\right).$$

Wenn

$\Delta\varphi$ Phasenwinkeldifferenz zwischen beiden Wellen an der Stelle der Überlagerung, Phasenverschiebung,

Δx Differenz der Laufstrecken beider Wellen am Ort der Überlagerung, Gangunterschied,

λ Wellenlänge beider Wellen,

dann gilt als Bedingung für die

maximale Gesamtamplitude

(M 14.10)
$$\Delta\varphi = k \cdot 2\pi$$
$$\Delta x = k\lambda$$
mit $k = 0,\ \pm 1,\ \pm 2, \ldots$

und für die

minimale Gesamtamplitude

(M 14.11)
$$\Delta\varphi = (2k+1)\pi = \left(k + \frac{1}{2}\right) \cdot 2\pi$$
$$\Delta x = (2k+1)\frac{\lambda}{2} = \left(k + \frac{1}{2}\right)\lambda$$
mit
$k = 0, \pm 1, \pm 2, \ldots$

Beachte:

● Besitzen beide Wellenzüge gleiche Amplituden ($\widehat{y}_1 = \widehat{y}_2$), dann ist die minimale Gesamtamplitude $\widehat{y}_R = 0$; es tritt **Auslöschung** ein.

14.3.2   Reflexion

Trifft eine ebene Welle an der Grenze des Mediums auf ein anderes, so tritt eine völlige oder teilweise Zurückwerfung (Reflexion) auf. Die Konstruktion der reflektierten Strahlen $1'$ und $2'$ erfolgt nach dem Huygensschen Prinzip, wonach im Punkt A eine Elementarwelle entsteht, deren Radius die Größe $\overline{AC} = \overline{BD}$ erreicht hat, wenn Strahl 2 in D auf die Grenzfläche trifft. Nach Konstruktion der gemeinsamen Wellenfront durch D und C ergibt sich die neue Wellenrichtung.

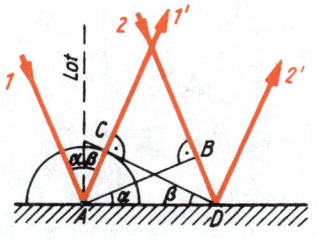

Wenn

α Einfallswinkel   = Winkel zwischen dem auftreffenden Strahl und dem auf der Grenzfläche errichteten Lot,

β Reflexionswinkel = Winkel zwischen dem reflektierten Strahl und dem Lot,

dann gilt das

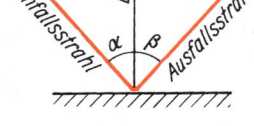

Reflexionsgesetz

(M 14.12) $\boxed{\alpha = \beta}$

Beide Strahlen und das Lot liegen in einer Ebene.

Beachte:

● (M 14.12) gilt auch für elektromagnetische Wellen, z. B. Licht; ($\to$ 25.2.1).

14.3.3   Brechung

Tritt eine ebene Welle an der Grenze des Mediums in ein anderes über, so ändert sich mit der Ausbreitungsgeschwindigkeit auch die Ausbreitungsrichtung. Der Strahl wird gebrochen. Die Konstruktion der gebrochenen Strahlen 1' und 2' erfolgt nach dem Huygensschen Prinzip, wonach im Punkt A eine Elementarwelle entsteht, deren Radius die Größe $\overline{AC} = \overline{BD}\dfrac{c_2}{c_1}$ erreicht hat, wenn Strahl 2 in D auf die Grenzfläche trifft. Nach Konstruktion der gemeinsamen Wellenfront durch D und C ergibt sich die neue Wellenrichtung.

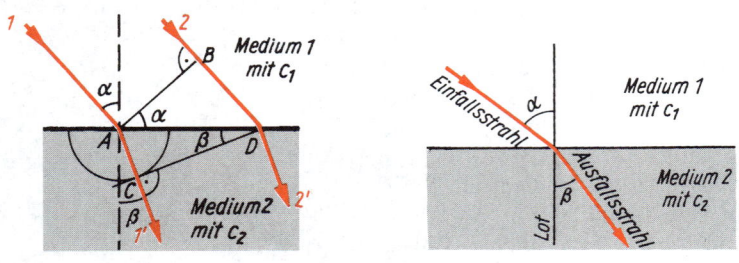

Wenn

α Einfallswinkel, gemessen zwischen Strahl und Lot,

β Brechungswinkel, gemessen zwischen Strahl und Lot,
c_1 Ausbreitungsgeschwindigkeit im Medium 1,
c_2 Ausbreitungsgeschwindigkeit im Medium 2,
dann gilt das

Brechungsgesetz

(M 14.13) $$\boxed{\dfrac{\sin \alpha}{\sin \beta} = \dfrac{c_1}{c_2}}$$ Beide Strahlen und das Lot liegen in einer Ebene.

M

Beachte:
- (M 14.13) gilt auch für elektromagnetische Wellen, z. B. Licht; $\rightarrow$ (O 25.5)!

14.3.4   Beugung

Trifft eine ebene Welle auf eine Wand mit einem schmalen Spalt, dann breitet sich der durch die Öffnung hindurchgelangende Strahl fächerartig auseinander, die Welle wird gebeugt. Die Erklärung dafür ergibt sich aus dem Huygensschen Prinzip. Der Winkel zwischen der ursprünglichen und den neuen Richtungen wird als Beugungswinkel bezeichnet. Die Energie des ankommenden Strahles verteilt sich nicht gleichmäßig auf die einzelnen Richtungen. Sie nimmt mit zunehmendem Beugungswinkel ab.

Beachte:
- Beugung von Lichtstrahlen ($\rightarrow$ 26.2).

14.4   Größen des Wellenfeldes

14.4.1   Energiedichte

In jeder Welle wird Energie transportiert, die als Schwingungsenergie von Teilchen zu Teilchen des Mediums weitergeleitet wird.

Den Energiegehalt der Welle, bezogen auf ein bestimmtes Volumen des Mediums, nennt man **Energiedichte w**.

SI-Einheit der Energiedichte: $[w] = \dfrac{\text{J}}{\text{m}^3}$

Wenn

w Energiedichte,

ϱ Dichte des Mediums,

$\widehat{v}$ maximale Schwinggeschwindigkeit der Teilchen,

ω Kreisfrequenz $= 2\pi f = 2\pi/T$,

$\widehat{y}$ Amplitude,

dann gilt, weil das Teilvolumen $\mathrm{d}V$ eines Mediums mit der Masse $\mathrm{d}m = \varrho\,\mathrm{d}V$ nach (M 13.19) die Schwingungsenergie

$$\mathrm{d}E = \frac{\varrho\,\mathrm{d}V\,\widehat{v}^2}{2} \text{ hat, mit } w = \frac{\mathrm{d}E}{\mathrm{d}V} \text{ und } \widehat{v} = \widehat{y}\omega \text{ (M 13.4) für die}$$

Energiedichte

	w	ϱ	v	ω	y
(M 14.14) $\quad w = \dfrac{\varrho\widehat{v}^2}{2} = \dfrac{\varrho\omega^2\widehat{y}^2}{2}$	SI	$\dfrac{\mathrm{J}}{\mathrm{m}^3}$	$\dfrac{\mathrm{kg}}{\mathrm{m}^3}$	$\dfrac{\mathrm{m}}{\mathrm{s}}$	$\dfrac{1}{\mathrm{s}}$	m

14.4.2   Energiestrom

Wenn

E Energie, die während der Zeit t durch die Fläche A strömt,

c Phasengeschwindigkeit der Welle,

w Energiedichte,

t Zeit,

A Fläche,

ϱ Dichte des Mediums,

$\widehat{v}$ maximale Schwinggeschwindigkeit,

$\widehat{y}$ Amplitude,

ω Kreisfrequenz,

dann gilt $E = wV$. Das ist die Energie, die vorher in dem Volumen $V = Act$ enthalten war, also wird $E = wAct$ und mit (M 14.14)

	E	ϱ	v	A	c	t
(M 14.15) $\quad E = \dfrac{\varrho\widehat{v}^2 Act}{2} = \dfrac{\varrho\omega^2\widehat{y}^2 Act}{2}$	SI	J	$\dfrac{\mathrm{kg}}{\mathrm{m}^3}$	$\dfrac{\mathrm{m}}{\mathrm{s}}$	m^2	$\dfrac{\mathrm{m}}{\mathrm{s}}$	s

14.4.3   Leistung

Für die Leistung $P = E/t$ folgt aus (M 14.15)

	P	w	ω	y
(M 14.16) $\quad P = wAc = \dfrac{\varrho\widehat{v}^2 Ac}{2} = \dfrac{\varrho\omega^2\widehat{y}^2 Ac}{2}$	SI	W	$\dfrac{\mathrm{J}}{\mathrm{m}^3}$	$\dfrac{1}{\mathrm{s}}$	m

14.4.4   Intensität

Für sie folgt aus (M 14.16) mit $J = P/A$

(M 14.17) $J = wc = \dfrac{\varrho \widehat{v}^2 c}{2} = \dfrac{\varrho \omega^2 \widehat{y}^2 c}{2}$

	J	w	c
SI	$\dfrac{\mathrm{W}}{\mathrm{m}^2}$	$\dfrac{\mathrm{J}}{\mathrm{m}^3}$	$\dfrac{\mathrm{m}}{\mathrm{s}}$

Beachte:

- Die mit den Gleichungen (M 14.14) bis (M 14.17) dargestellten Größen Energiedichte w, Energie E, Leistung P und Intensität J sind nur dann ortsunabhängig, d. h. innerhalb des Wellenfeldes konstant, wenn es sich um eindimensionale oder zwei- und dreidimensionale Wellen mit ebener Wellenfront handelt.
- Bei Kreiswellen ist $w \sim 1/r$ und bei Kugelwellen $w \sim 1/r^2$ mit r als Abstand vom Erregerzentrum.

Übersicht:

Ausbreitung der Welle	$\widehat{y}$	w, E, P
eindimensional	konstant	konstant
zweidimensional, eben	konstant	konstant
dreidimensional, eben	konstant	konstant
zweidimensional, Kreis	$\sim \dfrac{1}{\sqrt{r}}$	$\sim \dfrac{1}{r}$
dreidimensional, Kugel	$\sim \dfrac{1}{r}$	$\sim \dfrac{1}{r^2}$

Beachte:

- Energieabsorption im Medium ist dabei nicht berücksichtigt.

14.4.5   Wellenwiderstand

Das in den Gleichungen für die Größen des Wellenfeldes häufig vorkommende Produkt ϱc bezeichnet man als Wellenwiderstand Z.
Wenn

Z Wellenwiderstand,
ϱ Dichte des Mediums,
c Phasengeschwindigkeit der Welle in diesem Medium,
dann gilt

(M 14.18) $Z = \varrho c$

	Z	ϱ	c
SI	$\dfrac{\mathrm{N} \cdot \mathrm{s}}{\mathrm{m}^3}$	$\dfrac{\mathrm{kg}}{\mathrm{m}^3}$	$\dfrac{\mathrm{m}}{\mathrm{s}}$

Die Wärmelehre (Thermodynamik) fußt auf den Gesetzmäßigkeiten der Mechanik. Es muß unterschieden werden zwischen dem *Wärmezustand* (der Temperatur) eines Körpers und der *Wärmeenergie*. Letztere unterliegt wie alle Energiearten dem Energieerhaltungssatz. Änderung der Temperatur und Zufuhr oder Abgabe von Wärmeenergie sind *nicht* identisch!

15   Temperatur

Die Temperatur eines Körpers ist ein Maß für die mittlere Bewegungsenergie je Molekül ($\rightarrow$ 19 Kinetische Wärmetheorie).

In *Festkörpern* schwingen die Moleküle um ihre feste Gleichgewichtslage. Sie besitzen potentielle und kinetische Energie in allen drei Raumachsen.

Die Moleküle der *Flüssigkeiten* schwingen ebenfalls, führen aber zusätzlich Stöße aus.

In *gasförmigen Körpern* bewegen sich die Moleküle mit zum Teil erheblichen Geschwindigkeiten (Größenordnung 10^3 m/s).

Viele physikalischen Größen sind temperaturabhängig:

▶   Das Volumen der Körper (und damit sämtliche Abmessungen) nimmt in der Regel mit steigender Temperatur zu.

▶   Flüssiger und gasförmiger Aggregatzustand existieren bei allen Stoffen bei jeweils höherer Temperatur als der feste Zustand.

▶   Der spezifische Widerstand steigt bei Metallen mit wachsender Temperatur, bei Halbleitern sinkt er dagegen.

▶   Die von einem erhitzten Körper ausgehende Strahlung (Temperaturstrahlung) wird mit steigender Temperatur kurzwelliger.

▶   Die Spannung eines Thermoelements wächst mit der Temperatur.

▶   Viele Stoff„konstanten" (Materialwerte) sind Funktionen der Temperatur (Schallgeschwindigkeit, spezifische Wärmekapazität, Ausdehnungskoeffizient usw.).

Die meisten der temperaturabhängigen Größen werden zur Temperaturmessung verwendet.

Die Temperatur kennzeichnet einen Zustand des Körpers, der von seiner Masse und stofflichen Zusammensetzung unabhängig ist. Man bezeichnet die Temperatur deshalb als **Zustandsgröße**.

15.1   Temperaturmessung

15.1.1   Temperaturskalen

Die Einheit der Temperatur ist im Internationalen Einheitensystem (SI) eine Basiseinheit.

W

SI-Einheit der Temperatur: $[T] = $ Kelvin (K).

Daneben ist der Grad Celsius (°C) gesetzliche Einheit. In Großbritannien und Nordamerika ist ferner der Grad Fahrenheit gebräuchlich. Definition der Einheit Kelvin (K)→17.3.4!

■   Zur Eichung dienen in allen Temperaturskalen international vereinbarte Fixpunkte (Festpunkte).

Übersicht:

Stoff	Fixpunkt	°C	K	°F
Sauerstoff	Siedepunkt	−182,96	90,19	
Wasser	Erstarrungspunkt	0,00	273,15	32
Wasser	Siedepunkt	100,00	373,15	212
Schwefel	Siedepunkt	444,60	717,75	
Silber	Erstarrungspunkt	961,78	1 234,93	
Gold	Erstarrungspunkt	1 064,18	1 337,33	

Die angegebenen Werte gelten für den Normdruck von $p_n = 101,325\,\text{kPa} = 1013,25\,\text{hPa}$.

■   Die Kelvin-Skala hat ihren Nullpunkt bei der tiefsten Temperatur, die theoretisch denkbar ist (absoluter Nullpunkt). Bei gleicher Gradgröße liegt der Nullpunkt der Celsius-Skala beim Erstarrungspunkt des Wassers. Tiefere Temperaturen sind negativ.

Kelvin- und Celsius-Skala sind demnach lediglich gegeneinander versetzt.

Wenn

T Temperatur in Kelvin (K), absolute Temperatur,

t Temperatur in Grad Celsius (°C),

T_0 Nullpunkt der Celsius-Skala $= 273{,}15\,\mathrm{K}$ (Erstarrungspunkt des Wassers),

dann gilt

(W 15.1) $\boxed{t = T - T_0 \quad \text{oder} \quad T = t + T_0}$

Beachte:

- Die Temperatur ist die einzige physikalische Größe mit zwei Formelzeichen (T, t) je nach zu verwendender Einheit (K, °C). Sollten beide Formelzeichen in einer Gleichung vorkommen, so dürfen sie nicht gegeneinander gekürzt werden!

- Temperaturdifferenzen ΔT und Δt werden in Kelvin (K) angegeben. Für Differenzen von Celsius-Temperaturen Δt ist auch die Benennung Grad Celsius (°C) zulässig.
  Als Einheit für Temperaturdifferenzen unzulässig: Grad (grd).

- Als Einheiten der **Temperaturdifferenz** sind Kelvin und Grad Celsius gegeneinander kürzbar.

- Die Vorsätze für dezimale Vielfache und Teile dürfen bei Grad Celsius nicht angewendet werden.

15.1.2   Thermometer

Thermometer zeigen immer ihre Eigentemperatur an. Erst nach einer gewissen Zeit stimmt diese mit der der Umgebung überein. Thermometer besitzen also eine bestimmte Trägheit. Außerdem können sie die zu messende Temperatur des Mediums verändern.

Flüssigkeitsthermometer. Die Länge einer Flüssigkeitssäule (Quecksilber, Alkohol, Toluol, Pentan usw.) ist ein Maß für die Temperatur. Der Meßbereich ist begrenzt durch Siede- und Erstarrungspunkt des verwendeten Stoffes. Kleine Meßfehler entstehen, wenn nicht die gesamte Flüssigkeitssäule der gleichen Temperatur ausgesetzt ist.

Metallthermometer. Es besteht aus einem Bimetallstreifen, zwei miteinander verschweißten oder vernieteten Streifen verschiedenen Metalls. Infolge der ungleichen Ausdehnung beider Metalle beim Erwärmen krümmt sich dieser Streifen. Längere Streifen werden zu einer

Spirale gebogen. Das äußere Ende ist befestigt, am inneren bewegt sich ein Zeiger, der auf einer Skala die jeweilige Temperatur anzeigt.

Widerstandsthermometer. Der Widerstand von Metallen ändert sich mit der Temperatur. Der in einem Stromkreis fließende Strom hängt vom Widerstand des Leiters und damit von dessen Temperatur ab. Der Vorteil dieses Thermometers ist, daß zwischen der Meßstelle und dem Meßgerät ein großer Abstand möglich ist (Fernthermometer). Als Widerstand verwendet man meist einen dünnen, ausgeglühten Platindraht.

15.2   Ausdehnung fester Körper

Bei Erwärmung nimmt die Amplitude der schwingenden Moleküle zu, ihr gegenseitiger Abstand vergrößert sich, und der Körper erfüllt einen größeren Raum. Feste Körper dehnen sich beim Erwärmen nach allen Richtungen aus. Bei Stäben und Drähten wirkt sich die Ausdehnung vor allem in der Länge aus.

15.2.1   Längenänderung

Wenn

l_1 Anfangslänge des Körpers (vor der Temperaturänderung),
l_2 Endlänge des Körpers (nach der Temperaturänderung),
Δl Längenänderung $= l_2 - l_1$,
Δt Temperaturänderung $= t_2 - t_1$,
α Längenausdehnungskoeffizient (thermischer) ($\rightarrow$ Tab. 10),
dann gilt in guter Näherung

(W 15.2) $\boxed{\Delta l = l_1 \alpha \, \Delta t}$ SI $\left| \begin{array}{cc} \alpha & \Delta t \\ \hline \dfrac{1}{K} & {}^\circ C; K \end{array} \right.$

und wegen $l_2 = l_1 + \Delta l = l_1 + l_1 \alpha \, \Delta t$

(W 15.3) $\boxed{l_2 = l_1(1 + \alpha \, \Delta t)}$ SI $\left| \begin{array}{cc} \alpha & \Delta t \\ \hline \dfrac{1}{K} & {}^\circ C; K \end{array} \right.$

> Der *Längenausdehnungskoeffizient* α ist der Quotient aus relativer Längenänderung $\Delta l / l_1$ und Temperaturänderung Δt:
>
> $$\alpha = \frac{\Delta l}{l_1 \Delta t}; \quad [\alpha] = \frac{1}{K}.$$

Beachte:
- Der Längenausdehnungskoeffizient α ist gering temperaturabhängig. Im Bereich von 0 bis 100 °C gelten die Tabellenwerte mit genügender Genauigkeit.
- Bei Abkühlung ist Δt negativ.

15.2.2   Flächenänderung

Sie läßt sich für die Berechnung deuten als eine Längenänderung in zwei Dimensionen.

Wenn
A_1 Fläche vor der Temperaturänderung,
A_2 Fläche nach der Temperaturänderung,
ΔA Flächenänderung $= A_2 - A_1$,
Δt Temperaturänderung $= t_2 - t_1$,
α Längenausdehnungskoeffizient ($\to$ Tab. 10),
dann gilt

$$\Delta A = A_2 - A_1 = l_2^2 - l_1^2 = l_1^2(1 + \alpha \, \Delta t)^2 - l_1^2$$

$$\Delta A = l_1^2[1 + 2\alpha \, \Delta t + \alpha^2(\Delta t)^2] - l_1^2.$$

Wegen der Kleinheit von α kann man das Glied 2. Grades vernachlässigen. Dann ergibt sich

$$\Delta A = l_1^2(1 + 2\alpha \, \Delta t) - l_1^2 = l_1^2 2\alpha \, \Delta t \quad \text{und daraus}$$

(W 15.4) $\boxed{\Delta A = A_1 2\alpha \, \Delta t}$

$$\text{SI} \; \begin{array}{c|cc} & \alpha & \Delta t \\ \hline & \dfrac{1}{K} & °C;K \end{array}$$

und wegen $A_2 = A_1 + \Delta A = A_1 + A_1 2\alpha \, \Delta t$

(W 15.5) $\boxed{A_2 = A_1(1 + 2\alpha \, \Delta t)}$

$$\text{SI} \; \begin{array}{c|cc} & \alpha & \Delta t \\ \hline & \dfrac{1}{K} & °C;K \end{array}$$

Beachte:
- Bei Abkühlung ist Δt negativ.

15.2.3   Volumenänderung

Sie läßt sich für die Berechnung als eine Längenänderung in drei Dimensionen deuten.

Wenn

V_1 Anfangsvolumen des Körpers,
V_2 Endvolumen des Körpers,
ΔV Volumenänderung $= V_2 - V_1$,
Δt Temperaturänderung $= t_2 - t_1$,
α Längenausdehnungskoeffizient ($\rightarrow$ Tab. 10),

dann gilt

$$\Delta V = V_2 - V_1 = l_2^3 - l_1^3 = l_1^3(1 + \alpha \, \Delta t)^3 - l_1^3$$

$$\Delta V = l_1^3[1 + 3\alpha \, \Delta t + 3\alpha^2 (\Delta t)^2 + \alpha^3 (\Delta t)^3] - l_1^3.$$

Wegen der Kleinheit des Zahlenwertes von α können die Glieder 2. und 3. Grades vernachlässigt werden. Dann ergibt sich

$$\Delta V = l_1^3(1 + 3\alpha \, \Delta t) - l_1^3 = l_1^3 3\alpha \, \Delta t \quad \text{und daraus}$$

	α	Δt
(W 15.6) $\boxed{\Delta V = V_1 3\alpha \, \Delta t}$ SI $\left| \dfrac{1}{K} \right.$ °C; K

und wegen $V_2 = V_1 + \Delta V = V_1 + V_1 3\alpha \, \Delta t$

	α	Δt
(W 15.7) $\boxed{V_2 = V_1(1 + 3\alpha\Delta t)}$ SI $\left| \dfrac{1}{K} \right.$ °C; K

Beachte:

● Die mit der Volumenänderung verbundene Dichteänderung kann mit (W 15.10) berechnet werden, wenn dort γ durch 3α ersetzt wird.

● Bei Abkühlung ist Δt negativ.

● Die Ausdehnung von **Hohlräumen** erfolgt nach den gleichen Gesetzmäßigkeiten.

15.3 Ausdehnung von Flüssigkeiten

Die Flüssigkeiten dehnen sich wesentlich stärker aus als Festkörper. Ihre Ausdehnung erfolgt ebenfalls nach allen Richtungen. Wegen der leichten Verschiebbarkeit der Moleküle nehmen Flüssigkeiten die Form des Gefäßes an, dessen Ausdehnung ebenfalls berücksichtigt werden muß. Auch in Röhren u. ä. ist die Ausdehnung stets eine *Volumenänderung*.

15.3.1   Volumenänderung

Es gelten sinngemäß (W 15.6) und (W 15.7).

Wenn
V_1 Anfangsvolumen,
V_2 Endvolumen,
ΔV Volumenänderung $= V_2 - V_1$,
Δt Temperaturänderung $= t_2 - t_1$,
γ Volumenausdehnungskoeffizient (thermischer) ($\rightarrow$ Tab. 11),
dann gilt

(W 15.8) $\boxed{\Delta V = V_1 \gamma \, \Delta t}$ $\mathrm{SI} \left| \begin{array}{cc} \gamma & \Delta t \\ \hline \dfrac{1}{\mathrm{K}} & {}^\circ\mathrm{C}\,;\mathrm{K} \end{array} \right.$

und analog (W 15.7)

(W 15.9) $\boxed{V_2 = V_1(1 + \gamma \, \Delta t)}$ $\mathrm{SI} \left| \begin{array}{cc} \gamma & \Delta t \\ \hline \dfrac{1}{\mathrm{K}} & {}^\circ\mathrm{C}\,;\mathrm{K} \end{array} \right.$

> Der *Volumenausdehnungskoeffizient* γ ist das Verhältnis der relativen Volumenänderung $\Delta V/V_1$ zur Temperaturänderung Δt:
>
> $$\gamma = \frac{\Delta V}{V_1 \Delta t}; \quad [\gamma] = \frac{1}{\mathrm{K}}.$$

Beachte:

- Der Volumenausdehnungskoeffizient γ ist gering temperaturabhängig. Im Bereich von 0 bis 40 °C gelten die Tabellenwerte mit genügender Genauigkeit.
- Bei Abkühlung ist Δt negativ.
- Die Änderung des Flüssigkeitsvolumens relativ zum Gefäß errechnet sich als Differenz der Volumenänderungen von Flüssigkeit und Gefäß. Setzt man gleiches Anfangsvolumen und gleiche Temperaturdifferenz voraus, so ist in (W 15.8) und (W 15.9) γ zu ersetzen durch $(\gamma - 3\alpha)$, worin α der Längenausdehnungskoeffizient des Gefäßes ist.
- Wasser bildet eine Ausnahme. Sein Volumenausdehnungskoeffizient ist stark *veränderlich*, im Bereich von 0 bis 4 °C sogar negativ. Dichtewerte von Wasser $\rightarrow$ Tab. 15!

15.3.2 Dichteänderung

Beim Erwärmen ändert sich mit dem Volumen auch die Dichte der Flüssigkeit. Da Volumen und Dichte umgekehrt proportional sind, also

$\dfrac{\varrho_1}{\varrho_2} = \dfrac{V_2}{V_1}$, kann man (W 15.9) auch schreiben

$\varrho_1 = \varrho_2(1 + \gamma\,\Delta t)$ und erhält nach Umstellung

(W 15.10) $\boxed{\varrho_2 = \dfrac{\varrho_1}{1 + \gamma\,\Delta t}}$

Beachte:
- (W 15.10) gilt auch für feste Körper. Bei ihnen ist γ zu ersetzen durch 3α!
- Bei Abkühlung ist Δt negativ.

15.4 Ausdehnung der Gase

Beim Erwärmen nimmt die Geschwindigkeit der Moleküle zu. Mit der Temperatur wächst das Produkt aus Druck und Volumen ($p \cdot V$). Zu übersichtlichen Beziehungen kommt man, wenn einer der beiden Faktoren konstant gehalten wird. Die Ausdehnung der Gase ist bedeutend stärker als die der festen und flüssigen Körper.

15.4.1 Volumenänderung

Während des Erwärmens muß der Druck konstant gehalten werden. Es gilt sinngemäß (W 15.9). Der Volumenausdehnungskoeffizient ist bei allen Gasen fast gleich. In guter Näherung gilt auch für sie der Volumenausdehnungskoeffizient des **idealen Gases**:

$\gamma = 0,003\,661\,\mathrm{K}^{-1} = \dfrac{1}{273,15\,\mathrm{K}} = \dfrac{1}{T_0}$

Der *Volumenausdehnungskoeffizient* γ eines Gases ist das Verhältnis der relativen Volumenänderung $\Delta V/V_0$ zur Temperatur t:

$\gamma = \dfrac{\Delta V}{V_0 t}; \quad [\gamma] = \dfrac{1}{\mathrm{K}}.$

Beachte:
- γ bezieht sich auf das Volumen V_0 (bei $0\,°C$)!
- Ein Gas wird als **ideal** bezeichnet, wenn bei unveränderter Temperatur gilt: $pV =$ konstant (Gesetz von Boyle und Mariotte) $\rightarrow$ auch 9.1.

Wenn

V_t Gasvolumen bei beliebiger Temperatur t,
V_0 Gasvolumen bei $0\,°C$,
t Temperatur, bei der das Gas das Volumen V_t besitzt,
γ Volumenausdehnungskoeffizient ($\rightarrow$ Tab.12),
dann gilt

(W 15.11) $\boxed{V_t = V_0(1 + \gamma t)}$

	γ	t
SI	$\dfrac{1}{K}$	$°C$

Beachte:
- Der Volumenausdehnungskoeffizient des idealen Gases $\gamma = 1/(273{,}15\,K)$ kann auch für Edelgase, Wasserstoff und Sauerstoff verwendet werden. Bei anderen Gasen ergeben sich Abweichungen.
- **Genaue** Zahlenwerte für die wichtigsten Gase $\rightarrow$ Tab. 12!

■ Aus (W 15.11) folgt für die Temperatur t_1

$$V_1 = V_0(1 + \gamma t_1) = V_0\left(1 + \frac{t_1}{273{,}15\,K}\right) = V_0\left(1 + \frac{t_1}{T_0}\right)$$

$$= V_0\left(\frac{T_0 + t_1}{T_0}\right)$$

und für eine andere Temperatur t_2 entsprechend

$$V_2 = V_0(1 + \gamma t_2) = V_0\left(1 + \frac{t_2}{273{,}15\,K}\right) = V_0\left(1 + \frac{t_2}{T_0}\right)$$

$$= V_0\left(\frac{T_0 + t_2}{T_0}\right).$$

Eine Division beider Gleichungen ergibt

$$\frac{V_1}{V_2} = \frac{T_0 + t_1}{T_0 + t_2} \quad \text{oder mit (W 15.1)}$$

1. Gesetz von Gay-Lussac

(W 15.12) $\boxed{\dfrac{V_1}{V_2} = \dfrac{T_1}{T_2} \quad \text{oder} \quad \dfrac{V}{T} = \text{konstant}}$

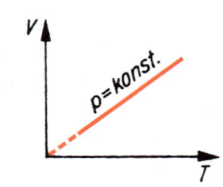

Das Volumen eines eingeschlossenen Gases ist der absoluten Temperatur proportional, solange der Druck nicht verändert wird.

$V \sim T$ (wenn $p = $ konstant)

Beachte:
- (W 15.11) und (W 15.12) gelten exakt nur für das ideale Gas, für reale Gase in guter Näherung, nicht aber für Dämpfe.

15.4.2 Druckänderung

Während des Erwärmens muß das Volumen konstant sein. Die Druckzunahme erfolgt nach den gleichen Gesetzen wie die Volumenzunahme in (W 15.11). Der Spannungskoeffizient ist bei allen Gasen fast gleich. In guter Näherung gilt für sie der Spannungskoeffizient des **idealen Gases**; er ist gleich dem Volumenausdehnungskoeffizienten: $\gamma = 0,003\,661\,\mathrm{K}^{-1} = 1/(273{,}15\,\mathrm{K}) = 1/T_0$.

Der *Spannungskoeffizient* eines Gases ist das Verhältnis der relativen Druckänderung $\Delta p / p_0$ zur Temperatur t:

$$\gamma = \frac{\Delta p}{p_0 t}; \quad [\gamma] = \frac{1}{\mathrm{K}}.$$

Beachte:
- γ bezieht sich auf den Druck p_0 (bei $0\,^\circ\mathrm{C}$)!
- Der Spannungskoeffizient wird vielfach auch als Druckkoeffizient bezeichnet.

Wenn
p_t Gasdruck bei beliebiger Temperatur t,
p_0 Gasdruck bei $0\,^\circ\mathrm{C}$,
t Temperatur, bei der das Gas den Druck p_t besitzt,
γ Spannungs- = Volumenausdehnungskoeffizient ($\rightarrow$ Tab. 12),
dann gilt

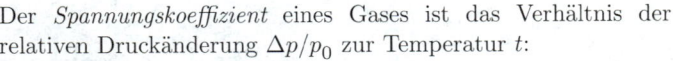

	γ	t
(W 15.13) $\boxed{p_t = p_0(1 + \gamma t)}$	SI $\dfrac{1}{\mathrm{K}}$	$^\circ\mathrm{C}$

Beachte:
- $\rightarrow$ Bemerkungen zu (W 15.11)!

■ Aus (W 15.13) folgt für die Temperatur t_1

$$p_1 = p_0(1 + \gamma t_1) = p_0 \left(1 + \frac{t_1}{273{,}15\,\text{K}}\right) = p_0 \left(1 + \frac{t_1}{T_0}\right)$$

$$= p_0 \left(\frac{T_0 + t_1}{T_0}\right)$$

und für eine andere Temperatur t_2 entsprechend

$$p_2 = p_0(1 + \gamma t_2) = p_0 \left(1 + \frac{t_2}{273{,}15\,\text{K}}\right) = p_0 \left(1 + \frac{t_2}{T_0}\right)$$

$$= p_0 \left(\frac{T_0 + t_2}{T_0}\right)$$

Durch Division folgt aus beiden Gleichungen

$$\frac{p_1}{p_2} = \frac{T_0 + t_1}{T_0 + t_2} \quad \text{oder mit (W 15.1)}$$

2. Gesetz von Gay-Lussac

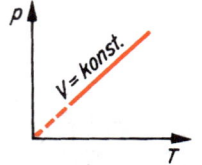

(W 15.14) $\quad \dfrac{p_1}{p_2} = \dfrac{T_1}{T_2} \quad \text{oder} \quad \dfrac{p}{T} = \text{konstant}$

Der Druck eines abgeschlossenen Gases ist der absoluten Temperatur proportional, solange das Volumen nicht verändert wird:

$p \sim T \quad$ (wenn V = konstant).

Beachte:

● (W 15.13) und (W 15.14) gelten exakt nur für das ideale Gas, für Gase in guter Näherung, nicht aber für Dämpfe.

15.5   Gasgesetze

Eine Anwendung von (W 15.11) bis (W 15.14) setzt voraus, daß bei einer Temperaturänderung entweder der Gasdruck oder das Gasvolumen konstant bleibt. Das ist selten der Fall. Deshalb faßt man die beiden Gesetze von Gay-Lussac und das Gesetz von Boyle und Mariotte zu einem Gesetz zusammen.

15.5.1 Zustandsgleichung des idealen Gases

Wenn

p_1, T_1, V_1 Druck, Temperatur und Volumen am Anfang (Zustand 1),
p_2, T_2, V_2 Druck, Temperatur und Volumen am Ende (Zustand 2),
V_z nach der Erwärmung entstehendes Zwischenvolumen,

dann gilt entsprechend (W 15.12) für das Volumen nach dem Erwärmen

$V_z = \dfrac{V_1 T_2}{T_1}$ und entsprechend (M 9.1) für das Volumen nach einer Druckänderung

$V_2 = \dfrac{V_z p_1}{p_2} = \dfrac{V_1 T_2 p_1}{T_1 p_2}$ oder – nach Indizes geordnet – die

Zustandsgleichung (1. Form)

(W 15.15)
$$\frac{p_1 V_1}{T_1} = \frac{p_2 V_2}{T_2} \quad \text{oder} \quad \frac{pV}{T} = \text{konstant}$$

Bei einer bestimmten Menge bzw. Masse eine Gases ist das Produkt aus Druck und Volumen, dividiert durch die absolute Temperatur, konstant.

Beachte:
- Für p ist der absolute Druck (nicht Überdruck) einzusetzen.
- Die Zustandsgleichung gilt exakt nur für das ideale Gas, für die realen Gase mit guter Näherung, nicht aber für Dämpfe.
- Die Zustandsgleichung beinhaltet drei Sonderfälle, $\rightarrow$ Übersicht und 18.2. bis 18.4.!

Übersicht:

Sonderfälle der Zustandsgleichung			
Bezeichnung:	isobare	isochore	isotherme
		Zustandsänderung	
Bedingung:	p = konst	V = konst	T = konst
Formel:	$\dfrac{V_1}{V_2} = \dfrac{T_1}{T_2}$	$\dfrac{p_1}{p_2} = \dfrac{T_1}{T_2}$	$\dfrac{p_1}{p_2} = \dfrac{V_2}{V_1}$
Gesetz:	Gay-Lussac		Boyle-Mariotte

■ In (W 15.15) ist der konstante Ausdruck pV/T proportional der Masse des eingeschlossenen Gases, also $pV/T \sim m$. Den Proportionalitätsfaktor bezeichnet man als **(spezifische) Gaskonstante** R, deren Zahlenwert von der Gasart abhängt. Nach Umstellung ergibt sich als

Zustandsgleichung (2. Form)

$$(W\,15.16) \quad \boxed{pV = mRT} \qquad \text{SI} \quad \left| \quad \begin{array}{cccc} p & V & m & R & T \\ \mathrm{Pa} = \dfrac{\mathrm{J}}{\mathrm{m}^3} & \mathrm{m}^3 & \mathrm{kg} & \dfrac{\mathrm{J}}{\mathrm{kg} \cdot \mathrm{K}} & \mathrm{K} \end{array} \right.$$

Beachte:
- (W 15.15) und (W 15.16) sind zwei verschiedene Formen der Zustandsgleichung der Gase. Welche man anwendet, ergibt sich aus der jeweiligen Aufgabenstellung.
- Zahlenwerte für die Gaskonstante $R \rightarrow$ Tab. 14!
- Für p ist der absolute Druck (nicht Überdruck) einzusetzen.
- Umrechnung von Druckeinheiten $\rightarrow$ hintere Innenseite des Buchumschlages.
- Beide Seiten von (W 15.16) haben die Dimension einer Arbeit.

15.5.2   Gasdichte

Die Dichte des Gases ist vom jeweiligen Zustand (Druck und Temperatur) abhängig. Die in den Tabellen angegebenen Werte sind stets auf $p_\mathrm{n} = 101,325\,\mathrm{kPa} = 1\,013,25\,\mathrm{hPa}$ und $T_\mathrm{n} = T_0 = 273,15\,\mathrm{K} \mathrel{\widehat{=}} 0\,°\mathrm{C}$ (**Normdichte**) bezogen. Mit den beiden Formen der Zustandsgleichung der Gase kann man die Dichte eines Gases auf eine anderen Zustand umrechnen bzw. für einen beliebigen Zustand berechnen.

Dichteumrechnung

Wenn

$\varrho_1,\ T_1,\ p_1$ Dichte, Temperatur und Druck im Zustand 1,
$\varrho_2,\ T_2,\ p_2$ Dichte, Temperatur und Druck im Zustand 2,
ϱ_n Normdichte (bei p_n und T_n) ($\rightarrow$ Tab. 1),
p_n Normdruck $= 101,325\,\mathrm{kPa} = 1\,013,25\,\mathrm{hPa}$,
T_n Normtemperatur $= T_0 = 273,15\,\mathrm{K}$,

dann gilt, da Volumen und Dichte umgekehrt proportional sind,
$\dfrac{V_1}{V_2} = \dfrac{\varrho_2}{\varrho_1}$ und entsprechend (W 15.15) $\dfrac{p_1\,\varrho_2}{T_1} = \dfrac{p_2\,\varrho_1}{T_2}$ und somit

$$(W\,15.17) \quad \boxed{\varrho_2 = \varrho_1\,\frac{T_1 p_2}{T_2 p_1}}$$

bzw.

(W 15.18) $$\varrho = \varrho_n \frac{T_n p}{p_n T}$$

Dichteberechnung

Wenn

ϱ Gasdichte bei Druck p und Temperatur T,

p Gasdruck,

T Gastemperatur,

R Gaskonstante, spezifische ($\to$ Tab. 14),

dann ergibt sich aus (W 15.16)

$\dfrac{m}{V} = \dfrac{p}{RT}$, also

(W 15.19) $$\varrho = \frac{p}{RT}$$

	ϱ	p	R	T
SI	$\dfrac{kg}{m^3}$	$Pa = \dfrac{J}{m^3}$	$\dfrac{J}{kg \cdot K}$	K

und analog für die **Normdichte**

(W 15.20) $$\varrho_n = \frac{p_n}{RT_n}$$

Einheiten $\to$ (W 15.19)

Beachte:

● Zahlenwerte für Gas-Normdichten $\to$ Tab. 1!

● Zahlenwerte für die Luftdichte als Funktion von Druck und Temperatur $\to$ Tab. 13!

15.5.3   Normvolumen

Gasvolumen können nur verglichen werden, wenn sie auf gleiche Temperatur und gleichen Druck bezogen werden. Man spricht vom Normvolumen, wenn $p = p_n = 101{,}325\,\text{kPa}$ und $T = T_n = 273{,}15\,\text{K} \;\hat{=}\; 0\,^{\circ}\text{C}$. Mit Hilfe der Zustandsgleichung kann man jedes auf andere Daten bezogene Gasvolumen auf den Normzustand umrechnen.

Wenn

V Gasvolumen bei beliebigem Druck p und beliebiger Temperatur T,

V_n Normvolumen = Volumen im Normzustand,

p_n Normdruck = 101,325 kPa,

T_n Normtemperatur = $T_0 = 273{,}15\,\text{K} \;\hat{=}\; 0\,^{\circ}\text{C}$, dann gilt entsprechend (W 15.15)

$$\frac{pV}{T} = \frac{p_n V_n}{T_n}. \quad \text{Daraus folgt}$$

(W 15.21) $\quad V_n = V\,\dfrac{T_n p}{p_n T}$

Beachte:

- Umrechnung von Druckeinheiten → hintere Innenseite des Buchumschlages

15.5.4   Gasgemische

Bei Gasgemischen ist sowohl mit einer *mittleren* Dichte ϱ_m als auch mit einer *mittleren* Gaskonstante R_m zu rechnen. Bei beiden Größen kann *nicht* mit dem arithmetischen Mittel gerechnet werden, weil sie auf das Volumen bzw. die Masse bezogen sind.

Wenn

ϱ_1 Dichte des Gases 1 usw.,
R_1 Gaskonstante des Gases 1 usw.,
m_1 Masse des Gases 1 usw.,

dann gilt für die Dichte eines Gasgemisches

$$\varrho_m = \frac{m_{ges}}{V_{ges}} = \frac{m_1 + m_2 + \cdots}{V_1 + V_2 + \cdots}. \quad \text{Wegen } m = \varrho V \text{ folgt}$$

(W 15.22) $\quad \varrho_m = \dfrac{\varrho_1 V_1 + \varrho_2 V_2 + \cdots}{V_1 + V_2 + \cdots}$

und für die Gaskonstante eines Gasgemisches

(W 15.23) $\quad R_m = \dfrac{R_1 m_1 + R_2 m_2 + \cdots}{m_1 + m_2 + \cdots}$

Beachte:

- Zahlenwerte für ϱ_n → Tab. 1!
- Zahlenwerte für R sind der Tabelle 14 zu entnehmen oder nach (W 15.29) zu berechnen.

15.5.5 Molare Gaskonstante

Die Stoffmenge n kennzeichnet die Anzahl gleichartiger Teilchen, die in einem System enthalten sind. Das können Atome oder Moleküle, aber auch Ionen, Elektronen oder andere Teilchen sein. Die Einheit der Stoffmenge n ist Basiseinheit des Internationalen Einheitensystems.

SI-Einheit der Stoffmenge: $[n]$ = Mol (mol).

> Ein Mol ist die Stoffmenge, in der soviel Teilchen enthalten sind wie Atome in $12\,\mathrm{g}$ des Kohlenstoffisotops C 12. Die Stoffmenge $1\,\mathrm{mol}$ enthält bei allen Stoffen $6{,}022\,136\,7 \cdot 10^{23}$ Teilchen.

Beachte:

● Diese seit der Einführung des SI gültige Definition der Einheit Mol stimmt mit der früheren nicht überein. Bis dahin war das Mol die in Gramm ausgedrückte relative Atom- bzw. Molekülmasse des Stoffes und damit eine individuelle Masseneinheit.

■ Oft ist es zweckmäßig, Volumen oder Masse eines Gases auf die Stoffmenge zu beziehen.

Wenn
m Masse,
V Volumen,
n Stoffmenge,
v spezifisches Volumen = V/m,
ϱ Dichte,
dann gilt als **molare Masse**

(W 15.24) $M = \dfrac{m}{n}$

	M	m	n
SI	$\dfrac{\mathrm{kg}}{\mathrm{mol}}$	kg	mol

und als **molares Volumen**

(W 15.25) $V_{\mathrm{m}} = \dfrac{V}{n}$

	V_{m}	V	n
SI	$\dfrac{\mathrm{m}^3}{\mathrm{mol}}$	m^3	mol

Eine Division von (W 15.25) durch (W 15.24) ergibt

(W 15.26) $v = \dfrac{V_{\mathrm{m}}}{M} = \dfrac{V}{m} = \dfrac{1}{\varrho}$

	v	V_{m}	V	M	m	ϱ
SI	$\dfrac{\mathrm{m}^3}{\mathrm{kg}}$	$\dfrac{\mathrm{m}^3}{\mathrm{mol}}$	m^3	$\dfrac{\mathrm{kg}}{\mathrm{mol}}$	kg	$\dfrac{\mathrm{kg}}{\mathrm{m}^3}$

Beachte:

● Die molare Masse M (in kg/kmol oder g/mol) ist zahlengleich der relativen Atommasse A_r bzw. relativen Molekülmasse M_r ($\to$ Tab. 55).

■ Im Normzustand (also bei $p_n = 101,325$ kPa und $T_n = 273,15$ K $\stackrel{\wedge}{=} 0\,°C$) besitzt die Stoffmenge 1 mol eines jeden Gases das gleiche Volumen. Man nennt es

molares Normvolumen

(W 15.27) $\boxed{V_{mn} = 22,414\,10\,\dfrac{l}{mol} = 22,414\,10\,\dfrac{m^3}{kmol}}$

■ Vielfach (besonders in der physikalischen Chemie) wird in der Zustandsgleichung (W 15.16) nicht mit der Masse, sondern mit der Stoffmenge n gerechnet. Mit (W 15.24) nimmt (W 15.16) dann die Form an

$pV = nMRT$. Das Produkt $M \cdot R$ heißt **molare Gaskonstante**, also $R_m = MR$. Sie ist stoffunabhängig. Mit ihr folgt als **stoffmengenbezogene Zustandsgleichung**

	p	V	n	R_m	T
(W 15.28) $\boxed{pV = nR_m T}$	SI	Pa $= \dfrac{J}{m^3}$	m^3	mol	$\dfrac{J}{mol \cdot K}$	K

Die Größe der molaren Gaskonstante R_m läßt sich mit (W 15.16) bestimmen, wenn man diese Gleichung auf die Stoffmenge 1 mol und den Normzustand bezieht. Mit diesen Werten ergibt sich dann

$$R_m = MR = \frac{p_n V}{T_n n} = \frac{p_n V_{mn}}{T_n} = \frac{101\,325\,\text{Pa} \cdot 22,414\,10 \cdot 10^{-3}\,\text{m}^3}{273,15\,\text{K} \qquad \text{mol}}$$

und daraus

		R_m	M	R
(W 15.29) $\boxed{R_m = MR = 8,314\,510\,\dfrac{J}{mol \cdot K}}$	SI	$\dfrac{J}{mol \cdot K}$	$\dfrac{kg}{mol}$	$\dfrac{J}{kg \cdot K}$

Beachte:

● Mit (W 15.29) läßt sich bei bekannter relativer Molekülmasse M_r die (spezifische) Gaskonstante R berechnen. Da die Zustandsgleichung exakt aber nur für das ideale Gas gilt, sind die experimentell ermittelten Tabellenwerte ($\to$ Tab. 14) vorzuziehen.

● Die molare Masse M (in kg/kmol oder g/mol) ist zahlengleich der relativen Molekülmasse M_r.

16   Wärmeenergie

Wärmeenergie (meist als Wärmemenge bezeichnet) ist eine spezielle Energieform wie z. B. auch die mechanische Energie sowie die elektrische Energie. Sie unterliegt wie alle Energiearten dem Gesetz von der Erhaltung der Energie. Alle Energiearten sind (wenn auch z. B. nicht restlos) ineinander umwandelbar. Zufuhr oder Abgabe von Wärmeenergie (Wärmeaustausch) ist nötig, wenn die Temperatur oder der Aggregatzustand eines Körpers verändert werden soll.

SI-Einheit der Wärmeenergie: $[Q]$ = Joule (J)

$\qquad\qquad\qquad\qquad\qquad\qquad$ = Newtonmeter (N·m).

Unzulässige Einheiten: Kalorie (cal) und
$\qquad\qquad\qquad\qquad\qquad$ Kilokalorie (kcal).

Umrechnung:

1 cal = 4, 186 8 J	1 kcal = 10^3 cal = 4 186, 8 J = 4, 186 8 kJ

Beachte:
● Weitere Umrechnung von Energie- und Arbeitseinheiten → hintere Innenseite des Buchumschlages.

16.1   Wärmemenge

Die zur Erwärmung eines Körpers notwendige Wärmemenge ist proportional der Masse des Körpers und der zu erzielenden Temperaturdifferenz. Der Proportionalitätsfaktor wird als spezifische Wärmekapazität bezeichnet (→ 16.2).

Wenn

Q Wärmemenge,

c spezifische Wärmekapazität des zu erwärmenden Stoffes (→ Tab. 16 und 17),

m Masse des Körpers,

Δt Temperaturdifferenz, die mit der Wärmemenge Q erzeugt wird, = $t_2 - t_1 = \Delta T$,

dann gilt

(W 16.1) $\boxed{Q = cm\,\Delta t = cm\,\Delta T}$

bzw. in differentieller Schreibweise

(W 16.2) $\boxed{\mathrm{d}Q = cm\,\mathrm{d}t = cm\,\mathrm{d}T}$

Q	c	m	Δt
SI $\;$ J	$\dfrac{\text{J}}{\text{kg} \cdot \text{K}}$	kg	°C,K

$$1\,\text{cal} = 4{,}187\,\text{J}$$

Beachte:
- Die spezifische Wärmekapazität c ist nicht konstant, sondern *temperaturabhängig*.
- Bei Abkühlung ist Δt negativ, auch die Wärmemenge wird negativ, d. h., sie ist nicht zu-, sondern abzuführen.

16.1.1   Wärmeinhalt

Unter dem *Wärmeinhalt* versteht man die auf 0 °C bezogene Wärmemenge, die ein Körper bei einer bestimmten Temperatur besitzt.

SI-Einheit des Wärmeinhaltes: $[Q_i] = \text{Joule (J)}$.

Unzulässige Einheiten: Kalorie (cal) und
                          Kilokalorie (kcal).

Wenn
Q_i Wärmeinhalt des Körpers,
c spezifische Wärmekapazität des Stoffes ($\to$ Tab. 16 und 17),
m Masse des Körpers,
t Celsius-Temperatur des Körpers,
dann gilt analog zu (W 16.1)

(W 16.3) $\boxed{Q_i = cmt}$

Q	c	m	t
SI $\;$ J	$\dfrac{\text{J}}{\text{kg} \cdot \text{K}}$	kg	°C

$$1\,\text{cal} = 4{,}187\,\text{J}$$

Beachte:
- Bei Temperaturen $t > 0\,°\text{C}$ ist der Wärmeinhalt positiv, bei Temperaturen $t < 0\,°\text{C}$ ist der Wärmeinhalt negativ, bei $t = 0\,°\text{C}$ ist er null.

16.1.2   Wärmekapazität

Unter der *Wärmekapazität* C eines Körpers versteht man das Verhältnis der zugeführten Wärmemenge zur erzielten Temperaturerhöhung:

$C = \dfrac{Q}{\Delta T}$ oder in differentieller Schreibweise $C = \dfrac{dQ}{dT}$.

Wenn
C Wärmekapazität des Körpers,
c spezifische Wärmekapazität des Stoffes ($\rightarrow$ Tab. 16 und 17),
m Masse des Körpers,
dann gilt $C = Q/\Delta T$ und mit (W 16.1)

$C = cm\,\Delta T/\Delta T$ oder

(W 16.4) $\boxed{C = cm}$

	C	c	m
SI	$\dfrac{J}{K}$	$\dfrac{J}{kg \cdot K}$	kg

$1\,\text{cal} = 4{,}187\,\text{J}$

Beachte:

● Die Wärmekapazität C ist die zum Erwärmen des Körpers um $1\,\text{K}$ erforderliche Wärmemenge.

■ Bei nicht homogenen Körpern läßt sich die Wärmekapazität C bestimmen aus

(W 16.5) $\boxed{\begin{array}{l} C = \dfrac{Q}{\Delta T} = \sum c_i m_i \\[2mm] C = c_{\mathrm{m}} m \end{array}}$ oder mit (W 16.6)

16.1.3   Wasserwert

Für die Wärmemischung fester und flüssiger Stoffe ($\rightarrow$ 16.3) verwendet man Kalorimetergefäße. Um die Wärmeverluste während der Mischung gering zu halten, sind die Gefäße meist doppelwandig und der Zwischenraum evakuiert. Da sich die Temperatur des Gefäßes während der Mischung ändert, muß seine Wärmekapazität bei der Rechnung berücksichtigt werden. Dies geschieht in Form des Wasserwertes $W = c_{\mathrm{K}} m_{\mathrm{K}}$, der in der Mischungsgleichung (W 16.10) zur

Wärmekapazität des Wassers (oder einer anderen Flüssigkeit) im Kalorimetergefäß addiert wird.

Einheit des Wasserwertes: $[W] = \mathrm{J/K}$.

Gleiches gilt für den eintauchenden Teil des Thermometers und den Rührer.

Beachte:

● Der Wasserwert von Gefäßen aus schlecht wärmeleitenden Materialien (Glas u. a.) ist vom Füllstand abhängig, also keine Gerätekonstante, wie etwa die Wärmekapazität, die sich auf den ganzen Körper bezieht.

16.2   Spezifische Wärmekapazität

Unter der *spezifischen Wärmekapazität* eines Stoffes versteht man das Verhältnis seiner Wärmekapazität zu seiner Masse:

$$c = \frac{C}{m}$$

oder unter Berücksichtigung der Definition der Wärmekapazität

Unter der *spezifischen Wärmekapazität* versteht man das Verhältnis der zugeführten Wärmemenge zum Produkt aus erwärmter Masse und Temperaturdifferenz:

$$c = \frac{Q}{m\,\Delta T}$$

oder, da c temperaturabhängig, in differentieller Schreibweise

$$c = \frac{\mathrm{d}Q}{m\,\mathrm{d}T}$$

SI-Einheit der spezifischen Wärmekapazität: $[c] = \dfrac{\mathrm{J}}{\mathrm{kg} \cdot \mathrm{K}}$.

Unzulässige Einheit: $\dfrac{\mathrm{kcal}}{\mathrm{kg} \cdot \mathrm{K}}$.

■ Bei einem Stoffgemisch ergibt sich die spezifische Wärmekapazität nicht als arithmetischer Mittelwert. Vielmehr müssen die Massenanteile der einzelnen Stoffe berücksichtigt werden; also

(W 16.6) $c_{\mathrm{m}} = \dfrac{c_1 m_1 + c_2 m_2 + \cdots}{m_1 + m_2 + \cdots}$

Festkörper und Flüssigkeiten

Die spezifische Wärmekapazität ist *temperaturabhängig*. Die in Tabelle 17 angegebenen Werte beziehen sich auf 20 °C, können aber ohne größeren Fehler bei festen Körpern im Bereich von etwa −40 °C bis +100 °C und bei Flüssigkeiten von etwa 0 °C bis 40 °C verwendet werden.

Gase

Es sind zwei Arten der spezifischen Wärmekapazität zu unterscheiden.

▶ Die zugeführte Wärmemenge Q erhöht nur die Temperatur, der Druck steigt, aber das Volumen bleibt konstant: c_V.
Für die Wärmemenge gilt $Q = c_V m \, \Delta t$.

▶ Die zugeführte Wärmemenge Q erhöht die Temperatur, der Druck bleibt konstant, das Gasvolumen wächst und verrichtet mechanische Arbeit: c_p.
Für die Wärmemenge gilt $Q = c_p m \, \Delta t = c_V m \, \Delta t + p \, \Delta V$.

Wenn

c_p spezifische Wärmekapazität bei konstantem Druck,
c_V spezifische Wärmekapazität bei konstantem Volumen,
R Gaskonstante,
$p \, \Delta V$ Ausdehnungsarbeit (Volumenarbeit) des Gases,
dann gilt

$$c_p m \, \Delta t = c_V m \, \Delta t + p \, \Delta V.$$

Nach der Zustandsgleichung der Gase (W 15.16) ist

$$p \, \Delta V = m R \, \Delta T, \quad \text{also}$$

$$c_p m \, \Delta t = c_V m \, \Delta t + m R \, \Delta T. \quad \text{Eine Division durch } m \, \Delta T \text{ ergibt}$$

$$c_p = c_V + R \quad \text{oder}$$

(W 16.7) $\boxed{c_p - c_V = R}$ SI $\left|\begin{array}{c} c, R \\ \hline \dfrac{\text{J}}{\text{kg} \cdot \text{K}} \end{array}\right.$

■ Den Quotienten aus den beiden spezifischen Wärmekapazitäten bezeichnet man mit γ.

(W 16.8) $\boxed{\dfrac{c_p}{c_V} = \gamma}$

Beachte:
- Zahlenwerte für c_p und c_V → Tab. 18!
- γ hat für 2atomige Gase den Wert ≈ 1, 4. Genaue Zahlenwerte → Tab. 18!
- γ ist bei einem idealen Gas gleich dem **Isentropen-** oder **Adiabatenexponent** $\varkappa$ (→ 18.5).
- Aus (W 16.7) folgt eine anschauliche Erklärung der Gaskonstanten: Die Gaskonstante R gibt an, welche mechanische Arbeit 1 kg des Gases verrichten kann, wenn es um 1 K erwärmt wird.

16.3   Wärmemischung

Werden zwei (oder mehrere) Körper unterschiedlicher Temperatur in Berührung gebracht, so erfolgt ein Wärmeaustausch, die Temperaturdifferenz geht gegen null, und man spricht von einer Wärmemischung. Nach dem Gesetz von der Erhaltung der Energie gibt der Körper höherer Temperatur soviel Wärmeenergie ab, wie der Körper tieferer Temperatur aufnimmt.

Wenn

c_1, m_1, t_1 spezifische Wärmekapazität, Masse und Temperatur der
c_2, m_2, t_2 Körper 1 und 2 vor der Mischung,
t_m gemeinsame Temperatur beider Körper nach der Mischung,

dann gilt die **Richmannsche Mischungsregel**

(W 16.9) $\boxed{c_1 m_1 (t_1 - t_m) = c_2 m_2 (t_m - t_2)}$

Beachte:
- (W 16.9) kann statt mit t (in °C) auch mit T (in K) geschrieben werden.

■ Bei einem Wärmeaustausch zwischen mehr als zwei Körpern oder wenn während des Austausches auftretende Aggregatzustandsänderungen berücksichtigt werden müssen, wird (W 16.9) unübersichtlich. Folgende Mischungsregel ist besser anwendbar.

Die Summe der Wärmeinhalte vor der Mischung ist gleich dem Gesamtwärmeinhalt nach der Mischung.

(W 16.10) $\boxed{c_1 m_1 t_1 + c_2 m_2 t_2 + \cdots = t_m (c_1 m_1 + c_2 m_2 + \cdots)}$

oder, da die Wärmekapazität $C = cm$

(W 16.11) $\boxed{C_1 t_1 + C_2 t_2 + \cdots = t_m (C_1 + C_2 + \cdots)}$

Beachte:
- (W 16.10) und (W 16.11) können statt mit t (in °C) auch mit T (in K) geschrieben werden.
- Alle an der Mischung beteiligten Körper einschießlich Gefäße (z. B. Kalorimeter) sind zu berücksichtigen ($\rightarrow$ 16.1.3).
- Sollte sich während der Mischung der Aggregatzustand eines Körpers ändern, so ist die frei werdende Wärmemenge auf der linken Seite der Gleichung zu addieren bzw. die aufgenommene Wärmemenge zu subtrahieren.
- Mit (W 16.10) und (W 16.11) können spezifische Wärmekapazitäten, Mischtemperaturen und auch Wärmekapazitäten bzw. Wasserwerte bestimmt werden.

16.4   Wärmequellen

Nach dem Energieerhaltungsgesetz kann die Wärmeenergie immer nur durch Umwandlung aus anderen Energiearten entstehen. Diese können sein: mechanische Energie, elektrische Energie, chemische Energie, Strahlungsenergie, Kernenergie u. a.

Gesetz von der Erhaltung der Energie:
Energie kann nicht verlorengehen und auch nicht aus nichts entstehen, Wärme und die anderen Energiearten sind gleichwertige Energieformen und ineinander (allerdings z. T. nicht restlos) umwandelbar.

16.4.1   Sonnenenergie

Die Sonne strahlt ständig eine Leistung von $\approx 3,9 \cdot 10^{26}$ W ab ($\rightarrow$ 20.5). Ein sehr kleiner Teil trifft auf die Erde. Die je Fläche(neinheit) auftreffende Leistung wird ausgedrückt durch die

(W 16.12) $\boxed{\textbf{Solarkonstante} = 1,37 \, \dfrac{\text{kW}}{\text{m}^2}}$

Beachte:

● Der angegebene Zahlenwert gilt für senkrechten Strahleneinfall und bei Vernachlässigung der Schwächung beim Durchlaufen der Atmosphäre. Er ist ein langjähriger Mittelwert.

16.4.2   Verbrennungsenergie

Bei der Verbrennung (Oxidation) wird Wärmeenergie frei.

Unter dem *spezifischen Heizwert H* versteht man das Verhältnis der bei der Verbrennung frei werdenden Wärmemenge zur Masse des verbrannten festen oder flüssigen Brennstoffes:

$$H = \frac{Q}{m}.$$

Wenn

H spezifischer Heizwert eines festen oder flüssigen Brennstoffes ($\rightarrow$ Tab. 19 und 20),

m Masse des vollkommen verbrannten Stoffes,

Q frei gewordene Wärmemenge (entstandenes Wasser in Dampfform),

dann gilt

(W 16.13) $\boxed{Q = mH}$

	Q	m	H
SI	J	kg	$\dfrac{\text{J}}{\text{kg}}$

$1\,\text{cal} = 4{,}187\,\text{J}$

Beachte:

● Früher wurde der spezifische Heizwert als „unterer Heizwert H_u" bezeichnet, im Gegensatz zum „oberen Heizwert H_o" (jetzt spezifischer Brennwert oder Verbrennungswärme), der um die zur Verdampfung des entstehenden Wassers nötige Wärmemenge größer ist.

Physik und Technik rechnen mit dem spezifischen Heizwert H, die Chemie dagegen mit dem spezifischen Brennwert.

■ Bei gasförmigen Brennstoffen bezieht man den spezifischen Heizwert H auf das Normvolumen V_n, d. h. auf $p_\text{n} = 101{,}325\,\text{kPa}$ und $T_\text{n} = T_0 = 273{,}15\,\text{K} \,\widehat{=}\, 0\,^\circ\text{C}$.

Wenn

H' spezifischer Heizwert eines gasförmigen Brennstoffes ($\rightarrow$ Tab. 21),

V_n Volumen des vollständig verbrannten Gases im Normzustand = Normvolumen,

Q frei werdende Wärmemenge (entstandenes Wasser in Dampf-form),

dann gilt

(W 16.14) $\boxed{Q = V_n H'}$

	Q	V	H'
SI	J	m^3	$\dfrac{J}{m^3}$

$1\,cal = 4{,}187\,J$

16.4.3 Elektrische Energie

In jedem stromdurchflossenen Leiter entsteht Wärme. Die Umwandlung von elektrischer Energie in Wärmeenergie geschieht restlos, d. h. verlustfrei, jedoch nicht umgekehrt.

W

Wenn

Q entstehende Wärmeenergie,

U elektrische Spannung,

I elektrische Stromstärke,

R elektrischer Widerstand,

t Dauer des Stromflusses,

dann gilt

(W 16.15) $\boxed{Q = UIt = I^2 Rt = \dfrac{U^2 t}{R}}$

	U	I	R	t	Q
SI	V	A	Ω	s	$J = W \cdot s$

Beachte:

- Da alle Energieformen *gleichwertig* sind, wird im SI für alle die gleiche Einheit Joule (J) verwendet. *Überflüssig* ist damit das früher benutzte

  Elektrische Wärmeäquivalent: $\qquad 1\,cal = 4{,}186\,8\,W \cdot s$

  $\qquad\qquad\qquad\qquad$ oder $1\,kWh = 860\,kcal.$

- Umrechnung von Energie- und Arbeitseinheiten → hintere Innenseite des Buchumschlages.

16.4.4 Mechanische Energie

Mechanische Energie läßt sich (z. B. durch Reibung) restlos, d. h. verlustfrei, in Wärmeenergie umwandeln, jedoch nicht umgekehrt.

Wenn

ΔE_k Abnahme der kinetischen Energie,

ΔE_p Abnahme der potentiellen Energie,

Q frei werdende Wärmeenergie,

dann gilt

$$Q, E$$

(W 16.16) $\boxed{Q = \Delta E_k + \Delta E_p}$ SI   J

Beachte:

●   Wärme- und mechanische Energie sind *gleichwertig* und werden im SI in der gleichen Einheit Joule (J) angegeben. *Überflüssig* ist damit das früher benutzte

Mechanische Wärmeäquivalent: $1\,\text{cal} = 4,186\,8\,\text{J}$.

17   Aggregatzustände

Die Stoffe kommen in drei Aggregatzuständen (Phasen) vor: fest, flüssig und gasförmig. Jeder Aggregatzustand bedingt eine bestimmte innere Struktur des Stoffes und damit seine Eigenschaften.

Übersicht:

Eigenschaften der Stoffe in den verschiedenen Aggregatzuständen			
	fest	flüssig	gasförmig
Kristallgitter	ja	nein	nein
bestimmte Gestalt	ja	nein	nein
Kohäsion	ja	ja	nein
bestimmtes Volumen	ja	ja	nein

Jeder Übergang zu einem *höheren* Aggregatzustand ist mit *Energiezufuhr* verbunden.

Jeder Übergang zu einem *niedrigeren* Aggregatzustand ist mit *Energieabgabe* verbunden.

Folgende Änderungen des Aggregatzustandes sind möglich:

Übersicht:

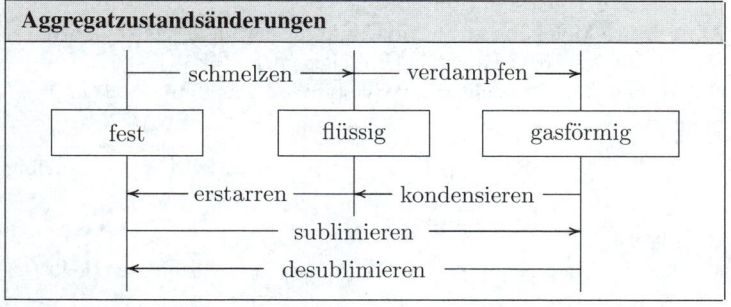

17.1 Schmelzen und Erstarren

Im festen Körper schwingen die Moleküle um ihre Gleichgewichtslage im Kristallgitter. Bei Energiezufuhr werden die Schwingungen heftiger, bis das Kristallgefüge zerstört wird.

17.1.1 Schmelzpunkt

Die Phasenumwandlung fest ⇌ flüssig geschieht bei einer bestimmten (druckabhängigen) Temperatur, dem Schmelzpunkt t_{sm}.

▎ Schmelzpunkt = Erstarrungspunkt

Beachte:
- Zahlenwerte für Schmelzpunkte → Tab. 22. Sie gelten für einen Druck von 101,325 kPa = 1 013,25 hPa.
- Im allgemeinen *steigt* der Schmelzpunkt mit *steigendem* Druck. Ausnahme: Wasser (Schmelzpunkterniedrigung 7,65 mK je 100 kPa)!
- Während des Schmelzens oder Erstarrens ist die Temperatur konstant.

17.1.2 Erstarrungspunkt von Lösungen

Wird in einem Stoff ein anderer gelöst, so *sinkt* der Erstarrungspunkt des Lösungsmittels mit zunehmender Konzentration.

Wenn

Δt Erstarrungspunkterniedrigung,

m Masse des gelösten Stoffes,

M_r relative Molekülmasse („Molekulargewicht") des gelösten Stoffes,

m_F Masse des Lösungsmittels (Flüssigkeit),

K Proportionalitätsfaktor: kryoskopische Konstante ($\rightarrow$ Tab. 24),

dann gilt

(W 17.1)
$$\Delta t = K \frac{m}{m_F M_r}$$

$\Delta t, K \quad m$

SI | K   beliebig

Beachte:

● Die Erstarrungspunkterniedrigung ist der Anzahl der gelösten Moleküle proportional.

■ Der Schmelzpunkt von **Legierungen** liegt meist tiefer als der niedrigste der Bestandteile.

Übersicht:

Legierungen mit besonders niedrigem Schmelzpunkt	
Rosesches Metall (50 % Bismut, 25 % Blei, 25 % Zinn)	94 °C
Lipowitz-Metall (50 % Bismut, 27,6 % Blei, 13,3 % Zinn, 10 % Cadmium)	70 °C
Woodsches Metall (50 % Bismut, 25 % Blei, 12,5 % Zinn, 12,5 % Cadmium)	60 °C

17.1.3   Volumenänderung

Die meisten Stoffe besitzen im festen Zustand ein kleineres Volumen (und damit einer größere Dichte) als im flüssigen Zustand: Metalle, Paraffin, Stearin, Fette usw.

Deshalb können sie durch Druck nicht verflüssigt werden, ihr Schmelzpunkt steigt.

Ausnahme: Wasser; $\varrho_{Eis} < \varrho_{Wasser}$. Beim Erstarren vergrößert sich das Volumen um 9 %; Eis schwimmt auf Wasser. Eis schmilzt unter Druck, weil der Schmelzpunkt sinkt.

Da sich die Metalle beim Gießen (Erstarren) zusammenziehen, müssen alle Gußformen um das Schwindmaß größer sein als das fertige Stück.

Übersicht:

Schwindmaße (auf die Länge bezogen)			
Gußeisen	1/96 = 1,042 %	Flußstahl	1/64 = 1,563 %
Blei	1/92 = 1,087 %	Zink	1/62 = 1,613 %
Messing	1/65 = 1,538 %	Stahlguß	1/50 = 2,000 %

17.1.4   Schmelzwärme

Für die Phasenumwandlung fest ⇌ flüssig ist eine bestimmte (temperaturabhängige) Umwandlungswärme Q_{sm} erforderlich.

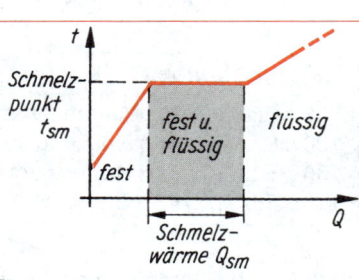

Schmelzwärme
= Erstarrungswärme

Bezieht man die Schmelzwärme auf die Masse, so erhält man die **spezifische Schmelzwärme** q.

Unter der *spezifischen Schmelzwärme q* versteht man die Wärmemenge, die nötig ist, um ohne Temperaturänderung 1 Kilogramm des festen Stoffes zu verflüssigen.

$$q = \frac{Q_{sm}}{m}$$

SI-Einheit der spezifischen Schmelzwärme: $[q] = \dfrac{J}{kg}$.

Unzulässige Einheit: kcal/kg.

Wenn
Q_{sm} Wärmemenge, die für das Schmelzen erforderlich ist,
m Masse des zu schmelzenden festen Körpers,
q spezifische Schmelzwärme (→ Tab. 22),
dann gilt

(W 17.2) $\boxed{Q_{sm} = qm}$

	Q	q	m
SI	J	$\dfrac{J}{kg}$	kg

17.1.5   Lösungswärme

Zum Lösen eines festen Körpers in einer Flüssigkeit wird eine bestimmte Wärmemenge benötigt. Sie wird der Flüssigkeit entzogen, so daß sie sich abkühlt. Mit den in der Übersicht angegebenen Stoffen lassen sich folgende Temperaturen erreichen.

Übersicht:

Kältemischungen	$t/°C$
100 g Eis + 23 g Ammoniumchlorid	−16
100 g Eis + 31 g Natriumchlorid	−21
100 g Eis + 84 g Magnesiumchlorid	−34
100 g Eis + 143 g Calciumchlorid	−55

17.2   Verdampfen und Kondensieren

In einer Flüssigkeit wirken zwischen den Molekülen Kohäsionskräfte. Bei Energiezufuhr wird die Bewegung der Moleküle heftiger, bis schließlich die Kohäsionskraft überwunden wird.

17.2.1   Siedepunkt

Der Phasenübergang flüssig $\rightleftharpoons$ gasförmig vollzieht sich bei einer bestimmten (stark druckabhängigen) Temperatur, dem Siedepunkt t_{sd}.

▌ Siedepunkt = Kondensationspunkt

Beachte:
- Zahlenwerte für Siedepunkte → Tab. 23. Sie gelten für einen Druck von $101,325$ kPa = $1\,013,25$ hPa.
- Der Siedepunkt *steigt* mit wachsendem äußerem Druck.
  Beispiel: Wasser → Tab. 25 u. 26.
- Während des Siedens oder Kondensierens ist die Temperatur konstant.

17.2.2   Siedepunkt von Lösungen

Wird in einem Stoff ein anderer gelöst, so *steigt* der Siedepunkt des Lösungsmittels mit zunehmender Konzentration.

Wenn

Δt Siedepunktserhöhung,

m Masse des gelösten Stoffes,

M_r relative Molekülmasse („Molekulargewicht") des gelösten Stoffes,

m_F Masse des Lösungsmittels (Flüssigkeit),

E Proportionalitätsfaktor: ebullioskopische Konstante ($\rightarrow$ Tab. 24),

dann gilt

(W 17.3) $$\Delta t = E \frac{m}{m_F M_r}$$

	Δt	E	m
SI	K	K	beliebig

Beachte:

● Die Siedepunktserhöhung ist der Anzahl der gelösten Moleküle proportional.

17.2.3 Volumenänderung

Alle Stoffe besitzen im gasförmigen Zustand ein bedeutend größeres Volumen (und damit eine wesentlich kleinere Dichte) als im flüssigen Zustand.

Beispiel: Aus 1 kg ($\hat{=}$ 1 l) Wasser werden etwa 1700 l Wasserdampf (von $\approx 10^5$ Pa).

17.2.4 Verdampfungswärme

Für die Phasenumwandlung flüssig $\rightleftharpoons$ gasförmig ist eine bestimmte (temperaturabhängige) Umwandlungswärme Q_{sd} erforderlich.

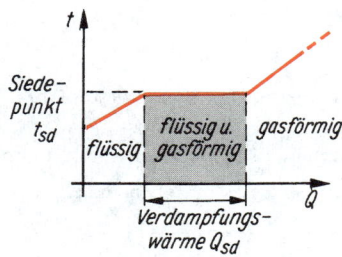

⎸ Verdampfungswärme
⎸ = Kondensationswärme

Bezieht man die Verdampfungswärme auf die Masse, so erhält man die **spezifische Verdampfungswärme** r.

Unter der *spezifischen Verdampfungswärme* r versteht man die Wärmemenge, die nötig ist, um ohne Temperaturänderung 1 Kilogramm einer Flüssigkeit zu verdampfen.

$$r = \frac{Q_{sd}}{m}$$

SI-Einheit der spezifischen Verdampfungswärme: $[r] = \dfrac{J}{kg}$.

Unzulässige Einheit: kcal/kg.

Wenn

Q_{sd} Wärmemenge, die für das Verdampfen erforderlich ist,
m Masse der zu verdampfenden Flüssigkeit,
r spezifische Verdampfungswärme ($\rightarrow$ Tab. 23),
dann gilt

(W 17.4) $\boxed{Q_{sd} = rm}$

	Q	r	m
SI	J	$\dfrac{J}{kg}$	kg

$1\,\mathrm{cal} = 4{,}187\,\mathrm{J}$

Beachte:

- Die spezifische Verdampfungswärme ist temperatur- bzw. druckabhängig. Sie wird bei steigendem Druck kleiner.

17.2.5   Verdunsten

Auch bei Temperaturen unter dem Siedepunkt geht eine Flüssigkeit in den gasförmigen Zustand über. Man spricht dann von Verdunsten. Die dazu benötigte Wärmemenge (die Verdunstungswärme) entspricht der Verdampfungswärme und wird meist aus der Flüssigkeit genommen. Diese kühlt sich infolgedessen ab.

17.2.6   Sublimieren

Unter Sublimieren versteht man den Phasenübergang fest $\rightleftharpoons$ gasförmig. Der flüssige Zustand wird dabei übersprungen. Die Sublimationswärme ist gleich der Summe von Schmelz- und Verdampfungswärme.

Beispiel: Schwefel, Schneekristalle.

17.3   Dämpfe

Es muß zwischen idealem Gas, realem Gas und Dampf unterschieden werden. Bei einem idealen Gas sind Druck p und Volumen V

exakt umgekehrt proportional. Bei realen Gasen stimmt das nur mit guter Näherung. Bei Dämpfen ändert sich mit dem Volumen der Druck (je nach Sättigungsgrad) nur wenig oder nicht. Der Unterschied zwischen Gas und Dampf ist begründet in der Differenz zwischen Temperatur und druckabhängigem Siedepunkt. Die Temperatur des idealen Gases ist unendlich höher als sein Siedepunkt (es hat keinen!). Bei einem gesättigten Dampf ist die Temperatur t gleich dem Siedepunkt t_{sd} für den jeweiligen Druck. Ein reales Gas kommt dem idealen Gas um so näher, je kleiner sein Druck und je höher seine Temperatur ist.

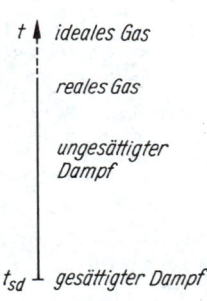

W

17.3.1   Gesättigter Dampf

Über jeder Flüssigkeit entsteht durch Verdunstung Dampf, dessen Druck bis zu einem bestimmten temperaturabhängigen Höchstwert wächst, dem **Sättigungsdampfdruck**. Wird dieser erreicht, so steht er mit dem Druck in der Flüssigkeit im Gleichgewicht, der Dampf ist gesättigt. Die dabei in einem Kubikmeter enthaltene Dampfmenge (Masse) nennt man Sättigungsmenge. Auch sie ist temperaturabhängig. Ihre Einheit: kg/m^3.

Beachte:

- Zahlenwerte für den Sättigungsdruck → Tab. 27.
- Sättigungsdruck von Wasserdampf als Funktion der Temperatur → Tab. 28. Die Tabelle liefert auch umgekehrt den Siedepunkt als Funktion des Druckes. Diese Beziehung läßt sich als **Dampfdruckkurve** darstellen.
- Gesättigte Dämpfe folgen nicht den Gasgesetzen. So führt eine Verkleinerung des Volumens nicht zur Drucksteigerung (der Sättigungsdampfdruck kann nicht überschritten werden), sondern zum Kondensieren eines Teiles des Dampfes zu Flüssigkeit.

17.3.2   Ungesättigter Dampf

Steht nicht genügend Flüssigkeit zum Verdunsten zur Verfügung, so wird der Sättigungsdampfdruck nicht erreicht, der Dampf bleibt *ungesättigt.*

Ein gesättigter Dampf wird ungesättigt, wenn man ihn von der eventuell noch vorhandenen Flüssigkeit trennt und sein Volumen vergrößert *oder* seine Temperatur erhöht. Man nennt ihn auch *überhitzten* Dampf.

Gase sind *stark ungesättigte* bzw. *stark überhitzte* Dämpfe, ihre Temperatur liegt weit über dem zu ihrem Druck gehörenden Siedepunkt.

Beachte:

● Die Gasgesetze gelten für ungesättigte Dämpfe in grober Näherung, für stark ungesättigte Dämpfe (reale Gase) mit guter Näherung.

17.3.3   Dampfbildung im gaserfüllten Raum

Die Dampfbildung über einer verdunstenden Flüssigkeit wird durch die Anwesenheit anderer Dämpfe oder Gase nicht behindert oder beeinflußt. Der entstehende Dampfdruck (maximal Sättigungsdampfdruck) wird als **Partialdruck** (Teil des gesamten Druckes) bezeichnet. Es gilt das

Gesetz von Dalton:

Der Gesamtdruck eines Gasgemisches ist gleich der Summe der Partialdrücke, d. h. der Summe der Drücke der einzelnen Bestandteile.

17.3.4   Tripelpunkt

Schmelz- und Siedepunkt sind druckabhängig ($\rightarrow$ 17.1.1 und 17.2.1). Diese Temperatur-Druck-Funktionen lassen sich grafisch darstellen. Da auch Festkörper verdampfen (sublimieren) und dabei ein temperaturabhängiger Dampfdruck entsteht, können in ein p, t-Diagramm drei Kurven aufgenommen werden:

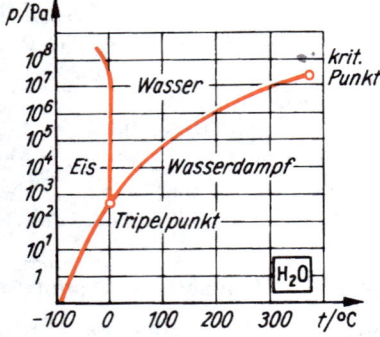

▶ die Siedepunktskurve (Dampfdruckkurve der flüssigen Phase),

▶ die Schmelzpunktskurve,
▶ die Subliminationskurve (Dampfdruckkurve der festen Phase).

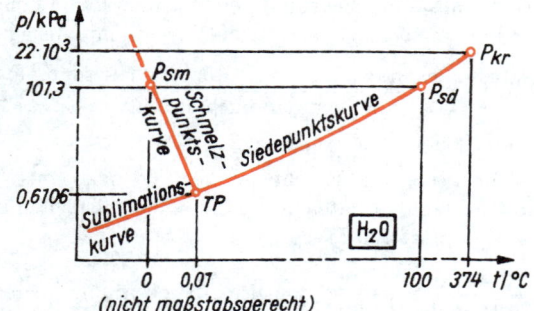

(nicht maßstabsgerecht)

Alle drei Kurven laufen in einem Punkte zusammen, dem **Tripelpunkt TP**.

Für **Wasser** liegt er bei $T = 273,16\,K$ ($\hat{=}\,0,01\,°C$) und $p = 610,6\,Pa$ und wird zur **Definition der gesetzlichen Temperatureinheit Kelvin** benutzt.

Das Kelvin ist der 273,16te Teil der Temperatur des Tripelpunktes von reinem Wasser.

17.3.5   Luftfeuchtigkeit

In der atmosphärischen Luft befinden sich immer mehr oder weniger große Mengen an Wasserdampf. Der Gehalt schwankt zeitlich und örtlich und wird als Luftfeuchtigkeit (Feuchte) bezeichnet. Der Partialdruck des Wasserdampfes kann einen temperaturabhängigen Höchstwert (den Sättigungsdampfdruck) nicht überschreiten. Bei jeder Temperatur kann in einem bestimmten Luftvolumen nur eine Höchstmenge Wasserdampf enthalten sein.

Unter der **maximalen Feuchte f_{max}** (**Sättigungsmenge**) versteht man die bei einer bestimmten Temperatur in einem Kubikmeter Luft maximal mögliche Wasserdampfmenge:

$$f_{max} = \frac{\text{maximal mögliche Masse an Wasserdampf in der Luft}}{\text{Volumen der feuchten Luft}}$$

SI-Einheit der maximalen Feuchte: $[f_{max}] = \dfrac{kg}{m^3}$.

Übliche Einheit: g/m^3.

■ Meist enthält die Luft weniger Wasserdampf als maximal möglich, die Sättigungsmenge ist nicht erreicht.

Unter der **absoluten Feuchte** f versteht man die in einem Kubikmeter Luft tatsächlich enthaltene Wasserdampfmenge:

$$f = \frac{\text{Masse des in der Luft enthaltenen Wasserdampfes}}{\text{Volumen der feuchten Luft}}$$

Übliche Einheit der absoluten Feuchte: $[f] = \mathrm{g/m^3}$.

Unter der **relativen Feuchte** φ versteht man das Verhältnis der tatsächlich enthaltenen zur maximal möglichen Masse des Wasserdampfes in der Luft:

$$\varphi = \frac{\text{absolute Feuchte}}{\text{maximale Feuchte}} \quad \text{(meist in Prozent angegeben)}.$$

Wenn

φ relative Feuchte,

f absolute Feuchte,

$f_{\max}$ maximale Feuchte, Sättigungsmenge ($\rightarrow$ Tab. 28),

dann gilt

(W 17.5) $\boxed{\varphi = \dfrac{f}{f_{\max}} \cdot 100\,\%}$

Beachte:

● Da die maximale Feuchte $f_{\max}$ temperaturabhängig ist, ändert sich mit der Temperatur die *relative* Feuchte, auch wenn die *absolute* Feuchte konstant bleibt. Bei einer Abkühlung bis zum *Taupunkt* steigt die relative Feuchte auf 100%.

■ Mit **Taupunkt** bezeichnet man die Temperatur, bei der die Abkühlung feuchter Luft zur Kondenswasserbildung (Tau) führt.

In der Natur schlägt sich kondensierender Wasserdampf als **Tau** an den Oberflächen fester Körper nieder. Fehlen diese, so bildet sich bei Anwesenheit von Kondensationskernen (Staub) **Nebel**. Ohne Kondensationskerne kann der Taupunkt mehr oder weniger weit unterschritten werden.

Messung der Luftfeuchtigkeit

▶ **Haarhygrometer** zeigen die relative Feuchte an. Sie verwenden entfettetes Haar (hygroskopisch!), dessen Länge sich mit der Feuchte ändert.

► **Psychrometer** bestehen aus zwei gleichartigen Thermometern. Die Quecksilbervorratskugel des einen ist mit einem feuchten Lappen umwickelt. Durch Verdunstung wird dem Thermometer Wärme entzogen. Es zeigt eine niedrigere Temperatur an als das andere. Die Temperaturdifferenz ist ein Maß für die relative Feuchte. Bei $\varphi = 100\,\%$ ist $\Delta T = 0$.

► **Taupunktmesser** besitzen eine spiegelnde Fläche. Diese wird abgekühlt, bis sich das Wasser niederschlägt. Aus den Temperaturen der Luft und der Spiegelfläche lassen sich die dazugehörenden Sättigungsmengen und daraus die relative Feuchte bestimmen. Diese Methode ist sehr genau und wird zur Kalibrierung anderer Feuchtemesser verwendet.

17.4 Reale Gase

Die in 15.4 und 15.5 genannten Gasgesetze gelten exakt nur für das ideale Gas, das beim Abkühlen bis zum absoluten Nullpunkt nicht kondensiert.

Die meisten Gase kommen den Eigenschaften des idealen Gases nahe, wenn sie von ihrem Verflüssigungspunkt genügend weit entfernt sind, wenn also keine Kräfte zwischen den Molekülen wirken (außer beim Zusammenstoß) und das Eigenvolumen der Moleküle klein im Verhältnis zum Gasvolumen ist.

In der Nähe des Kondensationspunktes (hoher Druck, niedrige Temperatur) weichen die Eigenschaften der realen Gase von denen des idealen Gases jedoch erheblich ab.

17.4.1 Zustandsgleichung realer Gase

In der stoffmengenbezogenen Zustandsgleichung des idealen Gases $pV = nR_{\mathrm{m}}T$ (W 15.28) ist bei realen Gasen der Druck p um den sogenannten **Binnendruck** zu vergrößern. Dieser entsteht durch die Kohäsion zwischen den Molekülen und ist proportional dem Abstand zweier Nachbarmoleküle und der Anzahl der benachbarten Moleküle, also proportional dem Quadrat der Gasdichte.

Ferner ist das Gasvolumen V zu verkleinern um das sogenannte **Kovolumen**, das kleinste Volumen, auf das die Moleküle der Gasmasse m gebracht werden können. Das Kovolumen beträgt etwa das Vierfache des Eigenvolumens des Moleküls.

Wenn

p Gasdruck,

V Gasvolumen,

n Stoffmenge des Gases,

R_{m} molare Gaskonstante $= 8,315 \, \text{J}/(\text{mol} \cdot \text{K})$,

T Gastemperatur,

a, b Van-der-Waals-Konstanten ($\rightarrow$ Tab. 29),

V_{m} molares Volumen $= \dfrac{V}{n}$,

dann gilt für den Binnendruck $a\dfrac{n^2}{V^2}$ und für das Kovolumen bn. Es ergibt sich für reale Gase die

van-der-Waalssche Zustandsgleichung

(W 17.6)

$$\left(p + \frac{an^2}{V^2}\right)(V - bn) = nR_{m}T \quad \text{bzw.} \quad \left(p + \frac{a}{V_{m}^2}\right)(V_{m} - b) = R_{m}T$$

	p	V	n	R_{m}	T	a	b	V_{m}
SI	Pa	m^3	mol	$\dfrac{\text{J}}{\text{mol} \cdot \text{K}}$	K	$\dfrac{\text{N} \cdot \text{m}^4}{\text{mol}^2}$	$\dfrac{\text{m}^3}{\text{mol}}$	$\dfrac{\text{m}^3}{\text{mol}}$

Beachte:

● Die Isothermen verschiedener Temperaturen ergeben das Andrewssche Diagramm ($\rightarrow$ 17.4.2).

17.4.2   Kritische Temperatur

Der gerasterte Teil des Andrews-Diagramms ist der Bereich des Phasenüberganges flüssig $\rightleftharpoons$ dampfförmig. Da während der Phasenumwandlung der Druck p konstant bleibt, muß in diesem Bereich die Isotherme durch eine horizontal verlaufende Gerade ersetzt werden.

Links von der Rasterfläche existiert der Stoff als Flüssigkeit, rechts davon als Dampf bzw. Gas. Oberhalb dieser Fläche ist eine Verflüssigung allein

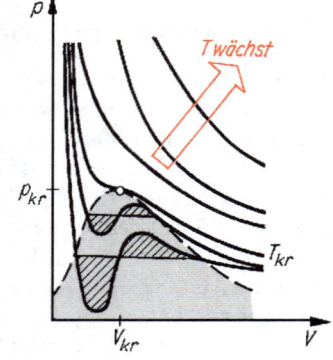

durch Komprimieren (Verkleinerung des Volumens und Vergrößerung des Druckes) nicht möglich. Der höchste Punkt der Rasterfläche ist Wendepunkt (mit horizontaler Tangente) einer Isotherme, deren Temperatur als **kritische Temperatur** T_{kr} bezeichnet wird. Die zum Wendepunkt gehörenden Größen heißen entsprechend **kritischer Druck** p_{kr} und **kritisches Volumen** V_{kr}.

> Nur unterhalb der kritischen Temperatur lassen sich Gase durch Druck verflüssigen.

Beachte:
- Zahlenwerte für kritische Temperatur und kritischen Druck → Tab. 30.

■ Zwischen den kritischen Daten eines Gases und den Van-der-Waals-Konstanten bestehen folgende Beziehungen:

Wenn

T_{kr}, p_{kr}, V_{kr}	kritische Werte von Temperatur, Druck und Volumen,
a, b	Van-der-Waals-Konstanten ($\rightarrow$ Tab. 29),
R_m	molare Gaskonstante $= 8{,}315\,\text{J}/(\text{mol}\cdot\text{K})$,
n	Stoffmenge des Gases,

dann gilt

(W 17.7)

$$T_{kr} = \frac{8a}{27bR_m}$$
$$p_{kr} = \frac{a}{27b^2}$$
$$V_{kr} = 3nb$$

	T	p	V	n	R_m	a	b
SI	K	Pa	m^3	mol	$\dfrac{\text{J}}{\text{mol}\cdot\text{K}}$	$\dfrac{\text{N}\cdot\text{m}^4}{\text{mol}^2}$	$\dfrac{\text{m}^3}{\text{mol}}$

Beachte:
- Die Beziehungen (W 17.7) ergeben sich aus den von (W 17.6) abgeleiteten Funktionen $p = p(V)$, $\dfrac{\mathrm{d}p}{\mathrm{d}V} = 0$ und $\dfrac{\mathrm{d}^2 p}{\mathrm{d}V^2} = 0$ (Bedingungen für den Wendepunkt mit horizontaler Tangente der Isotherme $T = T_{kr}$).
- Mit (W 17.7) können a und b aus den experimentell bestimmbaren kritischen Daten errechnet werden.

17.4.3   Verflüssigung der Gase

Bei der technischen Gasverflüssigung wird nach dem Linde-Verfahren das Gas (z. B. Luft) bis unter die kritische Temperatur abgekühlt, indem es wiederholt unter Druck aus einer Düse strömt. Zwischendurch muß es wieder komprimiert werden. Die dabei entstehende Wärme wird ihm in einem Kühler entzogen. Dieser Kreis wird mehrfach durchlaufen. Die Abkühlung bei der Entspannung erfolgt nach dem

Joule-Thomson-Effekt:

Reale Gase kühlen sich bei einer gedrosselten Entspannung geringfügig ab.

Wenn
ΔT bei der Entspannung eintretende Temperaturänderung
$= T_2 - T_1$,
Δp Druckänderung bei der Entspannung $= p_2 - p_1$,
μ Joule-Thomson-Koeffizient,
dann gilt

(W 17.8) $\qquad \mu = \dfrac{\Delta T}{\Delta p}$

μ	T	p
SI $\dfrac{\text{K}}{\text{Pa}}$	K	Pa

Beachte:
- Zahlenwerte für μ sind abhängig von der Gasart, dem Anfangsdruck und der Anfangstemperatur. Sie müssen entsprechenden Diagrammen der Fachliteratur entnommen werden. Bei Zimmertemperatur gilt

  Luft
  Sauerstoff (O_2) $\qquad \Big\} \quad \mu \approx +0{,}25 \, \text{K}/(100 \, \text{kPa})$
  Stickstoff (N_2)

  Kohlendioxid (CO_2) $\qquad \mu \approx +0{,}75 \, \text{K}/(100 \, \text{kPa})$.

■ Eine Abkühlung ($\mu > 0$) tritt nur ein, wenn die Anfangstemperatur kleiner ist als die **Inversionstemperatur**. Oberhalb dieser ($\mu < 0$) führt eine Entspannung ($\Delta p < 0$) zu einem Temperaturanstieg ($\Delta T > 0$).

Beachte:
- Die Inversionstemperatur T_i hat für jedes Gas einen anderen Wert; z. B. für Luft etwa $490\,°\text{C}$ und für Wasserstoff $-80\,°\text{C}$.
- Die Inversionstemperatur läßt sich aus den Van-der-Waals-Konstanten bestimmen:
$$T_i \approx \frac{2a}{R_m b}.$$

18   Zustandsänderung des idealen Gases

Der Zustand eines Gases ist durch die drei Größen **Druck, Volumen** und **Temperatur (Zustandsgrößen)** bestimmt. Als Zustandsänderung bezeichnet man Änderungen von zwei oder allen Zustandsgrößen.

Außer den in 15.5.1 als Sonderfälle der Zustandsgleichung genannten **isobaren, isochoren** und **isothermen** Zustandsänderungen gibt es noch die **isentrope** und die **polytrope** Zustandsänderung.

Alle Zustandsänderungen sind mit Energieaustausch oder -umwandlung verbunden. Diese werden vom ersten Hauptsatz erfaßt.

18.1   Erster Hauptsatz

Das Gesetz von der Erhaltung der Energie ($\rightarrow$ 7.2.3 und 16.4) lautet in allgemeinster Form:

> In einem abgeschlossenen System ist die Summe aller Energien konstant.

Daraus folgt, daß Energie weder aus dem Nichts entstehen noch vernichtet werden kann. Eine wichtige Aussage enthält der Satz von der

> **Unmöglichkeit eines Perpetuum mobile** (1. Art):
>
> Es gibt keine Vorrichtung (Maschine, System usw.), die mehr Energie abgibt, als ihr zugeführt wird.

■ Der Energieerhaltungssatz gilt ohne Einschränkung auch in der Wärmelehre, wenn die sogenannte innere Energie des Systems (potentielle und kinetische Energie der Moleküle) berücksichtigt wird. Nur mit der Umgebung **ausgetauschte** Arbeit oder Wärmeenergie kann die innere Energie des Systems verändern. In dieser Form bezeichnet man den Energieerhaltungssatz als

> **1. Hauptsatz der Wärmelehre:**
>
> Zufuhr von Wärmeenergie und mechanischer Arbeit vergrößert die innere Energie eines abgeschlossenen Systems.

Wenn

Q dem System zugeführte Wärmeenergie,

W am System verrichtete mechanische Arbeit,

ΔU Änderung der inneren Energie $= U_2 - U_1$,
dann gilt als erster Hauptsatz

(W 18.1) $\boxed{Q + W = \Delta U}$

bzw. in differentieller Schreibweise

(W 18.2) $\boxed{\mathrm{d}Q + \mathrm{d}W = \mathrm{d}U}$

Beachte:

- *Zugeführte* Wärmeenergie und *am* System verrichtete Arbeit sind **positiv**, *abgegebene* Wärmeenergie und *vom* System verrichtete Arbeit dagegen **negativ**. ΔU ist bei Zunahme positiv, bei Abnahme negativ. Diese **Vorzeichenkonvention** wird in der Thermodynamik *jetzt* bevorzugt. Früher war die vom System verrichtete Arbeit positiv!

18.1.1   Volumenänderungsarbeit

Wird der 1. Hauptsatz auf das ideale Gas angewandt, so bewirkt die mechanische Arbeit eine Änderung des Volumens (W positiv: Kompression oder W negativ: Expansion). Da $W = Fs$ (M 7.11) und $F = pA$ (M 8.1), ergibt sich mit $\Delta V = A\,\Delta s$

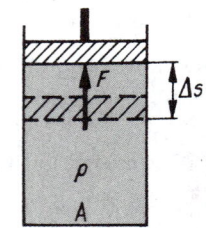

(W 18.3) $\boxed{W = -p\,\Delta V}$

worin $\Delta V = V_2 - V_1$ bei Expansion positiv, bei Kompression negativ ist. Bleibt der Druck p während der Volumenänderung ΔV nicht konstant, ist also $p = p(V)$, dann gilt

(W 18.4) $\boxed{\begin{array}{c} \mathrm{d}W = -p\,\mathrm{d}V \qquad \text{und} \\[2mm] W = -\displaystyle\int_{V_1}^{V_2} p\,\mathrm{d}V = \int_{V_2}^{V_1} p\,\mathrm{d}V \end{array}}$

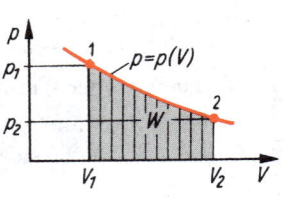

Damit lautet der **1. Hauptsatz**

(W 18.5) $\boxed{Q = \Delta U + p\Delta V}$

bzw. in differentieller Form, wenn $p = p(V)$,

(W 18.6)
$$dQ = dU + p\,dV \quad \text{und}$$
$$Q = \Delta U + \int_{V_1}^{V_2} p\,dV$$

Die zugeführte Wärmeenergie bewirkt eine Erhöhung der inneren Energie und/oder eine Vergrößerung des Volumens.

Beachte:

- Die Volumenänderungsarbeit entspricht im p, V-Diagramm der Fläche unter der Kurve.
- Bei Kompression ist $\Delta V = V_2 - V_1$ **negativ**, bei Expansion **positiv**.

18.1.2 Innere Energie

Als innere Energie bezeichnet man die gesamte im System vorhandene Energie. Meist interessieren jedoch nur die Änderungen der inneren Energie ΔU bzw. dU.

Die innere Energie ist eine Zustandsfunktion, d. h. eine nur vom Zustand (p, V, T) abhängende Größe. Der Weg, auf dem dieser Zustand erreicht wird, spielt keine Rolle.

Zu jedem Zustand eines Systems gehört ein eindeutig bestimmter Wert der inneren Energie.

Die Änderung der inneren Energie ΔU hängt nur von Anfangs- und Endzustand ab.

■ Die **innere Energie des idealen Gases** läßt sich bestimmen, wenn im 1. Hauptsatz die Volumenänderungsarbeit gleich 0 gesetzt wird. Dann ist die ausgetauschte Wärmeenergie Q gleich der Änderung der inneren Energie ΔU, also

$$Q = \Delta U = c_V\, m\, \Delta T \quad \text{oder}$$

(W 18.7) $\boxed{U = c_V m T}$

U	c	m	T
SI	J	$\dfrac{\text{J}}{\text{kg} \cdot \text{K}}$	kg	K

Die innere Energie einer bestimmten Menge (Masse) des idealen Gases hängt nur von seiner Temperatur ab.

18.1.3   Enthalpie

Unter der Enthalpie H versteht man die Summe aus innerer Energie und dem Produkt aus Druck und Volumen.

(W 18.8) $\boxed{H = U + pV}$

$$\text{SI} \begin{array}{c|cccc} & H & U & p & V \\ \hline & J & J & Pa = \dfrac{J}{m^3} & m^3 \end{array}$$

Beachte:

● Das Produkt pV wird als **Verdrängungsarbeit** bezeichnet.

■ Für die Änderung der Enthalpie folgt aus (W 18.8)

$dH = dU + d(pV) = dU + p\,dV + V\,dp.$ Damit lautet der 1. Hauptsatz

$dQ = dH - V\,dp.$ Die Integration ergibt

(W 18.9) $\boxed{H = Q + \displaystyle\int_{p_1}^{p_2} V\,dp}$

■ Die Enthalpie des idealen Gases ist mit (W 18.4)

$H = U + pV = c_V mT + pV.$ Daraus wird mit (W 15.16)

$H = c_V mT + mRT = mT(c_V + c_p - c_V)$ und daraus

(W 18.10) $\boxed{H = c_p mT}$

$$\text{SI} \begin{array}{c|cccc} & H & c & m & T \\ \hline & J & \dfrac{J}{kg \cdot K} & kg & K \end{array}$$

18.2   Isochore Zustandsänderung

Eine Zustandsänderung des idealen Gases ist *isochor*, wenn

$\Delta V = 0$; also $V =$ konstant. Es gilt das 2. Gesetz von Gay-Lussac $\rightarrow$ (W 15.14):

$p/T =$ konstant   oder $p \sim T$.

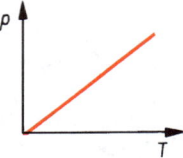

Die Kurve dieser Zustandsänderung **(Isochore)** verläuft im p, V-Diagramm parallel zur p-Achse. Wegen $\Delta V = 0$ ist auch $W = 0$. Der 1. Hauptsatz vereinfacht sich zu

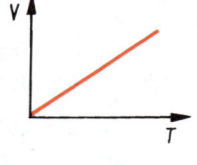

(W 18.11)
$$Q = \Delta U = c_V\, m\, \Delta T \qquad \text{bzw.}$$
$$dQ = dU = c_V\, m\, dT$$

> Bei einer isochoren Zustandsänderung bewirkt die zugeführte Wärmeenergie nur eine Erhöhung der inneren Energie.

18.3   Isobare Zustandsänderung

Eine Zustandsänderung des idealen Gases ist *isobar*, wenn

$\Delta p = 0$; also $p = $ konstant. Es gilt das 1. Gesetz von Gay-Lussac → (W 15.12):

$V/T = $ konstant   oder $V \sim T$.

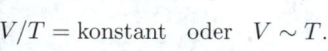

Die Kurve dieser Zustandsänderung **(Isobare)** verläuft im p, V-Diagramm parallel zur V-Achse. Die Volumenänderungsarbeit $W = -p\,\Delta V$ entspricht der Fläche unter der Kurve im p, V-Diagramm.

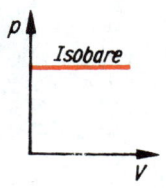

Wenn
Q mit der Umgebung ausgetauschte Wärmeenergie,
c_p spez. Wärmekapazität bei konstantem Druck (→ Tab. 18),
m Masse des Gases,
ΔT Temperaturänderung $= T_2 - T_1$,
ΔV Volumenänderung $= V_2 - V_1$,
p konstanter Druck des Gases,
R Gaskonstante (→ Tab. 14),
dann gilt für die ausgetauschte Wärmeenergie (→ 14.2)

(W 18.12)
$$Q = c_p m\, \Delta T \qquad \text{bzw.}$$
$$dQ = c_p m\, dT$$

und für die Volumenänderungsarbeit (W 18.3) mit (W 15.16)

(W 18.13) $\boxed{W = -p\,\Delta V = -mR\,\Delta T}$

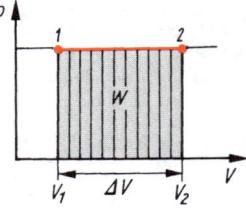

Beachte:

● Kompression (Verdichtung): $V_2 < V_1$
                                 $T_2 < T_1$

● Expansion (Entspannung): $V_2 > V_1$
                              $T_2 > T_1$

■ Die Änderung der Enthalpie beträgt nach (W 18.10)

	W	p	V	m	R		T	H	c
SI	J	Pa	m^3	kg	$\dfrac{\text{J}}{\text{kg}\cdot\text{K}}$		K	J	$\dfrac{\text{J}}{\text{kg}\cdot\text{K}}$

(W18.14) $\boxed{\Delta H = c_p\,m\,\Delta T}$

18.4   Isotherme Zustandsänderung

Eine Zustandsänderung des idealen Gases ist *isotherm*, wenn

$\boldsymbol{\Delta T\ =\ 0}$; also T = konstant. Es gilt das Gesetz von Boyle-Mariotte → (M 9.1):

pV = konstant   oder $p \sim 1/V$.

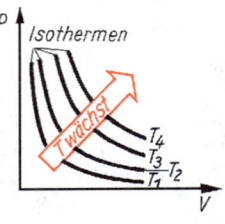

Die Kurve dieser Zustandsänderung **(Isotherme)** ist im p,V-Diagramm eine Hyperbel, deren Lage von der Temperatur T bestimmt wird. Wegen T = konstant ist auch $\Delta U = 0$. Der 1. Hauptsatz vereinfacht sich zu $Q + W = 0$, und damit ist $Q = -W$.

┃ Bei einer isothermen Zustandsänderung wandelt sich die zugeführte Wärmeenergie restlos in mechanische Arbeit um.

Isotherme Volumenänderungsarbeit

Bei einer isothermen Entspannung verrichtet das Gas Arbeit. Diese kann mit (W 18.4) bestimmt werden.

Wenn
W Arbeit bei isothermer Volumenänderung,
m Masse des Gases,

R Gaskonstante ($\rightarrow$ Tab. 14),
T konstante Temperatur des Gases,
V_1 Anfangsvolumen,
V_2 Endvolumen,
p_1 Anfangsdruck,
p_2 Enddruck,
dann gilt mit $\mathrm{d}W = -p\,\mathrm{d}V$

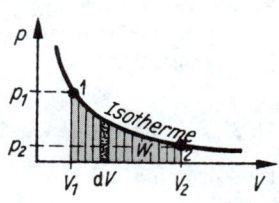

$$W = -\int_{V_1}^{V_2} p\,\mathrm{d}V \text{ und mit } pV = mRT$$

$$W = -\int_{V_1}^{V_2} \frac{mRT}{V}\mathrm{d}V = mRT\int_{V_2}^{V_1}\frac{\mathrm{d}V}{V}. \text{ Integration ergibt}$$

(W 18.15) $\boxed{W = mRT\ln(V_1/V_2)}$

W	m	R	T	V
J	kg	$\dfrac{\mathrm{J}}{\mathrm{kg}\cdot\mathrm{K}}$	K	m^3

SI (before the table)

Daraus folgt mit $pV = mRT$ (W 15.16)

(W 18.16) $\boxed{W = pV\ln(V_1/V_2)}$

W	p	V
J	Pa $= \dfrac{\mathrm{J}}{\mathrm{m}^3}$	m^3

SI

Da nach (M 9.1) die Drücke den Volumen umgekehrt proportional sind, kann man (W 18.15) und (W 18.16) auch schreiben

(W 18.17)

$$\boxed{\begin{aligned} W &= mRT\ln(p_2/p_1) \\ &= pV\ln(p_2/p_1) \end{aligned}}$$

W	m	R	T	p	V
J	kg	$\dfrac{\mathrm{J}}{\mathrm{kg}\cdot\mathrm{K}}$	K	Pa $= \dfrac{\mathrm{J}}{\mathrm{m}^3}$	m^3

SI

Beachte:

- Ist $V_1 > V_2$ bzw. $p_1 < p_2$, so liegt keine Entspannung, sondern eine Verdichtung (Kompression) vor. Es wird $W > 0$ (positiver Zahlenwert), d. h., die Arbeit wird nicht frei, sondern muß am Gas verrichtet werden.

- Wegen $Q = -W$ gelten (W 18.15) bis (W 18.17) auch für die zuzuführende Wärmeenergie Q.

- Die Bedingung T = konstant läßt sich in der Praxis kaum realisieren. Sie setzt genügend langsam verlaufende Änderungen von Druck p und Volumen V voraus. Außerdem muß das Gas von einem Medium sehr großer Wärmekapazität umgeben sein.
- Zustandsänderungen, die so langsam verlaufen, daß das Gas von einem Gleichgewichtszustand in den nächsten übergeht, heißen **quasistatisch**.

18.5   Isentrope Zustandsänderung

Eine Zustandsänderung ist *isentrop* (adiabatisch), wenn die Entropie konstant bleibt, wenn sie ohne Wärmeaustausch mit der Umgebung, also bei völliger Wärmeisolierung erfolgt:

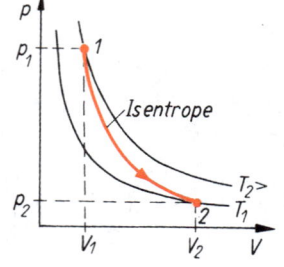

ΔQ **= 0** bzw. in differentieller Schreibweise $dQ = 0$. Es gilt das Gesetz von Poisson → (W 18.20):

$pV^{\varkappa}$ = konstant.

Die Kurve dieser Zustandsänderung (**Isentrope** oder auch Adiabate) ist im p, V-Diagramm eine Übergangskurve zwischen zwei Isothermen, da sich alle drei Zustandsgrößen (p, V, T) ändern. Wegen $dQ = 0$ vereinfacht sich der 1. Hauptsatz zu

$0 = \Delta U + p\,\Delta V$ bzw. in differentieller Schreibweise

$0 = dU + p\,dV$. Mit $dU = c_V m\,dT$ und $p = mRT/V$ folgt

$-c_V m\,dT = mRT\dfrac{dV}{V}$. Umstellung ergibt mit $R = c_p - c_V$ (W 16.7)

$-c_V \dfrac{dT}{T} = (c_p - c_V)\dfrac{dV}{V}$ und nach Integration

$-c_V \displaystyle\int_{T_1}^{T_2} \dfrac{dT}{T} = (c_p - c_V)\int_{V_1}^{V_2} \dfrac{dV}{V}$ oder

$-c_V \ln\left(\dfrac{T_2}{T_1}\right) = (c_p - c_V)\ln\left(\dfrac{V_2}{V_1}\right)$ oder

$$\left(\frac{T_1}{T_2}\right)^{c_V} = \left(\frac{V_2}{V_1}\right)^{c_p - c_V} \quad \text{oder}$$

$$\frac{T_1}{T_2} = \left(\frac{V_2}{V_1}\right)^{\dfrac{c_p - c_V}{c_V}}.$$

Wenn

p_1, T_1, V_1 Druck, Temperatur und Volumen im Anfangszustand 1,

p_2, T_2, V_2 Druck, Temperatur und Volumen im Endzustand 2,

$\varkappa$ Isentropenexponent $= c_p / c_V$ ($\rightarrow$ Tab. 18),

dann folgen aus obiger Ableitung die

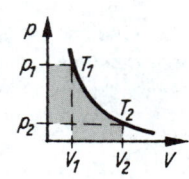

Poissonschen Gleichungen

(W 18.18) $\quad \boxed{\dfrac{T_1}{T_2} = \left(\dfrac{V_2}{V_1}\right)^{\varkappa - 1} \quad \text{oder} \quad TV^{\varkappa - 1} = \text{konstant}}$

Mit der Zustandsgleichung (W 15.15) wird V_2 / V_1 ersetzt durch $p_1 T_2 / p_2 T_1$. So ergibt sich

$$\frac{T_1}{T_2} = \left(\frac{p_1 T_2}{p_2 T_1}\right)^{\varkappa - 1} \quad \text{und daraus}$$

(W 18.19) $\quad \boxed{\dfrac{T_1}{T_2} = \left(\dfrac{p_1}{p_2}\right)^{\dfrac{\varkappa - 1}{\varkappa}} \quad \text{oder} \quad T^{\varkappa} p^{1 - \varkappa} = \text{konstant}}$

Durch Gleichsetzen von (W 18.18) und (W 18.19) erhält man schließlich das

Poissonsche Gesetz

(W 18.20) $\quad \boxed{\dfrac{p_1}{p_2} = \left(\dfrac{V_2}{V_1}\right)^{\varkappa} \quad \text{oder} \quad pV^{\varkappa} = \text{konstant}}$

Beachte:

- Die Bedingung $dQ = 0$, also völlige Wärmeisolierung, läßt sich kaum realisieren. Nur bei sehr schnell ablaufenden Zustandsänderungen kommt man dieser Bedingung sehr nahe.

■ Der 2. Ausdruck in (W 18.20) ist das Gesetz der isentropen Zustandsänderung und heißt **Poissonsche Isentropengleichung**. Die Kurve **(Isentrope)** verläuft im p, V-Diagramm steiler als die Isotherme, weil die bei einer isentropen Kompression entstehende Wärme im Gas verbleibt und die daraus resultierende Temperaturerhöhung den Druck zusätzlich vergrößert.

Isentrope Volumenänderungsarbeit

Bei einer isentropen Expansion kühlt sich das Gas ab, d. h., es verrichtet Arbeit auf Kosten seiner inneren Energie.

Wenn

W Arbeit, die das Gas bei einer isentropen Entspannung verrichtet,

m Masse des Gases,

R Gaskonstante ($\rightarrow$ Tab. 14),

ΔT Temperaturänderung $= T_2 - T_1$,

T_1 Anfangstemperatur,

T_2 Endtemperatur,

$\varkappa$ Isentropenexponent $= c_p/c_V$,

dann gilt, weil $W = \Delta U = c_V m \, \Delta T$, nach Erweiterung mit $c_p - c_V$

$$W = \frac{c_p - c_V}{c_p - c_V} c_V m \, \Delta T, \text{ und mit } c_p - c_V = R \text{ und } c_p/c_V = \varkappa \text{ wird}$$

$$W = \frac{c_V}{c_p - c_V} mR \, \Delta T = \frac{1}{\varkappa - 1} mR \, \Delta T \quad \text{und daraus}$$

(W 18.21) $\boxed{W = \dfrac{mR}{\varkappa - 1} \Delta T}$

W	m	R	$\varkappa$	T
J	kg	$\dfrac{\text{J}}{\text{kg} \cdot \text{K}}$	–	K

mit SI

oder unter Verwendung von $pV = mRT$ (W 15.16)

(W 18.22) $\boxed{W = \dfrac{p_2 V_2 - p_1 V_1}{\varkappa - 1}}$

W	p	V	$\varkappa$
J	Pa $= \dfrac{\text{J}}{\text{m}^3}$	m^3	–

mit SI

Beachte:

- Die bei der isentropen Entspannung verrichtete Arbeit W hängt bei einer bestimmten Gasmasse nur von der Temperaturänderung ΔT (Abkühlung) ab.

- Ist $T_2 > T_1$, dann liegt keine Expansion (Entspannung), sondern eine Kompression (Verdichtung) vor. Es wird $W > 0$ (positiver Zahlenwert), d. h., das Gas verrichtet keine Arbeit, sondern es muß Arbeit aufgewendet werden.

18.6   Polytrope Zustandsänderung

Eine Zustandsänderung des idealen Gases verläuft isotherm, wenn $\Delta T = 0$, also ein ungehinderter Wärmeaustausch mit der Umgebung möglich ist. Bei einer isentropen Zustandsänderung darf keinerlei Wärme mit der Umgebung ausgetauscht werden: $Q = 0$. Zwischen diesen beiden nicht realisierbaren Prozessen als Sonderfällen verläuft die polytrope Zustandsänderung, bei der ein Teil der Wärme mit der Umgebung ausgetauscht wird. Die Kurve dieser Zustandsänderung (**Polytrope**) verläuft im p,V-Diagramm zwischen der Isotherme und der Isentrope, d. h., sie ist steiler als die Isotherme, aber nicht so steil wie die Isentrope.

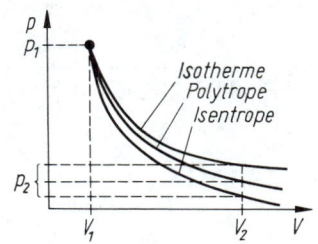

Wenn
p Druck des Gases,
V Volumen des Gases,
n Polytropenexponent,
dann gilt als Gesetz der polytropen Zustandsänderung

(W 18.23) $\boxed{pV^n = \text{konstant}}$ mit $1 < n < \varkappa$.

Beachte:

- Der Polytropenexponent n ist kein Materialwert, ist also von der Art des Gases weitgehend unabhängig. Er wird bestimmt von den **technischen Bedingungen** der Zustandsänderung.

- Isotherme und isentrope Zustandsänderung können mit $n = 1$ bzw. $n = \varkappa$ als Sonderfälle der polytropen angesehen werden.

- Auch isochore und isobare Zustandsänderungen genügen mit $n = \infty$ bzw. $n = 0$ dem Polytropengesetz.

Übersicht über Zustandsänderungen:

Zustandsänderung:	isochor	isobar
Bedingung:	$dV = 0$ $\Delta V = 0$ $V = \text{konstant}$	$dp = 0$ $\Delta p = 0$ $p = \text{konstant}$
1. Hauptsatz	$dQ = dU$ $Q = \Delta U$	$dQ + dW = dU$ $Q + W = \Delta U$
Beziehungen zwischen p, T, V:	$\dfrac{T_1}{T_2} = \dfrac{p_1}{p_2}$ $\dfrac{p}{T} = \text{konstant}$	$\dfrac{T_1}{T_2} = \dfrac{V_1}{V_2}$ $\dfrac{V}{T} = \text{konstant}$
Wärmeenergie:	$dQ = c_V m \, dT$ $Q = c_V m \, \Delta T$	$dQ = c_p m \, dT$ $Q = c_p m \, \Delta T$
Arbeit:	$dW = 0$ $W = 0$	$dW = -p \, dV$ $W = -p \, \Delta V$ $\quad = -m R \, \Delta T$

isotherm	isentrop	polytrop
$\mathrm{d}T = 0$	$\mathrm{d}Q = 0;\ \mathrm{d}S = 0$	
$\Delta T = 0$	$\Delta Q = 0;\ \Delta S = 0$	
$T = \text{konstant}$	$S = \text{konstant}$	
$\mathrm{d}Q + \mathrm{d}W = 0$	$\mathrm{d}W = \mathrm{d}U$	$\mathrm{d}Q + \mathrm{d}W = \mathrm{d}U$
$Q + W = 0$	$W = \Delta U$	$Q + W = \Delta U$
$\dfrac{p_1}{p_2} = \dfrac{V_2}{V_1}$	$\dfrac{p_1}{p_2} = \left(\dfrac{V_2}{V_1}\right)^{\varkappa};$	$\dfrac{p_1}{p_2} = \left(\dfrac{V_2}{V_1}\right)^{n};$
	$pV^{\varkappa} = \text{konstant}$	$pV^{n} = \text{konstant}$
$pV = \text{konstant}$	$\dfrac{T_1}{T_2} = \left(\dfrac{V_2}{V_1}\right)^{\varkappa-1};$	$\dfrac{T_1}{T_2} = \left(\dfrac{V_2}{V_1}\right)^{n-1};$
	$TV^{\varkappa-1} = \text{konstant}$	$TV^{n-1} = k$
	$\dfrac{T_1}{T_2} = \left(\dfrac{p_1}{p_2}\right)^{\frac{\varkappa-1}{\varkappa}}$	$\dfrac{T_1}{T_2} = \left(\dfrac{p_1}{p_2}\right)^{\frac{n-1}{n}}$
	$T^{\varkappa}p^{1-\varkappa} = \text{konstant}$	$T^{n}p^{1-n} = \text{konstant}$
$\mathrm{d}Q = -\mathrm{d}W$	$\mathrm{d}Q = 0$	$\mathrm{d}Q = \mathrm{d}U - \mathrm{d}W$
		$\quad = c_V m \dfrac{n-\varkappa}{n-1}\mathrm{d}T$
$Q = -W$	$Q = 0$	$Q = c_V m \dfrac{n-\varkappa}{n-1}\Delta T$
$\quad = mRT \ln \dfrac{V_2}{V_1}$		
$\mathrm{d}W = -p\,\mathrm{d}V$	$\mathrm{d}W = \mathrm{d}U = c_V m\,\mathrm{d}T$	$\mathrm{d}W = \dfrac{mR}{n-1}\,\mathrm{d}T$
	$\quad = \dfrac{mR}{\varkappa-1}\,\mathrm{d}t$	
$W = mRT \ln \dfrac{V_1}{V_2}$	$W = \Delta U = c_V m \Delta T$	$W = \dfrac{mR}{n-1}\Delta T$
$\quad = mRT \ln \dfrac{p_2}{p_1}$	$\quad = \dfrac{mR}{\varkappa-1}\Delta T$	
$\quad = pV \ln \dfrac{V_1}{V_2}$		
$\quad = pV \ln \dfrac{p_2}{p_1}$	$\quad = \dfrac{p_2 V_2 - p_1 V_1}{\varkappa-1}$	$W = \dfrac{p_2 V_2 - p_1 V_1}{n-1}$

W

Übersicht über Zustandsänderungen (Fortsetzung)

Zustandsänderung:	isochor	isobar
Änderung der inneren Energie:	$dU = c_V m\,dT$ $\Delta U = c_V m\,\Delta T$	$dU = c_V m\,dT$ $\Delta U = c_V m\,\Delta T$
Entropieänderung:	$dS = c_V m\,\dfrac{dT}{T}$ $= c_V m\,\dfrac{dp}{p}$ $\Delta S = c_V m \ln \dfrac{T_2}{T_1}$ $= c_V m \ln \dfrac{p_2}{p_1}$	$dS = c_p m\,\dfrac{dT}{T}$ $= c_p m\,\dfrac{dV}{V}$ $\Delta S = c_p m \ln \dfrac{T_2}{T_1}$ $= c_p m \ln \dfrac{V_2}{V_1}$
p,V-Diagramm		

■ Die übrigen Gesetzmäßigkeiten lassen sich aus (W 18.23) herleiten. Sie sind (W 18.18) bis (W 18.22) analog.

Wenn

p_1, T_1, V_1 Druck, Temperatur und Volumen im Anfangszustand 1,

p_2, T_2, V_2 Druck, Temperatur und Volumen im Endzustand 2,

n Polytropenexponent,

W Arbeit, die bei einer polytropen Entspannung frei wird,

m Gasmasse,

R Gaskonstante ($\to$ Tab. 14),

dann gelten

(W 18.24) $$\frac{T_1}{T_2} = \left(\frac{V_2}{V_1}\right)^{n-1} \quad \text{oder} \quad TV^{n-1} = \text{konstant}$$

isotherm	isentrop	polytrop
$\mathrm{d}U = 0$	$\mathrm{d}U = c_V m\,\mathrm{d}T = W$	$\mathrm{d}U = c_V m\,\mathrm{d}T$
$\Delta U = 0$	$\Delta U = c_V m\,\Delta T = W$	$\Delta U = c_V m\,\Delta T$
	$\quad = \dfrac{mR}{\varkappa - 1}\Delta T$	
$\mathrm{d}S = mR\dfrac{\mathrm{d}V}{V}$	$\mathrm{d}S = 0$	$\mathrm{d}S = c_V m\dfrac{\varkappa - n}{n-1}\dfrac{\mathrm{d}T}{T}$
$\quad = -mR\dfrac{\mathrm{d}p}{p}$		
$\Delta S = mR\ln\dfrac{V_2}{V_1}$	$\Delta S = 0$	$\Delta S = c_V m\dfrac{\varkappa - n}{n-1}\ln\dfrac{T_1}{T_2}$
$\quad = mR\ln\dfrac{p_1}{p_2}$		

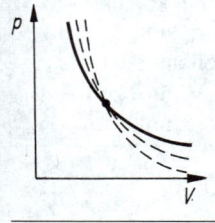 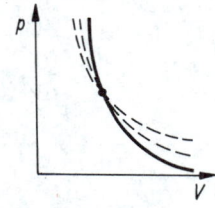 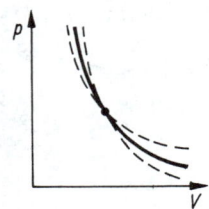

(W 18.25) $\quad \dfrac{T_1}{T_2} = \left(\dfrac{p_1}{p_2}\right)^{\frac{n-1}{n}} \quad \text{oder} \quad T^n p^{1-n} = \text{konstant}$

(W 18.26) $\quad \dfrac{p_1}{p_2} = \left(\dfrac{V_2}{V_1}\right)^n \quad \text{oder} \quad pV^n = \text{konstant}$

und für die bei einer polytropen Entspannung vom Gas verrichtete Arbeit

(W 18.27) $\quad W = \dfrac{mR}{n-1}\Delta T$

	W	m	R	n	T
SI	J	kg	$\dfrac{\text{J}}{\text{kg} \cdot \text{K}}$	–	K

oder unter Verwendung von $pV = mRT$ (W 15.16)

$$ \text{(W 18.28)} \qquad \boxed{W = \frac{p_2 V_2 - p_1 V_1}{n - 1}} $$

	W	p	V	n
SI	J	$\text{Pa} = \dfrac{\text{J}}{\text{m}^3}$	m^3	–

Beachte:

● Ist $T_2 > T_1$, dann liegt keine Entspannung, sondern eine Kompression vor. Es wird $W > 0$ (positiver Zahlenwert), d. h., das Gas verrichtet keine Arbeit, sondern es muß Arbeit aufgewendet werden.

● Zahlenwerte von n werden experimentell ermittelt.

Übersicht:

Zustandsänderung	Exponent	Gleichung
isobar	0	$pV^0 = p = \text{konstant}$
isotherm	1	$pV^1 = pV = \text{konstant}$
polytrop	$1 < n < \varkappa$	$pV^n = \text{konstant}$
isentrop	$\varkappa$	$pV^\varkappa = \text{konstant}$
isochor	∞	$pV^\infty = p^{1/\infty} V = p^0 V = V$ $= \text{konstant}$

18.7   Kreisprozesse

Ein Prozeß, bei dem nach einer Reihe von Zustandsänderungen der ursprüngliche Ausgangszustand wieder erreicht wird, heißt Kreisprozeß. Alle periodisch arbeitenden Wärmekraftmaschinen führen solche Kreisprozesse aus.

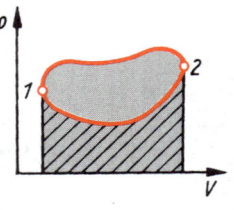

Im p, V-Diagramm ergibt sich für einen Kreisprozeß ein geschlossener Kurvenzug. Die beiden Zustände 1 und 2 sind durch unterschiedliche Kurven verbunden. Die Flächen unter den beiden Kurven entsprechen den verrichteten Arbeiten. Der Inhalt der umschlossenen Fläche entspricht der abgegebenen Arbeit, wenn die Kurve rechtsherum durchlaufen wird (Wärmekraftmaschine). Bei entgegengesetztem Durchlaufen wird dagegen Arbeit aufgenommen (Kältemaschine bzw. Wärmepumpe).

Rechtsprozeß: Umwandlung Wärmeenergie
$\quad\quad\quad\quad\quad$ → mechan. Arbeit
$\quad\quad$ ↻: $Q \to W$

Linksprozeß: Umwandlung mechan. Arbeit
$\quad\quad\quad\quad$ → Wärmeenergie

$\quad\quad$ ↺: $W \to Q$

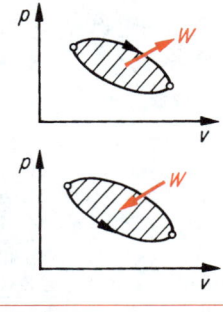

18.7.1 Carnotscher Kreisprozeß

Bei allen Wärmekraftmaschinen wünscht man sich eine möglichst vollständige Umwandlung von Wärmeenergie in mechanische Energie. Carnot fand, daß die Ausnutzung am günstigsten ist, wenn das Gas einen bestimmten Kreisprozeß durchläuft. In diesem Kreisprozeß gibt es 4 aufeinanderfolgende Zustandsänderungen:

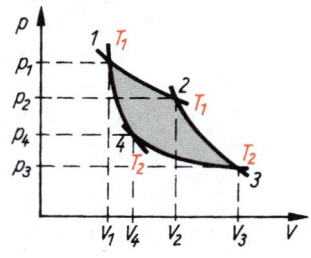

1. isotherme Expansion (1–2)

$\quad T_1 = $ konst. $V_2 > V_1$ $p_2 < p_1$

$\quad$ zugeführte Wärmemenge $Q_{zu} = Q_{12} = mRT_1 \ln \dfrac{V_2}{V_1}$

$\quad$ abgegebene Arbeit $W_{12} = -Q_{12}$

2. isentrope Expansion (2–3)

$\quad T_2 < T_1$ $V_3 > V_2$ $p_3 < p_2$

$\quad$ zugeführte Wärmemenge $Q_{23} = 0$

$\quad$ abgegebene Arbeit $W_{23} = \dfrac{mR}{\varkappa - 1}(T_2 - T_1)$

3. isotherme Kompression (3–4)

$\quad T_2 = $ konst. $V_4 < V_3$ $p_4 > p_3$

$\quad$ abgegebene Wärmemenge $Q_{ab} = Q_{34} = mRT_2 \ln \dfrac{V_4}{V_3}$

$\quad$ zugeführte Arbeit $W_{34} = -Q_{34}$

4. isentrope Kompression (4–1)

$$T_1 > T_2 \quad V_1 < V_4 \quad p_1 > p_4$$
abgegebene Wärmemenge $Q_{41} = 0$

zugeführte Arbeit $W_{41} = \dfrac{mR}{\varkappa - 1}(T_1 - T_2) = -W_{23}$

Die Fläche zwischen dem Kurvenstück 1–2–3 und der Abszisse entspricht der bei der Expansion verrichteten mechanischen Arbeit, dagegen entspricht die zwischen
dem Kurvenstück 3–4–1 und der Abszisse liegende Fläche der bei der Kompression zugeführten mechanischen Arbeit. Die Differenz beider Flächen gibt die während eines vollen Kreislaufs insgesamt abgegebene mechanische Arbeit an. Daraus ergibt sich, daß die bei 1–2 zugeführte Wärme Q_{zu} größer sein muß als die bei 3–4 abgegebene Wärmemenge Q_{ab}: $|Q_{zu}| > |Q_{ab}|$.

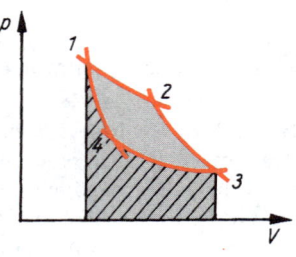

Ein Teil der zugeführten Wärme wird in mechanische Arbeit umgewandelt.

> Die Umwandlung von Wärme in mechanische Energie geschieht nicht vollständig, sondern nur teilweise.

18.7.2   Thermischer Wirkungsgrad des Carnot-Prozesses

Er gibt an, zu welchem Teil die bei der höheren Temperatur zugeführte Wärmemenge in mechanische Arbeit umgewandelt wurde.

Wenn

Q_{zu} Wärmemenge, die bei der höheren Temperatur T_1 zugeführt wurde ($Q_{zu} > 0$),

Q_{ab} Wärmemenge, die bei der tieferen Temperatur T_2 abgegeben wurde ($Q_{ab} < 0$),

η thermischer Wirkungsgrad $= \dfrac{\text{abgegebene mech. Arb. } |W|}{\text{zugeführte Wärmemenge } Q_{zu}}$, dann gilt mit $|W| = |Q_{zu}| - |Q_{ab}|$

Thermischer Wirkungsgrad von Wärmekraftmaschinen

(W 18.29)
$$\eta = \frac{Q_{zu} + Q_{ab}}{Q_{zu}}$$

■ Diese allgemeingültige Gleichung läßt sich für den speziellen Fall des Carnot-Prozesses umwandeln.

Da die Zustandsänderungen 2–3 und 4–1 isentrop verlaufen, gilt für sie mit (W 18.18)

$$\frac{T_1}{T_2} = \left(\frac{V_3}{V_2}\right)^{\varkappa-1} \quad \text{und} \quad \frac{T_1}{T_2} = \left(\frac{V_4}{V_1}\right)^{\varkappa-1}. \quad \text{Daraus folgt}$$

$$\frac{V_3}{V_2} = \frac{V_4}{V_1} \quad \text{und auch} \quad \frac{V_2}{V_1} = \frac{V_3}{V_4}.$$

Für den thermischen Wirkungsgrad ergibt sich dann

$$\eta = \frac{Q_{zu} + Q_{ab}}{Q_{zu}} = \frac{mRT_1 \ln(V_2/V_1) - mRT_2 \ln(V_3/V_4)}{mRT_1 \ln(V_2/V_1)}$$

und vereinfacht

Thermischer Wirkungsgrad des Carnot-Prozesses

(W 18.30)
$$\eta = \frac{T_1 - T_2}{T_1} = 1 - \frac{T_2}{T_1}$$

Beachte:

- Der Carnot-Kreisprozeß besitzt von allen möglichen Umwandlungen den größten Wirkungsgrad. Ein noch größerer würde zwar nicht gegen den 1. Hauptsatz der Wärmelehre, wohl aber gegen den 2. Hauptsatz ($\rightarrow$ 18.8) verstoßen.

- Der thermische Wirkungsgrad des Carnot-Prozesses hängt nicht vom Arbeitsmedium ab und ist nur eine Funktion der Temperaturen, zwischen denen er geführt wird.

- Für alle Wärmekraftmaschinen ist der maximale Wirkungsgrad (im Idealfall) nicht eins, sondern mit (W 18.30) gegeben. Im Realfall ist er noch kleiner (Verluste usw.), mit (W 18.30) ergibt sich also der obere Grenzwert für η: η_{ideal}.

18.7.3   Thermische Maschinen

Wärmekraftmaschine

Bei einem rechtsherum durchlaufenen Carnot-Prozeß (Rechtsprozeß oder +-Zyklus) handelt es sich um eine Wärmekraftmaschine. Für sie ist typisch, daß dem Arbeitsmedium bei hoher Temperatur Wärmeenergie zugeführt wird, die sich zum Teil in mechanische Arbeit umwandelt. Der Rest wird bei niedrigerer Temperatur wieder als Wärme abgegeben. Der Wirkungsgrad (Nutzen/Aufwand) ergibt sich also aus $\eta = |W|/Q_{zu}$ ($\rightarrow$ W 18.29).

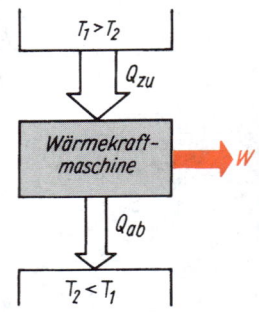

Kältemaschine

Bei einem linksherum durchlaufenen Carnot-Prozeß (Linksprozeß oder −-Zyklus) handelt es sich um eine Kältemaschine. Bei ihr nimmt das Arbeitsmedium bei niedriger Temperatur Wärme auf (Kühlraum). Diese wird zusammen mit der aus der erforderlichen mechanischen Arbeit (Kompressor) entstehenden zusätzlichen Wärme bei einer höheren Temperatur (Umgebung) abgeführt.

Der Wirkungsgrad – hier als Leistungszahl ε bezeichnet – ist im allgemeinen größer als 1. Da der Nutzen in der dem Kühlraum entzogenen Wärme besteht, ergibt sich für die Leistungszahl (Nutzen/Aufwand) $\varepsilon_{KM} = Q_{zu}/W$. Analog der Ableitung in 18.7.2 folgt daraus die

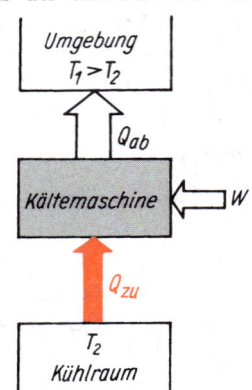

Leistungszahl der Kältemaschine

$$(W\,18.31)\qquad \varepsilon_{KM} = \frac{T_2}{T_1 - T_2}$$

Wärmepumpe

Auch die Wärmepumpe durchläuft einen Linksprozeß. Im Gegensatz zur Kältemaschine besteht ihre Aufgabe jedoch darin, bei der höheren Temperatur möglichst viel Wärmeenergie (z. B. an eine Heizungsanlage) abzugeben. Diese wird zum Teil der Umgebung (Fluß, See u. a.) niedrigerer Temperatur entnommen, der Rest entsteht aus der aufzuwendenden mechanischen Arbeit (Kompressor). Für die Leistungszahl (Nutzen/Aufwand) ergibt sich hier $\varepsilon_{WP} = |Q_{ab}|/W$. Mit der Ableitung in 18.7.2 folgt daraus als

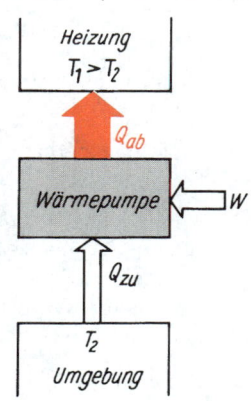

Leistungszahl der Wärmepumpe

$$(W\ 18.32) \quad \varepsilon_{WP} = \frac{T_1}{T_1 - T_2}$$

ε_{WP} ist prinzipiell größer als 1.

18.8   Zweiter Hauptsatz

Nach dem 1. Hauptsatz ($\rightarrow$ 18.1) sind nur Vorgänge möglich, bei denen die Energiesumme konstant ist. Beispielsweise wäre die restlose Umwandlung von Wärme in mechanische Energie kein Verstoß gegen den 1. Hauptsatz; dennoch ist sie unmöglich. Der 2. Hauptsatz engt die möglichen Prozesse weiter ein.

> Wärme kann nur dann in Arbeit umgewandelt werden, wenn zugleich ein Teil der Wärme von einem wärmeren auf einen kälteren Körper übergeht (Prinzip der Wärmekraftmaschine).

Eine Einrichtung, die im Widerspruch dazu nur einem Wärmebehälter Wärmeenergie entzieht und den gleichwertigen Betrag mechanischer Energie abgibt, wäre ein **Perpetuum mobile 2. Art.**

(Beispiel: Ein Stein kühlt sich ab und schnellt in die Höhe!)

> Wärme kann von einem kälteren auf einen wärmeren Körper nur unter Aufwand mechanischer Arbeit übertragen werden (Prinzip der Kältemaschine).

Daraus folgt, daß ohne weitere Änderungen keine Temperaturunterschiede in einem abgeschlossenen System entstehen können, also Wärmeenergie nicht von allein von Stellen tieferer zu Stellen höherer Temperatur übergehen kann.

18.8.1   Reversible und irreversible Prozesse

Alle in einem abgeschlossenen System möglichen Prozesse lassen sich einteilen in

reversible (umkehrbare) und irreversible (nicht umkehrbare) Vorgänge.

> Ein Vorgang ist **reversibel**, wenn durch Umkehr seiner Ablaufrichtung der Ausgangszustand wieder erreicht wird, ohne daß Energiezufuhr nötig ist.
> Alle anderen Vorgänge sind **irreversibel**. Sie laufen von selbst nur in einer Richtung ab.

– Reversibel sind u. a.: Planetenbewegung, ungedämpfte Pendelschwingungen, elastischer Stoß, Carnot-Prozeß.
– Irreversibel sind u. a.: gedämpfte Pendelschwingung, unelastischer Stoß, Erwärmung durch Reibung, Diffusion, Wärmeleitung, Wärmemischung.

Beachte:
● Die meisten technischen Prozesse sind irreversibel oder enthalten wenigstens irreversible Teile.
● Die Gleichung (W 18.30) für den thermischen Wirkungsgrad des Carnot-Prozesses gilt für jeden reversibel geführten Kreisprozeß (zwischen den gleichen Temperaturen). Irreversible Kreisprozesse haben stets einen kleineren Wirkungsgrad:

$$\eta_{\text{irrev}} < \frac{T_1 - T_2}{T_1}.$$

18.8.2   Entropie

Aus (W 18.29) und (W 18.30) ergibt sich für den (reversiblen) Carnot-Prozeß

$$\frac{Q_1 + Q_2}{Q_1} = \frac{T_1 - T_2}{T_1} \quad \text{und daraus}$$

$$1 + \frac{Q_2}{Q_1} = 1 - \frac{T_2}{T_1} \quad \text{oder} \quad \frac{Q_2}{Q_1} = -\frac{T_2}{T_1} \quad \text{und schließlich}$$

$$\frac{Q_1}{T_1} + \frac{Q_2}{T_2} = 0.$$

Das bedeutet, daß reversibel ausgetauschte Wärmemenge Q und Temperatur T während des Austausches proportional sind.

Den Quotienten $\frac{Q}{T}$ nennt man **reduzierte Wärmemenge**.

Bei jedem reversiblen Kreisprozeß ist die Summe der reduzierten Wärmemengen gleich null.

$$\sum \frac{Q_{\text{rev}}}{T} = 0$$

bzw. in differentieller Schreibweise

$$\oint \frac{\mathrm{d}Q_{\text{rev}}}{T} = 0.$$

Beachte:

- Der Ring im Integralzeichen besagt, daß hier über einen geschlossenen Kurvenzug (Kreisprozeß!) integriert werden muß.

■ Bei jedem Zyklus eines reversiblen Kreisprozesses erreichen alle Zustandsgrößen ihren Anfangswert, d. h., ihre Änderung ist null. Da auch die Summe der „reduzierten Wärmemengen" null ist, läßt sich als weitere Zustandsgröße die **Entropie S** definieren durch die Festlegung, es sei die

Entropieänderung

(W 18.33) $\qquad \boxed{\mathrm{d}S = \dfrac{\mathrm{d}Q_{\text{rev}}}{T}}$

SI-Einheit der Entropie: $[S] = \dfrac{\text{J}}{\text{K}}$.

Unzulässige Einheit: kcal/K; $1\,\text{kcal/K} = 4{,}187\,\text{kJ/K}$.

Beachte:

- Da in allen Gleichungen nur Entropieänderungen auftreten, wird der Nullpunkt der Entropie in der Technik meist willkürlich auf die Temperatur $T_0 = 273{,}15\,\text{K} \,\widehat{=}\,^\circ\text{C}$ gelegt.

Aus (W 18.33) folgt für zwei verschiedene Zustände die

Entropiedifferenz

$$(W\,18.34) \quad \Delta S = S_2 - S_1 = \int_1^2 \frac{dQ_{\text{rev}}}{T}$$

Bei einem *reversiblen* Kreisprozeß ist die Entropiedifferenz $\Delta S = 0$.

Bei einem *irreversiblen* Kreisprozeß ist die Entropiedifferenz $\Delta S > 0$.

■ Der Entropiebegriff gilt nicht nur für Kreisprozesse, er läßt sich verallgemeinert auf jeden Prozeß der Thermodynamik anwenden.

Übersicht:

Entropiedifferenz	Prozeß
$\Delta S = 0$	reversibel; kann von allein in beiden Richtungen ablaufen
$\Delta S > 0$	irreversibel; kann von allein nur in der einen Richtung ablaufen
$\Delta S < 0$	von allein unmöglich, es sei denn, es wird von außen Energie zugeführt

Alle Naturvorgänge verlaufen so, daß die gesamte Entropie aller beteiligten Körper zunimmt!

■ Mit dem Entropiebegriff ergibt sich eine besonders einfache Formulierung für den

2. Hauptsatz

$$(W\,18.35) \quad \Delta S \geq 0$$

Bei den in einem abgeschlossenen System ablaufenden Vorgängen kann die Entropie niemals abnehmen!

Entropie des idealen Gases

Die bei einer Zustandsänderung des idealen Gases eintretende Entropieänderung läßt sich aus dem 1. Hauptsatz (W 18.6) und der Definition der Entropieänderung (W 18.33) bestimmen.

Mit

ΔS Entropieänderung $= S_2 - S_1$,

m Masse des Gases,

c_V spezifische Wärmekapazität bei konstantem Volumen ($\rightarrow$ Tab. 18),

T_1 Anfangstemperatur,

T_2 Endtemperatur,

R Gaskonstante ($\rightarrow$ Tab. 14),

V_1 Anfangsvolumen,

V_2 Endvolumen

gilt

$$dS = \frac{dQ_{rev}}{T} \quad \text{und} \quad dQ = dU + p\, dV \quad \text{und daraus}$$

$$dS = \frac{dU + p\, dV}{T}.$$

Da $dU = c_V\, m\, dT$ (W 18.11)   und $p = \dfrac{mRT}{V}$ (W 15.16), folgt

$$dS = c_V\, m \frac{dT}{T} + mR \frac{dV}{V}. \quad \text{Die Integration}$$

$$\int_{S_1}^{S_2} dS = c_V\, m \int_{T_1}^{T_2} \frac{dT}{T} + mR \int_{V_1}^{V_2} \frac{dV}{V} \quad \text{ergibt schließlich die}$$

Entropieänderung des idealen Gases

(W 18.36)

$\Delta S = S_2 - S_1$ $= c_V\, m \ln \dfrac{T_2}{T_1} + mR \ln \dfrac{V_2}{V_1}$	SI	ΔS $\dfrac{J}{K}$	m kg	c $\dfrac{J}{kg \cdot K}$	T K	R $\dfrac{J}{kg \cdot K}$	V m^3

Beachte:

● Die Quotienten im Logarithmus bestimmen das Vorzeichen der einzelnen Summanden.

● Bei einer *adiabatischen* Zustandsänderung ist wegen $dQ_{rev} = 0$ auch $\Delta S = 0$.

● Bei einer *isothermen* Zustandsänderung folgt aus (W 18.36) wegen $T_1 = T_2$: $\Delta S = mR \ln(V_2/V_1)$.

● Bei einer *isochoren* Zustandsänderung folgt aus (W 18.36) wegen $V_1 = V_2$: $\Delta S = c_V\, m \ln(T_2/T_1)$.

Entropie und Wahrscheinlichkeit

Wachsende Entropie bedeutet für ein System den Übergang in einen Zustand größerer Wahrscheinlichkeit.

Mit

S Entropie,

W thermodynamische Wahrscheinlichkeit,

k Boltzmann-Konstante $= 1,381 \cdot 10^{-23}$ J/K, $\rightarrow$ (W 19.3),

gilt die

Boltzmann-Beziehung

(W 18.37) $\boxed{S = k \ln W}$

■   Im allgemeinen sind nur Entropie*änderungen* von Interesse. Beim Übergang vom Zustand 1 mit der Wahrscheinlichkeit W_1 in den Zustand 2 mit der Wahrscheinlichkeit W_2 ändert sich die Entropie von S_1 auf S_2. (W 18.37) lautet dafür

(W 18.38) $\boxed{\Delta S = S_2 - S_1 = k \ln \dfrac{W_2}{W_1}}$

■   Von allein laufen irreversible Prozesse so lange, bis das System den Zustand größtmöglicher Wahrscheinlichkeit erreicht hat; die Entropie erreicht dann ihr Maximum.

Beispiele:

–   Völlige Durchmischung der Moleküle zweier Gase infolge Diffusion.

–   Wärmeausgleich zwischen zwei Körpern unterschiedlicher Temperatur.

Die Entropie kennzeichnet den Grad der Wahrscheinlichkeit, mit dem sich ein bestimmter Zustand einstellt. Ferner ist sie ein Maß für die Unordnung bzw. die Irreversibilität.

19   Kinetische Wärmetheorie

Wärmeenergie ist nichts anderes als Bewegungsenergie der Moleküle. Die Gesetze der Wärmelehre lassen sich deshalb auf die der Mechanik zurückführen.

19.1   Anzahl und Masse der Moleküle

19.1.1   Loschmidt-Konstante

Im Normzustand ($T_\mathrm{n} = T_0 = 273,15\,\mathrm{K} \mathrel{\widehat{=}} 0\,^\circ\mathrm{C}$; $p_\mathrm{n} = 101,325\,\mathrm{kPa}$) enthält $1\,\mathrm{m}^3$ eines jeden Gases die gleiche Anzahl von Molekülen.

Diese wird bestimmt durch die

Loschmidt-Konstante

(W 19.1) $n_0 = 2,686\,763 \cdot 10^{25}\,\mathrm{m}^{-3}$

Beachte:

- Weichen Druck p und Temperatur T vom Normzustand ab, so ist das Volumen V auf das Normvolumen V_n umzurechnen → (W 15.21).

19.1.2   Avogadro-Konstante

Die Stoffmenge 1 mol enthält bei allen Stoffen die gleiche Anzahl Moleküle (bzw. Atome).

Sie wird mit
N Anzahl der Moleküle,
n Stoffmenge,
bestimmt durch die

Avogadro-Konstante

(W 19.2) $N_\mathrm{A} = 6,022\,136\,7 \cdot 10^{23}\,\mathrm{mol}^{-1} = \dfrac{N}{n}$

Beachte:

- Vielfach findet man noch die Bezeichnungen Loschmidt-Konstante und Avogadro-Konstante miteinander vertauscht.

19.1.3   Boltzmann-Konstante

Molare Gaskonstante R_m in (W 15.29) und Avogadro-Konstante N_A in (W 19.2) sind auf die Stoffmenge bezogene Größen, deren Quotient eine allgemeine Konstante ist.

$$\frac{R_{\mathrm{m}}}{N_{\mathrm{A}}} = \frac{8,314\,51\,\mathrm{J}\cdot\mathrm{mol}}{\mathrm{mol}\cdot\mathrm{K}\cdot 6,022\,136\,7\cdot 10^{23}} \quad \text{ergibt die}$$

Boltzmann-Konstante

(W 19.3) $\quad \boxed{k = \dfrac{R_{\mathrm{m}}}{N_{\mathrm{A}}} = 1,380\,658\cdot 10^{-23}\,\dfrac{\mathrm{J}}{\mathrm{K}} = R\cdot m_{\mathrm{M}}}$

19.1.4   Masse eines Moleküls

Die Masse *eines* Moleküls m_{M} läßt sich bei jedem Körper bzw. Stoff bestimmen aus dem Ansatz

$$\frac{\text{Gesamtmasse } m}{\text{Anzahl der Moleküle } N} \quad \text{oder mit } m = Mn \text{ (W 15.24) und } N = N_{\mathrm{A}}n$$

$$\frac{\text{molare Masse } M}{\text{Avogadro-Konstante } N_{\mathrm{A}}}, \quad \text{also}$$

(W 19.4) $\quad \boxed{m_{\mathrm{M}} = \dfrac{M}{N_{\mathrm{A}}} = \dfrac{M\,\mathrm{mol}}{6,022\,136\,7\cdot 10^{23}}}$

	m_{M}	M
VT	g	$\frac{\mathrm{g}}{\mathrm{mol}}$

Beachte:
- Der Zahlenwert der molaren Masse M (in kg/kmol oder g/mol) ist gleich der relativen Molekülmasse M_{r}, also $\{M\} = M_{\mathrm{r}}$.
- (W 19.4) gilt auch für die Masse eines Atoms m_{A}.

19.2   Druck in einem Gas

Grundlage der Betrachtung ist die Modellvorstellung, die Gasmoleküle seien kleinste elastische Kugeln. Zwischen zwei völlig elastischen Stößen gegeneinander oder gegen die Begrenzungswände bewegen sie sich gleichförmig geradlinig, weil weitere Kräfte nicht wirksam sein sollen. Die Stöße der Moleküle gegen die Wandung erzeugen einen Druck.

Wenn
p Gasdruck,
V Gasvolumen,
m Gasmasse $= m_{\mathrm{M}}N$,
m_{M} Masse eines Moleküls,

ϱ Gasdichte $= m/V$,

N Anzahl der Moleküle,

n Molekülzahldichte $= N/V$,

k Boltzmann-Konstante $=$ $1,381 \cdot 10^{-23}$ J/K,

T Temperatur des Gases,

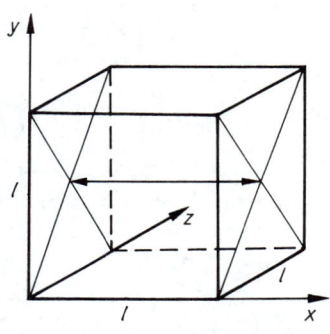

dann befinden sich in einem Würfel mit dem Volumen $V = l^3$ insgesamt N Moleküle, von denen sich $N/3$ in je einer der 3 Raumachsen bewegen. Ein Molekül möge sich mit der Geschwindigkeit v zwischen zwei gegenüberliegenden Wänden hin und zurück bewegen (Weg: $2l$). Zwischen zwei Stößen gegen dieselbe Wand vergeht dann die Zeit $\Delta t = 2l/v$. Daraus folgt für die Anzahl der Stöße je Zeit $1/\Delta t = v/(2l)$. Bei jedem Stoß ändert das Molekül seine Geschwindigkeit von $+v$ auf $-v$ und somit seinen Impuls von $+m_{\mathrm{M}}v$ auf $-m_{\mathrm{M}}v$. Demnach wird je Stoß ein Impuls von $2m_{\mathrm{M}}v$ auf die Wand übertragen.

Auf den Zeitraum Δt und $N/3$ Moleküle bezogen, ergibt dies einen Impuls von

$$\Delta p = 2m_{\mathrm{M}}v \cdot \frac{v}{2l}\Delta t \cdot \frac{N}{3}. \quad \text{Aus (M 7.34) folgt für die Kraft}$$

$F = \dfrac{\Delta p}{\Delta t} = \dfrac{N m_{\mathrm{M}}\overline{v^2}}{3l}$. Für das Geschwindigkeitsquadrat muß der Mittelwert $\overline{v^2}$ genommen werden, weil die Moleküle nicht einheitliche Geschwindigkeit besitzen. Mit $p = F/l^2$ erhält man

$p = \dfrac{N m_{\mathrm{M}}\overline{v^2}}{3l^3}$. Einsetzen von $m = N m_{\mathrm{M}}$ und $l^3 = V$ ergibt den

Gasdruck

(W 19.5) $\boxed{p = \dfrac{m\overline{v^2}}{3V} = \dfrac{1}{3}\varrho\overline{v^2}}$

	p	m	V	v	ϱ
SI	Pa	kg	m^3	$\dfrac{\mathrm{m}}{\mathrm{s}}$	$\dfrac{\mathrm{kg}}{\mathrm{m}^3}$

Aus $pV = mRT$ (W 15.16) folgt für den Gasdruck $p = \dfrac{mRT}{V}$. Setzt man $m = m_{\mathrm{M}}N$, $R = R_{\mathrm{m}}/M$ und $N/V = n$, so erhält man

$$p = \frac{nm_{\mathrm{M}}R_{\mathrm{m}}T}{M} \text{ oder mit } m_{\mathrm{M}}/M = 1/N_{\mathrm{A}} \text{ und } R_{\mathrm{m}}/N_{\mathrm{A}} = k$$

	p	n	k	T
(W 19.6)　$p = nkT$　SI	$\mathrm{Pa} = \dfrac{\mathrm{J}}{\mathrm{m}^3}$	$\dfrac{1}{\mathrm{m}^3}$	$\dfrac{\mathrm{J}}{\mathrm{K}}$	K

In einer abgeschlossenen Gasmenge ist der Druck proportional dem mittleren Geschwindigkeitsquadrat bzw. der Tempertur.

Beachte:
* Mit (W 19.5) kann aus den leicht meßbaren Größen p, m und V die Geschwindigkeit der Moleküle (Wurzel aus dem mittleren Geschwindigkeitsquadrat $\sqrt{\overline{v^2}}$) errechnet werden.

19.3   Geschwindigkeit der Moleküle

Die Bewegung der Gasmoleküle vollzieht sich nach statistischen Gesetzen. Im zeitlichen Mittel besitzen alle Moleküle gleiche Energie und Geschwindigkeit. Zu einem bestimmten Zeitpunkt jedoch können Energie und Geschwindigkeit des einzelnen Moleküls erheblich vom Mittelwert abweichen.

19.3.1   Maxwell-Verteilung der Geschwindigkeit

Mit Hilfe wahrscheinlichkeitstheoretischer Überlegungen bestimmte Maxwell die relative Häufigkeit, mit der in einem Gas bestimmter Temperatur die einzelnen Molekülgeschwindigkeiten auftreten.

Wenn
N　　Anzahl der Moleküle in einem Gas,
$\mathrm{d}N$　　Anzahl der Moleküle mit einer Geschwindigkeit innerhalb eines bestimmten Bereiches,
v　　untere Grenze dieses Geschwindigkeitsbereiches,
$\mathrm{d}v$　　Größe des Geschwindigkeitsbereiches,
R　　Gaskonstante ($\rightarrow$ Tab 14),
T　　Temperatur des Gases,
e　　Basis der natürlichen Logarithmen $= 2,718$,
k　　Boltzmann-Konstante $= 1,381 \cdot 10^{-23}$ J/K,
m_{M}　　Masse eines Moleküls,

dann gilt das

Verteilungsgesetz nach Maxwell

$$\text{(W 19.7)} \quad \frac{\mathrm{d}N}{N} = \frac{4v^2}{\sqrt{\pi}} \left(\frac{m_{\mathrm{M}}}{2kT}\right)^{3/2} \mathrm{e}^{-\frac{m_{\mathrm{M}}v^2}{2kT}} \, \mathrm{d}v$$

	v	m	k	T
SI	$\frac{\mathrm{m}}{\mathrm{s}}$	kg	$\frac{\mathrm{J}}{\mathrm{K}}$	K

Mit $m_{\mathrm{M}}/k = M/R_{\mathrm{m}} = 1/R$ (W 19.3) und (W 19.4) läßt sich (W 19.7) in eine Form bringen, bei der die spezifischen Eigenschaften des jeweiligen Gases nicht durch die Molekülmasse m_{M}, sondern die Gaskonstante R ausgedrückt werden.

$$\text{(W 19.8)} \quad \frac{\mathrm{d}N}{N} = \frac{4v^2}{\sqrt{\pi}} \left(\frac{1}{2RT}\right)^{3/2} \mathrm{e}^{-\frac{v^2}{2RT}} \, \mathrm{d}v$$

	v	R	T
SI	$\frac{\mathrm{m}}{\mathrm{s}}$	$\frac{\mathrm{J}}{\mathrm{kg} \cdot \mathrm{K}}$	K

Die Maxwell-Verteilungsfunktion gibt an, welcher Bruchteil $\mathrm{d}N/N$ der insgesamt vorhandenen Moleküle eine Geschwindigkeit zwischen v und $v + \mathrm{d}v$ besitzt.

Die Kurve der Verteilungsfunktion ist unsymmetrisch. Die Lage des Maximums kennzeichnet die häufigste Geschwindigkeit, man nennt sie **wahrscheinlichste Geschwindigkeit** $\hat{v}$. Insgesamt kommen größere Geschwindigkeiten als $\hat{v}$ häufiger vor als kleinere.

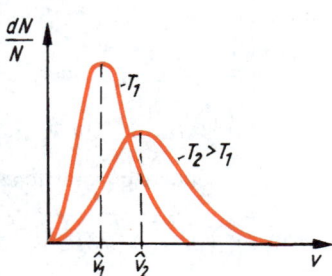

Mit steigender Temperatur verschiebt sich das Maximum in Richtung größerer Geschwindigkeit, gleichzeitig wird die Kurve flacher (die Fläche unter der Kurve muß konstant bleiben, weil sich die Anzahl der Moleküle N nicht ändert).

Beachte:
- Bei einer Berechnung beginnt man in (W 19.8) zweckmäßig mit $2RT$.

19.3.2   Wahrscheinlichste Geschwindigkeit

Zur Bestimmung der wahrscheinlichsten Geschwindigkeit wird die Maxwell-Verteilungsfunktion auf ihr Maximum untersucht (1. Ableitung gleich null setzen und nach v auflösen). Es ergibt sich

(W 19.9) $\quad \hat{v} = \sqrt{\dfrac{2kT}{m_{\mathrm{M}}}} = \sqrt{2RT}$

	v	k	T	m	R
SI	$\dfrac{\mathrm{m}}{\mathrm{s}}$	$\dfrac{\mathrm{J}}{\mathrm{K}}$	K	kg	$\dfrac{\mathrm{J}}{\mathrm{kg} \cdot \mathrm{K}}$

19.3.3   Mittlere quadratische Geschwindigkeit

Bei Rechnungen kann nicht von der Momentangeschwindigkeit eines einzelnen Moleküls ausgegangen werden, sondern von einem Mittelwert. Verteilt sich die innere Energie eines Gases gleichmäßig auf alle Moleküle, so stimmen diese auch überein im Quadrat ihrer Geschwindigkeit ($E_{\mathrm{kM}} \sim v^2$). Die **Wurzel aus dem mittleren Geschwindigkeitsquadrat** nennt man mittlere quadratische Geschwindigkeit.

Wenn

$\sqrt{\overline{v^2}}$ mittlere quadratische Geschwindigkeit,

k Boltzmann-Konstante
$= 1,381 \cdot 10^{-23}$ J/K,

T Temperatur des Gases,

m_{M} Masse eines Moleküls,

R Gaskonstante ($\rightarrow$ Tab. 14),

dann gilt, wenn man (W 19.5) und (W 19.6) gleichsetzt,

$$\frac{m\overline{v^2}}{3V} = nkT = \frac{N}{V}kT \quad \text{oder} \quad \frac{m\overline{v^2}}{3} = NkT \quad \text{und umgestellt}$$

$\overline{v^2} = \dfrac{3NkT}{m} = \dfrac{3kT}{m_{\mathrm{M}}}$. Mit $k/m_{\mathrm{M}} = R$ (W 19.3) ergibt sich die

mittlere quadratische Geschwindigkeit

(W 19.10) $\quad \sqrt{\overline{v^2}} = \sqrt{3RT} = 1,225\,\hat{v}$

	v	R	T
SI	$\dfrac{\mathrm{m}}{\mathrm{s}}$	$\dfrac{\mathrm{J}}{\mathrm{kg} \cdot \mathrm{K}}$	K

19.3.4   Mittelwert der Geschwindigkeit

Zu einem anderen Mittelwert gelangt man, wenn man das *arithmetische* Mittel aller Geschwindigkeitsbeträge bildet. Es ergibt sich zu

(W 19.11) $\quad \bar{v} = \sqrt{\dfrac{8RT}{\pi}} = 1,128\,\hat{v}$

	v	R	T
SI	$\dfrac{\mathrm{m}}{\mathrm{s}}$	$\dfrac{\mathrm{J}}{\mathrm{kg} \cdot \mathrm{K}}$	K

Übersicht

Molekülgeschwindigkeit	$\sqrt{\overline{v^2}}$	$\bar{v}$	$\hat{v}$
mittlere quadratische Geschwindigkeit	1	1,085	1,225
Mittelwert der Geschwindigkeit	0,921	1	1,128
wahrscheinlichste Geschwindigkeit	0,816	0,886	1

19.4 Energie der Moleküle

19.4.1 Kinetische Energie eines Moleküls

Die kinetische Energie eines Moleküls beträgt entsprechend (M 7.25) $E_{\mathrm{k}} = m_{\mathrm{M}} v^2/2$, worin für v^2 natürlich der Mittelwert $\overline{v^2} = 3RT$ einzusetzen ist.

Wenn

$\overline{E}_{\mathrm{kM}}$ mittlere kinetische Energie eines Moleküls,
k Boltzmann-Konstante $= 1,381 \cdot 10^{-23}$ J/K,
T Temperatur des Gases,

dann gilt $\dfrac{m_{\mathrm{M}} \overline{v^2}}{2} = \dfrac{3}{2} m_{\mathrm{M}} RT$, und mit $m_{\mathrm{M}} R = k$ (W 19.3) folgt daraus für die

mittlere kinetische Energie *eines* Moleküls

(W 19.12) $\boxed{\overline{E}_{\mathrm{kM}} = \dfrac{m_{\mathrm{M}} \overline{v^2}}{2} = \dfrac{3}{2} kT}$

E	k	T
SI J	$\dfrac{\mathrm{J}}{\mathrm{K}}$	K

Wegen (W 19.9) ergibt sich dann als die

wahrscheinlichste Energie *eines* Moleküls

(W 19.13) $\boxed{\widehat{E}_{\mathrm{kM}} = \dfrac{m_{\mathrm{M}} \hat{v}^2}{2} = kT}$

E	k	T
SI J	$\dfrac{\mathrm{J}}{\mathrm{K}}$	K

Die Temperatur eines Gases ist der mittleren kinetischen Energie seiner Moleküle proportional.

$T \sim \overline{E}_{\mathrm{kM}}$

Beachte:

● Diese Gesetzmäßigkeit gilt auch für Flüssigkeiten und Festkörper.

Generell läßt sich also sagen:

> Die absolute Temperatur ist ein Maß für die mittlere kinetische
> Energie je Molekül.
> Der absolute Nullpunkt der Temperatur (0 K) ist dadurch ge-
> kennzeichnet, daß die kinetische Energie der Moleküle null ist.

19.4.2   Gleichverteilungssatz

Die Ableitung von (W 19.12) bezieht sich auf ein 1atomiges Gasmo-
lekül. Dieses hat **3 Freiheitsgrade**, weil es Translationsbewegungen in
allen 3 Raumachsen ausführen kann.

> Die Anzahl der Freiheitsgrade f ergibt sich aus der Anzahl
> der Koordinaten, durch die der Bewegungszustand eindeutig
> bestimmt ist

Nach Clausius und Maxwell verteilt sich die Energie eines Moleküls
gleichmäßig auf alle Freiheitsgrade (**Äquipartitionsprinzip**).

> Auf jeden Freiheitsgrad eines Moleküls entfällt im Mittel die
> gleiche Energie $E_F = kT/2$.

Übersicht:

Stoff	Freiheitsgrade			
	Translation	Rotation	Schwingung	Summe
Gas, 1atomig	3	—	—	3
Gas, 2atomig	3	2	—	5
Gas, 3atomig*)	3	3	—	6
Festkörper	—	—	6	6
Flüssigkeiten		unbestimmt		

*) Ausnahme: CO_2 wie 2atomig

19.4.3   Innere Energie und spezifische Wärmekapazität

Unter der inneren Energie U eines Körpers versteht man die Summe
der Energien seiner Moleküle.

Wenn

U innere Energie,

m Masse

R Gaskonstante ($\rightarrow$ Tab. 14),

T Temperatur,

f Anzahl der Freiheitsgrade,

dann gilt

$U = N\dfrac{f}{2}kT$ und wegen $k = m_\mathrm{M}R$ (W 19.3)

$U = \dfrac{f}{2}Nm_\mathrm{M}RT$.   Da $Nm_\mathrm{M} = m$, folgt für die

innere Energie

U	f	m	R	T

(W 19.14) $\boxed{U = \dfrac{f}{2}mRT}$ $\mathrm{SI} \;\Big|\; \mathrm{J} \quad - \quad \mathrm{kg} \quad \dfrac{\mathrm{J}}{\mathrm{kg}\cdot\mathrm{K}} \quad \mathrm{K}$

Durch Gleichsetzen von (W 18.7) $U = c_V mT$ und (W 19.14) erhält man

$c_V mT = \dfrac{f}{2}mRT$.   Daraus folgt für die

spezifische Wärmekapazität

(W 19.15) $\boxed{c_V = \dfrac{f}{2}R}$

Aus (W 16.6) ergibt sich $c_p = c_V + R$, also

(W 19.16) $\boxed{c_p = \dfrac{f+2}{2}R}$

Da $c_p/c_V = \gamma$, erhält man mit (W 19.16) und (W 19.15)

(W 19.17) $\boxed{\gamma = \dfrac{f+2}{f}}$

Beachte:

● Die Gleichungen der Übersicht haben nur *theoretische* Bedeutung. Für Rechnungen sind die experimentell ermittelten Tabellenwerte vorzuziehen.

Übersicht:

Stoff	$U =$	$c_V \Big/ \dfrac{\text{kJ}}{\text{kg} \cdot \text{K}}$	$c_p \Big/ \dfrac{\text{kJ}}{\text{kg} \cdot \text{K}}$	$\gamma = \dfrac{c_p}{c_V}$
Gas, 1atomig	$\dfrac{3}{2}mRT$	$\dfrac{3}{2}R = \dfrac{12,47}{M_\mathrm{r}}$	$\dfrac{5}{2}R = \dfrac{20,79}{M_\mathrm{r}}$	$\dfrac{5}{3} = 1,667$
Gas, 2atomig	$\dfrac{5}{2}mRT$	$\dfrac{5}{2}R = \dfrac{20,79}{M_\mathrm{r}}$	$\dfrac{7}{2}R = \dfrac{29,1}{M_\mathrm{r}}$	$\dfrac{7}{5} = 1,400$
Gas, 3atomig[*]	$3mRT$	$3R = \dfrac{24,94}{M_\mathrm{r}}$	$4R = \dfrac{33,26}{M_\mathrm{r}}$	$\dfrac{4}{3} = 1,333$
Festkörper	$3mRT$	$3R = \dfrac{24,94}{M_\mathrm{r}}$	$(\approx 3R)$	(≈ 1)

[*] auch mehr als 3atomig

19.5   Stoßzahl und freie Weglänge

19.5.1   Mittlere Stoßzahl

Der geradlinige Weg eines Gasmoleküls wird durch den Stoß gegen ein anderes Molekül gestört.
Die mittlere Stoßhäufigkeit (mittlere Stoßzahl) $\bar{z}$ läßt sich bestimmen.
Wenn

$\bar{z}$ mittlere Stoßzahl = Anzahl der Stöße/Zeit,

d Durchmesser eines Moleküls,

$\bar{v}$ mittlere Molekülgeschwindigkeit,

n Molekülzahldichte $= N/V$,

N_A Avogadro-Konstante $= 6,022 \cdot 10^{23}/\text{mol}$,

ϱ Gasdichte

M molare Masse,

T Gastemperatur,

p Gasdruck,

dann ergibt sich die Anzahl der Stöße eines Moleküls der Geschwindigkeit $\bar{v}$ (alle anderen Moleküle sollen in Ruhe sein) aus der Anzahl der Moleküle, die sich mit ihrem Mittelpunkt in dem während der Zeit Δt durchflogenen Raum befinden. Dieser ist ein

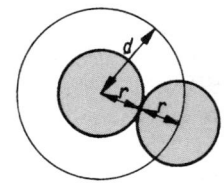

Zylinder mit der Querschnittfläche $d^2\pi$ und der Länge $\bar{v}\,\Delta t$. Die Anzahl der Moleküle in diesem Raum, also auch die Anzahl der Stöße während der Zeit Δt, beträgt $N = nV = nd^2\pi\bar{v}\,\Delta t$. Und hieraus folgt $\bar{z} = nd^2\pi\bar{v}$. Wird berücksichtigt, daß sich auch die anderen Moleküle bewegen, dann ergibt sich für die

mittlere Stoßzahl

(W 19.18) $\boxed{\bar{z} = \pi\sqrt{2}\,d^2\bar{v}n}$

	z	d	v	n
SI	$\dfrac{1}{s}$	m	$\dfrac{m}{s}$	$\dfrac{1}{m^3}$

oder wegen

$$n = \frac{N}{V} = \frac{m}{m_M V} = \frac{m N_A}{V M} = \varrho N_A / M$$

(W 19.19) $\boxed{\bar{z} = \pi\sqrt{2}\,d^2\bar{v}\varrho\dfrac{N_A}{M}}$

	z	d	v	ϱ	N_A	M
SI	$\dfrac{1}{s}$	m	$\dfrac{m}{s}$	$\dfrac{kg}{m^3}$	$\dfrac{1}{mol}$	$\dfrac{kg}{mol}$

Mit $N_A = R_m/k$ (W 19.3), $R_m/M = R$ (W 15.29) und $\varrho = p/RT$ (W 15.19) folgt aus (W 19.19)

(W 19.20) $\boxed{\bar{z} = \dfrac{\pi\sqrt{2}\,d^2\bar{v}p}{kT}}$

	d	v	p		k	T	z
SI	m	$\dfrac{m}{s}$	$Pa = \dfrac{J}{m^3}$		$\dfrac{J}{K}$	K	$\dfrac{1}{s}$

Beachte:

● Unter Normbedingungen ist für die meisten Gase $\bar{z} = 10^9$ bis $10^{10}\,s^{-1}$.

● Der Zahlenwert der molaren Masse M (in kg/kmol oder g/mol) ist gleich der relativen Molekülmasse M_r, also $\{M\} = M_r$.

● Der Ausdruck $\pi\sqrt{2}\,N_A/M$ läßt sich zusammenfassen zu $\dfrac{2{,}676 \cdot 10^{27}}{M_r \cdot kg}$.

● Der Ausdruck $\pi\sqrt{2}/k$ läßt sich zusammenfassen zu $3{,}218 \cdot 10^{23}\dfrac{K}{J}$.

19.5.2 Mittlere freie Weglänge

Darunter versteht man die Strecke, die ein Molekül zwischen zwei Stößen im Mittel zurücklegen kann, also den räumlichen Abstand zweier Stöße. Dieser ergibt sich aus dem in der Zeit Δt zurückgelegten Weg, dividiert durch die Anzahl der Stöße in der Zeit Δt.

Wenn

$\bar{l}$ mittlere freie Weglänge,

d Durchmesser eines Moleküls,

n Molekülzahldichte $= N/V$,

N_A Avogadro-Konstante $= 6,022 \cdot 10^{23}$/mol,

ϱ Gasdichte,

M molare Masse,

k Boltzmann-Konstante $= 1,381 \cdot 10^{-23}$ J/K,

p Gasdruck,

T Gastemperatur,

dann gilt $\bar{l} = \dfrac{\bar{v}\,\Delta t}{\bar{z}\,\Delta t} = \dfrac{\bar{v}}{\bar{z}}$, und es ergibt sich mit (W 19.18) für die

mittlere freie Weglänge eines Moleküls

(W 19.21) $\boxed{\bar{l} = \dfrac{1}{\pi\sqrt{2}\,d^2 n}}$ SI $\begin{array}{c c c}l & d & n \\ \hline \text{m} & \text{m} & \dfrac{1}{\text{m}^3}\end{array}$

oder mit (W 19.19)

(W 19.22) $\boxed{\bar{l} = \dfrac{M}{\pi\sqrt{2}\,d^2 N_A \varrho}}$ SI $\begin{array}{c c c c c}l & d & \varrho & N_A & M \\ \hline \text{m} & \text{m} & \dfrac{\text{kg}}{\text{m}^3} & \dfrac{1}{\text{mol}} & \dfrac{\text{kg}}{\text{mol}}\end{array}$

Ferner ergibt sich mit (W 19.20)

(W 19.23) $\boxed{\bar{l} = \dfrac{kT}{\pi\sqrt{2}\,d^2 p}}$ SI $\begin{array}{c c c c c}l & d & k & T & p \\ \hline \text{m} & \text{m} & \dfrac{\text{J}}{\text{K}} & \text{K} & \text{Pa} = \dfrac{\text{J}}{\text{m}^3}\end{array}$

Beachte:

- Unter Normbedingungen ist für die meisten Gase $\bar{l} \approx 10^{-7}$ m.
- Der Zahlenwert der molaren Masse M (in kg/kmol = g/mol) ist gleich der relativen Molekülmasse M_r, also $\{M\} = M_r$.
- Der Ausdruck $M/(\pi\sqrt{2}\,N_A)$ läßt sich zusammenfassen zu $3,738 \cdot 10^{-28} \cdot M_r \cdot$ kg.
- Der Ausdruck $k/(\pi\sqrt{2})$ läßt sich zusammenfassen zu $3,108 \cdot 10^{-24}$ J/K.

20   Wärmetransport

Bei allen Arten des Wärmetransportes gilt der Grundsatz, daß die natürliche Transportrichtung der Wärmeenergie von der höheren zur tieferen Temperatur verläuft.

20.1   Wärmeströmung (Konvektion)

Die Konvektion ist ein Transport von Wärmeenergie, gebunden an die Strömung eines Mediums. Dabei kann die Strömung von äußeren Kräften (Pumpen, Gebläsen u. a.) erzwungen sein: erzwungene Konvektion.

Bei der freien Konvektion stellt sich eine Strömung als Folge von Dichteunterschieden ein. Die Dichte flüssiger und gasförmiger Körper hängt von ihrer Temperatur ab. In der Regel sinkt sie bei zunehmender Temperatur, die Stoffe werden spezifisch leichter. So steigt z. B. erwärmte Luft (wird sie von kälterer umgeben) nach oben.

Beispiele:
► Abzug von Rauchgasen im Schornstein,
► Warmwasserheizung,
► Aufwind (Thermik) beim Segelfliegen,
► Wasserkühlung im Kraftfahrzeug,
► Föhnwind,
► Golfstrom,
► Kühlung in Projektionsapparaten,
► Kühlung im Fernsehgerät.

Gase geringen Druckes können wegen ihrer kleinen Dichte kaum Wärme durch Konvektion übertragen. Deswegen wird der Raum zwischen beiden Wandungen von „Thermosflaschen" (Dewar-Gefäßen) weitgehend evakuiert.

20.2   Wärmeleitung

Bei der Wärmeleitung wird Wärmeenergie innerhalb eines Körpers weitergeleitet. An Stellen höherer Temperatur besitzen die Moleküle mehr Energie und übertragen einen Teil davon auf die Nachbarmoleküle geringerer Energie. Dies führt zu einem Abbau der die Leitung verursachenden Temperaturdifferenz, sofern diese nicht durch

Wärmezufuhr an der wärmeren Stelle und Wärmeabgabe an der kälteren Stelle aufrechterhalten wird. Die Leitung wird dann als *stationär* bezeichnet, wenn die Temperaturdifferenz ΔT konstant ist. Anderenfalls handelt es sich um eine *instationäre* Leitung, die sich einer elementaren Betrachtung entzieht.

Wenn

Q transportierte Wärmemenge,
A Querschnittsfläche des Leiters,
t Zeit, Dauer der Wärmeleitung,
ΔT Temperaturdifferenz zwischen Anfang und Ende des Wärmeleiters,

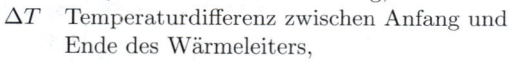

l Länge des Wärmeleiters, auf der die Temperaturdifferenz herrscht,
λ Wärmeleitfähigkeit des Materials ($\rightarrow$ Tab. 31),

dann gilt

(W 20.1) $$Q = \frac{\lambda A t\, \Delta T}{l}$$

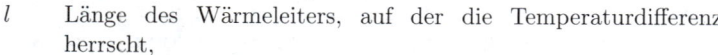

Q	λ	A	t	ΔT	l
SI	J	$\frac{W}{m \cdot K}$	m^2	s	K; °C	m

SI-Einheit der Wärmeleitfähigkeit: $[\lambda] = \dfrac{W}{m \cdot K}$.

Unzulässige Einheiten: kcal/(m · h · K) und cal/(cm · s · K).

$$1\frac{kcal}{m \cdot h \cdot K} = 1,163\frac{W}{m \cdot K}; \quad 1\frac{cal}{cm \cdot s \cdot K} = 4,187\frac{kW}{m \cdot K}$$

Beachte:

● In (W 20.1) und den folgenden Gleichungen kann ΔT in K oder °C eingesetzt werden, weil es sich um Temperaturdifferenzen handelt; eine Umrechnung ist nicht nötig.

■ Den Quotienten $\dfrac{Q}{t}$ bezeichnet man als **Wärmestrom** $\Phi = \dot{Q}$.

Seine **SI-Einheit**: $[\Phi] =$ Watt (W).
Unzulässige Einheit: kcal/h.

■ Zwischen der Wärme- und der elektrischen Leitung besteht eine formale Analogie.

Für den elektrischen Widerstand gilt $R = \dfrac{\varrho l}{A} = \dfrac{l}{\varkappa A} \rightarrow$ (E 28.6) mit ϱ spezifischer Widerstand und $\varkappa$ elektrische Leitfähigkeit.

Entsprechend definiert man mit

R_{th} Wärmewiderstand,

l Leiterlänge,

A Leiterquerschnittsfläche,

Φ Wärmestrom $= Q/t$,

λ Wärmeleitfähigkeit ($\to$ Tab. 31),

ϱ_{th} spezifischer Wärmewiderstand $= 1/\lambda$

als

Wärmewiderstand

(W 20.2) $$R_{\text{th}} = \frac{l}{\lambda A} = \frac{\varrho_{\text{th}} l}{A}$$

R	l	λ	A	ϱ
SI $\dfrac{\text{K}}{\text{W}}$	m	$\dfrac{\text{W}}{\text{m} \cdot \text{K}}$	m^2	$\dfrac{\text{m} \cdot \text{K}}{\text{W}}$

$$1 \frac{\text{h} \cdot \text{K}}{\text{kcal}} = 0,860 \frac{\text{K}}{\text{W}}$$

Der Wärmeleitwert G_{th} (er entspricht dem elektrischen Leitwert G) ist der Kehrwert des Wärmewiderstandes R_{th}:

(W 20.3) $$G_{\text{th}} = \frac{1}{R_{\text{th}}}$$

G	R
SI $\dfrac{\text{W}}{\text{K}}$	$\dfrac{\text{K}}{\text{W}}$

$$1 \frac{\text{kcal}}{\text{h} \cdot \text{K}} = 1,163 \frac{\text{W}}{\text{K}}$$

Elektrischer und Wärmewiderstand hängen von Länge, Querschnittsfläche und Material des Leiters ab.

■ Mit (W 20.2) erhält man aus (W 20.1) analog dem Ohmschen Gesetz $I = U/R$ als

Ohmsches Gesetz der Wärmelehre

(W 20.4) $$\Phi = \frac{\Delta T}{R_{\text{th}}}$$

Φ	ΔT	R
SI W	K; °C	$\dfrac{\text{K}}{\text{W}}$

$$1 \frac{\text{kcal}}{\text{h}} = 1,163 \,\text{W}$$

Beachte:

● Der Wärmewiderstand in (W 20.4) kann sich aus mehreren Einzelwiderständen in Parallel- oder Reihenschaltung zusammensetzen. Die Berechnung des Gesamtwiderstands erfolgt nach den in der Elektrik geltenden Gleichungen.

■ Besteht der Leiter (z. B. ebene Wand) aus mehreren Schichten verschiedenen Materials, so berechnet sich die durch Wärmeleitung transportierte Wärmemenge mit

(W 20.5) $$Q = \frac{At\,\Delta T}{\dfrac{l_1}{\lambda_1} + \dfrac{l_2}{\lambda_2} + \dfrac{l_3}{\lambda_3} + \cdots}$$ Einheiten → (W 20.1)

Beachte:
● Gl. (W 20.5) entstand durch Reihenschaltung der Wärmewiderstände (Addition). A wurde, weil bei allen Teilen des Wärmeleiters als gleich vorausgesetzt, ausgeklammert.

■ Zwischen der Wärmeleitfähigkeit λ und der elektrischen Leitfähigkeit $\varkappa$ besteht ein Zusammenhang. Speziell bei Metallen ist der Quotient beider bei bestimmter Temperatur nahezu konstant.

Wenn
λ Wärmeleitfähigkeit (→ Tab. 31),
$\varkappa$ elektrische Leitfähigkeit,
k Boltzmann-Konstante = $1,381 \cdot 10^{-23}$ J/K,
e elektrische Elementarladung = $1,602 \cdot 10^{-19}$ °C,
T Temperatur des Metalls,
dann ergibt sich aus quantenmechanischen Überlegungen das

Wiedemann-Franz-Lorenzsche Gesetz

(W 20.6) $$\frac{\lambda}{\varkappa} = \frac{1}{3}\left(\frac{\pi k}{e}\right)^2 T = 2,44 \cdot 10^{-8} \frac{\text{V}^2}{\text{K}^2} T$$

Beachte:
● Tatsächlich streuen die Werte dieser als Lorenz-Konstante bezeichneten Größe.

20.3   Wärmeübergang

Flüssige oder gasförmige Körper, die mit einem festen Körper anderer Temperatur in Berührung kommen, geben Wärme an ihn ab oder übernehmen sie von ihm. Diese Übertragung nennt man Wärmeübergang.

Wenn

Q Wärmemenge, die durch die Grenzfläche tritt,

α Wärmeübergangskoeffizient ($\rightarrow$ Tab. 32),

A Größe der Übergangsfläche,

t Zeit, Dauer des Wärmeübergangs,

ΔT Temperaturdifferenz zwischen der Oberfläche des festen Körpers und des angrenzenden Mediums,

dann gilt

	Q	α	A	t	ΔT
(W 20.7) $\boxed{Q = \alpha A t\, \Delta T}$ SI	J	$\dfrac{\text{W}}{\text{m}^2 \cdot \text{K}}$	m^2	s	K; °C

SI-Einheit des Wärmeübergangskoeffizienten: $[\alpha] = \dfrac{\text{W}}{\text{m}^2 \cdot \text{K}}$.

Unzulässige Einheiten: $\text{kcal}/(\text{m}^2 \cdot \text{h} \cdot \text{K})$ und $\text{cal}/(\text{cm}^2 \cdot \text{s} \cdot \text{K})$.

$$1\,\text{kcal}/(\text{m}^2 \cdot \text{h} \cdot \text{K}) = 1{,}163\,\text{W}/(\text{m}^2 \cdot \text{K}).$$

Beachte:

- Zahlenwerte für den Wärmeübergangskoeffizienten α ($\rightarrow$ Tab. 32) hängen vom Medium und seiner Bewegung und von der Oberflächenbeschaffenheit des festen Körpers ab, nicht von dessen Material.

- Die Temperaturdifferenz ΔT muß während des Wärmeüberganges konstant sein.

- An der Übergangsstelle besteht ein Temperatursprung.

- $1/(\alpha A)$ ist der Wärme[übergangs]-widerstand.

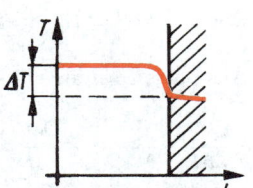

20.4   Wärmedurchgang

Sind zwei flüssige oder gasförmige Körper verschiedener Temperatur durch einen festen Körper (ebene Wand) getrennt, so vollzieht sich die Wärmeübertragung in 3 Schritten:

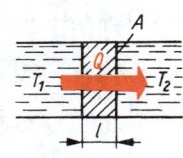

- ▶ Wärmeübergang vom 1. Medium an die Oberfläche der Wand entsprechend (W 20.7);

- ▶ Wärmeleitung durch die Wand entsprechend (W 20.1);

- ▶ Wärmeübergang von der Oberfläche der Wand an das 2. Medium entsprechend (W 20.7).

Diese 3 Schritte bezeichnet man zusammen als **Wärmedurchgang**.

Wenn

Q durch die ebene Wand übertragene Wärmemenge,

k Wärmedurchgangskoeffizient ($\rightarrow$ Tab. 33),

A Größe der Durchgangsfläche,

l Wanddicke, Länge der Wärmeleitung im Festkörper,

t Zeit, Dauer des Durchganges,

ΔT Temperaturdifferenz zwischen den Medien vor und hinter der Wand,

α_1 Wärmeübergangskoeffizient der 1. Grenzfläche ($\rightarrow$ Tab. 32),

α_2 Wärmeübergangskoeffizient der 2. Grenzfläche ($\rightarrow$ Tab. 32),

λ Wärmeleitfähigkeit des festen Körpers (Wand) ($\rightarrow$ Tab. 31),

dann gilt, weil der Wärmestrom an allen Stellen des Durchganges gleich groß sein muß,

$$\Phi = \frac{Q}{t} = \alpha_1 A \, \Delta T_1 = \frac{\lambda}{l} A \, \Delta T_2 = \alpha_2 A \, \Delta T_3 .$$

Dabei ist die Summe der einzelnen Temperaturdifferenzen gleich der Gesamtdifferenz

$$\Delta T = \Delta T_1 + \Delta T_2 + \Delta T_3 .$$

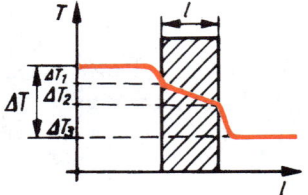

Aus beiden Ansätzen folgt

$$\frac{Q}{\alpha_1 A t} + \frac{Q l}{\lambda A t} + \frac{Q}{\alpha_2 A t} = \Delta T$$

oder nach Ausklammern von $\dfrac{Q}{At}$

$$\frac{Q}{At} \cdot \left(\frac{1}{\alpha_1} + \frac{l}{\lambda} + \frac{1}{\alpha_2} \right) = \Delta T .$$

Den Klammerausdruck faßt man zusammen. Sein Kehrwert ist der

Wärmedurchgangskoeffizient k

(W 20.8) $$\frac{1}{k} = \frac{1}{\alpha_1} + \frac{1}{\alpha_2} + \frac{l}{\lambda}$$

Damit ergibt sich für den Wärmedurchgang

Q	k	A	t	T

(W 20.9) $\boxed{Q = kAt\,\Delta T}$ SI | J | $\dfrac{\text{W}}{\text{m}^2 \cdot \text{K}}$ | m^2 | s | K; °C

SI-Einheit des Wärmedurchgangskoeffizienten: $[k] = \dfrac{\text{W}}{\text{m}^2 \cdot \text{K}}$.

Unzulässige Einheiten: kcal/(m^2 · h · K) und cal/(cm^2 · s · K).

Beache:
- $1/(kA)$ ist der Wärme[durchgangs]widerstand.
- Zahlenwerte für den Wärmedurchgangskoeffizienten k ($\to$ Tab. 33) gelten jeweils nur für eine bestimmte Wanddicke l!
- An jeder der beiden Übergangsstellen besteht ein Temperatursprung.

■ Bei der **ebenen mehrschichtigen Wand** benutzt man zur Berechnung des Wärmedurchgangskoeffizienten k anstelle (W 20.8) die Gleichung

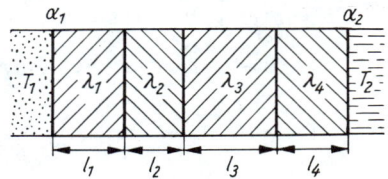

(W 20.10) $\boxed{\dfrac{1}{k} = \dfrac{1}{\alpha_1} + \dfrac{1}{\alpha_2} + \dfrac{l_1}{\lambda_1} + \dfrac{l_2}{\lambda_2} + \dfrac{l_3}{\lambda_3} + \cdots}$

Beache:
- Sämtliche Wärmewiderstände dieses Durchganges sind in Reihe: 2 Wärmeübergangswiderstände und die Wärmeleitungswiderstände aller Schichten. Die Fläche A kann – da an allen Stellen gleich – ausgeklammert werden.

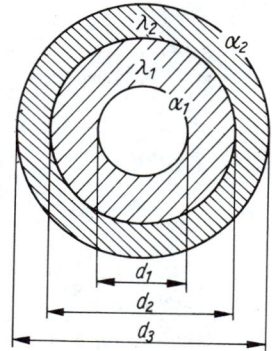

■ Die Berechnung des Wärmedurchganges bei einer **Rohrwand** ist schwieriger, weil Ein- und Austrittsflächen verschieden groß sind.

Wenn

k	Wärmedurchgangskoeffizient,
l	Länge des Rohres,
d	Durchmesser (Index 1,2,... von innen nach außen gezählt),
α_1	Wärmeübergangskoeffizient am inneren Übergang ($\rightarrow$ Tab. 32),
α_2	Wärmeübergangskoeffizient am äußeren Übergang ($\rightarrow$ Tab. 32),

$\lambda_1, \lambda_2, \ldots$ Wärmeleitfähigkeiten der einzelnen Schichten ($\rightarrow$ Tab. 31), dann gilt für den Wärme[durchgangs]widerstand einer

einschichtigen Rohrwand

(W 20.11)
$$\frac{1}{kA} = \frac{1}{\pi l}\left(\frac{1}{\alpha_1 d_1} + \frac{1}{\alpha_2 d_2} + \frac{1}{2\lambda}\ln\frac{d_2}{d_1}\right)$$

oder entsprechend auch für den Wärmedurchgang bei einer

mehrschichtigen Rohrwandung

(W 20.12)
$$\frac{1}{kA} = \frac{1}{\pi l}\left(\frac{1}{\alpha_1 d_1} + \frac{1}{\alpha_n d_n} + \frac{1}{2\lambda_1}\ln\frac{d_2}{d_1} + \frac{1}{2\lambda_2}\ln\frac{d_3}{d_2} + \cdots\right)$$

20.5   Temperaturstrahlung

Bei der Wärmestrahlung wird Wärmeenergie von einem Körper zum anderen durch Emission und Absorption elektromagnetischer Wellen transportiert.

20.5.1   Absorption

Die auf einen Körper treffende Strahlung wird nur zum Teil absorbiert, der übrige Anteil wird reflektiert bzw. durchgelassen.

Wenn

Φ_0	Strahlungsfluß (Leistung) der auftreffenden Strahlung,
Φ_r	Strahlungsfluß der reflektierten Strahlung,
Φ_a	Strahlungsfluß der absorbierten Strahlung,
Φ_t	Strahlungsfluß der transmittierten (durchgelassenen) Strahlung,

dann gelten als Definition für den

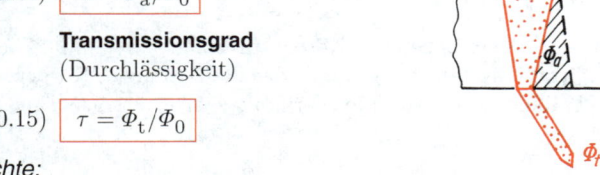

Reflexionsgrad

(W 20.13) $\varrho = \Phi_r/\Phi_0$

Absorptionsgrad

(W 20.14) $\alpha = \Phi_a/\Phi_0$

Transmissionsgrad
(Durchlässigkeit)

(W 20.15) $\tau = \Phi_t/\Phi_0$

Beachte:

- ϱ, α und τ hängen vom Material und von der Wellenlänge der auftreffenden Strahlung ab.

- Nach dem Energieerhaltungssatz muß $\Phi_r + \Phi_a + \Phi_t = \Phi_0$ sein. Eine Division durch Φ_0 ergibt

(W 20.16) $\varrho + \alpha + \tau = 1$

Ein Körper mit den (nicht realisierbaren) Eigenschaften $\varrho = 0$; $\tau = 0$; $\alpha = 1$ heißt **schwarzer Körper**.
Der schwarze Körper absorbiert sämtliche auftreffende Strahlung, unabhängig von Wellenlänge und Temperatur.

20.5.2   Emission

Jeder Körper, dessen Temperatur von 0 K verschieden ist, emittiert Strahlung. Man bezeichnet diese deshalb als Temperatur- oder **Wärmestrahlung**.
Bei gegebener Temperatur und Wellenlänge strahlt der schwarze Körper am besten. Sein **Emissionsgrad** wird (wie sein Absorptionsgrad) gleich 1 gesetzt.
Für *alle* Körper gilt, daß – abhängig von Temperatur T und Wellenlänge λ – der Emissionsgrad ε gleich dem Absorptionsgrad α ist. Dies ist das

Kirchhoffsche Strahlungsgesetz

(W 20.17) $\varepsilon(\lambda, T) = \alpha(\lambda, T)$

Wenn

Φ Strahlungsfluß der Strahlung eines nichtschwarzen Körpers bestimmter Temperatur,

ε Emissionsgrad des nichtschwarzen Körpers $= \alpha$,

Φ_s Strahlungsfluß des schwarzen Körpers gleicher Temperatur,

dann folgt aus dem Kirchhoffschen Strahlungsgesetz

(W 20.18) $\boxed{\Phi = \varepsilon \Phi_\mathrm{s}}$

> Die von einem beliebigen Körper ausgehende Strahlungsleistung P (Strahlungsfluß Φ) ist gleich der des schwarzen Körpers (gleicher Temperatur), multipliziert mit seinem eigenen Emissionsgrad.

20.5.3   Strahlungsgesetz von Stefan und Boltzmann

Die von einem Körper auf Grund seiner Temperatur ausgehende Strahlung besitzt eine Leistung P (einen Strahlungsfluß Φ), die der Größe der strahlenden Fläche A und der 4. Potenz der Körpertemperatur T proportional ist: $P \sim A T^4$. Den Proportionalitätsfaktor bezeichnet man als

Stefan-Boltzmann-Konstante (Strahlungskonstante)

(W 20.19) $\boxed{\sigma = 5{,}670\,51 \cdot 10^{-8}\,\dfrac{\mathrm{W}}{\mathrm{m}^2 \cdot \mathrm{K}^4}}$

Wenn

P Strahlungsleistung,

σ Strahlungskonstante $= 5{,}671 \cdot 10^{-8}\,\mathrm{W}/(\mathrm{m}^2 \cdot \mathrm{K}^4)$,

ε Emissionsgrad der strahlenden Fläche ($\rightarrow$ Tab. 34),

A strahlende Oberfläche des Körpers,

T_1 Temperatur des Strahlers,

T_2 Temperatur der Umgebung,

dann gilt unter Berücksichtigung des Emissionsgrades nichtschwarzer Körper das

Stefan-Boltzmannsche Gesetz

	P	σ	A	T	ε
(W 20.20) $\boxed{P = \sigma \varepsilon A T^4}$ SI	W	$\dfrac{\mathrm{W}}{\mathrm{m}^2 \cdot \mathrm{K}^4}$	m^2	K	$-$

Gleichzeitig absorbiert der strahlende Körper eine von der Umgebung kommende Strahlung der Leistung $P = \sigma \varepsilon A T_2^4$. Unter der Voraussetzung, daß strahlende und absorbierende Fläche gleich groß sind (das trifft nicht immer zu!), nimmt dann das Gesetz von Stefan und Boltzmann die Form an

(W 20.21) $\boxed{P = \sigma \varepsilon A (T_1^4 - T_2^4)}$

P	σ	A	T
SI	W	$\dfrac{\text{W}}{\text{m}^2 \cdot \text{K}^4}$	m^2	K

Beachte:

- In der technischen Literatur wird das Produkt $\sigma\varepsilon$ vielfach als (stoffabhängige) Strahlungszahl bezeichnet.

- Die mit (W 20.20) und (W 20.21) zu berechnende Leistung umfaßt alle in der Strahlung enthaltenen Wellenlängen, also das gesamte abgestrahlte Spektrum. Sie verteilt sich keinesfalls gleichmäßig auf die einzelnen Wellenlängen. Die Leistung für einzelne Wellenlängenbereiche dλ läßt sich mit dem Strahlungsgesetz von Planck bestimmten ($\rightarrow$ 20.5.4.).

20.5.4   Strahlungsgesetz von Planck

Es beschreibt die Strahlungsleistung eines schwarzen Strahlers als Funktion von Temperatur T und Wellenlänge λ.

Mit

dP_λ Leistung, abgestrahlt im Wellenlängenbereich λ bis $\lambda + d\lambda$,

h Planck-Konstante (Wirkungsquantum) $= 6,626 \cdot 10^{-34}$ J $\cdot$ s $\rightarrow$ (K 35.1),

c_0 Lichtgeschwindigkeit im Vakuum $= 2,998 \cdot 10^8$ m/s,

λ Wellenlänge der Strahlung,

dλ Intervallbreite,

k Boltzmann-Konstante $= 1,381 \cdot 10^{-23}$ J/K,

T Temperatur des Strahlers,

A Fläche des Strahlers,

e   Basis der natürlichen Logarithmen $= 2,718$

ergibt sich als im Bereich von λ bis $\lambda + d\lambda$ von der Fläche A eines schwarzen Strahlers in den Halbraum ($\Omega = 2\pi$) abgestrahlte Leistung

(W 20.22) $\boxed{\text{d}P_\lambda = \dfrac{2\pi h c_0^2}{\lambda^5} \dfrac{A}{\text{e}^{hc_0/(k\lambda T)} - 1} \text{d}\lambda}$

P	h	c	k	T	λ
SI	W	J $\cdot$ s	$\dfrac{\text{m}}{\text{s}}$	$\dfrac{\text{J}}{\text{K}}$	K	m

Beachte:

- Die gesamte abgestrahlte Leistung nach (W 20.20) folgt, wenn (W 20.22) über alle Wellenlängen $(0 \cdots \infty)$ integriert wird.

- Mit höherer Temperatur wächst die abgestrahlte Leistung (ihr entspricht die Fläche unter der Kurve), und das Maximum verschiebt sich zu den kürzeren Wellenlängen.

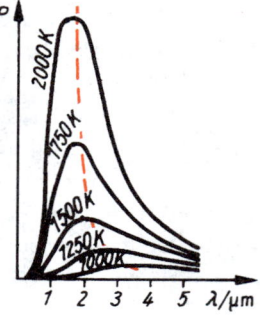

20.5.5   Verschiebungsgesetz von Wien

Die Lage des Maximums kann aus (W 20.22) auf üblichem Wege (1. Ableitung gleich null setzen) bestimmt werden.

Mit

λ_max Wellenlänge des Strahlungsmaximums,
T Temperatur des Strahlers

ergibt sich

$$\lambda_\text{max} = \frac{hc_0}{4,965\,1\,kT}, \text{ also } \lambda_\text{max} \sim 1/T. \text{ Da der Proportionalitätsfaktor}$$

nur aus Konstanten besteht, faßt man diese zusammen als

Wien-Konstante

(W 20.23) $\boxed{b = 2,897\,756 \cdot 10^{-3}\,\text{m} \cdot \text{K} = 2,897\,756\,\text{mm} \cdot \text{K}}$

Damit ergibt sich für die Wellenlänge des Strahlungsmaximums

(W 20.24) $\boxed{\lambda_\text{max} = \dfrac{b}{T}}$

	λ	b	T
VT	mm	mm · K	K

Beachte:

- Mit zunehmender Temperatur erhöht sich der Anteil kurzwelliger Strahlung. Man kann demnach den Farbeindruck der Gesamtstrahlung als Maß für die Temperatur der strahlenden Fläche verwenden: **Farbtemperatur**.

- Strahlungsmeßgeräte zur Temperaturbestimmung heißen (Strahlungs-)**Pyrometer**.

- Auf den sichtbaren Bereich der Strahlung entfallen bei den erreichbaren Strahlertemperaturen nur wenige Prozent der Leistung.

AKUSTIK

21   Schallerzeugung

21.1   Wesen des Schalls

Schallwellen sind mechanische Longitudinalwellen. Ausgehend von der Schallquelle, einem schwingenden Körper, breiten sie sich in Festkörpern, Flüssigkeiten und Gasen in Form von Druckschwankungen (Druckwellen) aus.

Für das menschliche Ohr sind in der Regel die Frequenzen **16 bis 20 000 Hz** hörbar (→ auch 23.2.1). Höhere Frequenzen werden als **Ultraschall**, niedrigere als **Infraschall** bezeichnet.

Man unterscheidet: **Ton**, **Klang**, **Geräusch** und **Knall**.

▶ Ein Ton (reiner Ton) ist eine Sinusschwingung.

▶ Ein Klang ist die Überlagerung mehrerer Töne; es überlagern sich mehrere sinusförmige Schwingungen zu einer nicht sinusförmigen. Der Ton mit der niedrigsten Frequenz bestimmt die Tonhöhe der gesamten Schallempfindung, die anderen (Obertöne) verursachen den Eindruck der Klangfarbe.

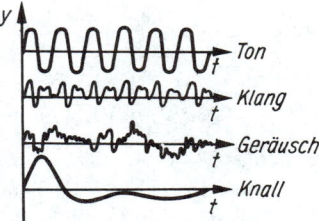

▶ Ein Geräusch ist eine unregelmäßige Schwingung, ein Gemisch aus sehr vielen Frequenzen etwa gleicher Größenordnung.

▶ Ein Knall ist ein kurzzeitiger und starker Schalleindruck.

Zwischen den Schwingungen der Schallquelle und der Schallempfindung bestehen folgende Beziehungen:

Übersicht:

Schwingung		Schalleindruck
Amplitude	entspricht	Lautstärke
Frequenz	entspricht	Tonhöhe
Schwingungsform	entspricht	Klangfarbe

21.2   Schallquellen

Schwingende Körper (aller Aggregatzustände), die Schallwellen abstrahlen, werden als Schallquellen bezeichnet. Das können Saiten, Stäbe, Luftsäulen, Membranen usw. sein.

21.2.1   Schwingende Saiten

Man findet sie beim Klavier, bei der Geige und anderen Musikinstrumenten. Sie können durch Anzupfen, Anstreichen oder Schlagen zum Schwingen gebracht werden.

Wenn

f Frequenz der schwingenden Saite,
l Länge der Saite,
F Kraft, mit der die Saite gespannt wird,
ϱ Dichte des Saitenmaterials,
A Querschnittsfläche der Saite,

dann gilt entsprechend (M 14.1) $f = c/\lambda$. Darin ist $\lambda = 2l$; denn in der schwingenden Saite bildet sich eine stehende Welle mit den Knotenpunkten an den Enden. Also ist $f = \dfrac{c}{2l}$, worin die Geschwindigkeit von Seilwellen $c = \sqrt{\dfrac{F}{\varrho A}}$ gesetzt werden kann. So ergibt sich

(A 21.1) $$f = \frac{1}{2l}\sqrt{\frac{F}{\varrho A}}$$ SI $\left|\ \mathrm{Hz} = \dfrac{1}{\mathrm{s}}\ \ \mathrm{m}\ \ \mathrm{N}\ \ \dfrac{\mathrm{kg}}{\mathrm{m}^3}\ \ \mathrm{m}^2 \right.$

with column headers $f\quad l\ \ F\ \ \varrho\quad A$

Beachte:

● Gleichung (A 21.1) liefert die Grundschwingung der Saite. Außerdem sind noch Schwingungen höherer Frequenzen möglich. Diese Oberschwingungen beeinflussen die Klangfarbe, nicht die Frequenz des wahrgenommenen Tones.

21.2.2   Schwingende Luftsäulen

Die in Pfeifen eingeschlossenen Luftsäulen schwingen stets in stehenden Wellen. Am Mundstück befindet sich dann ein Wellenbauch. Es gibt offene und geschlossene Pfeifen.

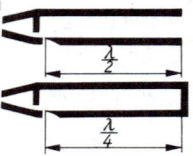

Übersicht:

Pfeife	am Ende befindet sich	Pfeifenlänge gleich
offen	Wellenbauch	halbe Wellenlänge
geschlossen	Wellenknoten	viertel Wellenlänge

Wenn

f Frequenz der Pfeife,

c Schallgeschwindigkeit in Luft,

l Länge der schwingenden Luftsäule,

dann gilt für eine offene Pfeife $l = \lambda/2$. Mit (M 14.1) $c = \lambda f$ ergibt sich dann

$$(\text{A } 21.2) \quad \boxed{f = \frac{c}{2l}} \qquad \text{SI} \quad \begin{array}{ccc} f & c & l \\ \hline \text{Hz} = \dfrac{1}{\text{s}} & \dfrac{\text{m}}{\text{s}} & \text{m} \end{array}$$

Bei geschlossener Pfeife ist $l = \lambda/4$. Mit $c = \lambda f$ ergibt dies

$$(\text{A } 21.3) \quad \boxed{f = \frac{c}{4l}} \qquad \text{SI} \quad \begin{array}{ccc} f & c & l \\ \hline \text{Hz} = \dfrac{1}{\text{s}} & \dfrac{\text{m}}{\text{s}} & \text{m} \end{array}$$

Beachte:

● Der Ton einer offenen Pfeife besitzt die doppelte Frequenz des Tones einer geschlossenen Pfeife gleicher Länge.

21.3   Tonleiter

21.3.1   Harmonische (diatonische) Tonleiter

Sie besteht aus acht Tönen. Je 2 Töne stehen in bestimmten Frequenzverhältnissen.

Übersicht:

Diatonische Tonleiter							
Prime	Sekunde	Terz	Quarte	Quinte	Sexte	Septime	Oktave
c	d	e	f	g	a	h	c
	9/8	10/9	16/15	9/8	10/9	9/8	16/15
1	9/8	5/4	4/3	3/2	5/3	15/8	2/1

Beachte:
- In der 3. Zeile der Übersicht stehen die Frequenzverhältnisse von je zwei Nachbartönen.
- In der 4. Zeile stehen die Frequenzverhältnisse, bezogen auf den Grundton c.
- Das Frequenzverhältnis 9/8 bzw. 10/9 entspricht einem ganzen Intervall, das Verhältnis 16/15 einem halben Intervall.

21.3.2   Chromatische Tonleiter

Die diatonische Dur-Tonleiter beginnt mit dem Grundton c. Um auch auf anderen Tönen Tonleitern aufbauen zu können, müssen die ganzen Intervalle in je zwei halbe Intervalle 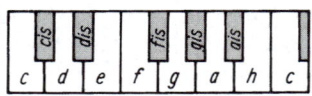 aufgeteilt werden. Entweder wird der tiefere Ton eines Intervalles mit dem Faktor 25/24 multipliziert (das gibt die höheren Töne cis, dis, fis, gis, ais), oder die höhere Frequenz wird durch 25/24 dividiert (das ergibt die tieferen Töne des, es, ges, as, b). Die in beiden Fällen entstehenden Frequenzen stimmen nicht überein, was beim Spielen von Streichinstrumenten beachtet werden muß. Für Instrumente mit fester Stimmung dagegen (Klavier, Orgel usw.) ist sie nicht brauchbar, obwohl sie die klangreinsten Intervalle (**reine Stimmung**) besitzt.

Übersicht:

Chromatische Tonleiter							
c	d	e	f	g	a	h	c
cis	dis		fis	gis	ais		
des	es		ges	as	b		

Beachte:
- Die 12 Halbtonintervalle besitzen kein einheitliches Frequenzverhältnis.
- Bei einer Dur-Tonleiter liegen die Halbtonintervalle zwischen dem 3. und 4. bzw. 7. und 8. Ton (z.B. C-Dur: c, d, e, f, g, a, h, c).

● Bei einer Moll-Tonleiter liegen die Halbtonintervalle zwischen dem 2. und 3. bzw. 5. und 6. Ton (z.B. c-Moll: c, d, es, f, g, as, b, c).

21.3.3 Gleichmäßig temperierte chromatische Tonleiter

Gegenüber der reinen Stimmung besitzt bei der gleichmäßig temperierten Stimmung jedes der 12 Halbtonintervalle das gleiche Frequenzverhältnis. Bei der Aufteilung der Oktave (Frequenzverhältnis 2 : 1) in 12 gleiche Intervalle ergibt sich wegen $x^{12} = 2$ für ein

Halbtonintervall: $\sqrt[12]{2} = 1,059\,463\,1$.

Dadurch ist es möglich, auf jedem der 12 Töne einer Oktave sowohl eine Dur- als auch eine Moll-Tonleiter aufzubauen.

21.3.4 Normstimmton

In den einzelnen Tonleitersystemen werden nur Frequenzverhältnisse angegeben. Für das Stimmen von Musikinstrumenten müssen aber auch die absoluten Frequenzen festliegen.

Bei der **physikalischen Stimmung** geht man von dem eingestrichenen c aus und setzt $f_{c'} = 2^8\,\text{Hz} = 256\,\text{Hz}$. Für das eingestrichene a ergibt sich dann die Frequenz $f_{a'} = 430,5\,\text{Hz}$.

Der **internationalen Stimmung** liegt der Normstimmton (Kammerton a genannt) zugrunde. Seine Frequenz wurde international festgelegt auf $f_{a'} = 440\,\text{Hz}$.

Die Frequenzen aller anderen Töne können daraus berechnet werden.

Übersicht:

Ton	Relative Schwingungzahlen		absolute Schwingungszahlen in Hz
	Stimmung		
	rein	gleichmäßig temperiert	international, glm. temperiert
c′	1,000 00	1,000 00	261,63
cis′	1,041 66 ⎫	1,059 46	277,18
des′	1,080 00 ⎭		
d′	1,125 00	1,122 46	293,67
dis′	1,171 87 ⎫	1,189 21	311,13
es′	1,200 00 ⎭		
e′	1,250 00	1,259 92	329,63
f′	1,333 33	1,334 84	349,23
fis′	1,388 89 ⎫	1,414 21	369,99
ges′	1,440 00 ⎭		
g′	1,500 00	1,498 31	392,00
gis′	1,562 50 ⎫	1,587 40	415,30
as′	1,600 00 ⎭		
a′	1,666 67	1,681 79	440,00
ais′	1,736 11 ⎫	1,781 80	466,16
b′	1,800 00 ⎭		
h′	1,875 00	1,887 75	493,88
c″	2,000 00	2,000 00	523,25

21.3.5   Intervalle

Je zwei Töne einer Tonleiter bilden ein Intervall. Die meisten der möglichen Kombinationen besitzen besondere Bezeichnungen, je nach Anzahl der eingeschlossenen Halbtonintervalle.

Übersicht:

Intervall	Zahl der eingeschlossenen Halbtonintervalle	Frequenzverhältnis
Prime	0	1 : 1
kleine Sekunde	1	16 : 15
große Sekunde	2	9 : 8 bzw. 10 : 9
kleine Terz	3	6 : 5
große Terz	4	5 : 4
Quarte	5	4 : 3
Quinte	7	3 : 2
kleine Sexte	8	8 : 5
große Sexte	9	5 : 3
kleine Septime	10	9 : 5 bzw. 16 : 9
große Septime	11	15 : 8
Oktave	12	2 : 1

A

Eine Dur-Tonart besteht aus folgenden auf den jeweiligen Grundton bezogenen Intervallen: Prime, große Sekunde, große Terz, Quarte, Quinte, große Sexte, große Septime und Oktave.
Davon unterscheidet sich die entsprechende Moll-Tonart durch die kleine Terz, kleine Sexte und kleine Septime.

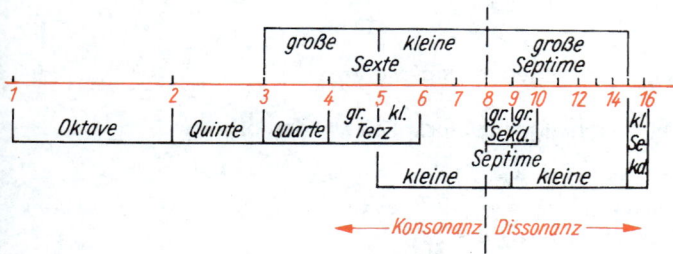

■ Ob der Mensch das gleichzeitige Erklingen zweier Töne als Wohlklang (**Konsonanz**) oder als Mißklang (**Dissonanz**) empfindet, hängt vom Frequenzverhältnis beider Töne ab. Konsonanz liegt vor, wenn sich das Frequenzverhältnis durch ganze Zahlen nicht größer als acht ausdrücken läßt. In der folgenden Übersicht sind die Intervalle in der

Reihenfolge abnehmender Konsonanz bzw. zunehmender Dissonanz angegeben.

Übersicht:

Konsonanz		Dissonanz	
Intervall	Frequenz-verhältnis	Intervall	Frequenz verhältnis
Prime	1 : 1	kleine Septime	9 : 5
Oktave	2 : 1	große Sekunde	9 : 8
Quinte	3 : 2	große Septime	15 : 8
Quarte	4 : 3	kleine Sekunde	16 : 15
große Sexte	5 : 3		
große Terz	5 : 4		
kleine Terz	6 : 5		
kleine Sexte	8 : 5[1]		

[1] Wird vielfach auch schon zu den Dissonanzen gezählt.

22   Schallausbreitung

Die Ausbreitung des Schalls erfolgt in der Form mechanischer Längswellen. Die Phasengeschwindigkeit dieser Wellen, meist als Schallgeschwindigkeit c bezeichnet, hängt (bei genügend kleinen Amplituden) nur von den mechanischen Eigenschaften des Mediums, nicht aber von der Frequenz der Welle ab.

22.1   Schallgeschwindigkeit

22.1.1   Schallgeschwindigkeit in Festkörpern

Wenn

c Schallgeschwindigkeit in einem langen Stab ($\rightarrow$ Tab. 35),

E Elastizitätsmodul ($\rightarrow$ Tab. 9),

ϱ Dichte des Stabes ($\rightarrow$ Tab. 1),

dann gilt

(A 22.1) $$c = \sqrt{\frac{E}{\varrho}}$$

	c	E	ϱ
SI	$\dfrac{\mathrm{m}}{\mathrm{s}}$	$\mathrm{Pa} = \dfrac{\mathrm{kg}}{\mathrm{s}^2 \cdot \mathrm{m}}$	$\dfrac{\mathrm{kg}}{\mathrm{m}^3}$

Beachte:

● Mit der Dichte ϱ ist die Schallgeschwindigkeit c temperaturabhängig.

22.1.2   Schallgeschwindigkeit in Flüssigkeiten

Wenn
c Schallgeschwindigkeit in einer Flüssigkeit ($\rightarrow$ Tab. 35),
K Kompressionsmodul $= 1/\varkappa$,
$\varkappa$ Kompressibilität ($\rightarrow$ Tab. 4),
ϱ Dichte der Flüssigkeit ($\rightarrow$ Tab. 1),
dann gilt

(A 22.2) $$c = \sqrt{\frac{K}{\varrho}} = \sqrt{\frac{1}{\varkappa\varrho}}$$

$$\text{SI} \left|\begin{array}{c c c c} c & K & \varkappa & \varrho \\ \dfrac{\text{m}}{\text{s}} & \text{Pa} = \dfrac{\text{kg}}{\text{s}^2 \cdot \text{m}} & \dfrac{1}{\text{Pa}} & \dfrac{\text{kg}}{\text{m}^3} \end{array}\right.$$

Beachte:

● Mit der Dichte ϱ ist die Schallgeschwindigkeit c temperaturabhängig.

22.1.3   Schallgeschwindigkeit in Gasen

Der Wechsel von Über- und Unterdruck an einer bestimmten Stelle des Gases erfolgt so schnell, daß er als isentroper Vorgang angesehen werden kann.

Wenn
c Schallgeschwindigkeit in einem Gas,
$\varkappa$ $= c_p/c_V$, Isentropenexponent ($\rightarrow$ Tab. 18),
ϱ Gasdichte,
p Gasdruck,
R Gaskonstante ($\rightarrow$ Tab. 14),
T Gastemperatur,
dann gilt

(A 22.3) $$c = \sqrt{\frac{\varkappa p}{\varrho}}$$

$$\text{SI} \left|\begin{array}{c c c c} c & \varkappa & p & \varrho \\ \dfrac{\text{m}}{\text{s}} & - & \text{Pa} = \dfrac{\text{kg}}{\text{s}^2 \cdot \text{m}} & \dfrac{\text{kg}}{\text{m}^3} \end{array}\right.$$

oder wenn man entsprechend (W 15.19) $\varrho = p/(RT)$ setzt,

(A 22.4) $\boxed{c = \sqrt{\varkappa R T}}$

	c	$\varkappa$	R	T
SI	$\dfrac{\text{m}}{\text{s}}$	$-$	$\dfrac{\text{J}}{\text{kg} \cdot \text{K}}$	K

Beachte:
- Die Schallgeschwindigkeit in Gasen hängt innerhalb weiter Grenzen nur von der Temperatur, nicht aber vom Druck des Gases ab.

22.1.4   Schallgeschwindigkeit in Luft

Setzt man in (A 22.4) die Zahlenwerte für trockene Luft von $0\,^\circ\text{C}$ ein, so erhält man

$$c_0 = \sqrt{1,4 \cdot 287 \frac{\text{J}}{\text{kg} \cdot \text{K}} \cdot 273\,\text{K}} = 331,2\,\frac{\text{m}}{\text{s}} \ .$$

Experimentell wurden 331,6 m/s ermittelt.

■   Für Luft anderer Temperatur läßt sich die Schallgeschwindigkeit ebenfalls mit (A 22.4) bestimmen.

Wenn
c Schallgeschwindigkeit in Luft bei der Temperatur t (in $^\circ\text{C}$),
t Celsius-Temperatur der Luft,
T absolute Temperatur der Luft,
dann gilt

$$\frac{c}{331,6\,\text{m/s}} = \frac{\sqrt{\varkappa R T}}{\sqrt{\varkappa R \cdot 273\,\text{K}}} \ . \quad \text{Daraus folgt}$$

$$c = 331,6\,\frac{\text{m}}{\text{s}} \cdot \sqrt{\frac{T}{273\,\text{K}}} \quad \text{und mit } T = t + T_0 \text{ sowie } T_0 = 273\,\text{K}$$

$$c = 331,6\,\frac{\text{m}}{\text{s}} \cdot \sqrt{1 + \frac{t}{273\,\text{K}}} \ .$$

Dieser Ausdruck läßt sich mit hinreichender Genauigkeit vereinfachen zu

(A 22.5) $\boxed{c = \left(331,6 + 0,6\,\frac{t}{^\circ\text{C}}\right)\frac{\text{m}}{\text{s}}}$

Beachte:

● Durch den Gehalt an Wasserdampf ändert sich die Schallge-schwindigkeit (gegenüber trockener Luft) nur unmerklich.

22.2   Doppler-Effekt

Besteht zwischen einer Schallquelle (Sender) und dem Schall-empfänger eine Relativbewegung, vergrößert oder verkleinert sich also ihr gegenseitiger Abstand, so nimmt der Empfänger E eine andere Frequenz wahr, als der Sender S abgestrahlt hat.

Wenn

c Schallgeschwindigkeit,
v_S Geschwindigkeit des Senders,
v_E Geschwindigkeit des Empfängers,
f_S vom Sender abgestrahlte Frequenz,
f_E vom Empfänger aufgenommene Frequenz,
λ Wellenlänge der abgestrahlten Welle,

dann gilt entsprechend (M 14.1) $f_S = c/\lambda$. Bei der Bestimmung von f_E muß zwischen einer Bewegung des Senders und einer des Empfängers unterschieden werden. Beide wirken sich verschiedenartig aus.

▶ Entfernt sich E von S, so entspricht dies einer Verkleinerung der Relativgeschwindigkeit c zwischen Schallwelle und Empfänger. In obenstehender Beziehung ist $c - v_E$ an Stelle von c einzusetzen.

▶ Bewegt sich S auf E zu, so entspricht dies einer Verkürzung der Wellenlänge um den Weg, den S während der Dauer einer Schwingung zurücklegt. In vorstehender Beziehung ist λ zu ersetzen durch $\lambda - \dfrac{v_S}{f_S}$.

Setzt man die so erhaltenen Ausdrücke in $f_S = \dfrac{c}{\lambda}$ ein, so erhält man

$$f_E = \frac{c - v_E}{\lambda - \dfrac{v_S}{f_S}} = \frac{c - v_E}{\dfrac{c - v_S}{f_S}} \ . \quad \text{Daraus folgt nach Vereinfachung als}$$

Doppler-Effekt

(A 22.6) $\boxed{f_E = f_S \dfrac{c - v_E}{c - v_S}}$

oder ausgedrückt durch die Wellenlänge λ

(A 22.7) $$\lambda_E = \lambda_S \frac{c - v_S}{c - v_E}$$

Beachte:

- Für das Vorzeichen von v_S und v_E gilt, daß bei Bewegung in Richtung der Schallwelle die Geschwindigkeiten positiv sind und umgekehrt.

- Bei ruhendem Sender ist $v_S = 0$, bei ruhendem Empfänger ist $v_E = 0$.

- Berechnung der Schallgeschwindigkeit erfolgt mit Gleichung (A 22.5).

■ Für den häufigsten Fall, daß $v_S, v_E \ll c$, kann in guter Näherung (A 22.6) vereinfacht werden zu

(A 22.8) $$f_E = f_S \left(1 + \frac{\Delta v}{c} \right)$$

Beachte:

- Δv ist die Relativgeschwindigkeit zwischen Sender und Empfänger. Unter Berücksichtigung der Vorzeichenregel ergibt sie sich aus $\Delta v = v_S - v_E$.

■ Wächst die Sendergeschwindigkeit so, daß $v_S = c$, dann wird in (A 22.7) $\lambda_E = 0$. In dem Punkt, in dem sich der Sender zur Zeit befindet, berühren sich die Fronten aller zu den verschiedenen Zeiten abgestrahlten Wellen. Gleichzeitig addieren sich dort die Drücke der einzelnen Wellen, man spricht von einer „**Schallmauer**".

Bei noch größerer Geschwindigkeit des Senders – er bewegt sich dann mit Überschallgeschwindigkeit ($v_S > c$) – überlagern sich die zu den verschiedenen Zeiten abgestrahlten Wellen zu einer resultierenden Welle mit kegelförmiger Wellenfront. Der gesamte Kegel bewegt sich mit der Ge-

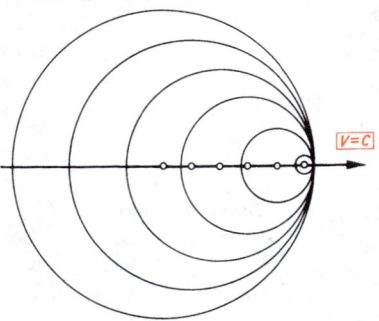

schwindigkeit v_S des Senders. Ein Empfänger, der von der Wellenfront getroffen wird, registriert einen Knall, den sogenannten **Überschallknall**. Den Kegel selbst bezeichnet man meist als Machschen Kegel.

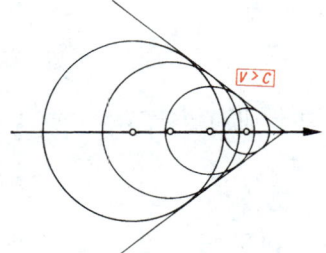

Für den Öffnungswinkel des Kegels ergibt sich aus dem Bild

$$(A\ 22.9) \qquad \sin \frac{\alpha}{2} = \frac{c}{v} = \frac{1}{M}$$

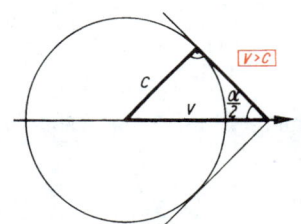

Darin ist M die sogenannte Mach-Zahl. Eine Mach-Zahl 2 z.B. bedeutet, daß sich der Körper mit doppelter Schallgeschwindigkeit bewegt.

A

Beachte:
- Der Machsche Kegel bildet sich auch, wenn es sich um keine Schallquelle handelt. Bei jedem Körper, dessen Geschwindigkeit größer als die des Schalls in dem jeweiligen Medium ist, entsteht durch Verdichtung des Mediums eine solche „Kopfwelle".

- Für **elektromagnetische** Wellen ist (A 22.6) nicht anwendbar, weil kein Medium vorhanden ist, auf das die Geschwindigkeiten bezogen werden können. Bei Schallwellen beziehen sich v_S und v_E auf das (als ruhend angesehene) Medium Luft. Bei elektromagnetischen Wellen hängt die Frequenzänderung nur von der Relativgeschwindigkeit v zwischen Sender und Empfänger ab. Aus relativitätstheoretischen Überlegungen ergibt sich die entsprechende Gleichung.

Wenn
v Relativgeschwindigkeit zwischen Sender und Empfänger,
c_0 Lichtgeschwindigkeit, in Vakuum und Luft $= 2,998 \cdot 10^8\,\text{m/s}$,
f_S vom Sender abgestrahlte Frequenz,
f_E vom Empfänger aufgenommene Frequenz,

dann gilt

(A 22.10) $$f_E = f_S \frac{1 + \dfrac{v}{c_0}}{\sqrt{1 - \dfrac{v^2}{c_0^2}}}$$

Im Normalfall ist $v \ll c_0$. In erster Näherung folgt aus (A 22.10) übereinstimmend mit (A 22.8)

(A 22.11) $$f_E = f_S \left(1 + \frac{v}{c_0} \right)$$

und für die **Frequenzänderung**

(A 22.12) $$\Delta f = f_S \frac{v}{c_0}$$

Umgerechnet auf die Wellenlängen ergibt sich als **Wellenlängenänderung** der in der Astronomie allgemein benutzte Ausdruck

(A 22.13) $$\Delta \lambda = -\lambda_S \frac{v}{c_0}$$

Beachte:

● Analog zum Überschallknall entsteht die Čerenkov-Strahlung, wenn sich z.B. ein Elementarteilchen in einem Medium schneller als elektromagnetische Wellen bewegt. Das setzt voraus, daß die Lichtgeschwindigkeit in diesem Medium kleiner als die im Vakuum ist, also $c < c_0$.

22.3   Überlagerung von Schallwellen

Für die Überlagerung (Interferenz) von Schallwellen gelten die gleichen Gesetzmäßigkeiten wie für alle anderen Wellenarten ($\rightarrow$ 14.3.1). Hier sind nur die wichtigsten Sonderfälle genannt.

22.3.1   Auslöschung

Zwei Schallwellen gleicher Ausbreitungsrichtung, Frequenz und Amplitude löschen sich aus, wenn sie einen

$$\text{Gangunterschied} = (2k+1)\frac{\lambda}{2} \quad (\text{mit } k = 0, 1, 2, \ldots)$$

besitzen. Bei ungleichen Amplituden ergibt sich unter den gleichen Bedingungen eine *Schwächung*.

22.3.2   Verstärkung

Zwei Schallwellen gleicher Ausbreitungsrichtung, Frequenz und Amplitude verstärken sich zu doppelt so großen Elongationen bei einem

$$\text{Gangunterschied} = k\lambda \quad (\text{mit } k = 0, 1, 2, \ldots).$$

A

Bei ungleichen Amplituden ergibt sich unter den gleichen Bedingungen eine *Addition* der Elongationen.

22.3.3   Schwebung

Die Überlagerung zweier Schallwellen gleicher Ausbreitungsrichtung ergibt bei *geringer* Frequenzdifferenz eine Schwebung. Die Amplitude der resultierenden Welle nimmt periodisch zu und ab.

Wenn

f_1 Frequenz der ersten Schallwelle,

f_2 Frequenz der zweiten Schallwelle,

f_S Schwingungsfrequenz, Zahl der Lautstärkemaxima bzw. -minima je Zeit(einheit),

T_S Schwebungsdauer $= 1/f_S$,

dann gilt

(A 22.14) $\boxed{f_S = f_1 - f_2 \quad \text{und} \quad T_S = \dfrac{1}{f_1 - f_2}}$

Beachte:
- Bei Schwebungsfrequenzen größer als $\approx 16\,\text{Hz}$ nimmt das menschliche Ohr keine Schwankung der Lautstärke mehr wahr, sondern registriert den dieser Frequenzdifferenz entsprechenden Ton.

23   Schallmessung

23.1   Schallfeldgrößen

Die von einer Schallquelle abgestrahlte Energie wird in Form von Schallwellen durch das Schallfeld transportiert. Im Gegensatz zum allgemeinen Wellenfeld ($\rightarrow$ 14.3) haben die Größen des Schallfeldes spezielle Bezeichnungen.

23.1.1   Schallschnelle

Als Schallschnelle v bezeichnet man die Schwinggeschwindigkeit der Teilchen des Mediums (Wechselgeschwindigkeit).

Wenn

v Schallschnelle (Augenblickswert),

f Frequenz der Schallwelle,

$\widehat{y}$ Schwingungsamplitude der Teilchen,

ω Kreisfrequenz $= 2\pi f$,

ωt Phasenwinkel,

dann gilt analog (M 13.3)

(A 23.1) $\boxed{v = \widehat{y}\omega \cos \omega t}$

Daraus folgt für die **maximale Schnelle (Geschwindigkeitsamplitude)**

(A 23.2) $\boxed{\widehat{v} = \omega \widehat{y} = 2\pi f \widehat{y}}$

und für den **Effektivwert der Schnelle**

(A 23.3) $\boxed{\widetilde{v} = \dfrac{\widehat{v}}{\sqrt{2}} = \sqrt{2}\pi f \widehat{y}}$

Beachte:
- Im allgemeinen wird die Schallschnelle nicht gemessen, sondern aus dem Schalldruck ($\rightarrow$ 23.1.2) berechnet.

23.1.2   Schalldruck

Als Schalldruck p bezeichnet man die in einer Schallwelle auftretenden periodischen Druckabweichungen (Über- und Unterdruck, Wechseldruck).

In gasförmigen Medien ist der Schalldruck p dem vorhandenen Gasdruck p_G überlagert.

SI-Einheit des Schalldruckes: $[p] = \text{Pascal (Pa)} = \dfrac{\text{N}}{\text{m}^2} = \dfrac{\text{kg}}{\text{m} \cdot \text{s}^2}$.

Zulässige SI-fremde Einheit: Mikrobar (μbar) $= 10^{-6}$ Bar (bar).

Umrechnung:

1 bar = 10^6 μbar = 10^5 Pa	1 μbar = 10^{-6} bar = 0,1 Pa
1 mbar = 10^{-3} bar = 100 Pa	

Wenn

ϱ Dichte des Mediums ($\rightarrow$ Tab. 1),

c Schallgeschwindigkeit in dem Medium ($\rightarrow$ Tab. 35),

ω Kreisfrequenz $= 2\pi f = 2\pi/T$,

$\widehat{y}$ Schwingungsamplitude,

$\widehat{v}$ Geschwindigkeitsamplitude, maximale Schnelle der Teilchen,

T Schwingungsdauer,

λ Wellenlänge,

x Abstand vom Wellenzentrum,

dann gilt als Wellengleichung auch für jede Schallwelle (M 14.4)

$$y = \widehat{y} \sin 2\pi \left(\frac{t}{T} - \frac{x}{\lambda} \right).$$

Die von Ort x und Zeit t abhängige Elongation verursacht eine entsprechende Druckänderung, den örtlich und zeitlich schwankenden Schalldruck p.

Deshalb soll die Wellengleichung mit dem Schalldruck p als Schwingungsgröße ausgedrückt werden. Betrachtet wird eine Schallwelle durch eine Gassäule mit der Querschnittsfläche A und dem Gasdruck p_G.

An der Stelle x_1 betrage der Druck p_1, und an der Stelle $x_2 = x_1 + \mathrm{d}x$ betrage er $p_2 = p_1 + \mathrm{d}p$. Auf das Volumenelement $\mathrm{d}V = A\,\mathrm{d}x$ wirkt

also auf der einen Seite die Kraft $F_1 = p_1 A$ und auf der anderen Seite
die Kraft $F_2 = p_2 A$.

Als resultierende Kraft ergibt sich

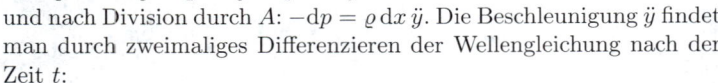

$$F = F_1 - F_2 = -A\,\mathrm{d}p\,.$$

Nach dem Grundgesetz der Dynamik
(M 7.1) $F = ma$ folgt für die Masse $\mathrm{d}m$
des Volumenelementes $\mathrm{d}V$

$$-A\,\mathrm{d}p = \mathrm{d}m\,\ddot{y} = \varrho\,\mathrm{d}V\,\ddot{y} = \varrho A\,\mathrm{d}x\,\ddot{y}$$

und nach Division durch A: $-\mathrm{d}p = \varrho\,\mathrm{d}x\,\ddot{y}$. Die Beschleunigung $\ddot{y}$ findet
man durch zweimaliges Differenzieren der Wellengleichung nach der
Zeit t:

$$\ddot{y} = \frac{4\pi^2}{T^2}\,\widehat{y}\sin 2\pi\left(\frac{t}{T} - \frac{x}{\lambda}\right).\quad\text{Eingesetzt ergibt dies}$$

$$\mathrm{d}p = \frac{4\pi^2}{T^2}\,\varrho\widehat{y}\sin 2\pi\left(\frac{t}{T} - \frac{x}{\lambda}\right)\mathrm{d}x\,.\quad\text{Die Integration}$$

$$\int_{p_0}^{p}\mathrm{d}p = \int_0^x \frac{4\pi^2}{T^2}\,\widehat{y}\varrho\sin 2\pi\left(\frac{t}{T} - \frac{x}{\lambda}\right)\mathrm{d}x$$

liefert für den augenblicklichen Gesamtdruck an der Stelle x

$$p = p_{\mathrm{G}} + \frac{2\pi}{T^2}\,\varrho\widehat{y}\lambda\cos 2\pi\left(\frac{t}{T} - \frac{x}{\lambda}\right).$$

Mit $2\pi/T = \omega$ und $\lambda/T = c$ folgt für den

Schalldruck

(A 23.4) $\boxed{p = \omega\varrho c\widehat{y}\cos 2\pi\left(\dfrac{t}{T} - \dfrac{x}{\lambda}\right)}$ Einheiten $\rightarrow$ (A 23.5)

Unter Berücksichtigung von (A 23.2) $\omega\widehat{y} = \widehat{v}$ ergibt sich als

maximaler Schalldruck (Druckamplitude)

(A 23.5) $\boxed{\widehat{p} = \varrho c\omega\widehat{y} = \varrho c\widehat{v}}$

	p	ϱ	c	v	ω
SI	$\mathrm{Pa} = \dfrac{\mathrm{kg}}{\mathrm{s^2\cdot m}}$	$\dfrac{\mathrm{kg}}{\mathrm{m^3}}$	$\dfrac{\mathrm{m}}{\mathrm{s}}$	$\dfrac{\mathrm{m}}{\mathrm{s}}$	$\dfrac{1}{\mathrm{s}}$
g	$\mu\mathrm{bar}$	$\dfrac{\mathrm{g}}{\mathrm{cm^3}}$	$\dfrac{\mathrm{cm}}{\mathrm{s}}$	$\dfrac{\mathrm{cm}}{\mathrm{s}}$	$\dfrac{1}{\mathrm{s}}$

und für den **Effektivwert des Schalldruckes**

(A 23.6) $\boxed{\widetilde{p} = \dfrac{\widehat{p}}{\sqrt{2}} = \dfrac{\varrho c \widehat{v}}{\sqrt{2}}}$ (Einheiten → A 23.5)

Beachte:
- Der kleinste vom menschlichen Ohr noch wahrnehmbare Schalldruck beträgt etwa 20 μPa.

■ Nach (M 14.18) ist das Produkt ϱc der **Wellenwiderstand** Z, der hier als **spezifische Schallimpedanz** Z_a bezeichnet wird.

SI-Einheit: $[Z] = \dfrac{\mathrm{Pa \cdot s}}{\mathrm{m}} = \dfrac{\mathrm{N \cdot s}}{\mathrm{m}^3} = \dfrac{\mathrm{kg}}{\mathrm{m}^3 \cdot \mathrm{s}}.$

Mit $Z_a = \varrho c$ ergibt sich aus (A 23.5)

(A 23.7) $\boxed{Z_a = \dfrac{\widehat{p}}{\widehat{v}}}$

	Z	p	v
SI	$\dfrac{\mathrm{Pa \cdot s}}{\mathrm{m}}$	Pa	$\dfrac{\mathrm{m}}{\mathrm{s}}$

A

23.1.3 Schallintensität

Als Schallintensität (oder **Schallstärke**) J bezeichnet man das Verhältnis der auf eine Fläche treffenden Schalleistung P zur Größe dieser Fläche A.

$$J = \frac{P}{A}$$

SI-Einheit der Schallintensität: $[J] = \dfrac{\mathrm{W}}{\mathrm{m}^2} = \dfrac{\mathrm{N}}{\mathrm{m \cdot s}} = \dfrac{\mathrm{kg}}{\mathrm{s}^3}.$

Wenn
J Schallintensität, Schallstärke,
ϱ Dichte des Mediums (→ Tab. 1),
c Schallgeschwindigkeit in dem Medium (→ Tab. 35),
v Schallschnelle,
p Schalldruck,
dann gilt $J = P/A = E/(tA)$, worin E die in der Zeit t auf die Fläche A treffende Energie ist. Sie ist identisch mit der Energie in dem Volumen $V = Al$, worin l der Weg ist, den die Energie in der Zeit t zurücklegt. Also ergibt sich
$J = \dfrac{E}{tA} = \dfrac{El}{tV}$ und mit $\dfrac{l}{t} = c$ und $\dfrac{E}{V} = w$ (M 14.14) $J = wc.$

Unter Verwendung von $w = \dfrac{\varrho \widehat{v}^2}{2}$ folgt für die

Schallintensität

	J		ϱ	c	v

(A 23.8) $\boxed{J = \dfrac{\varrho c \widehat{v}^2}{2} = \varrho c \widetilde{v}^2}$

$$\text{SI} \left| \quad \frac{\text{W}}{\text{m}^2} = \frac{\text{kg}}{\text{s}^3} \quad \frac{\text{kg}}{\text{m}^3} \quad \frac{\text{m}}{\text{s}} \quad \frac{\text{m}}{\text{s}} \right.$$

oder mit (A 23.5) $\widehat{p} = \varrho c \widehat{v}$

(A 23.9) $\boxed{J = \dfrac{\widehat{p}^2}{2\varrho c} = \dfrac{\widehat{p}\widehat{v}}{2} = \widetilde{p}\,\widetilde{v} = \dfrac{\widetilde{p}^2}{\varrho c}}$

$$\text{SI} \left| \quad \frac{\text{W}}{\text{m}^2} = \frac{\text{kg}}{\text{s}^3} \quad \text{Pa} = \frac{\text{N}}{\text{m}^2} \quad \frac{\text{kg}}{\text{m}^3} \quad \frac{\text{m}}{\text{s}} \quad \frac{\text{m}}{\text{s}} \right.$$

Mit der spezifischen Schallimpedanz $Z_a = \varrho c$ ergibt sich für die Schallintensität aus (A 23.8) und (A 23.9)

(A 23.10) $\boxed{J = \dfrac{Z_a \widehat{v}^2}{2} = Z_a \widetilde{v}^2 = \dfrac{\widehat{p}^2}{2Z_a} = \dfrac{\widetilde{p}^2}{Z_a}}$

$$\text{SI} \left| \quad \frac{\text{W}}{\text{m}^2} = \frac{\text{kg}}{\text{s}^3} \quad \frac{\text{N} \cdot \text{s}}{\text{m}^3} \quad \frac{\text{m}}{\text{s}} \quad \text{Pa} = \frac{\text{N}}{\text{m}^2} \right.$$

23.1.4   Schallpegel

Der Vergleich zweier Schallintensitäten bzw. Schalldrücke erfolgt durch Angabe des Schallpegels.

Als Schallintensitätspegel L_J bezeichnet man den 10fachen dekadischen Logarithmus vom Verhältnis zweier Schallintensitäten; als Schalldruckpegel L_p den 20fachen Logarithmus vom Verhältnis zweier Schalldrücke.

Grundsätzlich ist der Pegel L als Logarithmus einer Verhältnisgröße dimensionslos und besitzt demzufolge keine Einheit. Jedoch fügt man zur Kennzeichnung der Logarithmierung dem Zahlenwert des Logarithmus die Bezeichnung **Dezibel** (**dB**) bei. Man verwendet sie wie eine Einheit.

■ Zur Angabe des absoluten Schallpegels führt man die Hörschwelle des menschlichen Ohres für $f = 1\,\text{kHz}$ als **Bezugsschallintensität** $J_0 = 10^{-12}\,\textbf{W/m}^2 = 1\,\textbf{pW/m}^2$ ein.

Wenn

L_J Schallintensitätspegel,
J Schallintensität, deren Pegel bestimmt werden soll,
J_0 Bezugsschallintensität $= 1\,\text{pW/m}^2$,

dann gilt entsprechend der Definition des Schallpegels

(A 23.11) $$L_J = 10\lg\frac{J}{J_0}\,\text{dB}$$

■ Analog bestimmt man den absoluten Schalldruckpegel unter Verwendung des **Bezugsschalldruckes** $p_0 = 2 \cdot 10^{-5}\,\textbf{Pa} = 20\,\boldsymbol{\mu}\textbf{Pa}$ mit (A 23.9).

Wenn

L_p Schalldruckpegel,
$\tilde{p}$ Schalldruck, dessen Pegel bestimmt werden soll,
p_0 Bezugsschalldruck $= 20\,\mu\text{Pa}$,

dann gilt

(A 23.12) $$L_p = 20\lg\frac{\tilde{p}}{p_0}\,\text{dB} = 20\lg\frac{\hat{p}}{\sqrt{2}\,p_0}\,\text{dB}$$

Beachte:

● J_0 und p_0^2 sind nach (A 23.9) proportional. Der Proportionalitätsfaktor $\dfrac{1}{\varrho c} = \dfrac{1}{Z_a}$ hängt allerdings von den Eigenschaften des Mediums ab. Da p_0 gesetzlich festgelegt ist, gilt $J_0 \approx 1\,\text{pW/m}^2$ nur für „normale" Luft. Für andere Medien müßte J_0 erst mit (A 23.9) errechnet werden.

● Schallpegelangaben sind objektiv, sie lassen die frequenzabhängige Empfindlichkeit des menschlichen Ohres unberücksichtigt.

■ Der Summenschallpegel mehrerer Schallquellen errechnet sich aus der Summe der Schallintensitäten bzw. aus der Wurzel der Summe der Schalldruckquadrate ($\sqrt{p_1^2 + p_2^2 + \cdots}$).

Die Rechnung zeigt, daß eine zweite Schallintensität gleicher Größe den Schallpegel um 3 dB vergrößert. Bei n Schallquellen gleicher Schallintensität gilt für den Gesamtschallpegel

(A 23.13) $\boxed{L_{\text{ges}} = L + 10 \lg n}$

Der Summenschallpegel zweier ungleicher Schallintensitäten kann mit dem Diagramm bestimmt werden. Es zeigt, um wieviel Dezibel (ΔL) der größere Pegel L_1 in Abhängigkeit von der Differenz beider Pegel ($L_1 - L_2$) wächst.

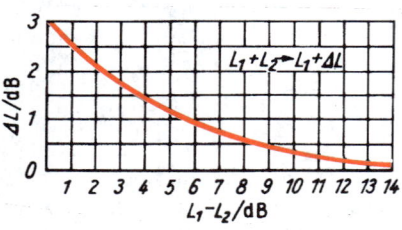

■ In der Hochfrequenztechnik werden Leistungs- und Spannungspegel ebenfalls in Dezibel (dB) angegeben. Dort gilt

(A 23.14) $\boxed{\begin{aligned} L_P &= 10 \lg \frac{P}{P_0} \text{ dB bzw.} \\ L_U &= 20 \lg \frac{U}{U_0} \text{ dB} \end{aligned}}$ mit $P_0 = 1\,\text{mW}$
     mit $U_0 = 0,775\,\text{V}$

Für die Angabe des Spannungspegels wird (z.B. in der Fernmeldetechnik) gelegentlich noch das Neper (Np) verwendet. Es gilt dann (mit $U_0 = 0,775\,\text{V}$)

(A 23.15) $\boxed{L_U = \ln \frac{U}{U_0} \text{ Np}}$ $1\,\text{Np} = 8,685\,8\,\text{dB}$
     $1\,\text{dB} = 0,115\,13\,\text{Np}$

Übersicht:

Pegel in dB	Bezugsgröße	Beziehung
Schallintensitätspegel L_J	$1\,\text{pW/m}^2 = J_0$	$J = 10^{0,1 L_J}\,\text{pW/m}^2$
Schalldruckpegel L_p	$20\,\mu\text{Pa} = p_0$	$p = 20 \cdot 10^{0,05 L_p}\,\mu\text{Pa}$
el. Leistungspegel L_P	$1\,\text{mW} = P_0$	$P = 10^{0,1 L_P}\,\text{mW}$
el. Spannungspegel L_U	$0,775\,\text{V} = U_0$	$U = 0,775 \cdot 10^{0,05 L_U}\,\text{V}$

23.1.5 Relativer Schallpegel

Als relativen Schallpegel bezeichnet man die Differenz zweier absoluter Schallpegel: $\Delta L = L_1 - L_2$.

Damit ergibt sich mit (A 23.11) für den relativen Schallintensitätspegel

$$L_{J1} - L_{J2} = 10 \left(\lg \frac{J_1}{J_0} - \lg \frac{J_2}{J_0} \right) \quad \text{und vereinfacht}$$

(A 23.16) $$\boxed{\Delta L_J = 10 \lg \frac{J_1}{J_2} \, \text{dB}}$$

A

und analog aus (A 23.12) für den relativen Schalldruckpegel

(A 23.17) $$\boxed{\Delta L_p = 20 \lg \frac{\widetilde{p}_1}{\widetilde{p}_2} \, \text{dB} = 20 \lg \frac{\widehat{p}_1}{\widehat{p}_2} \, \text{dB}}$$

Beachte:
- Auch bei elektrischen Leistungs- und Spannungspegeln werden Differenzen gebildet. So vergleicht man Ein- und Ausgangsgrößen von Verstärkern, Leitungen usw.

■ Das in der Bautechnik verwendete **Schalldämm-Maß** R kennzeichnet die Schwächung der Schallwellen beim Durchgang durch Bau- und Isolierstoffe. Als Dämmzahl bezeichnet man die Differenz der Schallintensitätspegel vor und hinter dem schwächenden Material: $R = L_{J1} - L_{J2}$. Daraus folgt analog (A 23.16) und (A 23.17)

(A 23.18) $$\boxed{R = 10 \lg \frac{J_1}{J_2} \, \text{dB} = 20 \lg \frac{p_1}{p_2} \, \text{dB}}$$

Beachte:
- Zahlenwerte für das Schalldämm-Maß $R \rightarrow$ Tab. 36.

23.2   Hören

23.2.1   Hörfläche

Eine Übersicht über die vom menschlichen Ohr wahrnehmbaren In-
tensitäts- und Frequenzbereiche bietet die Hörfläche. Hörbar ist für
ein „normales" Ohr nur das, was innerhalb dieser Fläche liegt. Die
untere Begrenzungskurve zeigt den **Schwellenwert** (**Hörschwelle, Reiz-
schwelle**) in Abhängigkeit von der Frequenz, die obere Kurve die
Schmerzgrenze, ebenfalls als Funktion der Frequenz. Man erkennt,
daß bei gleichem Schalldruck (und damit auch gleicher Schallintensität) Töne unterschiedlicher Frequenz vom Ohr verschieden laut
wahrgenommen werden. Da das Ohr für 1000 Hz den größten Inten-
sitätsbereich wahrnehmen kann (die Hörfläche besitzt bei 1000 Hz ihren größten senkrechten Durchmesser), werden Lautstärken auf diese
Frequenz bezogen.

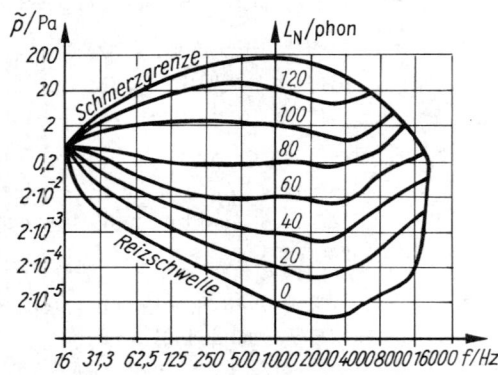

23.2.2   Lautstärkepegel

Die unter 23.1 angeführten Schallfeldgrößen sind physikalische
Größen, objektiv vorhanden und deshalb meßbar. Die Lautstärke dagegen, mit der der Mensch eine Schallstärke subjektiv empfindet,
hängt vom Gehörsinn ab und ist eine physiologische Größe. Sie wird
in **Phon** (**phon**) angegeben. Diese Bezeichnung ist ebenso wie Dezibel

keine Einheit, sondern kennzeichnet nur den 20fachen Logarithmus eines Schalldruckverhältnisses.

Wenn

L_N Lautstärkepegel,
$\tilde{p}$ Schalldruck eines gleich laut empfundenen 1 000-Hz-Tones,
p_0 Bezugsschalldruck $= 20\,\mu\text{Pa}$,
dann gilt analog zu (A 23.12)

(A 23.19)
$$L_N = 20\lg\frac{\tilde{p}}{p_0}\;\text{phon} = 20\lg\frac{\hat{p}}{\sqrt{2}p_0}\;\text{phon}$$

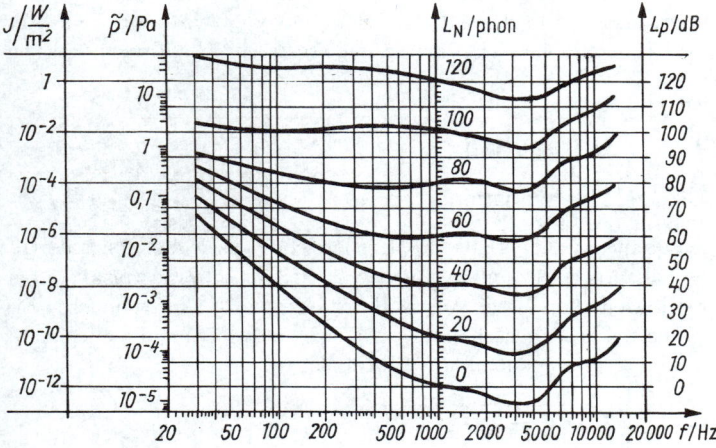

Beachte:

- Für einen Ton von 1 000 Hz stimmen Schalldruckpegel L_p und Lautstärkepegel L_N überein.
- Der Lautstärkepegel eines Tones beliebiger Frequenz errechnet sich aus dem Schalldruck des als gleich laut empfundenen 1 000-Hz-Tones.
- Zahlenwerte für den Lautstärkepegel L_N → Tab. 37.
- (A 23.19) berücksichtigt, daß die Schallempfindung (Empfindungsstärke) mit dem Logarithmus der Schallintensität (Reizstärke) wächst (**Weber-Fechnersches Gesetz**).
- Bei mehreren Schallquellen ergibt sich der gesamte Lautstärkepegel aus der Wurzel der Summe der Schalldruckquadrate.

23.2.3   Bewerteter Schallpegel

Mit dem Diagramm läßt sich der Lautstärkepegel nur von Tönen, also sinusförmigen Schallwellen, bestimmen. Auch die Vergleichsmessung und Rechnung nach (A 23.19) ist schwierig, wenn es sich um Frequenzgemische, also nicht sinusförmige Schallwellen handelt. Statt des Lautstärkepegels bestimmt man den sogenannten **bewerteten** Schallpegel. Er wird mit Schallpegelmessern, bestehend aus Meßmikrofon, Verstärker und Anzeige, gemessen. Dabei wird durch zusätzliche Korrekturglieder die frequenzabhängige Empfindlichkeit der des Ohres angenähert. Dafür gibt es international festgelegte Bewertungskurven, deren Bezeichnung angefügt wird, z.B. bedeutet 65 dB(A) einen nach IEC-Kurve A bewerteten Schalldruckpegel von 65 dB.

24   Ultraschall

24.1   Eigenschaften

Schallfrequenzen oberhalb des Hörbereiches bezeichnet man als Ultraschall. Als Grenze nimmt man $\approx$ 20 kHz an, obwohl vor allem bei älteren Menschen dieser Wert nicht erreicht wird. Die besonderen Eigenschaften des Ultraschalls ergeben sich aus der hohen Frequenz und der damit verbundenen kurzen Wellenlänge.

24.1.1   Schallstärke

Aus (A 23.8) $J = \dfrac{\varrho c \widehat{v}^2}{2}$ und (A 23.2) $\widehat{v} = 2\pi f \widehat{y}$ folgt $J = 2\pi^2 \varrho c \widehat{y}^2 f^2$, d.h. $J \sim f^2$. Mit den hohen Frequenzen des Ultraschalls ergeben sich deshalb sehr große Schallintensitäten (bis etwa 20 W/cm^2), die das Innere des beschallten Körpers erwärmen.

Der Schalldruck kann Werte von mehreren Bar annehmen. Das ergibt beträchtliche mechanische Wirkungen im Stoff:

▶   Ultraschallmassage,
▶   Zerstörung von Zellen,
▶   Emulgierung von Wasser und Öl u.a.,
▶   Entgasung von Metallschmelzen und Flüssigkeiten,
▶   Kavitation (Hohlraumbildung) im Medium,

▶ Ultraschallöten von Aluminium (Zerstörung der Oxidschicht),
▶ Ultraschallbohren,
▶ Ultraschallreinigen.

24.1.2 Ausbreitung

Wegen der kurzen Wellenlänge sind Ultraschallwellen wie Licht scharf zu bündeln. Auch die Gesetze der Reflexion gelten. Mit Hilfe eines hohlspiegelartigen Reflektors können Ultraschallwellen aus dem Brennpunkt heraus in eine bestimmte Richtung gestrahlt werden. Beugungen treten kaum auf, die Ausbreitung erfolgt geradlinig:
▶ Echolotungen, auch zum Aufsuchen von Fischschwärmen,
▶ zerstörungsfreie Werkstoffprüfung, wobei Ultraschallwellen an Rissen und Fehlern reflektiert werden.

24.2 Erzeugung von Ultraschall

A

Mechanische Erzeugung. Stimmgabeln mit Zinkenlängen von wenigen Millimetern, die Galton-Pfeife und Lochsirenen gestatten Ultraschallfrequenzen bis zu etwa 200 kHz. Höhere Frequenzen und vor allem größere Schallintensitäten erreicht man mit elektrischen oder magnetischen Verfahren.

Magnetische Erzeugung. Mit Hilfe der **Magnetostriktion** ist es möglich, Ultraschall bis zu etwa 50 kHz zu erzeugen. Ferromagnetische Stoffe (Nickel, Eisen usw.) ändern in einem magnetischen Feld unter dem Einfluß der Feldstärke ihre Länge in geringem Maße. In einem magnetischen Wechselfeld schwingt z.B. ein Nickelstab longitudinal in der entsprechenden Frequenz. Die Amplituden werden besonders groß im Resonanzfall.

Elektrische Erzeugung. Bei der **Elektrostriktion** (inverser piezoelektrischer Effekt) wird an eine Quarzkristallplatte eine Wechselspannung hoher Frequenz gelegt. Die Platte führt Schwingungen in entsprechender Frequenz aus, die bei Resonanz besonders kräftig sind. Es sind Frequenzen bis zu 10^4 kHz möglich.

Mit gutem Erfolg wurden Quarzkristalle in neuerer Zeit durch Bariumnitrat ersetzt.

OPTIK

O

25 Strahlenoptik

25.1 Lichtausbreitung

25.1.1 Geradlinigkeit der Ausbreitung

Beweis für die geradlinige Ausbreitung ist die Schattenbildung. Bei punktförmiger Lichtquelle entsteht ein *Kernschatten*. Bei einer Lichtquelle mit flächenhafter Ausdehnung erkennt man *Kern-* und *Halbschatten*, desgleichen bei zwei oder mehreren Lichtquellen.

▶ Strahlen, die von einem gemeinsamen Punkt radial ausstrahlen, sind *divergent* (Bündelquerschnitt nimmt zu).

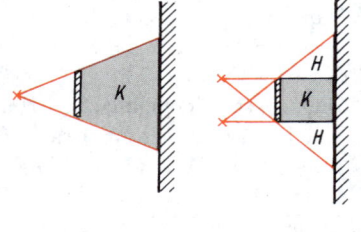

▶ *Strahlen,* die auf einen gemeinsamen Schnittpunkt zulaufen, sind *konvergent* (Bündelquerschnitt nimmt ab).

▶ *Strahlen,* die weder einen gemeinsamen Ausgangspunkt noch einen gemeinsamen Zielpunkt haben, sind *diffus.*

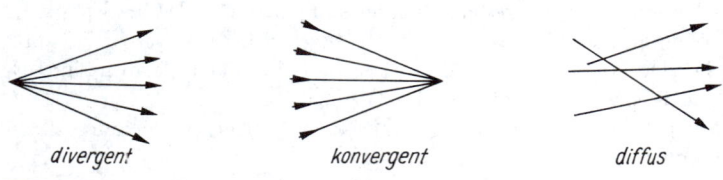

divergent   *konvergent*   *diffus*

25.1.2 Lichtgeschwindigkeit

Die ältesten Bestimmungen der Lichtgeschwindigkeit sind:

▶ 1676 Olaf Römer (astronomische Methode),

▶ 1849 H. Fizeau (erste irdische Bestimmung),

▶ 1892 Foucault (erste Bestimmung in anderen Medien als Luft).

Aufgrund genauer Messungen und der Definition des Meters gilt seit 1983 für die

Lichtgeschwindigkeit im Vakuum $c_0 = 299\,792\,458\ \frac{\text{m}}{\text{s}}$.

Sie ist eine **universelle Konstante** und von der Frequenz der Strahlung unabhängig. In allen Medien ist die Lichtgeschwindigkeit **kleiner** als im Vakuum.

Übersicht:

Lichtgeschwindigkeit $c \big/ 10^3\ \frac{\text{km}}{\text{s}}$ (gerundet)			
Vakuum	300	Flintglas	186
Luft	300	Schwefelkohlenstoff	184
Wasser	224	Diamant	122
Kronglas	197	Kanadabalsam	198

● Weitere Werte für die Lichtgeschwindigkeit → Tab. 38.

25.2 Reflexion

25.2.1 Reflexionsgesetz

(M 14.12) gilt auch für die Lichtwellen, also:

Einfallswinkel = Reflexionswinkel; $\alpha = \beta$

Beachte:

● Alle Winkel werden zwischen dem Strahl und dem Einfallslot gemessen.

● Einfallender Strahl, reflektierter Strahl und Lot liegen in einer Ebene.

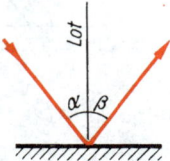 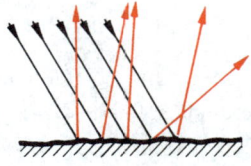

Das Reflexionsgesetz gilt auch, wenn die reflektierende Oberfläche unregelmäßig ist. Parallele Strahlen werden an ihr *diffus* reflektiert. Jeder Strahl genügt dem Reflexionsgesetz.

25.2.2   Ebener Spiegel

Glatte Oberflächen, an denen einfallende Parallelstrahlen auch nach der Reflexion parallel sind, werden als ebene Spiegel bezeichnet. Sie dienen der Bilderzeugung.

> Der ebene Spiegel erzeugt **virtuelle** (scheinbare) Bilder, die symmetrisch mit dem Gegenstand zum Spiegel liegen.

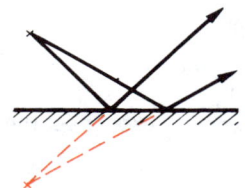

Ein Betrachter hat den Eindruck, als kämen die Strahlen von einem Punkt hinter dem Spiegel her.

25.2.3   Hohlspiegel (Konkavspiegel)

Das Reflexionsgesetz gilt auch für gekrümmte Flächen. Das Lot (die Flächennormale) hat allerdings für jeden Punkt der Spiegelfläche eine andere Richtung. Hohlspiegel sind entweder Teile von Kugelflächen (**sphärische Spiegel**) oder von Rotationsparaboloiden (**Parabolspiegel**).

> Parallel zur optischen Achse auf einen Hohlspiegel fallende Strahlen werden im Brennpunkt F gesammelt.

Den Abstand des Brennpunktes F vom Scheitel S des Spiegels nennt man **Brennweite f**.

Wenn
f Brennweite des Hohlspiegels,
r Krümmungsradius des Hohlspiegels,
dann gilt

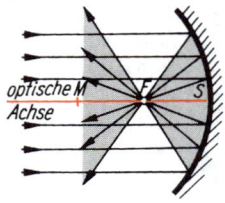

(O 25.1) $$f = \frac{r}{2}$$

Der Brennpunkt halbiert die Strecke Mittelpunkt M – Scheitelpunkt S.

Beachte:

● Bei sphärischen Spiegeln schneiden sich nur die achsnahen Strahlen exakt im Brennpunkt. Sollen auch die achsfernen Strahlen durch den Brennpunkt gehen, so muß ein Parabolspiegel verwendet werden.

Konstruktion des Spiegelbildes

Zur Bildkonstruktion benutzt man mindestens 2 der 3 ausgezeichneten Strahlen (**Hauptstrahlen**). Diese sind

▶ der **Parallelstrahl** (1), er wird zum Brennpunktstrahl;

▶ der **Brennpunktstrahl** (2), er wird zum Parallelstrahl;

▶ der **Mittelpunktstrahl** (3), er wird in sich reflektiert.

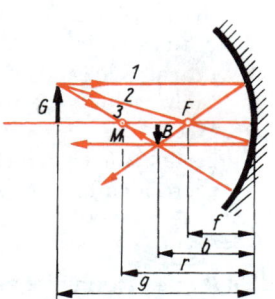

Berechnung des Spiegelbildes

Wenn

f Brennweite des Hohlspiegels,

g Gegenstandsweite, Abstand des Gegenstandes vom Spiegel,

b Bildweite, Abstand des Bildes vom Hohlspiegel,

G Gegenstandsgröße,

B Bildgröße,

dann gilt entsprechend der Zeichnung

(O 25.2) $\boxed{G : B = g : b}$

Ferner folgt aus der Zeichnung

$$\frac{G}{B} = \frac{g - f}{f} = \frac{g}{b}; \quad \frac{g}{f} - \frac{f}{f} = \frac{g}{b}$$

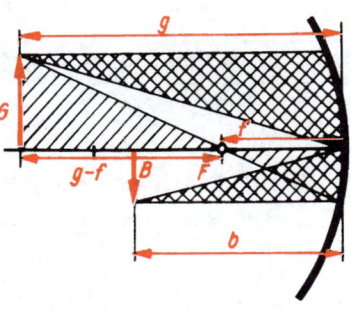

oder nach Division durch g und entsprechender Umstellung

(O 25.3) $\boxed{\dfrac{1}{f} = \dfrac{1}{g} + \dfrac{1}{b}}$

Beachte:

● (O 25.2) und (O 25.3) gelten mit hinreichender Genauigkeit nur für achsnahe Strahlen, weil bei der Ableitung die gekrümmte Spiegelfläche durch eine Ebene ersetzt wurde.

● Reelle Bilder sind stets umgekehrt, virtuelle Bilder dagegen aufrecht.

● Reelle Bilder können auf einem Schirm aufgefangen werden, virtuelle nicht.

● Im Fall 5 folgender Übersicht ist b *negativ*.

● In Spiegelteleskopen verwendet man Hohlspiegel als Objektiv.

● Wegen der Umkehrbarkeit des Strahlenganges wird das divergente Strahlenbündel einer in den Brennpunkt des Hohlspiegels gebrachten Lichtquelle nach der Reflexion annähernd parallel.

Übersicht:

Bilder des Hohlspiegels				
Gegenstands- weite g	Bild- weite b	Bild- größe B	Abbildung- maßstab β	Bildart
1. $g > r$	$r > b > f$	$B < G$	$\beta < 1$	reell, umgek.
2. $g = r$	$b = r$	$B = G$	$\beta = 1$	reell, umgek.
3. $r > g > f$	$b > r$	$B > G$	$\beta > 1$	reell, umgek.
4. $g = f$	$b = \infty$	$B = \infty$	$\beta = \infty$	–
5. $g < f$	$b < 0$	$B > G$	$\beta > 1$	virtuell, aufr.
Bild des Wölbspiegels				
6. g beliebig	$b < 0$	$B < G$	$\beta < 1$	virtuell, aufr.

25.2.4   Wölbspiegel (Konvexspiegel)

Parallel zur optischen Achse auf einen Wölbspiegel fallende Strahlen werden so reflektiert, als kämen sie vom Zerstreuungspunkt F her.

Der Wölbspiegel erzeugt stets virtuelle, aufrechte und verkleinerte Bilder.

Beachte:

● (O 25.1) bis (O 25.3) gelten auch für den Wölbspiegel. Jedoch sind die Brennweite f und die Bildweite b negativ, weil sie hinter dem Spiegel liegen.

● Zur Konstruktion des Spiegelbildes benutzt man wie beim Hohlspiegel mindestens 2 der 3 Hauptstrahlen.

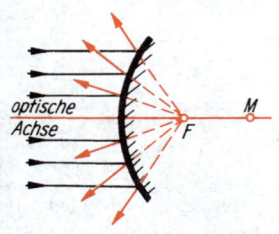
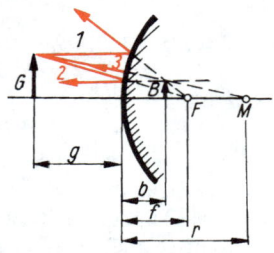

25.3   Brechung

An der Grenzfläche zweier Medien wird ein Lichtstrahl nicht nur
reflektiert, sondern er tritt mit einem Teil seiner Energie in anderer
Richtung in das neue Medium über, er wird gebrochen.

25.3.1   Brechungsgesetz

(M 14.13) gilt auch für Lichtstrahlen.

Wenn

α Einfallswinkel (zum Lot gemessen),
β Brechungswinkel (zum Lot gemessen),
c_0 Lichtgeschwindigkeit im Vakuum,
c_1 Lichtgeschwindigkeit im Medium 1,
c_2 Lichtgeschwindigkeit im Medium 2,
n Brechzahl ($\rightarrow$ Tab. 39),

dann gilt für einen Übergang des Lichtes **Vakuum → Medium**

(O 25.4) $$\frac{\sin\alpha}{\sin\beta} = \frac{c_0}{c} = n$$

Beachte:

● Da sich die Lichtgeschwindigkeiten im Vakuum c_0 und in Luft
c_{Luft} nur um $0{,}3\,^0/_{00}$ unterscheiden, kann auch bei einem Übergang aus Luft mit der auf das Vakuum bezogenen Brechzahl n
gerechnet werden.

■ Bei einem Übergang **Medium 1** → **Medium 2** gilt sinngemäß

(O 25.5) $$\frac{\sin \alpha}{\sin \beta} = \frac{c_1}{c_2} = \frac{n_2}{n_1}$$ oder $$n_1 \sin \alpha = n_2 \sin \beta$$

Beachte:

● (O 25.5) ist eine Verallgemeinerung von (O 25.4). Mit c_1 bzw. $c_2 = c_0$ kann auch sie für Vakuum (und Luft) benutzt werden. Es ist dann $n = 1$ zu setzen.

● Das Medium mit der kleineren Lichtgeschwindigkeit wird als **optisch dichter**, das mit der größeren Lichtgeschwindigkeit als **optisch dünner** bezeichnet.

Beim Übergang in ein optisch *dichteres* Medium ($c_2 < c_1$; $n_2 > n_1$) wird der Strahl zum Lot hin gebrochen ($\beta < \alpha$).

Beim Übergang in ein optisch *dünneres* Medium ($c_2 > c_1$; $n_2 < n_1$) wird der Strahl vom Lot weg gebrochen ($\beta > \alpha$).

25.3.2   Totalreflexion

Bei Übergang dichteres → dünneres Medium kann der Einfallswinkel einen bestimmten Grenzwert (**Grenzwinkel** α_G) nicht überschreiten, da der Sinus des Brechungswinkels maximal eins werden kann.

Wenn
α_G Grenzwinkel, größter Einfallswinkel (→ Tab. 40),
n Brechzahl (→ Tab. 39),
c_1 Geschwindigkeit im dichteren Medium 1,
c_2 Geschwindigkeit im dünneren Medium 2,

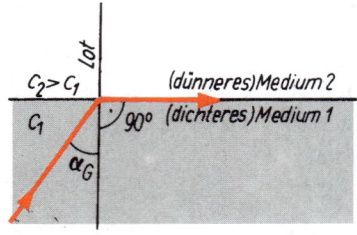

dann gilt mit (O 25.5)
$n_1 \sin \alpha_G = n_2 \sin \beta$,   worin
$\sin \beta = 1$, also

(O 25.6) $$\sin \alpha_G = \frac{c_1}{c_2} = \frac{n_2}{n_1}$$

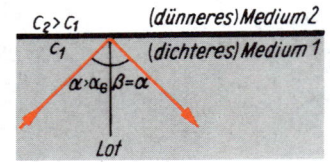

| Bei allen Einfallswinkeln $\alpha > \alpha_G$ tritt **Totalreflexion** ein. Die gesamte Lichtenergie wird dann nach dem Reflexionsgesetz in das erste, also dichtere Medium reflektiert.

■ Ist in (O 25.6) das 2. Medium Vakuum (oder Luft), so kann wegen $n_2 = 1$ vereinfacht geschrieben werden

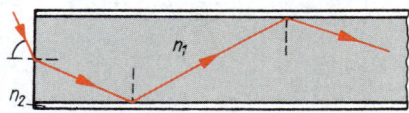

(O 25.7) $\boxed{\sin\alpha_G = 1/n}$

Anwendung der Totalreflexion u. a.

▶ bei der Brechzahl-Bestimmung mit einem **Refraktometer**,

▶ in **Lichtleitern** (Glasfaseroptik), das sind dünne Glasfasern (Brechzahl n_1) mit etwa $30\,\mu m$ Durchmesser, ummantelt mit einer sehr dünnen Schicht (Brechzahl $n_2 < n_1$). Durch die Stirnfläche des Lichtleiters eintretende Strahlen werden am Mantelinneren totalreflektiert und an einem seitlichen „Ausbrechen" aus dem Leiter gehindert. Fremdlicht kann von außen nicht eindringen.

▶ Auch die „Fata Morgana" ist als Luftspiegelung eine auf Totalreflexion beruhende Erscheinung.

O

25.3.3   Planparallele Platte

Beim Durchgang durch eine planparallele Platte (Brechung an zwei parallelen Grenzflächen) erfährt ein Lichtstrahl keine Richtungsänderung, sondern nur eine Parallelverschiebung.

Wenn

a Parallelverschiebung des Strahls,

δ Dicke der Platte,

α Einfallswinkel an der 1. Grenzfläche,

β Brechungswinkel an der 1. Grenzfläche = Einfallswinkel an der 2. Grenzfläche,

dann gilt, wenn das Medium beiderseits der Platte gleich ist,

(O 25.8) $\boxed{a = \dfrac{\delta \sin(\alpha - \beta)}{\cos\beta}}$

■ Infolge der Strahlenbrechung erscheint eine planparallele Platte beim Hindurchblicken von einer geringeren Dicke.

Wenn
δ Dicke der Platte,
n Brechzahl der Platte,
δ' scheinbare Dicke,
dann gilt

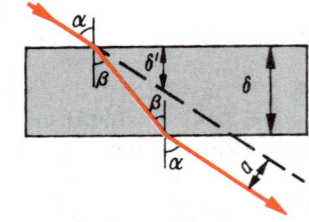

(O 25.9) $\delta' = \dfrac{\delta}{n}$

25.3.4   Prisma

Im Prisma wird der Lichtstrahl zweimal von der „brechenden Kante" weg
gebrochen. Die Gesamtablenkung ist
abhängig vom 1. Einfallswinkel und
dem brechenden Winkel.

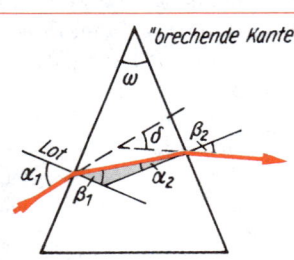

Wenn
δ Ablenkwinkel bei zweimaliger Brechung, Gesamtablenkung,
α_1 Einfallswinkel an der 1. Grenzfläche,
β_2 Brechungswinkel an der 2. Grenzfläche,
ω brechender Winkel des Prismas,
n Brechzahl,
dann gilt

(O 25.10) $\delta = \alpha_1 + \beta_2 - \omega$

Für kleine Werte von ω ergibt sich dann in guter Näherung

(O 25.11) $\delta = (n-1)\omega$

Beachte:
- Aus den geometrischen Beziehungen folgt $\omega = \beta_1 + \alpha_2$.
- Bei symmetrischem Strahlengang, also $\alpha_1 = \beta_2$ und $\beta_1 = \alpha_2$,
  verläuft der Strahl im Prisma parallel zur Grundfläche, die
  Gesamtablenkung δ erreicht ein Minimum.

■   Die minimale Ablenkung bei $\delta_{\min}$ benutzt man zur Bestimmung
der Brechzahl des Prismenmaterials.

Wenn

ω brechender Winkel,

$\delta_{\min}$ kleinste Gesamtablenkung bei symmetrischem Strahlen-
         gang,

n Brechzahl,
dann gilt

(O 25.12)
$$n = \frac{\sin \dfrac{\omega + \delta_{\min}}{2}}{\sin \dfrac{\omega}{2}}$$

25.4   Linsen

Linsen bestehen aus Glas, Kunststoff oder anderen durchsichtigen Materialien. Bei **sphärischen Linsen** sind die Begrenzungsflächen Teile von Kugelflächen.

Beim Durchlaufen einer Linse werden die Strahlen zweimal gebrochen. In Zeichnungen und Rechnungen ersetzt man jedoch die Brechung an beiden *Oberflächen* durch die Brechungen an zwei **Hauptebenen** ($\rightarrow$ 25.4.5). Bei *dünnen* Linsen, deren Dicke gegenüber den Krümmungsradien der Kugelflächen klein ist, fallen die beiden Hauptebenen praktisch zusammen und liegen in der Mittelebene der Linse.

Alle Abstände (Brennweite, Bild- und Gegenstandsweite) sind auf diese Mittelebene bezogen, die auch in Zeichnungen anstelle der Linse dargestellt wird.

25.4.1   Linsenarten

■ **Konvexlinsen** (Sammellinsen) sind durch zwei Kugelflächen so begrenzt, daß sie in der Mitte dicker als am Rande sind. Sie können sein.

▶ bikonvex (a),
▶ plankonvex (b),
▶ konkavkonvex (c) (positiver Meniskus).

a) b) c)

Parallel zur optischen Achse durch eine Konvexlinse tretende Strahlen werden im Brennpunkt F gesammelt. Sein Abstand von der Linse ist die Brennweite f.

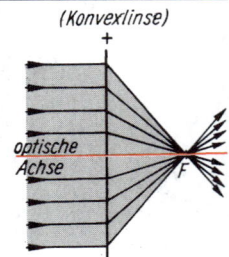
(Konvexlinse)

■ **Konkavlinsen** (Zerstreuungslinsen) sind durch zwei Kugelflächen so begrenzt, daß sie in der Mitte dünner als am Rande sind. Sie können sein

▶ bikonkav (a),
▶ plankonkav (b),
▶ konvexkonkav (c) (negativer Meniskus).

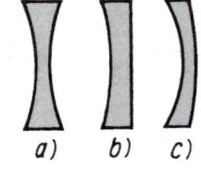
a)   b)   c)

Parallel zur optischen Achse durch eine Konkavlinse tretende Strahlen werden so gebrochen, als kämen sie von einem vor der Linse liegenden Brennpunkt F. Sein Abstand von der Linse ist die Brennweite f, die hier negativ ist ($f < 0$) und auch als Zerstreuungsweite bezeichnet wird.

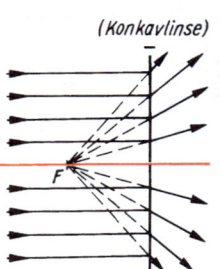
(Konkavlinse)

■ Den Kehrwert der Brennweite f bezeichnet man als **Brechwert D**.

(O 25.13) $$D = \frac{1}{f}$$

Gesetzliche Einheit des Brechwertes:

$$[D] = \text{Dioptrie (dpt)} = \frac{1}{\text{m}}.$$

Der Brechwert von Zerstreuungslinsen ist negativ.

25.4.2   Konstruktion des Linsenbildes

Zur Bildkonstruktion benutzt man mindestens 2 der 3 Hauptstrahlen,
deren Verlauf nach der Brechung bekannt ist:

▶ der **Parallelstrahl** (1) wird zum Brennpunktstrahl;
▶ der **Brennpunktstrahl** (2) wird zum Parallelstrahl;
▶ der **Mittelpunktstrahl** (3) geht ohne Richtungsänderung durch die
Linse.

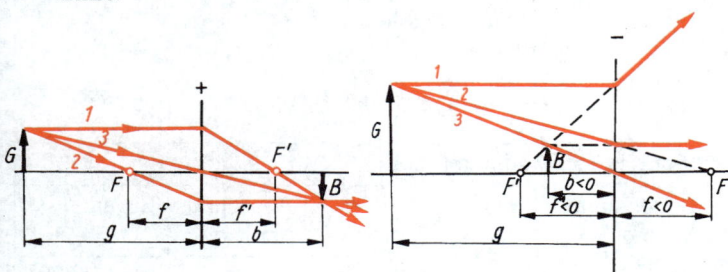

25.4.3   Abbildungsgesetze

Wenn
β Abbildungsmaßstab,
G Gegenstandsgröße,
B Bildgröße,
g Gegenstandsweite,
b Bildweite,
f Brennweite,
dann gilt entsprechend der Zeichnung für den

Abbildungsmaßstab

(O 25.14) $$\beta = \frac{B}{G} = \frac{b}{g}$$

Ferner folgt aus der Zeichnung

$$\frac{G}{B} = \frac{g-f}{f} = \frac{g}{b}\,;\quad \frac{g}{f} - \frac{f}{f} = \frac{g}{b}$$

oder nach einer Division durch g und entsprechender Umstellung die

Abbildungsgleichung

(O 25.15) $$\frac{1}{f} = \frac{1}{g} + \frac{1}{b}$$

Beachte:
- Bildweiten, die auf der Gegenstandsseite liegen, sind negativ. Es handelt sich um **virtuelle Bilder**.
- Bei Zerstreuungslinsen sind Brennweite und Bildweite negativ.

Übersicht:

Bilder der Sammellinse ($f > 0$)				
Gegenstands- weite g	Bild- weite b	Bild- größe B	Abbildung- maßstab β	Bildart
1. $g > 2f$	$2f > b > f$	$B < G$	$\beta < 1$	reell, umgek.
2. $g = 2f$	$b = 2f$	$B = G$	$\beta = 1$	reell, umgek.
3. $2f > g > f$	$b > 2f$	$B > G$	$\beta > 1$	reell, umgek.
4. $g = f$	$b = \infty$	$B = \infty$	$\beta = \infty$	–
5. $g < f$	$b < 0$	$B > G$	$\beta > 1$	virtuell, aufr.
Bild der Zerstreuungslinse ($f < 0$)				
6. g beliebig	$b < 0$	$B < G$	$\beta < 1$	virtuell, aufr.

25.4.4   Bestimmung der Brennweite

Die Brennweite einer Linse hängt vom Linsenmaterial, den Krümmungsradien der begrenzenden Kugelflächen und dem umgebenden Medium ab.

Wenn
f Brennweite der Linse,
n Brechzahl des Linsenmaterials,
n_M Brechzahl des umgebenden Mediums (bei Luft ≈ 1),
r_1 Krümmungsradius der *stärker* gekrümmten Linsenseite,
r_2 Krümmungsradius der *schwächer* gekrümmten Linsenseite,

dann gilt für dünne Linsen

(O 25.16) $$\frac{1}{f} = \left(\frac{n}{n_M} - 1\right)\left(\frac{1}{r_1} + \frac{1}{r_2}\right)$$

Übersicht:

Linsenarten		f	r_1	r_2
Linse				
Sammellinse	bikonvex		+	+
	plankonvex } +		+	∞
	konkavkonvex		+	−
Zerstreuungslinse	bikonkav		−	−
	plankonkav } −		−	∞
	konvexkonkav		−	+

Beachte:

- Die Krümmungsradien der nach außen gewölbten Flächen sind +, die Krümmungsradien der nach innen gewölbten Flächen sind −.
- Der Krümmungsradius einer Ebene ist ∞.
- (O 25.16) gilt nur für dünne Linsen, also Linsen, deren Dicke klein ist gegenüber den übrigen Abmessungen und ihrer Brennweite. Dicke Linsen ($\rightarrow$ 25.4.5).

■ **Systeme dünner Linsen** wirken wie eine Linse, wenn ihr Abstand d voneinander klein ist gegenüber ihren Brennweiten f_1 und f_2. Die Brennweite solcher Kombinationen ergibt sich aus den einzelnen Brennweiten.

Wenn

f_1 Brennweite der 1. Linse,
f_2 Brennweite der 2. Linse,
f Brennweite des Systems,
d Abstand beider Linsen,
D Brechwert $= 1/f$,

dann gilt für ein System aus zwei dünnen Linsen

(O 25.17) $$\frac{1}{f} = \frac{1}{f_1} + \frac{1}{f_2} - \frac{d}{f_1 f_2}$$ oder, da $1/f = D$,

(O 25.18) $\boxed{D = D_1 + D_2 - dD_1 D_2}$

Beachte:
● Brennweite f und Brechwert D einer Konkavlinse sind negativ!

25.4.5   Dicke Linsen

Linsen, deren Dicke nicht klein genug gegenüber ihrer Brennweite ist, heißen dicke Linsen. Bei dünnen Linsen kann man die beiden Brechungen an den Oberflächen durch eine in der Mittelebene ersetzen. Bei dicken Linsen dagegen gelten die Abbildungsgesetze nur, wenn man Parallelstrahl und Brennpunktstrahl in verschiedenen Ebenen, den **Hauptebenen**, bricht. Die Abstände f, f', g und b beziehen sich dann stets auf die entsprechende Hauptebene.

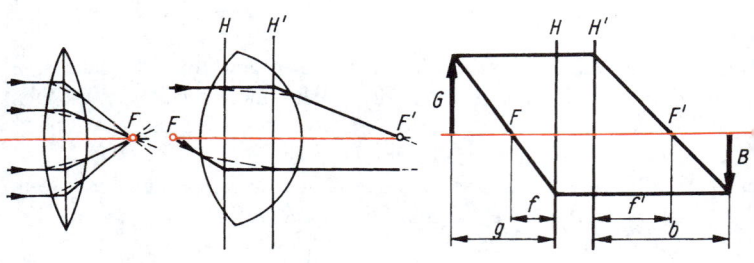

Die Brennweite einer dicken Linse hängt vom Linsenmaterial und den Abmessungen der Linse ab.

Wenn

f Brennweite der dicken Linse,

n Brechzahl des Linsenmaterials ($\rightarrow$ Tab. 39),

r_1 Krümmungsradius der stärker gekrümmten Linsenfläche,

r_2 Krümmungsradius der schwächer gekrümmten Linsenfläche,

d Abstand der beiden Linsenscheitel,

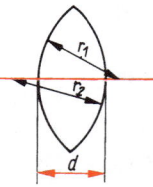

dann gilt

$$\text{(O 25.19)} \quad \boxed{\frac{1}{f} = (n-1)\left(\frac{1}{r_1} + \frac{1}{r_2}\right) - \frac{d(n-1)^2}{nr_1r_2}}$$

■ Die Brennweite eines Systems dicker Linsen ergibt sich ebenfalls aus (O 25.17) bzw. die Brechkraft aus (O 25.18). Anstelle des Abstandes beider Linsen ist für d der Abstand der beiden einander zugekehrten Hauptebenen einzusetzen.

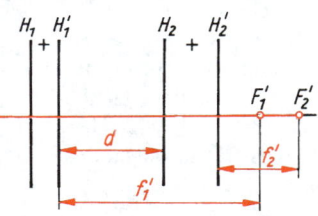

25.4.6 Abbildungsfehler

In einer fehlerfreien Abbildung ist jeder Bildpunkt eindeutig einem Gegenstandspunkt zugeordnet. Ferner muß die geometrische Anordnung der Bildpunkte der der Gegenstandspunkte ähnlich sein. Sphärische Linsen erfüllen diese Bedingung nur näherungsweise. Die Abweichungen werden als Abbildungsfehler (Linsenfehler, Aberrationen) bezeichnet.

Durch Verwendung von Linsensystemen und z. T. auch asphärischen Linsen werden die Abbildungsfehler weitgehend vermieden.

Farbfehler (chromatische Aberration). Die Bilder bekommen Farbsäume, weil Licht unterschiedlicher Wellenlänge verschieden stark gebrochen wird (Blau stärker als Rot). Der Fehler wird vermieden (exakt jedoch nur für 2 Wellenlängen) durch Kombination einer Konvexlinse aus Kronglas und einer Konkavlinse aus Flintglas (achromatisches Linsenpaar, *Achromat*).

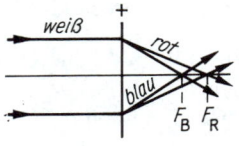

Sphärischer Fehler. Unschärfe im Bild, weil die durch die Randzonen der Linse gehenden Strahlen stärker gebrochen werden. Abhilfe: Abblenden. Vermieden wird der Fehler bei einem entsprechend korrigierten Linsenpaar.

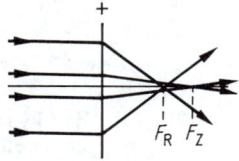

Bildfeldwölbung. Die Ränder der Bilder werden unscharf, weil das Bild auf einer gewölbten Fläche erzeugt wird. Der Fehler wird vermieden durch Verwendung besonderer Linsensysteme *Aplanate)*.

Verzeichnung. Die Abbildung eines rechtwinkligen Gitternetzes ist kissen- oder tonnenförmig verzeichnet, d. h., vor allem an den Rändern werden die Geraden nach innen oder außen gekrümmt.

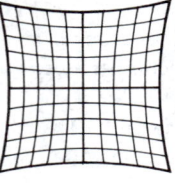
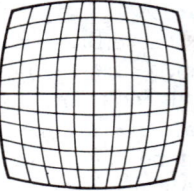

Weitere Linsenfehler sind u. a.
▶ Astigmatismus,
▶ Koma.

Zu ihrer Korrektur sind komplizierte Linsensysteme mit drei und mehr Einzellinsen erforderlich. In den modernen Objektiven für Foto- und Filmkameras sind alle genannten Fehler auf ein Minimum reduziert.

25.5   Optische Geräte

Sie erfüllen zwei Aufgaben:
▶ Bilderzeugung (Projektor, Kamera usw.),
▶ Vergrößerung des Sehwinkels (Lupe, Mikroskop, Fernrohr usw.).

25.5.1   Projektor

Die Bilderzeugung erfolgt mit Hilfe eines konvexen Linsensystems, dem Objektiv. Der abzubildende Gegenstand befindet sich ein bis zwei Brennweiten vor der Linse ($f < g < 2f$). Das Bild entsteht mehr als zwei Brennweiten hinter der Linse ($b > 2f$) und ist reell, vergrößert und umgekehrt ($\rightarrow$ Fall 3. der Übersicht in 25.4.3).

Das Scharfstellen des Projektionsbildes erfolgt durch Anpassen der Gegenstandsweite an die jeweilige Bildweite (Verschieben des Objektives). Die Größe des Projektionsbildes läßt sich aus dem Abbildungsmaßstab bestimmen.

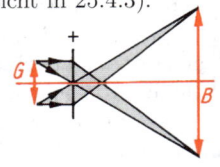

Wenn
β Abbildungsmaßstab $= B/G$,
b Bildweite,
f Brennweite,
dann gilt, wenn (O 25.14) und (O 25.15) entsprechend umgeformt werden,

(O 25.20) $\boxed{\beta = \dfrac{b}{f} - 1}$

■   Undurchsichtige Gegenstände (Schriftvorlagen, Zeitschriften u. ä.) werden mit einen **Episkop** projiziert. Für die Beleuchtung sind sehr starke Lampen erforderlich, weil nur das von der Vorlage *reflektierte* Licht für die Bilderzeugung genutzt werden kann.

■   Durchsichtige Gegenstände (Diapositive) werden mit einem **Diaskop** (Diaprojektor) projiziert. Auch der Filmprojektor und alle Arten von Schreibprojektoren gehören zu dieser Gerätegruppe. Um einen möglichst großen Teil des von der Lichtquelle ausgestrahlten Lichtes zu

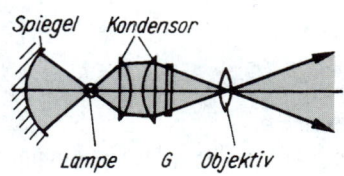

nutzen, verwendet man eine spezielle Beleuchtungsvorrichtung. Die Glühlampe steht im Krümmungsmittelpunkt eines Hohlspiegels. Dadurch gelangt ein wesentlicher Teil des nach hinten abgestrahlten Lichts ebenfalls auf den durchsichtigen Gegenstand. Vor der Lampe befindet sich der meist mehrteilige Kondensor. Da die Lampe im Brennpunkt der ersten Kondensorlinse steht, wird das divergent auftreffende Licht parallel zur zweiten Kondensorlinse geführt. Von hier an sind die Lichtstrahlen konvergent. Etwa im Brennpunkt der zweiten Kondensorlinse steht das Objektiv.

25.5.2   Kamera (Fotoapparat)

Die Bilderzeugung erfolgt mit Hilfe eines konvexen Linsensystems, dem Objektiv. Der abzubildende Gegenstand ist in der Regel mehr als zwei Brennweiten entfernt ($g > 2f$). Das Bild ist reell, verkleinert und umgekehrt ($\rightarrow$ Fall 1. der Übersicht in 25.4.3). Das Einstellen der

Schärfe erfolgt durch Veschieben des Objektivs, wobei die Bildweite der jeweiligen Gegenstandsweite angepaßt wird.

Zur ausreichenden Belichtung des Films ist eine bestimmte Lichtmenge je Fläche nötig. Sie wird von der Belichtungsdauer und dem Durchmesser des Strahlenbündels bestimmt. Dieser ist mit einer Blende regelbar.

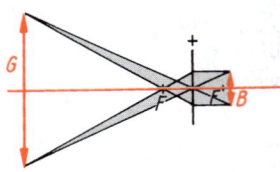

Wenn

d Durchmesser des Lichtstrahlbündels, begrenzt durch die Blende,

f Brennweite des Objektivs,

k Blendenzahl, Öffnungszahl, „Blende",

dann gilt für die

relative Öffnung

(O 25.21) $$\boxed{\dfrac{1}{k} = \dfrac{d}{f}}$$

Beachte:

● Die größte relative Öffnung eines Objektivs (bei voll geöffneter Blende) bezeichnet man als **Öffnungsverhältnis**.

● Die mit (O 25.21) zu bestimmende relative Öffnung stimmt nur für die Einstellung $g = \infty$ (und damit $b = f$). Bei kleineren Objektweiten ist $b > f$. Die relative Öffnung ergibt sich dann aus $1/k = d/b$, d. h., sie ist bei unverändertem Durchmesser des Lichtstrahlbündels kleiner. Dies ist besonders bei Nahaufnahmen zu beachten.

■ Anstelle der relativen Öffnung benutzt man meist den Kehrwert und nennt ihn **Blendenzahl k** oder **Öffnungszahl** oder auch nur „Blende". Als internationale **Blendenreihe** gelten folgende Blendenzahlen:

0,5 – 0,7 – 1,0 – 1,4 – 2 – 2,8 – 4 – 5,6 –8 – 11 – 16 – 22 – 32 – 45 – 64 – 90.

Diese Blendenreihe ist so abgestuft, daß von Öffnungszahl zu Öffnungszahl die Querschnittsfläche des durchtretenden Strahlenbündels halbiert wird.

Angepaßt der Abstufung dieser Blendenreihe ist die **Belichtungszei-tenreihe**. Der Übergang zur nächsten Belichtungszeit bedeutet jeweils etwa eine Verdopplung der in Sekunden angegebenen Zeiten:

> 1/1000 – 1/500 – 1/250 – 1/125 – 1/60 – 1/30 – 1/15 – 1/8 – 1/4 – 1/2 – 1.

25.5.3 Auge

Mit Hilfe der konvexen Augenlinse wird ein verkleinertes, umgekehrtes und reelles Bild des betrachteten Gegenstandes auf der Netzhaut erzeugt. Die Anpassung an die verschiedenen Objektentfernungen erfolgt – da die Bildweite unveränderlich ist – durch Veränderung der Brennweite. Mit einem Muskel kann der Krümmungsradius der Augenlinse variiert werden. Dieses „Scharfstellen" erfolgt unbewußt und heißt **Akkommodation**. Bei einem normalsichtigen Auge reicht der Akkommodationsbereich von dem im Unendlichen liegenden **Fernpunkt** (bei entspanntem Auge) bis zum Nahpunkt, der etwa 8 bis 10 cm vor dem Auge liegt. Dieser Wert vergrößert sich mit zunehmendem Alter.

Der kleinste Betrachtungsabstand, auf den ein normalsichtiges Auge ermüdungsfrei akkommodieren kann, die „deutliche Sehweite", liegt bei etwa 25 cm. Für Rechnungen wurde die (konventionelle) **Bezugssehweite** s **= 25 cm** vereinbart.

Bei Weitsichtigkeit ist der Abstand des Nahpunktes vom Auge zu groß. Mit einer zusätzlichen Sammellinse wird der Brechwert der Augenlinse vergrößert.

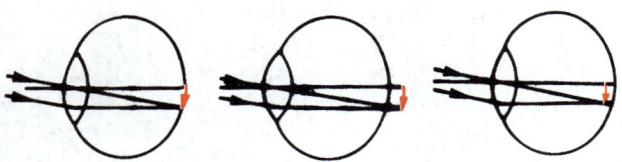

Bei Kurzsichtigkeit ist der Augapfel zu lang. Der Abstand des Fernpunktes ist kleiner als unendlich. Der Brechwert der Augenlinse muß mit einer zusätzlichen Zerstreuungslinse verkleinert werden.

Sehwinkel

> Als Sehwinkel bezeichnet man den Winkel, den die äußersten vom betrachteten Gegenstand kommenden Strahlen miteinander bilden. Er bestimmt die Größe des Netzhautbildes.

Wenn

G Objektgröße, Gegenstandsgröße,

g Objektweite, Gegenstandsweite,

σ Sehwinkel,

dann gilt

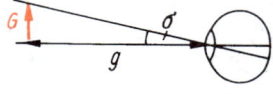

(O 25.22) $$\tan \sigma = \frac{G}{g} \quad \text{oder} \quad \arctan \frac{G}{g} \approx \frac{G}{g}$$

Beachte:

● Bei kleinen Sehwinkeln kann in guter Näherung der Tangens des Winkels durch den Winkel (in rad!) selbst ersetzt werden.

Auflösungsvermögen des Auges

Die Linse erzeugt das Bild des Gegenstandes auf der sogenannten Netzhaut. In ihr mündet der Sehnerv in feinsten Verästelungen, den Zäpfchen (für das farbige Sehen am Tage) und den Stäbchen (für das Schwarz-Weiß-Sehen des Nachts). Zwei Gegenstandspunkte können nur dann getrennt wahrgenommen werden, wenn ihre beiden Bildpunkte auf zwei verschiedene Zäpfchen (oder Stäbchen) fallen. Dies entspricht einem Sehwinkel von **mindestens 1′**.

Vergrößerung

Der Sehwinkel σ, unter dem ein Gegenstand auf der Netzhaut abgebildet wird, kann aus zwei Gründen (da $\tan \sigma = G/g$) zu klein sein:

– die Objektgröße G ist zu klein, so daß selbst eine Verkleinerung der Objektweite g bis auf das Minimum $g = s = 25\,\text{cm}$ keinen ausreichenden Sehwinkel ergibt. Abhilfe: Lupe ($\rightarrow$ 25.5.4) oder Mikroskop ($\rightarrow$ 25.5.5);

– die Objektweite g ist zu groß. Abhilfe: Fernrohr ($\rightarrow$ 25.5.6).

Die genannten optischen Geräte haben die Aufgabe, den Sehwinkel σ zu vergrößern. Ihre wichtigste Kenngröße ist deshalb die

Vergrößerung. Man definiert sie als das Verhältnis der Sehwinkel mit und ohne optisches Gerät.

Wenn

Γ Vergrößerung,

σ Sehwinkel, unter dem das vom optischen Gerät erzeugte Bild wahrgenommen wird,

σ_0 Sehwinkel ohne optisches Gerät,

dann gilt

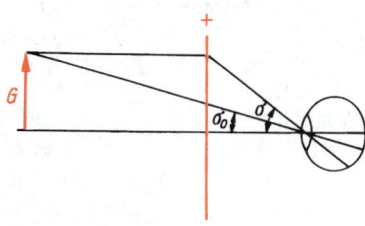

(O 25.23) $$\Gamma = \frac{\tan \sigma}{\tan \sigma_0} \approx \frac{\sigma}{\sigma_0}$$

Beachte:

● Die Vergrößerung Γ darf nicht mit dem Abbildungsmaßstab β →(O 25.14) verwechselt werden.

25.5.4   Lupe

Sie ist eine Sammellinse, die (meist) unmittelbar vor das Auge gehalten wird. Der Gegenstand befindet sich innerhalb der Brennweite ($g < f$). Das Bild entsteht auf der Objektseite ($b < 0$) und ist vergrößert, aufrecht und virtuell.

Wenn

Γ Vergrößerung der Lupe,

f Brennweite der Lupe,

s Bezugssehweite = 25 cm,

dann gilt $\tan \sigma_0 = G/s$ und $\tan \sigma = B/b = G/g$.

Für die Vergrößerung ergibt sich also

(O 25.24) $$\Gamma = \frac{\tan \sigma}{\tan \sigma_0} = \frac{s}{g}$$

Hierbei muß das Auge auf die Bildweite $b < \infty$ akkommodieren. Bei längeren Beobachtungen ist $b = \infty$ anzustreben. Für ein im

Unendlichen entstehendes Bild muß das Objekt in der Brennebene der Linse liegen. Es ergibt sich als minimale Vergrößerung bei nicht akkommodiertem Auge $g = f$ die

Normalvergrößerung

(O 25.25) $\boxed{\Gamma = s/f}$ (Betrachtung bei nicht akkommodiertem Auge)

Beachte:
- Die Vergrößerung ist um so stärker, je kleiner die Brennweite ist.
- Lupen lassen Vergrößerungen von etwa 10 bis 15 zu. Stärkere Vergrößerungen führen zu unzureichender Bildqualität.

25.5.5   Mikroskop

Es besteht aus zwei konvexen Linsensystemen, dem **Objektiv** (Brennweite f_{ob} einige Millimeter) und dem **Okular** (Brennweite f_{ok} mehrere Zentimeter). Das Objektiv befindet sich unmittelbar vor dem Brennpunkt F_{ob}. Mehr als zwei Brennweiten hinter dem Objektiv entsteht ein **reelles**, **vergrößertes Zwischenbild**. Es liegt unmittelbar hinter dem Brennpunkt F_{ok} und dient dem als Lupe wirkenden Okular als Gegenstand. Das virtuelle Endbild ist vergrößert und (auf den Gegenstand bezogen) umgekehrt ($\rightarrow$ Fall 3. und 5. der Übersicht in 25.4.3).

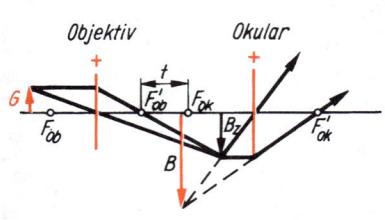

Wenn
Γ Gesamtnormalvergrößerung des Mikroskops,
β_{ob} Abbildungsmaßstab des Objektivs $= b/g \approx t/f_{ob}$,
Γ_{ok} Normalvergrößerung des Okulars $= s/f_{ok}$ (Lupe),
f_{ob} Brennweite des Objektivs,
f_{ok} Brennweite des Okulars,
t optische **Tubuslänge**, Abstand der inneren Brennpunkte F'_{ob} und F_{ok},
s Bezugssehweite $= 25\,\text{cm}$,

dann gilt

$$(\text{O } 25.26) \qquad \Gamma = \beta_{\text{ob}} \Gamma_{\text{ok}} = \frac{ts}{f_{\text{ob}} f_{\text{ok}}}$$

Beachte:

- Wegen der Wellennatur des Lichtes ($\rightarrow$ 26.2.6) sind beim Mikroskop Vergrößerungen nur bis etwa 2000 sinnvoll.

- Prinzipiell kann man ein Mikroskop als eine aus zwei Linsen zusammengesetzte Lupe (Linsensystem) ansehen. Die Vergrößerung ergibt sich dann aus (O 25.25), wobei für f die mit (O 25.17) bestimmte Gesamtbrennweite des Systems einzusetzen ist ($d = f_{\text{ob}} + f_{\text{ok}} + t$), also $f = |f_{\text{ob}} f_{\text{ok}}/t|$.

25.5.6   Fernrohre

Sie haben die Aufgabe, bei sehr weit entfernten Objekten den Sehwinkel zu vergrößern.

Keplersches Fernrohr (astronomisches Fernrohr)

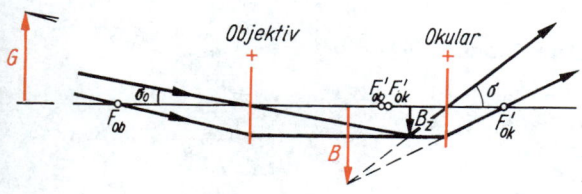

Es besteht aus zwei konvexen Linsensystemen. Das **Objektiv** entwirft ein reelles, umgekehrtes Zwischenbild B_Z des Objektes, das dann durch das als Lupe wirkende **Okular** betrachtet wird. Da die Objektweite g fast unendlich ist, entsteht das Zwischenbild unmittelbar hinter der Brennebene des Objektivs. Zum Scharfstellen wird das Okular dem Objektiv genähert, bis das Zwischenbild innerhalb der Okularbrennweite liegt. Die *inneren* Brennpunkte F'_{ob} und F_{ok} fallen dann praktisch zusammen. Das Endbild ist vergrößert, virtuell und (auf den Gegenstand bezogen) umgekehrt ($\rightarrow$ Fall 1. und 5. der Übersicht in 25.4.3).

Wenn

Γ Normalvergrößerung des Fernrohrs,

f_{ob} Brennweite des Objektivs,

f_{ok} Brennweite des Okulars,

l Länge des Fernrohrs, Abstand Objektiv – Okular,

dann gilt bei Betrachtung eines etwa unendlich weit entfernten Objektes mit einem entspannten (nicht akkommodierten) Auge $\tan \sigma_0 = G/g = B/f_{\text{ob}}$ und $\tan \sigma = B/f_{\text{ok}}$ und damit

(O 25.27) $\boxed{\Gamma = \dfrac{\tan \sigma}{\tan \sigma_0} = \dfrac{f_{\text{ob}}}{f_{\text{ok}}}}$

und

(O 25.28) $\boxed{l = f_{\text{ob}} + f_{\text{ok}}}$

Beachte:

● Allgemein wird das Fernrohr so eingestellt, daß die von einem sehr weit entfernten Gegenstand praktisch parallel ankommenden Strahlen auch wieder parallel aus dem Okular austreten und so in das Auge gelangen. So ist eine Betrachtung mit nicht akkommodiertem Auge möglich.

Erdfernrohr (terrestrisches Fernrohr)

Es entspricht in allem dem astronomischen Fernrohr. Um im Verhältnis zum Gegenstand jedoch *aufrechte* Bilder zu erhalten, ist eine *Umkehrlinse* in den Strahlengang eingefügt. Das Zwischenbild entsteht zwei Brennweiten vor der Umkehrlinse. Diese erzeugt ein zweites Zwischenbild zwei Brennweiten hinter ihr ($\rightarrow$ Fall 2. der Übersicht in 25.4.3).

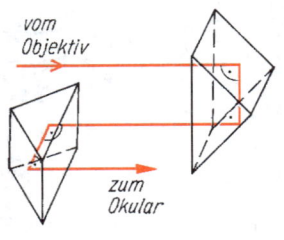

vom Objektiv

zum Okular

Das Fernrohr verlängert sich dadurch um vier Brennweiten der Umkehrlinse.

In **Prismenfernglärsern** („Feldstecher") erfolgt die Umkehrung durch totalreflektierende Umkehrprismen mit je 180° Richtungsänderung. Ein Prisma vertauscht oben und unten, das andere links und rechts. Auch für Erdfernrohr und Prismenfernglas ergibt sich die Vergrößerung Γ aus (O 25.27). Bei Ferngläsern wird sie meist zusammen mit dem Objektivdurchmesser angegeben. So bedeutet z. B. 8 × 30, daß das Fernglas eine achtfache Vergrößerung und einen Durchmesser der Eintrittsöffnung von 30 mm besitzt. Die Angabe des Durchmessers ist wichtig für die scheinbare Helligkeit, mit der man die Gegenstände im Fernrohr sieht.

Galileisches Fernrohr (Holländisches Fernrohr)

Es besteht aus einem konvexen Linsensystem (Objektiv) und aus einem konkaven (Okular). Im Gegensatz zu den anderen Fernrohren entsteht bei ihm kein Zwischenbild. Das konvergente Strahlenbündel trifft noch vorher auf das Okular und wird von diesem divergent gemacht.

Das Bild ist *virtuell, schwach vergrößert* und *aufrecht,* jedoch lichtstark (Opernglas, Nachtglas). Für die Vergrößerung gilt auch hier (O 25.27). Seine Länge (Abstand Objektiv – Okular) ergibt sich zu

(O 25.29) $\boxed{l = f_{\text{ob}} - |f_{\text{ok}}|}$

Beachte:

● Die *hinteren* Brennpunkte von Objektiv und Okular (F'_{ob} und F'_{ok}) fallen praktisch zusammen.

25.6   Zerlegung des Lichtes

25.6.1   Lichtquellen

Temperaturstrahler. Jeder Körper emittiert auf Grund seiner Temperatur Strahlung. Der Wellenlängenbereich dieser elektromagnetischen Welle dehnt sich mit wachsender Temperatur immer mehr zu den kürzeren Wellenlängen hin aus und erfaßt schließlich auch den Bereich des sichtbaren Lichtes (→ Wiensches Verschiebungsgesetz 18.5.5) von **390 . . . 370 nm**.

Lumineszenz. Nicht auf der Temperatur des Körpers beruhende Leuchterscheinungen nennt man Lumineszenz. Es ist die Bezeichnung für Licht, das bei Elektronensprüngen von kernferneren auf kernnähere Bahnen entsteht (→37.4). Diese Strahlung enthält ganz bestimmte Wellenlängen, die vom Atombau des jeweiligen Stoffes abhängen. Jedes Elektron muß vor einem Übergang zu einer kernnäheren Bahn erst durch Energiezufuhr auf die kernfernere Bahn gebracht werden. Je nach Art der Energiezufuhr unterscheidet man mehrere Arten der Lumineszenz:

▶ Elektrolumineszenz ist das Leuchten bei elektrischer Anregung, z. B. Lumineszenzdioden (LED).

▶ Chemolumineszenz tritt bei Fäulnisprozessen auf.

▶ Fluoreszenz wird angeregt durch Bestrahlung mit elektromagnetischen Wellen kürzerer Wellenlängen oder Teilchenstrahlung (Elektronen, Protonen, α-Teilchen u. a.). Anwendung: Fernsehbildröhre, Leuchtstoffröhre u. a.

▶ Phosphoreszenz entspricht der Fluoreszenz, zeigt aber zusätzlich nach Beendigung der Bestrahlung ein temperaturabhängiges Nachleuchten, z. B. Zeiger und Ziffern bei Uhren.

25.6.2   Lichtzerlegung

Beim Durchgang durch ein Prisma wird ein Lichtstrahl fächerartig aufgespaltet, d. h. in Strahlen verschiedener Wellenlänge zerlegt. Die Ursache dafür ist die unterschiedliche Geschwindigkeit der einzelnen Wellenlängen im neuen Medium des Prismas. Mit (O 25.4) ergibt

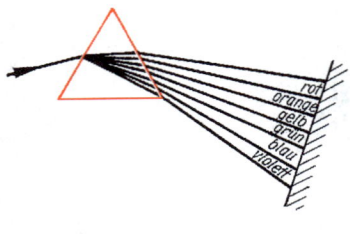

sich, daß die Brechzahl n und damit die Ablenkung wellenlängenabhängig sind.

Wird weißes Licht zerlegt, also Licht, das (im sichtbaren Bereich) alle Wellenlängen enthält, so entsteht ein als **Spektrum** bezeichnetes Farbband. Die einzelnen Farben nennt man **Spektralfarben**.

▌ Rot – Orange – Gelb – Grün – Blau – Violett

Beachte:

● Der Übergang von Farbe zu Farbe ist allmählich und enthält sehr viele Farbtöne. Die Einteilung in die genannten Spektralfarben ist willkürlich. Jede Farbe umfaßt einen Wellenlängenbereich ($\rightarrow$ Übersicht).

● Spektralfarben sind nicht weiter zerlegbar.

Übersicht:

Wellenlängen der einzelnen Farbbereiche im Vakuum (Richtwerte)
UV – Violett – Blau – Grün – Gelb – Orange – Rot – Infrarot 390 – 435 – 495 – 570 – 590 – 630 – 770 nm

25.6.3 Komplementärfarben

Das gesamte Farbband eines Spektrums läßt sich wieder zu Weiß vereinigen. Wird jedoch vorher eine Wellenlänge herausgeblendet, so ergibt der Rest nicht mehr Weiß, sondern die Komplementärfarbe (Ergänzungsfarbe). Führt man dieser die ausgeblendete Wellenlänge wieder zu, entsteht wieder Weiß.

> Komplementärfarben sind Misch- oder Spektralfarben, die sich zu Weiß ergänzen.

Beachte:
Übersicht:

Komplementärfarben						
Heraus- geblendete Farbe:	Rot	Orange	Gelb	Grün	Blau	Indigo	Vio- lett
Mischfarbe des Restes:	Blau- grün	Blau	Indigo	Pur- pur	Orange	Gelb	Grün- gelb

● Die in der unteren Reihe stehenden Mischfarben kommen mit Ausnahme des Purpurs auch als Spektralfarben vor.

25.6.4 Farbmischung

Additive Farbmischung ist die Mischung von verschiedenfarbigem Licht. Die Mischung enthält alle Wellenlängen der Komponenten. Die bekannteste additive Farbmischung ist die Mischung aller Spektralfarben

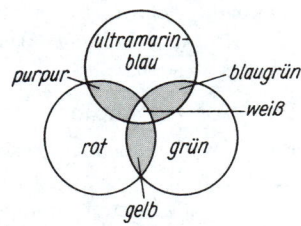

oder die zweier Komplementärfarben zu Weiß. Durch additive Mischung von drei **Grundfarben** können Weiß und sämtliche Farbeindrücke erzeugt werden. Geeignete Grundfarben sind: **Rot, Grün** und **Ultramarinblau.**
Das menschliche Auge empfindet das zeitliche Nacheinander oder das enge räumliche Nebeneinander ebenfalls als eine additive Mischung. Beispiel dafür sind Farbdruck und Farbfernsehen.

Subtraktive Farbmischung entsteht, wenn durch Filter Anteile des weißen Lichtes entzogen (absorbiert) werden. In der übrigbleibenden Mischfarbe fehlen die absorbierten Wellenlängen. Das Ausblenden einer einzelnen Spektralfarbe ergibt als Mischfarbe die Komplementärfarbe. Durch subtraktive Mischung von drei **Grundfarben** können Schwarz und sämtliche Farbeindrücke erzeugt werden. Geeignete Grundfarben sind:
Gelb, Blaugrün, Purpur.

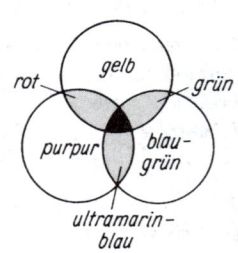

Das Mischen von Pigmentfarben ist eine subtraktive Farbmischung. Jeder Farbstoff absorbiert bestimmte Wellenlängen. Auch die sogenannten **Körperfarben** entstehen durch Absorption. Weitere wichtige Beispiele sind Farbfilm (einschließlich Dia) und Farbfoto.

Beachte:
● Die Grundfarben der subtraktiven Farbmischung sind die Komplementärfarben der Grundfarben der additiven Farbmischung.

25.6.5   Spektren

Licht, das durch ein Prisma geht, wird in ein Spektrum aufgespalten (→ 25.6.2). Handelt es sich dabei um das Licht einer Lichtquelle, so entsteht ein **Emissionsspektrum.** Dagegen ergibt sich ein **Absorptionsspektrum**, wenn Licht zerlegt wird, aus dem zuvor beim Durchlaufen eines Körpers bestimmte Wellenlängen bzw. Wellenlängenbereiche absorbiert werden.

Emissionsspektrum

▶ Das von glühenden Festkörpern und Flüssigkeiten abgestrahlte Licht enthält lückenlos alle Wellenlängen des sichtbaren Bereiches. Die Zerlegung ergibt ein **kontinuierliches Spektrum.**

▶ Das Licht leuchtender *atomarer* Gase und Dämpfe besteht nur aus einer bestimmten Auswahl von Wellenlängen. Es entsteht ein **Linienspektrum**, das charakteristisch ist für den Bau der Atomhülle des jeweiligen Elements.

▶ Bei leuchtenden *molekularen* Gasen und Dämpfen ergibt die Zerlegung ein sogenanntes **Bandenspektrum**, das sich aus gesetzmäßig angeordneten Liniengruppen zusammensetzt.

Anzahl und Lage der Linien in einem diskontinuierlichen (Linien- oder Banden-)Spektrum leuchtender Gase und Dämpfe sind charakteristisch für das Element bzw. die chemische Verbindung und bilden die Grundlage der **Spektralanalyse**.

Absorptionsspektrum

Lichtdurchlässige Stoffe absorbieren einen Teil des sie durchdringenden Lichtes. Das ursprünglich kontinuierliche Spektrum erhält Unterbrechungen.

Feste und flüssige lichtdurchlässige Stoffe absorbieren größere Bereiche des Spektrums. Glühende Gase und Dämpfe hingegen absorbieren nur die Wellenlängen, die sie selbst emittieren (Absorptionslinien).

Auch Absorptionsspektren sind charakteristisch und werden zum Nachweis und zur Identifizierung des absorbierenden Stoffes genutzt.

■ Das Spektrum des Sonnenlichtes ist das bekannteste Absorptionsspektrum. Durch Absorption in der Gashülle der Sonne entstehen die **Fraunhoferschen Linien** als Unterbrechungen im sonst kontinuierlichen Spektrum. Die stärksten der vielen tausend Linien zeigt die Übersicht. Sie werden mit A bis K bezeichnet.

Übersicht:

Fraunhofersche Linien								
A	B	C	D	E	F	G	H	K
760,8	686,7	656,3	589,3	527,0	486,1	430,8	396,8	393,4 nm
Dunkel-rot	Rot	Rot	Gelb	Grün	Blau-grün	Blau	Vio-lett	Vio-lett

Beachte:

● Einige der Fraunhoferschen Linien (z. B. A und B) entstehen vermutlich durch Absorption des Sonnenlichtes in der Erdatmosphäre.

● Wellenlängen der sichtbaren Strahlung einiger Gase → Tab. 42.

25.6.6   Dispersion

Prismen aus verschiedenen Materialien erzeugen unter sonst gleichen Bedingungen Spektren unterschiedlicher Länge. Ein Maß für die relative Länge eines Spektrums ist die Differenz der Brechzahlen zweier Wellenlängen, **Dispersion** genannt. Meist gibt man die mittlere Dipersion an, die sich auf die Brechzahlen der Fraunhoferschen Linien C und F bezieht.

Wenn

ϑ mittlere Dispersion (→ Tab. 43),

ϑ_{rel} relative Dispersion,

ν Abbesche Zahl (→ Tab. 43),

n_C Brechzahl für 656,3 nm,

n_D Brechzahl für 589,3 nm,

n_F Brechzahl für 486,1 nm,

dann gilt

(O 25.30) $\boxed{\vartheta = n_F - n_C}$

oder auf die mittlere Brechzahl bezogen

(O 25.31) $\boxed{\vartheta_{rel} = \dfrac{n_F - n_C}{n_D - 1}}$

Beachte:

● Die Bezeichnung *Dispersion* verwendet man auch zur Kennzeichnung der Lichtzerlegung durch Brechung (Prisma) im Gegensatz zur Lichtzerlegung durch Beugung (Gitter).

■   Meist wird der Kehrwert der relativen Dispersion angegeben. Dieser, als Abbesche Zahl bezeichnet, ist das Verhältnis der Brechung (Richtungsänderung) zur Dispersion (Auffächerung) eines weißen

Lichtstrahls in einem Prisma.

(O 25.32) $\quad \nu = \dfrac{n_{\mathrm{D}} - 1}{n_{\mathrm{F}} - n_{\mathrm{C}}}$

26   Wellenoptik

Das Licht zeigt sich in vielen Experimenten als eine elektromagnetische Welle. Die Wellenlängen des sichtbaren Lichtes liegen im Vakuum in dem Bereich von etwa **390 . . . 770 nm**.
Während die Schwingungszahl (Frequenz) für eine bestimmte Lichtart konstant ist, hängt ihre Wellenlänge von der Phasengeschwindigkeit im jeweiligen Medium ab,

26.1   Interferenz

Darunter versteht man die Überlagerung von Wellen. Auch Lichtwellen können interferieren, vorausgesetzt, sie sind **kohärent**, d. h., sie wurden aus ein und demselben Wellenzug durch Reflexion, Brechung oder Beugung aufgespalten.
Beträgt beim Wiederzusammentreffen nach verschieden langen Wegen der Gangunterschied ein geradzahliges Vielfaches von $\lambda/2$, so tritt Verstärkung, bei einem ungeradzahligen Vielfachen von $\lambda/2$ Schwächung ein bzw. Auslöschung bei gleicher Intensität beider Teilstrahlen.

26.1.1   Farben dünner Schichten

Der Strahl wird an der Ober- und Unterseite einer dünnen Schicht jeweils nur teilweise reflektiert. Die reflektierten Teile überlagern sich mit einem Gangunterschied, der sich aus dem Umweg des einen Strahles und dem Phasensprung von $\lambda/2$ des anderen bei der Reflexion am dichteren Medium zusammensetzt. Der Umweg beträgt $2dn$, weil er mit der kleineren Geschwindigkeit c/n zurückgelegt wurde.

Wenn
δ Gangunterschied bei *senkrechtem* Einfall,
d Dicke der dünnen Schicht,
n Brechzahl der Schicht ($\rightarrow$ Tab. 39),
λ Wellenlänge des Lichtes,

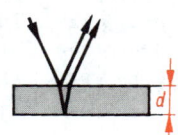

dann gilt

(O 26.1) $\boxed{\delta = 2dn - \dfrac{\lambda}{2}}$

■   Aus (O 26.1) folgt mit dem Gangunterschied für maximale Verstärkung $\delta = k\lambda$ (M 14.10)

(O 26.2) $\boxed{\lambda = \dfrac{4dn}{2k+1}}$ **Verstärkung**   (mit $k = 0, 1, 2, \ldots$)

■   Ebenfalls aus (O 26.1) folgt mit dem Gangunterschied für eine Auslöschung $\delta = (k + 1/2)\lambda$ (M 14.11)

(O 26.3) $\boxed{\lambda = \dfrac{2dn}{k}}$ **Auslöschung**   (mit $k = 1, 2, 3, \ldots$)

Beachte:

- Bei bekannter Schichtdicke d kann man die Wellenlänge des ausgelöschten Lichtes bestimmen.
- Bei bekannter Wellenlänge des ausgelöschten Lichtes kann man die Schichtdicke berechnen.
- Die gleichen Interferenzerscheinungen ergeben sich an zwischen zwei festen Körpern (z. B. Glasplatten) eingeschlossenen dünnen Luftschichten. (O 26.2) und (O 26.3) gelten auch dann.
- Dünne Überzüge auf festen (lichtundurchlässigen oder lichtdurchlässigen) Körpern erzeugen entsprechende Interferenzerscheinungen. Da jetzt für beide Strahlen eine Reflexion am dichteren Medium mit $\lambda/2$-Phasensprung auftritt, ist der gesamte Gangunterschied $\delta = 2dn$. (O 26.2) gilt somit für *Auslöschung*, (O 26.3) für *Verstärkung*.

26.1.2   Newtonsche Ringe

Wird eine Plankonvexlinse mit ihrer gekrümmten Fläche auf eine planparallele Platte gelegt, so befindet sich zwischen beiden eine dünne Luftschicht, deren Dicke nach außen zunimmt. Punkte jeweils gleicher Luftschichtdicke bilden Kreise um den Berührungspunkt. Bei Beleuchtung mit monochromatischem Licht (Licht nur einer Wellenlänge) entstehen durch Interferenz dunkle Ringe bei Auslöschung und helle Ringe bei Verstärkung. Wird weißes Licht verwendet, so entstehen farbige Ringe in der Farbe der verstärkten bzw. in der Komplementärfarbe der ausgelöschten Wellenlänge. Der Radius der Ringe ist wellenlängenabhängig.

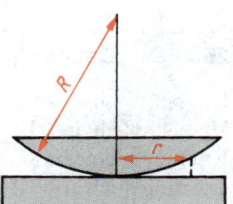

Wenn

$r_{\max}$ Radius des Interferenzmaximums, Verstärkung,
$r_{\min}$ Radius des Interferenzminimums, Auslöschung,
R Krümmungsradius der Linse,
λ Wellenlänge,

dann gilt entsprechend der Zeichnung

$R^2 = (R - d)^2 + r^2$.   Daraus folgt

$r^2 = R^2 - (R - d)^2 = 2Rd - d^2$ und wegen der Kleinheit von d

$r^2 = 2Rd$.

Aus (O 26.2) mit $n_{\text{Luft}} = 1$ folgt im Falle der Verstärkung

$$d = \frac{(2k + 1)\lambda}{4}$$

Das ergibt

(O 26.4) $\boxed{r_{\max}^2 = R(k + 1/2)\lambda}$ (mit $k = 0, 1, 2, \ldots$)

Analog folgt aus (O 26.3) im Falle der Auslöschung

$$d = \frac{k\lambda}{2}$$ und damit

(O 26.5) $\boxed{r_{\min}^2 = Rk\lambda}$ (mit $k = 1, 2, 3, \ldots$)

Beachte:

- Prinzipiell Gleiches ist auch im durchgehenden Licht zu beobachten.
- Die verwendete Linse muß eine große Brennweite ($f \approx 2 \ldots 4\,\text{m}$) besitzen.

26.2   Beugung

Die bei mechanischen Wellen auftretenden Beugungen ($\to$ M 14.3.4) können auch bei Lichtwellen beobachtet werden. Das an scharfen Kanten vorbeilaufende Licht wird in den Schattenraum gebeugt. Besonders wichtig ist die Beugung an Drähten, Spalten und Blenden.

26.2.1   Beugung am engen Spalt

An den Kanten eines engen Spalts bilden sich nach dem Huygensschen Prinzip Elementarwellen. Je nach Richtung besteht zwischen diesen ein bestimmter Gangunterschied, der bei der Überlagerung Maxima (Verstärkung) oder Minima (Auslöschung) ergibt.

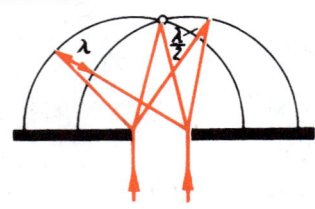

Wenn

b	Spaltbreite,
λ	Wellenlänge,
α_{min}	Beugungswinkel für die Richtung der *Minima*,
α_{max}	Beugungswinkel für die Richtung der *Maxima*,

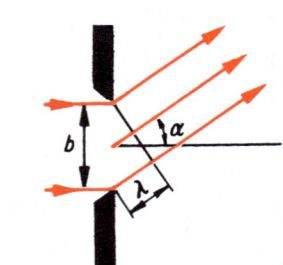

dann gilt, weil zwischen den entsprechenden Strahlen der linken und rechten Hälfte des Strahlenbündels ein Gangunterschied von jeweils $\lambda/2$ besteht, für die Richtung der

Intensitätsminima

$$(\text{O } 26.6) \quad \sin \alpha_{min} = \pm k \, \frac{\lambda}{b}$$

(mit $k = 1, 2, 3, \ldots$)
und für die Richtung der

Intensitätsmaxima

$$(\text{O } 26.7) \quad \sin \alpha_{max} = \pm \left(k + \frac{1}{2} \right) \frac{\lambda}{b} \qquad (\text{mit } k = 1, 2, 3, \ldots)$$

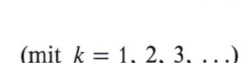

In der ursprünglichen Richtung ($\alpha = 0$) liegt das **Hauptmaximum**, die **Nebenmaxima** besitzen wesentlich weniger Intensität, die sich mit wachsendem k noch weiter verringert.

26.2.2   Beugung am Doppelspalt

Bei einem Doppelspalt sind die Verhältnisse ähnlich. Zur Interferenz gelangen jeweils entsprechende Strahlen beider Spalte. Je nach Gangunterschied zwischen ihnen entstehen Maxima oder Minima.

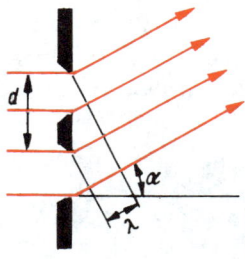

Wenn

d	Abstand beider Spalte,
λ	Wellenlänge,
α_{min}	Beugungswinkel für die Richtung der Minima,
α_{max}	Beugungswinkel für die Richtung der Maxima,

dann gilt für die

Intensitätsmaxima

(O 26.8)
$$\sin \alpha_{max} = \pm k \frac{\lambda}{d}$$
(mit $k = 0, 1, 2, \ldots$)

und für die

Intensitätsminima

(O 26.9)
$$\sin \alpha_{min} = \pm \left(k + \frac{1}{2} \right) \frac{\lambda}{d}$$
(mit $k = 0, 1, 2, \ldots$)

26.2.3   Beugungsgitter

Die Beugungserscheinungen entsprechen denen am Doppelspalt. Durch die hohe Zahl der parallel nebeneinanderliegenden Spalte sind die Maxima jedoch wesentlich heller. Den Abstand zweier Spaltmitten (oder anderer sich entsprechender Strahlen), also die Summe von Spaltbreite

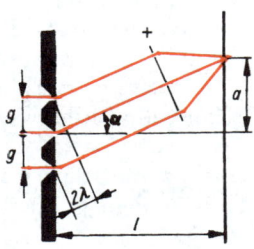

und Zwischenraum, bezeichnet man als **Gitterkonstante** g. In guten Gittern kommen bis zu 1700 Spalte auf einen Millimeter.

Wenn

α_{max}	Beugungswinkel für die Richtung der Maxima,
g	Gitterkonstante,
λ	Wellenlänge,
l	Entfernung Gitter – Auffangschirm,
a	Abstand des Maximums k-ter Ordnung,

dann gilt entsprechend der Zeichnung

(O 26.10) $$\sin \alpha_{max} = \pm k \, \frac{\lambda}{g}$$ (mit $k = 0, 1, 2, \ldots$)

worin α aus $\tan \alpha = \dfrac{a}{l}$ zu bestimmen ist.

Beachte:
- Der Sinus des Beugungswinkels ist der Wellenlänge proportional. Rotes Licht wird also im Gegensatz zur Brechung im Prisma am stärksten abgelenkt (gebeugt).
- Je kleiner die Gitterkonstante, desto größer ist der Beugungswinkel für eine bestimmte Wellenlänge.
- Die Wellenlänge einer Lichtstrahlung läßt sich bei bekannter Gitterkonstante leicht aus der Lage des Maximums bestimmen.

26.2.4   Beugungsspektrum

Tritt nicht einfarbiges (monochromatisches), sondern mehrfarbiges oder weißes Licht durch ein Beugungsgitter, so hat an jeder Stelle des Auffangschirmes eine andere Wellenlänge ihr Beugungsmaximum, auf dem Schirm entsteht ein Beugungsspektrum. Man nennt es **Normalspektrum**, weil die Länge der einzelnen Farbbereiche ihren Wellenlängenbereichen entspricht. Bei der Farbzerlegung mit einem Prisma (Dispersionsspektrum) ist z. B. der Bereich des Rots zu gedehnt im Verhältnis zum Blau und Violett. Mit $k = 1, 2, \ldots$ ergeben sich Spektren 1., 2., ... Ordnung.

26.2.5   Beugung an kreisförmiger Öffnung

Wenn

r Radius der Öffnung,
λ Wellenlänge,
α_{min} Beugungswinkel für die Richtung der Minima,

dann gilt die hier nicht abgeleitete Beziehung

(O 26.11)

$$\sin\alpha_{min1} = 0,610\frac{\lambda}{r}$$

$$\sin\alpha_{min2} = 1,116\frac{\lambda}{r}$$

$$\sin\alpha_{min3} = 1,619\frac{\lambda}{r}$$

Beachte:
- Paralleles Licht ergibt in der Brennebene einer Konvexlinse (Brennweite f) keinen Bildpunkt, sondern ein helles Beugungsscheibchen, dessen Helligkeit nach außen bis zum Wert 0 bei $R_1 = 0,610\frac{f\lambda}{r}$ abnimmt. Zwischen R_1 und $R_2 = 1,116\frac{f\lambda}{r}$ liegt sein heller Ring usw. Die Ursache ist die Beugung an der Kante bzw. einer Blende.

26.2.6   Auflösungsvermögen optischer Geräte

Jedes optische Gerät (auch das Auge) wirkt mit den Rändern der Blenden, Fassungen usw. beugend. Gegenstandspunkte werden nicht als Punkte, sondern als kleine Scheibchen abgebildet, die sich gegenseitig überdecken und deshalb nicht mehr getrennt wahrgenommen werden können. Die Instrumente besitzen ein begrenztes Auflösungsvermögen, eine **Auflösungsgrenze**. Diese ergibt sich aus dem kleinsten Winkel, unter dem zwei Gegenstandspunkte erscheinen dürfen, bzw. aus dem kleinsten Abstand, den sie haben dürfen, wenn sie noch getrennt wahrgenommen werden sollen. Dann fällt das Hauptmaximum des einen „Bildpunktes" mit dem ersten Minimum des anderen zusammen.

Wenn

σ Auflösungsgrenze, kleinster Sehwinkel,

d Auflösungsgrenze, kleinster Punktabstand,

λ Wellenlänge des Lichtes,

r Radius der wirksamen Öffnung,

n Brechzahl des Mediums zwischen Objekt und Mikroskopobjektiv,

α Aperturwinkel, halber Öffnungswinkel des Objektivs,

A numerische Apertur $= n \sin \alpha$,

dann gilt für die Auflösungsgrenze von **Auge** und **Fernrohr**

(O 26.12) $$\sigma = 0,61 \frac{\lambda}{r}$$

und für die Auflösungsgrenze eines **Mikroskops**

(O 26.13) $$d = 0,61 \frac{\lambda}{n \sin \alpha} = 0,61 \frac{\lambda}{A}$$

Beachte:

- Das Auflösungsvermögen eines Fernrohres kann zusammen mit der Lichtstärke nur durch Wahl großer Objektivdurchmesser gesteigert werden.
- Die Auflösungsgrenze des menschlichen Auges liegt bei $1'$.
- Mikroskope mit großer **numerischer Apertur** $A = n \sin \alpha$ lösen bis zu etwa $d = \lambda/2$ auf.
- Der Ausdruck λ/n stellt die (gegenüber Luft verkürzte) Wellenlänge im Medium zwischen Objekt und Objektiv dar (Immersionsflüssigkeit).

26.3   Polarisation

Eine Welle wird als polarisiert bezeichnet, wenn bestimmte Schwingungsrichtungen bevorzugt werden. Folgende Polarisationsmöglichkeiten gibt es:

▶ linear polarisiert,

▶ zirkular polarisiert,

▶ elliptisch polarisiert.

Polarisieren lassen sich nur Transversalwellen. Zirkular oder elliptisch polarisierte Wellen können in je zwei linear polarisierte Wellen zerlegt werden.

> Eine Welle ist linear polari-
> siert, wenn sie nur in einer
> Richtung quer zur Ausbrei-
> tungsrichtung schwingt. Nur
> Transversalwellen sind pola-
> risierbar.

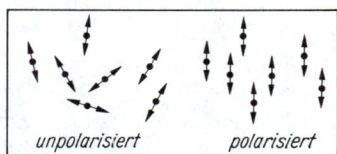

unpolarisiert   polarisiert

Natürliches Licht ist unpolarisiert. Obwohl bei jedem Elektronen-sprung ($\rightarrow$ 37.1.2) ein linear polarisierter Wellenzug entsteht, ergibt sich bei der Vielzahl von Wellenzügen keine bevorzugte Schwingungs-richtung. Als Schwingungsrichtung einer polarisierten Lichtwelle ver-wendet man die Richtung des elektrischen Feldvektors $\vec{E}$. Die Rich-tung des magnetischen Feldvektors $\vec{H}$ bezeichnet man als Polarisati-onsrichtung ($\rightarrow$ 34.2.2).

Es gibt verschiedene Möglichkeiten, Licht zu polarisieren. Licht ist demnach eine Transversalwelle. Anordnungen, mit denen man aus natürlichem Licht polarisiertes erzeugen kann, heißen **Polarisatoren**. Zum Nachweis der Polarisation dienen **Analysatoren**. Beide sind in ihrer Wirkungsweise identisch.

Der Polarisator läßt vom natürlichen Licht nur eine Komponente mit bestimmter Schwingungs-richtung durch. Für diese ist der Analysator je nach Stellung durchlässig oder sperrend. In gekreuztem Zustand, also um 90° gegeneinan-der verdreht, sind sie für Transversalwellen un-durchlässig.

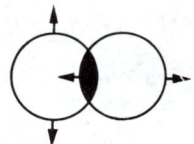

26.3.1   Polarisation durch Reflexion

An der Grenzfläche zweier Medien wird ein Lichtstrahlbündel teilweise reflektiert, der Rest gebrochen. Beide Teile erweisen sich als (un-vollständig) linear polarisiert. Das reflektierte Licht schwingt vorzugsweise senkrecht zur Ein-fallsebene, das gebrochene Licht in der Einfalls-

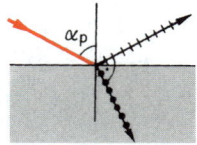

ebene. Bei einem bestimmten Einfallswinkel ist der reflektierte Strahl völlig polarisiert.

Brewstersches Gesetz:
Trifft ein Lichtstrahl unter dem **Polarisationswinkel** α_p (auch Brewster-Winkel genannt) auf die Grenzfläche, dann ist der reflektierte Teil vollkommen linear polarisiert. In diesem Falle bilden reflektierter und gebrochener Strahl einen rechten Winkel.

Wenn

n Brechzahl ($\rightarrow$ Tab. 39),

α_p Polarisationswinkel; Einfallswinkel, bei dem vollständige Polarisation eintritt,

dann gilt entsprechend der Zeichnung

$$\beta = 90° - \alpha_p$$

Mit dem Brechungsgesetz

$$\frac{\sin \alpha_p}{\sin \beta} = n \quad \text{ergibt sich}$$

$$\frac{\sin \alpha_p}{\sin(90° - \alpha_p)} = \frac{\sin \alpha_p}{\cos \alpha_p} = n \quad \text{und daraus}$$

(O 26.14) $\boxed{\tan \alpha_p = n}$

Beachte:
- Für Glas beträgt der Polarisationswinkel $\alpha_p = 57°$.
- Polarisationswinkel anderer Stoffe $\rightarrow$ Tab. 41.

26.3.2 Polarisation durch Doppelbrechung

Als Doppelbrechung bezeichnet man die Eigenschaft bestimmter Stoffe, einen auftreffenden Lichtstrahl in einen ordentlichen (o) und einen außerordentlichen (ao) Strahl aufzuspalten. Beide laufen mit unterschiedlichen Phasengeschwindigkeiten in verschiedenen Richtungen und sind senkrecht zueinander polarisiert.

Stoffe, in denen die Phasengeschwindigkeit elektromagnetischer Wellen von der Ausbreitungsrichtung abhängt, heißen **anisotrop**. Bei doppelbrechenden Stoffen ist die Anisotropie auch noch von der Schwingungsrichtung abhängig.

Während der ordentliche Strahl dem bekannten Brechungsgesetz genügt, wird der außerordentliche Strahl anders gebrochen (z. B. auch schon bei einem Einfallswinkel $\alpha = 0$).

Doppelbrechend sind
▶ viele Kristalle (Kalkspat, Quarz, Glimmer, Turmalin u. a.),
▶ viele durchsichtige Stoffe (Glas, Kunstharz u. a.) unter Einwirkung innerer oder äußerer Kräfte (Spannungsdoppelbrechung),
▶ einige isotrope Stoffe unter dem Einfluß eines elektrischen Feldes (Kerr-Effekt).

Man erhält polarisiertes Licht, wenn man nur einen der beiden Strahlen verwendet. Seine Energie beträgt nur noch höchstens 50 % der des einfallenden Strahles.

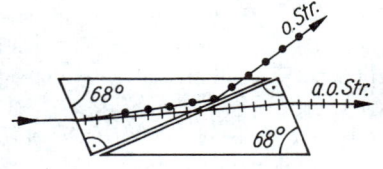

Bei einem Nicolschen Prisma wird der ordentliche Strahl durch Totalreflexion an einer Kittfläche aus dem Strahlengang entfernt. Es ist ein speziell bearbeiteter Kalkspatkristall (Stirnflächen auf bestimmten Winkel geschliffen, gespalten und mit Kanadabalsam gekittet).

Bei anderen Polarisatoren wird einer der beiden Strahlen in dem Material absorbiert. Dieser Effekt wird als **Dichroismus** bezeichnet. So absorbiert z. B. Turmalin von 1 mm Dicke den ordentlichen Strahl fast vollständig.

Polarisatoren größerer Durchlaßfläche und geringerer Dicke werden als **Polarisationsfolien** bezeichnet. Es sind Kunststoffolien, in die parallel zueinander nadelförmige Herapathit-Kristalle (schwefelsaures Iodchinin) eingebettet wurden, die einen starken Dichroismus zeigen. Es gibt auch Polarisationsfolien, bei denen die Riesenmoleküle durch starke Streckung ausgerichtet wurden und die damit eine bleibende Spannungsdoppelbrechung aufweisen.

26.3.3   Spannungsdoppelbrechung

Viele durchlässige isotrope Stoffe werden durch elastische Verformung (Druck, Zug, Biegung, Torsion) doppelbrechend. Befinden sich die

Stoffe zwischen zwei gekreuzten Polarisationsfiltern, so hellt sich das Gesichtsfeld an den Stellen auf, an denen durch Deformation die Brechzahl verändert wurde. Um bei komplizierten oder großen Bauteilen und Konstruktionen die Verteilung der mechanischen Spannungen untersuchen zu können, bringt man maßstabsgetreue Modelle in den Strahlengang zwischen gekreuzten Polarisationsfiltern. Bei entsprechender Belastung entstehen an den Stellen der Spannungen Aufhellungen. Linien oder Gebiete gleicher Helligkeit bzw. Farbe (**Isochromaten**) entsprechen Linien oder Gebieten gleicher Spannung. Als Material für die Modelle verwendet man in der **Spannungsoptik** durchsichtige Kunststoffe, z. B. Phenolkunstharz.

26.3.4   Kerr-Effekt

Elektrische Felder erzeugen in isotropen Stoffen aller Aggregatzustände Doppelbrechung. Diese als Kerr-Effekt bezeichnete elektrooptische Erscheinung ist besonders stark bei Nitrobenzol und Nitrotoluol.

Zwischen zwei gekreuzten Polarisationsfiltern befindet sich der isotrope Stoff im elektrischen Feld eines Kondensators. Unter dem Feldeinfluß wird der Stoff doppelbrechend, und das Gesichtsfeld hellt sich auf, am stärksten, wenn der Schwingungsvektor des auf die „Kerr-Zelle" fallenden linear polarisierten Lichtes um 45° gegen den elektrischen Feldvektor gedreht ist.

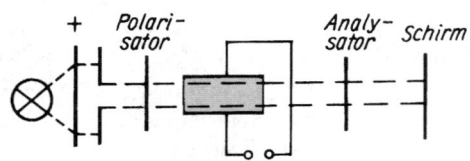

Parallel und senkrecht zum Feldstärkevektor ändert sich die Brechzahl n. Für die entstehende Differenz gilt $\Delta n \sim \lambda E^2$. Die Änderung erfolgt praktisch trägheitslos, Frequenzen von über 10^8 Hz sind möglich.

Kerr-Zellen mit Nitrobenzol werden zur elektrischen Helligkeitssteuerung eines Lichtbündels verwendet.

26.3.5   Drehung der Schwingungsebene

Bestimmte Stoffe, man nennt sie **optisch aktiv**, drehen die Schwingungsrichtung des durch sie hindurchgehenden linear polarisierten Lichtes. In jedem Falle ist der Drehwinkel proportional der Länge des Lichtweges in diesem Stoff; bei Lösungen fester aktiver Stoffe außerdem von der Konzentration.

Wenn

α Drehwinkel der Schwingungsrichtung, Drehvermögen,
α_s spezifische Drehung,
l Länge der Flüssigkeitssäule, Lichtweg in der Flüssigkeit,
m Masse des optisch aktiven Stoffes,
V_L Volumen der Lösung,

dann gilt

(O 26.15) $$\alpha = \alpha_s \frac{lm}{V_L}$$

	α	α_s	l	m	V
ges	°	$\dfrac{°\cdot cm^3}{dm \cdot g}$	dm	g	cm^3

Beachte:

● Die in der Übersicht angegebenen Zahlenwerte für die spezifische Drehung einiger Stoffe gelten nur für eine wäßrige Lösung von $t = 20\,°C$ und Licht der Wellenlänge $\lambda = 589,3\,nm$ (D-Linie).

● Da sich der Drehwinkel leicht messen läßt, bestimmt man mit (O 26.15) die Konzentration von Lösungen, z. B. Zuckerlösungen.

Übersicht:

Spezifische Drehung $\alpha_s /\dfrac{°\cdot cm^3}{dm \cdot g}$ einiger wäßriger Lösungen		
Rohrzucker	+66,44	rechtsdrehend
Traubenzucker	+52,50	rechtsdrehend
Fruchtzucker	−91,90	linksdrehend

Beachte:

● Die Angaben rechts- bzw. linksdrehend beziehen sich auf eine Blickrichtung entgegengesetzt zur Richtung des Lichtes.

26.3.6   Faraday-Effekt

In durchsichtigen isotropen Stoffen wird die Schwingungsrichtung linear polarisierten Lichtes gedreht, wenn sie in ein starkes Magnetfeld gebracht werden und der Feldvektor $\vec{H}$ mit der Richtung des Lichtes zusammenfällt. Diese magnetooptische Erscheinung bezeichnet man auch als **Magnetorotation**. Für den Drehwinkel der Schwingungsebene gilt $\alpha \sim l\vec{H}$, worin l die Länge des im Feld befindlichen durchstrahlten Stoffes ist.

27   Lichtstrahlung

Der Bereich der elektromagnetischen Wellen umfaßt etwa 50 Oktaven[1], von denen für das menschliche Auge nur eine sichtbar ist. Es ist der Bereich von **390 bis 770 nm Wellenlänge**, der im engeren Sinne als Licht bezeichnet wird.

Es muß zwischen den allgemeinen **Strahlungsgrößen** (gekennzeichnet durch Index e) und den speziellen **fotometrischen Größen** unterschieden werden. Während die ersten Eigenschaften des Strahlungsfeldes objektiv wiedergeben, sind die letzteren Ausdruck subjektiver Empfindung.

27.1   Strahlungsgrößen

Die von der Oberfläche des strahlenden Körpers ausgehende Energie wird mit W oder Q_e bezeichnet.

Für die abgestrahlte oder aufgenommene Leistung ergibt sich als

Strahlungsfluß

(O 27.1) $$\Phi_e = \frac{W}{t}$$

	Φ	W	t
SI	W	J	s

oder, wenn die Leistung während der Zeit t nicht konstant ist, als *Momentanleistung*

(O 27.2) $$\Phi_e = \frac{\mathrm{d}W}{\mathrm{d}t}$$

---

[1] Oktave: Frequenz- bzw. Wellenlängenverhältnis 1 : 2

Auf die Empfängerfläche bezogen erhält man die

Bestrahlung

	H	W	A
SI	$\dfrac{\text{J}}{\text{m}^2}$	J	m^2

(O 27.3) $\boxed{H_e = \dfrac{W}{A_E}}$

oder bei *ungleichmäßiger* Verteilung der Energie

(O 27.4) $\boxed{H_e = \dfrac{dW}{dA_E}}$

Die auf die Empfängerfläche bezogene zugestrahlte Leistung nennt man

Bestrahlungsstärke

	E	Φ	A
SI	$\dfrac{\text{W}}{\text{m}^2}$	W	m^2

(O 27.5) $\boxed{E_e = \dfrac{\Phi_e}{A_E}}$

Bei *ungleichmäßiger* Verteilung des Strahlungsflusses auf die Fläche gilt

(O 27.6) $\boxed{E_e = \dfrac{d\Phi_e}{dA_E}}$

Die von der Stahlungsquelle je Raumwinkel ($\rightarrow$ 27.2.4) abgestrahlte Leistung wird als **Strahlstärke** I_e bezeichnet. Für sie gilt

	I	Φ	Ω
SI	$\dfrac{\text{W}}{\text{sr}}$	W	$\text{sr} = 1$

(O 27.7) $\boxed{I_e = \dfrac{\Phi_e}{\Omega}}$

oder, wenn der Strahlungsfluß innerhalb des Raumwinkels *richtungsabhängig* ist,

(O 27.8) $\boxed{I_e = \dfrac{d\Phi_e}{d\Omega}}$

Die von der Strahlungsquelle je Strahlungsfläche in den Halbraum abgestrahlte Leistung wird als **spezifische Ausstrahlung** M_e bezeichnet. Es ist also

	M	Φ	A
SI	$\dfrac{\text{W}}{\text{m}^2}$	W	m^2

(O 27.9) $\boxed{M_e = \dfrac{\Phi_e}{A_S}}$

Ist der Strahlungsfluß nicht an allen Stellen der Strahlerfläche gleich groß, so gilt

(O 27.10) $\quad \boxed{M_e = \dfrac{\mathrm{d}\Phi_e}{\mathrm{d}A_S}}$

Schließlich ist noch die **Strahldichte** L_e definiert als je Raumwinkel und Strahlerfläche abgestrahlte Leistung. Also gilt

(O 27.11) $\quad \boxed{L_e = \dfrac{\Phi_e}{\Omega A_S} = \dfrac{I_e}{A_S}}$

$$
\begin{array}{c|cccc}
 & L & \Phi & \Omega & A \\
\hline
\text{SI} & \dfrac{\text{W}}{\text{sr} \cdot \text{m}^2} & \text{W} & \text{sr} = 1 & \text{m}^2
\end{array}
$$

und in differentieller Schreibweise

(O 27.12) $\quad \boxed{L_e = \dfrac{\mathrm{d}^2\Phi_e}{\mathrm{d}\Omega \, \mathrm{d}A_S} = \dfrac{\mathrm{d}I_e}{\mathrm{d}A_S}}$

Beachte:

- In (O 27.11) und (O 27.12) ist vorausgesetzt, daß die Strahlung senkrecht abgestrahlt wird. Ist dies nicht der Fall, so ist die Fläche A_S mit dem $\cos\alpha$ zu multiplizieren (α = Winkel zwischen Richtung des Strahlungsflusses und der Flächennormalen).

- Im Index e unterscheiden sich die allgemeinen Strahlungsgrößen von den fotometrischen Größen; Formelzeichen und Definitionen stimmen überein.

Übersicht:

Strahlungsgröße	Einheit	Fotometrische Größe	Einheit
Strahlungsenergie W, Q_e	J	Lichtmenge Q	lm·s
Strahlungsfluß Φ_e	W	Lichtstrom Φ	lm
Bestrahlung H_e	J/m^2	Belichtung H	lx·s
Bestrahlungsstärke E_e	W/m^2	Beleuchtungsstärke E	lx
Strahlstärke I_e	W/sr	Lichtstärke I	cd
spezifische		spezifische	
Ausstrahlung M_e	W/m^2	Lichtausstrahlung M	lm/m^2
Strahldichte L_e	W/(sr·m^2)	Leuchtdichte L	cd/m^2

27.2 Fotometrische Größen

27.2.1 Spektraler Hellempfindlichkeitsgrad

In der Fotometrie wird das Licht nicht nach seiner Energie oder Leistung bewertet, sondern es wird die Helligkeitsempfindung des menschlichen Auges zugrunde gelegt. Diese ist jedoch wellenlängenabhängig. Die relative spektrale Empfindlichkeit – als spektraler Hellempfindlichkeitsgrad $V(\lambda)$ bezeichnet – ist in einer international vereinbarten Kurve dargestellt. Das Maximum liegt bei $\lambda = 555\,\text{nm}$ und wird gleich 1 gesetzt.

Übersicht:

Spektraler Hellempfindlichkeitsgrad $V(\lambda)$ (Tagessehen)					
λ/nm	$V(\lambda)$	$\dfrac{V(\lambda) \cdot K_m}{\text{lm/W}}$	λ/nm	$V(\lambda)$	$\dfrac{V(\lambda) \cdot K_m}{\text{lm/W}}$
380	0,000 0	0,000	580	0,870	594
390	0,000 1	0,068 3	590	0,757	517
400	0,000 4	0,273	600	0,631	431
410	0,001 2	0,820	610	0,503	344
420	0,004 0	2,73	620	0,381	260
430	0,011 6	7,92	630	0,265	181
440	0,023	15,7	640	0,175	120
450	0,038	26,0	650	0,107	73,1
460	0,060	41,0	660	0,061	41,7
470	0,091	62,2	670	0,032	21,9
480	0,139	94,9	680	0,017	11,6
490	0,208	142	690	0,008 2	5,60
500	0,323	221	700	0,004 1	2,80
510	0,503	344	710	0,002 1	1,43
520	0,710	485	720	0,001 05	0,717
530	0,862	589	730	0,000 52	0,355
540	0,954	652	740	0,000 25	0,171
550	0,995	680	750	0,000 12	0,082 0
555	1,000	683	760	0,000 06	0,041 0
560	0,995	680	770	0,000 03	0,020 5
570	0,952	650	780	0,000 015	0,010 2

Den Quotienten aus der physiologi-
schen Größe Lichtstrom Φ und dem
physikalischen Strahlungsfluß Φ_e bezeichnet man als **fotometrisches Strah-
lungsäquivalent $K(\lambda)$**. Sein Maximalwert K_m (bei 555 nm) beträgt
683 Lumen/Watt. Für alle anderen
Wellenlängen ergibt sich $K(\lambda) =$

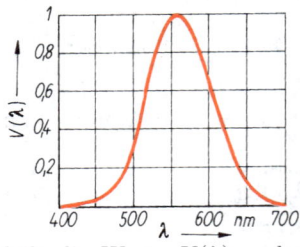

$K_m V(\lambda)$. Die vorstehende Übersicht enthält die Werte $K(\lambda)$ und
$V(\lambda)$ für den gesamten sichtbaren Bereich. Da alle Strahler den
größten Teil der Leistung im Infraroten, also außerhalb des sichtbaren Bereiches abstrahlen, erreicht man „Lichtausbeuten" von nur
etwa 10 bis 50 Lumen/Watt.

27.2.2   Lichtstärke

Sie ist **Basisgröße** des Internationalen Einheitensystems und wird in
Candela (cd) gemessen. Ihr Formelzeichen: I.

Definition der Basiseinheit Candela:

> Eine Candela ist die Lichtstärke einer Strahlungsquelle, die
> in einer bestimmten Richtung monochromatisches Licht der
> Frequenz 540 THz ($\hat{=}$ der Vakuumwellenlänge 555 nm) mit der
> Strahlstärke 1/683 Watt/Steradiant aussendet.

Beachte:
* Die früheren Einheiten Hefnerkerze (HK) und Neue Kerze (NK)
  sind veraltet und nicht mehr zulässig. Größenmäßig sind Neue
  Kerze und Candela gleich.

■ Allgemein ist die Lichtstärke richtungsabhängig, sie wird in Polardia-
grammen dargestellt, die man als
Lichtverteilungskurven bezeichnet.
Die regelmäßigste Lichtverteilungskurve erhält man von einer ebenen,
diffus strahlenden Fläche. Da die
Lichtstärke in Richtungen, die um
den Winkel α zur Flächennormalen
geneigt sind, $I \cos \alpha$ beträgt, muß die

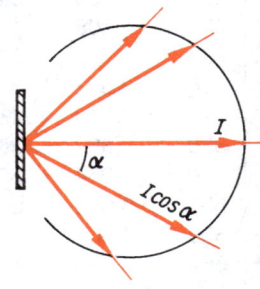

Lichtverteilungskurve ein Kreis sein. Eine solche strahlende Fläche bezeichnet man als **Lambert-Strahler**.

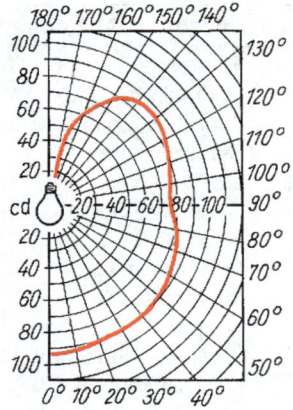

■ Die Lichtverteilungskurve anderer Strahler, z. B. der Glühlampen, ist unregelmäßiger. Nebenstehende Kurve gilt für Glühlampen der Allgebrauchsserie und bezieht sich auf eine Lampe mit einem Gesamtlichtstrom $I_{ges} = 1000\,\text{lm}$ ($\rightarrow$ 27.2.4). Für Lampen mit einem anderen Gesamtlichtstrom ($\rightarrow$ Tab. 44) ist entsprechend umzurechnen (Proportion).

Durch Reflektoren, streuende Materialien u. a. verändert sich die Lichtverteilung z. T. grundlegend, nebenstehende Kurve gilt dann nicht mehr.

27.2.3 Leuchtdichte

Die Leuchtdichte L ist definiert als Quotient aus der Lichtstärke und der leuchtenden Fläche.

Si-Einheit der Leuchtdichte: $[L] = \dfrac{\text{cd}}{\text{m}^2}$.

Unzulässige Einheit: Stilb (sb) $= \text{cd}/\text{cm}^2$. $1\,\text{sb} = 1\,\dfrac{\text{cd}}{\text{cm}^2} = 10^4\,\dfrac{\text{cd}}{\text{m}^2}$

Wenn

L Leuchtdichte einer Lichtquelle oder einer reflektierenden Fläche,

I Lichtstärke der Fläche,

A *scheinbare* Größe der Fläche,

dann gilt

(O 27.13) $\boxed{L = \dfrac{I}{A}}$

	L	I	A
SI	$\dfrac{\text{cd}}{\text{m}^2}$	cd	m^2

Beachte:

● Für A ist die sogenannte **scheinbare Fläche** einzusetzen, das ist bei geneigten oder gekrümmten Flächen ihre Projektion auf eine zur Betrachtungsrichtung senkrecht stehende Ebene.

● Für den Lambert-Strahler ($\rightarrow$ 27.2.2) ist wegen der richtungsabhängigen Lichtstärke die Leuchtdichte L *richtungsunabhängig*.

Übersicht:

Leuchtdichte einiger Lichtquellen in cd/cm²	
Fluoreszenz	bis 10^{-2}
Nachthimmel	10^{-7}
Grauer Himmel	bis $0,3$
Blauer Himmel	bis 1
Mond	$0,25$
Sonne am Horizont	600
Mittagssonne	bis $150\,000$
Leuchtstofflampen	$0,2\dots0,4$
Kerzenflamme	bis 1
Wolfram-Glühlampe, mattiert	$5\dots40$
Wolfram-Glühlampe, klar	$200\dots3\,000$
Kohlelichtbogen	bis $18\,000$
Quecksilber-Höchstdrucklampe	$25\,000\dots150\,000$
Xenon-Höchstdrucklampe	$50\,000\dots1\,000\,000$

Beachte:

● Bei Leuchtdichten ab etwa $0{,}75\,\mathrm{cd/cm^2}$ tritt eine Blendung des Auges ein.

27.2.4   Lichtstrom

Als *Lichtstrom* Φ bezeichnet man das Produkt aus der Lichtstärke und dem durchstrahlten Raumwinkel.

Si-Einheit des Lichtstroms: $[\Phi] = $ Lumen $(\mathrm{lm}) = \mathrm{cd \cdot sr}$.

Der **Raumwinkel** Ω ist der Quotient aus einer Kugelfläche und dem Quadrat ihres Radius: $\Omega = A/r^2$.

Si-Einheit des Raumwinkels: $[\Omega] = $ Steradiant $(\mathrm{sr}) = \dfrac{\mathrm{m^2}}{\mathrm{m^2}} = 1$.

Beachte:

● Der volle Raumwinkel beträgt $\Omega = 4\pi\,\mathrm{sr}$.

● Ein Raumwinkel von $1\,\mathrm{sr}$ entspricht einem Kreiskegel mit einem Öffnungswinkel von $65{,}6°$.

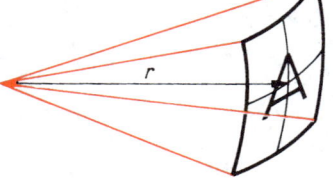

Wenn
Φ Lichtstrom,
I Lichtstärke, innerhalb des Raumwinkels Ω konstant,
Ω Raumwinkel,
dann gilt

(O 27.14) $\boxed{\Phi = I\Omega}$

$$\begin{array}{c|ccc} & \Phi & I & \Omega \\ \hline \text{SI} & \text{lm} & \text{cd} & \text{sr} \end{array}$$

Für den Fall, daß die Lichtstärke innerhalb des Raumwinkels nicht konstant ist, gilt

(O 27.15) $\boxed{\Phi = \int I\,\mathrm{d}\Omega}$

Aus (O 27.15) folgt für den Gesamtstrom einer Lichtquelle

(O 27.16) $\boxed{\Phi_{\text{ges}} = \int_0^{4\pi} I\,\mathrm{d}\Omega}$

Beachte:
- Zahlenwerte für den Gesamtlichtstrom wichtiger Lichtquellen → Tab. 44.

27.2.5 Spezifische Lichtausstrahlung

Als *spezifische Lichtausstrahlung M* bezeichnet man den Quotienten aus Lichtstrom und Strahlerfläche.

Si-Einheit der spezifischen Lichtausstrahlung: $[M] = \dfrac{\text{Lumen}}{\text{Meter}^2} \left(\dfrac{\text{lm}}{\text{m}^2} \right)$.

Wenn
M spezifische Lichtausstrahlung,
Φ Lichtstrom, an allen Stellen der Strahlerfläche gleich,
A_S Strahlerfläche,
dann gilt

(O 27.17) $\boxed{M = \dfrac{\Phi}{A_\text{S}}}$

$$\begin{array}{c|ccc} & M & \Phi & A \\ \hline \text{SI} & \dfrac{\text{lm}}{\text{m}^2} & \text{lm} & \text{m}^2 \end{array}$$

Wenn der Lichtstrom nicht an allen Stellen der Strahlerfläche gleich ist, dann gilt

(O 27.18) $$M = \frac{\mathrm{d}\Phi}{\mathrm{d}A_{\mathrm{S}}}$$

27.2.6   Lichtmenge

Als *Lichtmenge* Q bezeichnet man das Produkt aus Lichtstrom und Zeit.

SI-Einheit der Lichtmenge: $[Q] = $ Lumensekunde (lm $\cdot$ s).

Wenn

Q Lichtmenge,
Φ Lichtstrom,
t Zeit,

dann gilt

	Q	Φ	t
SI	lm $\cdot$ s	lm	s

(O 27.19) $Q = \Phi t$

Ist der Lichtstrom Φ nicht konstant, sondern eine Funktion der Zeit t, so gilt

(O 27.20) $$Q = \int \Phi \, \mathrm{d}t$$

27.2.7   Beleuchtungsstärke

Als *Beleuchtungsstärke* E bezeichnet man den Quotienten aus auftreffendem Lichtstrom und Größe der Empfängerfläche.

SI-Einheit der Beleuchtungsstärke: $[E] = $ Lux (lx) $= \mathrm{lm/m}^2$.

Wenn

E Beleuchtungsstärke,
Φ Lichtstrom, der auf die Fläche A trifft,
A vom Lichtstrom getroffene Fläche, Empfängerfläche,
α Winkel zwischen den auftreffenden Lichtstrahlen und der Flächennormalen,

r Abstand Lampe – Empfängerfläche,
I Lichtstärke,

dann gilt

(O 27.21) $$E = \frac{\Phi}{A}$$

	E	Φ	A
SI	lx	lm	m²

oder bei ungleichmäßiger Verteilung des Lichtstroms

(O 27.22) $$E = \frac{\mathrm{d}\Phi}{\mathrm{d}A}$$

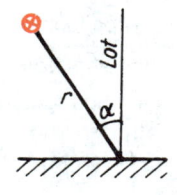

Ersetzt man in (O 27.21) Φ durch $I\Omega$, worin bei schrägem Einfall $\Omega = A\cos\alpha/r^2$ ist, so ergibt sich die wichtige Beziehung

(O 27.23) $$E = \frac{I\cos\alpha}{r^2}$$

	E	I	r
SI	lx	cd	m

Beachte:
- Die Beleuchtungsstärke nimmt mit dem Quadrat der Entfernung ab.
- Die Lichtstärke I wird mit Hilfe der Lichtverteilungskurve aus dem Gesamtstrom ermittelt. Zahlenwerte → Tab. 44.

Übersicht:

Natürliche Beleuchtungsstärke E in lx	
Sonnenlicht im Sommer	100 000
Sonnenlicht im Winter	10 000
Bedeckter Himmel im Sommer	5 000 … 20 000
Bedeckter Himmel im Winter	1 000 … 2 000
Grenze der Farbwahrnehmung	≈ 3
Nachts bei Vollmond	0,2
Mondlose Nacht	0,000 3

Übersicht:

Normalbeleuchtungsstärken E in lx				
Ansprüche:	niedrig	mittel	hoch	
Wohnräume – Allgemeinbeleuchtung	40	80	150	
Art der Arbeit:	grob	mittel	fein	sehr fein
Arbeitsräume, Schulen – nur Allgemeinbeleuchtung – Allgemeinbeleuchtung mit Arbeitsplatzbeleuchtung	40 20 100	80 30 300	150 40 1 000	300 50 5 000
Verkehrsstärke:	schwach	mittel	stark	sehr stark
Durchgänge und Treppen Straßen und Plätze Fabrikhöfe	15 3 3	 8 	30 15 15	 30

27.2.8 Belichtung

Als *Belichtung* H bezeichnet man das Produkt aus Beleuchtungsstärke und Zeit.

SI-Einheit der Belichtung: $[H] = $ Luxsekunde (lx · s).

Wenn

H Belichtung,
E Beleuchtungsstärke,
t Zeit,
Q Lichtmenge,
A beleuchtete Fläche,

dann gilt mit $E = \Phi/A$ (O 27.21) und $\Phi t = Q$ (O 27.19)

(O 27.24) $\boxed{H = Et = \dfrac{Q}{A}}$

	H	E	t	Q	A
SI	lx · s	lx	s	lm · s	m^2

Ist die Beleuchtungsstärke während der Zeit nicht konstant, gilt

(O 27.25) $\boxed{H = \displaystyle\int E \, \mathrm{d}t}$

Beachte:

- Belichtungsmesser für die Fotografie bestimmen aus der Beleuchtungsstärke die erforderliche Belichtungszeit, damit der Film die richtige für die Schwärzung erforderliche Belichtung (Lichtmenge je Fläche) erhält.

27.3   Fotometer

Zur Messung fotometrischer Größen dienen Fotometer, die sowohl mit subjektivem Vergleich arbeiten können als auch eine objektive Messung zulassen.

27.3.1   Messung der Lichtstärke

Die Lichtstärke wird stets durch Vergleich bestimmt. Erzeugen zwei verschiedene Lichtquellen auf der gleichen Fläche die gleiche Beleuchtungsstärke, dann gilt entsprechend (O 27.23)

$$E = I_1/r_1^2 = I_2/r_2^2 \quad \text{oder}$$
$$I_1/I_2 = r_1^2/r_2^2 \,.$$

Daraus ergibt sich für die unbekannte Lichtstärke I_2

$$(\text{O } 27.26) \quad \boxed{I_2 = I_1 \frac{r_2^2}{r_1^2}}$$

Beachte:

- Die Gleichung gilt nur, wenn beide Lichtquellen **gleiche** Beleuchtungsstärken auf der Fläche hervorrufen und annähernd gleiche Lichtzusammensetzungen haben.

Die Gleichheit der beiden Beleuchtungsstärken erreicht man durch Veränderung der Abstände der Lichtquellen von der Fläche. Als Hilfsmittel dienen z. B.
- Fettfleckfotometer von Bunsen,
- Fotometerwürfel von Lummer und Brodhun.

27.3.2   Messung des Gesamtlichtstroms

Zur Bestimmung des Gesamtlichtstroms z. B. einer Glühlampe wird die Ulbrichtsche Fotometerkugel verwendet. Diese Hohlkugel besitzt innen einen hohen Reflexionsgrad. Dadurch wird nach mehrmaliger Reflexion des Lichtes an der Wandung die ungleiche Lichtverteilung ausgeglichen. An einer Stelle der Wand wird die Beleuchtungsstärke gemessen. Eine Multiplikation mit der gesamten Kugelfläche $4\pi r^2$ ergibt den Gesamtstrom Φ_{ges} (bzw. einen ihm proportionalen Wert, abhängig vom Reflexionsgrad der Innenseite).

27.3.3   Messung der Beleuchtungsstärke

Dazu dienen sogenannte Luxmeter. Das sind Mikroamperemeter, die mit einem Fotoelement (meist Selenfotoelement) verbunden sind. Ihre spektrale Hellempfindlichkeit V_λ wird mit Filtern der des Auges weitgehend angepaßt.

Seit einiger Zeit werden auch Fotowiderstände für die Messung eingesetzt (vor allem bei „Belichtungsmessern" für die Fotografie). Ein Nachteil derartiger Meßgeräte ist, daß sie eine Spannungsquelle erfordern, sofern die Kamera nicht ohnehin „stromversorgt" ist.

28 Gleichstromkreis

28.1 Elektrischer Strom

Der in einem Leiter fließende Strom besteht aus Elektronen, die sich mit relativ kleiner Geschwindigkeit vorwärts bewegen. Diese sog. **freien Elektronen** haben sich aus dem Atomverband gelöst.

Der elektrische Strom übt verschiedene Wirkungen aus:

▶ Wärmewirkung,
▶ chemische Wirkung,
▶ magnetische Wirkung.

28.1.1 Stromstärke

Sie ist Basisgröße des Internationalen Einheitensystems und wird in Ampere (A) gemessen. Ihr Formelzeichen: I.

Definition der Basiseinheit Ampere:

> Ein Ampere ist die Stärke eines elektrischen Stromes, der durch zwei geradlinige parallele Leiter mit einem Abstand von einem Meter fließt und der zwischen den Leitern je Meter Länge eine Kraft von $2 \cdot 10^{-7}$ N hervorruft.

28.1.2 Elektrische Ladung

> Unter der Ladung Q versteht man das Produkt aus Stromstärke und Zeit. Sie heißt auch Elektrizitätsmenge oder Ladungsmenge.

SI-Einheit der Ladung: $[Q] = $ Amperesekunde $(A \cdot s) = $ Coulomb (C).

Wenn

Q Ladung, die in der Zeit t durch den Querschnitt eines Leiters fließt,

t Dauer des Stromflusses,

I Stromstärke, konstant während der Zeit t,

dann gilt

(E 28.1) $\boxed{Q = It}$

$$\begin{array}{c|cc} Q & I & t \\ \hline \text{SI} & \text{C} = \text{A} \cdot \text{s} & \text{A} & \text{s} \end{array}$$

Ist die Stromstärke I nicht konstant, sondern eine Funktion der Zeit, also $I = I(t)$, so ergibt sich

(E 28.2) $\boxed{Q = \int\limits_{t_1}^{t_2} I \, \mathrm{d}t}$

Umrechnung:

$$\boxed{1 \text{ Amperestunde (Ah)} = 3\,600\,\text{C}}$$

■   Die kleinste elektrische Ladung besitzen die Elementarteilchen Elektron (negativ) und Proton (positiv). Man bezeichnet sie als die

elektrische Elementarladung

(E 28.3) $\boxed{e = 1{,}602\,177\,33 \cdot 10^{-19}\,\text{C}}$

Beachte:

● Jede elektrische Ladung ist ein ganzzahliges Vielfaches der elektrischen Elementarladung e.

● Die Ladung 1 C entspricht der Ladung von $\approx 6{,}24 \cdot 10^{18}$ Elektronen.

28.2   Spannung

28.2.1   Quellenspannung U_q (Urspannung)

Sie ist die Ursache jedes elektrischen Stromes und herrscht zwischen den Polen einer **Spannungsquelle**. Früher wurde sie als **elektromotorische Kraft** (**EMK**) bezeichnet.

Am **Minuspol** besteht ein Elektronenüberschuß, am **Pluspol** ein Elektronenmangel. Beide Zustände werden durch Vorgänge im Inneren der Spannungsquelle erzeugt und aufrechterhalten. Die Elektronen fließen *außerhalb* der Spannungsquelle vom Elektronenüberschuß zum -mangel, also vom Minus- zum Pluspol. Vor Kenntnis der wahren Verhältnisse war bereits festgelegt die

technische Stromrichtung:

Der Strom fließt vom Plus- zum Minuspol.

Übersicht:

Gebräuchliche Spannungen	U/V
Stahlakkumulator (NiFe) je Zeile	1,2
Bleiakkumulator je Zelle	2
Lichtanlage im Pkw	12
Netz	220, 380
Straßenbahn	550
Elektrische Lokomotiven	bis 15 000
Hochspannungsfernleitungen	bis 380 000

28.2.2   Spannungsabfall U

So bezeichnet man die Spannung zwischen zwei beliebigen Punkten eines stromdurchflossenen Leiters. Sie ist stets kleiner als die Quellenspannung.

Unter der *Spannung U* zwischen zwei Punkten eines Leiters versteht man das Verhältnis der in diesem Leiterteil umgesetzten Leistung zu dem durch den Leiter fließenden Strom.

SI-Einheit der Spannung: $[U] = \dfrac{\text{W}}{\text{A}} = \text{Volt (V)}$.

Definition der Spannungseinheit Volt:

Das Volt ist die elektrische Spannung zwischen zwei Punkten eines metallischen Leiters, in dem bei einem konstanten Strom von 1 A zwischen den beiden Punkten eine Leistung von 1 W umgesetzt wird.

28.3   Elektrischer Widerstand

Er bestimmt die Stärke des Stromes, der bei einer bestimmten Spannung durch den Stromkreis fließt.

Unter dem *Widerstand R* versteht man das Verhältnis der Spannung zwischen den Enden eines Leiters zur Stärke des Stromes im Leiter.

SI-Einheit des Widerstandes: $[R] = \dfrac{\text{V}}{\text{A}} = \text{Ohm } (\Omega)$.

Definition der Widerstandseinheit Ohm:

Das Ohm ist der elektrische Widerstand zwischen zwei Punkten eines metallischen Leiters, durch den bei der Spannung 1 V zwischen den beiden Punkten ein Strom von 1 A fließt.

Wenn

R Widerstand des Leiters,

U Spannung im Stromkreis,

I Stromstärke,

dann gilt das

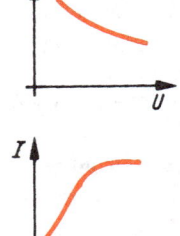

Ohmsche Gesetz

(E 28.4) $$R = \frac{U}{I}$$

	R	U	I
SI	Ω	V	A

In einem Leiter ist die Stromstärke der Spannung direkt und dem Widerstand umgekehrt proportional.

Beachte:

- Das Ohmsche Gesetz gilt auch für Teile eines Stromkreises.

- Die Strom-Spannungs-Kennlinie ist nur bei konstantem Widerstand eine Gerade. Der Widerstand ist aber temperaturabhängig ($\rightarrow$ 28.3.2).

- In Gasentladungsröhren ist $U = f(I)$. In bestimmten Bereichen fällt die Kennlinie, d. h., die Spannung sinkt bei steigender Stromstärke.

- Bei einer begrenzten Anzahl von Ladungsträgern (Elektronenröhren) strebt die Stromstärke bei steigender Spannung einem bestimmten Maximalwert (Sättigungswert) zu. Die I,U-Kurve ergibt eine Sättigungskennlinie.

- Den Kehrwert des Widerstandes R bezeichnet man als

elektrischen Leitwert G

(E 28.5) $$G = \frac{1}{R}$$

	G	R
SI	S	Ω

SI-Einheit des Leitwertes: $[G] = \dfrac{1}{\Omega} =$ Siemens (S).

28.3.1   Spezifischer Widerstand

Wenn

R Widerstand des Leiters,

ϱ spezifischer Widerstand des Materials ($\to$ Tab. 45),

l Gesamtlänge des Leiters,

A Querschnittsfläche des Leiters,

dann gilt

(E 28.6) $\boxed{R = \dfrac{\varrho l}{A}}$

	R	ϱ	l	A	$\varkappa$
SI	Ω	$\Omega \cdot m$	m	m^2	$\dfrac{1}{\Omega \cdot m}$
VT	Ω	$\dfrac{\Omega \cdot mm^2}{m}$	m	mm^2	$\dfrac{m}{\Omega \cdot mm^2}$
VT	Ω	$\Omega \cdot cm$	cm	cm^2	$\dfrac{1}{\Omega \cdot mm}$

Beachte:

● Der spezifische Widerstand ϱ ist temperaturabhängig ($\to$ 28.3.2).

■ Den Kehrwert des spezifischen Widerstandes ϱ bezeichnet man als **elektrische Leitfähigkeit** $\varkappa$

(E 28.7) $\boxed{\varkappa = \dfrac{1}{\varrho}}$ Einheiten $\to$ (E 28.6)

E

28.3.2   Widerstand und Temperatur

Der spezifische Widerstand von Leitern und Nichtleitern ist temperaturabhängig.

Der Widerstand eines metallischen Leiters *wächst* mit der Temperatur.

Bei Halbleitern *sinkt* der große Widerstand beim Erwärmen beträchtlich.

Bei einigen Metallen sinkt der Widerstand in der Nähe des absoluten Nullpunkts sprunghaft auf annähernd null: **Supraleitung**.

Konstantan (60 % Cu, 40 % Ni) und Manganin (86 % Cu, 2 % Ni, 12 % Mn) sind sehr gering temperaturabhängige Widerstandslegierungen.

■ Der spezifische Widerstand ϱ (in Tabellen meist auf 20 °C bezogen) bzw. der elektrische Widerstand lassen sich auf andere Temperaturen umrechnen.

Wenn

ϱ_t spezifischer Widerstand bei der Temperatur t,

ϱ_{20} spezifischer Widerstand bei 20 °C ($\to$ Tab. 45),

R_t Widerstand eines Leiters bei der Temperatur t,

R_{20} Widerstand des gleichen Leiters bei 20 °C,

α Temperaturkoeffizient des elektrischen Widerstandes für 20 °C ($\to$ Tab. 46),

t Temperatur,

dann gilt

(E 28.8) $\boxed{\varrho_t = \varrho_{20}[1 + \alpha(t - 20\,°\mathrm{C})]}$.

oder

(E 28.9) $\boxed{R_t = R_{20}[1 + \alpha(t - 20\,°\mathrm{C})]}$

ϱ	R	α	t
SI	wie bei (E 28.6)	$\dfrac{1}{\mathrm{K}}$	°C

> Der *Temperaturkoeffizient* des elektrischen Widerstandes ist das Verhältnis der relativen Änderung des Widerstandes (bzw. des spezifischen Widerstandes) zur Temperaturänderung.
>
> $\alpha = \dfrac{\Delta R}{R\,\Delta t} = \dfrac{\Delta \varrho}{\varrho\,\Delta t}$

Beachte:

● Bei sehr genauen Berechnungen muß berücksichtigt werden, daß der Temperaturkoeffizient α selbst auch gering temperaturabhängig ist.

28.4 Elektrischer Stromkreis

In einem Stromkreis fließen die Elektronen *außerhalb* der Spannungsquelle vom Minus- zum Pluspol und *innerhalb* der Spannungsquelle vom Plus- zum Minuspol wieder zurück (technische Stromrichtung entgegengesetzt!).

> In einem unverzweigten elektrischen Stromkreis ist an allen Stellen die Stromstärke gleich groß.

Auch das Innere einer Spannungsquelle besitzt einen Widerstand (**innerer Widerstand** R_i). Dieser und die äußeren Widerstände (R_a) bestimmen die Stromstärke. Für den gesamten Stromkreis lautet demnach das Ohmsche Gesetz (E 28.4)

(E 28.10) $\boxed{I = \dfrac{U_q}{R_i + R_a}}$

I	U	R
SI	A	V	Ω

Beachte:

- Die an den inneren und äußeren Widerständen entstehenden Spannungsabfälle werden nach dem Ohmschen Gesetz (E 28.4) berechnet.

- Wenn $R_a \rightarrow 0$, dann bestimmt nur noch der meist sehr kleine Innenwiderstand R_i die Stromstärke, die durch Sicherungen begrenzt werden muß, um Zerstörungen zu vermeiden (**Kurzschluß**).

■ In einem vollständigen Stromkreis muß zwischen folgenden Spannungen unterschieden werden:

▶ **Quellenspannung (U_q)** oder **Urspannung** (früher EMK):

Spannung zwischen den Polen einer Spannungsquelle bei nicht geschlossenem Stromkreis (Leerlauf-Spannung).

▶ **Innerer Spannungsabfall (U_i):**

Teil der Urspannung, der im Innern der Spannungsquelle wegen des inneren Widerstandes abfällt, wenn der Stromkreis geschlossen ist, $U_i = I R_i$.

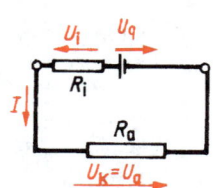

▶ **Klemmenspannung (U_K):**

Spannung zwischen den Polen einer Spannungsquelle bei geschlossenem Stromkreis. Sie ist um den inneren Spannungsabfall kleiner als die Urspannung, also

■ Urspannung = Klemmenspannung + innerer Spannungsabfall.

E

Wenn

U_K Klemmenspannung,
U_q Quellenspannung,
R_i Innenwiderstand der Spannungsquelle,
R_a Summe der äußeren Widerstände,

dann gilt

$$U_K = U_q - U_i = U_q - I R_i = U_q - \frac{U_q R_i}{R_i + R_a} \quad \text{oder}$$

(E 28.11) $\boxed{U_K = \dfrac{U_q R_a}{R_i + R_a}}$

	U_K	U_q	R
SI	V	V	Ω

■ Für den äußeren Stromkreis steht nur die Klemmenspannung zur Verfügung. Sie entspricht dem gesamten äußeren Spannungsabfall.

Die Klemmenspannung ist gleich der Summe der äußeren Spannungsabfälle.

(E 28.12) $\boxed{U_K = U_1 + U_2 + U_3 + \cdots}$

Aus dem Ohmschen Gesetz für den gesamten Stromkreis (E 28.10) ergibt sich durch Umformung

(E 28.13) $\boxed{U_q = I(R_i + R_a) = U_i + U_a}$

In einem geschlossenen Stromkreis ist die Quellenspannung gleich der Summe aller Spannungsabfälle.

Enthält ein Stromkreis mehrere Quellenspannungen, so sind diese algebraisch zu addieren. Bei Gegenreihenschaltung (umgekehrte Polung) wird die betreffende Quellenspannung demnach subtrahiert. Um die richtigen Vorzeichen der Quellenspannungen in solch einem als **Masche** bezeichneten Stromkreis zu finden, legt man einen Umlaufsinn *willkürlich* fest. Es gilt dann

(E 28.14) $\boxed{\Sigma U_q = \Sigma U}$

2. Kirchhoffsches Gesetz (Maschensatz):

In einem unverzweigten Stromkreis bzw. in jeder Masche eines verzweigten Netzwerkes ist die algebraische Summe aller Quellenspannungen gleich der Summe aller inneren und äußeren Spannungsabfälle.

Gleichwertig ist die Formulierung

(E 28.15) $\boxed{\Sigma U_K = \Sigma U_a}$

In einem unverzweigten Stromkreis bzw. in jeder Masche eines verzweigten Netzwerkes ist die algebraische Summe aller Klemmenspannungen gleich der Summe aller äußeren Spannungsabfälle.

28.5   Stromverzweigung

1. Kirchhoffsches Gesetz (Knotenpunktsatz):

In einer Stromverzweigung ist die Summe der Zweigströme gleich dem Gesamtstrom

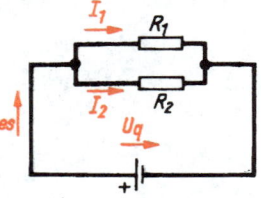

(E 28.16) $\boxed{I_{\text{ges}} = I_1 + I_2 + I_3 + \cdots}$

Eine gleichwertige Formulierung ist

In jedem Verzweigungspunkt (Knotenpunkt) eines Stromkreises ist die Summe der zufließenden Ströme gleich der Summe der abfließenden Ströme.

28.6   Schaltung von Widerständen

28.6.1   Reihenschaltung

Bei einer Reihen- oder Serienschaltung sind die Widerstände hintereinandergeschaltet, d. h., jeder von ihnen wird

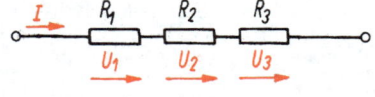

nacheinander vom gleichen Strom durchflossen.

Bei einer Reihenschaltung von Widerständen ist der Gesamtwiderstand gleich der Summe der Einzelwiderstände.

(E 28.17) $\boxed{R_{\text{r}} = R_1 + R_2 + R_3 + \cdots}$

■   Da jeder Widerstand vom gleichen Strom durchflossen wird, gilt nach dem Ohmschen Gesetz (E 28.4)

$$I = U_1/R_1 = U_2/R_2 = U_3/R_3 = \cdots \quad \text{oder}$$

(E 28.18) $\boxed{\dfrac{U_1}{U_2} = \dfrac{R_1}{R_2}}$

Bei einer Reihenschaltung verhalten sich die Spannungsabfälle über den Widerständen wie die Widerstände selbst.

28.6.2   Parallelschaltung

Aus den Gesetzen von Ohm und Kirchhoff folgt:

> Bei der Parallelschaltung ist der Kehrwert des Gesamtwiderstandes R_p gleich der Summe der Kehrwerte der Einzelwiderstände.

(E 28.19)
$$\frac{1}{R_p} = \frac{1}{R_1} + \frac{1}{R_2} + \frac{1}{R_3} + \cdots$$

oder wegen $1/R = G$ (E 28.5)

(E 28.20)
$$G_p = G_1 + G_2 + G_3 + \ldots$$

> Bei einer Parallelschaltung addieren sich die Einzelleitwerte zum Gesamtleitwert.

Bei nur *zwei* parallelgeschalteten Widerständen vereinfacht sich (E 28.19) zu

(E 28.21)
$$R_p = \frac{R_1 R_2}{R_1 + R_2}$$

Beachte:

● Bei der Parallelschaltung ist der Gesamtwiderstand kleiner als der kleinste Einzelwiderstand.

■ Da an jedem der parallelgeschalteten Widerstände die gleiche Spannung liegt, gilt nach dem Ohmschen Gesetz (E 28.4)

$$U = I_1 R_1 = I_2 R_2 = \cdots \quad \text{oder}$$

(E 28.22)
$$\frac{I_1}{I_2} = \frac{R_2}{R_1}$$

> Bei einer Parallelschaltung verhalten sich die Ströme in den Widerständen umgekehrt wie die Widerstände selbst.

28.6.3   Spannungsteiler

Fällt an dem Widerstand eine Spannung U ab, so kann man eine Teilspannung an dem entsprechenden Teil des Widerstandes abgreifen.

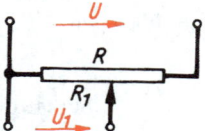

Wenn

U_1 Spannungsabfall am abgegriffenen Teilwiderstand R_1,
U Spannungsabfall am gesamten Widerstand R,
R_1 abgegriffener Teilwiderstand,
R Gesamtwiderstand,

dann gilt

(E 28.23) $$U_1 = U \frac{R_1}{R}$$

Beachte:

● Diese Gleichung gilt exakt nur für den unbelasteten Spannungsteiler und mit hinreichender Genauigkeit bei geringer Belastung (kleiner Stromstärke), weil im Abgriffspunkt eine Stromverzweigung vorliegt. Durch den abgegriffenen Widerstand R_1 fließt nur ein Teilstrom, der Spannungsabfall U_1 ist kleiner, als sich nach (E 28.23) ergibt.

28.6.4   Wheatstonesche Meßbrücke

Diese Meßbrücke zur Bestimmung von Widerständen ist eine Anwendung der Kirchhoffschen Gesetze. Der Abgriff wird so eingestellt, daß die Brücke mit dem Meßgerät stromlos wird, die Spannung U_{CD} also gleich null wird.

Es gilt dann

$\frac{R_x}{R_3} = \frac{R_1}{R_2}$. Durch Umstellung folgt daraus für den zu bestimmenden Widerstand R_x

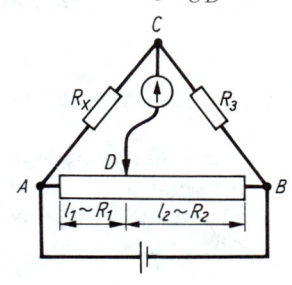

(E 28.24) $$R_x = R_3 \frac{R_1}{R_2} = R_3 \frac{l_1}{l_2}$$

Beachte:
- Die abgegriffenen Teilwiderstände R_1 und R_2 können nur dann durch die Längen l_1 und l_2 ersetzt werden, wenn es sich um einen homogenen Draht handelt.

28.7   Messung von Strom und Spannung

Die Meßgeräte nutzen die Wirkungen des elektrischen Stromes. Beim **Hitzdrahtinstrument** erwärmt und verlängert sich ein stromdurchflossener Meßdraht. Die Verlängerung ist ein Maß für die Stärke des Stromes.

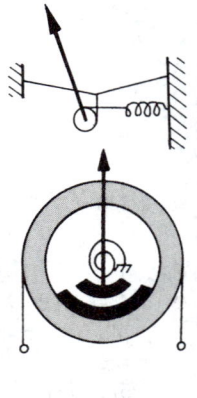

Beim **Dreheiseninstrument** werden ein feststehendes Eisen (meist Weicheisen) und ein am drehbaren Zeiger befestigtes Eisen von einer Zylinderspule umschlossen. Der durch die Spule fließende Meßstrom magnetisiert beide Eisen gleichsinnig, sie stoßen sich gegenseitig ab. Die Drehrichtung ist unabhängig von der Stromrichtung, man kann also Gleich- und Wechselströme messen.

Beim **Drehspulinstrument** befindet sich im Feld eines Dauermagneten eine drehbar gelagerte Spule. Wird sie vom zu messenden Strom durchflossen, so entsteht durch Überlagerung beider Magnetfelder ein Drehmoment. Der Ausschlagwinkel ist ein Maß für die Stärke des Stromes.

Galvanometer sind besonders empfindliche Drehspulinstrumente. Bei den meisten Instrumenten erzeugen Spiralfedern das Rückstellmoment.

28.7.1   Strommesser

Sie liegen im **Hauptschluß**, d. h., der zu messende Strom fließt durch sie hindurch. Ihr Innenwiderstand R_i soll möglichst klein sein, damit am Meßgerät kein nennenswerter Spannungsabfall entsteht und dadurch die Spannung am Meßobjekt verkleinert wird.

Sollen Ströme gemessen werden, die über den Meßbereich hinausgehen, so muß ein Parallelwiderstand (Nebenwiderstand, Shunt) eingeschaltet werden, der einen entsprechenden Teil des Stromes am
Instrument vorbeileitet.

Wenn

R_p erforderlicher Parallelwiderstand,

R_i Innenwiderstand des Strommessers,

I_2 gewünschter neuer Meßbereich,

I_1 bisheriger Meßbereich des Instruments,

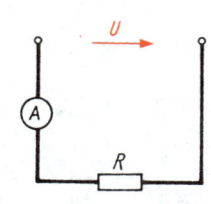

dann gilt, weil sich bei Parallelschaltung
die Ströme umgekehrt wie die Widerstände
verhalten,

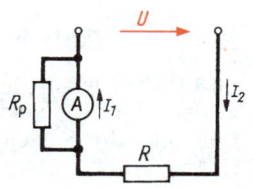

$$\frac{I_1}{I_2 - I_1} = \frac{R_p}{R_i}.$$

Durch Umstellung folgt daraus

(E 28.25) $$R_p = \frac{R_i}{\dfrac{I_2}{I_1} - 1}$$

28.7.2   Spannungsmesser

Sie liegen im **Nebenschluß,** d. h. parallel zu der zu messenden Spannung. Ihr Innenwiderstand soll möglichst groß sein, damit ihr Strom
den Gesamtstrom nicht vergrößert und so die
Klemmenspannung verkleinert.

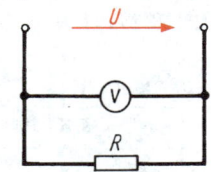

Sollen Spannungen gemessen werden, die über
den Meßbereich des Instruments hinausgehen,
so muß ein Vorwiderstand eingeschaltet werden, der einen entsprechenden Spannungsabfall
erzeugt.

Wenn

R_v erforderlicher Vorwiderstand,

R_i Innenwiderstand des Spannungsmessers,

U_2 gewünschter neuer Meßbereich,

U_1 bisheriger Meßbereich des Instruments,

dann gilt, weil Vorwiderstand und Meßwerk vom gleichen Strom durchflossen werden,

$$I = \frac{U_1}{R_\mathrm{i}} = \frac{U_2 - U_1}{R_\mathrm{v}}.$$

Durch Umstellung folgt daraus

(E 28.26) $\boxed{ R_\mathrm{v} = R_\mathrm{i} \left(\frac{U_2}{U_1} - 1 \right) }$

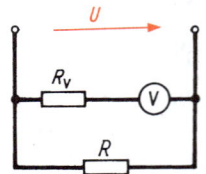

28.8   Elektrische Arbeit und Leistung

28.8.1   Elektrische Arbeit

Elektrische Energie entsteht aus anderen Energiearten und läßt sich wieder in andere umwandeln. Auch für sie gilt der Satz von der Erhaltung der Energie. Unter der Kraftwirkung eines elektrischen Feldes ($\rightarrow$ 29.2) bewegen sich die Ladungsträger durch den Leiter.

Wenn

W elektrische Arbeit, Stromarbeit,

U Spannung,

I Stromstärke,

t Zeitdauer des Stromflusses,

Q transportierte Ladung,

dann gilt, weil die für den Transport der Ladung Q erforderliche Arbeit $W = UQ$ ist, mit $Q = It$

(E 28.27) $\boxed{ W = UIt = \frac{U^2 t}{R} = I^2 R t }$

W	U	I	t	R
SI	J = W $\cdot$ s	V	A	s	Ω

Umrechnung:

$1\,\mathrm{kWh} = 3,6 \cdot 10^6\,\mathrm{J} = 3,6\,\mathrm{MJ}$	$1\,\mathrm{cal} = 4,187\,\mathrm{J}$	$1\,\mathrm{kp} \cdot \mathrm{m} = 9,807\,\mathrm{J}$

Beachte:

- Weitere Umrechnungen von Arbeitseinheiten $\rightarrow$ hintere Innenseite des Buchumschlages.
- (E 28.27) gilt nur, wenn die Stromstärke I während der Zeit t konstant ist. Dann bewegen sich die Ladungsträger mit konstanter Geschwindigkeit, die gesamte elektrische Arbeit wird in Wärme umgewandelt (**Stromwärme**).

28.8.2   Elektrische Leistung

Wenn

P elektrische Leistung, Stromleistung,

U Spannung,

I Stromstärke,

dann gilt entsprechend (M 7.28) $P = W/t$ und mit (E 28.27)

(E 28.28) $$P = UI = \frac{U^2}{R} = I^2 R$$

	P	U	I	R
SI	W	V	A	Ω

Übersicht:

Elektrische Leistung einiger Geräte P/W			
Taschenlampe	0,5...3	Raumheizlüfter	2 000
Glühlampen	15...1 000	Warmwasserspeicher	2 000
Heizsonnen	500...1 000	Elektrogrill	2 000
Elektr. Kocher	500...1 500	Waschmaschinen	2 200...3 200
Bügeleisen	600...1 200	Elektroherd	bis 9 000
Mikrowellenherd	600...1 000	Straßenbahnmotor	150 000
Tauchsieder	bis 1 000	E-Lok-Motor	5 000 000

E

29   Elektrisches Feld

In der Umgebung eines elektrisch geladenen Körpers bzw. zwischen zwei elektrisch geladenen Körpern besteht ein *elektrisches Feld*. So bezeichnet man den Raum, in dem die Kräfte der geladenen Körper wirken.

29.1   Ladung

Bei vielen Nichtleitern (Bernstein, Glas, Hartgummi u. a.) kann durch Reibung die Oberfläche elektrisch geladen werden. Der Oberfläche werden bei diesem Vorgang Elektronen entzogen oder zugeführt.

Elektronenmangel: Körper ist **positiv** geladen,
Elektronenüberschuß: Körper ist **negativ** geladen.

Zwischen elektrisch geladenen Körpern wirken Kräfte.

> Gleichartig geladene Körper stoßen sich ab, ungleichartig geladene Körper ziehen sich an.

Aus diesem Grunde sitzen die Ladungen leitender Körper stets an der Oberfläche. Das Innere ist ladungs- und damit feldfrei. Die Verteilung der Ladungen ist ungleich. An stärker gekrümmten Stellen sitzen sie dichter. An Spitzen und Kanten können sie so dicht sitzen, daß sie die Luft ionisieren und den Körper verlassen: Spitzenwirkung ($\rightarrow$ auch 29.2.4).

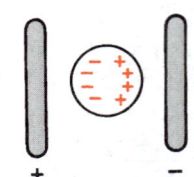

Die gleichmäßig verteilten Elektronen eines ungeladenen Leiters sammeln sich auf einer Körperhälfte unter Wirkung der Kräfte eines elektrischen Feldes: **Influenz.**

Demnach werden auch neutrale Körper (ungeladene Körper) von geladenen angezogen. Der Nachweis der Ladung kann somit nur durch Abstoßung erfolgen.

■ Zum Nachweis und zur Messung von Ladungen verwendet man **Elektrometer.** Sie bestehen im wesentlichen aus einem starren und einem beweglichen Metallstab. Werden diese mit einem geladenen Körper verbunden, so spreizt sich der bewegliche Stab ab, weil beide gleiche Ladungen tragen.

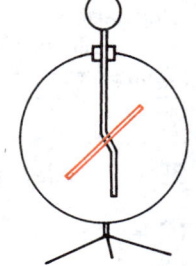

Auch ruhende Ladungen setzen sich (wie fließende Ladungen) aus Elementarladungen zusammen und werden in Coulomb ($C = A \cdot s$) gemessen.

■ Ein elektrisches Feld wird durch **elektrische Kraftlinien** oder **Feldlinien** dargestellt.

> Die Feldlinien geben in jedem Punkt eines eletrischen Feldes die Richtung der auf eine positive Ladung wirkenden Kraft an.

Eigenschaften:

▶ Sie verlaufen von der positiven zur negativen Ladung, haben also Anfang und Ende.

▶ Sie treten stets senkrecht aus der Oberfläche eines leitenden Körpers aus.

▶ In Richtung der Feldlinien herrscht „Zug", quer zu ihnen „Druck".

▶ Je nach Verlauf der Feldlinien nennt man das Feld **radial, homogen** (bei parallelen Feldlinien) oder **inhomogen** (bei nicht parallelen Feldlinien).

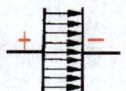   

29.2 Elektrische Feldstärke

Die Stärke des elektrischen Feldes wird durch die Kraft ausgedrückt, die auf eine kleine Punktladung (Probeladung) in diesem Feld wirkt.

> Unter der Feldstärke versteht man das Verhältnis der auf eine Ladung im Feld wirkenden Kraft zur Größe dieser Ladung.

SI-Einheit der elektrischen Feldstärke:

$$[E] = \frac{N}{C}\left(= \frac{N}{A \cdot s} = \frac{V \cdot N}{W \cdot s}\right) = \frac{V}{m}.$$

Die elektrische Feldstärke ist eine vektorielle Größe mit der Richtung der Kraft; die Ladung ist eine skalare Größe. Bei negativer Ladung hat die Feldstärke die Gegenrichtung der Kraft.

Wenn
E elektrische Feldstärke,
F Kraft, die im Feld auf eine Ladung Q wirkt,
Q Ladung im Feld,
dann gilt

(E 29.1) $\vec{E} = \dfrac{\vec{F}}{Q}$

E	F	Q
SI $\dfrac{V}{m}$	N	C = A · s

Beachte:

● In inhomogenen Feldern ist die Kraft örtlich verschieden, (E 29.1) liefert deshalb nur bei homogenen Feldern die für das gesamte Feld geltende Feldstärke.

■ Die Verschiebung einer Ladung Q im homogenen Feld zwischen zwei geladenen parallelen Platten erfordert nach (M 7.11) die Arbeit

$W = Fs = UIt = UQ$. Speziell für diese Arbeit ist
die Einheit **Elektronvolt** (eV) gebräuchlich, bei der
die Ladung als Vielfaches der Elementarladung und
die Spannung in Volt angegeben sind ($\rightarrow$ 33.4.1).
Aus obenstehender Gleichung folgt $\dfrac{U}{s} = \dfrac{F}{Q} = E$.
Somit ergibt sich für die elektrische Feldstärke ein
weiterer Ausdruck.

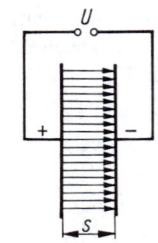

Wenn
E elektrische Feldstärke eines homogenen Feldes,
s Abstand der beiden geladenen Platten,
U Spannung zwischen den Platten,
dann gilt

(E 29.2) $E = \dfrac{U}{s}$

	E	U	s
SI	$\dfrac{\text{V}}{\text{m}}$	V	m
VT	$\dfrac{\text{V}}{\text{cm}}$	V	cm

29.2.1   Elektrisches Potential

Die Verschiebung einer Ladung Q im inhomogenen elektrischen Feld
erfordert eine Arbeit, bei der die Kraft $\vec{F}$ längs des Weges nicht
konstant ist.
Eine Bewegung vom Punkt 0 zum Punkt A erfordert die Arbeit

$$W_{0A} = \int\limits_0^A \vec{F}\, \mathrm{d}\vec{s} = -Q \int\limits_0^A \vec{E}\, \mathrm{d}\vec{s}, \quad \text{weil}$$

$$\vec{F} = -\vec{F}_{\text{el}} = -Q\vec{E}.$$

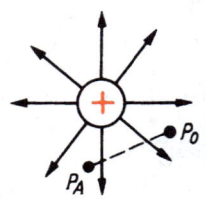

Wenn
φ_A elektrisches Potential im Punkt A,
E elektrische Feldstärke,
W Arbeit,
s Weg,
dann gilt

(E 29.3) $\varphi_A = \dfrac{W}{Q} = -\int\limits_0^A \vec{E}\, \mathrm{d}\vec{s}$

φ	W	Q	E	s
SI V	J	C	$\dfrac{\text{V}}{\text{m}}$	m

> Als elektrisches Potential eines Feldpunktes bezeichnet man den Quotienten aus der Arbeit, die nötig ist, die positive Ladung Q von einem beliebigen Bezugspunkt 0 (mit dem Potential φ_0) an die betreffende Feldstelle zu bringen, und der Ladung.

SI-Einheit des elektrischen Potentials: $[\varphi] = \dfrac{\text{J}}{\text{C}} = \text{Volt (V)}$.

Beachte:

● Grundsätzlich ist das Bezugspotential und damit die Lage des Bezugspunktes willkürlich. Häufig wählt man einen unendlich fernen Punkt, vielfach auch einen Punkt auf der Oberfläche eines Leiters. Legt man den Bezugspunkt ins Unendliche, dann sind alle Potentiale um einen positiv geladenen Körper positiv.

■ Die Bewegung der Ladung Q von A nach B bedeutet einen Übergang vom Potential φ_A zum Potential φ_B.

Wenn
U Spannung zwischen den Punkten A und B,
φ_A Potential des Punktes A,
φ_B Potential des Punktes B,
E elektrische Feldstärke,
s Weg von A nach B,
dann gilt für die zu verrichtende Arbeit (sie entspricht dem Gewinn an potentieller Energie der Ladung)

$$W_{AB} = \int_0^B \vec{F}\,\mathrm{d}\vec{s} - \int_0^A \vec{F}\,\mathrm{d}\vec{s}.$$

Ersetzt man $\vec{F} = -\vec{F}_{\text{el}} = -Q\vec{E}$, so folgt

$$W_{AB} = -Q\int_0^B \vec{E}\,\mathrm{d}\vec{s} + Q\int_0^A \vec{E}\,\mathrm{d}\vec{s} \quad \text{oder mit } \varphi = \frac{W}{Q}$$

$$\varphi_B - \varphi_A = -\int_0^B \vec{E}\,\mathrm{d}\vec{s} + \int_0^A \vec{E}\,\mathrm{d}\vec{s} = \int_B^0 \vec{E}\,\mathrm{d}\vec{s} + \int_0^A \vec{E}\,\mathrm{d}\vec{s}.$$

Die Potentialdifferenz ist der Spannung zwischen den Punkten A und B mit der Dimension Arbeit/Ladung und der Einheit

$$\frac{\text{N} \cdot \text{m}}{\text{C}} = \frac{\text{J}}{\text{C}} = \text{V}.$$

$$(E\ 29.4) \qquad U = \varphi_B - \varphi_A = -\int\limits_B^A \vec{E}\,\mathrm{d}\vec{s} = \int\limits_A^B \vec{E}\,\mathrm{d}\vec{s}$$

	U	E	s
SI	V	$\dfrac{\mathrm{V}}{\mathrm{m}}$	m

> Als Spannung zwischen zwei Punkten eines elektrischen Feldes bezeichnet man deren Potentialdifferenz.

29.2.2 Verschiebungsdichte

Die auf einem geladenen Körper (z. B. den Platten eines Kondensators) gebundenen Ladungen bestimmen die Größe der elektrischen Feldstärke.

> Als **Flächenladungsdichte** bezeichnet man das Verhältnis der Ladung zur Größe der geladenen Fläche.

SI-Einheit der Flächenladungsdichte: $[\sigma] = \dfrac{\text{Coulomb}}{\text{Quadratmeter}} = \dfrac{\mathrm{C}}{\mathrm{m}^2}$.

Wenn

σ Flächenladungsdichte,
Q Ladung, gebunden auf der Oberfläche eines Leiters,
A Oberfläche des geladenen Leiters,

dann gilt

$$(E\ 29.5) \qquad \sigma = \frac{Q}{A}$$

	σ	Q	A
SI	$\dfrac{\mathrm{C}}{\mathrm{m}^2}$	C	m^2

Ladungen sind Ursache, die Kräfte auf Ladungen im Feld Wirkungen des elektrischen Feldes. Ursache und Wirkung sind einander proportional. Der Proportionalitätsfaktor ist eine universelle Konstante und heißt

elektrische Feldkonstante ε_0

$$(E\ 29.6) \qquad \varepsilon_0 = 8,854\,187\,817 \cdot 10^{-12}\,\mathrm{C}/(\mathrm{V}\cdot\mathrm{m})$$

Für elektrische Felder im Vakuum (bzw. in Luft) gilt

$$(E\ 29.7) \qquad \sigma = \varepsilon_0 E$$

	σ	ε_0	E
SI	$\dfrac{\mathrm{C}}{\mathrm{m}^2}$	$\dfrac{\mathrm{C}}{\mathrm{V}\cdot\mathrm{m}}$	$\dfrac{\mathrm{V}}{\mathrm{m}}$

■   Mit (E 29.2) ist nur der Betrag, nicht aber die Richtung der elektrischen Feldstärke bestimmt. Da jedoch die Feldlinien senkrecht aus Leiteroberflächen treten, kann die Flächennormale zur Bestimmung der Feldrichtung verwendet werden. Man führt die vektorielle Größe **Verschiebungsdichte** $\vec{D}$ ein, deren Betrag D gleich der Flächenladungsdichte σ ist.

Mit
$\vec{D}$ Verschiebungsdichte,
$\vec{E}$ elektrische Feldstärke,
ε_0 elektrische Feldkonstante $= 8,854 \cdot 10^{-12} \dfrac{\text{C}}{\text{V} \cdot \text{m}}$
erhält man nun

	D	ε_0	E
SI	$\dfrac{\text{C}}{\text{m}^2}$	$\dfrac{\text{C}}{\text{V} \cdot \text{m}}$	$\dfrac{\text{V}}{\text{m}}$

(E 29.8) $\boxed{\vec{D} = \varepsilon_0 \vec{E}}$

Beachte:
● Die Verschiebungsdichte $\vec{D}$ besitzt die Richtung von der positiven zur negativen Ladung.

29.2.3   Dielektrikum

Füllt man das elektrische Feld mit einem nichtleitenden Stoff (**Dielektrikum**), so wird ein Teil der Verschiebungsdichte D durch **Polarisation** des Dielektrikums gebunden. Die Feldstärke sinkt von E_0 auf E (bei gleicher Verschiebungsdichte D). Das Verhältnis beider Feldstärken nennt man Permittivitätszahl ε_r (leider häufig noch relative Dielektrizitätskonstante):

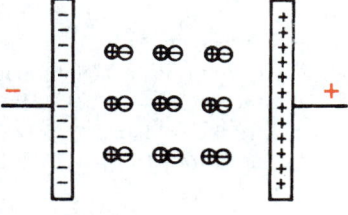

■ $\varepsilon_\mathrm{r} = E_0/E.$

Hält man dagegen die elektrische Feldstärke E konstant, so steigt beim Einbringen des Dielektrikums die Verschiebungsdichte von D_0 auf D. Die Permittivitätszahl ε_r ist also auch definiert durch

■ $\varepsilon_\mathrm{r} = D/D_0.$

Wenn

D Verschiebungsdichte,

E elektrische Feldstärke,

ε_0 elektrische Feldkonstante $= 8,854 \cdot 10^{-12}\, \text{C}/(\text{V} \cdot \text{m})$,

ε_r Permittivitätszahl, Dielektrizitätszahl, früher relative Dielektrizitätskonstante ($\rightarrow$ Tab. 47),

dann gilt

	D	ε_0	ε_r	E
(E 29.9) $\quad \vec{D} = \varepsilon_0 \varepsilon_\text{r} \vec{E}$	SI	$\dfrac{\text{C}}{\text{m}^2}$	$\dfrac{\text{C}}{\text{V} \cdot \text{m}}$	$-$	$\dfrac{\text{V}}{\text{m}}$

Meist faßt man das Produkt $\varepsilon_0 \varepsilon_\text{r}$ zusammen zur

Permittivität (Dielektrizitätskonstante)

(E 29.10) $\quad \boxed{\varepsilon = \varepsilon_0 \varepsilon_\text{r}}$

Beachte:

● Vakuum und Luft haben die Permittivitätszahl 1.

29.2.4   Feldstärke an Kugeloberflächen

Mit (E 29.9), (E 29.10) und (E 29.5) läßt sich die Feldstärke an der Oberfläche von Leitern bestimmen. Es ergibt sich $E = \dfrac{D}{\varepsilon} = \dfrac{Q}{A\varepsilon}$ unter der Voraussetzung, daß die Ladung Q gleichmäßig auf der Fläche A verteilt ist. Das trifft nur bei Kugeln zu; bei anderen Körpern jedoch für Teilladungen ΔQ und Teilflächen ΔA.

Wenn

E elektrische Feldstärke,

Q Ladung auf der Kugeloberfläche,

ε Permittivität $= \varepsilon_0 \varepsilon_\text{r}$ (Dielektrizitätskonstante),

ε_0 elektrische Feldkonstante $= 8,854 \cdot 10^{-12}\, \text{C}/(\text{V} \cdot \text{m})$,

ε_r Permittivitätszahl ($\rightarrow$ Tab. 47),

r Kugelradius,

dann gilt mit $A = 4\pi r^2$

	E	Q	ε	r
(E 29.11) $\quad E = \dfrac{Q}{4\pi\varepsilon r^2}$	SI	$\dfrac{\text{V}}{\text{m}}$	C	$\dfrac{\text{C}}{\text{V} \cdot \text{m}}$	m

Beachte:

● (E 29.11) gilt auch für einen Punkt im Abstand r von einer Punktladung.

- Die Feldstärke nimmt mit dem Quadrat des Abstandes von der Kugelmitte ab.
- $1/(4\pi\varepsilon_0) = 8,988 \cdot 10^9 \, \mathrm{V} \cdot \mathrm{m/C}$.

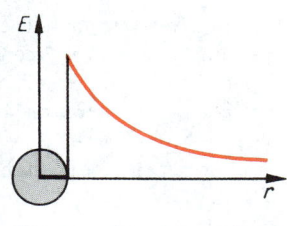

■ Bei Körpern mit beliebig geformter Oberfläche ist die Feldstärke an Stellen starker Krümmung besonders groß. Es kann zu einem selbständigen Austritt von Ladungsträgern kommen: **Spitzenentladung.** Bei Metallspitzen mit einem Krümmungsradius von $\approx$ 1 μm genügt zur Elektronenbefreiung bereits eine Spannung von einigen hundert Volt.

29.3   Kapazität

Beim Aufladen eines Körpers ist die Spannung gegen einen Bezugspunkt (z. B. Erde) proportional der zugeführten Ladung: $U \sim Q$. Den Proportionalitätsfaktor nennt man **Kapazität** des Körpers. Sie kennzeichnet seine Fähigkeit, Ladungen zu speichern.

> Unter der Kapazität C eines Körpers versteht man das Verhältnis der zugeführten Ladung Q zur entstandenen Spannung U.

SI-Einheit der Kapazität: $[C] = \dfrac{\mathrm{C}}{\mathrm{V}} = \mathrm{Farad\ (F)} = \dfrac{\mathrm{A} \cdot \mathrm{s}}{\mathrm{V}}$.

Wenn
C Kapazität eines Körpers,
Q zugeführte Ladung,
U Spannung,
dann gilt

(E 29.12) $\boxed{C = \dfrac{Q}{U}}$

	C	Q	U
SI	F	C	V

Umrechnung:

$$1\,\mathrm{F} = 10^6 \, \mathrm{Mikrofarad\ (\mu F)} = 10^9 \, \mathrm{Nanofarad\ (nF)}$$
$$= 10^{12} \, \mathrm{Pikofarad\ (pF)}$$

E

29.3.1   Kondensator

Darunter versteht man zwei ungleichartig geladene Körper, die einen
bestimmten Abstand voneinander besitzen. In den meisten Fällen sind
es parallel zueinander stehende Platten. Die Kapazität des Kondensators hängt von der Größe
der Platten und ihrem Abstand sowie dem Material zwischen den Platten (**Dielektrikum**) ab.

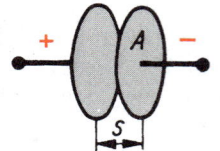

Zweiplattenkondensator

Wenn

C Kapazität des Zweiplattenkondensators,

A Fläche der Kondensatorplatte,

s Plattenabstand,

ε_0 elektrische Feldkonstante $= 8{,}854 \cdot 10^{-12}\,\text{F/m}$,

ε_r Permittivitätszahl ($\rightarrow$ Tab. 47),

ε Permittivität $= \varepsilon_0 \varepsilon_r$, Dielektrizitätskonstante,

dann gilt entsprechend (E 29.12)

$$C = \frac{Q}{U} = \frac{DA}{U} = \frac{DA}{Es} = \frac{\varepsilon DA}{Ds}.\quad \text{Daraus folgt}$$

	C	ε	A	s
SI	F	$\dfrac{\text{F}}{\text{m}}$	m^2	m

(E 29.13) $\boxed{C = \dfrac{\varepsilon A}{s}}$

■ Bei technischen Kondensatoren (z. B. Dreh- oder Blockkonden-
sator) werden mehr als 2 Platten verwendet. Für die Kapazität gilt
dann mit

z Gesamtzahl der Zwischenräume zwischen den Platten

(E 29.14) $\boxed{C = \dfrac{z \varepsilon A}{s}}$ Einheiten $\rightarrow$ (E 29.13)

Kugelkondensator

Er besteht aus zwei konzentrisch angeordneten Hohlkugeln. Ist der
Abstand beider Kugelflächen sehr klein (Δr), also beide Kugelflächen
praktisch gleich groß, dann kann die Gleichung für die Kapazität eines

Zweiplattenkondensators angewendet werden.
Mit $A = 4\pi r^2$ ergibt sich

(E 29.15) $\qquad C = \dfrac{4\pi\varepsilon r^2}{\Delta r}$

■ Bei größerem Abstand der Kugelflächen
muß ihre unterschiedliche Größe berücksichtigt
werden.

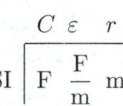

Wenn
C Kapazität eines Kugelkondensators,
r_1 Radius der Innenkugel,
r_2 Radius der Außenkugel,
ε Permittivität $= \varepsilon_0\varepsilon_r$ Dielektrizitätskonstante,
ε_0 elektrische Feldkonstante $= 8,854 \cdot 10^{-12}$ F/m,
ε_r Permittivitätszahl ($\to$ Tab. 47),
dann gilt

(E 29.16) $\qquad C = 4\pi\varepsilon\,\dfrac{r_1 r_2}{r_2 - r_1} = 4\pi\varepsilon \Big/ \left(\dfrac{1}{r_1} - \dfrac{1}{r_2}\right)$

	C	ε	r
SI	F	$\dfrac{\text{F}}{\text{m}}$	m

Beachte:
● $4\pi\varepsilon_0 = 1,113 \cdot 10^{-10}$ F/m.

E

Kapazität einer Kugel

Ihre Kapazität ergibt sich aus (E 29.16) mit $r_2 = \infty$ und $r_1 = r$.

(E 29.17) $\qquad C = 4\pi\varepsilon r$

	C	ε	r
SI	F	$\dfrac{\text{F}}{\text{m}}$	m

Beachte:
● Die Kapazität der Erdkugel beträgt etwa 700 μF.

Zylinderkondensator

Wenn
C Kapazität des Zylinderkondensators,
ε Permittivität $= \varepsilon_0\varepsilon_r$, Dielektrizitätskonstante,
r_1 Radius des inneren Zylindermantels,

r_2 Radius des äußeren Zylindermantels,
l Länge des Zylinders,

dann gilt

(E 29.18) $$C = \frac{2\pi\varepsilon l}{\ln(r_2/r_1)}$$

$$\text{SI} \quad \begin{array}{c|ccc} C & \varepsilon & l & r \\ \hline \text{F} & \dfrac{\text{F}}{\text{m}} & \text{m} & \text{m} \end{array}$$

Beachte:
- $2\pi\varepsilon_0 = 5{,}563 \cdot 10^{-11}\ \text{F/m}$.

Doppelleitung

Wenn
C Kapazität einer Doppelleitung,
l Länge der Leitung,
a Abstand von Leitermitte zu Leitermitte,
r Radius jedes der beiden Leiter,
ε Permittivität $= \varepsilon_0\varepsilon_\mathrm{r}$, Dielektrizitätskonstante,

dann gilt unter der Bedingung $a \gg r$

(E 29.19) $$C = \frac{\pi\varepsilon l}{\ln(a/r)}$$

$$\text{SI} \quad \begin{array}{c|cc} C & \varepsilon & l \\ \hline \text{F} & \dfrac{\text{F}}{\text{m}} & \text{m} \end{array}$$

Kondensator aus zwei Kugeln

Wenn
C Kapazität der beiden Kugeln,
a Abstand von Kugelmitte zu Kugelmitte,
r Radius jeder der beiden Kugeln,
ε Permittivität $= \varepsilon_0\varepsilon_\mathrm{r}$, Dielektrizitätskonstante,

dann gilt

(E 29.20) $$C = 2\pi\varepsilon r \left[1 + \frac{r(a^2 - r^2)}{a(a^2 - ar - r^2)} \right]$$

$$\text{SI} \quad \begin{array}{c|ccc} C & \varepsilon & a & l \\ \hline \text{F} & \dfrac{\text{F}}{\text{m}} & \text{m} & \text{m} \end{array}$$

29.3.2   Parallelschaltung von Kondensatoren

An jedem Kondensator liegt die gleiche Spannung: $U = U_1 = U_2 = U_3 = \cdots$. Die Gesamtladung ist gleich der Summe der Einzelladungen:

$Q = Q_1 + Q_2 + Q_3 + \cdots.$

> Bei der Parallelschaltung ist die Gesamtkapazität C_p gleich der Summe der Einzelkapazitäten.

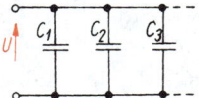

(E 29.21) $\boxed{C_\mathrm{p} = C_1 + C_2 + C_3 + \cdots}$

29.3.3 Reihenschaltung von Kondensatoren

Jeder Kondensator enthält die gleiche Ladung: $Q = Q_1 = Q_2 = Q_3 = \cdots$. Die Gesamtspannung ist gleich der Summe der Einzelspannungen:

$$U = U_1 + U_2 + U_3 + \cdots = \frac{Q}{C} = \frac{Q}{C_1} + \frac{Q}{C_2} + \frac{Q}{C_3} + \cdots .$$

> Bei der Reihenschaltung ist der Kehrwert der Gesamtkapazität C_r gleich der Summe der Kehrwerte der Einzelkapazitäten.

(E 29.22) $\boxed{\dfrac{1}{C_\mathrm{r}} = \dfrac{1}{C_1} + \dfrac{1}{C_2} + \dfrac{1}{C_3} + \cdots}$

Bei nur zwei in Reihe geschalteten Kondensatoren vereinfacht sich (E 29.22) zu

(E 29.23) $\boxed{C_\mathrm{r} = \dfrac{C_1 C_2}{C_1 + C_2}}$

Beachte:

● Bei einer Reihenschaltung ist die Gesamtkapazität stets kleiner als die kleinste Einzelkapazität.

29.4   Kraft und Energie im elektrischen Feld

29.4.1   Kraft

Ungleichartig geladene Körper ziehen sich an, gleichartig geladene stoßen sich ab. Die Größe der zwischen ihnen wirkenden Kraft läßt sich bestimmen.

Punktladungen

Wenn

F Kraft zwischen zwei Punktladungen (anziehend oder abstoßend),

Q_1 1. Punktladung,

Q_2 2. Punktladung,

r Abstand der beiden Punktladungen voneinander,

ε Permittivität $= \varepsilon_0 \varepsilon_r$, Dielektrizitätskonstante,

ε_0 elektrische Feldkonstante $= 8,854 \cdot 10^{-12}$ F/m,

ε_r Permittivitätszahl ($\rightarrow$ Tab. 47),

dann gilt als

Coulombsches Gesetz

(E 29.24) $$F = \frac{1}{4\pi\varepsilon} \frac{Q_1 Q_2}{r^2}$$

	F	ε	Q	r
SI	N	$\dfrac{\text{F}}{\text{m}}$	C	m

Beachte:

● Die Gleichung gilt in guter Näherung auch für Kugeln, wenn deren Abstand groß ist im Verhältnis zu ihrem Radius. In diesem Falle ist r der Mittelpunktabstand.

● $1/(4\pi\varepsilon_0) = 8,988 \cdot 10^9$ m/F.

Plattenpaar

Die Ladung einer Platte wirkt auf ein Ladungselement $\mathrm{d}Q$ der anderen Platte mit der Kraft $\mathrm{d}F = E\,\mathrm{d}Q$ entsprechend (E 29.1). Mit (E 29.12) $\mathrm{d}Q = C\,\mathrm{d}U$ und (E 29.2) $E = U/s$ ergibt sich $\mathrm{d}F = \dfrac{U}{s} C\,\mathrm{d}U$ oder $\mathrm{d}F = \dfrac{C}{s} U\,\mathrm{d}U$.

Wenn

F Kraft zwischen den Platten,

A Plattenfläche,

E elektrische Feldstärke,

D Verschiebungsdichte,

C Kapazität,

s Plattenabstand,

U Spannung zwischen den Platten,

ε Permittivität $= \varepsilon_0 \varepsilon_r$, Dielektrizitätskonstante, dann ergibt sich die Gesamtkraft durch Integration

$$F = \frac{C}{s} \int\limits_0^U U \, \mathrm{d}U = \frac{C}{s} \frac{U^2}{2}.$$

Wird für C die Kapazität des Zweiplattenkondensators eingesetzt (E 29.13), so folgt für den Betrag der Kraft

(E 29.25) $\boxed{F = \dfrac{\varepsilon A U^2}{2s^2}}$

	F	ε	A	U	s
SI	N	$\dfrac{\mathrm{F}}{\mathrm{m}}$	m^2	V	m

Mit $U/s = E$ folgt daraus

(E 29.26) $\boxed{F = \dfrac{\varepsilon E^2 A}{2}}$

	F	ε	E	A
SI	N	$\dfrac{\mathrm{F}}{\mathrm{m}}$	$\dfrac{\mathrm{V}}{\mathrm{m}}$	m^2

Wegen $\varepsilon E = D$ und $D = Q/A$ ergibt sich

(E 29.27) $\boxed{F = \dfrac{EDA}{2} = \dfrac{QE}{2}}$

	F	E	D	A	Q
SI	N	$\dfrac{\mathrm{V}}{\mathrm{m}}$	$\dfrac{\mathrm{C}}{\mathrm{m}^2}$	m^2	C

E

29.4.2 Energie des Feldes

In jedem elektrischen Feld ist Energie gespeichert. Sie entspricht der Arbeit, die zum Aufbau des Feldes (Trennung der Ladungen) aufzuwenden ist, und wird beim Zusammenbrechen des Feldes wieder in Arbeit umgewandelt.

Wenn
E_F Energie des geladenen Kondensators,
C Kapazität des Kondensators,
U Spannung zwischen den Platten des Kondensators,
dann gilt, weil die Stromarbeit nach (E 28.27) $W = UIt$ und die Spannung während der Ladung von null auf U geichmäßig steigt,

$$E_\mathrm{F} = \frac{UIt}{2} = \frac{UQ}{2} \quad \text{und wegen } Q = CU \text{ (E 29.12)}$$

(E 29.28) $\boxed{E_\mathrm{F} = \dfrac{CU^2}{2} = \dfrac{Q^2}{2C}}$

	E_F	C	U	Q
SI	J	F	V	C

Beachte:

● Diese Gleichung gilt für jedes elektrische Feld.

■ Aus (E 29.28) folgt mit $C = \varepsilon A/s$ und $U = Es$ speziell für den

Zweiplattenkondensator

(E 29.29) $E_{\mathrm{F}} = \dfrac{\varepsilon E^2 A s}{2}$

E_{F}	ε	E	A	s
SI J	$\dfrac{\text{F}}{\text{m}}$	$\dfrac{\text{V}}{\text{m}}$	m^2	m

oder mit $As = V$ als dem Volumen des homogenen elektrischen Feldes sowie $\varepsilon E = D$

(E 29.30) $E_{\mathrm{F}} = \dfrac{\varepsilon E^2 V}{2} = \dfrac{DEV}{2}$

E_{F}	ε	D	E	V
SI J	$\dfrac{\text{F}}{\text{m}}$	$\dfrac{\text{C}}{\text{m}^2}$	$\dfrac{\text{V}}{\text{m}}$	m^3

Beachte:

● (E 29.30) gilt auch für kleine, als homogen zu betrachtende Bereiche eines größeren nicht homogenen elektrischen Feldes.

29.4.3   Energiedichte

Die Energiedichte w eines elektrischen Feldes ergibt sich aus (E 29.30) mit $w = E_{\mathrm{F}}/V$.

(E 29.31) $w = \dfrac{\varepsilon E_{\mathrm{F}}^2}{2} = \dfrac{DE}{2}$

w	ε	E	D
SI $\dfrac{\text{J}}{\text{m}^3}$	$\dfrac{\text{F}}{\text{m}}$	$\dfrac{\text{V}}{\text{m}}$	$\dfrac{\text{C}}{\text{m}^2}$

29.4.4   Auf- und Entladung eines Kondensators

Beide Vorgänge gehorchen der Differentialgleichung $\dfrac{i}{C} + R\dfrac{\mathrm{d}i}{\mathrm{d}t} = 0$, wenn $U = u_C = u_R = $ konstant.

Aufladung

Wenn

U Ladespannung,
u_C Spannung am Kondensator zur Zeit t,
I_0 Anfangsstromstärke $= U/R$,
C Kapazität des Kondensators,

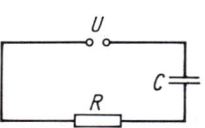

R Widerstand,
i Stromstärke zur Zeit t,
t Zeit,
τ Abklingzeit, Zeitkonstante $= RC$
dann gilt

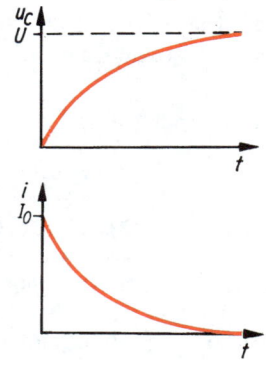

(E 29.32) $\boxed{u_C = U(1 - \mathrm{e}^{-t/\tau})}$

und

(E 29.33) $\boxed{i = I_0 \mathrm{e}^{-t/\tau}}$

Entladung

Wenn
U_0 Anfangsspannung am Kondensator,
u_C Spannung am Kondensator zur Zeit t,
I_0 Anfangsstromstärke $= U_0/R$,
i Stromstärke zur Zeit t,
R Widerstand,
C Kapazität des Kondensators,
t Zeit,
τ Abklingzeit, Zeitkonstante $= RC$,
dann gilt

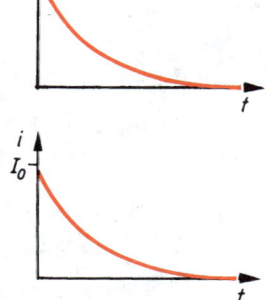

(E 29.34) $\boxed{u_C = U_0 \mathrm{e}^{-t/\tau}}$

und

(E 29.35) $\boxed{i = I_0 \mathrm{e}^{-t/\tau}}$

E

Beachte:
- Die Abklingzeit $\tau = RC$ ist die Zeit, in der Spannung bzw. Stromstärke auf den Wert $1/\mathrm{e}$ absinken.

■ Auch der Ladungsausgleich unterliegt der gleichen Gesetzmäßigkeit. Von der zur Zeit $t = 0$ vorhandenen Ladung Q_0 ist zur Zeit t noch auf den Platten

(E 29.36) $\boxed{Q = Q_0 \mathrm{e}^{-t/\tau}}$

■　Die ursprünglich vorhandene Feldenergie $E_0 = Q^2/(2C)$ wandelt sich in Stromwärme um und nimmt zeitlich ab nach

(E 29.37)　　$\boxed{E = E_0 \mathrm{e}^{-2t/\tau}}$

30　Magnetisches Feld

30.1　Dauermagnetismus (permanenter Magnetismus)

30.1.1　Stabmagnet

Jeder Magnet hat zwei Pole: einen **Nord-** und einen **Südpol.** Ein Pol kommt niemals allein vor. Zwischen den Polen zweier Magneten bestehen Kraftwirkungen.

┃ Gleichartige Pole stoßen sich ab, ungleichartige Pole ziehen sich an.

Den Raum, in dem ein Magnet Kraftwirkungen ausübt, nennt man **magnetisches Feld.**

┃ Die magnetischen Feldlinien zeigen in einem Feld die Richtung der wirkenden Kraft an.

In der Richtung der Feldlinien herrscht „Zug", quer zu ihnen „Druck". Verlaufen die Feldlinien parallel, so ist das Feld homogen. Ein kleiner Probemagnet stellt sich in Richtung der Feldlinien ein.

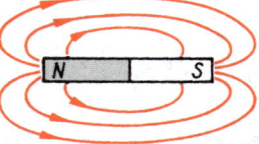

┃ Die Feldlinien eines Magneten sind geschlossene Linien. Außerhalb des Magneten verlaufen sie vom Nord- zum Südpol.

30.1.2　Magnetfeld der Erde

Der *magnetische* Südpol der Erde liegt in der Nähe des *geografischen* Nordpols (74° nördlicher Breite und 100° westlicher Länge). Der *magnetische* Nordpol liegt in der Nähe des *geografischen* Südpols (72° südlicher Breite und 155° östlicher Länge). Eine freie bewegliche Magnetnadel stellt sich unter der Wirkung des magnetischen Erdfeldes in Richtung der Feldlinien ein. Diese Richtung weicht sowohl von der Horizontalen als auch von der Nord-Süd-Richtung ab.

Unter Deklination (Mißweisung) versteht man die Abweichung einer Magnetnadel von der geografischen Nord-Süd-Richtung, unter Inklination ihre Abweichung von der Horizontalen.

Beachte:
● Die magnetischen Pole der Erde wandern langsam. Obige Werte beziehen sich auf Messungen in den 70er Jahren.

30.2 Elektromagnetismus

In der Umgebung eines stromdurchflossenen Leiters herrscht immer ein Magnetfeld.

Die magnetischen Feldlinien eines geraden Stromleiters sind konzentrische Kreise

Für die Bestimmung des Richtungssinns der Feldlinien gilt die

Korkenzieherregel:

Schraubt man einen Korkenzieher in Richtung des fließenden Stromes vorwärts, so gibt sein Drehsinn die Richtung der Feldlinien an.

Bei einer Spule überlagern sich die Felder der einzelnen Windungen.

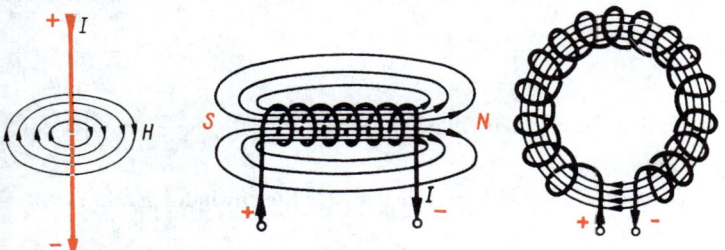

Im Innern einer relativ langen **Zylinderspule** herrscht ein homogenes Feld.

Die an den Enden auftretenden inhomogenen Feldteile sind bei einer **Ringspule** nicht vorhanden.

Im Innern einer Ringspule sind die Feldlinien in sich geschlossen.

30.2.1   Magnetische Feldstärke

Die Stärke des magnetischen Feldes kann durch die Wirkung bestimmt werden, die es auf einen im Innern des Feldes befindlichen Probemagneten ausübt. Da kein Magnetpol allein vorkommt, erfahren Nord- und Südpol des Probemagneten entgegengerichtete Kraftwirkungen. Es entsteht also ein Drehmoment, das den Probemagneten in Feldlinienrichtung orientiert. Dieses Drehmoment ist ein Maß für die magnetische Feldstärke an dieser Stelle und bei der Zylinderspule der Windungszahl und der Stromstärke proportional sowie der Spulenlänge umgekehrt proportional.

Die Richtung der Feldstärke stimmt in jedem Punkt eines Feldes mit der Richtung der Feldlinien überein. Sie weist im Innern der Spule (des Magneten) vom Süd- zum Nordpol, außerhalb vom Nord- zum Südpol.

Zylinderspule

Wenn

H magnetische Feldstärke im Inneren einer Zylinderspule,

I Stärke des durch die Spule fließenden Stromes,

N Windungszahl der Spule (vielfach auch mit n oder w bezeichnet),

l Länge der Spule bzw. der Feldlinien im homogenen Feld,

dann gilt für den Betrag der magnetischen Feldstärke

(E 30.1) $$H = \frac{IN}{l}$$

	H	I	N	l
SI	$\dfrac{A}{m}$	A	–	m

SI-Einheit der magnetischen Feldstärke: $[H] = \dfrac{\text{Ampere}}{\text{Meter}} \left(\dfrac{A}{m} \right)$.

Beachte:

● Das Produkt IN wurde vielfach als **Stromwindungszahl** bezeichnet.

● Die Einheit **Oersted (Oe)** für die magnetische Feldstärke ist keine SI-Einheit und nicht zulässig.

  $1\,\text{Oe} = 1\,000/(4\pi)\,\text{A/m} = 79,58\,\text{A/m}$.

Gerader Leiter

Bei einem geraden Leiter ist die Feldstärke H entlang einer kreisförmigen Feldlinie der Länge $l = 2\pi r$ konstant.

Mit

H magnetische Feldstärke außerhalb eines stromdurchflossenen geraden Leiters im Abstand r,

I Stromstärke im Leiter,

r Abstand vom Leiter in einer zum Leiter senkrechten Ebene

erhält man aus dem Durchflutungsgesetz ($\to$ 30.2.2)

(E 30.2) $$H = \frac{I}{2\pi r}$$

	H	I	r
SI	$\dfrac{\text{A}}{\text{m}}$	A	m

Kurze Zylinderspule

Bei einer relativ kurzen Zylinderspule ist der inhomogene Feldanteil zu groß, um (E 30.1) verwenden zu können.

Wenn

H magnetische Feldstärke in einer kurzen Zylinderspule,

I Stromstärke im Leiter,

N Windungszahl,

l Länge der Spule,

r Radius der Windungen,

dann gilt

(E 30.3) $$H = \frac{IN}{\sqrt{4r^2 + l^2}}$$

	H	N	I	r	l
SI	$\dfrac{\text{A}}{\text{m}}$	–	A	m	m

E

Kreisring

Wenn

H magnetische Feldstärke im Zentrum eines stromdurchflossenen Kreisringes,

I Stromstärke im Leiter,

r Radius des Kreisringes,

dann folgt aus (E 30.3) mit $N = 1$ und $l = 0$

(E 30.4) $$H = \frac{I}{2r}$$

	H	I	r
SI	$\dfrac{\text{A}}{\text{m}}$	A	m

30.2.2 Durchflutungsgesetz

Es beschreibt den Zusammenhang zwischen dem elektrischen Strom als Ursache des Feldes und der magnetischen Feldstärke. In allgemeinster Form lautet es:

Das Umlaufintegral der magnetischen Feldstärke längs einer geschlossenen Kurve ist
gleich der Summe der von der Kurve eingeschlossenen Ströme.

Wenn

H magnetische Feldstärke,

s Umlaufweg,

I Stromstärke,

H_s Feldstärkekomponente in Wegrichtung,

dann gilt

	H	s	I

(E 30.5) $\boxed{\oint \vec{H}\, \mathrm{d}\vec{s} = \oint H_s\, \mathrm{d}s = \sum I}$ SI $\left|\ \dfrac{\mathrm{A}}{\mathrm{m}}\ \ \mathrm{m}\ \ \mathrm{A}\right.$

oder, wenn die Feldstärke in Wegrichtung H_s jeweils über den Weg-
abschnitt Δs konstant ist,

(E 30.6) $\boxed{\Sigma H_s \Delta s = \Sigma I}$

Beachte:

● Bei einer Spule kann für ΣI das Produkt IN gesetzt werden, weil
das Feld N gleichsinnig durchflossene Leiter umschließt.

30.2.3   Magnetische Spannung

Unter der *magnetischen Spannung V* zwischen den Enden einer
Zylinderspule versteht man das Produkt aus der magnetischen
Feldstärke und der Länge der Spule.

SI-Einheit der magnetischen Spannung: $[V] = $ Ampere (A).

Wenn

V magnetische Spannung zwischen den Enden einer Zylinderspule,

H magnetische Feldstärke im Innern der Zylinderspule,

l Länge der Zylinderspule,

dann gilt mit (E 30.6)

	V	H	l	I	N

(E 30.7) $\boxed{V = Hl = IN}$ SI $\left|\ \mathrm{A}\ \ \dfrac{\mathrm{A}}{\mathrm{m}}\ \ \mathrm{m}\ \ \mathrm{A}\ \ -\right.$

(E 30.7) gilt auch für die gesamte magnetische Spannung einer
Ringspule.

Besitzt jedoch die Feldstärke H entlang der Feldlinie verschiedene Werte, z. B. in einem Luftspalt, dann müssen die magnetischen Spannungen für jeden Teil einzeln bestimmt und addiert werden.

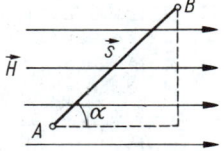

Wenn

V magnetische Spannung,

H_i magnetische Feldstärke entlang einem Teil l_i der Feldlinie,

l_i Länge des Feldlinienteils, über den die Feldstärke konstant ist,

dann gilt

(E 30.8) $$V = H_1 l_1 + H_2 l_2 + \cdots = \sum H_i l_i = IN$$

Beachte:

● Die gesamte magnetische Spannung über einer geschlossenen Feldlinie heißt magnetische **Umlauf-** oder **Randspannung.** Sie entspricht dem Ausdruck $\oint \vec{H}\, \mathrm{d}\vec{s}$ in (E 30.5).

■ Für beliebige (auch inhomogene) Felder gilt als Definition der magnetischen Spannung:

Die magnetische Spannung zwischen zwei Punkten eines beliebigen magnetischen Feldes ist gleich dem Linienintegral über der Feldstärke $\vec{H}$ längs eines Weges $\vec{s}$ vom Punkt A zum Punkt B.

(E 30.9) $$V = \int\limits_A^B \vec{H}\, \mathrm{d}\vec{s}$$

Für die magnetische Spannung zwischen zwei Punkten A und B eines *homogenen* Feldes, die nicht auf gleicher Feldlinie liegen, vereinfacht sich (E 30.9) zu

(E 30.10) $$V = \vec{H}\, \vec{s}$$
$$= H s \cos \alpha$$

30.2.4   Magnetische Induktion (Flußdichte)

Als Maß für die Stärke eines magnetischen Feldes kann man die Feldstärke H und damit den sie erzeugenden Strom I ansehen ($\rightarrow$ 30.2.2), oder man betrachtet die Induktionswirkung ($\rightarrow$ 30.3) eines sich ändernden Magnetfeldes. In einer Probespule (Windungszahl N) oder einer Drahtschleife ($N = 1$) wird beim Ein- oder Ausschalten des die Schleife durchsetzenden Magnetfeldes ein Spannungsstoß der Größe $\int u\,\mathrm{d}t$ induziert.

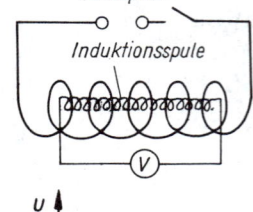

> Den je Fläche(neinheit) und Windung induzierten Spannungsstoß bezeichnet man als magnetische Induktion B.
>
> $B = \int u\,\mathrm{d}t/(NA)$.

SI-Einheit der magnetischen Induktion:

$$[B] = \frac{\text{Voltsekunde}}{\text{Quadratmeter}} \left(\frac{\mathrm{V} \cdot \mathrm{s}}{\mathrm{m}^2} \right) = \text{Tesla (T)}.$$

Magnetische Induktion B und Feldstärke H sind einander proportional. Der Proportionalitätsfaktor ist eine universelle Konstante und heißt

magnetische Feldkonstante μ_0 (früher Induktionskonstante).

(E 30.11) $\boxed{\mu_0 = 4\pi \cdot 10^{-7}\, \dfrac{\mathrm{V} \cdot \mathrm{s}}{\mathrm{A} \cdot \mathrm{m}} = 1{,}256\,637 \cdot 10^{-6}\, \dfrac{\mathrm{V} \cdot \mathrm{s}}{\mathrm{A} \cdot \mathrm{m}}}$

Für Felder im Vakuum gilt

(E 30.12) $\boxed{B = \mu_0 H}$

B	μ_0	H
SI $\bigg\vert$ $\mathrm{T} = \dfrac{\mathrm{V} \cdot \mathrm{s}}{\mathrm{m}^2}$	$\dfrac{\mathrm{V} \cdot \mathrm{s}}{\mathrm{A} \cdot \mathrm{m}}$	$\dfrac{\mathrm{A}}{\mathrm{m}}$

oder, da die magnetische Induktion eine vektorielle Größe und der Feldstärke gleichgerichtet ist,

(E 30.13) $\boxed{\vec{B} = \mu_0 \vec{H}}$

Beachte:

- (E 30.12) und (E 30.13) gelten mit genügender Genauigkeit auch für Luft.
- Für Felder in stofflichen Medien → (E 30.20).
- Die Einheit **Gauß (G)** für die magnetische Induktion ist keine SI-Einheit und ungesetzlich.
  1 Gauß (G)= 10^{-4} Tesla (T).

30.2.5   Magnetischer Fluß

Als *magnetischen Fluß* bezeichnet man das Produkt aus der magnetischen Induktion und der Querschnittsfläche des Feldes.

SI-Einheit des magnetischen Flusses: $[\Phi]$ = Voltsekunde (V $\cdot$ s)
  = Weber (Wb).

Wenn

Φ magnetischer Fluß,

B magnetische Induktion,

B_N Normalkomponente der magnetischen Induktion (in Richtung der Flächennormalen),

A Querschnittsfläche des Feldes,

dann gilt für ein homogenes Feld

(E 30.14) $\boxed{\Phi = B_N A}$

mit

(E 30.15) $\boxed{\begin{aligned} B_N &= B \cos(\vec{B}, \vec{n}) \\ &= B \cos\alpha \end{aligned}}$

worin $\vec{n}$ die Richtung der Flächennormalen ist. Im inhomogenen Feld (die Induktion ist an den Punkten der Querschnittsfläche nicht gleich groß) ergibt sich

(E 30.16) $\boxed{\Phi = \int B_N \, dA}$

Φ	B	A
SI $\begin{vmatrix} \end{vmatrix}$ Wb = V $\cdot$ s	T = $\dfrac{V \cdot s}{m^2}$	m^2

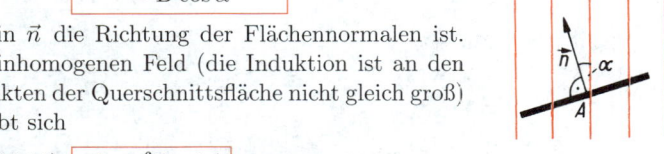

Beachte:

- Wegen (E 30.14) wird die Induktion B häufig auch als **magnetische Flußdichte** bezeichnet.
- Die Einheit **Maxwell (M)** für den magnetischen Fluß ist keine SI-Einheit und ungesetzlich.
  1 Maxwell (M)= 10^{-8} Weber (Wb).

30.2.6   Stoff im magnetischen Feld

Bringt man stoffliche Materie in ein magnetisches Feld, so ändern sich die magnetische Induktion von B_0 auf B und der magnetische Fluß von Φ_0 auf Φ (bei gleichbleibender Feldstärke H). Unter der Kraftwirkung des Feldes orientieren sich die im Stoff vorhandenen magnetischen Dipole in der Feldrichtung und erhöhen so die magnetische Induktion. Den Zuwachs an Induktion ΔB bezeichnet man als **magnetische Polarisation** J (in der Technik meist als **Magnetisierung**).

Wenn

J magnetische Polarisation,

B magnetische Induktion mit Stoff im Feld,

H magnetische Feldstärke im Vakuum,

μ_0 magnetische Feldkonstante $= 1,257 \cdot 10^{-6}$ V $\cdot$ s/(A $\cdot$ m),

dann gilt $J = \Delta B = B - B_0$ oder

(E 30.17) $\boxed{\vec{J} = \vec{B} - \mu_0 \vec{H}}$

$$\begin{array}{c|ccc} & J, B & \mu_0 & H \\ \hline \text{SI} & \text{T} = \dfrac{\text{V} \cdot \text{s}}{\text{m}^2} & \dfrac{\text{V} \cdot \text{s}}{\text{A} \cdot \text{m}} & \dfrac{\text{A}}{\text{m}} \end{array}$$

Während die magnetische Polarisation die Erhöhung der Induktion angibt, wird die Erhöhung der Feldstärke als **Magnetisierung M** bezeichnet.

Wenn

M Magnetisierung,

B magnetische Induktion mit Stoff im Feld,

H magnetische Feldstärke,

J magnetische Polarisation,

μ_0 magnetische Feldkonstante $= 1,257 \cdot 10^{-6}$ V $\cdot$ s/(A $\cdot$ m),

dann gilt

$$\vec{M} = \Delta \vec{H} = \vec{H}_{\text{Stoff}} - \vec{H}_{\text{Vakuum}} = \frac{\vec{B}}{\mu_0} - \vec{H}$$

(E 30.18) $\boxed{\vec{M} = \dfrac{\vec{J}}{\mu_0}}$

$$\begin{array}{c|ccc} & M & J & \mu_0 \\ \hline \text{SI} & \dfrac{\text{A}}{\text{m}} & \text{T} = \dfrac{\text{V} \cdot \text{s}}{\text{m}^2} & \dfrac{\text{V} \cdot \text{s}}{\text{A} \cdot \text{m}} \end{array}$$

Mit Ausnahme der ferromagnetischen ist bei allen Stoffen die Polarisation der Feldstärke, die sie hervorruft, proportional. Der Proportionalitätsfaktor heißt **magnetische Suszeptibilität** $\varkappa$.

Wenn
J magnetische Polarisation,
H magnetische Feldstärke,
$\varkappa$ magnetische Suszeptibilität ($\rightarrow$ Tab. 48),
μ_0 magnetische Feldkonstante $= 1,257 \cdot 10^{-6}$ V $\cdot$ s/(A $\cdot$ m),
dann gilt

(E 30.19) $\boxed{J = \varkappa\mu_0 H}$

$$\begin{array}{c|ccc} & J & \mu_0 & H \\ \hline \text{SI} & \text{T} = \dfrac{\text{V} \cdot \text{s}}{\text{m}^2} & \dfrac{\text{V} \cdot \text{s}}{\text{A} \cdot \text{m}} & \dfrac{\text{A}}{\text{m}} \end{array}$$

■ Das Verhältnis der Induktion mit Stoff im Feld zur Induktion ohne Stoff im Feld, also der Faktor, um den die magnetische Induktion durch Einbringen von Stoff in das Feld vergrößert (bzw. verkleinert) wird, heißt **Permeabilitätszahl** μ_r (leider häufig noch als relative Permeabilität bezeichnet):

■ $\mu_r = B/B_0$.

Wenn
B magnetische Induktion mit Stoff im Feld,
H magnetische Feldstärke,
μ_0 magnetische Feldkonstante $= 1,257 \cdot 10^{-6}$ V $\cdot$ s/(A $\cdot$ m),
μ_r Permeabilitätszahl des Stoffes ($\rightarrow$ Tab. 48),
dann gilt

(E 30.20) $\boxed{B = \mu_0\mu_r H}$

$$\begin{array}{c|ccc} & B & \mu_0 & H \\ \hline \text{SI} & \text{T} = \dfrac{\text{V} \cdot \text{s}}{\text{m}^2} & \dfrac{\text{V} \cdot \text{s}}{\text{A} \cdot \text{m}} & \dfrac{\text{A}}{\text{m}} \end{array}$$

E

Meist faßt man das Produkt $\mu_0\mu_r$ zusammen zur

Permeabilität

(E 30.21) $\boxed{\mu = \mu_0\mu_r}$

■ Aus (E 30.19) folgt für die magnetische Suszeptibilität mit $J = \Delta B$
$$\varkappa = \frac{J}{\mu_0 H} = \frac{B - B_0}{\mu_0 H} = \frac{B - B_0}{B_0} \text{ und schließlich}$$

(E 30.22) $\boxed{\varkappa = \mu_r - 1}$

Beachte:
● Stoffe mit $\mu_r \gg 1$; $\varkappa > 0$ (z. B. Eisen, Cobalt, Nickel) heißen **ferromagnetisch** und stärken das Feld erheblich.

- Stoffe mit $\mu_r > 1$; $\varkappa > 0$ (z. B. Platin, Aluminium, Luft) heißen **paramagnetisch** und stärken das Feld sehr gering.
- Stoffe mit $\mu_r < 1$; $\varkappa < 0$ (z. B. Silber, Kupfer, Bismut) heißen **diamagnetisch** und schwächen das Feld sehr gering.
- Oberhalb einer bestimmten stoffabhängigen Temperatur **(Curie-Punkt)** werden ferromagnetische Stoffe paramagnetisch. Zahlenwerte $\rightarrow$ Tab. 49!

30.2.7   Ferromagnetische Stoffe

Bei ihnen ist die magnetische Polarisation J nicht proportional der Feldstärke H, sondern strebt bei großen Feldstärken einem Maximalwert zu. (E 30.19) gilt nicht für ferromagnetische Stoffe, weil bei ihnen die magnetische Suszeptibilität nicht konstant ist. Wegen (E 30.22) ist demnach auch μ_r veränderlich, damit ist auch (E 30.20) nicht anwendbar.

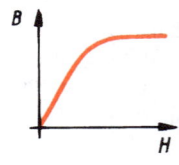

■   Die Induktion B als Funktion der Feldstärke H zeigen die **Magnetisierungskurven.** Aus ihnen kann auch für jede Feldstärke die Permeabilitäts-zahl μ_r bestimmt werden. Wegen $\mu_r = B/(\mu_0 H)$ (E 30.20) muß μ_r bei wachsender Feldstärke zu-erst größer und dann wieder kleiner werden. Tabellen geben meist Maximalwerte an, die aber nur bei einer bestimmten Feldstärke gelten.

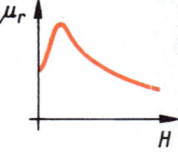

Hysteresis

Die Hysteresisschleife ist eine beson-dere Art der Magnetisierungskurve ferromagnetischer Stoffe. Nach einem Aufmagnetisieren des zunächst unma-gnetischen Stoffes bis zum Maximal-wert der Polarisierung **(Neukurve)** er-geben sich jeweils zwei verschiedene Induktionswerte zu jedem Feldstärke-wert, je nachdem, ob dieser steigend oder fallend durchlaufen wurde. Die

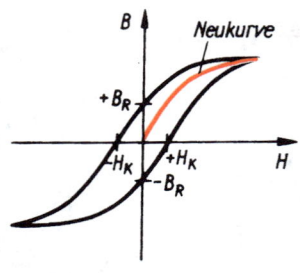

bei $H = 0$ vorhandene restliche Induktion B_R nennt man **Remanenz.**
Als **Koerzitivfeldstärke** H_K bezeichnet man die Feldstärke, bei der
$B = 0$ wird.
Stoffe mit kleiner Koerzitivfeldstärke werden als magnetisch weich
bezeichnet. Ihre Hysteresisschleife ist schmal. Magnetisch harte Stoffe
dagegen besitzen eine große Koerzitivfeldstärke, die Hysteresisschleife
ist breit.

Magnetostriktion

Die magnetische Feldstärke hat bei ferromagnetischen Stoffen einen
Einfluß auf die Abmessungen (z. B. Länge ei-
nes Stabes). Die Magnetisierung bewirkt eine
geringfügige Änderung des Atomabstandes.
Die relativen Längenänderungen können positiv oder negativ sein. Dieser Effekt wird
zur Erzeugung von Ultraschall verwendet
($\rightarrow$ 24).

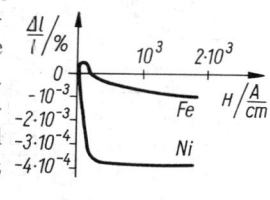

Magnetisierungskurven

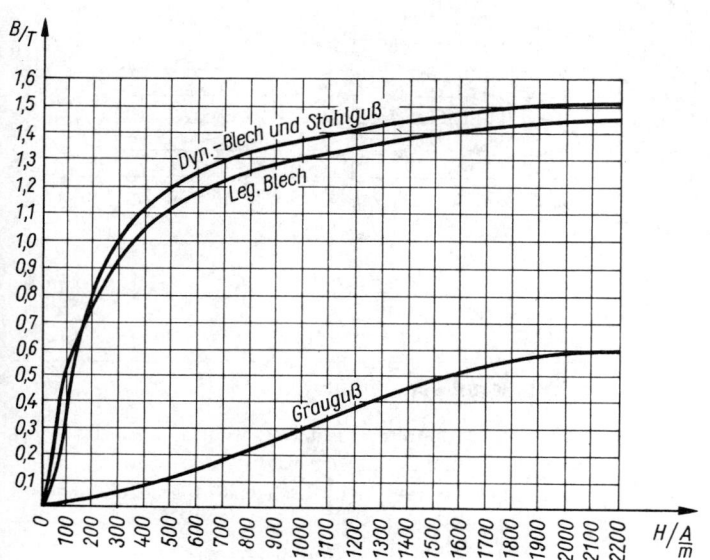

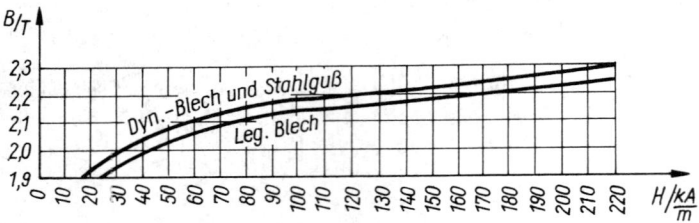

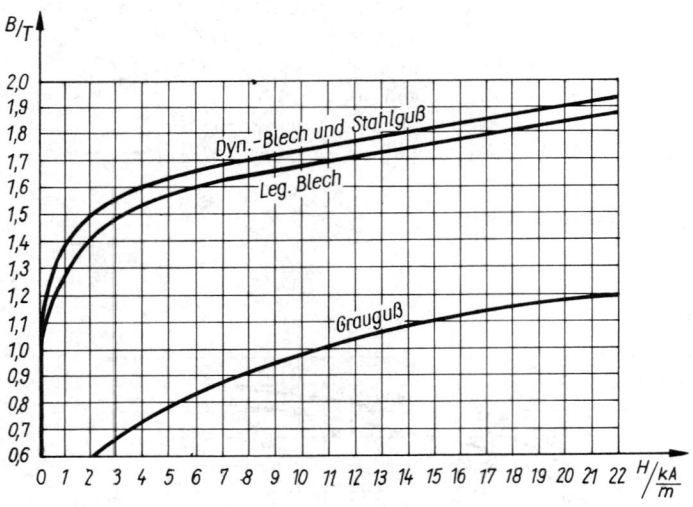

30.3   Elektromagnetische Induktion

In einer Spule wird eine Spannung induziert, wenn der sie durchsetzende magnetische Fluß eine Änderung erfährt. Ähnliches geschieht bei der Bewegung eines Leiters quer durch ein Magnetfeld. Diesen Vorgang nennt man Induktion. Bei geschlossenen Leiterschleifen bewirkt die induzierte Spannung einen Induktionsstrom.

30.3.1   Induktionsgesetz

Voraussetzung einer Induktion ist immer eine zeitliche Änderung des magnetischen Flusses, die durch Veränderung des Magnetfeldes oder Bewegung des Leiters im Feld erzielt werden kann.

Wenn
U in einer Spule induzierte Spannung,
$\Delta\Phi$ gleichmäßige Flußänderung,
Δt Dauer der gleichmäßigen Änderung,
N Windungszahl der Spule,
dann gilt das

Induktionsgesetz von Faraday

(E 30.23)
$$U = -N\frac{\Delta\Phi}{\Delta t}$$

	U	N	Φ	t
SI	V	–	V·s	s

Bei einer ungleichmäßigen Änderung des Flusses gilt für die induzierte Spannung als *augenblicklicher* Wert u

(E 30.24)
$$u = -N\frac{\mathrm{d}\Phi}{\mathrm{d}t}$$

Beachte:

● Das Minuszeichen bedeutet, daß Induktionsspannung und Induktionsstrom der sie erzeugenden Flußänderung entgegenwirken (Lenzsche Regel). Bei einer Zunahme des magnetischen Flusses fließt der induzierte Strom also entgegengesetzt zu der sich aus der Korkenzieherregel ergebenden Richtung.

30.3.2   Induktion im bewegten Leiter

Wird ein Leiter senkrecht zu den Feldlinien durch ein Magnetfeld bewegt, so wird an den Enden des Leiters eine Spannung induziert. Es fließt ein Induktionsstrom; seine Richtung läßt sich bestimmen mit der **Rechten-Hand-Regel:**

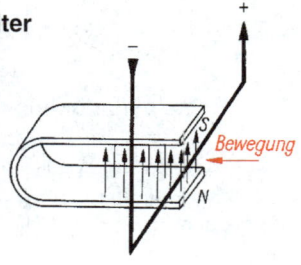

Hält man die rechte Hand so, daß die magnetischen Feldlinien in die innere Handfläche treten und der abgespreizte Daumen in Bewegungsrichtung zeigt, so geben die gestreckten Finger die Stromrichtung an.

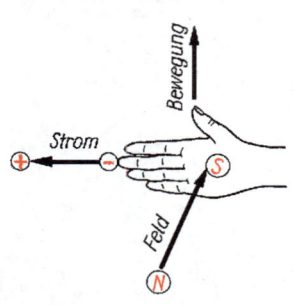 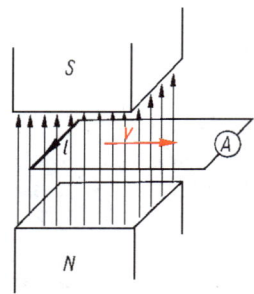

■ Bewegt sich der Leiter mit konstanter Geschwindigkeit v, so überstreicht er in der Zeit Δt die Fläche $l\,\Delta s$, so daß der magnetische Fluß um $\Delta\Phi = Bl\,\Delta s$ geändert wird.

Wenn

U im bewegten Leiter induzierte Spannung,

v konstante Geschwindigkeit des senkrecht zu den Feldlinien bewegten Leiters,

l Länge des Leiters,

B Induktion des Magnetfeldes,

dann gilt entsprechend (E 30.23) mit $N = 1$

$$U = -\frac{\Delta\Phi}{\Delta t} = -\frac{Bl\,\Delta s}{\Delta t} \quad \text{oder, weil} \quad \frac{\Delta s}{\Delta t} = v,$$

(E 30.25) $\boxed{U = -Blv}$

	U	B	l	v
SI	V	$\dfrac{\text{V} \cdot \text{s}}{\text{m}^2}$	m	$\dfrac{\text{m}}{\text{s}}$

30.3.3   Selbstinduktion

Änderungen des magnetischen Flusses induzieren nicht nur in anderen Leitern eine Spannung, sondern auch in der das magnetische Feld erzeugenden Spule selbst. Diese Erscheinung nennt man *Selbstinduktion*.

> Unter *Selbstinduktion* versteht man das Entstehen einer zusätz-
> lichen Induktionsspannung in den eigenen Windungen einer von
> nicht konstantem Strom durchflossenen Spule.

Bestimmt man die Richtung der induzierten Spannungen, so ergibt
sich:

> Die durch Selbstinduktion entstehenden Spannungen wirken
> verzögernd auf die sie erzeugenden Stromstärkeänderungen.

Für die in der Spule (oder jedem anderen Leiter) selbst induzierte
Spannung gilt ebenfalls (E 30.23). Die Änderung des magnetischen
Flusses $\Delta\Phi$ ist aber in jedem Fall der Änderung des Stromes ΔI im
Stromkreis proportional.

Wenn

U Selbstinduktionsspannung,

ΔI gleichmäßige Stromstärkeänderung im Leiter,

Δt Dauer der Änderung der Stromstärke,

L Induktivität des Leiters,

μ Permeabilität $= \mu_0\mu_r$,

dann gilt für die durch Änderung der Stromstärke im eigenen Stromkreis induzierte Spannung

(E 30.26) $\boxed{U = -L\dfrac{\Delta I}{\Delta t}}$

U	L		I	t
SI	V	H $= \dfrac{\text{V} \cdot \text{s}}{\text{A}}$	A	s

E

oder, wenn die Änderungsgeschwindigkeit der Stromstärke nicht konstant ist, für die induzierte **Momentanspannung**

(E 30.27) $\boxed{u = -L\dfrac{\mathrm{d}I}{\mathrm{d}t}}$

> Der Proportionalitätsfaktor wird als **Induktivität** L des Strom-
> kreises bezeichnet und hängt nur von dessen Geometrie sowie
> dem im Feld befindlichen Stoff ab.

SI-Einheit der Induktivität: $[L] = \text{Henry (H)} = \dfrac{\text{Wb}}{\text{A}} = \dfrac{\text{V} \cdot \text{s}}{\text{A}}$.

Beachte:

• Die Induktivität L wird manchmal auch noch als Selbstinduk-
tionskoeffizient oder als Eigeninduktivität bezeichnet.

Induktivität einer Ring- bzw. langen Zylinderspule

Aus (E 30.23) folgt mit $H = IN/l$ und $\Phi = \mu HA$

$$U = -N\frac{\Delta\Phi}{\Delta t} = -N\frac{\mu A\,\Delta H}{\Delta t} = -N\,\mu N\frac{N\,\Delta I}{l\,\Delta t} = -L\frac{\Delta I}{\Delta t},$$

also

(E 30.28) $\boxed{L = \dfrac{\mu N^2 A}{l}}$

L	μ	N	A	l
SI	H	$\dfrac{\text{H}}{\text{m}}$	–	m^2	m

Induktivität der geraden Einfach- und Doppelleitung

Wenn

L Induktivität des Leiters,
l Länge der Leitung,
r Radius des Drahtes,
a Abstand der beiden Leitermitten,
μ Permeabilität $= \mu_0\mu_r$,

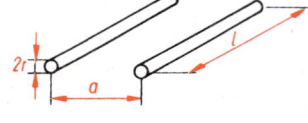

dann gilt für die Einfachleitung

(E 30.29) $\boxed{L = \dfrac{\mu}{2\pi}l\left(\ln\dfrac{2l}{r} - \dfrac{3}{4}\right)}$

und für die Doppeleitung

(E 30.30) $\boxed{L = \dfrac{\mu}{\pi}l\left(\ln\dfrac{a}{r} + \dfrac{1}{4}\right)}$

L	μ	l	r	a
SI	H	$\dfrac{\text{H}}{\text{m}}$	m	m	m

30.3.4   Schaltung von Induktivitäten

Bei der Reihenschaltung ist die Gesamtinduktivität L_r gleich der Summe der Einzelinduktivitäten.

(E 30.31) $\boxed{L_r = L_1 + L_2 + L_3 + \cdots}$

Bei der Parallelschaltung ist der Kehrwert der Gesamtinduktivität L_p gleich der Summe der Kehrwerte der Einzelinduktivitäten.

(E 30.32) $\boxed{\dfrac{1}{L_p} = \dfrac{1}{L_1} + \dfrac{1}{L_2} + \dfrac{1}{L_3} + \cdots}$

Bei nur zwei parallelgeschalteten Induktivitäten vereinfacht sich (E 30.32) zu

(E 30.33)
$$L_\mathrm{p} = \frac{L_1 L_2}{L_1 + L_2}$$

Beachte:

● Bei der Parallelschaltung ist die Gesamtinduktivität stets kleiner als die kleinste Einzelinduktivität.

30.3.5 Ein- und Ausschalten von Stromkreisen mit Induktivität

Besonders stark wirkt sich beim Öffnen und Schließen von Stromkreisen aus, daß die durch Selbstinduktion entstehenden Spannungen die sie erzeugenden Stromstärkeänderungen verzögern. Nach dem Einschalten erreicht der Strom erst langsam seinen endgültigen Wert, und nach dem Ausschalten der Spannungsquelle ist er nicht sofort null, sondern sinkt allmählich auf null, wenn über einen parallelen Zweig ein geschlossener Stromkreis vorliegt.

Aus der Überlegung, daß in einem Stromkreis zu jedem Zeitpunkt die Summe aller Spannungen null sein muß, folgt Klemmenspannung − Spannungsabfall über dem Widerstand − induzierte Spannung = 0, also

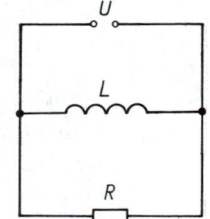

$$U - Ri - L\frac{\mathrm{d}i}{\mathrm{d}t} = 0.$$

Wenn

U Klemmenspannung der Spannungsquelle,

i Stromstärke zur Zeit t nach dem Ein- bzw. Ausschalten,

I_0 Anfangsstromstärke beim Ausschalten bzw. Endstromstärke beim Einschalten $= U/R$,

L Induktivität des Stromkreises,

t Zeit,

τ Abklingzeit, Zeitkonstante $= L/R$,

dann gilt als Lösung der Differential-gleichung für den **Einschaltvorgang**

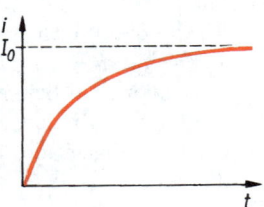

(E 30.34)
$$i = I_0(1 - \mathrm{e}^{-t/\tau})$$

■ Nach dem Ausschalten fällt die Klemmenspannung der Spannungsquelle weg, die Differentialgleichung vereinfacht sich zu $Ri + L\dfrac{\mathrm{d}i}{\mathrm{d}t} = 0$. Ihre Lösung für den **Ausschaltvorgang** lautet

(E 30.35) $\boxed{i = I_0 \mathrm{e}^{-t/\tau}}$

Beachte:

● Kann der Strom nach dem Abschalten der Spannungsquelle nicht über Parallelzweige weiterfließen, dann tritt die hohe Selbstinduktionsspannung am öffnenden Schalter auf und führt zunächst zum Weiterfließen des Stromes über den Öffnungsfunken. Als Schalter fungierende elektronische Bauelemente können dabei zerstört werden.

30.4   Kraft und Energie im magnetischen Feld

30.4.1   Kraftwirkungen

Magnetische Felder üben auf Ladungsträger Kräfte aus, wenn sich diese relativ zum Feld bewegen. Dabei ist es gleichgültig, ob sich diese frei im Raum bewegen oder als elektrischer Strom durch einen Leiter fließen. Die Richtung der Kraft ist stets rechtwinklig zur Bewegung und zum Feld. Sie wird als **Lorentz-Kraft** bezeichnet.

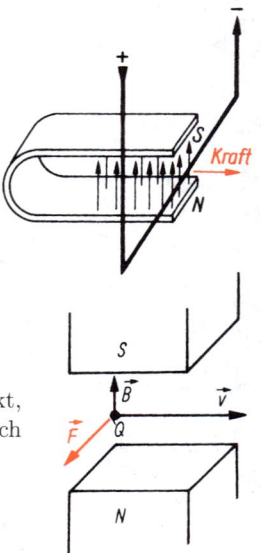

Elektrische Ladung im Magnetfeld

Wenn

F Kraft, die auf einen Ladungsträger wirkt, der sich *rechtwinklig* zur Feldrichtung durch ein Magnetfeld bewegt,

B magnetische Induktion des Feldes,

v Geschwindigkeit des Ladungsträgers,

Q Ladung,

dann gilt für die Lorentz-Kraft

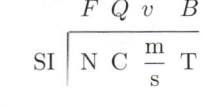

(E 30.36) $\boxed{F = QvB}$

■ Bewegt sich der Ladungsträger unter einem beliebigen Winkel α zur Feldrichtung, dann gilt

(E 30.37) $\boxed{\begin{aligned}\vec{F} &= Q(\vec{v} \times \vec{B}) \\ F &= QvB \sin \alpha\end{aligned}}$

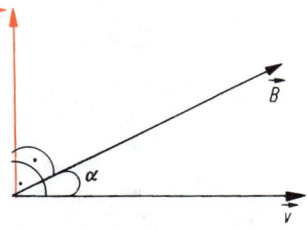

Beachte:

● Ist im speziellen Fall der Ladungsträger ein Elektron, so ist $Q = -e = -1,602 \cdot 10^{-19}$ C. Bei der Bestimmung der Kraftrichtung ist zu berücksichtigen, daß sich das Elektron entgegengesetzt zur konventionellen (technischen) Stromrichtung bewegt.

● Da die Kraft senkrecht zur Bewegungsrichtung wirkt, vermag sie nicht den Betrag der Geschwindigkeit zu ändern. Das magnetische Feld verrichtet also keine Arbeit am Ladungsträger und hat keinen Einfluß auf dessen kinetische Energie (im Gegensatz zum elektrischen Feld).

● Die Lorentz-Kraft auf einen bewegten Ladungsträger wird nur dann zu null, wenn $\alpha = 0$, also die Bewegung in Feldrichtung erfolgt.

E

■ Da die Lorentz-Kraft senkrecht zur Geschwindigkeit wirkt, ändert sie die Richtung der Geschwindigkeit, nicht aber deren Betrag. Der Ladungsträger wird ständig zentralbeschleunigt und bewegt sich auf einer Kreisbahn, solange er innerhalb des Magnetfeldes bleibt. Der Radius dieser Kreisbahn folgt aus dem Ansatz

Lorentz-Kraft = Zentripetalkraft.

Wenn

r Radius der Kreisbahn eines Elektrons,
m_e Masse des Elektrons $= 9,109 \cdot 10^{-31}$ kg,
e elektrische Elementarladung $= 1,602 \cdot 10^{-19}$ C,
v Geschwindigkeit des Elektrons,

B magnetische Induktion des Feldes,

dann gilt im *speziellen Fall eines Elektrons* mit (E 30.37)

$$evB = \frac{m_e v^2}{r} \quad \text{und somit}$$

(E 30.38) $\boxed{r = \dfrac{m_e v}{eB}}$

	r	m_e	v	e	B
SI	m	kg	$\frac{m}{s}$	C	T

Beachte:

- Bei großen Geschwindigkeiten (ab etwa $2 \cdot 10^7$ m/s) kann nicht mehr mit der Ruhemasse m_e des Elektrons gerechnet werden, sondern es ist der relativistische Massenzuwachs zu berücksichtigen ($\rightarrow$ 41.4.1).

- (E 30.38) ist auch bei anderen geladenen Teilchen anwendbar, wenn an Stelle von m_e deren Masse m und für e ihre Ladung Q eingesetzt werden.

Anwendungen:

▶   Zyklotron, Synchrotron und andere Kreisbeschleuniger für geladene atomare Teilchen,

▶   Ablenkung des Elektronenstrahls in Fernsehbildröhren,

▶ $\rightarrow$ Hall-Effekt.

Stromleiter im Magnetfeld

Jeder Strom in einem Leiter besteht aus bewegten Ladungen, auf die ebenfalls die Lorentz-Kraft wirkt. Die Richtung der Kraft (und die evtl. daraus resultierende Bewegung des Leiters) läßt sich bestimmen mit der **Linken-Hand-Regel:**

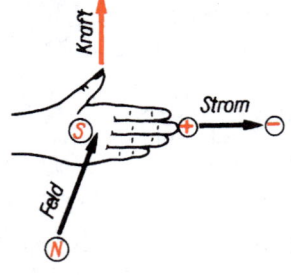

Hält man die linke Hand so, daß die magnetischen Feldlinien in die innere Handfläche eintreten und die gestreckten Finger in Stromrichtung zeigen, so gibt der abgespreizte Daumen die Richtung der Kraft an.

■   Bei Stromleitern, die senkrecht zur Feldrichtung verlaufen, ergibt sich die Kraft aus (E 30.36).

Wenn

F Kraft auf einen stromdurchflossenen Leiter,

B magnetische Induktion des Feldes,
l Länge des Leiters im Feld,
I Stromstärke im Leiter,
dann gilt $F = QvB$. Mit $Q = It$ und $v = l/t$ folgt daraus

	F	B	l	I
SI	N	T	m	A

(E 30.39) $\boxed{F = IlB}$

Beachte:

● Stromleiter, magnetische Induktion und Kraft stehen senkrecht aufeinander.

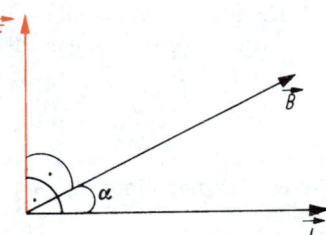

■ Bei beliebigem Winkel α zwischen der Richtung des Leiters und der magnetischen Induktion ergibt sich die Kraft aus (E 30.37) mit $Q = It$ und $v = l/t$

(E 30.40) $\boxed{\begin{array}{l} \vec{F} = I(\vec{l} \times \vec{B}) \\ F = IlB \sin \alpha \end{array}}$

wobei $\vec{l}$, $\vec{B}$ und $\vec{F}$ in dieser Reihenfolge ein Rechtssystem bilden.

E

Zwei parallele Stromleiter

Auch zwischen parallel verlaufenden Leitern entstehen Kraftwirkungen, wenn in beiden Ströme fließen. Ein Leiter befindet sich dann im Magnetfeld des anderen.

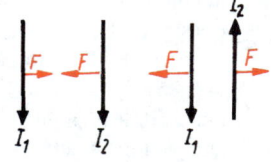

| Parallele Stromleiter mit gleicher Stromrichtung ziehen sich an, mit entgegengesetzter Stromrichtung stoßen sie sich ab.

Wenn
F Kraft zwischen parallelen Stromleitern,
μ Permeabilität $= \mu_0 \mu_\mathrm{r}$,
μ_0 magnetische Feldkonstante $= 1,257 \cdot 10^{-6}$ H/m,
μ_r Permeabilitätszahl ($\rightarrow$ Tab. 48),
I_1 Stromstärke im 1. Leiter,
I_2 Stromstärke im 2. Leiter,

l Länge der Leiter,
r Abstand der beiden Leiter voneinander,

dann gilt für den 2. Leiter im Feld des 1. nach (E 30.39)

$$F = I_1 l_1 B_1 \quad \text{und, weil } B_1 = \mu H_1 \text{ und } H_1 \text{ im Abstand } r \text{ vom Leiter}$$

$H_1 = I_1/(2\pi r)$, folgt für die Kraft zwischen den beiden Leitern

(E 30.41) $$F = \frac{\mu I_1 I_2 l}{2\pi r}$$

	F	μ		I	l	r
SI	N	$\dfrac{H}{m} = \dfrac{V \cdot s}{A \cdot m}$		A	m	m

Beachte:

● Hierauf beruht die gesetzliche Definition der Stromstärkeeinheit Ampere als Basiseinheit des SI ($\rightarrow$ 28.1.1).
  Mit $I_1 = I_2 = 1\,A$; $\mu_r = 1$; $r = l = 1\,m$; $\mu_0 = 4\pi \cdot 10^{-7}\,H/m$ folgt aus (E 30.41) $F = 2 \cdot 10^{-7}\,N$.

Tragkraft eines Magneten

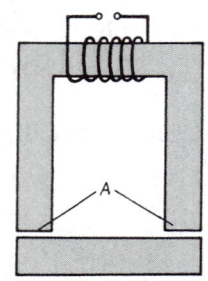

Wenn
F Tragkraft eines Elektromagneten,
H magnetische Feldstärke,
B magnetische Induktion,
μ Permeabilität $= \mu_0 \mu_r$,
μ_0 magnetische Feldkonstante
      $= 1{,}257 \cdot 10^{-6}\,H/m$,
μ_r Permeabilitätszahl ($\rightarrow$ Tab. 48),
A Querschnittsfläche beider Magnetpole,
dann gilt

(E 30.42) $$F = \frac{\mu H^2 A}{2}$$

	F	H	B		A	μ
SI	N	$\dfrac{A}{m}$	$T = \dfrac{V \cdot s}{m^2}$		m^2	$\dfrac{H}{m} = \dfrac{V \cdot s}{A \cdot m}$

Wegen $\mu H = B$ folgt daraus

(E 30.43) $$F = \frac{BHA}{2} = \frac{B^2 A}{2\mu}$$ Einheiten $\rightarrow$ (E 30.42)

Hall-Effekt

Die Lorentz-Kraft wirkt in Magnetfeldern auf bewegte Ladungen. Deshalb bewegen sich Elektronen in Leitern mit ausgedehnter Querschnittsfläche (z. B. eine Platte) nicht mehr auf geraden Bahnen, sondern werden rechtwinklig zur Strom- und Feldrichtung abgelenkt. In dieser Richtung entsteht als Folge der veränderten Elektronenkonzentration ein elektrisches Feld und damit auch eine Spannung. Sie wird als Hall-Spannung U_H bezeichnet.

Die Elektronen werden bis zu einem Gleichgewicht verschoben, in dem die elektrische Feldkraft $F = Ee$ (E 29.1) der Lorentz-Kraft $F = evB$ (E 30.36) gleich ist.

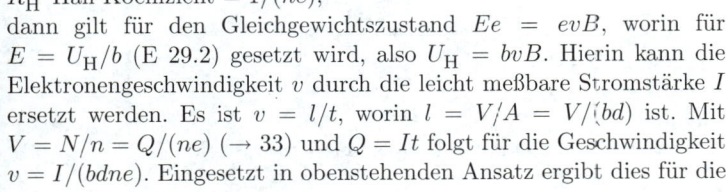

Wenn

U_H Hall-Spannung,

B magnetische Induktion senkrecht zur Stromrichtung,

I Stromstärke,

b Breite der Platte,

d Dicke der Platte,

n Ladungsträgerdichte $= N/V$,

e Elementarladung $= 1{,}602 \cdot 10^{-19}$ C,

R_H Hall-Koeffizient $= 1/(ne)$,

dann gilt für den Gleichgewichtszustand $Ee = evB$, worin für $E = U_H/b$ (E 29.2) gesetzt wird, also $U_H = bvB$. Hierin kann die Elektronengeschwindigkeit v durch die leicht meßbare Stromstärke I ersetzt werden. Es ist $v = l/t$, worin $l = V/A = V/(bd)$ ist. Mit $V = N/n = Q/(ne)$ ($\rightarrow$ 33) und $Q = It$ folgt für die Geschwindigkeit $v = I/(bdne)$. Eingesetzt in obenstehenden Ansatz ergibt dies für die

Hall-Spannung

	I	B	d	n	e
(E 30.44) $\quad U_H = \dfrac{IB}{ned} = R_H\dfrac{IB}{d}$ $\qquad$ SI	A	T	m	$\dfrac{1}{\text{m}^3}$	C

Beachte:

● Der Kehrwert des Hall-Koeffizienten $1/R_H = ne$ ist die räumliche Ladungsdichte Q/V.

- Aus dem Hall-Koeffizienten ergeben sich Vorzeichen, Beweglichkeit und Konzentration der Ladungsträger besonders bei Halbleitern.
- Mit Hall-Sonden kann man die magnetische Induktion B von Feldern messen.

30.4.2   Energie des Feldes

In jedem magnetischen Feld ist Energie gespeichert. Sie entspricht der Arbeit, die zum Aufbau des Feldes aufzuwenden ist, und wird beim Zusammenbrechen des Feldes wieder frei.

Wenn

E_F Energie des Magnetfeldes eines stromdurchflossenenLeiters,
L Induktivität des Leiters,
I Stromstärke im Leiter,

dann gilt für die Stromarbeit im Zeitabschnitt $\mathrm{d}t$ (U und I sind nicht konstant)

$$\mathrm{d}E_F = ui\,\mathrm{d}t, \quad \text{worin} \quad u = L\frac{\mathrm{d}i}{\mathrm{d}t}$$

die durch Selbstinduktion entstandene Gegenspannung ist. Also

$$\mathrm{d}E_F = Li\,\mathrm{d}i \quad \text{und die gesamte Energie}$$

$$E_F = \int_0^I Li\,\mathrm{d}i \quad \text{bzw.}$$

	E_F	L	I
SI	J	H	A

(E 30.45) $\boxed{E_F = \dfrac{LI^2}{2}}$

Beachte:

- Diese Gleichung gilt für jedes magnetische Feld.

Feldenergie einer Spule

Wenn

E_F Energie des homogenen Feldes einer Ring- bzw. langen Zylinderspule,
μ Permeabilität $= \mu_0\mu_r$,
μ_0 magnetische Feldkonstante $= 1,257 \cdot 10^{-6}\,\mathrm{H/m}$,
μ_r Permeabilitätszahl ($\rightarrow$ Tab. 48),

H magnetische Feldstärke,
A Querschnittsfläche des Feldes im Innern der Spule,
l Länge der Spule,

dann gilt mit (E 30.28) $L = \mu_0\mu_r\dfrac{AN^2}{l}$ und (E 30.1) $H = \dfrac{IN}{l}$ entsprechend (E 30.45)

$E_F = \dfrac{\mu AN^2 I^2}{2l}$ bzw.

(E 30.46) $E_F = \dfrac{\mu H^2 A l}{2}$

E_F	μ	H	A	l
SI	J	$\dfrac{H}{m}$	$\dfrac{A}{m}$	m^2	m

Mit $Al = V$ als dem Volumen des homogenen magnetischen Feldes folgt aus (E 30.46)

(E 30.47) $E_F = \dfrac{\mu H^2 V}{2}$

E_F	μ	H	V
SI	J	$\dfrac{H}{m}$	$\dfrac{A}{m}$	m^3

und wegen $B = \mu H$

(E 30.48) $E_F = \dfrac{BHV}{2}$

E_F	B	H	V
SI	J	T	$\dfrac{A}{m}$	m^3

E

Beachte:

● Die Gleichungen gelten auch für kleine, als homogen zu betrachtende Bereiche eines größeren, nicht homogenen Feldes.

■ Für die Energie eines *inhomogenen* magnetischen Feldes des Volumens V ergibt sich

(E 30.49) $E_F = \dfrac{1}{2}\displaystyle\int_0^V BH\,dV = \dfrac{\mu}{2}\int_0^V H^2\,dV$

Einheiten
$\rightarrow$ (E 30.47)
und (E 30.48)

30.4.3 Energiedichte

Die Energiedichte des magnetischen Feldes ergibt sich mit $w = E_F/V$ aus (E 30.47) und (E 30.48) zu

(E 30.50) $w = \dfrac{\mu H^2}{2} = \dfrac{BH}{2}$

w	μ	H	B
SI	$\dfrac{J}{m^3}$	$\dfrac{H}{m}$	$\dfrac{A}{m}$	T

30.4.4   Elektrische und magnetische Feldgrößen

Eine vergleichende Zusammenstellung der Größen, Gleichungen und Einheiten des elektrischen und magnetischen Feldes zeigt die

Übersicht:

Elektrisches Feld			Magnetisches Feld		
Größe	Gleichung	Einheit	Größe	Gleichung	Einheit
Stromstärke	$I = \dfrac{dQ}{dt}$	A	induzierte Spannung	$U = -\dfrac{d\Phi}{dt}$	V
Ladung	$Q = IT$	$C = A \cdot s$	magnetischer Fluß	$\Phi = BA$	$Wb = V \cdot s$
Spannung	$U = Es$	V	Spannung	$V = HI$	A
Verschiebungsdichte	$D = \dfrac{Q}{A}$	$\dfrac{C}{m^2}$	Induktion, Flußdichte	$B = \dfrac{\Phi}{A}$	$T = \dfrac{Wb}{m^2}$
	$D = \varepsilon E$			$B = \mu H$	
Feldkonstante	$\varepsilon_0 = \dfrac{1}{\mu_0 c_0^2}$	$\dfrac{F}{m}$	Feldkonstante	$\mu_0 = \dfrac{1}{\varepsilon_0 c_0^2}$	$\dfrac{H}{m}$
Permittivitätszahl	ε_r	–	Permeabilitätszahl	μ_r	–
Permittivität	$\varepsilon = \varepsilon_0 \varepsilon_r$	$\dfrac{F}{m}$	Permeabilität	$\mu = \mu_0 \mu_r$	$\dfrac{H}{m}$
Kapazität	$C = \dfrac{Q}{U}$	$F = \dfrac{C}{V}$	Induktivität	$L = \dfrac{\Phi N}{I}$	$H = \dfrac{Wb}{A}$
Kapazität des Plattenkondensators	$C = \dfrac{\varepsilon A}{s}$	F	Induktivität der Ringspule	$L = \dfrac{\mu A N^2}{l}$	H
Feldenergie	$E_F = \dfrac{CU^2}{2}$	J	Feldenergie	$E_F = \dfrac{LI^2}{2}$	J
Energie des Plattenkondensators	$E_F = \dfrac{\varepsilon E^2 V}{2}$	J	Energie der Ringspule	$E_F = \dfrac{\mu H^2 V}{2}$	J
Energiedichte	$w = \dfrac{\varepsilon E^2}{2}$	$\dfrac{J}{m^3}$	Energiedichte	$w = \dfrac{\mu H^2}{2}$	$\dfrac{J}{m^3}$
	$= \dfrac{DE}{2}$			$= \dfrac{BH}{2}$	

31 Elektrische Maschinen

Zu den elektrischen Maschinen zählt man Generatoren (Dynamomaschinen) für die Umwandlung mechanischer Energie in elektrische und Motoren für die Umwandlung elektrischer Energie in mechanische. Die Wirkung der Generatoren beruht auf dem Induktionsgesetz, die der Motoren auf der Kraftwirkung auf elektrische Ströme im Magnetfeld.

31.1 Generatoren

31.1.1 Wechselstromgenerator

Wird zur Spannungserzeugung eine im Magnetfeld rotierende Leiterschleife benutzt, so ist die Induktionsspannung nicht konstant, sondern hängt von der jeweiligen Stellung der Schleife im Magnetfeld ab. Sie ist proportional der Änderungsgeschwindigkeit des magnetischen Flusses, wie sich aus (E 30.23) ergibt. Wegen (E 30.14) $\Phi = BA$ ist der magnetische Fluß proportional dem Querschnitt A des die Leiterschleife durchsetzenden Feldes, also $\Phi = BA\cos\varphi$. Gleiches gilt für eine rotierende Spule.

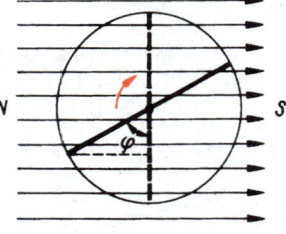

Wenn

u augenblickliche Induktionsspannung,
$\hat{u}$ Scheitelspannung, maximaler Wert der Induktionsspannung, während einer Umdrehung der Spule zweimal vorhanden,
φ Drehwinkel der Spule, bezogen auf eine Anfangsstellung rechtwinklig zur Richtung des magnetischen Feldes $= \omega t$,
A Fläche einer Windung,
N Windungszahl der Spule,
T Dauer einer Umdrehung der Spule,
f Frequenz der Spule,
t Zeit,

dann gilt

$$u = -\frac{\mathrm{d}\Phi}{\mathrm{d}t}N = -\frac{\mathrm{d}(NBA\cos\varphi)}{\mathrm{d}t} = -\frac{\mathrm{d}(NBA\cos\omega t)}{\mathrm{d}t}. \text{ Das ergibt}$$

$u = NBA\omega \sin\omega t.$

> Die induzierte Spannung ändern sich sinusförmig mit der Zeit. Während einer Periode wechselt sie zweimal das Vorzeichen. Man bezeichnet sie deshalb als **Wechselspannung**.

Die **Scheitelspannung**, der Maximalwert der Induktionsspannung, beträgt

(E 31.1) $\boxed{\widehat{u} = NBA\omega}$

u	N	B		A	ω
SI	V	$-$	T $= \dfrac{\text{V}\cdot\text{s}}{\text{m}^2}$	m^2	$\dfrac{1}{\text{s}}$

Damit ergibt sich für die

Momentanspannung

(E 31.2) $\boxed{\begin{aligned} u &= \widehat{u}\sin\omega t \\ &= \widehat{u}\sin 2\pi f t \\ &= \widehat{u}\sin 2\pi\frac{t}{T} \end{aligned}}$

u	ω	t	f	T
SI	V	$\dfrac{1}{\text{s}}$	s	Hz	s

Beachte:

● $\omega = 2\pi f$ wird als **Kreisfrequenz** bezeichnet. Der technische Wechselstrom der öffentlichen Netze besitzt die Frequenz $f = 50\,\text{Hz}$ und damit die Kreisfrequenz $\omega = 100\pi\,\text{s}^{-1} = 314\,\text{s}^{-1}$.

■ Zeichnet man die Spannung u in Abhängigkeit vom Drehwinkel φ oder von der Zeit t (weil $\varphi = \omega t$), so erhält man eine Sinuskurve.

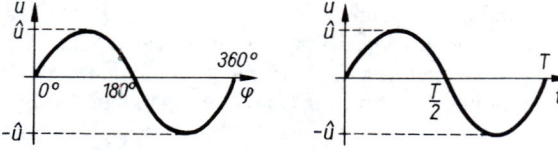

■ Werden die Enden der rotierenden Spule mit einem äußeren Stromkreis verbunden, so fließt ein Strom, dessen Stärke sich ebenfalls sinusförmig mit der Zeit ändert und dessen Vorzeichen (Richtung) in jeder Periode zweimal wechselt. Man bezeichnet ihn als **Wechselstrom**.

Wenn

i Momentanwert der Stromstärke,

$\widehat{i}$ Scheitelwert der Stromstärke,

ω Kreisfrequenz $= 2\pi f$,

dann gilt analog zu (E 31.2) für den Strom

(E 31.3)
$$i = \widehat{i}\sin \omega t = \widehat{i}\sin 2\pi f t = \widehat{i}\sin 2\pi \frac{t}{T}$$

Beachte:

● Enthält der Stromkreis Wechselstromwiderstände ($\rightarrow$ 32.2), dann ist die Phasenwinkeldifferenz zwischen Spannung und Strom zu beachten!

■ Jeder Wechselstromgenerator besteht aus einem Magneten zur Erzeugung des erforderlichen magnetischen Feldes (meist Elektromagnet, bei kleineren Leistungen aber auch Permanentmagnet), einer rotierenden Spule sowie Schleifringen zur Abnahme des Stromes. Um zu recht ho-

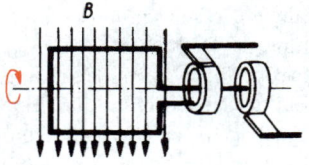

hen Spannungen zu kommen, verwendet man Spulen mit vielen Windungen und Eisenkern. Der rotierende Teil heißt **Rotor** bzw. **Läufer**, der ruhende Teil **Stator**. Bei Generatoren mit größerer Leistung bildet die Induktionsspule den Stator, während der Feldmagnet als Läufer rotiert **(Innenpolmaschine)**. Dadurch wird über die Schleifringe nur die geringe Leistung des Feldmagneten übertragen.

Mit Permanentmagneten werden auch kleinere Generatoren als Innenpolmaschine gebaut (Fahrraddynamo).

31.1.2   Gleichstromgenerator

Er entspricht im Prinzip einem Wechselstromgenerator, hat jedoch anstelle der beiden Schleifringe zur Abnahme des Stromes zwei gegeneinander isolierte Halbringe **(Kommutator)**. Diese haben die Aufgabe, die Anschlüsse in dem Augenblick umzupolen, in dem die Spannung ihre Richtung ändert. Es entsteht **pulsierende Gleichspannung**, die zwar ihre Richtung nicht mehr ändert, deren Stärke aber dennoch sinusförmig zu- und abnimmt.

Größere Spannungen als eine Leiterschleife liefert eine eisengefüllte
Spule mit vielen Windungen (**Dop-
pel-T-Anker**). Das Pulsieren des
Stromes läßt sich weitgehend min-
dern durch Verwendung eines **Trom-
melankers.** Dieser besteht im Prinzip aus vielen zueinander versetzten
Wicklungen, die jeweils mit entsprechenden Segmenten des **Kollektors**
verbunden sind.

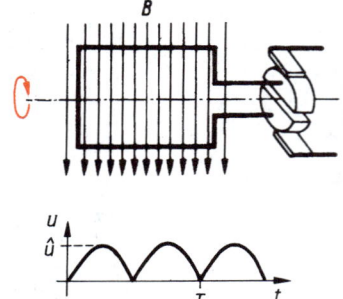

Für die Erregung des Feldmagneten benutzt man den im Anker induzierten Strom (**Siemenssches Prinzip**). Bei der **Hauptschlußmaschine**
(auch Reihenschlußmaschine genannt) liegen Feld- und Ankerwick-

lung in Reihe, d. h., der gesamte
Strom fließt durch den Magneten.
Bei der **Nebenschlußmaschine** dagegen liegen beide Wicklungen parallel, und durch den Magneten fließt
nur ein Teilstrom. Beim Anlassen ist
zunächst nur der remanente Magne-
tismus wirksam.

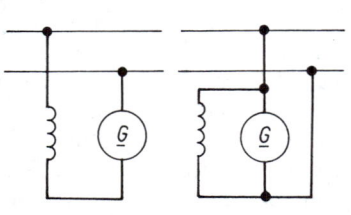

31.1.3   Drehstromgenerator

Er ist ein Wechselstromgenerator mit drei gleichen, um je 120° versetzten Induktionsspulen und liefert drei um je 120° phasenverscho-
bene Wechselspannungen. Man spricht von **Drehstrom** bzw. **Dreipha-
senstrom**.

Aus $\widehat{u}[\sin \omega t + \sin(\omega t + 120°) + \sin(\omega t - 120°)] = 0$ folgt:

Die algebraische
Summe der drei
Spannungen
(bzw. Ströme)
ist in jedem Au-
genblick null.

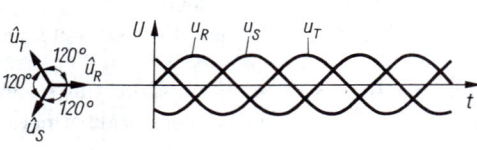

Um weniger als $3 \cdot 2 = 6$ Leitungen fortführen zu können, sind die drei Induktionsspulen (jeweils als **Strang** oder **Phase** bezeichnet) in besonderer Weise verkettet.

Dreieckschaltung. Die drei Stränge sind hintereinander zu einem geschlossenen Stromkreis geschaltet. Für die Spannungen zwischen den Leitern bzw. den Strömen in den Leitern gilt

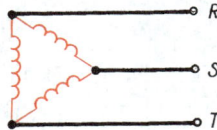

(E 31.4)

> Leiterspannung
>
> $U_{RS} = U_{RT} = U_{ST} = $ Strangspannung

und

(E 31.5)

> Leiterstrom
>
> $I_R = I_S = I_T = \sqrt{3} \cdot$ Strangstrom

Sternschaltung. Die Anfänge der drei Stränge sind in einem Punkt, dem Sternpunkt, zusammengeschaltet. Dieser wird geerdet und als vierter, sogenannter Nullleiter vorgeführt. Für die Spannungen bzw. Ströme gilt

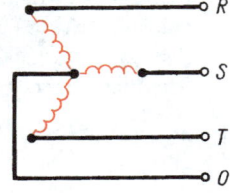

(E 31.6)

> Leiterspannung
>
> $U_{RS} = U_{RT} = U_{ST} = \sqrt{3} \cdot$ Strangspannung
>
> Strangspannung
>
> $U_{R0} = U_{S0} = U_{T0}$

und

(E 31.7)

> Leiterstrom
>
> $I_R = I_S = I_T = $ Strangstrom
>
> Nullleiterstrom
>
> $I_0 = 0$

Beachte:

● Im öffentlichen Netz beträgt die Strangspannung $220\,\text{V}$ und die Leiterspannung $\sqrt{3} \cdot 220\,\text{V} = 380\,\text{V}$.

● (E 31.5) und (E 31.7) sind nur bei gleicher Belastung aller drei
  Stränge erfüllt.

31.2 Motoren

Sie haben den gleichen prinzipiellen Aufbau wie Generatoren, jedoch eine umgekehrte Wirkungsweise. An die Ankerwicklung wird
eine Spannung gelegt, die den Ankerstrom erzeugt. Das Feld eines
Elektro- oder Permanentmagneten übt auf die stromdurchflossenen
Ankerwindungen Kräfte aus ($\rightarrow$ 30.4.1), die zu einem Drehmoment
führen. Dieses setzt den Rotor in Umdrehung.

Für das Drehmoment gilt mit

M Drehmoment, das auf den Motoranker wirkt,

N Anzahl der Windungen der Ankerspule,

I Strom, der durch den Anker fließt,

B magnetische Induktion,

A Fläche einer Windung,

ω Winkelgeschwindigkeit der Spule $= 2\pi f$,

t Zeit seit Durchlaufen einer Anfangsstellung rechtwinklig zur
     Richtung des magnetischen Feldes

(E 31.8) $\boxed{M = NIBA \sin \omega t}$

und für die Leistung P

	M	P	I	B	A	t	ω
SI	$N \cdot m$	W	A	$T = \dfrac{V \cdot s}{m^2}$	m^2	s	$\dfrac{1}{s}$

(E 31.9) $\boxed{P = NIBA\omega \sin \omega t}$

31.2.1 Wechselstrommotoren

Synchronmotor. Er entspricht dem Wechselstromgenerator. Bei diesem wird die Frequenz der erzeugten Wechselspannung von der Drehzahl des Läufers bestimmt. Umgekehrt bestimmt beim Synchronmotor die Frequenz der Wechselspannung die Drehzahl des Läufers. Der
Motor läuft nicht von allein an, sondern muß erst auf die erforderliche
Drehzahl gebracht, d. h. angeworfen werden oder eine besondere An-
laufwicklung besitzen. Bei größerer Überlastung sinkt nicht die Drehzahl, sondern der Motor bleibt stehen. Er kann als Außenpol- oder
Innenpolmaschine gebaut sein.

Universalmotor. Er ist die Umkehrung eines Gleichstromgenerators und müßte deshalb als Gleichstrommotor (→ 31.2.2) mit Gleichstrom betrieben werden. Er kann aber auch als Wechselstrommotor laufen, weil die Änderung der Stromrichtung in Feldmagnet und Anker gleichzeitig erfolgt und deshalb ohne Wirkung bleibt. Die Drehzahl ist also unabhängig von der Netzfrequenz, der Motor läuft asynchron. Nach dem gleichen Prinzip arbeitet der für größere Leistungen ausgelegte **Bahnmotor.** Er wird mit einer Frequenz von $16\,2/3$ Hz betrieben und ist bei Elektrolokomotiven der Eisenbahnen vieler Länder im Einsatz.

31.2.2   Gleichstrommotoren

Sie sind eine Umkehrung des Gleichstromgenerators und können wie dieser als Hauptschluß- oder Nebenschlußmaschine ausgeführt sein.

Hauptschlußmotor. Die Wicklungen von Feldmagnet und Anker liegen in Reihe. Beim Einschalten fließt ein großer Strom durch den Anker und damit auch durch den Magneten und gibt dem Motor ein großes Drehmoment. Seine Drehzahl ist *stark belastungsabhängig*. Bei zu geringer Belastung kann die Drehzahl sehr ansteigen und der Motor „durchgehen".

Nebenschlußmotor. Die Wicklungen von Feldmagnet und Anker liegen parallel. Beim Einschalten muß der Ankerwicklung ein strombegrenzender *Anlaßwiderstand* vorgeschaltet sein, der erst mit steigender Drehzahl und damit steigender induzierter Gegenspannung überflüssig wird. Da der Ankerstrom nicht durch den Magneten fließt, ist die Erregung konstant und die Drehzahl des Motors nur gering belastungsabhängig.

E

31.2.3   Drehstrommotoren

Im Aufbau entsprechen sie einem Innenpol-Drehstromgenerator. Ihr Stator besteht aus drei Wicklungen, in denen der Drehstrom ein **Drehfeld** erzeugt, weil der Strom in den einzelnen Wicklungen nacheinander sein Maximum erreicht. Der Rotor (Läufer) benötigt deshalb keine Wicklung; er ist meistens ein Käfiganker (Zylinder aus Kupfer- oder Aluminiumstäben), der als Kurzschlußläufer bezeichnet wird. Das von Drehstrom in den Statorwicklungen erzeugte Drehfeld setzt den Rotor in Umdrehung.

Damit im Rotor ein Strom induziert werden kann, muß dieser immer etwas langsamer rotieren als das Drehfeld. Der Drehstrommotor ist also ein **Asynchronmotor.** Die relative Drehzahldifferenz bezeichnet man als **Schlupf.**

Wenn

n_L Drehzahl des Läufers,

n_F Drehzahl des Feldes,

dann gilt für den Schlupf s

(E 31.10) $$s = \frac{n_F - n_L}{n_F}$$

Beachte:

● Meist wird der Schlupf in Prozent ausgedrückt. Er beträgt bei Nennlast nur wenige Prozent.

● Um den hohen Einschaltstrom (er beträgt etwa das 5- bis 7fache des Nennstromes) herabzusetzen, wird häufig während des Anlaufens die Statorwicklung im Stern und erst danach im Dreieck geschaltet.

32   Wechselstromkreis

Er unterscheidet sich vom Gleichstromkreis vor allem dadurch, daß Spannung und Stromstärke Funktionen der Zeit sind und sich periodisch ändern. Befinden sich im Wechselstromkreis außer den sogenannten Gleichstromwiderständen (ohmsche Widerstände) zusätzlich noch Induktivitäten oder Kapazitäten, so erreichen Spannung und Stromstärke nicht gleichzeitig ihre Maximalwerte. Die Berechnung von Arbeit und Leistung wird dadurch erschwert.

32.1   Effektivwerte von Strom und Spannung

Zur Berechnung von Arbeit und Leistung mit (E 28.27) und (E 28.28) können bei Wechselstrom weder die Momentan- noch die Maximalwerte von Stromstärke und Spannung verwendet werden. Deshalb vergleicht man den Wechselstrom mit einem Gleichstrom gleicher Leistung und bestimmt so die effektiven (wirksamen) Werte für Spannung und Stromstärke.

Da bei konstantem Widerstand die Leistung $P \sim I^2$ bzw. $P \sim U^2$, ergibt sich der effektive Wert aus den Quadraten der Momentanwerte. Durch Quadrieren der Werte der sinusförmigen i-Kurve ergibt sich die ebenfalls sinusförmige i^2-Kurve, deren zeitlicher Mittelwert den Effektivwert ergibt: $I_{\text{eff}}^2 = \overline{i^2} = \hat{i}^2/2$.

Wenn

I effektive Stromstärke,

$\hat{i}$ Maximalwert der Stromstärke,

U effektive Spannung,

$\hat{u}$ Maximalwert der Spannung,

dann gilt

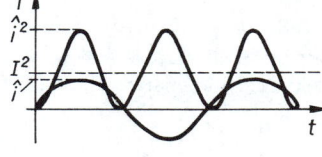

(E 32.1) $\boxed{I = \dfrac{\hat{i}}{\sqrt{2}} = 0{,}707\,\hat{i}}$

und nach Multiplikation mit dem Widerstand

(E 32.2) $\boxed{U = \dfrac{\hat{u}}{\sqrt{2}} = 0{,}707\,\hat{u}}$

Die Effektivwerte von Stromstärke und Spannung verhalten sich zu den Maximalwerten (Scheitelwerten) wie $1 : \sqrt{2}$.

Beachte:

- (E 32.1) und (E 32.2) gelten nur bei sinusförmigem Wechselstrom.
- Mit I und U sind in den Gleichungen des Wechselstromkreises immer die Effektivwerte von Stromstärke und Spannung gemeint.

32.2   Wechselstromwiderstand

Der Widerstand eines Leiters, wie er mit (E 28.6) berechnet wird, ist für Gleich- und Wechselstrom gleich groß. Man bezeichnet ihn als **ohmschen** oder auch als **Wirkwiderstand.** Er wird hervorgerufen durch das Leitergefüge.

Zusätzlich zum Wirkwiderstand treten im Wechselstromkreis sogenannte **Blindwiderstände** auf. Sie verwandeln keine elektrische Energie in Wärme.

Die geometrische Summe von Blind- und Wirkwiderstand heißt **Scheinwiderstand**.

32.2.1   Induktiver Widerstand

Eine Induktivität L im Stromkreis wirkt auf die Änderung des Stromes verzögernd ($\rightarrow$ 30.3.5). Der Strom erreicht sein Maximum $\hat{\imath}$ stets später als die Spannung ihr Maximum $\hat{u}$.

Für den Fall, daß $R = 0$, ist die angelegte Spannung entgegengesetzt gleich der induzierten Spannung, also

$$u = L\frac{\mathrm{d}i}{\mathrm{d}t} = \frac{\mathrm{d}(L\hat{\imath}\sin\omega t)}{\mathrm{d}t}. \quad \text{Das gibt}$$

$$u = \omega L\hat{\imath}\cos\omega t \quad \text{oder}$$

$$u = \omega L\hat{\imath}\sin\left(\omega t + \frac{\pi}{2}\right).$$

Zwischen Spannung und Strom besteht eine Phasendifferenz (als **Phasenverschiebung** bezeichnet) von $+\pi/2$.

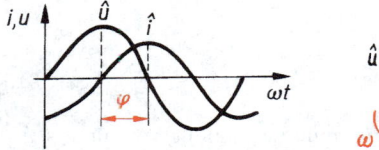
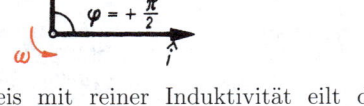

In jedem Wechselstromkreis mit reiner Induktivität eilt die Spannung dem Strom um $\pi/2$ ($\widehat{=}\,T/4$) voraus.

Beachte:

- Im **Zeigerdiagramm** drehen sich die Zeiger gegen den Uhrzeigersinn mit der Winkelgeschwindigkeit ω. Der Winkel zwischen dem Spannungszeiger und dem Stromzeiger entspricht der Phasenverschiebung $\varphi = \varphi_u - \varphi_i$.

Für den Maximalwert der Spannung folgt aus obenstehender Ableitung $\hat{u} = \omega L\hat{\imath}$. Ein Vergleich mit dem Ohmschen Gesetz $U = RI$ zeigt, daß das Produkt ωL wie ein Widerstand wirkt.

In jedem Wechselstromkreis mit einer Induktivität L gibt es einen Wechselstromwiderstand; man nennt ihn **induktiven Widerstand** X_L.

SI-Einheit des induktiven Widerstandes: $[X_L] = \text{Ohm}\ (\Omega)$.

Wenn

X_L induktiver Widerstand eines Wechselstromkreises,
ω Kreisfrequenz des Wechselstromes $= 2\pi f$,
L Induktivität des Stromkreises,

dann gilt

(E 32.3) $\boxed{X_L = \omega L}$

	X	ω	L
SI	Ω	$\dfrac{1}{s}$	$H = \dfrac{V \cdot s}{A}$

Beachte:

● Der induktive Widerstand X_L wächst mit der Frequenz; für Gleichstrom ($f = 0$) ist er null.

Bei nur induktivem Widerstand im Stromkreis ergibt sich für den Strom

(E 32.4) $\boxed{I = \dfrac{U}{\omega L}}$

	I	U	ω	L
SI	A	V	$\dfrac{1}{s}$	$H = \dfrac{V \cdot s}{A}$

32.2.2 Kapazitiver Widerstand

Im Gleichstromkreis stellt ein Kondensator der Kapazität C einen unendlich großen Widerstand dar. An eine Wechselspannung gelegt, wird er jedoch periodisch umgeladen, im Stromkreis fließt ein Wechselstrom. Die Spannung am Kondensator erreicht aber ihren Maximalwert erst, wenn der Strom null geworden ist.

Für den Fall, daß $R = 0$, ist die angelegte Spannung gleich der Kondensatorspannung, also

$u = \dfrac{q}{C}$. Der Momentanwert des Stromes ergibt sich zu

$i = \dfrac{dq}{dt} = \dfrac{C\,du}{dt} = C\dfrac{d(\widehat{u}\sin\omega t)}{dt}$.

Daraus folgt

$i = \omega C \widehat{u} \cos\omega t = \omega C \widehat{u} \sin\left(\omega t + \dfrac{\pi}{2}\right)$.

Zwischen Spannung und Strom besteht eine Phasendifferenz von $-\pi/2$.

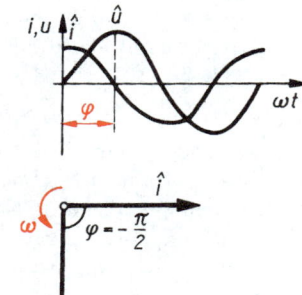

> In jedem Wechselstromkreis mit reiner Kapazität eilt der Strom der Spannung um $\pi/2$ ($\,\widehat{=}\,T/4$) voraus.

Für den Maximalwert des Stromes folgt aus obenstehender Ableitung $\hat{\imath} = \omega C \hat{u}$. Ein Vergleich mit dem Ohmschen Gesetz $U = RI$ zeigt, daß eine Kapazität wie ein Widerstand wirkt.

> In jedem Wechselstromkreis mit einer Kapazität C gibt es einen Wechselstromwiderstand; man nennt ihn **kapazitiven Widerstand** X_C.

SI-Einheit des kapazitiven Widerstandes: $[X_C] = \text{Ohm } (\Omega)$.

Wenn

X_C kapazitiver Widerstand eines Wechselstromkreises,
ω Kreisfrequenz des Wechselstromes $= 2\pi f$,
C Kapazität des Stromkreises,

dann gilt

	X	ω	C

(E 32.5) $\boxed{X_C = \dfrac{1}{\omega C}}$ SI $\quad \Omega \quad \dfrac{1}{\text{s}} \quad \text{F} = \dfrac{\text{A} \cdot \text{s}}{\text{V}}$

Beachte:

● Der kapazitive Widerstand nimmt mit steigender Frequenz ab; für Gleichstrom $(f = 0)$ ist er unendlich.

Bei nur kapazitivem Widerstand im Stromkreis ergibt sich für den Strom

	I	U	ω	C

(E 32.6) $\boxed{I = U\omega C}$ SI $\quad \text{A} \quad \text{V} \quad \dfrac{1}{\text{s}} \quad \text{F} = \dfrac{\text{A} \cdot \text{s}}{\text{V}}$

32.2.3   Blindwiderstand

Vielfach besitzt ein Wechselstromkreis sowohl kapazitiven als auch induktiven Blindwiderstand. Für ihre Zusammenfassung gelten besondere Regeln.

Wenn

U Gesamtspannung (Effektivwert),
I Gesamtstromstärke (Effektivwert),
U_C Spannung am kapazitiven Widerstand,
U_L Spannung am induktiven Widerstand,
I_C Strom durch kapazitiven Widerstand,
I_L Strom durch induktiven Widerstand,
X_C kapazitiver Widerstand,

X_L induktiver Widerstand,
X gesamter Blindwiderstand,
B Blindleitwert $= 1/X$,
dann gilt für

L und C in Reihe

(E 32.7) $$X = X_L - X_C = \omega L - \frac{1}{\omega C}$$

und

(E 32.8) $$U = U_L - U_C = IX_L - IX_C = IX$$

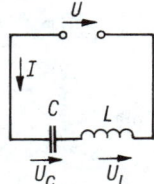

L und C parallel

(E 32.9) $$B = B_C - B_L = \frac{1}{X_C} - \frac{1}{X_L}$$
$$= \omega C - \frac{1}{\omega L}$$
$$X = \frac{\omega L}{\omega^2 LC - 1}$$

und

(E 32.10) $$I = I_C - I_L = \frac{U}{X_C} - \frac{U}{X_L} = \frac{U}{X} = UB$$

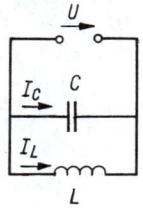

E

32.2.4   Scheinwiderstand

Jeder Wechselstromkreis besitzt außer den Blindwiderständen auch ohmschen (Wirk-)Widerstand, der bei der Bestimmung des Gesamtwiderstandes   (Scheinwiderstand) berücksichtigt werden muß.

Wenn
Z Scheinwiderstand,
R ohmscher (Wirk-) Widerstand,
X Blindwiderstand,
Y Scheinleitwert $= 1/Z$,
G Wirkleitwert $= 1/R$,
B Blindleitwert $= 1/X$,
U Gesamtspannung (Effektivwert),
I Gesamtstromstärke (Effektivwert),

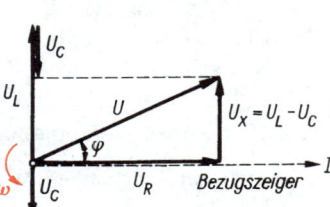

dann gilt für

R und *X* in Reihe

> Bei Reihenschaltung werden Wirk- und Blindwiderstand geometrisch addiert.

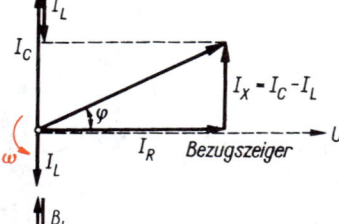

(E 32.11) $Z = \sqrt{R^2 + X^2}$

und

(E 32.12) $U = \sqrt{U_R^2 + U_X^2} = IZ$

Beachte:

- X ist mit (E 32.7) bzw. (E 32.9) zu bestimmen. U_X ergibt sich aus IX.
- Z ist zeitunabhängig, Widerstandszeiger rotieren nicht.

R und *X* parallel

> Bei Parallelschaltung werden Wirk- und Blindleitwert geometrisch addiert.

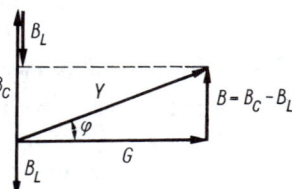

(E 32.13) $Y = \sqrt{G^2 + B^2}$

und

(E 32.14) $I = \sqrt{I_R^2 + I_X^2} = UY$

Beachte:

- $B = 1/X$ ist mit (E 32.7) bzw. (E 32.9) zu bestimmen. I_X ergibt sich aus UB.
- Y ist zeitunabhängig, Leitwertzeiger rotieren nicht.

32.2.5   Phasenverschiebung

Induktiver und kapazitiver Widerstand verursachen eine Phasendifferenz φ von $+\pi/2$ bzw. $-\pi/2$ zwischen Spannung und Strom. Besitzt der Stromkreis außerdem noch ohmschen Widerstand – was ja kaum vermeidbar ist –, so ergibt sich eine Phasenverschiebung von

$+\pi/2 > \varphi > -\pi/2$. Diese Differenz der Phasen von Spannung und Strom folgt aus den Zeigerdiagrammen dieser Größen.

Im Zeigerdiagramm der Widerstände ist φ der Winkel zwischen Wirk- und Scheinwiderstand bzw. Wirk- und Scheinleitwert.

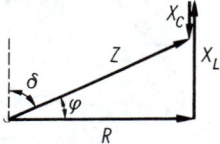

■ Speziell für den Fall einer **Reihenschaltung** von R, C und L ergibt sich mit (E 32.7)

(E 32.15) $\quad \tan \varphi = \dfrac{\omega L - \dfrac{1}{\omega C}}{R}$

ω	L	C	R	φ
SI	$\dfrac{1}{\mathrm{s}}$	$\mathrm{H} = \dfrac{\mathrm{V} \cdot \mathrm{s}}{\mathrm{A}}$	$\mathrm{F} = \dfrac{\mathrm{A} \cdot \mathrm{s}}{\mathrm{V}}$	Ω	rad

■ Für den Fall einer **Parallelschaltung** von R, C und L ergibt sich mit (E 32.9)

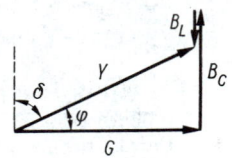

(E 32.16) $\quad \tan \varphi = R \left(\omega C - \dfrac{1}{\omega L} \right)$

■ In vielen Fällen (z. B. Parallelschaltung von großer Kapazität und großem ohmschem Widerstand oder Reihenschaltung von großer Induktivität und sehr kleinem ohmschem Widerstand) ergeben sich Phasenverschiebungen von fast $\pi/2 = 90°$. Wegen der schlechten Bestimmbarkeit von $\tan \varphi$ rechnet man dann mit dem

Verlustwinkel δ

(E 32.17) $\quad \boxed{\delta = 90° - \varphi}$

also $\tan \delta = 1/\tan \varphi = \cot \varphi$.

32.2.6 Resonanz

In jedem Wechselstromkreis wird der Blindwiderstand X null, wenn X_L und X_C einander gleich sind und sich somit aufheben.

Wenn

L	Induktivität des Stromkreises,
C	Kapazität des Stromkreises,

} parallel oder in Reihe,

ω Kreisfrequenz $= 2\pi f$,

f Frequenz der Wechselspannung,

T Periodendauer $= 1/f$,

E

dann gilt als Resonanzbedingung

$$\omega L = \frac{1}{\omega C} \quad \text{oder umgestellt}$$

$$\omega^2 = \frac{1}{LC}. \quad \text{Das ergibt die}$$

Thomson-Gleichung

(E 32.18)

$$\omega = \sqrt{\frac{1}{LC}}$$

$$f = \frac{1}{2\pi\sqrt{LC}}$$

$$T = 2\pi\sqrt{LC}$$

f	ω	T	L	C
SI	Hz	$\frac{1}{s}$	s	H $= \frac{V \cdot s}{A}$	F $= \frac{A \cdot s}{V}$

Es sind zwei Fälle der Resonanz zu unterscheiden:

▶ Reihenresonanz, wenn Kapazität und Induktivität in Reihe geschaltet sind.

▶ Parallelresonanz, wenn Kapazität und Induktivität parallelgeschaltet sind.

Bei Reihenresonanz ergibt sich ein Strommaximum. Die Teilspannungen über den Blindwiderständen sind größer als die Gesamtspannung (**Spannungsresonanzkreis**).

Der Scheinwiderstand des Reihenkreises hat für eine bestimmte Frequenz f, → (E 32.18), ein Minimum ($Z = R$). Deshalb verwendet man ihn als **Siebkreis** (sogenannte Siebkette).

Bei Parallelresonanz ergibt sich ein Stromminimum. Die Teilströme durch die Blindwiderstände sind größer als der Gesamtstrom (**Stromresonanzkreis**).

Der Scheinwiderstand des Parallelkreises hat für eine bestimmte Frequenz f, → (E 32.18), ein Maximum. Deshalb verwendet man ihn als **Sperrkreis**.

32.3   Wechselstromleistung

32.3.1   Wirkleistung

Die Blindwiderstände eines Wechselstromkreises erzeugen eine Phasendifferenz zwischen Spannung und Strom. Im Zeigerdiagramm bilden U und I deshalb den Winkel φ miteinander. Für die Berechnung der Wirkleistung kommt demnach nur das Produkt aus effektiver Spannung und Wirkstrom (Stromkomponente in Spannungsrichtung) in Frage.

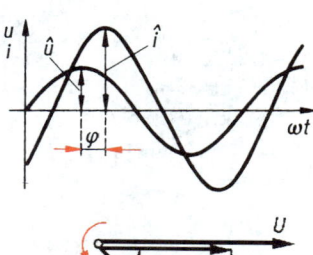

Wenn

P Wirkleistung,
I effektive Stromstärke,
U effektive Spannung,
φ Phasenwinkel,

dann gilt

(E 32.19) $\boxed{P = UI\cos\varphi}$ SI $\begin{array}{c|ccc} & P & U & I \\ \hline & \text{W} & \text{V} & \text{A} \end{array}$

Den Ausdruck $\cos\varphi$ bezeichnet man als **Leistungsfaktor**.

■ Die effektive Leistung kann als zeitlicher Mittelwert der Momentanleistung p während einer Periode angesehen werden. Es ist

$$p = \widehat{\imath}\sin\omega t \cdot \widehat{u}\sin(\omega t + \varphi).$$

Wird über eine Periodendauer integriert und durch die Periodendauer T dividiert, ergibt sich die Wirkleistung P in Übereinstimmung mit (E 32.19) zu

$$P = \frac{1}{T}\int_0^T \widehat{\imath}\sin\omega t \cdot \widehat{u}\sin(\omega t + \varphi)\,\mathrm{d}t = \frac{\widehat{u}\widehat{\imath}\cos\varphi}{2} = UI\cos\varphi.$$

Beachte:

● Nur in einem Wechselstromkreis ohne Blindwiderstand erreicht der Leistungsfaktor mit $\varphi = 0°$ sein Maximum $\cos\varphi = 1$.

● In einem Wechselstromkreis mit nur Blindwiderstand wird mit $\varphi = 90°$ der Leistungsfaktor $\cos\varphi = 0$; der Wechselstrom hat keine Wirkleistung (**„wattloser Strom"**).

32.3.2   Blindleistung

Die Blindleistung ergibt sich aus effektiver Spannung mal Blindstrom (Stromkomponente senkrecht zur Spannung).

Wenn

Q Blindleistung,

I effektive Stromstärke,

U effektive Spannung,

φ Phasenwinkel,

dann gilt

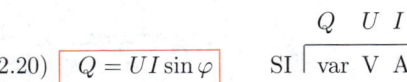

(E 32.20) $\boxed{Q = UI\sin\varphi}$ SI $\begin{array}{c|ccc} & Q & U & I \\ \hline & \text{var} & \text{V} & \text{A} \end{array}$

SI-Einheit der Blindleistung: $[Q]$ = Var (var) = W.

                                            (Var = Voltampère réactif).

32.3.3   Scheinleistung

Sie ist die geometrische Summe aus Wirk- und Blindleistung.

Wenn

S Scheinleistung,

Q Blindleistung,

P Wirkleistung,

U effektive Spannung,

I effektive Stromstärke,

dann gilt

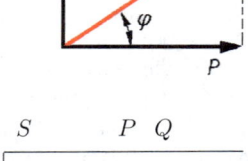

(E 32.21) $\boxed{S = \sqrt{P^2 + Q^2}}$ SI $\begin{array}{c|ccc} & S & P & Q \\ \hline & \text{VA} = \text{W} & \text{W} & \text{var} = \text{W} \end{array}$

und ferner

(E 32.22) $\boxed{S = UI}$ SI $\begin{array}{c|ccc} & S & U & I \\ \hline & \text{VA} & \text{V} & \text{A} \end{array}$

SI-Einheit der Scheinleistung: $[S]$ = Voltampere (VA) = W.

■   Zur Senkung der Blindleistung (Blindströme belasten die Leitungen der Stromversorgungsnetze zusätzlich) muß der Phasenwinkel φ verkleinert werden. Dies erreicht man durch zusätzliche kapazitive Widerstände (Phasenschieberkondensator) in Parallelschaltung zu Verbrauchern mit vorwiegend induktivem Widerstand (Transformatoren, Motorwicklungen, Drosselspulen u. a.).

Wenn
φ_1 Phasenwinkel ohne Kondensator,
φ_2 Phasenwinkel mit Kondensator,
P Wirkleistung,
ω Kreisfrequenz
C Kapazität des Phasenschieberkondensators,
ΔQ kompensierte Blindleistung,
dann gilt, weil in Parallelschaltung die Ströme durch kapazitiven und induktiven Widerstand entgegengerichtet sind, mit (E 32.10)

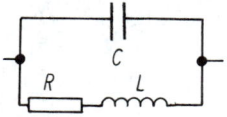

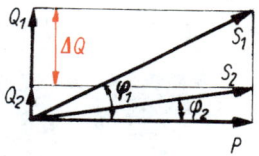

(E 32.23) $$C = \frac{P}{U^2 \omega}(\tan\varphi_1 - \tan\varphi_2)$$

und

(E 32.24) $$\Delta Q = P(\tan\varphi_1 - \tan\varphi_2)$$

C	ω	P	U	Q
SI	F	$\frac{1}{s}$	W	V	var=W

32.4 Transformator

Er besteht aus zwei meist durch einen Eisenkern induktiv gekoppelten Spulen unterschiedlicher Windungszahl.

Als **Windungszahlverhältnis** eines Transformators bezeichnet man das Verhältnis der Windungszahlen von Sekundär- und Primärspule.

Man benutzt den Transformator zur Veränderung von Wechselspannungen. Die periodischen Stromstärkeänderungen in der Primärwicklung erzeugen entsprechende Änderungen des magnetischen Flusses, die in der Sekundärwicklung eine Wechselspannung induzieren. Primär- und Sekundärspannung unterscheiden sich wegen der unterschiedlichen Windungszahl N beider Spulen.

Wenn
N_1 Windungszahl der Primärspule,
N_2 Windungszahl der Sekundärspule,
U_1 Spannung an der Primärspule,
U_2 Spannung an der Sekundärspule,
n Windungszahlenverhältnis, auch Übersetzungsverhältnis $\ddot{u}$,

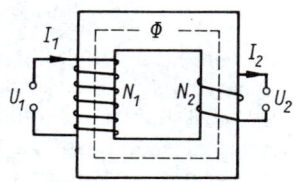

dann gilt bei *unbelastetem* Transformator, also ohne Leistungsabgabe,

(E 32.25) $\quad \dfrac{U_1}{U_2} = \dfrac{N_1}{N_2} = n$

Unter Vernachlässigung der beim Transformator geringen Verluste ergibt sich mit $P_1 = P_2$ und $P = UI$
$U_1 I_1 = U_2 I_2$ und daraus

(E 32.26) $\quad \dfrac{U_1}{U_2} = \dfrac{I_2}{I_1} = n$

33   Elektrische Leitung

Elektrische Leitung ist stets gebunden an das Vorhandensein beweglicher Ladungsträger. Man unterscheidet
▶   Elektronenleitung (z. B. bei Festkörpern, im Vakuum)
▶   Ionenleitung (z. B. in Flüssigkeiten und Gasen).

Die Mechanismen des Ladungstransportes sind in den verschiedenen Aggregatzuständen sehr unterschiedlich. Stets sind jedoch die transportierten Ladungsmengen ganzzahlige Vielfache der elektrischen Elementarladung → (E 28.3).

■   Allen Arten elektrischer Leitung ist gemeinsam, daß sich die Ladungsträger unter der Kraftwirkung eines elektrischen Feldes bewegen:
▶   negative Ladungsträger bewegen sich von minus nach plus: I_-
▶   positive Ladungsträger bewegen sich von plus nach minus: I_+.

Der Gesamtstrom ergibt sich als Summe beider gleichwertiger Ladungsträgerbewegungen.

(E 33.1) $\quad I = I_+ + I_-$

■   Beim Schließen des Stromkreises werden die Ladungsträger von der im Feld auf sie wirkenden Kraft in eine beschleunigte Bewegung versetzt. Damit wächst die Geschwindigkeit der Ladungsträger, bis beschleunigende Kraft des Feldes und Widerstandskraft des Leiters entgegengesetzt gleich sind.

Als Dichte n der Ladungsträger bezeichnet man den Quotienten aus der Anzahl N der bewegungsfähigen Ladungsträger und dem Volumen V:

$n = N/V$

In der Zeit Δt treten durch eine Querschnittsfläche A des Leiters soviel Ladungsträger, wie sich im Teilvolumen $A\bar{v}\,\Delta t$ befinden, wenn $\bar{v}$ die Durchschnittsgeschwindigkeit (Driftgeschwindigkeit) ist. Das sind $N = nA\bar{v}\,\Delta t$. Besitzt jeder Ladungsträger *eine* Elementarladung (was bei Ionen nicht so sein muß), so beträgt die transportierte Ladung

$Q = Ne = neA\bar{v}\,\Delta t$ und die Stromstärke wegen $I = \Delta Q/\Delta t$

$I = neA\bar{v}$. Mit $I/A = J$ ergibt sich für die Stromdichte

$J = ne\bar{v}$ oder mit $I = \dfrac{U}{R} = \dfrac{UA}{\varrho l} = \dfrac{\varkappa UA}{l} = \varkappa EA$

$J = \varkappa E$.

Die Stromdichte ist der Feldstärke proportional: $J \sim E$.

Für die Driftgeschwindigkeit folgt aus $J = ne\bar{v} = \varkappa E$

mit

$\bar{v}$ Driftgeschwindigkeit, Durchschnittsgeschwindigkeit der Ladungsträger,

$\varkappa$ elektrische Leitfähigkeit $= 1/\varrho$,

E elektrische Feldstärke,

n Dichte der Ladungsträger,

e elektrische Elementarladung $= 1,602 \cdot 10^{-19}\,\mathrm{C}$,

U Spannung zwischen den Enden des Leiters,

l Länge des Leiters

(E 33.2)	$\bar{v} = \dfrac{\varkappa E}{ne} = \dfrac{\varkappa U}{nel}$	SI	v	$\varkappa$	E	n	e	U	l
			$\dfrac{\mathrm{m}}{\mathrm{s}}$	$\dfrac{\mathrm{S}}{\mathrm{m}}$	$\dfrac{\mathrm{V}}{\mathrm{m}}$	$\dfrac{1}{\mathrm{m}^3}$	C	V	m

Als **Beweglichkeit** u von Ladungsträgern bezeichnet man das Verhältnis ihrer Geschwindigkeit zur elektrischen Feldstärke.

Mit (E 33.2) ergibt sich dann

(E 33.3)	$u = \dfrac{\bar{v}}{E} = \dfrac{\varkappa}{ne}$	SI	u	v	E	n	e	$\varkappa$
			$\dfrac{\mathrm{m}^2}{\mathrm{V}\cdot\mathrm{s}}$	$\dfrac{\mathrm{m}}{\mathrm{s}}$	$\dfrac{\mathrm{V}}{\mathrm{m}}$	$\dfrac{1}{\mathrm{m}^3}$	C	$\dfrac{\mathrm{S}}{\mathrm{m}}$

■ Die elektrische Leitfähigkeit eines Stoffes läßt sich in der allgemeinsten Form ausdrücken als

(E 33.4) $\boxed{\varkappa = n_+ e_+ u_+ + n_- e_- u_-}$ Einheiten $\to$ (E 33.3)

Beachte:
- n und u können für beide Ladungsträgerarten unterschiedlich sein. (E 33.4) gilt auch, wenn nur eine Ladungsträgerart vorhanden ist (z. B. Elektronenleitung).
- Das Produkt ne kann ersetzt werden durch $ne = \dfrac{Ne}{V} = \dfrac{Q}{V}$. Man nennt es **räumliche Ladungsdichte**.
- Bei Ionen, die mehrere Elementarladungen transportieren, ist der entsprechende Summand in (E 33.4) mit der Wertigkeit z zu multiplizieren.
- Zahlenwerte für die Beweglichkeit $u \to$ Tab. 50.

33.1   Stromleitung durch Festkörper

Bezüglich ihrer elektrischen Leitfähigkeit teilt man die Festkörper ein in
► Leiter (Metalle),
► Halbleiter und
► Nichtleiter (Isolatoren).

Gemeinsam ist ihnen der **kristalline Aufbau** (abgesehen von wenigen **amorphen** Stoffen, wie z. B. Glas). Die Atome dieser Kristalle bilden regelmäßige Raumgitter, die für den jeweiligen Stoff charakteristisch sind.
Die elektrischen Eigenschaften der Festkörper resultieren aus den Energieniveaus der Elektronen.

33.1.1   Energiebändermodell

Die einzelnen Elektronen eines Atoms unterscheiden sich in ihrer Energie. Alle bei einer bestimmten Atomart möglichen Energiewerte (**Energieniveaus**) werden in einem sogenannten **Termschema** ($\to$ 37.4.1) dargestellt.
Bei Molekülen spalten sich die einzelnen Niveaus infolge Wechselwirkung auf. Bei Kristallen ist diese Wechselwirkung zwischen vie-

len Atomen im Kristallgitter so groß, daß die Niveaus zu Bändern entarten. Die Bereiche zwischen den Bändern entsprechen Energien, die nicht auftreten können, und heißen **verbotene Zonen.**

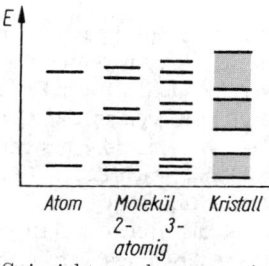

Atom   Molekül   Kristall
2-   3-
atomig

> Jedes Energieband besteht aus einer Vielzahl von unmittelbar benachbarten Energieniveaus, die von je zwei Elektronen entgegengesetzter Spinrichtung besetzt sein können.

Elektronen in Energiebändern mit vollbesetzten Niveaus sind nicht frei beweglich und ergeben deshalb keine Leitfähigkeit. Das letzte voll besetzte Energieband bezeichnet man als **Valenzband.** Es reicht bis zur Energie E_V.

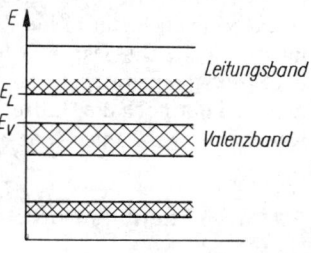

> Elektrische Leitfähigkeit wird von frei beweglichen Elektronen verursacht. Ihr Energieniveau liegt stets in einem nicht vollbesetzten Energieband, das deshalb als **Leitungsband** bezeichnet wird. Seine Energie beginnt bei E_L.

Der Unterschied zwischen Leiter, Halbleiter und Nichtleiter besteht in der Breite der verbotenen Zone zwischen dem Valenz- und dem Leitungsband. Diese kann sogar null sein. Beide Bänder überlappen sich dann.

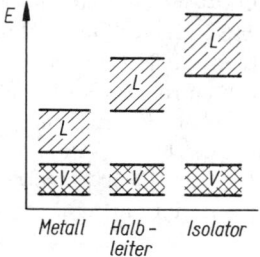

Metall   Halb-   Isolator
leiter

33.1.2 Metallische Leiter

Metalle besitzen sehr viele freie Elektronen. Auf etwa 1 bis 10 Atome des Kristallgitters kommt ein freies Elektron, das sich zwischen den Atomen unregelmäßig hin- und herbewegt. Daher stammt die Bezeichnung **Elektronengas** für die freien Elektronen. Eine an den

Leiter gelegte Spannung erzeugt in ihm ein elektrisches Feld, unter dessen Kraftwirkung die Elektronen in eine gerichtete Bewegung versetzt werden. Ihre **Driftgeschwindigkeit** ist sehr klein. Aus (E 33.2) ergibt sie sich in der Größenordnung von mm/s.

Der Widerstand eines metallischen Leiters ist temperaturabhängig, weil mit wachsender Temperatur die stärker schwingenden Gitteratome die Bewegung der Elektronen mehr und mehr hemmen. Die Zahl der freien Elektronen ist dagegen nicht temperaturabhängig. Beim Abkühlen verringert sich der Widerstand allmählich, nimmt jedoch bei vielen Metallen in der Nähe des absoluten Nullpunktes (0 K) sprunghaft ab. Beim Unterschreiten der sogenannten **Sprungtemperatur** tritt **Supraleitung** auf. Da sich der Übergang zur Supraleitung in einem wenn auch sehr kleinen Temperaturintervall vollzieht, legt man fest, daß bei der Sprungtemperatur der spezifische Widerstand nur noch die Hälfte des Normalwertes beträgt. Zahlenwerte → Tab. 51.

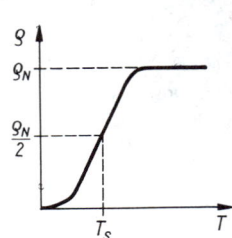

33.1.3   Thermoelektrizität

Einige der frei beweglichen Elektronen können die Oberfläche eines Metalls verlassen, wenn ihre kinetische Energie mindestens gleich der **Austritts-** oder **Ablösearbeit** ist (→ 33.4.3). Da diese materialabhängig ist, treten bei einer innigen Berührung zweier Metalloberflächen einige Elektronen vom Metall mit niedrigerer Austrittsarbeit in das andere über. Es entsteht eine **Berührungsspannung**, deren Größe temperaturabhängig ist.

Ein Thermoelement besteht aus zwei dieser Berührungsstellen. Besteht zwischen diesen keine Temperaturdifferenz, so gleichen sich die beiden Berührungsspannungen aus. Haben die beiden (meist verlöteten oder verschweißten) Verbindungsstellen unterschiedliche Temperatur, so fließt

als Folge einer **Thermospannung** ein **Thermostrom**. Seine Größe hängt außer vom Stromkreiswiderstand von den Materialien und der Temperaturdifferenz ab. Die Metalle lassen sich hinsichtlich ihrer Thermospannung in eine thermoelektrische Spannungsreihe einordnen.

Übersicht:

Thermoelektrische Spannungsreihe[*] (Auswahl) U_{Th} in mV/K
Temperaturdifferenz 100 K; Bezugstemperatur 0 °C

Bi	Ni	Pt	Hg	Al	Pb	Ag	Cu	Cd	Fe	Sb
−8	−2,2	−0,7	−0,7	−0,3	−0,3	−0,05	0	+0,1	+1,0	+4,0

[*] bezogen auf Kupfer

Beachte:

● Die **„Thermokraft"** einer beliebigen Metallkombination ergibt sich aus der Differenz der angegebenen Thermospannungen.

● Die technische Stromrichtung in einem Thermoelement zeigt nebenstehendes Bild. Als positives Metall gilt das in der Spannungsreihe weiter rechts stehende und umgekehrt.

● Technische Thermoelemente haben meist nur eine Lötstelle, an den beiden anderen Enden wird die Thermospannung abgenommen.

E

Übersicht:

Thermospannungen			U in mV
Temperaturdifferenz 100 K; Bezugstemperatur 0 °C			
Kupfer-Konstantan	4,25	Chromnickel-Konstantan	6,21
Eisen-Konstantan	5,37	Platin-Platinrhodium	0,643
Chromnickel-Nickel	4,1	Eisen-Kupfer	1,05

Beachte:

● Die Thermospannungen sind nur innerhalb bestimmter Bereiche den Temperaturdifferenzen angenähert proportional. Genaue Werte → DIN 43 710.

● Besonders große Thermospannungen erzielt man mit Halbleiter-Thermoelementen.

● Der thermoelektrische Effekt wird auch als Seebeck-Effekt bezeichnet.

■ Eine Umkehrung des thermoelektrischen Effektes ist der **Peltier-Effekt**. Fließt ein Strom durch eine Metallkombination analog dem Thermoelement, so entsteht zwischen den beiden Berührungsstellen eine Temperaturdifferenz. Und zwar kühlt sich die Stelle ab, die bei gleicher Richtung eines Thermostromes erhitzt werden müßte.

Wenn

Q Wärmemenge, an den Verbindungsstellen aufgenommen bzw. erzeugt (entsteht zusätzlich zur Stromwärme),

I Stromstärke,

t Dauer des Stromflusses,

Π Peltier-Koeffizient,

dann gilt

(E 33.5) $\boxed{Q = \Pi I t}$

Q	Π	I	t
SI	J	$\dfrac{\text{J}}{\text{C}}$	A	s

Beache:

● Der Peltier-Koeffizient ist ein für beide Metalle charakteristischer Materialwert von etwa $0,5\ldots5\,\text{mJ/C}$.

33.1.4   Halbleiter

Halbleiter besitzen bei $0\,\text{K}$ keine freien Elektronen und sind deshalb Isolatoren. Im Gegensatz zu diesen bekommen sie bei höheren Temperaturen eine gewisse Leitfähigkeit. Sie ist abhängig von der Breite der verbotenen Zone, also von der Energiedifferenz $E_{\text{L}} - E_{\text{V}} = \Delta E$.

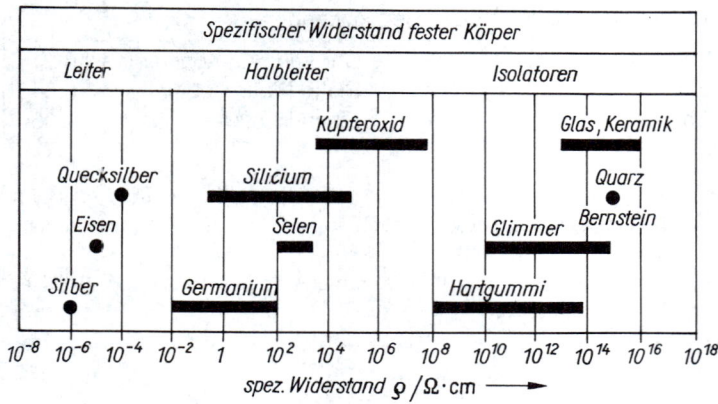

Der Widerstand eines Halbleitermaterials nimmt bei Temperaturerhöhung ab.

Technische Anwendung: Heißleiter (Thermistor) bzw. NTC-Widerstand (**N**egativer **T**emperatur-**C**oeffizient).

33.1.5   Eigenleitung

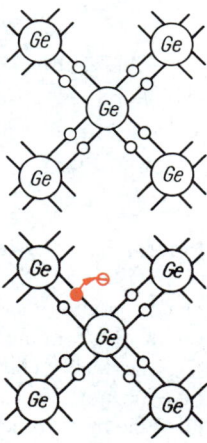

Die wichtigsten Halbleitermaterialien sind Germanium und Silicium. Bei beiden sind die vier Außenelektronen jedes Atoms mit jeweils einem Elektron jedes Nachbaratoms an der Valenzbindung beteiligt. Durch Zufuhr von Energie (Wärme oder Licht) werden jedoch Elektronen ihre Bindung an die Gitteratome verlieren und eine positive Ladung hinterlassen. Die Elektronenfehlstelle bezeichnet man als „**Loch**" oder auch **Defektelektron**. Unter der Wirkung einer Spannung wandern die Elektronen zum Pluspol. Die Löcher bewegen sich zum Minuspol, weil andere frei werdende Elektronen nachrücken.

Bei der durch Temperatur angeregten Eigenleitung wandern in einem reinen Halbleiter Elektronen und Defektelektronen gleicher Anzahl in entgegengesetzter Richtung. Die Leitfähigkeit nimmt mit steigender Temperatur zu.

Freie Elektronen, die entsprechende Energie verlieren, werden von einem Loch wieder eingefangen: **Rekombination**.
Die Anzahl der Elektron-Defektelektron-Paare ist jedoch konstant, weil sich Rekombination und Neubildung ausgleichen, solange die Temperatur unverändert bleibt.

Wenn
n_- Dichte der Elektronen $= N/V$,
n_+ Dichte der Defektelektronen,
n_0 Proportionalitätsfaktor, abhängig von
        Anzahl der Gitteratome/Volumen,
ΔE Energieabstand von Valenz- und Leitungsband $= E_\mathrm{L} - E_\mathrm{V}$,

k Boltzmann-Konstante $= 1,381 \cdot 10^{-23}$ J/K,

T Temperatur des Halbleiters,

dann gilt

(E 33.6)
$$n_- n_+ = n_0 e^{-\frac{\Delta E}{kT}}$$

worin $n_- = n_+$

	n	E	k	T
SI	$\frac{1}{m^3}$	J	$\frac{J}{K}$	K

> Das Produkt aus Elektronenkonzentration und Defektelektronen-
> konzentration ist bei bestimmter Temperatur konstant.

Beachte:

- Bei Zimmertemperatur ist bei Germanium $n \approx 2,5 \cdot 10^{13}/\text{cm}^3$, während die Anzahl der Atome $4,4 \cdot 10^{22}/\text{cm}^3$ beträgt. Auf etwa 10^9 Atome kommt ein Ladungsträgerpaar!

Innerer Fotoeffekt

Der Übergang von Valenzelektronen in das Leitungsband kann auch durch Bestrahlung mit Licht ausgelöst werden. Voraussetzung ist, daß die Lichtquanten ($\rightarrow$ 35) eine entsprechende Energie besitzen, die sich mit (K 35.1) zu $E = hf$ ergibt. Sie muß größer als die verbotene Zone sein, darf aber die Energiedifferenz zwischen oberer Kante des Leitungsbandes und unterer Kante des Valenzbandes nicht überschreiten. Die Leitfähigkeit des Halbleitermaterials nimmt mit der Anzahl der auftreffenden Lichtquanten geeigneter Wellenlänge bzw. Frequenz zu.

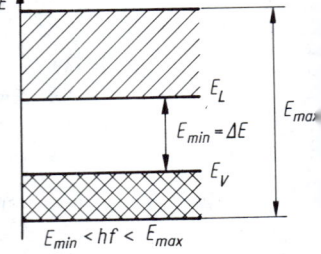

Technische Anwendung: Fotowiderstand.

33.1.6   n-Leitung

Die Leitfähigkeit eines Halbleiters kann durch Einlagerung von Fremdatomen (**Dotierung**) gesteigert werden. Wegen der Störung des Gitteraufbaus spricht man von **Störleitung** (statt Eigenleitung). Wird z. B. 4wertiges Germanium mit 5wertigem Arsen (oder Antimon, Phosphor usw.) dotiert, so steht an den Störstellen ein weiteres

Leitungselektron zur Verfügung. Auf etwa $10^5 \cdots 10^6$ Gitteratome kommt ein Fremdatom. Die je ein Leitungs-elektron gebenden Fremdatome nennt man **Donatoren**. Ihr Energieniveau E_D liegt dicht unter dem Leitungsband.

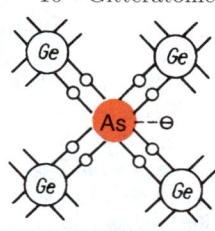

Auch hier gilt (E 33.6). Da aber das Dotie-ren ein Anwachsen der Elektronendichte um den Faktor $\approx 10^3$ bewirkt, muß die Defekt-elektronendichte um den gleichen Faktor abgenommen haben; $n_- \approx 10^6 \, n_+$!

Wegen $n_- \gg n_+$ bezeichnet man die Elektronen als **Majoritätsträger**, die De-fektelektronen als **Minoritätsträger**, das Germanium in diesem Falle als **Über-schußhalbleiter** oder **n-Leiter**.

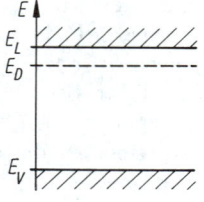

> Die Stromleitung in einem n-Leiter er-folgt fast ausschließlich durch Elektro-nen.

33.1.7 p-Leitung

Die Leitfähigkeit eines Halbleiters kann auch durch Dotierung mit ei-nem wenigerwertigen Material erhöht werden. Dotiert man z. B. Ger-manium mit 3wertigem Indium (oder Bor, Gallium usw.), so steht an den Störstellen ein weiteres Loch oder Defektelektron zur Verfügung. Die Elektronen aufnehmenden Fremdatome heißen **Akzeptoren**. Ihr Ener-gieniveau liegt dicht über dem Valenzband. Aus dem Anwachsen der Defektelektronen-dichte folgt nach (E 33.6) eine entsprechende Abnahme der Elektronendichte.

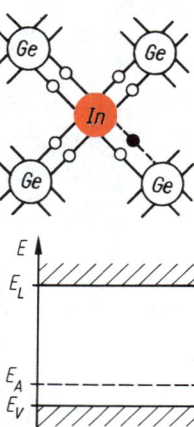

Wegen $n_+ \gg n_-$ bezeichnet man die De-fektelektronen als Majoritätsträger und die Elektronen als Minoritätsträger, das Germa-nium als **Mangelhalbleiter** oder **p-Leiter**.

> Die Stromleitung in einem p-Leiter er-folgt fast ausschließlich durch Defektelek-tronen.

33.1.8   pn-Übergang

Halbleitermaterialien können an verschiedenen Stellen gleichzeitig p- und n-leitend sein. Zwischen beiden Gebieten besteht dann eine pn-Grenzschicht, durch die Majoritäts-träger in das jeweilig andere Gebiet diffundieren, bis sich ein Gleichge-wichtszustand einstellt. Beiderseits der Grenzfläche entsteht also eine dünne Schicht, die fast frei von be-weglichen Ladungsträgern ist. Eine äußere Spannung verändert die Dik-ke dieser Schicht. Legt man den Pluspol an die p-Schicht und den Minuspol an die n-Schicht, so ge-langen sehr viel Majoritätsträger in die Grenzschicht, wo sie rekom-binieren. Es fließt ein relativ star-ker **Durchlaßstrom**. Bei umgekehr-ter Polung wandern die Majoritäts-träger von der Grenzfläche weg. Zur Rekombination gelangen nur noch die wenigen Minoritätsträger, es fließt ein sehr schwacher **Sperr-strom**.

> Ein pn-Übergang wirkt als Gleichrichter, er läßt den Strom nur von p nach n fließen.

■ Ein Halbleiterbauelement mit kombinierter pn-Leitung wird als **Diode** bezeichnet. Es dient der Gleichrichtung von Wechselströ-men.

Wenn
I Durchlaßstrom,
I_{sp} Sperrstrom,

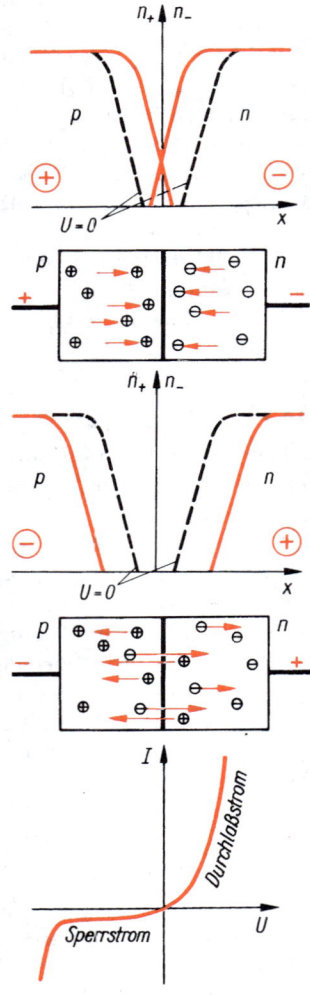

e elektrische Elementarladung $= 1,602 \cdot 10^{-19}$ C,
U angelegte äußere Spannung,
k Boltzmann-Konstante $= 1,381 \cdot 10^{-23}$ J/K,
T Temperatur des Halbleiters,
$\Delta E = E_L - E_V$ (bei Germanium: 0,67 eV; bei Silicium: 1,1 eV),
dann gilt

(E 33.7) $$I = I_{sp}\left(e^{\frac{eU}{kT}} - 1\right)$$

mit $$I_{sp} \sim e^{-\frac{\Delta E}{kT}}$$

	I	e	U	k	T	E
SI	A	C	V	$\frac{J}{K}$	K	J

Fotodiode. Bei einer in Sperrichtung geschalteten Diode kann durch Bestrahlung mit Licht der Sperrstrom vergrößert werden, indem zusätzlich freie Minoritätsträger erzeugt werden. Für Meßzwecke ist wichtig, daß der Sperrstrom proportional der Beleuchtungsstärke ist.

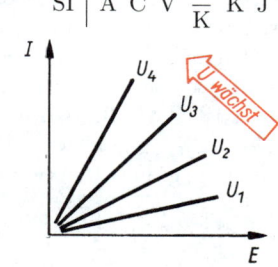

Fotoelement. Ohne äußere Spannung betrieben, wird die Fotodiode zum Fotoelement. Die Abhängigkeit der Leerlaufspannung und des Kurzschlußstromes von der Beleuchtungsstärke E zeigen nebenstehende Kennlinien. Bei einem Außenwiderstand $R_A > 0$ ist der Strom der Beleuchtungsstärke nicht proportional.

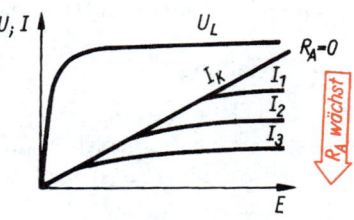

33.1.9   Transistor

Er besteht aus einer pnp-Kombination oder einer npn-Kombination, also einem in Durchlaßrichtung und einem in Sperrrichtung gepolten Gleichrichter. Die Verhältnisse sind bei beiden Typen bis auf die andere Polung der Spannungsquellen gleich.
Feldeffekt-Transistoren (MOSFET u. a.) beruhen auf einem anderen Wirkungsprinzip. Auf Grund ihres großen Eingangswiderstandes

ermöglichen sie eine leistungslose Steuerung eines Stromes durch eine Spannung.

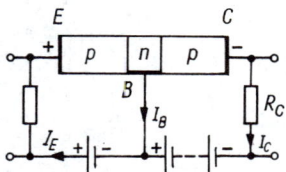 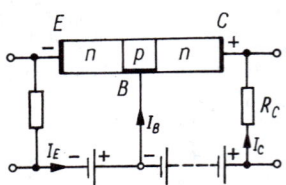

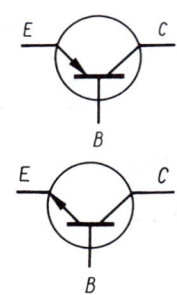

Bei pnp-Transistoren gelangen die den **Emitterstrom** I_E bildenden Defektelektronen in den sehr schmalen $(10 \ldots 50 \, \mu m)$ n-Bereich und von dort zum größten Teil $(95 \ldots 99 \, \%)$ als **Kollektorstrom** I_C durch den p-Bereich zum Kollektor C. Nur der Rest bildet den **Basisstrom** I_B und fließt zur Basis. Für die Summe aller Ströme gilt demnach unter Beachtung ihrer Richtungen

(E 33.8) $\boxed{I_E + I_B + I_C = 0}$

Beachte:

● Die Ströme in Richtung Transistor sind positiv, vom Transistor weg negativ, wobei die konventionelle technische Stromrichtung positiver Ladungsträger zugrunde liegt.

Basisschaltung

Bei der bereits oben dargestellten **Basisschaltung** (Basis ist der gemeinsame Anschluß für Ein- und Ausgang) gilt demnach mit

I_C Kollektorstrom,
I_E Emitterstrom,
A Stromverstärkung

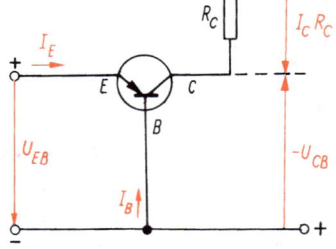

(E 33.9) $\boxed{I_C = A I_E}$

mit $A = 0,95 \ldots 0,995.$

Die Verstärkerwirkung (trotz des etwas geschwächten Kollektorstromes) beruht auf der wesentlich höheren Spannung $U_{CB} \gg U_{EB}$. Die

Eingangsleistung $I_E U_{EB}$ steuert die viel größere Ausgangsleistung $I_C U_{CB}$. Weil $I_E \approx I_C$, ergibt sich

$$I_E U_{CB} \sim I_E U_{EB}.$$

Der Transistor ist in Basisschaltung ein Leistungsverstärker.

> Kleine Änderungen der Eingangsleistung bewirken große Änderungen der Ausgangsleistung.

Emitterschaltung

Sie wird am häufigsten verwendet. Bei ihr bildet der Emitter den gemeinsamen Anschluß für Ein- und Ausgang. Im Eingangsstromkreis fließt nur der sehr kleine Basisstrom $I_B = I_E - I_C$.

Wenn

I_C Kollektorstrom,
I_B Basisstrom,
B Stromverstärkung bei
    Emitterschaltung,

dann gilt

(E 33.10) $\boxed{I_C = B I_B}$

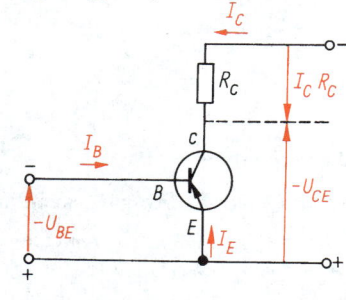

Für B folgt $B = I_C / I_B$ und mit $I_B = I_E - I_C$

$B = \dfrac{I_C}{I_E - I_C}$. Eine Division durch I_E ergibt mit $I_C / I_E = A$

(E 33.11) $\boxed{B = \dfrac{A}{1-A}}$

Beachte:

● Aus den je nach Transistortyp für A geltenden Werten von $A = 0,95 \dots 0,995$ folgt mit (E 33.11) für $B = 20 \dots 200$.

Kennlinien

Die funktionelle Abhängigkeit der wichtigsten Größen zeigen die Kennlinien eines Transistors, die man vielfach in einer einzigen Darstellung zusammenfaßt. In jedem Quadranten wird eine andere Beziehung dargestellt.

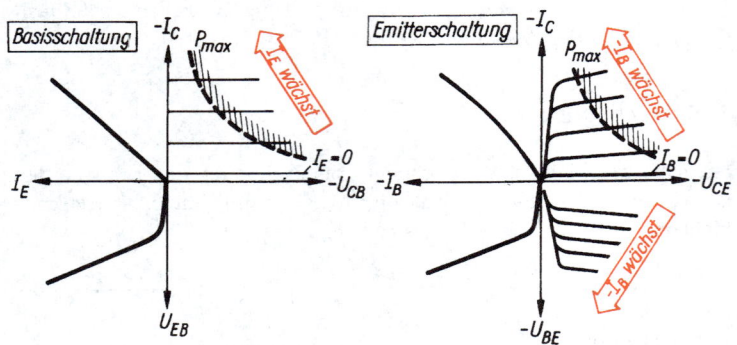

Basisschaltung   **Emitterschaltung**

▶ **I. Quadrant (Ausgangskennlinien)**

$-I_C = f(-U_{CB})$ bei verschiedenen Emitterströmen I_E. Für $I_E = 0$ ergibt sich der Sperrstrom I_{CB0}.

$-I_C = f(-U_{CE})$ bei verschiedenen Basisströmen I_B. Für $I_B = 0$ ergibt sich der Reststrom I_{CE0}.

▶ **II. Quadrant (Stromverstärkungskennlinien)**

$-I_C = f(I_E)$ bei $-U_{CB} = 1\,\text{V}$. $-I_C = f(-I_B)$ bei $-U_{CE} = 1\,\text{V}$.

▶ **III. Quadrant (Eingangskennlinien)**

$I_E = f(U_{EB})$ bei $-U_{CB} = 1\,\text{V}$. Es ist die Kennlinie der in Flußrichtung gepolten Emitterdiode.

$-I_B = f(-U_{BE})$ bei $-U_{CE} = 1\,\text{V}$.

▶ **IV. Quadrant (Spannungsrückwirkungskennlinien)**

Auf sie wird vielfach verzichtet, weil man sie aus den anderen Kennlinien ermitteln kann.

$-U_{CB} = f(U_{EB})$ bei verschiedenen Emitterströmen I_E.

$-U_{CE} = f(-U_{BE})$ bei verschiedenen Basisströmen $-I_B$.

33.2 Stromleitung in Flüssigkeiten

Träger des elektrischen Stromes in Flüssigkeiten sind **Ionen,** die beim Zerfall von Molekülen **(Dissoziation)** entstehen.

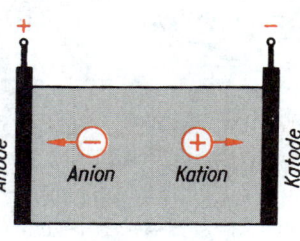

Positive Ionen **(Kationen)** wandern zur negativen Elektrode **(Kathode)**; negative Ionen **(Anionen)** wandern zur positiven Elektrode **(Anode)**.

32.2.1 Elektrolyse

Es gibt leitende und nichtleitende, also dissoziierende und nicht dissoziierende Füssigkeiten. Die Leiter heißen **Elektrolyte**. Sie werden von dem sie durchfließenden Strom zersetzt. Im wesentlichen sind es wäßrige Lösungen von Salzen, Säuren und Laugen. Bei der Elektrolyse scheidet sich an der Kathode (Minuspol) stets das *Metall* oder der *Wasserstoff* ab. Der *Molekülrest* scheidet sich an der Anode (Pluspol) ab.

Übersicht:

Elektrolyse einiger Stoffe		
Elektrolyt	Abgeschiedener Stoff an der	
	Anode (+)	Kathode (−)
Salzsäure (HCl)	Cl_2	H_2
Schwefelsäure (H_2SO_4)	O_2 (aus SO_4)	H_2
Kupfersulfat ($CuSO_4$)	O_2 (aus SO_4)	Cu
Zinkchlorid ($ZnCl_2$)	Cl_2	Zn
Natronlauge (NaOH)	O_2 (aus OH)	H_2

Wenn

m Masse des abgeschiedenen Stoffes,

I Stromstärke im Elektrolyt,

t Dauer des Stromflusses,

$Ä$ elektrochemisches Äquivalent des Elektrolyts ($\rightarrow$ Tab. 52),

Q transportierte Ladung,

dann gilt als

1. Faradaysches Gesetz

	m	$\ddot{A}$	I	t	Q
SI	kg	$\dfrac{\text{kg}}{\text{C}}$	A	s	C
VT	mg	$\dfrac{\text{mg}}{\text{C}}$	A	s	C

(E 33.12) $\boxed{m = \ddot{A}It = \ddot{A}Q}$

■ Für die von gleichen Elektrizitätsmengen bei verschiedenen Elektrolyten abgeschiedenen Massen gilt mit

$\ddot{A}$ elektrochemisches Äquivalent ($\rightarrow$ Tab. 52),
m Masse des abgeschiedenen Stoffes,
M molare Masse = Masse/Stoffmenge,
z Wertigkeit

als

2. Faradaysches Gesetz

	m	$\ddot{A}$	M	z
SI	kg	$\dfrac{\text{kg}}{\text{C}}$	$\dfrac{\text{kg}}{\text{mol}}$	–

(E 33.13) $\boxed{m_1 : m_2 = \ddot{A}_1 : \ddot{A}_2 = \dfrac{M_1}{z_1} : \dfrac{M_2}{z_2}}$

> Die von gleichen Elektrizitätsmengen aus verschiedenen Elektrolyten abgeschiedenen Massen verhalten sich wie die molaren Massen/Wertigkeit.

■ Die für das Abscheiden der Stoffmenge $n = 1\,\text{mol}$ nötige Ladung Q ist bei allen Stoffen gleich. Sie ist das Produkt aus Avogadro-Konstante $N_A = 6,022\,136\,7 \cdot 10^{23}/\text{mol}$ und der elektrischen Elementarladung $e = 1,602\,177\,33 \cdot 10^{-19}$ C. Man bezeichnet sie als

Faraday-Konstante F

(E 33.14) $\boxed{F = N_A e = 9,648\,530\,9 \cdot 10^4 \dfrac{\text{C}}{\text{mol}}}$

■ Zwischen dem elektrochemischen Äquivalent $\ddot{A}$ und der Faraday-Konstanten F besteht die Beziehung

	$\ddot{A}$	M	z	F
SI	$\dfrac{\text{kg}}{\text{C}}$	$\dfrac{\text{kg}}{\text{mol}}$	–	$\dfrac{\text{C}}{\text{mol}}$

(E 33.15) $\boxed{\ddot{A} = \dfrac{M}{zF}}$

Mit (E 33.15) nimmt (E 33.12) die Form an

	I	t	M	z	F	m
SI	A	s	$\dfrac{\text{kg}}{\text{mol}}$	–	$\dfrac{\text{C}}{\text{mol}}$	kg

(E 33.16) $\boxed{m = \dfrac{ItM}{zF}}$

Beachte:
● Die molare Masse M (in g/mol) ist zahlengleich der relativen Molekülmasse M_r.

33.2.2   Galvanische Elemente

In galvanischen Elementen findet eine Umwandlung von chemischer Energie in elektrische Energie statt. Da dieser Prozeß nicht umkehrbar ist, spricht man von **Primärelementen**.
Taucht ein Metall in einen Elektrolyt, so stellt sich eine Spannung ein, deren Größe stoffabhängig ist. Zwischen zwei in die Flüssigkeit getauchten Metallen muß also die Differenz zweier Spannungen entstehen, die sich aus der Stellung der Metalle in der elektrochemischen Spannungsreihe ergibt.

Übersicht:

Elektrochemische Spannungsreihe (Auswahl)											U in V
Au	Hg	Ag	Cu	H	Pb	Ni	Cd	Fe	Zn	Mg	Li
1,4	0,86	0,80	0,34	0,0	0,13	0,24	0,40	0,44	0,76	2,35	3,02
+				−							

Beachte:
● Ausführliche elektrochemische Spannungsreihe → Tab. 53!

Der durch ein galvanisches Element fließende Strom verändert die Elektroden chemisch, wobei eine Gegenspannung entsteht (**Polarisation**). Dadurch verringert sich die Spannung des Elementes, wie sie sich aus der Übersicht bestimmen läßt, und die Stromstärke geht zurück.

33.2.3   Akkumulatoren (Sammler)

In ihnen wird elektrische Energie in Form von chemischer Energie gespeichert. Im Gegensatz zu den galvanischen Elementen, die sofort eine Spannung liefern, wird bei Akkumulatoren durch Polarisation während des Aufladens erst ein galvanisches Element geschaffen (**Sekundärelement**).

E

Bleiakkumulator

Er besteht aus zwei Bleiplatten, die in 28%ige Schwefelsäure als Elektrolyt tauchen. Dabei bildet sich an der oxidierten Oberfläche $PbSO_4$ (Bleisulfat). Der Ladestrom verwandelt das Bleisulfat der Anode zu PbO_2 (Bleidioxid) und das der Kathode zu Pb (Blei). Dabei bildet sich unter Aufnahme von Wasser Schwefelsäure. Während des Ladens steigt die Konzentration der Schwefelsäure und damit auch ihre Dichte. Während des Entladens verlaufen sämtliche Prozesse in umgekehrter Richtung.
Man kann sie in folgender Gleichung zusammenfassen:

(E 33.17)

$$2PbSO_4 + 2H_2O \underset{\text{Entladen}}{\overset{\text{Laden}}{\rightleftharpoons}} PbO_2 + 2H_2SO_4 + Pb$$

| Anode | Anode | Kathode |
| Kathode | | |

Die mittlere Spannung einer Zelle des Bleisammlers beträgt bei normaler Belastung etwa 2 V.

■   Die Dichte der Schwefelsäure ist ein Maß für den Ladezustand des Akkumulators.

Wenn
ϱ Dichte der Schwefelsäure,
U Urspannung des Blei-Akkumulators,
dann gilt in guter Näherung

(E 33.18) $$U = \left(\frac{\varrho}{\text{g/cm}^3} + 0,84 \right) \text{V}$$

Nickel-Eisen-Akkumulator (NiFe-Akkumulator)

Seine Anode besteht aus $Ni(OH)_2$ (Nickelhydroxid), die Kathode aus $Fe(OH)_2$ (Eisenhydroxid). Als Elektrolyt dient 20%ige Kalilauge. Lade- und Entladeprozeß lassen sich in folgender Gleichung zusammenfassen:

(E 33.19)

$$2\,Ni(OH)_2 + Fe(OH)_2 \underset{\text{Entladen}}{\overset{\text{Laden}}{\rightleftharpoons}} 2\,Ni(OH)_3 + Fe$$

| Anode | Kathode | Anode | Kathode |

Die mittlere Spannung einer Zelle des Nickel-Eisen-Sammlers beträgt bei normaler Belastung etwa 1,2 V.

Beachte:

● Beim Nickel-Cadmium-Sammler wird anstelle des Eisens Cadmium verwendet. Die Reaktionen sind analog.

33.3 Stromleitung in Gasen

Ladungsträger können Ionen und auch Elektronen sein. Jede Stromleitung in Gasen wird als **Entladung** bezeichnet.

33.3.1 Unselbständige Entladung

Die Ionen werden im wesentlichen durch äußere Einflüsse (Röntgenstrahlung, heiße Flammengase, Strahlung radioaktiver Nuklide) im Gas erzeugt. Unter der Wirkung einer angelegten Spannung wandern sie, es fließt ein Strom. Bis zu einem gewissen Wert wächst er proportional mit der Spannung, erreicht dann aber einen gleichbleibenden Wert, man spricht vom **Sättigungsstrom**. Alle sich bildenden Ionen sind an der Leitung beteiligt. Anwendung u. a. bei Ionisationskammern zur Strahlungsmessung.

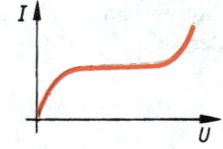

E

33.3.2 Selbständige Entladung

Wird die Spannung noch weiter erhöht, so wächst auch die Stromstärke wieder, weil durch Zusammenstoß infolge der hohen Energie der Ionen andere Moleküle ionisiert werden (**Stoßionisation**) und so die Zahl der Ladungsträger stark anwächst. Solche Entladung heißt selbständig, weil sie keiner Ionisierung durch äußere Einflüsse bedarf. Die hierfür erforderliche Spannung nimmt mit sinkendem Gasdruck ab.

Mit dem Anwachsen des Stromes und der Zahl der Ladungsträger sinkt der Widerstand.

> Gasentladungen müssen stets mit einem den Strom begrenzenden Vorwiderstand betrieben werden.

Vielfach verwendet man dafür eine sogenannte **Drossel**, also einen induktiven Wechselstromwiderstand.

33.3.3 Glimmentladung

Bei stark verringertem Gasdruck ist die selbständige Entladung mit Leuchterscheinung verbunden. Es entsteht eine kräftige Elektronenemission an der Kathode, hervorgerufen durch auftreffende positive Ionen. Rekombinierende Ionen erzeugen das negative Glimmlicht in der Nähe der Kathode. Die positive Säule besteht aus gleich viel positiven und negativen Ladungsträgern, ist also quasineutral (**Plasma**). Fast die gesamte Spannung fällt bereits in der Nähe der Kathode ab. Den Verlauf von Spannung, Feldstärke und Raumladung entlang der Entladungsröhre zeigt nebenstehendes Bild.

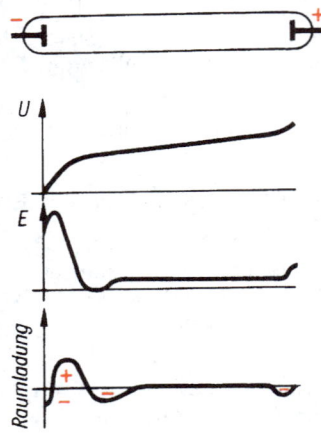

Beispiele für Glimmentladung:

Leuchtröhren. Die Art des Füllgases bestimmt die Leuchtfarbe.

Leuchtstofflampen. Diese mit Quecksilberdampf geringen Druckes gefüllten Leuchtröhren wandeln mit der auf der Röhreninnenseite aufgetragenen Leuchtstoffschicht unsichtbare ultraviolette Strahlungsanteile in sichtbares Licht um (Fluoreszenz).

Quecksilberdampflampen. Dem Füllgas ist Quecksilberdampf zugesetzt. Je höher der Druck des Dampfes, desto größer die Lichtausbeute. *Höhensonnen* sind Lampen, in denen der Quecksilberdampf in Quarzglasröhren eingeschlossen ist. Diese sind für Ultraviolettstrahlung durchlässig.

Glimmlampen. Sie werden vorwiegend für den Spannungsnachweis und häufig auch als Spannungsstabilisatoren verwendet. Zündspannung ist größer als Löschspannung.

Elektronenblitzröhren. Es sind mit Edelgas (z. B. Xenon) gefüllte Hartglasröhren (Fülldruck 4 ... 13 kPa; Entladungsdauer 0,1 ... 1 ms).

33.3.4   Kathodenstrahlen

Sie entstehen in stark evakuierten Röhren (Druck kleiner als 1 Pa), wenn an den Elektroden eine hohe Gleichspannung liegt. Kathodenstrahlen bestehen aus *Elektronen* hoher Geschwindigkeit.

Eigenschaften:

- ▶ Sie breiten sich geradlinig aus,
- ▶ sie schwärzen fotografische Schichten,
- ▶ Glas, Leuchtfarben und bestimmte Mineralien werden von ihnen zum Leuchten gebracht (Fluoreszenz),
- ▶ sie lassen sich durch magnetische und elektrische Felder ablenken.

■ Die Ablenkbarkeit wird in der **Braunschen Röhre** technisch genutzt. Die Elektronen (beschleunigt mit einer Hochspannung zwischen Kathode und seitlicher Anode) werden auf dem Weg zum Fluoreszenzschirm (→ 25.6.1) quer zur Bewegungsrichtung abgelenkt. Dies geschieht entweder mit einem elektrischen Feld (→ 33.4.2) beim Elektronenstrahloszillografen oder bei Fernsehbildröhren vertikal und horizontal mit Magnetfeldern (→ 30.4.1).

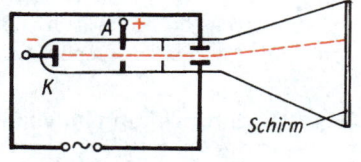

33.3.5   Kanalstrahlen

Sie bestehen aus *positiven Ionen* und bewegen sich auf die Kathode zu. Ihre Geschwindigkeit beträgt $300 \ldots 3\,000$ km/s.

33.3.6   Röntgenstrahlung

Sie entsteht, wenn Kathodenstrahlen auf einen Metallkörper treffen. Es sind elektromagnetische Wellen mit Wellenlängen im Bereich von $10^{-2} \ldots 10$ nm. Die kurzwelligen Röntgenstrahlen werden als *hart*, die langwelligen als *weich* bezeichnet. Die Strahlung besteht aus zwei Komponenten. Die beim Abbremsen der Elektronen frei werdende Energie erzeugt die **Bremsstrahlung**, deren Wellenlängen

lückenlos bis zu einem bestimmten Maximalwert reichen (→ 37.4.4).
Ein anderer Teil der Elektronen regt die Atome des Metalles zu einer
charakteristischen Strahlung mit ganz bestimmten Wellenlängen an.

Eigenschaften:

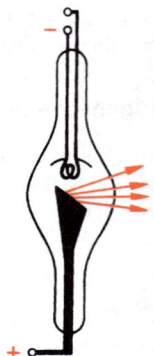

▶ Sie breiten sich geradlinig aus,

▶ durchdringen lichtundurchlässige Stoffe wie
Fleisch, Holz, Metall usw. je nach Schichtdicke,

▶ erzeugen beim Auftreffen bei bestimmten Stoffen Fluoreszenz,

▶ schwärzen fotografische Schichten,

▶ besitzen zerstörende Wirkung auf lebendes Gewebe,

▶ werden in elektrischen und magnetischen Feldern nicht abgelenkt.

Ihre Intensität wird in Coulomb/Kilogramm (C/kg) angegeben.
Zur Erzeugung der Röntgenstrahlen werden spezielle Röhren verwendet, die zwecks hoher Leistung eine geheizte Kathode und eine was-
sergekühlte Anode besitzen.

33.4   Stromleitung im Vakuum

33.4.1   Energie und Geschwindigkeit freier Elektronen

Ein Elektron wird im elektrischen Feld von den Feldkräften $F = Ee$ (E 29.1) in Richtung Anode beschleunigt. Die Größe dieser
Beschleunigung folgt aus $a = F/m = Ee/m_e$. Geschwindigkeit und
kinetische Energie wachsen stetig.
Die Energie des Elektrons mißt man in Elektronvolt (eV).

> Unter einem Elektronvolt versteht man die Energie, die ein
> Elektron beim Durchlaufen der Spannung von 1 Volt erreicht.

Das Elektronvolt ist eine in der Atom- und Kernphysik zulässige SI-
fremde Energieeinheit.

Umrechnung:

$$1 \text{ Elektronvolt (eV)} = 1{,}602\,177\,33 \cdot 10^{-19} \text{ J}$$
$$1 \text{ J} = 6{,}241\,506\,4 \cdot 10^{18} \text{ eV}$$

Wenn

U durchlaufene Spannung,

e Ladung des Elektrons, Elementarladung $= 1,602 \cdot 10^{-19}$ C,

m_{e} Ruhemasse des Elektrons $= 9,109 \cdot 10^{-31}$ kg,

v Endgeschwindigkeit des Elektrons,

dann gilt, weil die Energie des Elektrons $m_{\mathrm{e}} v^2 / 2$ und die aufgewendete Arbeit gleich sein müssen,

$$\frac{m_{\mathrm{e}} v^2}{2} = eU \quad \text{oder} \quad v = \sqrt{\frac{2eU}{m_{\mathrm{e}}}}.$$

Nach Einsetzen aller Konstanten erhält man die zugeschnittene Größengleichung

(E 33.20) $\qquad \boxed{v = 593,1\sqrt{U/\mathrm{V}}\ \dfrac{\mathrm{km}}{\mathrm{s}}}$

■ Diese Gleichung gilt nicht für sehr große Geschwindigkeiten. Bei Elektronengeschwindigkeiten ab etwa 10 % der Vakuumlichtgeschwindigkeit macht sich bereits der relativistische Massenzuwachs ($\to$ 41.4.1) bemerkbar. (E 33.20) würde zu große Werte liefern.

Wenn

U durchlaufende Spannung,

e Ladung des Elektrons $= 1,602 \cdot 10^{-19}$ C,

$m_{\mathrm{e}0}$ Ruhemasse des Elektrons $= 9,109 \cdot 10^{-31}$ kg,

m_{e} Masse des Elektrons bei der Geschwindigkeit v,

c_0 Lichtgeschwindigkeit im Vakuum $= 2,998 \cdot 10^8$ m/s,

v Endgeschwindigkeit des Elektrons,

dann ergibt sich aus dem Ansatz „Gesamtenergie minus Ruheenergie" mit (K 35.2)

$$eU = (m_{\mathrm{e}} - m_{\mathrm{e}0})c_0^2 = m_{\mathrm{e}0} c_0^2 \left(\frac{1}{\sqrt{1 - \dfrac{v^2}{c_0^2}}} - 1 \right). \text{ Daraus folgt für } v$$

$$v = c_0 \sqrt{1 - \frac{1}{\left(\dfrac{eU}{m_{\mathrm{e}0} c_0^2} + 1 \right)^2}}.$$

E

Übersicht:

Elektronenmasse in Abhängigkeit von der Geschwindigkeit

durchl. Spannung U/V	Elektronengeschwindigkeit		Elektronenmasse	
	v/c_0	v/(km/s)	m_e/m_{e0}	m/kg
1	$1{,}978 \cdot 10^{-3}$	593	1,000	$0{,}911 \cdot 10^{-30}$
10	$6{,}256 \cdot 10^{-3}$	1876	1,000	0,911
10^2	$19{,}78 \cdot 10^{-3}$	5930	1,000	0,911
10^3	$62{,}47 \cdot 10^{-3}$	18 728	1,002	0,913
$2 \cdot 10^3$	$88{,}22 \cdot 10^{-3}$	26 447	1,004	0,915
$5 \cdot 10^3$	0,139	41 633	1,010	0,920
$1 \cdot 10^4$	0,195	58 455	1,020	0,929
$1{,}5 \cdot 10^4$	0,237	71 084	1,029	0,938
$2 \cdot 10^4$	0,272	81 503	1,039	0,947
$3 \cdot 10^4$	0,328	98 445	1,059	0,964
$5 \cdot 10^4$	0,413	123 720	1,098	1,000
$8 \cdot 10^4$	0,502	150 615	1,157	1,054
$1 \cdot 10^5$	0,548	164 352	1,196	1,089
$1{,}5 \cdot 10^5$	0,634	190 164	1,294	1,178
$2 \cdot 10^5$	0,695	208 450	1,391	1,267
$3 \cdot 10^5$	0,777	232 796	1,587	1,446
$5 \cdot 10^5$	0,863	258 679	1,978	1,802
$8 \cdot 10^5$	0,921	276 081	2,566	2,337
$1 \cdot 10^6$	0,941	282 128	2,957	2,694
$1{,}5 \cdot 10^6$	0,967	289 952	3,935	3,585
$2 \cdot 10^6$	0,979	293 519	4,914	4,476
$3 \cdot 10^6$	0,989	296 600	6,871	6,259
$5 \cdot 10^6$	0,996	298 501	10,78	9,824
$8 \cdot 10^6$	0,998	299 252	16,66	$1{,}517 \cdot 10^{-29}$
$1 \cdot 10^7$	0,999	299 438	20,57	1,874
$1{,}5 \cdot 10^7$	$1 - 5{,}43 \cdot 10^{-4}$	299 630	30,35	2,765
$2 \cdot 10^7$	$1 - 3{,}1 \cdot 10^{-4}$	299 699	40,14	3,656
$3 \cdot 10^7$	$1 - 1{,}4 \cdot 10^{-4}$	299 750	59,71	5,439
$5 \cdot 10^7$	$1 - 5{,}12 \cdot 10^{-5}$	299 777	98,85	9,004
$8 \cdot 10^7$	$1 - 2{,}01 \cdot 10^{-5}$	299 786	157,6	$1{,}435 \cdot 10^{-28}$
$1 \cdot 10^8$	$1 - 1{,}29 \cdot 10^{-5}$	299 789	196,7	1,792
$1 \cdot 10^9$	$1 - 1{,}3 \cdot 10^{-7}$	299 792	1 958	$1{,}784 \cdot 10^{-27}$
$1 \cdot 10^{10}$	$1 - 1{,}31 \cdot 10^{-9}$	299 792	19 571	$1{,}783 \cdot 10^{-26}$
$1 \cdot 10^{11}$	1	299 792	195 696	$1{,}783 \cdot 10^{-25}$
$1 \cdot 10^{12}$	1	299 792	1 956 952	$1{,}783 \cdot 10^{-24}$

Nach Einsetzen der Konstanten erhält man die zugeschnittene Größengleichung

(E 33.21) $\quad v = 2,998 \cdot 10^5 \sqrt{1 - \dfrac{1}{(1 + 1,957 \cdot 10^{-6}\, U/\text{V})^2}}\, \dfrac{\text{km}}{\text{s}}$

Beachte:
- Die Elektronenmasse in Abhängigkeit von der Geschwindigkeit kann für einige durchlaufene Spannungen der nebenstehenden Übersicht entnommen werden.

33.4.2 Elektronenbewegung im elektrischen Querfeld

Die Bewegung eines Elektrons quer zur Richtung eines elektrischen Feldes entspricht einem waagerechten Wurf ($\to$ 6.2.4). Die Flugbahn hat die Form einer Parabel. An die Stelle der Fallbeschleunigung tritt die Beschleunigung, die das elektrische Feld erzeugt:

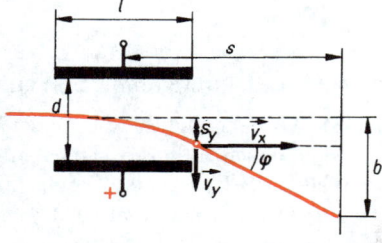

$a = \dfrac{eE}{m_\text{e}}$.

Wenn

v Geschwindigkeit des Elektrons bei Eintritt in das Feld,
E elektrische Feldstärke,
U Spannung zwischen den Platten,
l Plattenlänge,
d Plattenabstand,
m_e Masse des Elektrons,
s Abstand des Auffangsschirmes von der Kondensatormitte,
b Ablenkung auf dem Auffangschirm,

dann gilt für den Bahnpunkt beim Verlassen des Feldes

$$v_y = at = \frac{eEt}{m_\text{e}}; \quad s_y = \frac{at^2}{2} = \frac{eEt^2}{2m_\text{e}}; \quad \tan\varphi = \frac{v_y}{v_x} = \frac{eEt}{m_\text{e}v}.$$

Für die Ablenkung b ergibt sich aus der Zeichnung

$$b = s_y + \left(s - \frac{l}{2}\right)\tan\varphi.$$

Nach Einsetzen erhält man

$$b = \frac{eEt^2}{2m_e} + \left(s - \frac{l}{2} \right) \frac{eEt}{m_e v}, \quad \text{worin}$$

$$t = \frac{l}{v_x} = \frac{l}{v} \quad \text{ist. Es folgt}$$

$$b = \frac{eEl^2}{2m_e v'^2} + \left(s - \frac{l}{2} \right) \frac{eEl}{m_e v^2} \quad \text{oder nach Ausklammern}$$

$$b = \left(\frac{l}{2} + s - \frac{l}{2} \right) \frac{eEl}{m_e v^2}, \quad \text{und mit } E = U/d \text{ folgt}$$

$$\text{(E 33.22)} \quad \boxed{ b = \frac{eUls}{m_e d v^2} }$$

33.4.3   Elektronenemission aus Metallen

Ein ideales Vakuum besitzt keinerlei Ladungsträger, es ist ein Isolator. Selbst in einem technisch erzeugbaren Vakuum führt eine Spannung zwischen zwei Elektroden zu keinem Stromfluß.

Im Vakuum kann ein elektrischer Strom nur fließen, wenn Ladungsträger (Elektronen) in den Raum gebracht werden.

Zum Lösen von der Metalloberfläche benötigt ein Elektron eine bestimmte stoffabhängige Energie, die mindestens gleich der sogenannten **Ablöse-** oder **Austrittsarbeit** ist.

Übersicht:

Ablösearbeit und Richardson-Konstante einiger Metalle					
Metalle:	Wolfram	Molybdän	Kupfer	Caesium auf Wolfram	Barium- oxid- Paste
W_A/eV:	4,50	4,29	4,39	1,4	1,0 ... 1,5
$a \left/ \dfrac{\text{A}}{\text{cm}^2 \cdot \text{K}^2} \right.$:	60	55		3,2	10^{-2}

Beachte:
- Zahlenwerte für die Ablösearbeit $W_A \rightarrow$ auch Tab. 54!

Thermische Elektronenemission

Die technisch wichtigste Art der Elektronenbefreiung ist die Glühemission, bei der den zu befreienden Elektronen thermische Energie zugeführt wird.
Die Anzahl der austretenden Elektronen ist vom Material und vor allem von der Temperatur abhängig.

Wenn

J Stromdichte der emittierten Elektronen an der Glühkathode,

a Richardson-Konstante,

T Temperatur der Kathode,

W_A Austrittsarbeit des Kathodenmaterials,

k Boltzmann-Konstante $= 1,381 \cdot 10^{-23}$ J/K,

dann gilt die

Richardsonsche Gleichung

(E 33.23) $$J = aT^2 \mathrm{e}^{-\frac{W_A}{kT}}$$

	J	a	T	W_A	k
SI	$\dfrac{\mathrm{A}}{\mathrm{m}^2}$	$\dfrac{\mathrm{A}}{\mathrm{m}^2 \cdot \mathrm{K}^2}$	K	J	$\dfrac{\mathrm{J}}{\mathrm{K}}$

Beachte:

● Die der Tabelle entnommene Austrittsarbeit muß in Joule umgerechnet werden: $1\,\mathrm{eV} = 1,602 \cdot 10^{-19}$ J.

● (E 33.23) gilt nur, wenn die Anodenspannung groß genug ist, alle Elektronen aus dem Bereich der Kathode „abzusaugen".

● Die Richardson-Konstante ist ein experimentell ermittelter Materialwert. Einige Werte → nebenstehende Übersicht!

E

Feldemission

Bei Feldstärken ab $\approx 10^9$ V/m reicht die Kraft des Feldes zur Elektronenbefreiung aus. Um die Spannung klein zu halten, endet die Kathode in einer feinen Spitze. Anwendung beim Feldelektronenmikroskop, Blitzableiter u. a.

Fotoemission (äußerer fotoelektrischer Effekt)

Die Energie hf eines auftreffenden Strahlungsquants ($\to$ 35) kann für die Befreiung eines Elektrons ausreichen. Übersteigt sie die Ablösearbeit, so wird der Rest zu kinetischer Energie des Elektrons.

Wenn

m_e Masse eines Elektrons $= 9,109 \cdot 10^{-31}$ kg,

v Geschwindigkeit des abgelösten Elektrons,

h Planck-Konstante $= 6,626 \cdot 10^{-34}$ J $\cdot$ s,

f Frequenz des auftreffenden Strahlungsquants,

W_A Austrittsarbeit,

dann gilt

(E 33.24) $$hf = W_\mathrm{A} + \frac{m_\mathrm{e}v^2}{2}$$

	h	W_A	m	v	f
SI	J $\cdot$ s	J	kg	$\frac{\mathrm{m}}{\mathrm{s}}$	Hz $= \dfrac{1}{\mathrm{s}}$

> Die Energie der befreiten Elektronen wächst mit der Frequenz der Strahlung.
> Die Anzahl der abgelösten Elektronen wächst mit der Stärke der Strahlung (Anzahl der Quanten/Zeit).

Aus (E 33.24) folgt, daß die Strahlung eine von W_A abhängige Mindestfrequenz, die Grenzfrequenz f_G, haben muß. Sie beträgt

(E 33.25) $$f_\mathrm{G} = \frac{W_\mathrm{A}}{h}$$

	f	W	h
SI	Hz $= \dfrac{1}{\mathrm{s}}$	J	J $\cdot$ s

Hieraus ergibt sich für den Maximalwert der Wellenlänge λ mit $c_0 = \lambda f$

(E 33.26) $$\lambda_\mathrm{G} = \frac{c_0 h}{W_\mathrm{A}}$$

	λ	c	h	W
SI	m	$\frac{\mathrm{m}}{\mathrm{s}}$	J $\cdot$ s	J

Nach Einsetzen der Konstanten erhält man für die Wellenlänge, bei der Fotoemission möglich ist, die zugeschnittene Größengleichung

(E 33.27) $$\lambda \leq \frac{1\,240}{W_\mathrm{A}/\mathrm{eV}}\,\mathrm{nm}$$

Sekundäremission

Auch die Energie auftreffender Elektronen (und Ionen) kann zur Elektronenbefreiung ausreichen, wenn die Geschwindigkeit genügend groß ist.

Anwendung u. a. in Sekundärelektronenvervielfachern (SEV) bzw. verbunden mit der Fotoemission in Fotosekundärelektronen-Vervielfachern (Fotomultiplier).

33.4.4   Elektronenröhren

Es sind Vakuumröhren mit geheizter Kathode ($t = 700\ldots800\,°C$; Bariumoxid; $p < 0,1\,\text{mPa}$). Zwischen Anode und Kathode liegt die **Anodenspannung.**

Diode (Zweipolröhre)

Das von der Anodenspannung erzeugte elektrische Feld beschleunigt die aus der Kathode austretenden Elektronen in Richtung Anode. Die Stärke dieses **Anodenstroms** hängt von der Anodenspannung ab, kann jedoch nur bis zum Sättigungsstrom anwachsen. Da die Stromkennlinie nicht geradlinig verläuft, hat der innere Gleichstromwiderstand der Röhre für jeden Punkt der Kennlinie einen anderen Wert.

Anwendungen der heute meist durch Halbleiterdioden ersetzten Röhre sind:
- ▶ Gleichrichtung von Wechselspannungen,
- ▶ Demodulation,
- ▶ Erzeugung von Regelspannungen.

Triode (Dreipolröhre)

Sie besitzt als dritte Elektrode ein zwischen Anode und Kathode angeordnetes **Steuergitter**, mit dessen Spannung U_g der Anodenstrom I_a gesteuert werden kann. Auf die Kathode bezogen, erhält das Gitter meist eine **negative Vorspannung**. Von dieser hängt die Lage der I_a, U_a-Kennlinie ab. Dagegen wird die Lage der I_a, U_g-Kennlinie von der Anodenspannung bestimmt.

Vier Gleichungen verknüpfen Anodenstrom und -spannung sowie Gitterspannung miteinander.

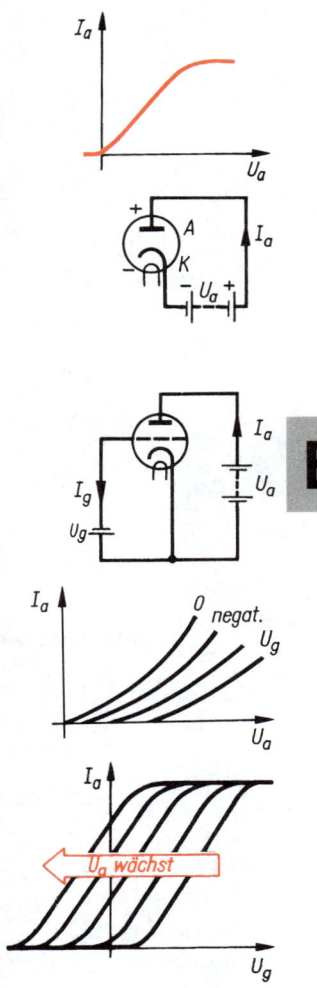

Wenn
ΔU_a Änderung der Anodenspannung,
ΔI_a Änderung des Anodenstroms,
ΔU_g Änderung der Gitterspannung,
R_i innerer Widerstand der Röhre,
S Steilheit,
D Durchgriff,
V Spannungsverstärkungsfaktor,
dann gelten für

die   **Steilheit**

(E 33.28) $$S = \frac{\Delta I_a}{\Delta U_g}$$ bei konstanter Anodenspannung U_a,

den   **Durchgriff**

(E 33.29) $$D = \frac{\Delta U_g}{\Delta U_a}$$ bei konstantem Anodenstrom I_a,

den   **inneren Widerstand**

(E 33.30) $$R_i = \frac{\Delta U_a}{\Delta I_a}$$ bei konstanter Gitterspannung U_g.

Aus den Gleichungen (E 33.28) bis (E 33.30) ergibt sich als Zusammenfassung die

Barkhausen-Gleichung

(E 33.31) $$S R_i D = 1$$ I_a, U_a und U_g konstant.

Den Kehrwert des Durchgriffs D bezeichnet man als

maximalen Verstärkungsfaktor

(E 33.32) $$V_m = \frac{1}{D} = S R_i$$

Diese maximale Spannungsverstärkung ergibt sich für einen Anodenwiderstand $R_a = \infty$. Für $R_a < \infty$ ist die

Spannungsverstärkung

(E 33.33)
$$V = V_{\mathrm{m}} \frac{R_{\mathrm{a}}}{R_{\mathrm{a}} + R_{\mathrm{i}}} = S \frac{R_{\mathrm{i}} R_{\mathrm{a}}}{R_{\mathrm{i}} + R_{\mathrm{a}}}$$

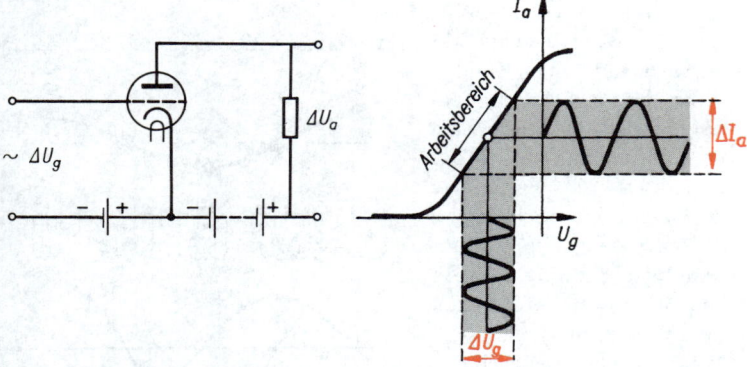

Die Triode wird meist als Verstärkerröhre eingesetzt, also so betrieben, daß geringe Änderungen der Gitterspannung große Änderungen der Anodenspannung (abgegriffen an einem im Anodenkreis liegenden Widerstand R_{a}) zur Folge haben. Um Verzerrungen zu vermeiden, ist der Arbeitspunkt durch richtige Wahl der Gittervorspannung in den geraden Teil der $I_{\mathrm{a}}, U_{\mathrm{g}}$-Kennlinie zu legen.

In den meisten Fällen wird die Verstärkerröhre heute durch Transistoren (auch als Bestandteil integrierter Schaltkreise) ersetzt. Jedoch ist sie bei Forderungen nach hoher Leistung, höchsten Frequenzen oder höheren Temperaturen (noch) überlegen.

34 Elektrische Schwingungen und Wellen

34.1 Elektromagnetische Schwingungen

Bei mechanischen Schwingungen findet ein periodischer Wechsel von potentieller und kinetischer Energie statt. Analog dazu wechseln bei einer elektromagnetischen Schwingung elektrische und magnetische Feldenergie. Die mathematischen Beschreibungen beider Vorgänge entsprechen sich völlig.

34.1.1   Schwingkreis

Elektromagnetische Schwingungen entstehen in Schwingkreisen, bestehend aus Kondensator und Spule. Nach einmaliger Aufladung entlädt sich der Kondensator über die Spule.

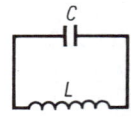

Das dabei entstehende Magnetfeld lädt den Kondensator mit umgekehrter Polung wieder auf. Stromstärke und Spannung ändern sich periodisch als Funktionen der Zeit. Die Schwingung verläuft ungedämpft nur, wenn der Schwingkreis keinen ohmschen Widerstand (Wirkwiderstand) enthält. Nebenstehende Zeichnung veranschaulicht die Analogie von mechanischer und elektromagnetischer Schwingung.

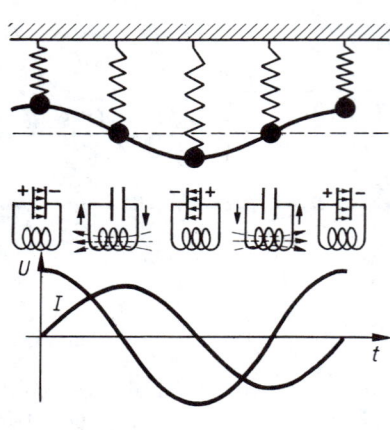

34.1.2   Ungedämpfte elektromagnetische Schwingung

Zur Ableitung der Gesetzmäßigkeiten elektromagnetischer Schwingungen betrachtet man zweckmäßigerweise die Ladung Q als schwingende Größe, deren Augenblickswert q am Kondensator der Kapazität C die Momentanspannung u_C bestimmt. Ihre Ableitung nach der Zeit dq/dt bestimmt den Augenblicksstrom i durch die Spule der Induktivität L.

Zu jedem Zeitpunkt müssen die Spannungen über Spule und Kondensator gleich sein, also $u_C + u_L = 0$, worin $u_C = q/C$ und $u_L = L\,di/dt = L\ddot{q}$. Es folgt $L\ddot{q} + \dfrac{q}{C} = 0$ und nach einer Division durch L die Differentialgleichung der ungedämpften elektromagnetischen Schwingung

(E 34.1) $$\ddot{q} + \frac{q}{LC} = 0$$

Eine Lösung dieser Differentialgleichung ist

(E 34.2) $\boxed{q = \widehat{q}\sin(\omega t + \varphi_0) = \widehat{q}\sin\varphi}$

mit der **Eigenkreisfrequenz** des Schwingkreises

(E 34.3) $\boxed{\omega = \sqrt{\dfrac{1}{LC}}}$ SI $\left|\ \begin{array}{ccc} \omega & L & C \\ \dfrac{1}{s}\ \mathrm{H} & = \dfrac{\mathrm{V}\cdot\mathrm{s}}{\mathrm{A}} & \mathrm{F} = \dfrac{\mathrm{A}\cdot\mathrm{s}}{\mathrm{V}} \end{array}\right.$

Eine Division von (E 34.2) durch die Kapazität C ergibt für die

Momentanspannung

(E 34.4) $\boxed{u = \widehat{u}\sin(\omega t + \varphi_0) = \widehat{u}\sin\varphi}$

Differenziert man (E 34.2) nach der Zeit, so ergibt sich $\mathrm{d}q/\mathrm{d}t = \widehat{q}\omega\cos(\omega t + \varphi_0)$ und damit für den

Momentanstrom

(E 34.5) $\boxed{i = \widehat{\imath}\sin\left(\omega t + \varphi_0 - \dfrac{\pi}{2}\right) = \widehat{\imath}\sin\left(\varphi - \dfrac{\pi}{2}\right)}$

E

Gleichung (E 34.3) folgt auch aus der Überlegung ($\rightarrow$ 32.2.6), daß der Schwingkreis mit der Frequenz schwingt, für die kapazitiver und induktiver Widerstand einander gleich sind, also $1/(\omega C) = \omega L$ und daraus $\omega = \sqrt{1/(LC)}$. Wegen $\omega = 2\pi f = 2\pi/T$ ergibt sich für die Periodendauer des Schwingkreises $\rightarrow$ (E 32.18) die

Thomsonsche Schwingungsgleichung

(E 34.6) $\boxed{T = 2\pi\sqrt{LC}}$ SI $\left|\ \begin{array}{ccc} T & L & C \\ \mathrm{s} & \mathrm{H} = \dfrac{\mathrm{V}\cdot\mathrm{s}}{\mathrm{A}} & \mathrm{F} = \dfrac{\mathrm{A}\cdot\mathrm{s}}{\mathrm{V}} \end{array}\right.$

34.1.3 Erzeugung ungedämpfter elektromagnetischer Schwingungen

Wegen des unvermeidlichen Wirkwiderstandes schwingt jeder Schwingkreis gedämpft, wenn ihm nicht ständig Energie im richtigen Rhythmus zugeführt wird. Die Energiezufuhr läßt man deshalb vom Schwingkreis selbst steuern. Dazu liegt dieser am Ausgang eines Verstärkers (Anodenkreis einer Verstärkerröhre oder Kollektorkreis eines Transistors) und bildet den frequenzabhängigen Arbeitswiderstand. Ein Teil der Schwingungsenergie wird durch induktive Kopplung (**Rückkopplung**) an den Eingangskreis (Gitter bzw. Basis) zurückgeführt und zusätzlich verstärkt, was zur Entdämpfung des Schwingkreises führt.

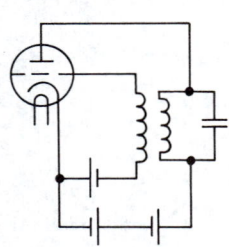
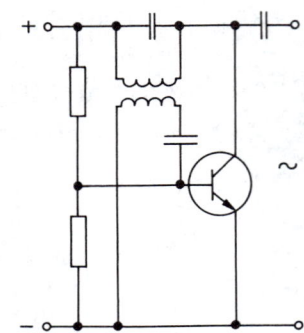

34.1.4   Offener Schwingkreis

Wegen der hohen Frequenz elektromagnetischer Schwingungen benötigen Kondensator und Spule nur geringe Kapazität bzw. Induktivität. Schon ein einfacher gestreckter Draht kann als Schwingkreis wirken. Solchen offenen Schwingkreis nennt man **Dipol**. In ihm fließen die Elektronen rhythmisch von einem Ende zum anderen. Er dient der Abstrahlung elektromagnetischer Wellen. Meist ist es ein Halbwellendipol, in dem eine stehende Welle mit Stromknoten an den Enden und Spannungsknoten in der Mitte besteht. Man kann auch Dipole mit einer Länge von $\lambda/4$ verwenden, wenn ein Ende geerdet wird.

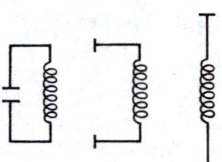
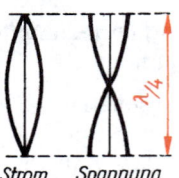
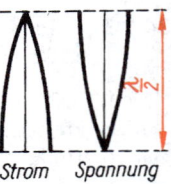

Strom   *Spannung*   *Strom*   *Spannung*

34.1.5   Gedämpfte elektromagnetische Schwingung

Auch bei der gedämpften Schwingung muß die Summe aller Spannungen null sein, wobei auch der Spannungsabfall über dem Wirkwiderstand R, also $u_R = Ri$, zu berücksichtigen ist.

$$u_L + u_C + u_R = 0,$$

worin $u_L = L\ddot{q}$

und $u_C = \dfrac{q}{C}$.

Es folgt $L\ddot{q} + \dfrac{q}{C} + R\dot{q} = 0$ und nach einer Division durch L die Differentialgleichung der gedämpften elektromagnetischen Schwingung

(E 34.7) $\boxed{\ddot{q} + \dfrac{R}{L}\dot{q} + \dfrac{q}{LC} = 0}$

Eine Lösung ist

(E 34.8) $\boxed{q = \widehat{q}\,\mathrm{e}^{-\delta t}\sin(\omega t + \varphi_0)}$

mit dem

Abklingkoeffizienten

(E 34.9) $\boxed{\delta = \dfrac{R}{2L}}$

und der

Eigenkreisfrequenz der gedämpften Schwingung

(E 34.10) $\boxed{\omega = \sqrt{\omega_0^2 - \delta^2} = \sqrt{\dfrac{1}{LC} - \left(\dfrac{R}{2L}\right)^2}}$

Für Resonanz, erzwungene elektromagnetische Schwingungen sowie aperiodische Bewegung gelten Gesetze, die denen der mechanischen Schwingung völlig analog sind.

Übersicht:

Mechanische und elektrische Schwingung in Analogie	
Mechanische Schwingung	Elektrische Schwingung
Elongation y	Ladung des Kondensators q
Geschwindigkeit $v = \dot{y}$	Stromstärke $i = \dot{q}$
Masse m	Induktivität L
Richtgröße k	1/Kapazität $1/C$
Rückstellkraft $F = yk$	Kondensatorspannung $u = q\dfrac{1}{C}$
potentielle Energie $E_{\mathrm{p}} = \dfrac{ky^2}{2}$	elektrische Energie $E_{\mathrm{e}} = \dfrac{q^2}{2C}$
kinetische Energie $E_{\mathrm{k}} = \dfrac{mv^2}{2}$	magnetische Energie $E_{\mathrm{m}} = \dfrac{Li^2}{2}$
Dämpfungskonstante β	Wirkwiderstand R

ungedämpfte Schwingung

$$y = \widehat{y}\sin(\omega t + \varphi_0) \qquad\qquad q = \widehat{q}\sin(\omega t + \varphi_0)$$

$$\omega = \sqrt{\frac{k}{m}} \quad \text{Kreisfrequenz d. ungedämpften Schwingung} \quad \omega = \sqrt{\frac{1}{LC}}$$

gedämpfte Schwingung

$$y = \widehat{y}\,\mathrm{e}^{-\delta t}\sin(\omega t + \varphi_0) \qquad\qquad q = \widehat{q}\,\mathrm{e}^{-\delta t}\sin(\omega t + \varphi_0)$$

Kreisfrequenz der gedämpften Schwingung

$$\omega_{\mathrm{d}} = \sqrt{\omega_0^2 - \delta^2} \qquad\qquad \omega_{\mathrm{d}} = \sqrt{\omega_0^2 - \delta^2}$$

$$\delta = \frac{\beta}{2m} \qquad\qquad \textit{Abklingkoeffizient} \qquad\qquad \delta = \frac{R}{2L}$$

34.2   Elektromagnetische Wellen

34.2.1   Elektromagnetische Welle auf einer Leitung

Ersetzt man in der Differentialgleichung (M 14.2) die Elongation y durch Spannung u oder Stromstärke i als Schwingungsgröße, so erhält man mit

$\widehat{u}$ Amplitude der Spannung,
$\widehat{\imath}$ Amplitude der Stromstärke,
ω Kreisfrequenz $= 2\pi f = 2\pi/T$,
t Zeit,
x Laufstrecke der Welle,
T Schwingungsdauer,
λ Wellenlänge,
c Phasengeschwindigkeit der elektromagnetischen Welle

als eine Lösung der Differentialgleichung analog (M 14.3) und (M 14.4)

$$\text{(E 34.11)} \qquad u = \widehat{u}\sin\omega\left(t - \frac{x}{c}\right) = \widehat{u}\sin 2\pi\left(\frac{t}{T} - \frac{x}{\lambda}\right)$$

bzw.

$$\text{(E 34.12)} \qquad i = \widehat{\imath}\sin\omega\left(t - \frac{x}{c}\right) = \widehat{\imath}\sin 2\pi\left(\frac{t}{T} - \frac{x}{\lambda}\right)$$

E

Darin ist mit

C/l Kapazität des Leiters/Länge,
L/l Induktivität des Leiters/Länge,

die Phasengeschwindigkeit

$$\text{(E 34.13)} \qquad c = \sqrt{\frac{l^2}{CL}}$$

	c	C	L	l
SI	$\dfrac{\text{m}}{\text{s}}$	$\text{F} = \dfrac{\text{A}\cdot\text{s}}{\text{V}}$	$\text{H} = \dfrac{\text{V}\cdot\text{s}}{\text{A}}$	m

■   Aus (E 29.28) und (E 30.45) folgt nach einer Division durch die Länge l des Leiters als

Energie je Länge

$$\text{(E 34.14)} \qquad \frac{E}{l} = \frac{C\widehat{u}^2}{2l} = \frac{L\widehat{\imath}^2}{2l}$$

	E	l	C	u	L	i
SI	J	m	F	V	H	A

Aus (E 34.14) folgt $\widehat{u} = \widehat{\imath}\sqrt{L/C}$, worin die Wurzel die Bedeutung eines Widerstandes hat, den man als **Wellenwiderstand Z** bezeichnet ($\rightarrow$ M 14.18).

	Z	L	C	c	l

(E 34.15) $$Z = \sqrt{\frac{L}{C}} = \frac{cL}{l}$$ SI | Ω $H = \dfrac{V \cdot s}{A}$ $F = \dfrac{A \cdot s}{V}$ $\dfrac{m}{s}$ m

■   Für die durch die Leitung übertragene Leistung ergibt sich mit (M 7.28) und $c = l/t$

$P = E/t = cE/l$.   Mit (E 34.14) folgt daraus

	c	l	C	L	u	i

(E 34.16) $$P = \frac{cC\widehat{u}^2}{2l} = \frac{cL\widehat{\imath}^2}{2l}$$ SI | $\dfrac{m}{s}$ m F H V A

Mit (E 34.13) und (E 34.15) folgt weiter

	P	u	i	Z

(E 34.17) $$P = \frac{\widehat{u}^2}{2Z} = \frac{Z\widehat{\imath}^2}{2}$$ SI | W V A Ω

34.2.2   Freie elektromagnetische Wellen

Geschlossene Schwingkreise zeigen eine geringe Dämpfung, offene dagegen eine große, weil ein Teil ihrer Energie in den freien Raum abgestrahlt wird. Während der Dauer T einer Schwingung werden elektrisches und magnetisches Feld in beiden Richtungen je einmal auf- und abgebaut. Abbau des einen und Aufbau des anderen Feldes verlaufen gleichzeitig, beide Felder bedingen sich gegenseitig. Dabei treten während des Aufbaues eines Feldes die Feldlinien nicht mehr in den Dipol zurück, sondern lösen sich von diesem. Zwischen den elektrischen und magnetischen Feldern besteht in Sendernähe ein Gangunterschied von $\lambda/4$. In größerem Abstand sind beide Felder gleichphasig.

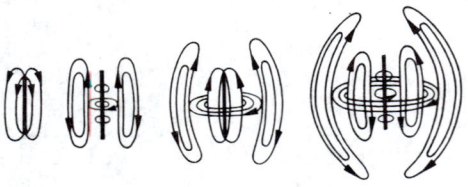

Freie elektromagnetische Wellen breiten sich mit Lichtgeschwindigkeit aus. Elektrisches und magnetisches Feld schwingen gleichphasig. Elektrischer und magnetischer Vektor stehen rechtwinklig zueinander und zur Ausbreitungsrichtung.

■ Die **Ausbreitungsgeschwindigkeit** freier elektromagnetischer Wellen (Phasengeschwindigkeit) ist identisch mit der Geschwindigkeit des Lichtes und abhängig vom Medium.

Wenn

c Phasengeschwindigkeit (Lichtgeschwindigkeit),
μ Permeabilität des Mediums $= \mu_0 \mu_r$,
ε Permittivität des Mediums $= \varepsilon_0 \varepsilon_r$, Dielektrizitätskonstante,
μ_0 magnetische Feldkonstante $= 1,257 \cdot 10^{-6}$ H/m,
ε_0 elektrische Feldkonstante $= 8,854 \cdot 10^{-12}$ F/m,
μ_r Permeabilitätszahl ($\rightarrow$ Tab. 48),
ε_r Permittivitätszahl, Dielektrizitätszahl ($\rightarrow$ Tab. 47),
dann gilt

(E 34.18) $$c = \frac{1}{\sqrt{\varepsilon\mu}}$$ SI $\left|\ \overset{c}{\dfrac{m}{s}}\ \overset{\varepsilon}{\dfrac{F}{m}} = \dfrac{A \cdot s}{V \cdot m}\ \overset{\mu}{\dfrac{H}{m}} = \dfrac{V \cdot s}{A \cdot m}\right.$

und speziell für das Vakuum

(E 34.19) $$c_0 = \frac{1}{\sqrt{\varepsilon_0\mu_0}} = 2,998 \cdot 10^8 \frac{m}{s}$$

(E 34.18) und (E 34.19) lassen sich zusammenfassen zu

(E 34.20) $$c = \frac{c_0}{\sqrt{\varepsilon_r\mu_r}}$$

Beachte:
● Wegen $\mu_r \approx 1$ (außer bei ferromagnetischen Soffen, in denen sich elektromagnetische Wellen jedoch nicht ausbreiten können) läßt sich (E 34.20) vereinfachen zu $c \approx c_0/\sqrt{\varepsilon_r}$.

Die Gleichungen (E 34.11) und (E 34.12) gelten auch für ebene elektromagnetische Wellen, wenn u und i durch die Feldstärken E und H ersetzt werden. Die Maximalwerte (Amplituden) der elektrischen und

E

magnetischen Feldstärke sind dabei durch eine Beziehung verknüpft, die sich aus den hier nicht angeführten **Maxwellschen Gleichungen** ergibt:

$\widehat{E} = c\mu\widehat{H}$. Da bei großem Abstand vom Sender beide Felder gleichphasig schwingen (E und H erreichen gleichzeitig ihr Maximum), gilt zu jedem Zeitpunkt und für jeden Ort des Wellenfeldes $E = c\mu H$, und mit (E 34.18) folgt $E = \sqrt{\dfrac{\mu}{\varepsilon}}H$ oder

(E 34.21) $\boxed{E = ZH}$

	E	H	Z
SI	$\dfrac{\text{V}}{\text{m}}$	$\dfrac{\text{A}}{\text{m}}$	$\Omega = \dfrac{\text{V}}{\text{A}}$

mit dem

Wellenwiderstand

(E 34.22) $\boxed{Z = \sqrt{\dfrac{\mu}{\varepsilon}}}$

	Z	μ	ε
SI	$\Omega = \dfrac{\text{V}}{\text{A}}$	$\dfrac{\text{V} \cdot \text{s}}{\text{A} \cdot \text{m}}$	$\dfrac{\text{A} \cdot \text{s}}{\text{V} \cdot \text{m}}$

Speziell für Vakuum ergibt sich der Wellenwiderstand

(E 34.23) $\boxed{Z_0 = \sqrt{\dfrac{\mu_0}{\varepsilon_0}} = 377\,\Omega}$

■ Die Energie in einer elektromagnetischen Welle verteilt sich gleichmäßig auf beide Felder. Für die **Energiedichte** w ergibt sich also

$w = w_\text{e} + w_\text{m} = 2w_\text{e} = 2w_\text{m}$ und mit (E 29.31) und (E 30.50)

$w = \varepsilon E^2 = \mu H^2$ oder mit (E 34.21), (E 34.22) und (E 34.18)

(E 34.24) $\boxed{w = \dfrac{EH}{c}}$

	w	E	H	c
SI	$\dfrac{\text{J}}{\text{m}^2}$	$\dfrac{\text{V}}{\text{m}}$	$\dfrac{\text{A}}{\text{m}}$	$\dfrac{\text{m}}{\text{s}}$

■ Die Intensität S (Energieflußdichte) ist das Produkt aus Energiedichte und Wellengeschwindigkeit, also

$S = wc = \varepsilon E^2 c = \mu H^2 c$ und daraus mit $c = 1/\sqrt{\varepsilon\mu}$ und (E 34.21)

(E 34.25) $\boxed{S = \dfrac{E^2}{Z} = ZH^2 = EH}$

	Z	H	E	S
SI	$\Omega = \dfrac{\text{V}}{\text{A}}$	$\dfrac{\text{A}}{\text{m}}$	$\dfrac{\text{V}}{\text{m}}$	$\dfrac{\text{W}}{\text{m}^2}$

Beachte:

- Die Intensität S gibt die Feldenergie an, die innerhalb von $1\,\text{s}$ durch eine Fläche von $1\,\text{m}^2$ senkrecht hindurchtritt. Ihre Einheit: $[S] = \text{J}/(\text{m}^2 \cdot \text{s}) = \text{W}/\text{m}^2$.

- Bei Kugelwellen nehmen die Feldstärkeamplituden $\widehat{E}$ und $\widehat{H}$ ab mit dem Quadrat des Abstandes vom Wellenzentrum: $S \sim 1/x^2$.

34.2.3   Spektrum elektromagnetischer Wellen

Übersicht:

Elektromagnetische Wellen		
Wellenlänge	**Wellenart**	
$10^6\,\text{m} = 1\,000\,\text{km}$	Telegrafie-	
$10^5\,\text{m} = 100\,\text{km}$	wellen	
$10^4\,\text{m} = 10\,\text{km}$		
$10^3\,\text{m} = 1\,\text{km}$		lang
$10^2\,\text{m}$	Rundfunk-	mittel
$10\,\text{m}$	wellen	kurz
$1\,\text{m}$		ultrakurz
		Fernsehen
$10^{-1}\,\text{m} = 10\,\text{cm}$	Mikrowellen	Radar
$10^{-2}\,\text{m} = 1\,\text{cm}$		
$10^{-3}\,\text{m} = 1\,\text{mm}$		
$10^{-4}\,\text{m} = 0,1\,\text{mm} = 100\,\mu\text{m}$	Infrarotwellen	
$10^{-5}\,\text{m} = 0,01\,\text{mm} = 10\,\mu\text{m}$		
$10^{-6}\,\text{m} = 1\,\mu\text{m}$		
$10^{-7}\,\text{m} = 100\,\text{nm}$	sichtbares Licht	770 nm
	Ultraviolett	390 nm
$10^{-8}\,\text{m} = 10\,\text{nm}$		
$10^{-9}\,\text{m} = 1\,\text{nm}$		weich
$10^{-10}\,\text{m} = 100\,\text{pm}$	Röntgen-	
$10^{-11}\,\text{m} = 10\,\text{pm}$	strahlen	
$10^{-12}\,\text{m} = 1\,\text{pm}$		
$10^{-13}\,\text{m}$	γ-Strahlen	hart
$10^{-14}\,\text{m}$	kosm. Strahlen	

E

ATOM- UND KERNPHYSIK   K

35   Quanten

Nach Planck ist jede Strahlung (auch die Lichtstrahlung) aus Energiequanten zusammengesetzt.
Strahlungsenergie ist also stets ein ganzzahliges Vielfaches der Energie eines Strahlungsquants. Diese ist jedoch frequenzabhängig.

Wenn

E Energie eines Strahlungsquants, elementares Energiequantum,

f Frequenz der Strahlung (bei Planck: ν),

h Planck-Konstante (Plancksches Wirkungsquantum)
     $= 6,626\,075\,5 \cdot 10^{-34}$ J · s,

dann gilt

(K 35.1) $\boxed{E = hf}$

$$\begin{array}{c|ccc} & E & h & f \\ \hline \text{SI} & \text{J} & \text{J} \cdot \text{s} & \text{Hz} = \dfrac{1}{\text{s}} \end{array}$$

Beachte:

●   Strahlungsquanten mit Frequenzen (und Wellenlängen) im Bereich des sichtbaren Lichtes werden als **Lichtquanten** bezeichnet.

35.1   Energie-Masse-Relation

Energie und Masse jeder Materie sind durch eine von Einstein gefundene Gleichung verknüpft.

Wenn

E Energie (eines Körpers, einer Strahlung, eines Feldes usw.),

m Masse, die der Energie E äquivalent ist,

c_0 Lichtgeschwindigkeit im Vakuum $= 2,998 \cdot 10^8$ m/s,

dann gilt als

Einsteinsche Gleichung

(K 35.2) $\boxed{E = mc_0{}^2}$

$$\begin{array}{c|ccc} & E & m & c \\ \hline \text{SI} & \text{J} & \text{kg} & \dfrac{\text{m}}{\text{s}} \end{array}$$

Beachte:

- Jeder Masse entspricht eine Energie und umgekehrt.
- Jeder Massenänderung entspricht eine Energieänderung und umgekehrt.
- → auch (41.4.4).

35.2 Photon

Wegen der Quantelung der Energie kann man jede Strahlung als einen Teilchenstrom ansehen. Die Teilchen nennt man **Photonen**. Sie sind nicht Teilchen im klassischen Sinne; denn sie besitzen keine Ruhemasse.

35.2.1 Masse des Photons

Die Masse eines Photons erhält man mit (K 35.2).
Wenn

m_{ph}	Masse eines Photons,
h	Planck-Konstante $= 6,626 \cdot 10^{-34}\,\mathrm{J \cdot s}$,
f	Frequenz der Strahlung,
λ	Wellenlänge der Strahlung,
c_0	Vakuum-Lichtgeschwindigkeit $= 2,998 \cdot 10^8\,\mathrm{m/s}$,

dann gilt, wenn man (K 35.1) und (K 35.2) gleichsetzt, $hf = m_{\mathrm{ph}}c_0{}^2$.
Daraus folgt

(K 35.3)
$$m_{\mathrm{ph}} = \frac{hf}{c_0{}^2}$$

m	h	f	c
SI kg	J $\cdot$ s	Hz	$\dfrac{\mathrm{m}}{\mathrm{s}}$

Ferner gilt mit $c = \lambda f$ (M 14.1)

(K 35.4)
$$m_{\mathrm{ph}} = \frac{h}{c_0 \lambda}$$

m	h	λ	c
SI kg	J $\cdot$ s	m	$\dfrac{\mathrm{m}}{\mathrm{s}}$

Beachte:

- Photonen bewegen sich stets mit Lichtgeschwindigkeit, in Ruhe existieren sie nicht, ihre Ruhemasse ist null.

35.2.2 Impuls des Photons

Durch Umstellung erhält man aus (K 35.3) und (K 35.4) mit $p = m_{\mathrm{ph}}c_0$ den Impuls eines Photons.

Wenn

p Impuls eines Photons,

h Planck-Konstante $= 6,626 \cdot 10^{-34}\,\text{J} \cdot \text{s}$,

f Frequenz der Strahlung,

λ_0 Vakuum-Wellenlänge der Strahlung,

c_0 Vakuum-Lichtgeschwindigkeit $= 2,998 \cdot 10^8\,\text{m/s}$,

dann gilt

(K 35.5) $\boxed{p = \dfrac{hf}{c_0} = \dfrac{h}{\lambda_0}}$

	p	h	f	c	λ
SI	$\dfrac{\text{kg} \cdot \text{m}}{\text{s}}$	$\text{J} \cdot \text{s}$	Hz	$\dfrac{\text{m}}{\text{s}}$	m

Beachte:

●   Bei einer Absorption oder Reflexion erzeugen Photonen wegen ihres Impulses einen Druck, den **Strahlungsdruck**.

■   Experimentelle Beweise für die Quantelung der Strahlung und damit für den Teilchencharakter des Photons sind:

▶   **Lichtelektrischer Effekt** ($\rightarrow$ auch 33.4.3): Die Geschwindigkeit emittierter Elektronen hängt nicht von der Intensität der Lichtstrahlung, sondern von deren Frequenz ab. Unterhalb einer bestimmten Grenzfrequenz gibt es keine Elektronenemission.

▶   **Compton-Effekt** ($\rightarrow$ 35.2.3): Stößt ein Photon mit einem Elektron zusammen, so überträgt es einen Teil seiner Energie und seines Impulses auf das Elektron. Der Energieverlust wirkt sich als Frequenzverkleinerung aus, während die Geschwindigkeit dem Betrag nach gleich bleibt.

35.2.3   Compton-Effekt

Für den Stoß eines Photons gegen ein als ruhend betrachtetes Elektron gelten Energie- und Impulserhaltungssatz der klassischen Mechanik. Für die Energie gilt

$$h f_0 = hf + \frac{m_\text{e} v^2}{2}$$

und für den Impuls $\dfrac{h f_0}{c_0} = \dfrac{hf}{c_0} + m_\text{e}\, v.$

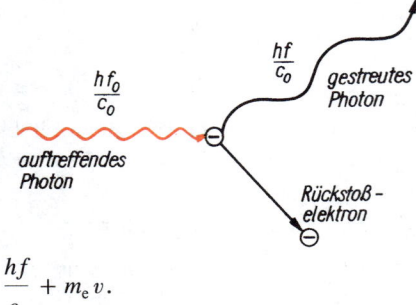

Mit

f_0 Frequenz des Photons vor dem Stoß,

f Frequenz des Photons nach dem Stoß,

λ_0 Wellenlänge des Photons vor dem Stoß,

λ Wellenlänge des Photons nach dem Stoß,

c_0 Vakuum-Lichtgeschwindigkeit $= 2,998 \cdot 10^8 \, \text{m/s}$,

m_e Elektronenmasse $= 9,110 \cdot 10^{-31} \, \text{kg}$,

v Elektronengeschwindigkeit nach dem Stoß,

φ Streuwinkel, Winkel zwischen neuer und alter Richtung des Photons

ergibt sich unter Verwendung des Cosinussatzes

$$(m_e v)^2 = \left(\frac{hf_0}{c_0}\right)^2 + \left(\frac{hf}{c_0}\right)^2$$
$$- 2\frac{hf_0}{c_0}\frac{hf}{c_0}\cos\varphi$$

$$= \frac{h^2}{c_0{}^2}(f_0{}^2 + f^2 - 2f_0 f \cos\varphi). \quad \text{Division durch } m_e \text{ ergibt}$$

$$m_e v^2 = \frac{h^2}{m_e c_0{}^2}(f_0{}^2 + f^2 - 2f_0 f \cos\varphi).$$

Setzt man den Ausdruck in die Energiegleichung ein, ergibt sich

$$hf_0 = hf + \frac{h^2}{2m_e c_0{}^2}(f_0{}^2 + f^2 - 2f_0 f \cos\varphi).$$

Hieraus folgt für die Frequenzänderung

$$f_0 - f = \frac{h}{2m_e c_0{}^2}(f_0{}^2 + f^2 - 2f_0 f \cos\varphi).$$

Da in allen praktisch vorkommenden Fällen $f_0 - f \ll f_0$, kann $f_0{}^2 \approx f^2 \approx f_0 f$ gesetzt werden. Also folgt

$$f_0 - f = \frac{hf_0 f}{2m_e c_0{}^2}(1 + 1 - 2\cos\varphi) \quad \text{oder vereinfacht}$$

$$f_0 - f = \frac{hf_0 f}{m_e c_0{}^2}(1 - \cos\varphi). \quad \text{In anderer Schreibweise}$$

$$f_0 - f = \frac{f_0 f}{c_0}\frac{h}{m_e c_0}(1 - \cos\varphi) \quad \text{oder}$$

K

$$\frac{f_0 c_0}{f_0 f} - \frac{f c_0}{f_0 f} = \frac{h}{m_e c_0}(1 - \cos\varphi).$$

Mit $c/f = \lambda$ folgt daraus $\lambda - \lambda_0 = \dfrac{h}{m_e c_0}(1 - \cos\varphi)$.

Faßt man die Konstanten $h/(m_e c_0)$ zusammen zur Compton-Wellenlänge λ_C, so erhält man für die

Zunahme der Wellenlänge

(K 35.6) $\boxed{\Delta\lambda = \lambda_C(1 - \cos\varphi)}$ mit der

Compton-Wellenlänge

(K 35.7) $\boxed{\lambda_C = 2{,}426\,310\,6 \cdot 10^{-12}\,\text{m}}$

Beachte:

- Die Wellenlängenänderung $\Delta\lambda$ ist unabhängig von der Frequenz des auftreffenden Photons. Deshalb macht sie sich bei kleinen Wellenlängen (hohen Frequenzen) prozentual am stärksten bemerkbar, z. B. bei Röntgenstrahlen.

- Die Wellenlängenänderung $\Delta\lambda$ hängt in starkem Maße vom Streuwinkel φ ab. Am größten ist sie bei entgegengesetzt zur Einfallsrichtung gestreuten Photonen ($\varphi = 180°$).

35.3   Materiewellen

Den **Dualismus Welle–Teilchen**, wie er der Energiestrahlung eigen ist, übertrug de Broglie auch auf Ströme von Teilchen mit Ruhemasse.
Die Wellenlänge solcher Teilchen, die sogenannte **Materiewellenlänge**, ist eine Funktion von Masse und Geschwindigkeit der Teilchen.

Wenn

λ Wellenlänge einer Materiewelle,

h Planck-Konstante $= 6{,}626 \cdot 10^{-34}\,\text{J} \cdot \text{s}$,

m Masse des Teilchens, relativistische Masse ($\to$ 41.4.1), bei Geschwindigkeiten bis zu etwa 30 % der Vakuumlichtgeschwindigkeit in guter Näherung die Ruhemasse,

v Geschwindigkeit des Teilchens,

p Impuls des Teilchens,

dann gilt mit (K 35.4)

(K 35.8) $\lambda = \dfrac{h}{mv} = \dfrac{h}{p}$

λ	h	m	v	p
SI	m	J $\cdot$ s	kg	$\dfrac{m}{s}$	$\dfrac{kg \cdot m}{s}$

> Jedem Strahl aus Teilchen gleicher Masse und einheitlicher Geschwindigkeit läßt sich eine Welle der Wellenlänge λ zuordnen (Materiewellen).

■ Bei geladenen Teilchen kann die Materiewellenlänge auch als Funktion der durchlaufenen Spannung ausgedrückt werden.

Wenn
λ Wellenlänge z. B. eines Elektronenstrahls,
h Planck-Konstante $= 6,626 \cdot 10^{-34}$ J $\cdot$ s,
m_0 Ruhemasse des Teilchens,
Q Ladung des Teilchens,
U durchlaufene Spannung,

dann gilt $v = \sqrt{\dfrac{2QU}{m_0}}$ und mit (K 35.8)

$$\lambda = \dfrac{h}{m_0 \sqrt{\dfrac{2QU}{m_0}}} = \dfrac{h}{\sqrt{2Qm_0U}} \; .$$

Nach Einsetzen der Konstanten folgt für **Elektronen** die zugeschnittene Größengleichung

(K 35.9) $\lambda = \dfrac{1,266 \, \text{nm}}{\sqrt{U/\text{V}}}$

Analog ergibt sich nach Einsetzen der Konstanten für **Protonen** die zugeschnittene Größengleichung

(K 35.10) $\lambda = \dfrac{0,028\,6 \, \text{nm}}{\sqrt{U/\text{V}}}$

Beachte:
● In den Gleichungen (K 35.9) und (K 35.10) ist der relativistische Massenzuwachs ($\rightarrow$ 41.4.1) unberücksichtigt. Materiewellenlängen für Elektronen und Protonen *mit* Berücksichtigung des relativistischen Massenzuwachses $\rightarrow$ folgende Übersicht.

K

Übersicht:

Materiewellenlängen für Elektronen und Protonen				
U/V	Elektron		Proton	
	$v \Big/ \dfrac{\text{km}}{\text{s}}$	λ/m	$v \Big/ \dfrac{\text{km}}{\text{s}}$	λ/m
0	0	∞	0	∞
1	593	$1,23 \cdot 10^{-9}$	14	$2,86 \cdot 10^{-11}$
10	1 876	$3,88 \cdot 10^{-10}$	44	$9,05 \cdot 10^{-12}$
10^2	5 930	$1,23 \cdot 10^{-10}$	138	$2,86 \cdot 10^{-12}$
10^3	18 728	$3,88 \cdot 10^{-11}$	438	$9,05 \cdot 10^{-13}$
10^4	58 455	$1,22 \cdot 10^{-11}$	1 384	$2,86 \cdot 10^{-13}$
10^5	164 352	$3,70 \cdot 10^{-12}$	4 377	$9,05 \cdot 10^{-14}$
10^6	282 128	$8,72 \cdot 10^{-13}$	13 830	$2,86 \cdot 10^{-14}$
10^7	299 438	$1,18 \cdot 10^{-13}$	43 423	$9,03 \cdot 10^{-15}$
10^8	299 789	$1,23 \cdot 10^{-14}$	128 370	$2,79 \cdot 10^{-15}$
10^9	299 792	$1,24 \cdot 10^{-15}$	262 326	$7,31 \cdot 10^{-16}$
10^{10}	299 792	$1,24 \cdot 10^{-16}$	298 687	$1,14 \cdot 10^{-16}$
10^{11}	299 792	$1,24 \cdot 10^{-17}$	299 780	$1,23 \cdot 10^{-17}$
10^{12}	299 792	$1,24 \cdot 10^{-18}$	299 792	$1,24 \cdot 10^{-18}$

35.4   Unschärferelation

Heisenberg fand, daß niemals einem Teilchen zugleich ein Ort x und ein Impuls p mit beliebiger Genauigkeit zugeschrieben werden können.

> Das Produkt der Ungenauigkeiten (Unbestimmtheiten) von Ort und Impuls ($\Delta x \cdot \Delta p$) ist stets größter als $h/(2\pi)$.

Wenn

p Impuls eines Teilchens,

Δp Impulsänderung rechtwinklig zur Bewegungsrichtung,

Δx Spaltbreite,

λ Materiewellenlänge,

h Planck-Konstante $= 6,626 \cdot 10^{-34}\,\text{J} \cdot \text{s}$,

dann ergibt sich für einen Elektronen-
strahl, der sich durch einen Spalt der
Breite Δx bewegt, die Richtung seines
1. Beugungsminimums analog (O 26.6)
zu
$\sin\alpha = \lambda/\Delta x$ und $\sin\alpha \approx \tan\alpha = \Delta p/p$. Hieraus folgt

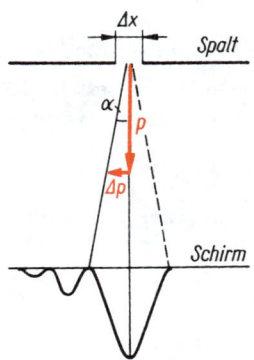

$$\frac{\lambda}{\Delta x} = \frac{\Delta p}{p} \quad \text{mit} \quad \lambda = \frac{h}{mv}, \quad \text{also}$$

$$\frac{h}{mv\,\Delta x} = \frac{\Delta p}{p} \quad \text{oder} \quad \frac{h}{p\,\Delta x} = \frac{\Delta p}{p}\,.$$

Umgestellt ergibt dies $\Delta x\,\Delta p = h$. Berücksichtigt man, daß die
Elektronen weiter als bis zum 1. Minimum gebeugt werden, so muß
man schreiben: $\Delta x\,\Delta p > h$. Genauere Untersuchungen ergeben den
exakten Wert der

Heisenbergschen Unschärferelation

(K 35.11) $$\Delta x\,\Delta p \geq \frac{h}{2\pi} = \hbar = 1,054\,572\,66 \cdot 10^{-34}\,\text{J} \cdot \text{s}$$

Beachte:

- Jede Steigerung der Genauigkeiten in der Ortsbestimmung eines
  Teilchens geht stets auf Kosten der Genauigkeit in der Impulsbe-
  stimmung und umgekehrt.

- Diese Ungenauigkeit ist prinzipieller Natur und unabhängig von
  technischen Meßmöglichkeiten.

- Die Unschärferelation gilt im Prinzip auch für makroskopi-
  sche Körper. Wegen ihrer Kleinheit gegenüber den technischen
  Meßfehlern spielt sie aber keine Rolle.

- Die Unschärferelation bezieht sich auf alle Meßgrößen, deren
  Produkt die Dimension einer Wirkung hat (z. B. Energie mal
  Zeit).

36   Atome

Alle Stoffe, ob fest, flüssig oder gasförmig, bestehen aus Atomen oder
Molekülen. Dem Aufbau aller Atome liegen gemeinsame Gesetzmäßigkeiten zugrunde.

36.1   Aufbau und Kennzeichnung

Jedes Atom besteht aus einem Kern und einer Hülle ($\rightarrow$ 37); beide sind aus Elementarteilchen ($\rightarrow$ 40) zusammengesetzt.

Übersicht:

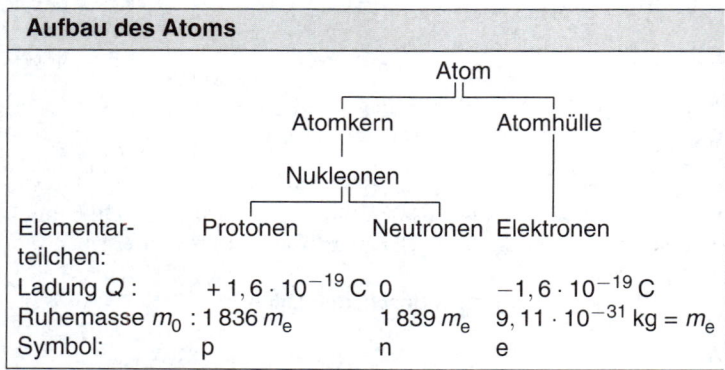

Aufbau des Atoms			
		Atom	
	Atomkern		Atomhülle
	Nukleonen		
Elementar- teilchen:	Protonen	Neutronen	Elektronen
Ladung Q :	$+1,6 \cdot 10^{-19}$ C	0	$-1,6 \cdot 10^{-19}$ C
Ruhemasse m_0 :	$1836\, m_e$	$1839\, m_e$	$9,11 \cdot 10^{-31}$ kg $= m_e$
Symbol:	p	n	e

Zur Kennzeichnung eines Atoms verwendet man folgende Schreibweise:

^A_ZSymbol des Elementes, z. B. $^{27}_{13}$Al, $^{238}_{92}$U u. a.

mit

Z Ordnungszahl $\quad=$ Anzahl der Protonen im Kern
$\qquad\qquad\qquad\;\; =$ Anzahl der Elektronen in der Hülle
$\qquad\qquad\qquad\;\; =$ Kernladungszahl,

A Massenzahl $\quad\;\; =$ Anzahl der Nukleonen (Protonen $+$ Neutronen)
$\qquad\qquad\qquad\;\; = Z + N$.

Beachte:

● Häufig läßt man die Ordnungszahl weg und schreibt kürzer z. B. ^{27}Al oder Al 27

● **Nuklid** ist der Fachausdruck für eine bestimmte Atomkernart.

36.1.1   Isotope Nuklide

Atomkerne eines Elementes können eine unterschiedliche Anzahl von Neutronen besitzen. Man bezeichnet sie als isotope Nuklide oder kurz als **Isotope** dieses Elementes.

Isotope eines Elementes unterscheiden sich voneinander nur in der Neutronenzahl.

Isotope haben also
- gleiche Ordnungszahl Z (gleiche Protonenzahl),
- ungleiche Massenzahl A (ungleiche Nukleonenzahl).

Die meisten chemischen Elemente bestehen aus einem Isotopengemisch ($\rightarrow$ Tab. 55).

Beispiel:

Isotope des Urans				
Atom	Protonen	Neutronen	Elektronen	Häufigkeit
$^{234}_{92}U$	92	142	92	$0,0056\,\%$
$^{235}_{92}U$	92	143	92	$0,718\,\%$
$^{238}_{92}U$	92	146	92	$99,276\,\%$

36.1.2 Isobare Nuklide

Atomkerne verschiedener Elemente können gleiche Massenzahl A haben. Man bezeichnet sie als isobare Nuklide oder kurz als **Isobare**. Isobare haben also
- ungleiche Ordnungszahl Z (ungleiche Protonenzahl),
- gleiche Massenzahl A (gleiche Nukleonenzahl).

Beispiel:

Isobare				
Atom	Protonen	Neutronen	Elektronen	Element
$^{210}_{81}Tl$	81	129	81	Thallium
$^{210}_{82}Pb$	82	128	82	Blei
$^{210}_{83}Bi$	83	127	83	Bismut
$^{210}_{84}Po$	84	126	84	Polonium

36.1.3   Isotone Nuklide

Atomkerne verschiedener Elemente können gleiche Neutronenzahl N haben. Man bezeichnet sie als isotone Nuklide oder kurz als **Isotone**. Isotone haben also

▶ ungleiche Ordnungszahl Z (ungleiche Protonenzahl),
▶ ungleiche Massenzahl A (ungleiche Nukleonenzahl),
▶ gleiche Neutronenzahl $N = A - Z$.

Beispiel:

Isotone				
Atom	Protonen	Neutronen	Elektronen	Element
$^{37}_{17}\text{Cl}$	17	20	17	Chlor
$^{38}_{18}\text{Ar}$	18	20	18	Argon
$^{40}_{20}\text{Ca}$	20	20	20	Calcium

36.2   Masse

36.2.1   Atommasse

Zur Kennzeichnung der Masse von Atomen, Molekülen und Teilchen verwendet man die **relative Atommasse A_r**. Sie ist eine Verhältniszahl und bezieht sich auf das Kohlenstoffatom $^{12}_6\text{C}$, dessen Masse gleich $12,000\,000$ gesetzt wird.

Obwohl auch die in der Chemie verwendeten relativen Atom- bzw. Molekülmassen A_r und M_r auf Kohlenstoff 12 bezogen werden, sind ihre Zahlenwerte mit denen der in der Physik verwendeten relativen Atommasse nicht identisch; denn sie gelten stets für das natürliche *Isotopengemisch* des jeweiligen Elementes, sind also *mittlere* relative Atommassen. Da sich aber die physikalischen Eigenschaften der verschiedenen Isotope eines Elementes unterscheiden, gilt in der Physik die relative Atommasse stets nur für das jeweilige Isotop.

Die absolute Masse eines Atoms kann in der SI-Einheit Kilogramm angegeben werden. Besser eignet sich jedoch die für den Gebrauch in der Atomphysik zulässige **atomare Masseneinheit** u.

> Die atomare Masseneinheit u ist gleich 1/12 der Masse eines Atoms von Kohlenstoff 12.

Kohlenstoff 12 besitzt demnach eine *relative* Atommasse von $A_r = 12,000$ und eine *absolute* Atommasse $m = 12,000\,u$. Bei allen Isotopen sind relative Atommasse und absolute Atommasse in u zahlengleich, also $A_r = m/u$. Ferner ist A_r zahlengleich der molaren Masse in g/mol, also $A_r = \{M\}$. Daraus folgt $1\,u = 1\,g/mol$ und mit $1\,mol = 6,022\,136\,7 \cdot 10^{23}$ ($\rightarrow$ 15.5.5)

(K 36.1)
$$1\,u = \frac{1}{12}\,m_{C12} = 1,660\,540\,2 \cdot 10^{-27}\,kg$$
$$1\,kg = 6,022\,136\,7 \cdot 10^{26}\,u$$

Somit ergibt sich für die Masse eines Atoms (Elementarteilchens, Teilchens der ionisierenden Strahlung, Moleküls usw.)

(K 36.2)
$$m_A = A_r \cdot 1\,u = A_r \cdot 1,660\,540\,2 \cdot 10^{-27}\,kg$$

Übersicht:

Masse einiger Teilchen und Atome					
Name	Sym-bol	Anzahl der			Masse
		Pro-tonen	Neu-tronen	Elek-tronen	m/u
Elektron	$_{-1}^{0}e$	—	—	1	0,000 548 579 903
Proton (Wasserstoffkern)	$_1^1 p$	1	—	—	1,007 276 470
Neutron	$_0^1 n$	—	1	—	1,008 664 904
Wasserstoffatom	$_1^1 H$	1	—	1	1,007 825 05
Deuteron (Deuteriumkern)	$_1^2 d$	1	1	—	2,013 532 14
Deuteriumatom	$_1^2 H$	1	1	1	2,014 101 79
α-Teilchen (Heliumkern)	$_2^4 \alpha$	2	2	—	4,001 505 84
Heliumatom	$_2^4 He$	2	2	2	4,002 603 16

36.2.2   Anzahl der Atome

Aus der Masse eines Atoms läßt sich die Anzahl der Atome in einem Körper gegebener Masse berechnen.

Wenn
N Anzahl der Atome des Körpers,
m Masse des Körpers,
m_A Masse eines Atoms,
A_r relative Atommasse des Stoffes,
dann gilt mit $N = m/m_A$

(K 36.3)
$$N = \frac{m}{A_r \cdot 1\,\text{u}} = \frac{m}{A_r \cdot 1{,}660\,540\,2 \cdot 10^{-27}\,\text{kg}}$$

36.2.3   Massendefekt

Mit Massenspektrometern sind Kernmassen mit höchster Genauigkeit bestimmbar. Es zeigt sich, daß die Masse eines Atomkerns stets kleiner ist als die Summe der Nukleonenmassen. Diese Erscheinung bezeichnet man als **Massendefekt** B.

> Unter dem Massendefekt versteht man die Differenz zwischen der Summe der Massen aller im Kern enthaltenen Nukleonen und der etwa kleineren Kernmasse.

Wenn
B Massendefekt,
m_p Masse eines Protons,
m_n Masse eines Neutrons,
Z Anzahl der Protonen,
N Anzahl der Neutronen,
m_K Masse des vollständigen Kernes,
dann gilt

(K 36.4)
$$B = Zm_p + Nm_n - m_K$$

Beachte:
● Ursache für den Massendefekt ist die beim Zusammenschluß der Nukleonen frei werdende Kernbindungsenergie E_B ($\rightarrow$ 36.3). Die

der Kernbindungsenergie entsprechende Masse, der Massendefekt, ergibt sich aus der Einsteinschen Energie-Masse-Relation (K 35.2) $E = mc_0^2$.

36.3 Kernbindungsenergie

Die Nukleonen eines Kernes werden durch Kernkräfte zusammengehalten, die größer sind als die abstoßend wirkende elektrostatische Kraft zwischen den Protonen. Ein Zerlegen des Kernes erfordert die Überwindung dieser Kräfte und damit einen Energieaufwand. Beim Zusammenschluß von Nukleonen zu einem Kern muß dieser Energiebetrag dagegen frei werden. Man bezeichnet ihn als **Kernbindungsenergie E_B**.

> Unter der Kernbindungsenergie E_B versteht man die bei der Bildung eines Atomkerns aus Elementarteilchen frei werdende Energie.

Sie hat für jede Kernart einen anderen Wert. Besonders wichtig ist die Bindungsenergie je Nukleon. Die Kurve läßt erkennen, daß Nuklide mit einer Massenzahl um 50 die größte Bindungsenergie je Nukleon besitzen. Daraus folgt, daß eine Gewinnung von Kernenergie nur möglich ist, wenn durch eine Umwandlung die mittlere Bindungsenergie je Nukleon vergrößert wird.

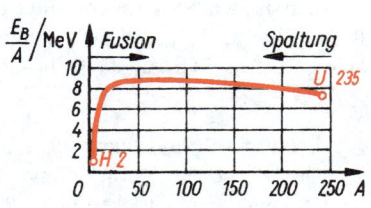

> Beim Verschmelzen leichter Kerne (Kernfusion) oder Spalten schwerer Kerne (Kernspaltung) kann Kernenergie freigesetzt werden, weil sich bei diesen Prozessen die mittlere Bindungsenergie je Nukleon vergrößert.

> Der Zusammenhang zwischen Kernbindungsenergie und Massendefekt folgt aus der Energie-Masse-Relation (K 35.2).

Wenn

E_B Bindungsenergie eines Kernes,
B Massendefekt dieses Kernes,
c_0 Vakuum-Lichtgeschwindigkeit $= 2,998 \cdot 10^8$ m/s,

dann gilt

(K 36.5)
$$E_B = Bc_0{}^2$$
$$= (Z m_p + N m_n - m_K) c_0{}^2$$

E	m	c
SI	J	kg	$\frac{m}{s}$

Verwendet man die in der Atomphysik üblichen Einheiten (atomare Masseneinheit u und Energieeinheit MeV), so ergibt sich nach Einsetzen des Zahlenwertes für c_0:

> Dem Massendefekt $1\,u$ entspricht die Kernbindungsenergie $931,494\,32$ MeV.

(K 36.6)
$$\frac{E_B}{B} = c_0{}^2 = 8,987\,55 \cdot 10^{16} \frac{J}{kg} = 931,5 \frac{MeV}{u}$$

36.4   Größe

36.4.1   Elektronenradius

Als **klassischen Elektronenradius** bezeichnet man den Radius einer Kugel, die als Träger einer Elementarladung e eine elektrische Feldenergie von der Größe der Ruheenergie des Elektrons besitzt.

Wenn
r_e klassischer Elektronenradius,
e elektrische Elementarladung $= 1,602\,177\,33 \cdot 10^{-19}$ C,
m_e Ruhemasse des Elektrons $= 9,109\,389\,7 \cdot 10^{-31}$ kg,
μ_0 magnetische Feldkonstante $= 1,256\,637 \cdot 10^{-6}$ H/m,
ε_0 elektrische Feldkonstante $= 8,854\,187\,817 \cdot 10^{-12}$ F/m,
c_0 Vakuum-Lichtgeschwindigkeit $= 2,997\,924\,58 \cdot 10^8$ m/s,
dann gilt

(K 36.7)
$$r_e = \frac{e^2}{4\pi m_e \varepsilon_0 c_0{}^2} = \frac{\mu_0 e^2}{4\pi m_e} = 2,817\,940\,92 \cdot 10^{-15}\,m$$

Beachte:
- Häufig wird die ungültige Einheit Fermi (f) für 10^{-15} m verwendet; richtig: Femtometer (fm).

36.4.2   Kernradius

Kernradien sind experimentell bestimmbar.

Mit
r_K Kernradius,
A Massenzahl des Kernes
gilt die empirische Formel

(K 36.8) $$r_K \approx 1,4\sqrt[3]{A}\,\text{fm} = 1,4 \cdot 10^{-15}\sqrt[3]{A}\,\text{m}$$

Beachte:

● Fast die gesamte Masse eines Atoms ist im Kern konzentriert. Aus Masse und Radius errechnet sich die Dichte der Kernsubstanz zu $\approx 2 \cdot 10^8$ **t/cm^3**!

36.4.3   Atomradius

Die Größe der Atomradien ergibt sich aus den Radien der kernfernsten Elektronenbahnen. Er liegt in der Größenordnung von 0,1 Nanometer (nm) $= 10^{-10}$ m. Näherungsweise läßt er sich aus der Atommasse berechnen.

Wenn
r_A Atomradius,
ϱ Dichte des Stoffes,
m_A Atommasse, zu berechnen mit (K 36.2),
dann gilt als Näherungsgleichung

(K 36.9) $$r_A \approx 0,5\sqrt[3]{\frac{m_A}{\varrho}}$$

	r	ϱ	m
SI	m	$\dfrac{\text{kg}}{\text{m}^3}$	kg

37   Atomhülle

Zur Veranschaulichung des Aufbaus der Atomhülle wurden Atommodelle entwickelt und im Laufe der Zeit verbessert. Nach Rutherford bewegen sich die Elektronen um den Atomkern wie die Planeten um die Sonne. Die dafür erforderliche Zentripetalkraft ist die elektrostatische Anziehungskraft zwischen dem positiven Kern und den negativen Elektronen.

Dabei müßte nach den Gesetzen der Elektrodynamik jedoch das ständig zentralbeschleunigte Elektron (wie jede beschleunigte Ladung) Energie abstrahlen. Bohr erweiterte das Modell durch Postulate, die bestimmte strahlungsfreie Elektronenbahnen erklären. Schließlich ergänzte Sommerfeld die strahlungsfreien Kreisbahnen durch strahlungsfreie elliptische Bahnen verschiedener Form und Lage.

Trotz einiger Mängel hat das **Schalenmodell** auch heute noch Bedeutung. Eine lückenlose Erklärung der Vorgänge in der Hülle liefert jedoch das **Wellenmodell**.

37.1   Bohrsche Postulate

37.1.1   1. Postulat

Elektronen können den Atomkern nur auf bestimmten Bahnen strahlungslos umlaufen. Diese sind durch Quantenbedingungen festgelegt.

Wenn

r Radius der Elektronenbahn,

m_e Masse eines Elektrons $= 9,109 \cdot 10^{-31}$ kg,

ω Winkelgeschwindigkeit des Elektrons auf der Kreisbahn,

v Bahngeschwindigkeit des Elektrons,

h Planck-Konstante $= 6,626 \cdot 10^{-34}$ J $\cdot$ s,

$\hbar$ Drehimpulsquantum $= h/(2\pi) = 1,055 \cdot 10^{-34}$ J $\cdot$ s,

L Drehimpuls des Elektrons,

n positive ganze Zahl,

dann gilt entsprechend (M 7.66) als

Quantenbedingung

(K 37.1) $$L = J\omega = m_e r^2 \omega = m_e r v = \frac{nh}{2\pi} = n\hbar$$

Der Drehimpuls eines den Kern umlaufenden Elektrons ist ein ganzzahliges Vielfaches des Drehimpulsquantums $\hbar$.

37.1.2   2. Postulat

> Jeder nach der Quantenbedingung zulässigen Elektronenbahn entspricht ein Energieniveau. Der Übergang von einer kernferneren zu einer kernnäheren Bahn erfolgt sprunghaft und unter Abgabe eines Strahlungsquants.

Wenn

E_m Energie des Elektrons auf der Bahn m,
E_n Energie des Elektrons auf der Bahn n,
h Planck-Konstante $= 6,626 \cdot 10^{-24}$ J $\cdot$ s,
f Frequenz des Strahlungsquants,

dann gilt für die bei einem Übergang von Bahn m nach Bahn n frei werdende Energie entsprechend (K 35.1) als

Frequenzbedingung

(K 37.2) $\boxed{E = E_m - E_n = hf}$

E	h	f
SI	J	J $\cdot$ s	Hz

> Bei jedem Übergang des Elektrons auf ein niedrigeres Energieniveau wird ein Strahlungsquant abgegeben. Die Frequenzen sind charakteristisch für die Atomart.

37.2   Wasserstoffatom

Mit den Bohrschen Postulaten ist es möglich, Bahngeschwindigkeit, Bahnradius sowie Energie und Frequenz der Strahlungsquanten zu berechnen. Beim Wasserstoffatom ist dies relativ einfach und genau möglich, weil nur 1 Elektron den Kern umkreist.

K

37.2.1   Bahngeschwindigkeit

Jede stationäre Elektronenbahn ist ein Gleichgewichtszustand und gekennzeichnet durch die Bedingung

Zentripetalkraft =   elektrostatische Anziehung zwischen Elektron und Kern,

$$\frac{m_e v^2}{r} = \frac{e^2}{4\pi\varepsilon_0 r^2} \, .$$

Wenn

n Zahl der Elektronenbahn, gezählt vom Kern aus,

v_n Geschwindigkeit des Elektrons auf der n-ten stationären Bahn,

e elektrische Elementarladung $= 1,602 \cdot 10^{-19}$ C,

ε_0 elektrische Feldkonstante $= 8,854 \cdot 10^{-12}$ F/m,

h Planck-Konstante $= 6,626 \cdot 10^{-34}$ J $\cdot$ s,

dann folgt aus obenstehendem Ansatz $v_n{}^2 = \dfrac{e^2}{4\pi m_e r_n \varepsilon_0}$. Mit dem

aus der Bohrschen Quantenbedingung (K 37.1) bestimmten Radius

$r_n = \dfrac{n\hbar}{2\pi m_e v_n}$ ergibt dies

	v	e	n	ε_0	h

(K 37.3) $\boxed{v_n = \dfrac{e^2}{2n\varepsilon_0 h}}$ SI $\left| \dfrac{\text{m}}{\text{s}} \quad \text{C} \quad - \quad \dfrac{\text{F}}{\text{m}} \quad \text{J} \cdot \text{s} \right.$

Nach Einsetzen aller Konstanten folgt

(K 37.4) $\boxed{v_n = \dfrac{2,18769 \cdot 10^6}{n} \dfrac{\text{m}}{\text{s}}}$

Die Geschwindigkeiten des Elektrons auf den verschiedenen Bahnen sind der Bahnzahl umgekehrt proportional: $v \sim 1/n$.

37.2.2   Umlauffrequenz

Die Umlauffrequenz auf der n-ten Bahn f_n läßt sich mit $f_n = \dfrac{v_n}{2\pi r_n}$

bestimmen. Ersetzt man hierin r_n (K 37.1) und v_n (K 37.3), so folgt nach Vereinfachung

	f	e	m	n	ε_0	h

(K 37.5) $\boxed{f_n = \dfrac{e^4 m_e}{4n^3 \varepsilon_0{}^2 h^3}}$ SI $\left| \text{Hz} \quad \text{C} \quad \text{kg} \quad - \quad \dfrac{\text{F}}{\text{m}} \quad \text{J} \cdot \text{s} \right.$

Nach Einsetzen aller Konstanten ergibt sich

(K 37.6) $\boxed{f_n = \dfrac{6,57968 \cdot 10^{15}}{n^3} \text{Hz}}$

37.2.3   Bahnradius

Mit der in 37.2.1 genannten Gleichgewichtsbedingung und der Quantenbedingung sind Bahngeschwindigkeit und -radius der möglichen Elektronenbahnen bestimmt. Ersetzt man in

$r_n = \dfrac{nh}{2\pi m_e v_n}$ die Bahngeschwindigkeit v_n durch (K 37.3), dann folgt

mit

n Zahl der Elektronenbahn, gezählt vom Kern aus,

r_n Radius dieser n-ten Bahn,

e elektrische Elementarladung $= 1,602 \cdot 10^{-19}$ C,

m_e Elektronenmasse $= 9,109 \cdot 10^{-31}$ kg,

ε_0 elektrische Feldkonstante $= 8,854 \cdot 10^{-12}$ F/m,

h Planck-Konstante $= 6,626 \cdot 10^{-34}$ J $\cdot$ s

(K 37.7) $r_n = \dfrac{h^2 \varepsilon_0 n^2}{\pi m_e e^2}$

	r	n	h	ε_0	m_e	e
SI	m	–	J $\cdot$ s	$\dfrac{\text{F}}{\text{m}}$	kg	C

Nach Einsetzen aller Konstanten erhält man

(K 37.8) $r_n = n^2 \cdot 5,291\,77 \cdot 10^{-11}$ m

Übersicht:

Bahndaten des Elektrons bei Wasserstoff			
n	$\dfrac{r_n}{10^{-10}\,\text{m}}$	$\dfrac{v_n}{10^6\,\text{m/s}}$	$\dfrac{f_n}{10^{14}\,\text{Hz}}$
1	0,529 177	2,187 69	65,796 8
2	2,116 709	1,093 85	8,224 60
3	4,762 595	0,729 23	2,436 92
4	8,466 836	0,546 92	1,028 08
5	13,229 43	0,437 54	0,526 374
6	19,050 38	0,364 62	0,304 615

Die möglichen Elektronenbahnradien des Wasserstoffatoms verhalten sich wie die Quadrate der Bahnzahlen:
$1 : 4 : 9 : 16 : 25 : \ldots$; also $r \sim n^2$.

Der Radius der Bahn $n = 1$, auf der sich das Elektron im nichtangeregten Zustand befindet, kennzeichnet die Größe des Wasserstoffatoms und wird als **Bohrscher Radius** des Wasserstoffatoms bezeichnet: $r_1 = 5,291\,77 \cdot 10^{-11}\,\text{m}$.

37.2.4   Energieniveau

Zu jeder möglichen Elektronenbahn gehört ein bestimmtes Energieniveau, das sich als Summe von potentieller Energie E_p und kinetischer Energie E_k des Elektrons darstellen läßt.
Die potentielle Energie E_p wird für $r = \infty$ mit null festgesetzt. In einem endlichen Abstand $r < \infty$ vom Kern muß sie demnach kleiner, d. h. negativ, sein. Sie entspricht der Arbeit, die erforderlich ist, das Elektron gegen die (abstandsabhängige) elektrostatische Anziehungskraft von r nach ∞ zu bewegen.

Wenn

n Zahl der Elektronenbahn, gezählt vom Kern aus,
E_p potentielle Energie des Elektrons auf dieser Bahn,
m_e Elektronenmasse $= 9,109 \cdot 10^{-31}\,\text{kg}$,
e elektrische Elementarladung $= 1,602 \cdot 10^{-19}\,\text{C}$,
ε_0 elektrische Feldkonstante $= 8,854 \cdot 10^{-12}\,\text{F/m}$,
h Planck-Konstante $= 6,626 \cdot 10^{-34}\,\text{J} \cdot \text{s}$,
dann gilt

$$E_\text{p} = \int_\infty^r F\,\mathrm{d}r = \int_\infty^r \frac{e^2}{4\pi\varepsilon_0 r^2}\,\mathrm{d}r = \frac{e^2}{4\pi\varepsilon_0}\int_\infty^r \frac{\mathrm{d}r}{r^2} = -\frac{e^2}{4\pi\varepsilon_0 r}\,.$$

Mit (K 37.7) für r folgt für die

potentielle Energie

E	m	e	n	ε_0	h
J	kg	C	−	$\dfrac{\text{F}}{\text{m}}$	J · s

(K 37.9) $$E_\text{p} = -\frac{m_\text{e}e^4}{4n^2\varepsilon_0^2 h^2}$$ SI

Nach Einsetzen der Konstanten ergibt sich

(K 37.10) $$E_\text{p} = -\frac{4,359\,75 \cdot 10^{-18}\,\text{J}}{n^2} = -\frac{27,211\,4\,\text{eV}}{n^2}$$

Die potentielle Energie des Elektrons auf den verschiedenen Bahnen ist dem Quadrat der Bahnzahl umgekehrt proportional: $E_\mathrm{p} \sim 1/n^2$.

Die kinetische Energie eines Elektrons beträgt nach (M 7.25) $E_\mathrm{k} = mv^2/2$, worin v durch (K 37.3) bestimmt ist. Also gilt für die

kinetische Energie

(K 37.11) $$E_\mathrm{k} = \frac{m_\mathrm{e} e^4}{8 n^2 \varepsilon_0{}^2 h^2}$$

	E	m	e	n	ε_0	h
Si	J	kg	C	–	$\dfrac{\mathrm{F}}{\mathrm{m}}$	$\mathrm{J \cdot s}$
(g)	eV					

Mit (K 37.9) folgt aus (K 37.11)

(K 37.12) $$E_\mathrm{k} = -\frac{E_\mathrm{p}}{2} = \frac{|E_\mathrm{p}|}{2}$$

$1\,\mathrm{eV} = 1{,}602\,18 \cdot 10^{-19}\,\mathrm{J}$
$1\,\mathrm{J} = 6{,}241\,51 \cdot 10^{18}\,\mathrm{eV}$

Auf jeder Bahn ist die kinetische Energie des Elektrons die Hälfte des Betrages der potentiellen Energie.

Für die gesamte Energie des Elektrons auf der n-ten Bahn folgt mit $E_n = E_\mathrm{p} + E_\mathrm{k}$ als

Energieniveau

(K 37.13) $$E_n = -\frac{m_\mathrm{e} e^4}{8 n^2 \varepsilon_0{}^2 h^2}$$

Einheiten
$\rightarrow$ (K 37.11)

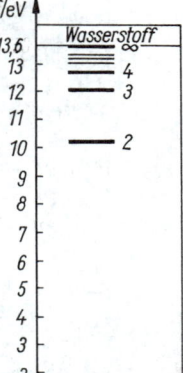

Nach Einsetzen der Konstanten ergibt sich

(K 37.14) $$E_n = -\frac{2{,}179\,87 \cdot 10^{-18}\,\mathrm{J}}{n^2}$$
$$= -\frac{13{,}605\,7\,\mathrm{eV}}{n^2}$$

Die Gesamtenergie des Elektrons auf den verschiedenen Bahnen ist dem Quadrat der Bahnzahl umgekehrt proportional: $E_n \sim 1/n^2$.

Mit (K 37.14) lassen sich für die einzelnen Bahnen die Energieniveaus bestimmen. Man stellt sie in einem Schema, dem **Termschema** ($\rightarrow$ 37.4.1), dar. Die Lage des Nullpunktes der Energieskala ist willkürlich. Entweder wählt man dafür die Bahn $n = \infty$ oder wie hier $n = 1$.

37.2.5   Frequenzen der Strahlung

Beim Übergang von der kernferneren Bahn m auf die kernnähere Bahn n wird die Energie

$$\Delta E = E_m - E_n = hf$$

entsprechend der Bohrschen Frequenzbedingung abgestrahlt. Also ist mit (K 37.13)

$$hf = \left(\frac{1}{n^2} - \frac{1}{m^2} \right) \frac{m_e e^4}{8\varepsilon_0{}^2 h^2} \quad \text{und mit (K 37.14)}$$

$$hf = \left(\frac{1}{n^2} - \frac{1}{m^2} \right) \cdot 2,179\,87 \cdot 10^{-18}\,\text{J. Division durch } h \text{ ergibt für die}$$
Frequenz

(K 37.15) $\boxed{f = \left(\frac{1}{n^2} - \frac{1}{m^2} \right) \cdot 3,289\,842 \cdot 10^{15}\,\text{Hz}}$

Der hinter der Klammer stehende Wert der Konstanten heißt

Rydberg-Frequenz R

(K 37.16) $\boxed{R = 3,289\,842 \cdot 10^{15}\,\text{Hz}}$

Damit wird aus (K 37.15)

(K 37.17) $\boxed{f = \left(\frac{1}{n^2} - \frac{1}{m^2} \right) R}$

■ Als **Rydberg-Konstante** wird häufig das $1/c_0$-fache der Rydberg-Frequenz angegeben:

(K 37.18) $\boxed{R_\infty = \frac{R}{c_0} = 1,097\,373 \cdot 10^7\,\frac{1}{\text{m}}}$

Beachte:

- Den Kehrwert der Wellenlänge, also $1/\lambda = f/c_0$, bezeichnet man in der Spektroskopie als **Wellenzahl**. Sie gibt die Anzahl der Wellenlängen je Längeneinheit an.
- Die Rydberg-Konstante R_∞ hat die Dimension 1/Wellenlänge. Mit ihr ergibt (K 37.17) die Wellenzahl des Strahlungsquants.

■ Rydberg-Frequenz und -Konstante berücksichtigen nicht, daß bei der Bewegung des Elektrons um den Kern mit endlicher Masse dieser ebenfalls eine Bewegung ausführt. Beide bewegen sich um den gemeinsamen Schwerpunkt. Berücksichtigt man dies, so erhält man eine etwas kleinere Rydberg-Konstante R' mit

m_e Elektronenmasse,
m_K Masse des Atomkerns = Masse eines Protons

(K 37.19)
$$R' = \frac{R_\infty}{1 + \dfrac{m_e}{m_K}}$$

Mit den Werten für Wasserstoff folgt dann

(K 37.20)
$$R' = 1,096\,776 \cdot 10^7\,\frac{1}{\mathrm{m}}$$

37.2.6   Wasserstoffspektrum

Setzt man für m und n die Zahlen $1, 2, 3, \ldots$ ein, so ergeben sich mit (K 37.15) alle beim Wasserstoff möglichen Frequenzen, man erhält das Wasserstoffspektrum.

K

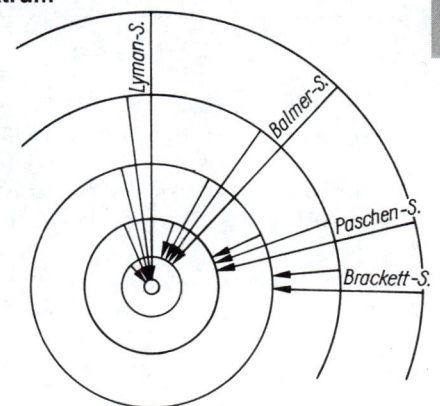

Übersicht:

Wasserstoffspektrum (gerundete experimentelle Werte)				
m	n	Serie	Bereich	Wellenlänge λ/nm
5	1	Lyman-Serie	ultraviolett	94
4	1			97
3	1			103
2	1			122
7	2	Balmer-Serie	sichtbar	397
6	2			410
5	2			434
4	2			486
3	2			656
7	3	Paschen-Serie	infrarot	1 005
6	3			1 094
5	3			1 282
4	3			1 875
7	4	Brackett-Serie	infrarot	2 165
6	4			2 625
5	4			4 051
7	5	Pfund-Serie	infrarot	4 652
6	5			7 458

■ Die höchste Frequenz f, die bei Wasserstoff durch Bahnwechsel eines Elektrons abgestrahlt werden kann, erhält man mit (K 37.15) für $n = 1$ und $m = \infty$; mit $\lambda = c_0/f$ die kürzeste Wellenlänge. Für die Quantenenergie ergibt sich in diesem Falle $2,18 \cdot 10^{-18}$ J $= 13,6$ eV. Das ist die größte Energie, die ein Wasserstoffelektron abstrahlen kann.

Führt man diesen Energiebetrag dagegen einem Elektron auf der Bahn $n = 1$ zu, so wird es auf die Bahn $m = \infty$ gehoben, das heißt vom Kern getrennt, das Atom also ionisiert. Die erforderliche Energieniveaudifferenz $E_\infty - E_1$ heißt Ionisierungsenergie E_i.

■ Bei Wasserstoff beträgt die Ionisierungsenergie $13,6$ eV.

37.3 Quantenzahlen

Spektroskopische Messungen zeigen, daß die Elektronen einer Schale (K, L, M,...) geringe Energieunterschiede zeigen, die auf besondere Formen und Lagen der Bahnen zurückzuführen sind. Mit Hilfe der Quantenzahlen ist eine Klassifizierung der Bahnen möglich.

37.3.1 Hauptquantenzahl n

> Die Hauptquantenzahl n entspricht der Zahl der Kreisbahn: $n = 1, 2, 3, \ldots$

37.3.2 Nebenquantenzahl l (Drehimpulsquantenzahl)

Neben der Kreisbahn sind Ellipsenbahnen unterschiedlicher Exzentrizität möglich. Für sie gelten die Bedingungen:
► Auf jeder dieser Bahnen hat das Elektron die gleiche Energie.
► Der Drehimpuls des Elektrons auf diesen Bahnen ist stets ein ganzzahliges Vielfaches des Drehimpulsquantums $\hbar$ (Bohrsche Quantenbedingung): $L = l\hbar$.

> Die Nebenquantenzahl l kennzeichnet die Bahnform. Zur Hauptquantenzahl n gehören n verschiedene Bahnformen: die Kreisbahn und $(n-1)$ Ellipsenbahnen unterschiedlicher Exzentritzität.

Für l sind folgende Werte möglich: $0, 1, 2, 3, \ldots, (n-1)$. Dabei ergibt $l = (n-1)$ die Kreisbahn und $l = 0$ die Ellipse mit der größten Exzentrizität.

Zur Kennzeichnung der Bahn ersetzt man
die Zahlen 0 1 2 3 4 5 6 7 ... durch die Buchstaben
    s p d f g h i k ...

Für die Form der Ellipse gilt
► große Halbachse $a = r_{\text{Kreisbahn}}$

► kleine Halbachse $b = \dfrac{a(l + 1)}{n}$

Beachte:
● Auf einer Ellipsenbahn schwankt die Geschwindigkeit eines Elektrons und damit auch seine Masse ($\rightarrow$ relativistische Masse

41.4.1). Daraus ergeben sich geringe Energieunterschiede zwischen den einzelnen Ellipsen.

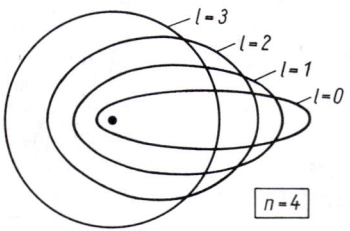

- Die Wellenmechanik liefert für den Bahndrehimpuls L die exaktere Beziehung $L = \sqrt{l(l+1)}\hbar$.

37.3.3   Magnetische Quantenzahl m

Die magnetische Quantenzahl m kennzeichnet die räumliche Lage der Ebenen einer Elektronenbahn. Sie kann $(2l+1)$ verschiedene Werte annehmen.

Das umlaufende Elektron stellt einen Ringstrom dar, dessen Magnetfeld in Wechselwirkung steht mit einem von außen angelegten Magnetfeld. Dadurch ergeben sich für die Elektronenbahnebene durch ganzzahlige magnetische Quantenzahlen gekennzeichnete Lagen.

Die Bahnlage wird bestimmt durch den Winkel δ zwischen der Richtung des magnetischen Feldes und der Achse senkrecht zur Bahnebene.

Für m sind folgende Werte möglich:

$0, \pm 1, \pm 2, \pm 3, \ldots, \pm l$, worin l die Nebenquantenzahl der Bahn ist.

Für den Bahnneigungswinkel gilt

▶

- Die Wellenmechanik liefert für den Einstellwinkel den exakteren Wert

Beispiel:

Die Ellipse **4 d** ist die in der 4. Schale liegende, kreisähnlichste Ellipse. Die Nebenquantenzahl ist $l = 2$ (d $\widehat{=}$ 2). Die magnetische Quantenzahl m kann $2 \cdot 2 + 1 = 5$ verschiedene Werte besitzen.

Also ergibt sich:

m :	-2	-1	0	$+1$	$+2$
$\dfrac{m}{l}$:	$\dfrac{-2}{2}$	$\dfrac{-1}{2}$	$\dfrac{0}{2}$	$\dfrac{+1}{2}$	$\dfrac{+2}{2}$
$\cos \delta$:	-1	$-0,5$	0	$+0,5$	$+1$
δ :	$180°$	$120°$	$90°$	$60°$	$0°$

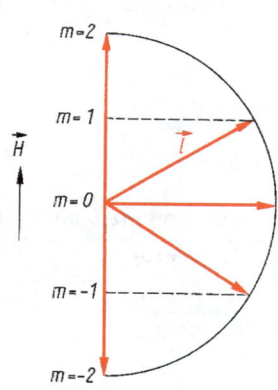

Beachte:

● Betrachtet man die Nebenquantenzahl als Vektor $\vec{l}$ (mit der Richtung des Bahndrehimpulses $\vec{L}$), so sind nur solche Raumlagen möglich, für die die Projektion von $\vec{l}$ auf die Richtung des Magnetfeldes eine ganze Zahl (m) ist.

37.3.4   Spinquantenzahl s

Die Spinquantenzahl s kennzeichnet den Eigendrehsinn des Elektrons in bezug auf die Umlaufbahn. Sie kann zwei verschiedene Werte besitzen.

Für s sind die Werte $+1/2$ und $-1/2$ möglich, wobei der positive Wert die Gleichsinnigkeit von Eigenrotation und Umlauf, der negative dagegen die Gegensinnigkeit ausdrückt.

Zwischen Links- und Rechtsrotation des Elektrons muß eine Drehimpulsdifferenz von $\Delta L_e = h/(2\pi) = \hbar$ auftreten ($\rightarrow$ Bohrsche Quantenbedingung K 37.1). Demnach ergibt sich für den Eigendrehimpuls $L_e = \pm\dfrac{1}{2}\hbar = s\hbar$.

K

37.3.5   Besetzung der Schalen

Es gelten zwei Grundregeln:

▶ Jedes Elektron nimmt einen möglichst niedrigen Energiezustand ein.

▶ Zwei Elektronen eines Atoms müssen sich in mindestens einer Quantenzahl unterscheiden (**Pauli-Prinzip**).

Aus den Variationsmöglichkeiten der Quantenzahl ergibt sich für jede Schale eine maximale Besetzungszahl.

Wenn

z Anzahl der auf dieser Schale maximal möglichen Elektronen,

n Hauptquantenzahl,

dann gilt

(K 37.21) $z = 2n^2$

Übersicht:

Elektronenzustände für n = 1, 2, 3 und 4							
Schale	n	l	Bezeich- nung	m	s	Anzahl der Zustände	Anzahl je Schale
K	1	0	1 s	0	$\pm 1/2$	2	2
L	2	0	2 s	0	$\pm 1/2$	2	8
		1	2 p	0	$\pm 1/2$	2	
				± 1	$\pm 1/2$	4	
M	3	0	3 s	0	$\pm 1/2$	2	18
		1	3 p	0	$\pm 1/2$	2	
				± 1	$\pm 1/2$	4	
		2	3 d	0	$\pm 1/2$	2	
				± 1	$\pm 1/2$	4	
				± 2	$\pm 1/2$	4	
N	4	0	4 s	0	$\pm 1/2$	2	32
		1	4 p	0	$\pm 1/2$	2	
				± 1	$\pm 1/2$	4	
		2	4 d	0	$\pm 1/2$	2	
				± 1	$\pm 1/2$	4	
				± 2	$\pm 1/2$	4	
		3	4 f	0	$\pm 1/2$	2	
				± 1	$\pm 1/2$	4	
				± 2	$\pm 1/2$	4	
				± 3	$\pm 1/2$	4	
usw.							

Beachte:

●   Elektronenanordnung bei den einzelnen Elementen → Tab. 56.

37.4   Strahlungsemission

Das auf ein niedrigeres Energieniveau übergehende Elektron emittiert ein Strahlungsquant, dessen Frequenz und Wellenlänge aus der beim Bahnwechsel auftretenden Energiedifferenz bestimmt werden können: $\Delta E = h f$.
Alle aufgrund der Quantenzahlen möglichen Energieniveaus werden im **Termschema** dargestellt.

37.4.1   Termschema

Das Termschema besitzt für jedes Element ein anderes Aussehen. In nebenstehendem Beispiel wurden nur die Energieniveaus dargestellt, die sich von den benachbarten sichtbar unterscheiden. Nach dem Termschema sind mehr Frequenzen möglich, als tatsächlich auftreten. Es bestehen Auswahlregeln, nach denen nur bestimmte Elektronenübergänge „erlaubt" sind.

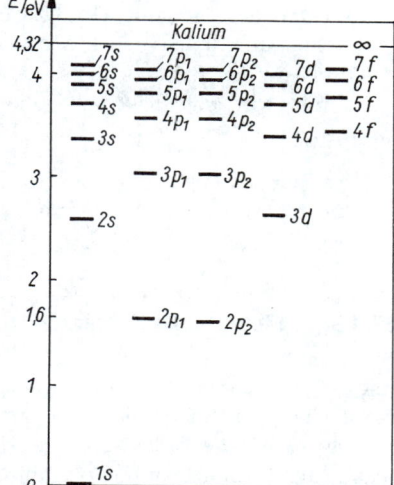

Bei den tatsächlich auftretenden Elektronenübergängen ändert sich die Nebenquantenzahl l oder die Spinquantenzahl s um 1.
Auswahlregel: $\Delta l = 1$ oder $\Delta s = 1$.

37.4.2   Anregung

Energieabgabe erfolgt bei einem Übergang auf eine energieärmere (also kernnähere) Bahn. Zuvor muß das Elektron durch entsprechende Energiezufuhr auf die energiereichere (also kernfernere) Bahn gehoben worden sein. Man spricht von **Anregung**. Das Termschema zeigt, daß in Kernnähe die Energiedifferenzen zwischen den Bahnen zu groß sind, um eine Strahlung im Bereich des sichtbaren Lichtes zu ergeben. An der Lichterzeugung sind demnach nur die äußeren Elektronen des Atoms beteiligt. Für die Anregung gibt es mehrere Möglichkeiten:

▶ **Thermische Anregung**. Durch Erwärmen wird die Molekularbewegung vergrößert, Stöße zwischen den Atomen heben die Elektronen auf höhere Bahnen.

▶ **Fotoanregung**. Die Energie auftreffender Photonen hebt die Elektronen auf das höhere Niveau (Fluoreszenz, Phosphoreszenz).

▶ **Elektrische Anregung**. In Gasentladungslampen treffen Elektronen und Ionen mit hoher Geschwindigkeit auf die Atome, diese werden dadurch angeregt. Bei genügend großer Energiezufuhr wird das Elektron bis zur Schale $n = \infty$ gehoben, das Atom ionisiert.

An der Erzeugung sichtbaren Lichtes sind nur die äußeren Elektronen thermisch, optisch oder elektrisch angeregter Atome beteiligt.

37.4.3   Metastabile Zustände

Infolge der Auswahlregeln gibt es bei manchen Elementen Energieniveaus, die das Elektron nicht durch einen direkten Übergang auf ein niedrigeres Niveau verlassen kann. Man bezeichnet sie als metastabile Zustände, in die ein Elektron durch Elektronenstoß oder auf dem Umweg über ein höheres Niveau gelangen kann.

Verweildauer in einem metastabilen Zustand: $\approx 10^{-3}$ s. Dagegen Verweildauer im angeregten Zustand: $\approx 10^{-8}$ s.

Es muß unterschieden werden zwischen

▶ **spontaner Emission**, bei der das Elektron ohne äußere Einwirkung vom angeregten in den Grundzustand zurückkehrt, und

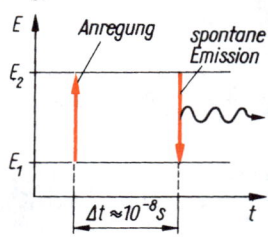

▶ **induzierter Emission**, bei der nach Einwirkung einer elektromagnetischen Strahlung entsprechender Frequenz der Übergang vom metastabilen zum Grundzustand erfolgt.

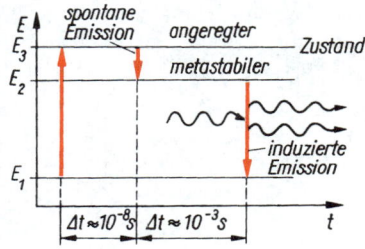

Bei genügend starker Anregung (Pumpen) kann ein großer Teil der Atome mit metastabilen Niveaus gleichzeitig angeregt sein und so Energie speichern. Darauf beruht das Prinzip des **Lasers**. Der durch induzierte Emission ausgelöste Übergang vieler Atome in den Grundzustand führt zu einer intensiven, monochromatischen, kohärenten und eng gebündelten Strahlung. Zwei parallele Spiegel, zwischen denen sich die Strahlung als stehende Welle ausbilden kann, verstärken diesen Effekt noch.

37.4.4 Röntgenstrahlung

Die Anregung der Atome für diese Strahlung erfolgt durch Elektronen, die mit großer Energie auftreffen. Diese dringen bis in die Nähe der Kerne vor und heben ein kernnahes Elektron auf ein höheres Energieniveau. Beim Nachrücken kernfernerer Elektronen in die entstandene Lücke werden Quanten abgestrahlt, deren Wellenlängen im Bereich der Röntgenstrahlung liegen und für das Anodenmaterial charakteristisch sind (**charakteristische Strahlung**).

Außerdem werden die auftreffenden Elektronen beim Eindringen in die Hülle gebremst und geben einen Teil ihrer Energie in Form elektromagnetischer Wellen beliebiger Frequenz ab. Diese **Bremsstrahlung** besitzt ein kontinuierliches Spektrum mit einer oberen **Grenzfrequenz** f_{max}. Diese ergibt sich, wenn das Elektron seinen gesamten Energievorrat abstrahlt.

Wenn

f_{max} Grenzfrequenz der Bremsstrahlung,
U vom Elektron im elektrischen Feld durchlaufene Spannung,
e elektrische Elementarladung $= 1,602 \cdot 10^{-19}$ C,
h Planck-Konstante $= 6,626 \cdot 10^{-34}$ J $\cdot$ s,
λ_{min} Grenzwellenlänge der Bremsstrahlung,

c_0 Vakuum-Lichtgeschwindigkeit $= 2,998 \cdot 10^8$ m/s,

dann gilt, weil die kinetische Energie des Elektrons gleich der Energie des abgestrahlten Quants sein muß, $eU = f_{\max}h$, also

(K 37.22) $$f_{\max} = \frac{eU}{h}$$

$$\begin{array}{c|cccc} & f & e & U & h \\ \hline \text{SI} & \text{Hz} & \text{C} & \text{V} & \text{J} \end{array}$$

Mit $c = \lambda f$ folgt für λ aus (K 37.22)

(K 37.23) $$\lambda_{\min} = \frac{c_0 h}{eU}$$

$$\begin{array}{c|ccccc} & \lambda & c & h & e & U \\ \hline \text{SI} & \text{m} & \dfrac{\text{m}}{\text{s}} & \text{J} \cdot \text{s} & \text{C} & \text{V} \end{array}$$

oder nach Einsetzen der Konstanten

(K 37.24) $$\lambda_{\min} = \frac{1,239\,842 \cdot 10^{-6}\,\text{V} \cdot \text{m}}{U}$$

$$\begin{array}{c|cc} & \lambda & U \\ \hline \text{SI} & \text{m} & \text{V} \end{array}$$

37.5   Wellenmechanisches Atommodell

Trotz der allgemeinen Brauchbarkeit des Atommodells von Bohr und Sommerfeld bleiben einige Mängel. Außerdem enthält es einige willkürliche Festlegungen, die zur Erklärung der Versuchsergebnisse getroffen werden mußten. Schrödinger benutzte die Wellenmechanik für ein neues Atommodell.

Nach de Broglie ist die Materiewellenlänge eines Elektrons $\lambda = h/(m_e v)$. Betrachtet man das um den Kern laufende Elektron als stehende Welle, so muß der Umfang der Elektronenbahn ein ganzzahliges Vielfaches der Wellenlänge sein; es gilt

(K 37.25) $$2\pi r_n = n\lambda = \frac{nh}{m_e v_n}$$

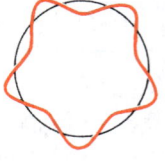

Diese Gleichung stimmt genau mit der Quantenbedingung des 1. Postulates von Bohr überein $\rightarrow$ (K 37.1).

Im wellenmechanischen Atommodell werden die Bohrschen Bahnen durch **räumliche stehende Wellen** ersetzt. Jede von ihnen besitzt bestimmte Energie (Eigenwert E) und Eigenfrequenz.

An die Stelle des Überganges von einer Bahn zur anderen tritt der Übergang von einem Zustand (räumliche stehende Welle) zum anderen. Die Intensität der Welle an den einzelnen Stellen des Raumes ist ein Maß für die Aufenthaltswahrscheinlichkeit des Elektrons.

In den „Knotenflächen" der Wellen ist die Intensität und damit die Wahrscheinlichkeit, das Elektron dort anzutreffen, null.

Das Elektron bildet um den Kern eine „Ladungswolke", deren örtliche Dichte der Wellenintensität an dieser Stelle entspricht.

38   Radioaktivität

Als *Radioaktivität* bezeichnet man die Fähigkeit bestimmter Kernarten (Radionuklide), sich unter Aussenden von Strahlung umzuwandeln. Dieser Vorgang ist nicht durch äußere Einwirkungen (weder physikalisch noch chemisch) beeinflußbar. Man bezeichnet ihn als **radioaktiven Zerfall**.

Es gibt bei der Radioaktivität drei Arten von Strahlung:

▶ **α-Strahlung**. Sie setzt sich aus α-Teilchen ($^{4}_{2}\alpha$), also Heliumkernen, zusammen. Aufgrund ihrer positiven Ladung sind sie durch elektrische und magnetische Felder ablenkbar. Ihre Austrittsgeschwindigkeit beträgt etwa 10^{7} m/s.

▶ **β-Strahlung**. Sie besteht aus Elektronen mit nicht einheitlicher Geschwindigkeit zwischen etwa 10^{8} m/s und $0,999\,c_{0}$. Wegen ihrer negativen Ladung werden sie in elektrischen und magnetischen Feldern entgegengesetzt zu den α-Teilchen abgelenkt.

▶ **γ-Strahlung**. Sie ist eine elektromagnetische Strahlung mit Wellenlängen von etwa 10^{-12} m bzw. Frequenzen von etwa 10^{20} Hz. In elektrischen und magnetischen Feldern ist sie nicht ablenkbar.

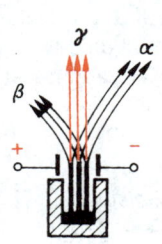

Bei künstlichen Kernumwandlungen können Isotope entstehen, bei denen eine vierte Strahlung zu beobachten ist.

▶ **β^{+}-Strahlung**. Sie besteht aus **Positronen**, also Teilchen, die den Elektronen bis auf das Vorzeichen der Ladung gleich sind („positive Elektronen").

38.1   Radioaktiver Zerfall

38.1.1   Stabilität des Kernes

Das Verhältnis $\frac{\text{Neutronenzahl } N}{\text{Protonenzahl } Z}$ nimmt mit steigender Massenzahl A zu. Es zeigt sich, daß Kerne nur dann stabil sind, wenn ein bestimmtes Neutronen-Protonen-Verhältnis angenähert erreicht ist.

Wenn

N Anzahl der Neutronen im Kern,

Z Anzahl der Protonen im Kern,

A Massenzahl $= N + Z$,

dann gilt als Voraussetzung für eine stabile Nukleonenverbindung

(K 38.1) $$\frac{N}{Z} \approx 1 + 0,015 A^{2/3} \quad \text{und} \quad A < 250$$

Von den z. Z. etwa 1 700 bekannten Kernarten sind etwa 270 stabile Nuklide und etwa 1 430 instabile Nuklide.

Die in der Natur überwiegenden Kerne vom Typ g,g (gerade Protonen- und Neutronenzahl) sind besonders stabil.

38.1.2 α-Zerfall

Er tritt nur bei Kernen mit hoher Massenzahl A auf ($A > 200$). Da ein α-Teilchen ausgeschleudert wird, muß die Massenzahl um 4, die Kernladungszahl um 2 abnehmen.

(K 38.2)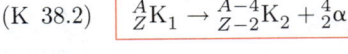

Beispiel:

▶ $^{226}_{88}\text{Ra} \rightarrow {}^{222}_{86}\text{Rn} + {}^{4}_{2}\alpha$

▶ $^{210}_{84}\text{Po} \rightarrow {}^{206}_{82}\text{Pb} \rightarrow {}^{4}_{2}\alpha$

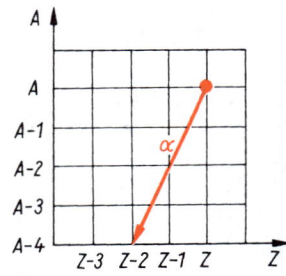

38.1.3 β-Zerfall

Er tritt bei Kernen mit relativem Neutronenüberschuß (K 38.1) auf. Das abgestoßene Elektron entsteht bei der Umwandlung eines

Neutrons in ein Proton:

(K 38.3)

Neutron	$\to$	Proton	+	Elektron	+	Antineutrino
${}^{1}_{0}\mathrm{n}$	$\to$	${}^{1}_{1}\mathrm{p}$	+	${}^{0}_{-1}\mathrm{e}$	+	$\bar{\nu}$

Beachte:

● Das Antineutrino besitzt (wie auch das Neutrino) keine Ruhemasse und keine Ladung. Es bindet nur einen Teil der Zerfallsenergie und wird in der Reaktionsgleichung gewöhnlich nicht mitgeschrieben. Die entstehenden β-Teilchen haben demnach keine einheitliche Energie. In Tabellen wird meist die Maximalenergie

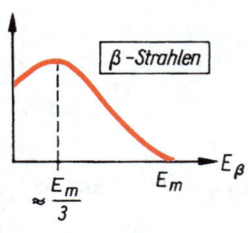

E_{m} angegeben. Die häufigste Energie beträgt etwa $E_{\mathrm{m}}/3$. Da beim β⁻-Zerfall ein Elektron ausgestoßen wird, muß bei konstanter Massenzahl die Kernladungszahl um 1 wachsen.

(K 38.4) $${}^{A}_{Z}\mathrm{K}_1 \to {}^{A}_{Z+1}\mathrm{K}_2 + {}^{0}_{-1}\mathrm{e}$$

Beispiel:

▶ ${}^{90}_{38}\mathrm{Sr} \to {}^{90}_{39}\mathrm{Y} + {}^{0}_{-1}\mathrm{e}$

▶ ${}^{214}_{82}\mathrm{Pb} \to {}^{214}_{83}\mathrm{Bi} + {}^{0}_{-1}\mathrm{e}$

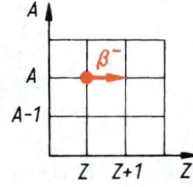

38.1.4   β⁺-Zerfall

Er tritt bei Kernen mit relativem Protonenüberschuß auf (K 38.1). Das abgegebene Positron entsteht bei der Umwandlung eines Protons in ein Neutron:

(K 38.5)

Proton	$\to$	Neutron	+	Positron	+	Neutrino
${}^{1}_{1}\mathrm{p}$	$\to$	${}^{1}_{0}\mathrm{n}$	+	${}^{0}_{1}\mathrm{e}$	+	ν

Beachte:

● Das Neutrino besitzt weder Ruhemasse noch Ladung. Da es nur einen Teil der Zerfallsenergie bindet, wird es in der Reaktionsgleichung gewöhnlich nicht mitgeschrieben. Die entstehenden β⁺-Teilchen haben keine einheitliche Energie.

Da beim β^+-Zerfall ein Positron abgegeben wird, muß bei konstanter Massenzahl die Kernladungszahl des neuen Kernes K_2 um 1 kleiner sein.

(K 38.6) $$\boxed{{}^A_Z K_1 \rightarrow {}^A_{Z-1} K_2 + {}^0_{+1} e}$$

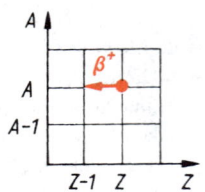

Beispiel:

▶ ${}^{30}_{15}P \rightarrow {}^{30}_{14}Si + {}^0_{+1}e$

▶ ${}^{22}_{11}Na \rightarrow {}^{22}_{10}Ne + {}^0_{+1}e$

38.1.5   γ-Strahlung

Sie ist eine Begleiterscheinung des α- oder β-Zerfalls. Nach diesen Zerfällen vollzieht sich im Kern ein Umsetzungsprozeß. Der Kern geht aus einem angeregten Zustand in energieärmere Zustände über. Dabei bleiben Kernladungs- und Massenzahl unverändert.

38.2   Statistik des Zerfalls

Der Zerfall der Kerne ist ein statistischer Vorgang. Wegen der großen Anzahl der in radioaktiven Stoffen enthaltenen Atome kann man aber für den Zerfall statistische Gesetze formulieren.

38.2.1   Zerfallskonstante

In einem bestimmten Zeitabschnitt dt zerfallen dN Kerne. Dabei ist dN der Anzahl der noch vorhandenen zerfallsfähigen Kerne proportional: $dN/dt \sim -N$. Der Proportionalitätsfaktor heißt **Zerfallskonstante** λ.

> Die Zerfallskonstante gibt den Bruchteil dN/N an, der von N aktiven Kernen in der Zeit dt zerfällt; $\lambda = -dN/(N \cdot dt)$.

38.2.2   Zerfallsgesetz

Wenn

N_0 Anzahl der zu Beginn des Zeitabschnittes t vorhandenen Kerne,

N Anzahl der nach Ablauf der Zeit t noch nicht zerfallenen Kerne,

t Dauer des Zerfallsvorganges,

λ Zerfallskonstante,

e   Basis der natürlichen Logarithmen
      $= 2,718\,28$,

dann gilt nach Integration der Gleichung $\dfrac{\mathrm{d}N}{N} = -\lambda\,\mathrm{d}t$

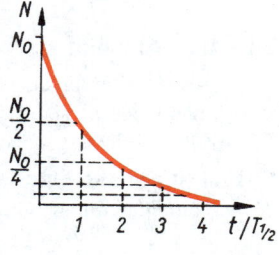

(K 38.7) $\boxed{N = N_0 \mathrm{e}^{-\lambda t}}$

Ersetzt man λ mit Hilfe von (K 38.9), so erhält man $N = N_0 \mathrm{e}^{-t\ln 2/T_{1/2}}$ oder vereinfacht

(K 38.8) $\boxed{N = \dfrac{N_0}{2^{t/T_{1/2}}}}$

38.2.3   Halbwertszeit

Unter der Halbwertszeit $T_{1/2}$ versteht man die Zeit, in der jeweils die Hälfte der vorhandenen zerfallsfähigen Kerne zerfällt.

Aus (K 38.7) folgt $\dfrac{N_0}{2} = N_0 \mathrm{e}^{-\lambda T_{1/2}}$ und daraus

(K 38.9) $\boxed{T_{1/2} = \dfrac{\ln 2}{\lambda} = \dfrac{0,693}{\lambda}}$

K

Beachte:

● Halbwertszeiten wichtiger Radionuklide → Tab. 58,

■ Ein häufig verwendeter Begriff ist die
   mittlere Lebensdauer

(K 38.10) $\boxed{\tau = \dfrac{1}{\lambda} = \dfrac{T_{1/2}}{\ln 2} = \dfrac{T_{1/2}}{0,693}}$

Beachte:

● Die mittlere Lebensdauer τ ist größer als die Halbwertszeit $T_{1/2}$.

38.2.4   Aktivität

Als *Aktivität* A eines radioaktiven Stoffes bezeichnet man die Anzahl der radioaktiven Zerfälle je Zeit: $A = \mathrm{d}N/\mathrm{d}t$ bzw. bei großen Halbwertszeiten $A = \Delta N/\Delta t$.

SI-Einheit der Aktivität: $[A] =$ Becquerel (Bq) $= 1/\mathrm{s}$.

Ungesetzliche Einheit: Curie (Ci) $= 3{,}7 \cdot 10^{10}\,\mathrm{Bq} = 37\,\mathrm{GBq}$
$$1\,\mathrm{mCi} = 3{,}7 \cdot 10^{7}\,\mathrm{Bq} = 37\,\mathrm{MBq}$$
$$1\,\mathrm{\mu Ci} = 3{,}7 \cdot 10^{4}\,\mathrm{Bq} = 37\,\mathrm{kBq}.$$

Die momentane Aktivität ist eine wichtige Kenngröße einer radioaktiven Substanz und leicht berechenbar.

Wenn

A Aktivität der radioaktiven Substanz,

λ Zerfallskonstante,

$T_{1/2}$ Halbwertszeit,

N Anzahl der zerfallsfähigen Kerne in der Substanz,

dann gilt mit $A = \mathrm{d}N/\mathrm{d}t$ und $\lambda = \mathrm{d}N/(N\,\mathrm{d}t)$

(K 38.11) $$\boxed{A = \lambda N = \frac{\ln 2 \cdot N}{T_{1/2}}}$$ $\mathrm{SI}\ \left|\ \begin{array}{cc} A & T \\ \hline \mathrm{Bq} = \dfrac{1}{\mathrm{s}} & \mathrm{s} \end{array}\right.$

Beachte:

● Die Anzahl der Kerne N in (K 38.11) wird mit Hilfe von $N = m/m_{\mathrm{A}} = m/(A_{\mathrm{r}} \cdot 1{,}660\,54 \cdot 10^{-27}\,\mathrm{kg}) \rightarrow$ (K 36.3) bestimmt. Bei Verbindungen ist die Anzahl der aktiven Kerne je Molekül zu berücksichtigen.

■ Aus der Definition $A = \mathrm{d}N/\mathrm{d}t = \lambda N$ folgt, daß die Aktivität A keine konstante Größe einer Substanz ist, sondern eine Funktion der Zeit. Die Anzahl der noch nicht zerfallenen Kerne nimmt ständig ab. Wegen $A \sim N$ ergibt sich bei sinngemäßer Anwendung von (K 38.7) und (K 38.8)

mit

A_0 Aktivität zu Beginn,

A Aktivität nach der Zeit t

(K 38.12) $$\boxed{A = A_0 \mathrm{e}^{-\lambda t} = \frac{A_0}{2^{t/T_{1/2}}}}$$

■   Vielfach wird die Aktivität einer Substanz auf ihre Masse bezogen. Man nennt sie dann **spezifische Aktivität** a.

(K 38.13) spezifische Aktivität $a = \dfrac{\text{Aktivität } A}{\text{Masse } m}$

Sie wird in $\dfrac{\text{Becquerel}}{\text{Gramm}}$ (Bq/g) angegeben.

Übersicht:

Spezifische Aktivität einiger radioaktiver Substanzen			
Element	Z	Isotop	$a \big/ \dfrac{\text{Bq}}{\text{g}}$
Blei	82	Pb 214	$1,22 \cdot 10^{18}$
Bismut	83	Bi 214	$1,67 \cdot 10^{18}$
Polonium	84	Po 218	$1,05 \cdot 10^{19}$
Radon	86	Rn 222	$5,74 \cdot 10^{15}$
Radium	88	Ra 226	$3,7 \cdot 10^{10}$
Thorium	90	Th 230	$7,03 \cdot 10^{8}$
		Th 234	$8,47 \cdot 10^{14}$
Uran	92	U 234	$2,1 \cdot 10^{8}$
		U 238	$1,22 \cdot 10^{4}$

K

38.3   Zerfallsreihen

Beim Zerfall eines radioaktiven Kernes entsteht meist wieder ein radioaktiver Kern. Es gibt ganze Zerfallsreihen. Drei haben als Ausgangskerne Uran- bzw. Thorium-Isotope, die in der Natur vorkommen. Die vierte Zerfallsreihe beginnt mit einem künstlich erzeugten Neptunium-Isotop. Außerhalb der Zerfallsreihen gibt es in der Natur nur noch wenige radioaktive Nuklide.

Übersicht:

Die 4 Zerfallsreihen		
Name der Reihe	Ausgangskern	Endkern (stabil)
Uran-Radium	$^{238}_{92}U$ (U I)	$^{206}_{82}Pb$
Uran-Actinium	$^{235}_{92}U$ (AcU)	$^{207}_{82}Pb$
Thorium	$^{232}_{90}Th$	$^{208}_{82}Pb$
Neptunium	$^{237}_{93}Np$	$^{209}_{83}Bi$

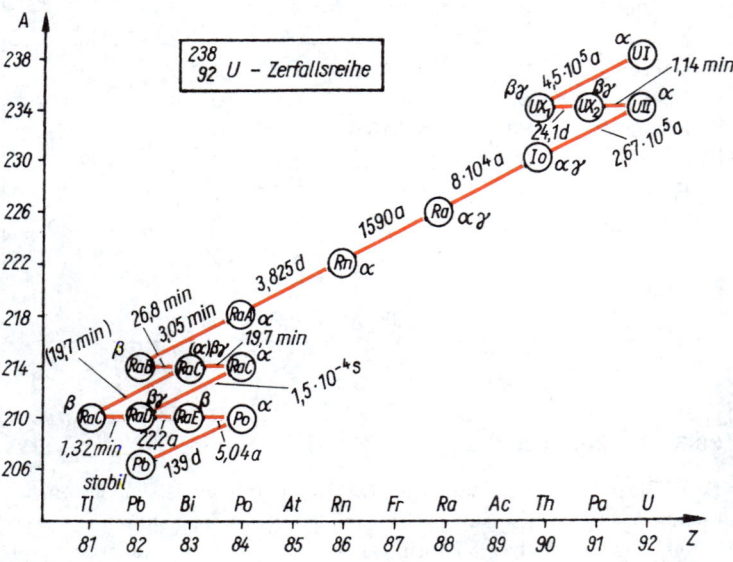

38.4   Schwächung radioaktiver Strahlungen

38.4.1   γ-Strahlung

Die Intensität der γ-Strahlen nimmt mit dem Quadrat der Entfernung ab, wenn von zusätzlicher Absorption abgesehen wird.

Beachte:

● Deshalb ist „möglichst großer Abstand" eine wichtige Forderung des Strahlenschutzes!

Die Schwächung (Absorption) der γ-Strahlen in stofflichen Medien beruht auf folgenden Effekten:

▶ **Fotoeffekt.** Ein Photon (γ-Quant) dringt in die Hülle eines Atoms und setzt ein Elektron (meist der K-Schale) frei. Dieser Effekt überwiegt bei γ-Quantenenergien unter 0,5 MeV.

▶ **Compton-Effekt** ($\rightarrow$ 35.2.3). Ein Photon trifft auf ein äußeres Hüllenelektron und überträgt diesem einen Teil seiner Energie. Dadurch verändert es seine Richtung (Compton-Streuung) und vermindert seine Energie und Frequenz.

▶ **Paarbildung.** Ein Photon dringt bis in unmittelbare Kernnähe. Beträgt seine Energie mindestens 1,02 MeV, so kann es sich in ein Elektron-Positron-Paar umwandeln.

Die Schwächung der γ-Strahlen (Abnahme der Intensität) in stofflichen Medien läßt sich bestimmen. Dabei versteht man unter Intensität das Produkt aus der Anzahl der Teilchen je Sekunde und der kinetischen Energie je Teilchen.

Wenn

I_0 Intensität der γ-Strahlen vor der absorbierenden Schicht,

I Intensität hinter der absorbierenden Schicht,

d Dicke der durchstrahlten Schicht,

μ linearer Schwächungskoeffizient,

dann gilt als

		μ	d
Absorptionsgesetz			
(K 38.14)	$\boxed{I = I_0 \mathrm{e}^{-\mu d}}$	SI	$\dfrac{1}{\mathrm{m}}$	m
		VT	$\dfrac{1}{\mathrm{cm}}$	cm

Ersetzt man μ mit Hilfe von (K 38.16), so folgt

(K 38.15) $\boxed{I = \dfrac{I_0}{2^{d/d_{1/2}}}}$

Beachte:

● Der lineare Schwächungskoeffizient μ ist von der Energie der Strahlung und dem Absorbermaterial abhängig. Zahlenwerte für $\mu \to$ Tab. 59 und 60!

■ Die für die Schwächung der Strahlungsintensität auf die Hälfte erforderliche Schichtdicke bezeichnet man als **Halbwertsschichtdicke** $d_{1/2}$. Aus dem Absorptionsgesetz (K 38.14) ergibt sich dafür

(K 38.16) $$d_{1/2} = \frac{\ln 2}{\mu} = \frac{0,693}{\mu}$$

	μ	d
SI	$\dfrac{1}{m}$	m
VT	$\dfrac{1}{cm}$	cm

Gelegentlich wird auch mit der Zehntelwertdicke gerechnet. Sie ist analog zu (K 38.16)

(K 38.17) $$d_{1/10} = \frac{\ln 10}{\mu} = \frac{2,303}{\mu}$$

38.4.2   β-Strahlung

Das Absorptionsgesetz (K 38.14) gilt auch hier in guter Näherung. Zweckmäßigerweise wird der Exponent mit der Absorberdichte erweitert: $\mu d = \dfrac{\mu}{\varrho} \cdot d\varrho = \mu_m m''$. Das hat den Vorteil, daß im Massenschwächungskoeffizienten μ_m die Absorberdichte bereits berücksichtigt ist.

Wenn

I_0 Intensität der β-Strahlen vor der Absorberschicht,
I Intensität hinter der Absorberschicht,
m'' Flächenmasse $= m/A = d\varrho$,
μ_m Massenschwächungskoeffizient $= \mu/\varrho$,
dann gilt

(K 38.18) $$I = I_0 e^{-\mu_m m''}$$

	μ_m	m''
SI	$\dfrac{m^2}{kg}$	$\dfrac{kg}{m^2}$
VT	$\dfrac{cm^2}{g}$	$\dfrac{g}{cm^2}$

Beachte:

● Der Massenschwächungskoeffizient μ_m hängt von der Energie der β-Teilchen ab. Da diese aber bei jedem Strahler uneinheitlich ist, wird der Maximalwert E_m benutzt.

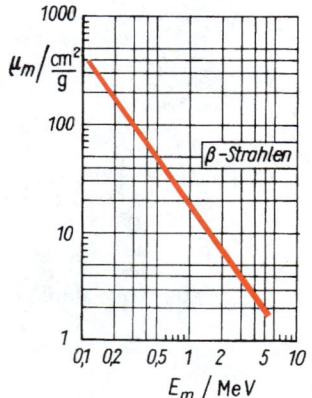

■ $\mu_m = \mu_m(E_m)$ kann nebenstehendem Diagramm entnommen werden.

Ferner kann μ_m mit einer empirischen Formel berechnet werden. Für $E_m > 0,5\,\mathrm{MeV}$ gilt in guter Näherung die zugeschnittene Größengleichung

(K 38.19)
$$\mu_m = \frac{22}{(E_m/\mathrm{MeV})^{1,333}} \frac{\mathrm{cm}^2}{\mathrm{g}}$$

■ Die für die Schwächung der Strahlungsintensität auf die Hälfte erforderliche Flächenmasse m'' bezeichnet man als **Halbwertsschicht** $m''_{1/2}$. Analog zu (K 38.16) ergibt sich dafür

(K 38.20)
$$m''_{1/2} = \frac{\ln 2}{\mu_m} = \frac{0,693}{\mu_m}$$

	μ_m	m''
SI	$\dfrac{\mathrm{m}^2}{\mathrm{kg}}$	$\dfrac{\mathrm{kg}}{\mathrm{m}^2}$
VT	$\dfrac{\mathrm{cm}^2}{\mathrm{g}}$	$\dfrac{\mathrm{g}}{\mathrm{cm}^2}$

■ Wegen des kontinuierlichen Energiespektrums jeder β-Strahlung gibt es keine definierte Reichweite. Für die **maximale Reichweite** R_m gelten folgende Näherungsformeln.

Wenn
$R_{\varrho m}$ maximale Massenreichweite der β-Strahlen in $\mathrm{g/cm}^2$,
R_m maximale lineare Reichweite in $\mathrm{cm} = R_{\varrho m}/\varrho$,
ϱ Dichte des Absorbermaterials,
E_m maximale Energie der β-Teilchen ($\rightarrow$ Tab. 58),

dann gelten die zugeschnittenen Größengleichungen

(K 38.21)

$$R_{\varrho m} = 0,11 \frac{\text{g}}{\text{cm}^2} \left[\sqrt{1 + 22,4(E_\text{m}/\text{MeV})^2} - 1 \right] \quad \begin{array}{l} \text{für} \\ E_\text{m} < 3\,\text{MeV} \end{array}$$

$$E_\text{m} = \sqrt{3,69 \left(R_{\varrho m} \Big/ \frac{\text{g}}{\text{cm}^2} \right)^2 + 0,81 R_{\varrho m} \Big/ \frac{\text{g}}{\text{cm}^2}} \quad \begin{array}{l} \text{für} \\ R_{\varrho m} < 1,5 \frac{\text{g}}{\text{cm}^2} \end{array}$$

(K 38.22)

$$R_{\varrho m} = (0,542 E_\text{m}/\text{MeV} - 0,133 \frac{\text{g}}{\text{cm}^2} \quad \text{für } E_\text{m} > 0,8\,\text{MeV}$$

$$E_\text{m} = \left(1,85 R_{\varrho m} \Big/ \frac{\text{g}}{\text{cm}^2} + 0,245 \right) \text{MeV für } R_{\varrho m} > 0,3 \frac{\text{g}}{\text{cm}^2}$$

38.4.3   α-Strahlung

Wegen der starken ionisierenden Wirkung haben α-Strahlen in festen Stoffen meist eine vernachlässigbare Reichweite. Prinzipiell ist sie von der An-
fangsenergie der α-Teilchen und vom
Absorbermaterial abhängig. Für **Luft**
kann sie nebenstehendem Diagramm
entnommen werden. Außerdem läßt sie

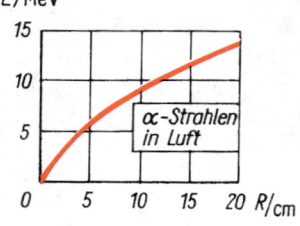

sich mit einer empirischen Formel be-
rechnen. Für **15 °C** und **101, 325 kPa** (Normdruck) gilt die zugeschnittene Größengleichung

(K 38.23) $R_\text{L} = 0,476\,\text{cm}(E/\text{MeV})^{1,5}$

■   Aus der Reichweite in Luft kann mit einer Genauigkeit von etwa
±10 % die mittlere Reichweite in anderen Stoffen bestimmt werden.

Wenn

R_L mittlere Reichweite in Luft,
R mittlere Reichweite in einem anderen Stoff,
ϱ Dichte dieses Stoffes,
A Massenzahl dieses Stoffes,

dann gilt die zugeschnittene Größengleichung

$$(\text{K } 38.24) \qquad R = 3,2 \cdot 10^{-4} R_{\text{L}} \dfrac{A}{\varrho \left/ \dfrac{\text{g}}{\text{cm}^3}\right.}$$

38.5   Dosimetrie

Die Wirkung **ionisierender Strahlungen** (Strahlung radioaktiver Stoffe einschließlich Neutronen- und Röntgenstrahlung) wird durch die Energie ausgedrückt, die ein bestrahlter Körper absorbiert.

38.5.1   Energiedosis

Unter der *Energiedosis* D versteht man das Verhältnis der absorbierten Energie zur Masse des bestrahlten Körpers.

SI-Einheit der Energiedosis: $[D] = \text{Gray (Gy)} = \dfrac{\text{J}}{\text{kg}}$.

Ungültige Einheit: Rad (rd) $= 10^{-2}$ Gy.

Wenn

D Energiedosis,
E Energie, absorbiert vom bestrahlten Körper,
m Masse des bestrahlten Körpers,
dann gilt bei homogener Verteilung von Masse und Energie

$$(\text{K } 38.25) \qquad D = \frac{E}{m} = \frac{E}{\varrho V}$$

	D	E	m
SI	$\text{Gy} = \dfrac{\text{J}}{\text{kg}}$	J	kg

Beachte:
- Aus meßtechnischen Gründen wird die Energiedosis meist aus der Ionendosis ($\rightarrow$ 38.5.3) ermittelt.

38.5.2   Energiedosisleistung

Als *Energiedosisleistung* $\dot{D}$ bezeichnet man das Verhältnis der absorbierten Energiedosis D zur Zeit t.

SI-Einheit der Energiedosisleistung: $[\dot{D}] = \dfrac{\text{Gray}}{\text{Sekunde}} \left(\dfrac{\text{Gy}}{\text{s}} \right) = \dfrac{\text{W}}{\text{kg}}.$

Ungültige Einheit: Rad/Sekunde (rd/s) $= 10^{-2}\,\text{Gy/s}.$

Wenn

$\dot{D}$ Energiedosisleistung, Energiedosisrate,

D Energiedosis,

t Zeit,

dann gilt

(K 38.26) $\boxed{\dot{D} = \dfrac{D}{t}}$

	$\dot{D}$	D	t
SI	$\dfrac{\text{Gy}}{\text{s}} = \dfrac{\text{W}}{\text{kg}}$	$\text{Gy} = \dfrac{\text{J}}{\text{kg}}$	s

38.5.3   Ionendosis

Eine der wichtigsten Eigenschaften der Strahlung radioaktiver Stoffe ist ihre ionisierende Wirkung. Die Anzahl der von γ- oder Röntgenstrahlung in Luft gebildeten Ionen ist daher ein Maß für die Intensität der Strahlung.

> Als **Ionendosis** J bezeichnet man den Quotienten aus der durch Ionisierung der Luft gebildeten Ladung Q (*eines* Vorzeichens) und der Masse der durchstrahlten Luft; $J = Q/m$.

SI-Einheit der Ionendosis: $[J] = \text{C/kg}.$

Ungültige Einheit: Röntgen (R) $= 2{,}580 \cdot 10^{-4}\,\text{C/kg}.$

Da die zur Erzeugung des Ionenpaares erforderliche Energie bei allen Stoffen bekannt ist (Ionisierungskonstante für Luft 33,85 eV), läßt sich aus der Ionendosis auch die entsprechende Energiedosis bestimmen. Für trockene **Luft** im Normzustand (0 °C und 101,3 kPa) gilt: $1\,\text{C/kg} \mathrel{\hat{=}} 34{,}0\,\text{Gy}.$ Eine Umrechnung auf **Weichteilgewebe** ergibt dann: $1\,\text{C/kg} \mathrel{\hat{=}} \text{etwa } 37{,}6\,\text{Gy}.$

38.5.4   Äquivalentdosis

Für den Strahlenschutz ist die *biologische* Wirkung ionisierender Strahlung auf lebendes Gewebe von Bedeutung. Sie wird mit Hilfe der Äquivalentdosis H bestimmt.

SI-Einheit der Äquivalentdosis: $[H] = \text{Sievert (Sv)} = \text{J/kg}.$

Ungültige Einheit: Rem (rem) $= 10^{-2}\,\text{Sv}.$

> 1 *Sievert* einer bestimmten Strahlung ruft die gleiche biologische Wirkung hervor wie 1 Gy Röntgenstrahlung mit der Quantenenergie von 0,2 MeV.

Da die Äquivalentdosis nicht direkt meßbar ist, wird sie mit Hilfe eines empirisch ermittelten *Bewertungsfaktors q* aus der Energiedosis D bestimmt.

Wenn
H Äquivalentdosis,
q Bewertungsfaktor,
D Energiedosis,
dann gilt

(K 38.27) $\boxed{H = qD}$

$$\begin{array}{c|ccc} & H & q & D \\ \hline \text{SI} & \mathrm{Sv} = \dfrac{\mathrm{J}}{\mathrm{kg}} & \dfrac{\mathrm{Sv}}{\mathrm{Gy}} & \mathrm{Gy} = \dfrac{\mathrm{J}}{\mathrm{kg}} \end{array}$$

Der Bewertungsfaktor ergibt sich aus $q = QN$. Darin ist der Qualitätsfaktor Q von der Art der Strahlung abhängig; N ist das Produkt aller weiteren Einflußfaktoren.

Übersicht:

Qualitätsfaktor Q	in Sv/Gy
γ-, β- und Röntgenstrahlung	1
α-Strahlung	10
langsame Neutronen (0, 025 MeV)	3
Neutronen (0, 02 . . . 0, 1 MeV)	5 . . . 8
schnelle Protonen und Neutronen	10
schwere Rückstoßkerne	20

K

Beachte:
● Da die Einheiten Sievert und Gray gleiche Dimensionen besitzen, ist Q dimensionslos: Sievert/Gray = 1.

■ Mit Hilfe der **Äquivalent-Dosisleistungskonstanten** läßt sich für die Umgebung einer (angenähert punktförmigen) Photonen-Strahlungsquelle (Gamma- und Röntgenstrahlung) die Äquivalentdosis bestimmen.

Wenn
H Photonen-Äquivalentdosis,

A Aktivität des Strahlers,
r Abstand von der Strahlungsquelle,
t Dauer der Bestrahlung,
Γ_H Dosisleistungskonstante ($\to$ Tab. 57),
dann gilt

(K 38.28) $$H = \frac{\Gamma_H A t}{r^2}$$

SI

H	Γ_H	A	t	r
Sv	$\dfrac{\mathrm{Gy\,m^2}}{\mathrm{s\,Bq}}$	$\mathrm{m^2}$	s	$\mathrm{m^2}$

Beachte:
- Den Quotienten H/t bezeichnet man als *Äquivalentdosisleistung* $\dot{H}$.

38.6   Strahlenschutz

Wegen der großen Gefährlichkeit ionisierender Strahlung bestehen umfangreiche gesetzliche Sicherheitsbestimmungen (Strahlenschutzverordnung). Mit ihnen sollen die Bevölkerung und beruflich strahlenexponierte Personen vor gesundheitlichen Schäden bewahrt werden.

> Die untere Gefährdungsgrenze (bei einmaliger Bestrahlung) beträgt $H_{\mathrm{max}} = 250\,\mathrm{mSv}$.

Als Dosisgrenzwert der natürlichen Strahlenbelastung für die Bevölkerung im allgemeinen Staatsgebiet gilt: $\dot{H} = 2,2\,\mathrm{mSv/a}$.
Grenzwert für beruflich strahlenexponierte Personen in Kontrollbereichen (Kategorie A) bei Ganzkörperbestrahlung: $50\,\mathrm{mSv/a}$.
Grenzwert für beruflich strahlenexponierte Personen in Überwachungsbereichen (Kategorie B) bei Ganzkörperbestrahlung: $15\,\mathrm{mSv/a}$.

Beachte:
- Die mittlere Strahlenbelastung des Menschen (in Deutschland) beträgt etwa $\dot{H} = 1,7\,\mathrm{mSv/a}$.
  Davon entfallen $1,1\,\mathrm{mSv/a}$ auf natürliche Belastung durch Umwelt, Ernährung und Atemluft.
  Auf zivilisatorische Belastung (Medizin, Technik, Kernwaffenversuche, Kernkraftwerke u. ä.) entfallen $0,6\,\mathrm{mSv/a}$.
- Eine einmalige Dosis von $H = 6\ldots8\,\mathrm{Sv}$ gilt als tödlich, $4\,\mathrm{Sv}$ führen mit $50\,\%$iger Wahrscheinlichkeit zum Tode.

38.7   Strahlennachweis

Für den Nachweis und die Messung ionisierender Strahlen werden u. a. folgende Einrichtungen verwendet:

▶ **Ionisationskammern**, in denen zwischen zwei Elektroden ein elektrisches Feld herrscht. Die auftreffenden Strahlen erzeugen Ladungsträger und steuern so einen Sättigungsstrom.

▶ **Geiger-Müller-Zählrohre**, in denen auftreffende Teilchen durch Ionisierung einen kurzzeitigen Entladungsstoß hervorrufen, der verstärkt und gezählt werden kann.

▶ **Wilsonsche Nebelkammern**, in deren mit Wasserdampf übersättigter Luft α- und β-Teilchen Kondensspuren hinterlassen.

▶ **Szintillationszähler**, in denen die auftreffende Strahlung bestimmte Leuchtstoffe zur Lichtemission anregt. Man kann die Lichtblitze durch eine Lupe beobachten und auszählen oder auch auf eine Fotokathode fallen lassen und die dort herausgeschlagenen Elektronen in Sekundärelektronenvervielfachern „verstärken". So erhält man die empfindlichsten und leistungsfähigsten Strahlenmeßgeräte.

▶ **Kernspurenemulsionen**, in deren lichtempfindlicher Schicht Strahlungen Schwärzungsspuren hinterlassen.

39   Künstliche Kernumwandlungen

Jede Umwandlung eines Kernes (Ausnahme: radioaktiver Zerfall) ist von außen verursacht. Treffen energiereiche Teilchen ($α, β, n, p$) auf den Kern, dann können verschiedenartige Reaktionen ausgelöst werden. Die „Geschosse" können einem radioaktiven Zerfall entstammen oder künstlich beschleunigt worden sein.

39.1   Teilchenbeschleuniger

Neben *Hochspannungsanlagen* (*Kaskadengenerator* nach Greinacher, *Hochspannungsgenerator* nach van de Graaff u. a.) und *Linearbeschleunigern* haben *Kreisbeschleuniger* die größte Bedeutung.
Sie haben ein magnetisches Führungsfeld, das die Teilchen auf eine Kreisbahn zwingt, und ein elektrisches Beschleunigungsfeld, das den Teilchen die Geschwindigkeit gibt. Einige Typen sind:

▶ **Das Zyklotron**. Die im Zentrum eintretenden Teilchen bewegen sich wegen ihrer wachsenden Geschwindigkeit auf einer spiraligen Bahn.

▶ **Das Synchro-Zyklotron**. Bei sehr hohen Teilchengeschwindigkeiten macht sich der relativistische Massenzuwachs bemerkbar. Die Teilchen gelangen zu spät in die Beschleunigungsfelder, sie kommen außer Takt. Deshalb wird die Beschleunigungsfrequenz moduliert.

▶ **Das Synchro-Phasotron**. Die Teilchen werden vorbeschleunigt und tangential in die ringförmige Beschleunigungsstrecke gebracht. Es wird vor allem für schwere Teilchen verwendet.

▶ **Das Betatron**. Es ist eine Beschleunigungsanlage speziell für Elektronen.

39.2   Kernreaktionen

Der Zielkern wandelt sich beim Auftreffen eines energiereichen Teilchens um und schleudert dabei ein anderes Teilchen aus, also

$$K_1 + a \rightarrow K_2 + b \quad \text{oder kürzer} \quad K_1\,(a, b)\,K_2$$

Beispiel:

▶ Erste Kernumwandlung (Rutherford 1919)

$$^{14}_{7}N + ^{4}_{2}\alpha \rightarrow ^{17}_{8}O + ^{1}_{1}p \qquad N\,14\,(\alpha, p)\,O\,17$$

▶ Entdeckung des Neutrons (1932)

$$^{9}_{4}Be + ^{4}_{2}\alpha \rightarrow ^{12}_{6}C + ^{1}_{0}n \qquad Be\,9\,(\alpha, n)\,C\,12$$

▶ Erste Verwendung künstlich beschleunigter Geschosse (Protonen), gleichzeitig erste Kernspaltung (1932)

$$^{7}_{3}Li + ^{1}_{1}p \rightarrow ^{4}_{2}He + ^{4}_{2}He \qquad Li\,7\,(p, -)\,2\,He\,4$$

▶ Erste Erzeugung eines künstlichen Radionuklids und Entdeckung des Positrons (Joliot-Curie 1932)

$$^{27}_{13}Al + ^{4}_{2}\alpha \rightarrow ^{30}_{15}P^{*} + ^{1}_{0}n \qquad Al\,27\,(\alpha, n)\,P\,30^{*}$$

P 30 ist ein β^{*}-Strahler, der Stern (*) bedeutet Radioaktivität.

▶ Entstehung von Transuranen

$$^{238}_{92}\text{U} + ^{4}_{2}\alpha \rightarrow ^{241}_{94}\text{Pu}^* + ^{1}_{0}\text{n} \qquad \text{U}\,238(\alpha, \text{n})\,\text{Pu}\,241^*$$

▶ Erzeugungsreaktion für Cobalt 60

$$^{59}_{27}\text{Co} + ^{1}_{0}\text{n} \rightarrow ^{60}_{27}\text{Co}^* + \gamma \qquad \text{Co}\,59(\text{n}, \gamma)\,\text{Co}\,60^*$$

▶ Erzeugungsreaktion für Kohlenstoff 14

$$^{13}_{6}\text{C} + ^{1}_{0}\text{n} \rightarrow ^{14}_{6}\text{C}^* + \gamma \qquad \text{C}\,13(\text{n}, \gamma)\,\text{C}\,14^*$$

oder

$$^{14}_{7}\text{N} + ^{1}_{0}\text{n} \rightarrow ^{14}_{6}\text{C}^* + ^{1}_{1}\text{p} \qquad \text{N}\,14(\text{n}, \text{p})\,\text{C}\,14^*$$

39.3 Uranspaltung

Das Element Uran gehört zu den Kernen mit großer Massenzahl. Entsprechend dem Diagramm ($\rightarrow$ 36.3) ist bei ihnen die mittlere Bindungsenergie je Nukleon kleiner als bei Kernen mittlerer Massenzahl. Die Spaltung eines Urankernes in zwei kleinere Kerne bedeutet einen Übergang zu einer größeren Bindungsenergie je Nukleon und damit zum Freisetzen von Energie. Damit verbunden ist ein Anwachsen des Massendefektes, d. h., die Gesamtmasse wird geringfügig kleiner.

1938 gelang Hahn, Straßmann und Meitner die erste Kernspaltung bei U 235:

$$^{235}_{92}\text{U} + ^{1}_{0}\text{n} \rightarrow ^{145}_{56}\text{Ba}^* + ^{88}_{36}\text{Kr}^* + 3^{1}_{0}\text{n}$$
$$\text{oder} \rightarrow ^{139}_{54}\text{Xe}^* + ^{95}_{38}\text{Sr}^* + 2^{1}_{0}\text{n}$$
$$\text{oder} \rightarrow ^{140}_{55}\text{Cs}^* + ^{94}_{37}\text{Rb}^* + 2^{1}_{0}\text{n}$$
$$\text{oder} \rightarrow ^{145}_{57}\text{La}^* + ^{87}_{35}\text{Br}^* + 4^{1}_{0}\text{n}$$

Beachte:
- Außerdem können sich viele andere Paare von Spaltprodukten bilden. Die Summe beider Ordnungszahlen ist stets 92.
- Sämtliche entstehenden Spaltprodukte sind radioaktiv.

39.3.1   Kettenreaktion

Bei jeder Uranspaltung stehen einem benötigten Neutron 2 bis 3
gebildete Neutronen gegenüber, die in der Lage sind, weitere Kerne
zu spalten. Es tritt eine Kettenreaktion ein, bei der die Anzahl der
Neutronen schnell ansteigt.

> Unter einer Kettenreaktion versteht man einen Prozeß, in dem
> eine bestimmte Reaktion weitere gleichartige Reaktionen auslöst.

Bedingungen für das Ablaufen einer Kettenreaktion in U 235:
▶   Es dürfen keine Neutronen absorbierenden Beimischungen vorhanden sein.
▶   Es muß genügend spaltbares Material vorhanden sein, damit die
freigesetzten Neutronen auf neue Kerne treffen können und nicht
wirkungslos entweichen. Die Minimalmenge für eine Kettenreaktion nennt man **kritische Masse**.
▶   Die Geschwindigkeit der Neutronen muß für eine Spaltung aus-
reichend sein.

■   Nicht alle der je Spaltung freigesetzten 2 bis 3 Neutronen treffen wieder einen U-235-Kern. Die Anzahl der zu weiteren Spaltungen
führenden Neutronen einer Spaltung wird als **Vermehrungs-** oder **Mul-
tiplikationsfaktor** k bezeichnet. Es sind drei Fälle zu unterscheiden:
▶ $k = 1$: die Anzahl der Spaltungen je Zeit(einheit) ist konstant,
der Reaktor arbeitet mit konstanter Leistung;
▶ $k < 1$: die Anzahl der Spaltungen je Zeit(einheit) nimmt ab, die
Kettenreaktion kommt zum Erliegen;
▶ $k > 1$; die Anzahl der Spaltungen je Zeit(einheit) nimmt zu,
die Leistung des Reaktors nimmt exponentiell zu; es kommt
zur Explosion, wenn nicht rechtzeitig der Vermehrungsfaktor
verkleinert wird.
Sind Explosionen beabsichtigt (Bombe, Sprengungen), so wählt man
den Vermehrungsfaktor so groß wie technisch möglich.

■   Natürliches Uran besteht zum größten Teil aus U 238, das schnelle
Neutronen einfängt, ohne sich zu spalten. Durch Reflexion an bestimmten Bremssubstanzen (**Moderatoren**) werden die Neutronen auf
thermische Geschwindigkeit (d. h. Geschwindigkeit in der Größenordnung der von Gasmolekülen normaler Temperatur) abgebremst. Man

verwendet Kohlenstoff (Graphit), schweres Wasser (D_2O) und Wasser (H_2O). Langsame (thermische) Neutronen werden von U 238 nicht eingefangen, spalten aber U 235. Treffen Neutronen vor ihrer Abbremsung direkt auf U 238 und werden eingefangen, so entsteht folgende Reaktion:

$$^{238}_{92}\text{U}(n,\gamma)\,^{239}_{92}\text{U}^*(e^-,\gamma)\,^{239}_{93}\text{Np}^*(e^-,\gamma)\,^{239}_{94}\text{Pu}^*$$

Da dieser Prozeß Plutonium 239 bildet, das ebenso wie U 235 durch thermische Neutronen spaltbar ist, wird das sonst überflüssige U 238 in spaltbares Material verwandelt.

■   Die Kettenreaktion kann gesteuert werden durch Absorption eines bestimmten Neutronenanteils. Diese erfolgt mit Hilfe von **Regelstäben**. Solche in die aktive Zone einsenkbaren Regelstäbe bestehen meist aus Borstahl oder Cadmium (Änderung des Vermehrungsfaktors k).

39.3.2   Energiebilanz

Bei jeder Spaltung eines Kernes U 235 werden etwa 200 MeV freigesetzt. Davon entfallen auf die

– kinetische Energie der Spaltprodukte	168 MeV,
– kinetische Energie der Spaltneutronen	5 MeV,
– Gammastrahlung	5 MeV,
– Gamma- und Betastrahlung der Spaltprodukte	13 MeV,
– Energie des Neutrinos	9 MeV.

Bei jeder vollständigen Spaltung von 1 kg U 235 entsteht ein Massendefekt von rund 1 g. Das entspricht einer Energie von etwa

$9 \cdot 10^{13}$ J $\hat{=}$ 2 500 t Steinkohle oder

$25 \cdot 10^3$ MWh oder 20 000 t TNT-Sprengstoff.

39.4   Kernfusion

Einen größeren Energiegewinn bringt eine Kernfusion. Ein zukünftiger Reaktor könnte folgende Reaktionen nutzen:

$$\ce{^2_1D + ^2_1D -> ^3_1T + ^1_1p} + 4,0\,\text{MeV}$$

$$\ce{^2_1D + ^2_1D -> ^3_2He + ^1_0n} + 3,25\,\text{MeV}$$

$$\ce{^2_1D + ^3_1T -> ^4_2He + ^1_0n} + 17,7\,\text{MeV}$$

Sie laufen gleichzeitig ab und lassen sich zusammenfassen:

$$5\,\ce{^2_1D -> ^4_2He + ^3_2He} + 2\,\ce{^1_0n} + \ce{^1_1p}$$

Die Bildung von etwa 1 g Helium liefert eine Energie von 200 MWh.

39.5   Anwendung radioaktiver Nuklide

Fast ausschließlich werden β- und γ-Strahler verwendet. Man kann folgende grundsätzlichen Methoden unterscheiden:

▶ **Durchstrahlungsverfahren**
  - Strahlenschranken (Füllstandskontrolle u. ä.)
  - berührungsfreies Messen von Dicke und Dichte,
  - zerstörungsfreie Werkstoffprüfung (Gammadefektoskopie).

▶ **Bestrahlungsverfahren**
  - Ionisierung von Gasen (Vakuummeter, Verhinderung elektrostatistischer Aufladung u. ä.),
  - Erzeugung von Gitterstörungen bei festen Körpern (Strukturveränderungen bei Kunststoffen),
  - Tiefenbestrahlung bei Geschwulstkrankheiten (Cobalt 60).

▶ **Markierungsverfahren (Indikatormethode)**
  - Markierung von Atomen für biologisch-medizinische Forschung,
  - Verschleißmessungen.

40   Elementarteilchen

Außer den Bausteinen der Atome, den Elementarteilchen

Proton, Neutron und Elektron,

sind heute über 200 Elementarteilchen bekannt. Viele von ihnen entstehen als Ergebnis der Wechselwirkung kosmische Strahlung – Erdatmosphäre. Auch bei Kernzertrümmerungen mit Hilfe von Teilchenbe-
schleunigern wurden weitere Teilchen entdeckt. Man teilt die Elementarteilchen in folgende Gruppen ein:
- ▶ Leptonen (leichte Teilchen),
- ▶ Mesonen (mittelschwere Teilchen),
- ▶ Baryonen (schwere Teilchen).

Nach neuen Erkenntnissen sind einige dieser Teilchen nicht struk-
turlos, sondern aus noch elementareren Teilchen (den sogenannten
Quarks) zusammengesetzt.
Die meisten Elementarteilchen existieren mit gegenpoliger elektrischer
Ladung und umgekehrtem magnetischem Moment als **Antiteilchen**; sie
werden durch einen Querstrich über dem Symbol gekennzeichnet.
Treffen ein Teilchen und sein Antiteilchen zusammen, so kommt es zur
„Zerstrahlung"; beide Teilchen verwandeln sich in eine γ- Strahlung.
Die Umkehrung dieses Prozesses bezeichnet man als Paarbildung
($\rightarrow$ 38.4.1).
Obwohl das Photon als „Lichtteilchen" keine Ruhemasse besitzt, wird
es in Tabellen der Elementarteilchen mit angeführt.
Daten und Eigenschaften der wichtigsten Elementarteilchen $\rightarrow$
folgende Übersicht!

Elementarteilchen

	Name	Symbol Teilchen	Antiteilchen	Ruhemasse $m_e = 1$	Ladung Q	mittlere Lebensdauer (in s)
	Photon	γ	–	0	0	–
Leptonen	Neutrino Antineutrino	ν	$\bar{\nu}$	0	0	stabil
	Elektron Positron	e^-	e^+	1	$-e$ $+e$	stabil
	Myon	μ^-	μ^+	207	$\mp e$	$2,2 \cdot 10^{-6}$
Mesonen	π-Meson	π^0	$\bar{\pi}^0$	264	0	$2 \cdot 10^{-16}$
		π^-	π^+	273	$\mp e$	$2,5 \cdot 10^{-8}$
	η-Meson	η^0	$\bar{\eta}^0$	1 072	0	10^{-22}
	ρ-Meson	ρ^0	$\bar{\rho}^0$	1 468	0	10^{-23}
		ρ^+	ρ^-		$\pm e$	
	ω-Meson	ω^0	$\bar{\omega}^0$	1 530	0	10^{-22}
	K-Meson	K^0	$\bar{K}^0$	974	0	10^{-10}
		K^+	K^-	967	$\pm e$	$1,2 \cdot 10^{-8}$
Baryonen	Proton Antiproton	p	$\bar{p}$	1 836	$+e$ $-e$	stabil
	Neutron Antineutron	n	$\bar{n}$	1 839	0	925
	Λ-Hyperon	Λ^0	$\bar{\Lambda}^0$	2 183	0	$2,5 \cdot 10^{-10}$
	Σ-Hyperon	Σ^+	$\bar{\Sigma}^-$	2 328	$\pm e$	$0,8 \cdot 10^{-10}$
		Σ^0	$\bar{\Sigma}^0$	2 332	0	10^{-11}
		Σ^-	$\bar{\Sigma}^+$	2 341	$\mp e$	$1,6 \cdot 10^{-10}$
	Ξ-Hyperon	Ξ^0	$\bar{\Xi}^0$	2 566	0	$1,5 \cdot 10^{-10}$
		Ξ^-	Ξ^+	2 582	$\mp e$	$1,9 \cdot 10^{-10}$

RELATIVISTISCHE MECHANIK R

41   Relativistische Mechanik

Angaben von Wegen, Geschwindigkeiten und Beschleunigungen haben nur bei Kenntnis des Bezugssystems einen Sinn. Wird das Bezugssystem gewechselt, so sind die kinematischen Größen umzurechnen (zu transformieren).

Befinden sich beide Bezugssysteme relativ zueinander in Ruhe, dann ändern sich nur die Ortskoordinaten; Wege, Geschwindigkeiten und Beschleunigungen bleiben nach Betrag und Richtung unverändert.

Anders, wenn sich beide Bezugssysteme relativ zueinander geradlinig und gleichförmig bewegen, also zwischen beiden eine nach Betrag und Richtung konstante Geschwindigkeit besteht. Solche Systeme heißen **Inertialsysteme**.

Prinzipiell sind zu unterscheiden:

▶ Bewegungen der Systeme mit kleiner Relativgeschwindigkeit ($v \ll c_0$): Es gelten die Gesetze der **klassischen Mechanik**;

▶ Bewegungen der Systeme mit großer Relativgeschwindigkeit ($v < c_0$): Es gelten die Gesetze der **relativistischen Mechanik**.

Beachte:

● In allen Gleichungen der relativistischen Mechanik sind die Gleichungen der klassischen Mechanik als Sonderfall $v \ll c_0$ enthalten.

41.1   Galilei-Transformation

Die Galilei-Transformation beschreibt eine Bewegung in zwei Inertialsystemen mit kleiner Relativgeschwindigkeit.

Mit

x, y, z Ortskoordinaten im System S,

x', y', z' Ortskoordinaten im System S',

t	Zeit gemessen in S,
t'	Zeit, gemessen in S',
v	Geschwindigkeit des Systems S' in Richtung der x-Achsen, gemessen im System S,
$\vec{u}$	Geschwindigkeit eines Körpers im System S,
$\vec{u}'$	Geschwindigkeit des Körpers im System S',
$\vec{a}$	Beschleunigung eines Körpers im System S,
$\vec{a}'$	Beschleunigung des Körpers im System S'

gelten für die kinematischen Größen folgende Regeln der Galilei-Transformation.

41.1.1   Zeitkoordinaten

In beiden Bezugssystemen läuft die Zeit in gleicher Weise ab, also

(R 41.1) $\boxed{t' = t}$

41.1.2   Ortskoordinaten

Die Ortskoordinaten beider Systeme für einen Punkt unterscheiden sich durch den zur Zeit t von S' in x-Richtung zurückgelegten Weg vt.

(R 41.2) $\boxed{\begin{aligned} &x' = x - vt\,; \quad y' = y\,; \quad z' = z \\ &x = x' + vt \end{aligned}}$

41.1.3   Geschwindigkeit

Die Geschwindigkeit $\vec{u}$ eines Körpers unterscheidet sich in beiden Systemen durch die Geschwindigkeit von S' in der x-Richtung.

(R 41.3) $\boxed{\begin{aligned} &u'_x = \frac{x'}{t} = \frac{x - vt}{t} = u_x - v\,; \quad u'_y = u_y\,; \quad u'_z = u_z \\ &u_x = \frac{x}{t} = u'_x + v \end{aligned}}$

worin u_x, u_y und u_z Komponenten von $\vec{u}$
und u'_x, u'_y und u'_z Komponenten von $\vec{u}'$ sind.

41.1.4   Beschleunigung

Beschleunigungen eines Körpers in Richtung der x-Achse sind in beiden Systemen gleich, weil mit $v =$ konstant

$$a_x = \frac{\mathrm{d}u_x}{\mathrm{d}t} = \frac{\mathrm{d}(u'_x + v)}{\mathrm{d}t} = \frac{\mathrm{d}u'_x}{\mathrm{d}t}$$

(R 41.4) $$a'_x = \frac{\mathrm{d}u'_x}{\mathrm{d}t} = \frac{\mathrm{d}u_x}{\mathrm{d}t} = a_x \,; \quad a'_y = a_y \,; \quad a'_z = a_z$$

worin a_x, a_y und a_z Komponenten von $\vec{a}$
und a'_x, a'_y und a'_z Komponenten von $\vec{a}'$ sind.

Beachte:
- Beim Übergang zu einem Inertialsystem mit geringer Relativgeschwindigkeit sind folgende Größen **invariant** (unverändert): Längen, Zeiten und Beschleunigungen.
  Geschwindigkeiten dagegen ändern sich nach Betrag und Richtung (sofern sie nicht mit der x-Richtung zusammenfallen).

41.2   Lorentz-Transformation

Die Lorentz-Transformation beschreibt eine Bewegung in zwei Inertialsystemen mit sehr großer Relativgeschwindigkeit.

Aus der speziellen Relativitätstheorie Einsteins und entsprechenden Experimenten folgt:

In jedem Inertialsystem ist die Vakuum-Lichtgeschwindigkeit unabhängig von der Richtung gleich groß.
Sie ist demnach auch unabhängig von der Bewegung der Lichtquelle.

R

Die Transformationsgleichungen für die Orts- und Zeitkoordinaten eines Ereignisses beim Übergang in ein anderes Inertialsystem müssen die Konstanz der Lichtgeschwindigkeit berücksichtigen.

Mit
x, y, z Ortskoordinaten im System S,
x', y', z' Ortskoordinaten im System S',
t Zeit, gemessen in S,

---

t' Zeit, gemessen in S',

v Geschwindigkeit des Systems S' in Richtung der x-Achsen, gemessen in S,

c_0 Vakuum-Lichtgeschwindigkeit $= 2,998 \cdot 10^8 \, \mathrm{m/s}$,

β $= v/c_0$

gelten folgende Regeln der Lorentz-Transformation.

41.2.1 Ortskoordinaten

(R 41.5)
$$x' = \frac{x - vt}{\sqrt{1-\beta^2}}\,;\quad y' = y\,;\quad z' = z$$
$$x = \frac{x' + vt'}{\sqrt{1-\beta^2}}$$

Beachte:
- Mit $\beta \ll 1$, also $v \ll c_0$, geht (R 41.5) in (R 41.2) über.

41.2.2 Zeitkoordinaten

(R 41.6)
$$t' = \frac{t - \dfrac{\beta x}{c_0}}{\sqrt{1-\beta^2}}\,;\quad t = \frac{t' + \dfrac{\beta x'}{c_0}}{\sqrt{1-\beta^2}}$$

Beachte:
- Mit $\beta \ll 1$, also $v \ll c_0$, geht (R 41.6) in (R 41.1) über.
- Da Orts- und Zeitkoordinaten reelle Werte sein müssen, kann die Relativgeschwindigkeit zwischen zwei Inertialsystemen niemals größer sein als die Vakuum-Lichtgeschwindigkeit.

41.3 Relativistische Kinematik

Aus der Lorentz-Transformation folgt, daß Zeit und Länge (im Gegensatz zur Galilei-Transformation) nicht invariant sind.

41.3.1 Zeitdilatation

Wenn zwei Ereignisse im System S am gleichen Ort im zeitlichen Abstand $t_2 - t_1 = \Delta t$ auftreten, so beträgt $t_2' - t_1' = \Delta t'$ im System

S' entsprechend (R 41.6)

(R 41.7) $$\Delta t' = \frac{\Delta t}{\sqrt{1 - \beta^2}} \geq \Delta t$$

Umgekehrt ergibt sich aber auch

(R 41.8) $$\Delta t = \frac{\Delta t'}{\sqrt{1 - \beta^2}} \geq \Delta t'$$

In jedem System erscheint die Zeit eines anderen Inertialsystems gedehnt (Uhrenparadoxon).

41.3.2 Längenkontraktion

Nach (R 41.5) ist $x' = (x - vt)/\sqrt{1 - \beta^2}$ und nach (R 41.6) $t'\sqrt{1 - \beta^2} = t - \beta x/c_0$. Löst man diese Gleichung nach t auf und setzt in die 1. Gleichung ein, so erhält man

$$x' = \frac{x - v(t'\sqrt{1 - \beta^2} + \beta x/c_0)}{\sqrt{1 - \beta^2}} = \frac{x - (vt'\sqrt{1 - \beta^2} + \beta^2 x)}{\sqrt{1 - \beta^2}}$$

Dies läßt sich vereinfachen zu

$$x' = \frac{x - \beta^2 x}{\sqrt{1 - \beta^2}} - vt', \quad \text{und schließlich ergibt sich}$$

$$x' = x\sqrt{1 - \beta^2} - vt'$$

Mit

v Geschwindigkeit des Systems S' in Richtung beider x-Achsen,
x x-Koordinate im System S,
x' x-Koordinate im System S',
l Länge einer Strecke im System S (Richtung der x-Achse),
l' Länge einer Strecke im System S',
c_0 Vakuum-Lichtgeschwindigkeit $= 2,998 \cdot 10^8$ m/s,
β $= v/c_0$
gilt also

$$l' = x_2' - x_1' = (x_2\sqrt{1 - \beta^2} - vt') - (x_1\sqrt{1 - \beta^2} - vt') \quad \text{oder}$$

(R 41.9) $\boxed{l' = (x_2 - x_1)\sqrt{1 - \beta^2}}$

Umgekehrt ergibt sich aber auch

(R 41.10) $\boxed{l = (x'_2 - x'_1)\sqrt{1 - \beta^2}}$

> In jedem System erscheinen alle in Bewegungsrichtung liegenden Abmessungen eines anderen Inertialsystems verkürzt. Senkrecht zur Bewegungsrichtung liegende Strecken erscheinen unverändert.

41.3.3   Addition von Geschwindigkeiten

Als Folge von Zeitdilatation und Längenkontraktion erscheinen in einem anderen Inertialsystem auch Geschwindigkeiten verändert.

Wenn

$\vec{u}'$ Geschwindigkeit eines Körpers im Systems S' mit den Komponenten u'_x, u'_y, u'_z,

$\vec{u}$ Geschwindigkeit dieses Körpers im Systems S mit den Komponenten u_x, u_y, u_z,

v Geschwindigkeit des Systems S' gegenüber System S in Richtung beider x-Achsen,

t Zeit im System S,

t' Zeit im System S'

dann gilt für die Geschwindigkeitskomponenten

$$u_x = \frac{\mathrm{d}x}{\mathrm{d}t}; \quad u_y = \frac{\mathrm{d}y}{\mathrm{d}t}; \quad u_z = \frac{\mathrm{d}z}{\mathrm{d}t}.$$

Nach Anwendung der Lorentz-Transformation auf die Ortskoordinaten erhält man

$$u_x = \frac{\dfrac{\mathrm{d}x'}{\mathrm{d}t'}\dfrac{\mathrm{d}t'}{\mathrm{d}t} + v\dfrac{\mathrm{d}t'}{\mathrm{d}t}}{\sqrt{1 - \beta^2}} = \frac{\left(\dfrac{\mathrm{d}x'}{\mathrm{d}t'} + v\right)\dfrac{\mathrm{d}t'}{\mathrm{d}t}}{\sqrt{1 - \beta^2}} = \frac{(u'_x + v)\dfrac{\mathrm{d}t'}{\mathrm{d}t}}{\sqrt{1 - \beta^2}} \quad \text{und}$$

$u_y = u'_y \dfrac{\mathrm{d}t'}{\mathrm{d}t}$ sowie $u_z = u'_z \dfrac{\mathrm{d}t'}{\mathrm{d}t}$. Aus (R 41.6) folgt

$$\frac{\mathrm{d}t}{\mathrm{d}t'} = \frac{\dfrac{\mathrm{d}t'}{\mathrm{d}t} + \dfrac{\beta}{c_0}\dfrac{\mathrm{d}x'}{\mathrm{d}t'}}{\sqrt{1-\beta^2}} = \frac{1 + \dfrac{\beta u_x}{c_0}}{\sqrt{1-\beta^2}}.$$

Einsetzen in die Geschwindigkeitsansätze ergibt

(R 41.11) $\quad u_x = \dfrac{u'_x + v}{1 + \dfrac{\beta u'_x}{c_0}}$; $\quad u_y = \dfrac{u'_y\sqrt{1-\beta^2}}{1 + \dfrac{\beta u'_y}{c_0}}$; $\quad u_z = \dfrac{u'_z\sqrt{1-\beta^2}}{1 + \dfrac{\beta u'_z}{c_0}}$

Aus analogen Gründen folgt

(R 41.12) $\quad u'_x = \dfrac{u_x - v}{1 - \dfrac{\beta u_x}{c_0}}$; $\quad u'_y = \dfrac{u_y\sqrt{1-\beta^2}}{1 - \dfrac{\beta u_x}{c_0}}$; $\quad u'_z = \dfrac{u_z\sqrt{1-\beta^2}}{1 - \dfrac{\beta u_z}{c_0}}$

Beachte:

- Auch Geschwindigkeiten senkrecht zur Bewegung von S′ sind nicht invariant gegenüber einer Lorentz-Transformation (im Gegensatz zur Galilei-Transformation).
- Aus (R 41.11) folgt, daß **ein Körper gegenüber einem Inertialsystem keine Geschwindigkeit größer als die Vakuum-Lichtgeschwindigkeit** besitzen kann.

R

41.4   Relativistische Dynamik

Nach den Gesetzen der klassischen Mechanik wäre mit $F = ma$ als Ergebnis einer langanhaltenden Beschleunigung jede Geschwindigkeit erreichbar, auch $v > c_0$! Dieser Widerspruch löst sich, wenn man beachtet, daß die Beschleunigung gegen eine Lorentz-Transformation nicht invariant ist, weil auch die Masse (neben Länge und Zeit) relativistische Veränderungen erfährt.

41.4.1   Masse

Wenn

m_0 Ruhemasse eines Körpers,

m Masse des Körpers, wenn er sich mit der Geschwindigkeit v gegenüber einem Bezugssystem bewegt,

v Geschwindigkeit des Körpers gegenüber einem Bezugssystem,

c_0 Vakuum-Lichtgeschwindigkeit $= 2,998 \cdot 10^8$ m/s,

β $= v/c_0$,

dann gilt in Analogie zur Lorentz-Transformation von Länge und Zeit für die **relativistische Masse**

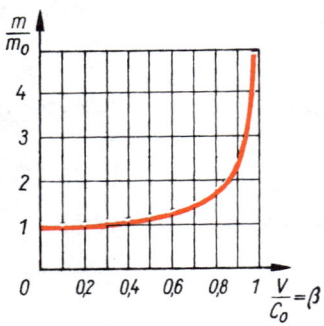

$$(\text{R } 41.13) \quad \boxed{m = \frac{m_0}{\sqrt{1 - \beta^2}}}$$

Beachte:

● Teilchen mit einer Ruhemasse $m_0 > 0$ können nur Geschwindigkeiten $v < c_0$ erreichen.

Teilchen mit einer Ruhemasse $m_0 = 0$ bewegen sich immer mit $v = c_0$. Bei Geschwindigkeiten $v < c_0$ existieren sie nicht.

Übersicht:

Masse als Funktion der Geschwindigkeit			
$\beta = v/c_0$	m/m_0	$\beta = v/c_0$	m/m_0
0,0	1,00	0,991	7,47
0,1	1,01	0,992	7,92
0,2	1,02	0,993	8,47
0,3	1,05	0,994	9,14
0,4	1,09	0,995	10,0
0,5	1,15	0,996	11,2
0,55	1,20	0,997	12,9
0,6	1,25	0,998	15,8
0,65	1,32	0,999	22,4

Masse als Funktion der Geschwindigkeit			
$\beta = v/c_0$	m/m_0	$\beta = v/c_0$	m/m_0
0,7	1,40	0,9991	23,6
0,75	1,51	0,9992	25,0
0,8	1,67	0,9993	26,7
0,85	1,90	0,9994	28,9
0,9	2,29	0,9995	31,6
0,91	2,41	0,9996	35,4
0,92	2,55	0,9997	40,8
0,93	2,72	0,9998	50,0
0,94	2,93	0,9999	70,7
0,95	3,20	0,99991	74,5
0,96	3,57	0,99992	79,1
0,97	4,11	0,99993	84,5
0,98	5,03	0,99994	91,3
0,99	7,09	0,99995	≈ 100

41.4.2   Impuls

Wegen (M 7.33) $\vec{p} = m\vec{v}$ wirken sich relativistische Massenänderungen auch auf den Impuls aus.

Wenn

$\vec{p}$ Impuls eines Körpers, der sich mit der Geschwindigkeit $\vec{v}$ gegenüber einem Bezugssystem bewegt,

m_0 Ruhemasse des Körpers,

$\vec{v}$ Geschwindigkeit des Körpers gegenüber einem Bezugssystem,

c_0 Vakuum-Lichtgeschwindigkeit $= 2,998 \cdot 10^8$ m/s,

β $= v/c_0$,

dann gilt für den **relativistischen Impuls**

(R 41.14) $$\vec{p} = \frac{m_0 \vec{v}}{\sqrt{1 - \beta^2}}$$

R

41.4.3   Kraft

Mit (M 7.36) ergibt sich die Kraft zu

$\vec{F} = \dot{\vec{p}} = \dfrac{\mathrm{d}\vec{p}}{\mathrm{d}t} = \dfrac{\mathrm{d}(m\vec{v})}{\mathrm{d}t}$. Im Falle großer Geschwindigkeiten muß

hierin für m die relativistische Masse eingesetzt werden. Mit (R 41.13) folgt also für die

relativistische Kraft (Bewegungsgleichung)

(R 41.15) $\vec{F} = \dfrac{\mathrm{d}(m_0\vec{v})}{\mathrm{d}t\,\sqrt{1 - \beta^2}}$

Durch hier nicht angeführtes Differenzieren gelangt man zu den Gleichungen für die einzelnen Kraftkomponenten.

(R 41.16) $F_x = \dfrac{m_0 a_x}{(1 - \beta^2)^{3/2}}$

$F_y = \dfrac{m_0 a_y}{\sqrt{1 - \beta^2}}\,; \quad F_z = \dfrac{m_0 a_z}{\sqrt{1 - \beta^2}}$

41.4.4   Energie

Ein aus der Ruhe ($v_0 = 0$) unter der Wirkung der Kraft F beschleunigter Körper erreicht nach der Zeit t die Geschwindigkeit v und besitzt die kinetische Energie E_k. Nur im Sonderfall der klassischen Mechanik ($v \ll c_0$) ist diese $E_\mathrm{k} = mv^2/2$. In der relativistischen Mechanik muß beachtet werden, daß $m = m(v)$.

Mit

m_0 Ruhemasse eines Körpers,

m relativistische Masse dieses Körpers bei einer Geschwindigkeit v relativ zu einem Bezugssystem,

$\Delta m = m - m_0$, relativistischer Massenzuwachs,

v Geschwindigkeit des Körpers relativ zum Bezugssystem in Richtung der wirkenden Kraft $\vec{F}$,

c_0 Vakuum-Lichtgeschwindigkeit $= 2{,}998 \cdot 10^8$ m/s,

β $= v/c_0$,

F beschleunigende Kraft,

E_0 Ruheenergie des Körpers,
E_k kinetische Energie des Körpers bei der Geschwindigkeit v,
E_g Gesamtenergie des Körpers bei der Geschwindigkeit v

gilt für die Beschleunigungsarbeit (= kinetische Energie E_k)

$$dE_k = F_x\,dx = \frac{m_0 a_x\,dx}{(1 - \beta^2)^{3/2}} = \frac{m_0}{(1 - \beta^2)^{3/2}}\frac{dv}{dt}\,dx$$

$$dE_k = \frac{m_0}{(1 - \beta^2)^{3/2}}\,v\,dv\,.\quad \text{Die Integration ergibt}$$

$$E_k = \int\limits_0^v \frac{m_0 v}{(1 - \beta^2)^{3/2}}\,dv = \frac{m_0 c_0^2}{\sqrt{1 - \beta^2}} - m_0 c_0^2\,.\quad \text{Daraus folgt}$$

(R 41.17) $\boxed{E_k = mc_0^2 - m_0 c_0^2 = \Delta mc_0^2 = E_g - E_0}$

Beachte:
- Der Ruhemasse m_0 eines Körpers entspricht auch eine Ruheenergie $E_0 = m_0 c_0^2$.

Die für die kinetische Energie E_k abgeleitete Beziehung (R 41.17) verallgemeinerte Einstein. Für alle Energieformen gilt die

Äquivalenz von Energie und Masse

(R 41.18) $\boxed{E = mc_0^2\,;\quad m = \frac{E}{c_0^2}}$

E	m	c
SI	J	kg	$\frac{m}{s}$

R

Jeder Masse (Massenänderung) entspricht eine Energie (Energieänderung): $\boldsymbol{E \sim m}$ und $\boldsymbol{\Delta E \sim \Delta m}$.

Beachte:
- Neben dem Energieerhaltungsgesetz läßt sich ein ebenso wichtiges **Gesetz von der Erhaltung der Masse** formulieren.
- → auch Energie-Masse-Relation (35.1).

FEHLERRECHNUNG F

42 Fehlerrechnung bei physikalischen Messungen

42.1 Fehlerbegriff

Messungen physikalischer Größen sind grundsätzlich fehlerbehaftet, d. h., man erhält Meßwerte, die vom wahren Wert mehr oder weniger abweichen. Als Symbol für alle Fehlerarten sei hier der griechische Buchstabe Δ verwendet (in der Literatur nicht einheitlich); z. B. Fehler einer Längenmessung Δl. Es wird definiert:

▌ absoluter Fehler Δx = Meßwert x minus wahrer Wert x_{w}

Je nach Ursache der Abweichung unterscheidet man (abgesehen von auf Irrtümern beruhenden **groben** Fehlern) zwischen **systematischen** und **zufälligen** Fehlern. Beide Fehlerarten können **absolut** (Δx) und **relativ** ($\Delta x/x$) angegeben werden. Man bevorzugt die letzte Darstellung (meist in Prozent), weil sie die größte Aussagekraft besitzt. Absolute Fehlerangaben allein sagen nichts über die Qualität der Messung aus. Da der wahre Wert einer Meßgröße nicht ermittelt werden kann, ersetzt man ihn durch ein **Intervall**, innerhalb dessen er mit einer bestimmten Wahrscheinlichkeit liegt. Ziel jeder Fehlerrechnung oder -schätzung ist die Bestimmung der Größe dieses Intervalls. Das Meßergebnis lautet dann

▌ $x_{\mathrm{w}} = x \pm \Delta x$.

42.2 Systematische Fehler

Sie entstehen durch
▶ Unvollkommenheit der Meßgeräte und -verfahren (z. B. Funktions- und Eichfehler),
▶ vernachlässigte Einflüsse (Druck, Temperatur u. a.),

- elektrische und magnetische Streufelder,
- mangelnde Reinheit von Substanzen,
- Einfluß des Meßgerätes auf das Meßobjekt

und vieles mehr.

> Wird die Messung unter gleichen Bedingungen wiederholt, so tritt ein systematischer Fehler in gleichbleibender Größe und mit gleichem Vorzeichen auf.

Systematische Fehler sind nicht Gegenstand einer Fehlerrechnung.

> Können systematische Fehler z. B. wegen des erforderlichen Aufwandes nicht vermieden oder klein gehalten werden, so sind sie im Meßergebnis durch eine entsprechende **Korrektur** zu berücksichtigen.

Das gilt, wenn systematische Fehler bekannt oder leicht bestimmbar sind (Eichkurven u. ä.). Die so nicht erfaßbaren systematischen Fehler werden **geschätzt** und zum zufälligen Fehler ($\to$ 42.3) addiert. Ihre Summe wird vielfach als **Meßunsicherheit** bezeichnet.

42.3   Zufällige Fehler

Für zufällige Fehler gibt es *objektive* und *subjektive* Ursachen. Sie entstehen durch

- Unzulänglichkeiten der Sinnesorgane des Messenden,
- Ungeschicklichkeit beim Messen und Ablesen,
- statistisch wirkende äußere Einflüsse (Erschütterungen, Spannungsschwankungen, Temperaturschwankungen u. ä.),
- Reibung und toter Gang bei mechanischen Bewegungen (einschließlich der Meßgeräte)

und vieles mehr.

> Zufällige Fehler haben *statistischen* Charakter und besitzen beiderlei Vorzeichen. Wird die Messung (unter gleichen Bedingungen) mehrfach durchgeführt, so *streuen* die Meßwerte um einen Mittelwert.

Wird die Messung nur *einmal* durchgeführt, so ist der zufällige Fehler zu **schätzen** ($\to$ 42.5). Bei Mehrfachmessung bzw. Meßreihen dagegen ist er mit *statistischen* Methoden bestimmbar ($\to$ 42.4).

F

42.4   Berechnung zufälliger Fehler

Die Fehlerrechnung beantwortet folgende Fragen:
▶ Wie weit entfernt sich der einzelne Meßwert durchschnittlich vom Mittelwert? → „Mittlerer Fehler der Einzelmessung" oder **Standardabweichung** (→ 42.4.2).
▶ Wie weit entfernt sich der Mittelwert vom wahren Wert? → „Mittlerer Fehler des Mittelwertes" oder **Vertrauensbereich** des Mittelwertes (→ 42.4.3).
▶ Wie weit entfernt sich ein Funktionswert vom wahren Wert, wenn er nicht selbst gemessen, sondern aus fehlerbehafteten Größen errechnet wurde? → „Mittlerer und maximaler Fehler des Funktionswertes" (→ 42.4.4 und 42.4.5).

42.4.1   Mittelwert der Meßreihe

Wird eine Größe x immer wieder unter völlig gleichen Bedingungen gemessen, so liegen die Meßwerte in einem bestimmten Bereich und der am häufigsten vorkommende Meßwert etwa in der Mitte dieses Bereiches (sofern nur zufällige Fehler auftreten). Dabei sind große Abweichungen von

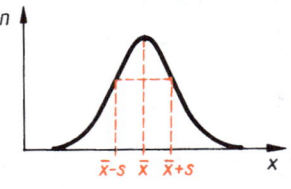

der Mitte des Bereiches selten, kleine Abweichungen häufiger. Wird die Häufigkeit n, mit der die einzelnen Meßwerte auftreten, über dem Meßwert x aufgetragen, so ergibt sich eine **Verteilungskurve**, die bei einer sehr großen Anzahl von Messungen in eine Glockenkurve, die **Gaußsche Normalverteilung**, übergeht. Das Maximum dieser Kurve, also der häufigste Meßwert, ist der wahrscheinlichste Wert und entspricht dem **arithmetischen Mittel** $\bar{x}$. Der Mittelwert ist mit dem wahren Wert nicht identisch, nähert sich diesem aber mit zunehmender Anzahl von Messungen.

▌ Je häufiger eine Messung wiederholt wird, um so näher liegt der Mittelwert am wahren Wert.

Wenn
x_i Meßwert,

n Anzahl der Messungen,
$\bar{x}$ Mittelwert der Meßwerte,
dann gilt

(F 42.1) $$\bar{x} = \frac{1}{n} \sum_{i=1}^{n} x_i$$

Beachte:
● Bei der Berechnung des Mittelwertes und der anschließenden Fehlerrechnung bleiben als eindeutig **falsch** erkennbare (auf groben Irrtümern beruhende) Meßwerte unberücksichtigt.

42.4.2   Standardabweichung

Die Standardabweichung ist ein Maß für die „Zuverlässigkeit" der einzelnen Meßwerte innerhalb einer Meßreihe. Sie bestimmt die durchschnittliche zufällige Abweichung vom Mittelwert und wird häufig als „**mittlerer** (quadratischer) **Fehler der Einzelmessung**" bezeichnet.

Wenn
s Standardabweichung,
x_i Meßwert,
$\bar{x}$ Mittelwert der Meßwerte,
n Anzahl der Messungen,
dann gilt

(F 42.2) $$s = \sqrt{\frac{1}{n-1} \sum_{i=1}^{n} (x_i - \bar{x})^2}$$

Beachte:
● Das Quadrat der Standardabweichung, also s^2, wird vielfach als **Streuung** (oder auch **Varianz**) bezeichnet.

Eine Vergrößerung der Anzahl der Messungen führt zwar zu einer Verbesserung des Mittelwertes $\bar{x}$ (er nähert sich dem wahren Wert), nicht aber zu einer spürbaren Verkleinerung der Standardabweichung s, weil mit der Anzahl der Messungen die Genauigkeit der einzelnen Messung nicht steigen kann.

■ Bei Vorliegen einer Normalverteilung nach Gauß, also bei einer sehr großen Anzahl von Messungen, fallen 68,3 % der Meßwerte in den

Bereich $\bar{x} \pm s$, d. h., es besteht eine **statistische Sicherheit** P von **68,3 Prozent**. Mit ihr rechnet man bei *physikalischen* Messungen.

■   Bei der **zweifachen Standardabweichung** ($\bar{x} \pm 2s$) beträgt die statistische Sicherheit $P = 95,4\,\%$. In der *Industrie* wird international überwiegend mit $P = 95,0\,\%$ gerechnet, das entspricht dem Bereich $\bar{x} \pm 1,96s$.

■   Bei der **dreifachen Standardabweichung** ($\bar{x} \pm 3s$) beträgt die statistische Sicherheit $P = 99,73\,\%$. Sie wird in der *biologischen* Meßtechnik bevorzugt.

42.4.3   Vertrauensbereich des Mittelwertes

Der Vertrauensbereich ist ein Maß für die „Zuverlässigkeit" des Mittelwertes $\bar{x}$. Er bestimmt den Bereich, innerhalb dessen der wahre Wert mit einer bestimmten Wahrscheinlichkeit (statistischen Sicherheit P) liegt, und wird häufig als „**mittlerer Fehler des Mittelwertes**" bezeichnet.

Wenn

$\Delta\bar{x}$ Vertrauensbereich des Mittelwertes,

x_i Meßwert,

$\bar{x}$ Mittelwert der Meßwerte,

n Anzahl der Messungen,

t Faktor, der von der gewählten statistischen Sicherheit P und der Anzahl der Messungen abhängt (er ist nachstehender Übersicht zu entnehmen),

dann gilt

(F 42.3) $$\Delta\bar{x} = \frac{t}{\sqrt{n}}s = \frac{t}{\sqrt{n}}\sqrt{\frac{1}{n-1}\sum_{i=1}^{n}(x_i - \bar{x})^2}$$

Mit wachsender Anzahl der Messungen verkleinert sich der Vertrauensbereich des Mittelwertes. Das bedeutet, die Abweichung des Mittelwertes vom wahren Wert wird immer kleiner.

Übersicht:

n :	3	4	5	6	8	10	20	30
$P = 68,3\%$ t	1,32	1,20	1,15	1,11	1,08	1,06	1,03	1,02
$t/\sqrt{n}$	0,76	0,60	0,51	0,45	0,38	0,34	0,23	0,19
$P = 95\%$ t	4,3	3,2	2,8	2,6	2,4	2,3	2,1	2,05
$t/\sqrt{n}$	2,5	1,6	1,24	1,05	0,84	0,72	0,47	0,37

42.4.4 Mittlerer Fehler des Funktionswertes

Meist ist die gesuchte Größe nicht *direkt* meßbar. Ist sie eine *Funktion* anderer, meßbarer Größen, so wird sie aus diesen berechnet.

> Der aus fehlerbehafteten Meßgrößen errechnete Funktionswert ist wieder fehlerbehaftet, die Fehler pflanzen sich fort.

Wenn

$\Delta\overline{F}$ mittlerer Fehler des Funktionswertes,

$\Delta\bar{x}, \Delta\bar{y}$ usw.   Vertauensbereich des Mittelwertes der einzelnen Meßgrößen,

$\dfrac{\partial F}{\partial x}, \dfrac{\partial F}{\partial y}$ usw.   partielle Ableitungen der Funktion $F = F(x, y, \ldots)$,

dann gilt das

Fehlerfortpflanzungsgesetz von Gauß

(F 42.4) $\Delta\overline{F} = \sqrt{\left(\dfrac{\partial F}{\partial x}\Delta\bar{x}\right)^2 + \left(\dfrac{\partial F}{\partial y}\Delta\bar{y}\right)^2 + \cdots}$

> In den meisten Fällen kann man sich die Bildung der partiellen Differentialquotienten ersparen, da sich (F 42.4) für bestimmte Arten von Funktionen vereinfachen läßt.

> Der mittlere Absolutfehler einer **algebraischen Summe** von Meßgrößen ist gleich der geometrischen Summe ihrer mit den Faktoren multiplizierten Vertrauensbereiche.

(F 42.5) $F = ax \pm by \pm cz \pm \cdots$

$\Delta\overline{F} = \sqrt{(a\,\Delta\bar{x})^2 + (b\,\Delta\bar{y})^2 + (c\,\Delta\bar{z})^2 + \cdots}$

> Der mittlere Relativfehler eines **Potenzproduktes** von Meßgrößen ist gleich der geometrischen Summe ihrer mit den Exponenten multiplizierten Relativfehler.

(F 42.6)
$$F = x^{\pm a}\, y^{\pm b}\, z^{\pm c} \ldots$$
$$\frac{\Delta \overline{F}}{F} = \sqrt{\left(a\frac{\Delta \overline{x}}{\overline{x}}\right)^2 + \left(b\frac{\Delta \overline{y}}{\overline{y}}\right)^2 + \left(c\frac{\Delta \overline{z}}{\overline{z}}\right)^2 + \cdots}$$

Beachte:
● Meßgrößen, die mit höherer Potenz in die Funktion eingehen, sind besonders sorgfältig zu messen!

42.4.5   Maximalfehler des Funktionswertes

In der Gleichung (F 42.4) zur Berechnung des *mittleren* Fehlers eines Funktionswertes ist berücksichtigt, daß sich die Fehler der einzelnen Meßgrößen teilweise kompensieren. Um mit Sicherheit den wahren Wert mit den errechneten Fehlergrenzen einzuschließen, bestimmt man den **maximalen** Fehler. Er wird besonders dann verwendet, wenn die einzelnen Meßgrößen nicht durch Meßreihen bestimmt werden, die Berechnung des Vertrauensbereiches also unmöglich oder wenig sinnvoll ist.

In solchen Fällen geht man von **geschätzten** Fehlern (→ 42.5) der Meßgrößen aus bzw. von den (vielfach genormten) **Fehlergrenzen** der Meßgeräte (z. B. Klassen elektrischer Meßgeräte).

Wenn

ΔF Maximalfehler des Funktionswertes, Größtfehler,

Δx usw.   Vertrauensbereich des Mittelwertes *oder* geschätzter Fehler der Meßgröße *oder* Fehlergrenze des Gerätes,

dann gilt

(F 42.7)
$$\Delta F = \pm\left(\left|\frac{\partial F}{\partial x}\Delta \overline{x}\right| + \left|\frac{\partial F}{\partial y}\Delta \overline{y}\right| + \cdots\right)$$

■ Die Bildung der partiellen Differentialquotienten kann man sich in den meisten Fällen ersparen, da sich (F 42.7) für viele Funktionstypen vereinfachen läßt.

Bei einer **Summe** (oder Differenz) von Meßgrößen ist der **absolute** Maximalfehler gleich der Summe der Beträge ihrer (mit den Faktoren multiplizierten) Absolutfehler.

(F 42.8)
$$F = ax \pm by \pm cz \pm \ldots$$
$$\Delta F = \pm(|a\,\Delta\bar{x}| + |b\,\Delta\bar{y}| + |c\,\Delta\bar{z}| + \cdots)$$

Bei einem **Produkt** (oder Quotienten) von Meßgrößen ist der **relative** Maximalfehler gleich der Summe der Beträge ihrer (mit den Exponenten multiplizierten) Relativfehler.

(F 42.9)
$$F = x^{\pm a}\, y^{\pm b}\, z^{\pm c} \ldots$$
$$\frac{\Delta F}{F} = \pm\left(\left|a\,\frac{\Delta\bar{x}}{\bar{x}}\right| + \left|b\,\frac{\Delta\bar{y}}{\bar{y}}\right| + \left|c\,\frac{\Delta\bar{z}}{\bar{z}}\right| + \cdots\right)$$

Beachte:
- Meßgrößen, die mit höherer Potenz in die Funktion eingehen, sind besonders sorgfältig zu messen!

42.5 Fehlerschätzung

Beim Berechnen des Maximalfehlers eines Funktionswertes geht man meist von geschätzten Fehlern der einzelnen Meßgrößen aus: **geschätzte Einzelfehler.**
Grundlage der Fehlerschätzung bilden die Anzeige- und Ablesegenauigkeit. Als grobe Richtlinie gilt, daß der Fehler bei nicht zu geringem Skalenstrichabstand etwa die *Hälfte* des Wertes vom Abstand zweier Skalenstriche beträgt. Bei relativ weiter Skalenteilung kann ein *Viertel,* bei enger Teilung der *ganze* Wert genommen werden. Im Zweifelsfall sollte man sich für den größeren Fehler entscheiden.

Beispiele:

Thermometer mit 1/10-Grad-Teilung	$\Delta t =$	$\pm 1/20\,\mathrm{K}$
Thermometer mit enger 1/1-Grad-Teilung	$\Delta t =$	$\pm 1\,\mathrm{K}$
Amperemeter mit 0,2 A/Skalenteil	$\Delta I =$	$\pm 0,1\,\mathrm{A}$
Nonius 1/10 mm	$\Delta l =$	$\pm 0,1\,\mathrm{mm}$
Quecksilberbarometer (ohne Nonius)	$\Delta p =$	$\pm 0,5\,\mathrm{mm}$
		$(\widehat{=} 0,5\,\mathrm{Torr} \approx 67\,\mathrm{Pa})$

F

■ Bei Waagen geht man beim Fehlerabschätzen von ihrer **Empfindlichkeit** aus. Diese ist **lastabhängig** und wird in folgender Weise bestimmt:

1. Man bestimmt den Schwingungsmittelpunkt der schwingenden (beiderseits gleich belasteten) Waage.
2. Durch einseitiges Auflegen von kleinen Wägestücken verlagert man den Schwingungsmittelpunkt um eine Skaleneinheit.
3. Die dafür erforderliche einseitige Belastung ist die Empfindlichkeit der Waage und wird als Wägefehler $\Delta \overline{m}$ benutzt.

42.6   Rechnen mit fehlerbehafteten Größen und Fehlern

42.6.1   Berechnen des Funktionswertes

Bei der Benutzung von **Taschenrechnern** für die Berechnung des Funktionswertes entstehen keine zusätzlichen Fehler. Man muß sich sogar hüten, durch Berücksichtigung aller Stellen der Anzeige zu einer ,,Scheingenauigkeit" zu kommen. Da Ergebnisse einer Rechnung nie genauer sein können als die Einzelwerte (also die Meßwerte), sollte man sich auf ein 2- bis 4stelliges Ergebnis beschränken (d. h. 2 bis 4 geltende Stellen unabhängig von der Stellung des Kommas!). Dabei sind die Rundungsregeln zu beachten.

42.6.2   Berechnen des Fehlers

Für den Taschenrechner gelten die Bemerkungen in 42.6.1 sinngemäß.

Fehler werden 1- bis maximal 2stellig (d. h. 1 bis 2 Stellen unabhängig vom Komma) berechnet und **immer aufgerundet**.

42.6.3   Darstellung des Endergebnisses

Für das Endergebnis muß die Stellenzahl des Meßergebnisses dem Fehler angepaßt werden.

Das Meßergebnis wird so gerundet, daß es genauso viele **Stellen nach dem Komma** besitzt wie der Fehler (gleiche Einheit vorausgesetzt).

Das Endergebnis lautet: Meßergebnis $\pm$ Absolutfehler
oder zweckmäßiger: **Meßergebnis $\pm$ Relativfehler**

Beispiel:
Messung und Fehlerrechnung ergeben

$\overline{V} = 1,762\,4\,\text{cm}^3 \quad \Delta\overline{V} = \pm 0,035\,1\,\text{cm}^3.$ Rundung ergibt

$V = 1,762\,\text{cm}^3 \pm 0,036\,\text{cm}^3 = (1,762 \pm 0,036)\,\text{cm}^3$ oder auch

$V = (1,76 \pm 0,04)\,\text{cm}^3.$

Mit dem Relativfehler (in Prozent) lautet das Endergebnis

$V = 1,762\,\text{cm}^3 \pm 1,762\,\text{cm}^3 \cdot 2,1\,\%$ oder nach Ausklammern

$\quad = 1,762\,\text{cm}^3 (1 \pm 2,1\,\%)$ bzw. mit 1stelligem Fehler

$V = 1,76\,\text{cm}^3 (1 \pm 3\,\%).$

Beachte:
● Die häufig verwendete Form $V = 1,76\,\text{cm}^3 \pm 3\,\%$ ist **nicht korrekt**,
  weil aus einer physikalischen Größe und einer Zahl ($\% = 0,01$)
  keine Summe gebildet werden kann.

F

Tabelle 1

Dichte fester Stoffe ϱ			in kg/dm^3
Achat	2,5...2,8	Dachziegel	2,6
Aluminium, rein	2,702	Diamant	3,51
Blech	2,73	Duraluminium	2,75...2,87
gegossen	2,56	Eis (0 °C)	0,917
Anthrazit	1,3...1,5	Eisen, Roh-, grau	6,6...7,4
Apatit	3,16...3,22	Eisen, Roh-, weiß	7,6...7,8
Asbestplatten	1,5...2,0	Elektron	1,7...1,8
Asphalt	1,1...2,0	Elfenbein	1,8...1,9
Bakelit	1,335	Erdreich	1,3...2,0
Basalt	2,4...3,1	Fette	0,90...0,95
Bauxit	2,4...2,6	Germanium	5,35
Bergkristall	2,64	Glas, Fenster-	2,48
Bernstein	1,0...1,1	Glas, Flaschen-	2,6
Beton, Gas-	0,5...0,9	Glas, Flint-, leicht	2,5...3,2
Beton, Kies-	1,8...2,4	Glas, Flint-, schwer	3,5...5,9
Beton, Leicht-	0,3...1,6	Glas, Jenaer	
Beton, Schwer-	1,9...2,8	Duranglas 50	2,23
Beton, Schwerst-	bis 5,0	Geräteglas 20	2,40
Bimsstein, natürl.	0,37...0,9	Rasothermglas	2,55
Bitumen	1,05	Normalglas 16 III	2,58
Blei	11,34	Thermometerglas	2,42
Bleiglanz	7,4...7,6	Suprax	2,31
Bleiglas (25 % PbO)	2,89	Supremaxglas 56	2,59
Bleiglätte, natürl.	7,8...8,0	Glas, Kron-, leicht	2,2...2,7
Braunkohle	1,2...1,4	Glas, Kron-, schwer	2,9...3,8
Braunkohlenbrikett	1,25	Glas, Quarz-	2,2
Braunstein	4,9...5,0	Glimmer	2,6...3,2
Bronze (Rotguß)	8,7...8,9	Gold	19,29
Chromnickelstahl	7,8...8,0	Granit	2,6...3,0
Dachpappe	1,1...1,2	Graphit, Natur-	2,0...2,5
Dachschiefer	2,7...2,8	Grauguß	7,2

Tabelle 1   605

Tabelle 1 (Fortsetzung)

Dichte fester Stoffe ϱ		in kg/dm³	
Gummi	0,92	Messing, weiß	8,2
Hartgewebe	1,3...1,4	Mikanit	2,5
Hartgummi (Ebonit)	1,1...1,3	Molybdän	10,21
Holz, trocken	0,4...0,8	Natriumchlorid	2,17
Balsaholz	0,08...0,2	Neusilber	8,3...8,7
Birkenholz	0,52...0,8	Nickel	8,8
Ebenholz	1,2	Nickelin	8,77
Eichenholz	0,7...1,0	Papier	0,7...1,2
Fichtenholz	0,4...0,7	Paraffin	0,8...0,9
Holzspanplatten	0,4...0,8	Pertinax	1,3
Holzwolleplatten	0,4...0,5	Plexiglas	1,2
Hostaflon	2,1...2,2	Piatherm	0,015
Invarstahl	8,0...8,1	Platin	21,4
Iridium	22,42	Platiniridium (10 %)	21,6
Kalkmörtel, trocken	1,6	Polyamid (Perlon,	
Kalkspat	2,6...2,8	Nylon u. ä.)	1,08...1,14
Keramik	2,1...2,3	Polystyrol (Trolitul)	1,05...1,20
Kolophonium	1,08	PVC	1,38
Konstantan	8,8	Porzellan	2,3...2,5
Kork (Platten)	0,20...0,35	Rosesches Metall	10,7
Korund	3,8...4,0	Sand, erdfeucht	2,0
Kupfer, rein	8,933	Schamotte	1,7...2,2
Kupferdraht	8,96	Schaumstoff	0,02...0,05
Leder (trocken)	0,9...1,0	Schiefer	2,7...2,8
Lehm	1,5...1,8	Silber	10,5
Leim	1,27	Stahl, Alu-	6,30
Lot, Aluminium-	2,7...5,9	Chrom-	7,7
Blei-	11,2	Chromnickel-	7,9
Messing-	8,1...8,7	Cobalt-	7,8
Silber-	8,27...9,18	Nickel-	8,13
Zink-	7,2	Niro-	7,3...7,4
Zinn-	7,5...10,8	V2A-	7,8
Magnesia	3,2...3,6	Steinkohle	1,2...1,4
Magnesium	1,74	Weißmetall	9,5
Manganin	8,4	Wolfram	19,3
Marmor	2,6...2,8	Woodsches Metall	9,7
Messing	8,1...8,6	Ziegelstein	1...1,6
gelb	8,5	Zinkblech	7,0
rot	8,8	Zinn, gegossen	7,2

Tabelle 1 (Fortsetzung)

Dichte von Flüssigkeiten ϱ bei 20 °C			in kg/dm³
Aceton	0,791	Oktan	0,702
Ammoniakwasser		Olivenöl	0,91
(24 %)	0,910	Paraffinöl	0,9...1,0
(35 %)	0,882	Petroleum	0,81
Benzin, Fahr-	0,78	Quecksilber	13,546
Flug-	0,72	Rizinusöl	0,96
Benzol (Benzen)	0,879	Salpetersäure	
Chloroform	1,489	(50 %)	1,31
Dieselkraftstoff	0,85...0,88	(100 %)	1,512
Diethylether	0,714	Salzsäure (40 %)	1,195
Erdöl	0,73...0,94	Schwefelsäure	
Ethylalkohol		(50 %)	1,40
(Ethanol)	0,789	(100 %)	1,834
Glycerin	1,261	Siliconöl	0,76...0,97
Heizöl	0,95...1,08	Spiritus	0,83
Kalilauge (40 %;		Terpentinöl	0,855
15 °C)	1,395	Tetrachlor-	
Maschinenöl	$\approx$ 0,9	kohlenstoff	1,594
Methylalkohol	0,791 5	Toluol	0,866 9
Milch, Voll-	1,032	Transformatorenöl	0,87
Mineralöl,		Wasser	0,998 2
Schmier-	$\approx$ 0,85	Wasser, schweres	1,105
Zylinder-	0,93	Wasserstoffperoxid	1,463
Natronlauge		Xylol	0,88
(40 %; 15 °C)	1,434		

Normdichte gasförmiger Stoffe ϱ (bei 0 °C und 1 013 hPa)			in kg/m³
Ammoniak	0,771 4	Luft	1,292 9
Argon	1,784	Methan	0,716 8
Butan	2,703	Neon	0,900 2
Chlor	3,214	Propan	2,009 6
Chlorwasserstoff	1,639 2	Sauerstoff	1,428 95
Dimethylether	2,109 8	Stadtgas	$\approx$ 0,6
Helium	0,178 5	Stickstoff	1,250 5
Kohlendioxid	1,976 9	Wasserdampf (100 °C)	0,768
Kohlenmonoxid	1,250	Wasserstoff	0,089 88
Krypton	3,744	Xenon	5,897

Tabelle 2   607

Tabelle 2

Reibungszahlen μ (Richtwerte)

	Haftreibungszahl μ_0			
	trocken	wenig fettig	geschmiert	mit Wasser
Bronze auf Bronze	0,18		0,11	
Grauguß	0,28		0,16	
Stahl	0,19			
Grauguß auf Bronze	0,28		0,18	
Eiche				0,65
Grauguß		0,16	0,19	
Eiche auf Eiche	0,54			0,71
Lederriemen auf Eiche		0,47		
Grauguß	0,48	0,28	0,12	0,38
Messing auf Eiche	0,62		0,16	
Stahl auf Bronze	0,19			
Eiche			0,11	0,65
Eis	0,027			
Grauguß	0,19			
Stahl	0,15	0,13		
Hanfseil auf Holz	0,5			

	trocken	naß sauber	naß schmierig	vereist
Luftreifen auf				
Ackerböden	0,45		0,2	< 0,2
Asphalt	0,55	0,3	0,2	< 0,2
Beton	0,65	0,5	0,3	< 0,2
Erdweg	0,45		0,2	< 0,2
Holzpflaster	0,55	0,3	0,2	< 0,2
Kleinpflaster	0,55	0,3	0,2	< 0,2
Kopfsteinpflaster	0,6	0,4	0,3	< 0,2
Schotter, gewalzt	0,7	0,5	0,4	< 0,2
Schotter, gewalzt, geteert	0,6	0,4	0,3	< 0,2
Teerdecke	0,55	0,4	0,3	< 0,2
Greiferräder auf Ackerboden	0,5			
Kettenfahrzeuge auf Ackerboden	0,8			

T

Tabelle 2 (Fortsetzung)

Reibungszahlen μ (Richtwerte)				
	Gleitreibungszahl μ			
	trocken	wenig fettig	ge- schmiert	mit Wasser
Bronze auf Bronze	0,20		0,06	
Grauguß	0,21	0,08		
Stahl	0,18	0,16	0,07	
Grauguß auf Bronze	0,20	0,15	0,08	
Eiche	0,49	0,19		0,22
Grauguß	0,28	0,15	0,08	0,31
Eiche auf Eiche	0,34		0,1	0,25
Lederriemen auf Eiche	0,27			0,29
Grauguß	0,56	0,27	0,12	0,36
Messing auf Eiche	0,60		0,44	0,24
Stahl auf Bronze	0,18	0,16	0,07	
Eiche	0,5		0,08	0,26
Eis	0,014			
Grauguß	0,18		0,06	
Stahl	0,12		0,01	
Weißmetall	0,2	0,1	0,04	
Gebremstes Auto auf Pflaster	0,5			0,2
Gebremstes Auto auf Asphalt	0,3			0,15
	Fahrwiderstandszahl μ_F			
Straßenbahn	0,006			
Eisenbahn	0,002			
Bergwerksloren	0,01			
Fuhrwerk auf gutem Erdweg	0,05			
guter Landstraße	0,025			
Asphalt	0,015			
Auto auf Pflaster	0,04			
Asphalt	0,015...0,025			
Greiferräder auf Ackerboden	0,14...0,24			
Kettenfahrzeuge auf Ackerboden	0,07...0,12			

Tabelle 3

Stoßzahl k (Richtwerte für $v_1 \approx 3$ m/s)			
Elfenbein	8/9 = 0,89	Kork	5/9 = 0,56
Glas	15/16 = 0,94	Stahl	5/6 = 0,83
Holz	1/2 = 0,5		

Tabelle 4

Kompressibilität $\varkappa$ von Flüssigkeiten (bei 20 °C)	in 1/GPa
Aceton (Propanon)	1,27
Anilin	0,41
Benzol (Benzen)	0,97
Brom	0,65
Bromoform (Tribrommethan)	0,51
Chlorbenzol (Chlorbenzen)	0,71
Chloroform (Trichlormethan)	1,1
Diethylether	1,84
Essigsäure (Ethansäure)	0,82
Ethanol	1,17
Ethylacetat	1,7
Ethylbromid (Bromethan)	1,2
Glycerin (Propantriol)	0,22
Hydrauliköl	$\approx$ 0,55
Methanol	1,22
Nitrobenzol (Nitrobenzen)	0,5
Olivenöl	0,6
Pentan	1,47
Petroleum	0,8
Quecksilber	0,038
Rizinusöl	0,5
Schwefelkohlenstoff (Kohlendisulfid)	0,94
Terpentinöl	0,81
Tetrachlorkohlenstoff (Tetrachlormethan)	1,13
Toluol (Methylbenzen)	0,9
Wasser	0,50
(0 °C)	0,53
Xylol (Xylen)	0,85

T

Tabelle 5

Luftdruck p in Abhängigkeit von der Höhe h		(Normatmosphäre)	
h/m	p/hPa	h/m	p/hPa
0	1 013,25	6 800	422,3
100	1 001,3	7 000	410,6
200	989,5	7 200	399,2
300	977,7	7 400	388,0
400	966,1	7 600	377,1
500	954,6	7 800	366,4
600	943,2	8 000	356,0
700	931,9	8 200	345,8
800	920,8	8 400	335,9
900	909,7	8 600	326,2
1 000	898,8	8 800	316,7
1 200	877,2	9 000	307,4
1 400	856,0	9 200	298,4
1 600	835,3	9 400	289,6
1 800	814,9	9 600	281,0
2 000	795,0	9 800	272,6
2 200	775,4	10 000	264,4
2 400	756,3	10 500	244,7
2 600	737,5	11 000	226,3
2 800	719,1	11 500	209,2
3 000	701,1	12 000	193,3
3 200	683,4	12 500	178,6
3 400	666,2	13 000	165,1
3 600	649,2	13 500	152,6
3 800	632,6	14 000	141,0
4 000	616,4	14 500	130,3
4 200	600,5	15 000	120,4
4 400	584,9	15 500	111,3
4 600	569,7	16 000	102,9
4 800	554,8	16 500	95,07
5 000	540,2	17 000	87,87
5 200	525,9	17 500	81,20
5 400	511,9	18 000	75,05
5 600	498,3	18 500	69,36
5 800	484,9	19 000	64,10
6 000	471,8	19 500	59,24
6 200	459,0	20 000	54,75
6 400	446,5	21 000	46,78
6 600	434,3	22 000	40,00

Tabelle 6   611

Tabelle 6

Dynamische Viskosität η und kinematische Viskosität ν			
Flüssigkeiten	$\eta/\text{mPa} \cdot \text{s}$		$\nu \Big/ \dfrac{\text{mm}^2}{\text{s}}$
	bei 20 °C	bei 0 °C	bei 20 °C
Aceton (Propanon)	0,322	0,395	0,407
Ameisensäure	1,78		1,46
Anilin (Aminobenzen)	4,40	10,2	4,31
Benzol (Benzen)	0,648	0,91	0,737
Chlorbenzen	0,80	1,06	0,72
Chloroform (Trichlormethan)	0,57	0,70	0,38
Diethylether	0,240	0,290	0,336
Dioxan	1,26		1,22
Essigsäure	1,22		1,16
Ethanol	1,20	1,78	1,52
Glycerin (Propantriol)	1 480	12 100	1 170
Heptan	0,409	0,517	0,596
Methanol	0,587	0,820	0,742
Nitrobenzol	2,01	3,09	1,67
Olivenöl	80,8		89
Pentan, n-	0,232	0,282	0,370
Quecksilber	1,554	1,685	0,115
Rizinusöl	990	2 420	1 031
Schwefelkohlenstoff	0,366	0,433	2,14
Schwefelsäure, konzentriert	29		16
Terpentinöl	1,46		1,71
Tetrachlorkohlenstoff	0,97	1,35	0,61
Toluol (Methylbenzen)	0,585	0,768	0,675
Wasser	1,002	1,792	1,004
Wasser, schweres	1,26		1,14
Xylol, m-	0,61	0,80	0,71
Gase bei 0 °C; 1 013 hPa	$\eta/\mu\text{Pa} \cdot \text{s}$		$\nu \Big/ \dfrac{\text{mm}^2}{\text{s}}$
Acetylen	9,5		8,1
Ammoniak	9,3		12,1
Argon	21,2		11,9
Bromwasserstoff	17,0		4,67
Butan,Iso-	6,9		2,58
Chlor	12,3		3,83

T

Tabelle 6 (Fortsetzung)

Dynamische Viskosität η und kinematische Viskosität ν		
Gase bei 0 °C; 1 013 hPa	$\eta/\mu\text{Pa} \cdot \text{s}$	$\nu / \dfrac{\text{mm}^2}{\text{s}}$
Chlorwasserstoff	13,1	7,99
Ethan	8,6	6,34
Ethylen (Ethen)	9,4	7,46
Helium	18,7	105
Iodwasserstoff	17,3	2,99
Kohlendioxid	13,7	6,93
Kohlenmonoxid	16,6	13,3
Krypton	23,3	6,22
Luft	17,2	13,3
Methan	10,2	14,2
Neon	29,8	33,1
Propan	7,5	3,7
Sauerstoff	19,2	13,4
Schwefeldioxid	11,6	3,96
Schwefelwasserstoff	11,7	7,62
Stickoxid	17,9	13,4
Stickstoff	16,5	13,2
Wasserstoff	8,42	93,7
Xenon	21,1	3,58

Tabelle 7

Widerstandsbeiwert c	
Dünne, ebene Platte, senkrecht zur Strömung	1,11
Kugel	0,1…0,4
Halbkugel, offen, Öffnung gegen Strömung	1,33
Rundung gegen Strömung	0,35
geschlossen, Boden gegen Strömung	1,17
Rundung gegen Strömung	0,4
Stromlinienkörper	0,05
Kreiszylinder, Strömung quer zur Längsachse	0,6…1,0
Strömung senkrecht zur Stirnfläche	0,9…1,0
Pkw, geschlossen	≈ 0,4
offen	≈ 0,9
Lkw	≈ 0,9
Rennwagen	0,15…0,2

Tabelle 8   613

Tabelle 8

Oberflächenspannung σ (bei 20 °C)	in mN/m
Aceton (Propanon)	23,3
Anilin (Aminobenzen)	43,3
Benzol (Benzen)	28,9
Brom	41,5
Bromoform (Tribrommethan)	31,7
Chlorbenzol (Chlorbenzen)	33,3
Chloroform (Trichlormethan)	27,3
Chlortoluol, m- (3-Chlormethylbenzen)	33,4
Cyclohexan	25,0
Diethylether	17,1
Dioxan	33,7
Essigsäure (Ethansäure)	27,4
Ethanol	22,3
Glycerin (Propantriol)	65,7
Heptan	20,3
Hexan	18,4
Methanol	22,6
Nitrobenzol (Nitrobenzen)	43,3
Oktan	21,8
Pentan, n-	16,0
Petroleum (0 °C)	28,9
Propan-2-ol	21,4
Propan-1-ol	23,7
Pyridin	37,2
Quecksilber	465
Salzsäure (10 %)	73
Schwefelkohlenstoff	32,2
Schwefelsäure	55,1
Terpentinöl	26,8
Tetrachlorkohlenstoff (Tetrachlormethan)	26,8
Tetralin (Tetrahydronaphthalen)	35,4
Toluol (Methylbenzen)	28,5
Wasser (0 °C)	75,6
(20 °C)	72,7
(50 °C)	67,8
(100 °C)	58,8
Xylol, o- (1,2-Dimethylbenzen)	30,1
m- (1,3-Dimethylhenzen)	28,6
p- (1,4-Dimethylhenzen)	28,4

T

Tabelle 9

Elastizitätsmodul E, Schubmodul G, Kompressionsmodul K und Poisson-Zahl μ			
	E/GPa	G/GPa	K/GPa	μ
Aluminium	71	26	73,2	0,34
Basalt	50...100	27		0,3
Beton	10...40	10		0,17
Blei	16	5,7	43	0,44
Bronze	110	45		
Cadmium	51	20	44	0,30
Celluloid	2,5			
Duraluminium	73	27	75	0,34
Eis ($-4\,^{\circ}$C)	9,6	3,6	9,8	0,33
Eisen	210	82	170	0,28
Elektron	44	17	36	0,30
Germanium	81	31	70	0,31
Glas, Geräte-	40...90	16...35	650...27	0,19...0,28
Glas, Quarz-	75	32	38	0,17
Glimmer	160...210			
Gneis	13...36			
Gold	78	27	170	0,42
Granit	15...70			
Gußeisen	110	44	65	0,22
Holz	10...15			
Iridium	530	210	360	0,26
Kautschuk	10^{-4}			
Keramik	0,3...30			
Klinker	27			
Konstantan	163	62	160	0,33
Kupfer	123	45,5	136	0,35
Kunsthorn	3			
Magnesium	44	17,2	33,2	0,28
Manganin	124	46	120	0,33
Marmor	72	27	61	0,30
Messing	98	36	110	0,35
Molybdän	330	130	280	0,30
Neusilber	110	40	140	0,37
Nickel	210	80	190	0,31
Pertinax	9,5			
Platin	170	61	270	0,39
Plexiglas	3,2	1,2	3,6	0,35
Polystyrol	3,2	1,22	3,4	0,33

Tabelle 9 (Fortsetzung)

Elastizitätsmodul E, Schubmodul G, Kompressionsmodul K und Poisson-Zahl μ			
	E/GPa	G/GPa	K/GPa	μ
Porzellan	60	24	36	0,23
Sandstein	4...40			
Schmiedeeisen	213	81	167	0,28
Silber	79	28	100	0,37
Silicium	98	33	320	0,45
Stahl (1 C)	210	80	160	0,28
Feder-	220	85	53	0,29
V 2 A	190			
Tantal	184	70	200	0,35
Titan	110	40	130	0,36
Vanadium	130	47	160	0,36
Vulkanfiber	4,9			
Wolfram	390	152	310	0,29
Zink	98	40	58	0,25
Zinn	55	21	52,7	0,33
Zirconium	69	25	89,2	0,37

Tabelle 10

Längenausdehnungskoeffizient fester Stoffe α (0...100 °C)			in 10^{-6}/K
Aluminium	23,8	Duraluminium	23
Antimon	10,9	Eis (0 °C)	0,502
Asphalt	≈ 200	Eisen	12,1
Bakelit	30	Elektron	24
Bernstein	54	Fette	≈ 100
Beryllium	12,3	Germanium	6
Bismut	13,5	Glas, Flint-	7,9
Blei	29	Kron-	9,5
Bronze	17,5	Glas, Jenaer	
Caesium	97	16 III	8,07
Celluloid	101	59 III	5,9
Chrom	6,6	1 565 III	3,45
Cobalt	13	2 877 (Geräteglas 20)	4,5
Diamant	1,3	2 954 III	6,28

T

Tabelle 10 (Fortsetzung)

Längenausdehnungskoeffizient fester Stoffe α (0...100 °C)			in 10^{-6}/K
Glas, Jenaer		Pertinax	10...30
3 891 (Suprax)	3,2	Phenol	290
8 330 (Duranglas 50)	3,2	Phosphor, weiß	124
8 409 (Supremax 56)	3,7	Piacryl (Plexiglas)	70...100
Pyrex-	3,2	Platin	9,0
Quarz-	0,45	Platin-Iridium (10 %)	8,9
Glimmer	9	Platin-Rhodium (10 %)	9
Gold	14,3	Polyamid (Perlon,	100 bis
Granit	3...8	Nylon)	140
Graphit	7,9	Polyethylen	200
Gußeisen	11,8	Polystyrol	60...80
Hartgummi	75...100	Polyvinylchlorid	150 bis
Hartpapier	10	(PVC)	200
Harz	212	Porzellan	3...4
Indium	56	Rohrzucker	83
Invar	1,5...2	Sandstein	7...12
Iod	83	Schamotte	5
Iridium	6,6	Schwefel, rhomb.	90
Kalium	84	Silber	19,7
Kaliumchlorid	33	Siliciumcarbid	6,6
Kaliumnitrat	78	(Karborund)	
Kalk, gebr., pulv.	20	Sinterkorund	6
Kolophonium	85	Speckstein	9...10
Konstantan	15	Stahl, Chrom-	10,0
Kunsthorn	60...80	Fluß-	11
Kupfer	16,8	Nickel-	12
Lithium	58	V 2 A-	16
Magnesium	26	Steinsalz (Kristall)	40
Mangan	23	Suprainvar	0,3
Manganin	18	Tantal	6,5
Marmor	$\approx$ 11	Teflon	60...100
Messing	18	Thallium	29
Molybdän	5,2	Thorium	11
Naphthalen	94	Titan	9
Natrium	71	Vulkanfiber	25
Natriumchlorid	40	Wolfram	4,3
Neusilber	18	Zink	27
Nickel	12,8	Zinn	27
Palladium	11		

Tabelle 11

Volumenausdehnungskoeffizient von Flüssigkeiten γ (bei 20 °C)			in 10^{-5}/K
Aceton (Propanon)	149	Methylenchlorid	137
Ameisensäure	102	Nitrobenzen	83
Anilin	84	Oktan	114
Benzin	106	Olivenöl	72
Benzol (Benzen)	124	Pentan	160
Brom	113	in Jenaer Glas 16 III	158
Bromoform	91	Pentanol	90
Chlorbenzol	98	Petroleum	96
Chloroform	128	Pyridin	112
Cyanwasserstoff	193	Quecksilber	18,1
Diethylether	162	in Jenaer Glas 16 III	15,7
Dioxan	109	in Quarzglas	17,9
Essigsäure (Ethansäure)	107	Salpetersäure	124
Ethanol	110	Schwefelkohlenstoff	118
in Jenaer Glas 16 III	108	Schwefelsäure	57
Ethylacetat	138	Siliconöl	90...160
Ethylbenzoat	88	Terpentinöl	97
Glycerin (Propantriol)	50	Tetrachlormethan	123
Glykol	64	Tetralin	78
Heptan	124	Toluol	111
Hexan	135	Wasser	20,7
Methanol	120	Xylol	98

Tabelle 12

Volumenausdehnungskoeffizient gasförmiger Stoffe γ (für 0...100 °C und 1 013 hPa)			in 10^{-5}/K
Ammoniak	377	Luft	367
Argon	368	Methan	368
Chlor	383	Neon	366
Chlorwasserstoff	372	Sauerstoff	367
Ethan	375	Schwefeldioxid	385
Ethin	373	Stickstoff	367
Helium	366	Stickstoffmonoxid	368
Kohlendioxid	373	Wasserdampf	394
Kohlenmonoxid	367	Wasserstoff	366
Krypton	369	Xenon	372

T

Tabelle 13

Luftdichte ϱ in Abhängigkeit von Druck und Temperatur								in kg/m^3
$t\,/\,^\circ\text{C}$ $\quad$ p/hPa 960	970	980	990	1 000	1 010	$p_\text{n}=$ 1 013	1 020	1 030
0	1,224	1,237	1,250	1,263	1,275	1,288	1,293	1,301	1,314
2	1,216	1,228	1,240	1,253	1,266	1,279	1,283	1,291	1,304
4	1,207	1,219	1,232	1,244	1,257	1,270	1,274	1,282	1,295
6	1,198	1,211	1,223	1,236	1,248	1,260	1,265	1,273	1,285
8	1,190	1,202	1,214	1,227	1,239	1,252	1,256	1,264	1,276
10	1,181	1,193	1,206	1,218	1,230	1,243	1,247	1,255	1,267
12	1,173	1,185	1,197	1,210	1,222	1,234	1,238	1,246	1,258
14	1,165	1,177	1,189	1,201	1,213	1,225	1,229	1,238	1,250
16	1,157	1,169	1,181	1,193	1,205	1,217	1,221	1,229	1,241
18	1,149	1,161	1,173	1,185	1,200	1,209	1,212	1,221	1,232
20	1,141	1,153	1,165	1,177	1,188	1,200	1,204	1,212	1,224
22	1,133	1,145	1,157	1,169	1,180	1,192	1,196	1,204	1,216
24	1,126	1,137	1,149	1,161	1,172	1,184	1,188	1,196	1,208
26	1,118	1,130	1,141	1,153	1,165	1,176	1,180	1,188	1,200
28	1,111	1,122	1,134	1,145	1,157	1,168	1,172	1,180	1,192
30	1,103	1,115	1,126	1,138	1,149	1,161	1,164	1,172	1,184
32	1,096	1,107	1,119	1,130	1,142	1,153	1,157	1,165	1,176
34	1,085	1,098	1,110	1,122	1,135	1,147	1,151	1,159	1,172

Tabelle 14

Gaskonstante R			in $\dfrac{\text{J}}{\text{kg}\cdot\text{K}}$
Ammoniak	481	Luft	287
Argon	208	Methan	518
Butan	137	Methylchlorid	161
Chlor	115	Neon	412
Chlorwasserstoff	226	Ozon	173
Distickstoffmonoxid	188	Phosgen	82
Ethan	273	Propan	185
Ethen	294	Propylen (Propen)	194
Ethin	316	Sauerstoff	260
Frigen 12	67	Schwefeldioxid	127
22	96	Schwefelwasserstoff	241
Helium	2 078	Stickstoff	297
Kohlendioxid	188	Stickstoffoxid	277
Kohlenmonoxid	297	Wasserstoff	4 127
Krypton	99	Xenon	63

Tabelle 15

Dichte des Wassers in Abhängigkeit von der Temperatur
(bei $p_n = 1\,013,25$ hPa)

$\dfrac{t}{°C}$	$\dfrac{\varrho}{g/cm^3}$	$\dfrac{t}{°C}$	$\dfrac{\varrho}{g/cm^3}$	$\dfrac{t}{°C}$	$\dfrac{\varrho}{g/cm^3}$
0	0,999 840	20	0,998 206	40	0,992 22
1	0,999 899	21	0,997 994	41	0,991 83
2	0,999 940	22	0,997 772	42	0,991 44
3	0,999 964	23	0,997 540	43	0,991 04
4	0,999 972	24	0,997 299	44	0,990 63
5	0,999 964	25	0,997 047	45	0,990 22
6	0,999 940	26	0,996 786	46	0,989 80
7	0,999 902	27	0,996 516	47	0,989 37
8	0,999 849	28	0,996 236	48	0,988 93
9	0,999 781	29	0,995 948	49	0,988 49
10	0,999 700	30	0,995 650	50	0,988 04
11	0,999 605	31	0,995 344	55	0,985 69
12	0,999 498	32	0,995 030	60	0,983 20
13	0,999 378	33	0,994 705	65	0,980 55
14	0,999 245	34	0,994 373	70	0,977 76
15	0,999 101	35	0,994 036	75	0,974 84
16	0,998 944	36	0,993 686	80	0,971 79
17	0,998 776	37	0,993 331	85	0,968 61
18	0,998 597	38	0,992 968	90	0,965 30
19	0,998 407	39	0,992 598	95	0,961 89
				100	0,958 35

Tabelle 16

Spezifische Wärmekapazität fester Stoffe c
(bei $20\,°C$)   in $\dfrac{kJ}{kg \cdot K}$

Aluminium	0,896	Bismut	0,124
Aluminiumoxid	0,764	Blei	0,129
Antimon	0,208	Bleiglätte (natürlich)	0,21
Asbestfaser	0,80	Bor	1,043
Asbestplatten	0,84	Braunkohle (roh, 40 % W.)	2,5
Asphalt	0,92	Bronze (Rotguß)	0,38
Bakelit	1,59	Cadmium	0,231
Barium	0,192	Caesium	0,236
Baumwolle (trocken)	1,3	Calcium,	0,654
Beryllium	1,59	Celluloid	$\approx 1,5$
Beton (lufttrocken)	0,84	Chrom	0,440

T

Tabelle 16 (Fortsetzung)

Spezifische Wärmekapazität fester Stoffe c (bei 20 °C)			in $\dfrac{kJ}{kg \cdot K}$
Cobalt	0,422	Konstantan	0,410
Diamant	0,502	Kork	≈ 1,9
Dolomit	0,88	Kupfer	0,383
Duraluminium	0,92	Leder (trocken)	1,5
Eis (0 °C)	2,1	Lithium	3,42
Eisen	0,452	Magnesium	1,017
Elektronmetall	1,0	Mangan	0,476
Fette	≈ 2	Manganin	0,41
Gallium	0,372	Marmor	0,80
Germanium	0,322	Messing	0,385
Gips (gebrannt)	0,8	Molybdän	0,251
Glas, Flint-	0,481	Natrium	1,22
Kron-	0,666	Natriumcarbonat	1,043
Jena 16 III	0,779	Natriumchlorid	0,867
59 III	0,791	Natriumnitrat	1,084
2 954 III	0,80	Natriumsulfat	0,892
Pyrex-	0,775	Neusilber	0,40
Quarz-	0,729	Nickel	0,448
Glaswolle	0,80	Osmium	0,130
Glimmer	0,88	Palladium	0,247
Gold	0,129	Papier	≈ 1,5
Granit	0,75	Pertinax	≈ 1,5
Graphit	0,71	Phosphor (weiß)	0,75
Grauguß	0,54	Piacryl (Plexiglas)	≈ 1,7
Hartgummi	≈ 1,5	Platin	0,133
Harz (Fichte)	1,8	Platin-Iridium (10 %)	0,13
Holz	≈ 2,5	Platin-Rhodium (10 %)	0,15
Holz, trocken	1,5	Polyamid (Perlon u. a.)	≈ 1,85
Holzkohle, fest	0,8	Polyethylen	2,5
Pulver	1,0	Polystyrol (Trolitul u. a.)	1,3
Invar	0,46	Polyvinylchlorid PVC	≈ 1,8
Iod	0,214	Porzellan	≈ 0,84
Iridium	0,130	Rhenium	0,137
Kalium	0,750	Rhodium	0,248
Kaliumchlorid	0,682	Rohrzucker	1,15
Kaliumnitrat	0,942	Rosesches Metall	0,17
Kaolin	≈ 0,9	Sand (trocken)	0,84
Kautschuk (roh)	2	Sandstein	0,71
Koks (Zechen-)	≈ 0,8	Schamotte	0,84
Kolophonium	≈ 1,15	Schaumstoff	≈ 1,5

Tabelle 16 (Fortsetzung)

Spezifische Wärmekapazität fester Stoffe c (bei 20 °C)			in $\dfrac{kJ}{kg \cdot K}$
Schiefer	0,75	Thorium	0,118
Schlacke	0,84	Thoriumoxid (ges.)	0,25
Schwefel, monoklin	0,73	Titan	0,520
Selen	0,32	Ton (10 % feucht)	0,88
Silicium	0,703	Uran	0,115
Siliciumcarbid	0,678	Vanadium	0,490
Sinterkorund	0,75	Wachs (Bienen-)	≈ 2,5
Speckstein	0,84	Wolfram	0,134
Stahl, Fluß-	0,42	Wolle	≈ 1,5
hochlegiert	0,48	Woodsches Metall	0,15
V2A	0,50	Zement (Portland)	0,75
Steinkohle	≈ 1,15	Ziegelstein (massiv)	0,84
Steinsalz (Kristall)	0,84	Zink	0,385
Tantal	0,138	Zinn	0,227
Teflon	1,0	Zirconium	0,275
Thallium	0,132		

Tabelle 17

Spezifische Wärmekapazität von Flüssigkeiten c (bei 20 °C)			in $\dfrac{kJ}{kg \cdot K}$
Aceton (Propanon)	2,16	Methanol	2,495
Ameisensäure (Methan-)	2,15	Methylacetat	2,14
Amylalkohol, Iso-	2,24	Nitrobenzol	1,47
Anilin (Aminobenzol)	2,05	Oktan	2,186
Benzol (Benzen)	1,725	Olivenöl	1,97
Brom	0,46	Petroleum	2,14
Bromoform (Tribrom-		Pyridin	1,72
methan)	0,54	Quecksilber	0,139
Chlorbenzol	1,33	Salpetersäure	1,72
Chloroform (Trichlor-		Schwefelkohlenstoff	0,996
methan)	0,959	Schwefelsäure	1,38
Diethylether	2,310	Siliconöl	≈ 1,45
Essigsäure (Ethan-)	2,052	Terpentinöl	1,80
Ethanol	2,43	Tetrachlormethan	0,861
Ethylacetat	1,922	Tetralin	1,67
Ethylbromid (Bromethan)	0,88	Toluol (Methylbenzol)	1,687
Glycerin (Propantriol)	2,39	Trichlorethen	0,96
Heptan	2,202	Wasser	4,182
Hexan	2,253	Wasser, schweres	4,212

T

Tabelle 18

Spezifische Wärmekapazität von Gasen c (bei 20 °C)			in $\dfrac{kJ}{kg \cdot K}$
	c_p	c_V	$\varkappa$
Ammoniak	2,160	1,655	1,305
Argon	0,523	0,317	1,648
Bromwasserstoff	0,360	0,254	1,42
Butan	1,658		
Butylen	1,507		
Chlor	0,745	0,552	1,35
Chlorethan	1,151	0,967	1,19
Chlormethan	0,762	0,593	1,285
Chlorwasserstoff	0,803	0,578	1,39
Deuterium	0,498		
Ethan	1,729	1,455	1,188
Ethen	1,549	1,249	1,24
Ethin	1,683	1,368	1,23
Frigen 12 (CCl_2F_2)			1,14
21 ($CHFCl_2$)			1,17
22 ($CHClF_2$)			1,19
114 (C_2Cl_2F)			1,11
Fluor	0,342		
Fluorwasserstoff	1,415		
Generatorgas	1,05	0,75	1,40
Helium	5,23	3,21	1,63
Iodwasserstoff	0,226	0,161	1,40
Kohlendioxid	0,837	0,647	1,293
Kohlenmonoxid	1,042	0,744	1,40
Luft	1,005	0,717	1,402
Methan	2,219	1,696	1,308
Neon	1,030	0,628	1,64
Ozon	0,795	0,568	1,40
Propan	1,595	1,412	1,13
Propylen (Propen)	1,503		
Sauerstoff	0,917	0,656	1,398
Schwefeldioxid	0,640	0,504	1,27
Schwefelwasserstoff	1,047	0,799	1,31
Stickstoff	1,038	0,741	1,401
Stickstoff(I)-oxid	0,883	0,690	1,28
Stickstoff(II)-oxid	0,996	0,717	1,39
Wasserstoff	14,32	10,17	1,41
Xenon	0,159	0,095	1,67

Tabelle 19

Spezifischer Heizwert fester Brennstoffe H (Durchschnittswerte)			in MJ/kg
Anthrazit	31	Holzkohle	31
Braunkohle, hart	17	Koks (Zechen-)	30
weich	8	Magerkohle	33
Braunkohlenbrikett	20	Steinkohle	30
Holz, trocken	16	Torf, lufttrocken	14
frisch	8,4	grubenfeucht	0,9

Tabelle 20

Spezifischer Heizwert flüssiger Brennstoffe H			in MJ/kg
Benzin	≈ 42	Hexan	44,7
Benzol (Benzen)	40,2	Methanol	19,5
Dieselkraftstoff	≈ 41	Naphthalen	38,9
Diethylether	34	Oktan	44,6
Erdöl	≈ 41	Pentan	45,4
Ethanol	27	Petroleum	$\approx 40,8$
Heizöl	≈ 41	Steinkohlenteer	34
Heptan	44,6		

Tabelle 21

Spezifischer Heizwert gasförmiger Brennstoffe H' (bei 0 °C und 1 013 hPa)			in MJ/m³
Ammoniak	14,2	Gichtgas	4,0
Butan	124	Kohlenmonoxid	12,6
Erdgas, naß	≈ 42	Methan	35,9
trocken	≈ 29	Propan	93,4
Ethan	64,5	Propylen (Propen)	88,0
Ethen	60,0	Schwefelwasserstoff	23,7
Ethin	56,9	Stadtgas	≈ 20
Generatorgas	5,0	Wasserstoff	10,8

T

Tabelle 22

Schmelztemperatur t_{sm} und spezifische Schmelzwärme q		
	$t_{sm}/^{\circ}C$	$q \left/ \dfrac{kJ}{kg} \right.$
Aceton (Propanon)	−95	98
Aluminium	660	397
Aluminiumoxid (Korund)	2 250	1 108
Ameisensäure	8,4	276
Ammoniak	−77,7	339
Amylalkohol	−117	
Anilin (Aminobenzen)	−6,1	113
Antimon	631	167
Argon	−189	
Barium	710	56
Benzol (Benzen)	5,5	128
Beryllium	1 278	1 390
Bismut	271	52,2
Blei	327	23,0
Bor	2 300	
Brom	−7,2	67,8
Butan	−138	29,3
Butylalkohol	−108	125
Cadmium	321	56
Caesium	28,6	16,4
Calcium	850	216
Chlor	−101	90,4
Chloroform	−63,5	75
Chlorwasserstoff	−114	56,1
Chrom	1 875	280
Cobalt	1 492	263
Deuterium	−254	
Diamant	3 540	
Diethylether	−116	
Eisen	1 535	277
Essigsäure	16,6	192
Ethan	−183	92,9
Ethanol	−114	108
Ethin	−81	96,3
Ethylchlorid (Chlorethan)	−139	69,1
Ethylen (Ethen)	−169	104,7
Fluor	−220	37,7
Fluorwasserstoff	−83,4	196,3

Tabelle 22   625

Tabelle 22 (Fortsetzung)

Schmelztemperatur t_{sm} und spezifische Schmelzwärme q		
	$t_{sm}/^{\circ}C$	$q \big/ \dfrac{kJ}{kg}$
Gallium	29,8	80,8
Germanium	959	410
Glycerin	18,4	201
Gold	1 063	65,7
Graphit	3 650	
Heptan	−90,6	141
Hexan	−94,3	152
Indium	156	28,5
Iod	114	124
Iodwasserstoff	−50,8	
Iridium	2 450	117
Kalium	63,3	59,6
Kaliumchlorid	770	342
Kaliumnitrat	334	107
Kohlendioxid	−56,6	184
Kohlenmonoxid	−205	30,1
Krypton	−157	19,7
Kupfer	1 083	205
Lanthan	900	81,3
Lithium	180	603
Magnesium	650	368
Magnesiumoxid	2 800	1 017
Mangan	1 244	266
Methan	−183	58,6
Methanol	−97,7	92
Methylacetat	−98,1	
Molybdän	2 620	290
Naphthalen	80,3	148
Natrium	97,8	113
Natriumchlorid	801	500
Neon	−249	16,7
Nickel	1 453	303
Nitrobenzol	5,7	94,2
Oktan	−56,8	181
Ozon	−251	43,8
Palladium	1 555	157
Pentan	−131	116
Phenol	41	122

T

Tabelle 22 (Fortsetzung)

Schmelztemperatur t_{sm} und spezifische Schmelzwärme q		
	$t_{sm}/^\circ C$	$q / \dfrac{kJ}{kg}$
Phosphor, weiß	44,2	21,0
Phosphorwasserstoff	−134	
Platin	1 769	111
Propan	−190	80,0
Propanol-1	−126	86,5
Propylen (Propen)	−185	69,9
Pyridin	−41,6	105
Quecksilber	−38,9	11,8
Rhenium	3 180	178
Rhodium	1 966	218
Rohrzucker	186	56
Rosesches Metall	94	
Rubidium	38,7	25,7
Ruthenium	2 450	193
Salpetersäure	−42	166,7
Sauerstoff	−219	13,8
Schwefel (monokl.)	119	42
(rhomb.)	113	42
Schwefeldioxid	−76	116,8
Schwefelkohlenstoff	−112	57,8
Schwefelsäure	10,5	109
Schwefelwasserstoff	−85,7	69,5
Selen	217	68,6
Silber	961	105
Silicium	1 420	164
Stickstoff	−210	25,8
Stickstoff(I)-oxid	−90,8	148,6
Stickstoff(II)-oxid	−164	77,0
Tetrachlormethan	−22,9	16,3
Titan	1 725	324
Toluol (Methylbenzen)	−95	72,0
Vanadium	1 730	344
Wasser	0	334
Wasser, schweres	3,8	318
Wasserstoff	−259	58,6
Wolfram	3 380	192
Woodsches Metall	71,7	
Xenon	−112	17,6

Tabelle 22 (Fortsetzung)

Schmelztemperatur t_{sm} und spezifische Schmelzwärme q		
	$t_{sm}/°C$	$q\,/\,\dfrac{kJ}{kg}$
Xylol	−47,9	109
Zink	420	111
Zinn	232	59,6
Zirconium	1 855	219

Tabelle 23

Siedetemperatur t_{sd} und spezifische Verdampfungswärme r		
(bei 1 013 hPa)	$t_{sd}/°C$	$r\,/\,\dfrac{kJ}{kg}$
Aceton (Propanon)	56,3	525
Aluminium	2 450	10 900
Aluminiumoxid (Korund)	2 980	4 730
Ameisensäure	101	432
Ammoniak	−33,4	1 370
Amylalkohol	132	502
Anilin (Aminobenzen)	184	485
Antimon	1 637	1 050
Argon	−186	163
Barium	1 637	1 100
Benzol (Benzen)	80,1	394
Beryllium	2 965	32 600
Bismut	1 560	725
Blei	1 750	8 600
Bor	2 550	50 000
Brom	58,8	183
Bromwasserstoff	−66,7	218
Butan	−0,65	385
Butanol, n-	108	616
Cadmium	765	890
Caesium	685	496
Calcium	1 487	3 750
Chlor	−34,1	290
Chloroform	61,3	279

T

Tabelle 23 (Fortsetzung)

Siedetemperatur t_{sd} und spezifische Verdampfungswärme r		
(bei 1 013 hPa)	$t_{sd}/^{\circ}C$	$r \big/ \dfrac{kJ}{kg}$
Chlorwasserstoff	-85	443
Chrom	2 640	6 712
Cobalt	2 900	4 800
Deuterium	-250	304
Diethylether	34,5	384
Dimethylether	$-24,8$	467
Eisen	2 735	6 339
Essigsäure	118	406
Ethan	$-88,6$	489
Ethanol	78,3	840
Ethen (Ethylen)	-104	483
Ethin	$-84,0$	687
Ethylacetat	77,2	366
Ethylchlorid (Chlorethan)	12,3	382
Fluor	-188	172
Fluorwasserstoff	19,5	332,5
Frigen 11 (CCl_3F)	23,7	182
12 (CCl_2F_2)	$-24,9$	162
21 ($CHCl_2F$)	8,9	242
22 ($CHClF_2$)	$-40,6$	234
Gallium	2 230	3 640
Germanium	2 830	4 600
Glycerin	291	825
Gold	2 700	1 650
Helium	-269	20,6
Heptan	98,4	318
Hexan	68,7	332
Indium	2 050	1 970
Iod	183	172
Iodwasserstoff	$-35,4$	154
Iridium	4 350	3 900
Kalium	754	1 980
Kaliumchlorid	1 410	2 160
Kohlendioxid	$-78,5$	574
Kohlenmonoxid	-192	216
Krypton	-153	108
Kupfer	2 590	4 790

Tabelle 23   629

Tabelle 23 (Fortsetzung)

Siedetemperatur t_{sd} und spezifische Verdampfungswärme r		
(bei 1 013 hPa)	$t_{sd}/^{\circ}C$	$r / \dfrac{kJ}{kg}$
Lanthan	3 400	2 880
Lithium	1 330	20 500
Magnesium	1 110	5 420
Mangan	2 090	4 190
Methan	−162	510
Methanol	64,6	1 100
Methylacetat	57,0	406
Methylchlorid	−23,8	428
Molybdän	4 800	5 610
Naphthalen	218	314
Natrium	890	3 900
Natriumchlorid	1 465	2 900
Neon	−246,1	105
Nickel	2 800	6 480
Nitrobenzen	211	397
Oktan	126	299
Ozon	−113	316
Pentan	36,1	360
Phenol	182	510
Phosgen (Kohlensäuredichlorid)	8,2	246
Phosphor	280	400
Phosphorwasserstoff	−87,8	430
Platin	4 300	2 290
Propan	−42,1	426
Propanol-1	97,2	750
Propylen (Propen)	−47,7	438
Pyridin	115,4	427
Quecksilber	356,6	285
Rubidium	700	880
Salpetersäure	86	622
Sauerstoff	−183	213
Schwefel	445	290
Schwefeldioxid	−10	389
Schwefelkohlenstoff	46,3	352
Schwefelsäure	338	512
Schwefelwasserstoff	−60,4	548
Selen	685	1 200

T

Tabelle 23 (Fortsetzung)

Siedetemperatur t_{sd} und spezifische Verdampfungswärme r		
(bei 1 013 hPa)	$t_{sd}/^{\circ}C$	$r \Big/ \dfrac{kJ}{kg}$
Silber	2 180	2 350
Silicium	2 355	14 050
Stickstoff	−195,8	201
Stickstoff(I)-oxid	−88,5	376
Stickstoff(II)-oxid	−151,8	461
Tetrachlormethan	76,6	195
Titan	3 300	8 980
Toluen	110,7	356
Vanadium	3 400	8 990
Wasser	100	2 257
Wasser, schweres	101,42	2 072
Wasserstoff	−252,8	461
Wolfram	5 500	4 350
Xenon	−108,2	96
Xylen, m-	139	343
Zink	907	1 755
Zinn	2 690	2 450

Tabelle 24

Kryoskopische und ebullioskopische Konstante		
Lösungsmittel	$K/10^3$ K	$E/10^3$ K
Ammoniak	1,32	0,34
Benzol (Benzen)	5,07	2,64
Diethylether	1,79	1,83
Chloroform	4,90	3,80
Essigsäure	3,9	3,07
Ethanol		1,07
Schwefelkohlenstoff		2,29
Tetrachlormethan	29,8	4,88
Wasser	1,86	0,52

Tabelle 25

Siedetemperatur des Wassers in Abhängigkeit vom Druck							
p/kPa	t_{sd}/ °C	p/kPa	t_{sd}/ °C	p/kPa	t_{sd}/ °C	p/MPa	t_{sd}/°C
0,611	0,01	38,54	75,0	100,0	99,63	0,2705	130,0
0,872	5,0	47,34	80,0	101,0	99,91	0,30	133,5
1,227	10,0	57,81	85,0	101,325	100,0	0,3131	135,0
1,704	15,0	70,96	90,0	102,0	100,18	0,3779	140,0
2,337	20,0	84,51	95,0	103,0	100,46	0,40	143,6
3,168	25,0	91,0	97,01	104,0	100,73	0,4154	145,0
4,242	30,0	92,0	97,32	105,0	101,0	0,50	151,8
5,624	35,0	93,0	97,62	106,0	101,27	0,60	158,8
7,378	40,0	94,0	97,91	107,0	101,53	0,70	164,9
9,586	45,0	95,0	98,20	120,58	105,0	0,80	170,4
12,35	50,0	96,0	98,49	142,87	110,0	1,0	180,0
15,74	55,0	97,0	98,78	169,21	115,0	2,0	212,7
19,92	60,0	98,0	99,07	198,60	120,0	5,0	264,4
25,00	65,0	99,0	99,35	232,03	125,0	10,0	311,4
31,16	70,0	100,0	99,63				

Tabelle 26

Siedetemperatur des Wassers in Abhängigkeit vom Luftdruck									
p/hPa	+0	1	2	3	4	5	6	7	8	9
940	97,9 °C	,9	,0$^+$	,0$^+$	,0$^+$	,1$^+$	,1$^+$	,1$^+$	,1$^+$	,2$^+$
950	98,2	,2	,3	,3	,3	,4	,4	,4	,4	,5
960	98,5	,5	,6	,6	,6	,6	,7	,7	,7	,8
970	98,8	,8	,8	,9	,9	,9	,0$^+$	,0$^+$	,0$^+$	,0$^+$
980	99,1	,1	,1	,2	,2	,2	,2	,3	,3	,3
990	99,4	,4	,4	,4	,5	,5	,5	,6	,6	,6
1 000	99,6	,7	,7	,7	,7	,8	,8	,8	,9	,9
1 010	99,9	,9	,0$^+$	,0$^+$	,0$^+$	,0$^+$	,1$^+$	,1$^+$	,1$^+$	,2$^+$
1 020	100,2	,2	,2	,3	,3	,3	,4	,4	,4	,4
1 030	100,5	,5	,5	,5	,6	,6	,6	,6	,7	,7
1 040	100,7	,8	,8	,8	,8	,9	,9	,9	,9	,0$^+$
1 050	101,0	,0	,1	,1	,1	,1	,2	,2	,2	,2

$^+$: Ziffern vor dem Komma siehe nächste Zeile

T

Tabelle 27

Sättigungsdruck			(bei 20 °C)
	p/kPa		p/MPa
Aceton	24,0	Ammoniak	857
Benzol (Benzen)	10,0	Butan	209
Chloroform	21,3	Chlorwasserstoff	4 217
Diethylether	58,4	Frigen 12	567
Ethanol	5,87	Frigen 22	917
Methanol	12,9	Methylchlorid	489
Pentan	56,5	Methylenchlorid	46,1
Quecksilber	$1,63 \cdot 10^{-4}$	Propan	837
Schwefelkohlenstoff	40,0	Schwefeldioxid	330
Tetrachlormethan	12,1		
Toluol	2,93		
Trichlorethylen	7,2		
Wasser	2,34		

Tabelle 28

Sättigungsdruck und Sättigungsmenge für Wasserdampf					
t/°C	p/kPa	$f_{max} \Big/ \dfrac{g}{m^3}$	t/°C	p/kPa	$f_{max} \Big/ \dfrac{g}{m^3}$
−5	0,401	3,25	12	1,401	10,67
−4	0,437	3,53	13	1,497	11,36
−3	0,463	3,83	14	1,597	12,08
−2	0,517	4,14	15	1,704	12,84
−1	0,563	4,49	16	1,817	13,65
0	0,611	4,85	17	1,937	14,50
1	0,656	5,20	18	2,062	15,39
2	0,705	5,57	19	2,196	16,32
3	0,757	5,95	20	2,337	17,32
4	0,813	6,37	21	2,486	18,35
5	0,872	6,80	22	2,642	19,44
6	0,935	7,27	23	2,809	20,60
7	1,005	7,79	24	2,984	21,81
8	1,072	8,28	25	3,168	23,07
9	1,148	8,83	26	3,361	24,40
10	1,227	9,41	27	3,565	25,79
11	1,312	10,02	28	3,780	27,26

Tabelle 28 (Fortsetzung)

Sättigungsdruck und Sättigungsmenge für Wasserdampf					
$t/^{\circ}C$	p/kPa	$f_{max}/\dfrac{g}{m^3}$	$t/^{\circ}C$	p/kPa	$f_{max}/\dfrac{g}{m^3}$
29	4,005	28,79	35	5,624	39,63
30	4,242	30,39	36	5,942	41,74
31	4,493	32,08	37	6,277	43,95
32	4,756	33,85	38	6,626	46,25
33	5,030	35,78	39	6,994	48,66
34	5,320	37,61	40	7,378	50,17

Tabelle 29

Van-der-Waals-Konstanten		
	$a/10^3\dfrac{N \cdot m^4}{kmol^2}$	$b/\dfrac{m^3}{kmol}$
Ammoniak	424	0,037 2
Argon	136	0,032 2
Butan	1 490	0,125 0
Chlor	655	0,056 0
Chlorwasserstoff	361	0,039 7
Ethan	551	0,064 1
Ethen	452	0,057 1
Ethin	441	0,050 8
Ethylchlorid (Chlorethan)	1 186	0,091 5
Helium	3,34	0,024 0
Kohlendioxid	362	0,042 5
Kohlenmonoxid	147	0,039 5
Krypton	231	0,039 4
Methan	229	0,042 7
Neon	21	0,016 9
Propan	93	0,090 0
Sauerstoff	137	0,031 6
Schwefeldioxid	680	0,056 4
Stickstoff	136	0,038 5
Stickstoff(I)-oxid	381	0,044 0
Stickstoff(II)-oxid	140	0,028 3
Wasserdampf	555	0,031 0
Wasserstoff	25	0,026 7
Xenon	413	0,051 2

T

Tabelle 30

Kritische Temperatur und kritischer Druck		
	$t_k\,/\,°C$	p_k/MPa
Ammoniak	132	11,3
Argon	-122	4,90
Bromwasserstoff	90	8,5
Butadien	152	4,32
Butan	152	3,8
Chlor	144	7,7
Chlorwasserstoff	52	8,31
Dimethylamin	165	5,31
Dimethylether	127	5,37
Ethan	-32	4,88
Ethen	9,3	5,07
Ethin	35,9	6,26
Ethylchlorid (Chlorethan)	187	5,27
Fluor	-129	5,6
Frigen 11 (CCl_3F)	198	4,37
12 (CCl_2F_2)	112	4,11
13 ($CClF_3$)	29	3,86
21 ($CHCl_2F$)	179	5,17
22 ($CHClF_2$)	96	4,93
Helium	-268	0,23
Hexan	235	3,03
Iodwasserstoff	151	8,31
Kohlendioxid	31	7,38
Kohlenmonoxid	-140	3,50
Krypton	$-63,8$	5,49
Luft	-141	3,78
Methan	-82	4,64
Methylamin	157	7,40
Methylchlorid	143	6,67
Neon	-229	2,65
Pentan	197	3,37
Phosphorwasserstoff	52	6,47
Propan	97	4,23
Propylen (Propen)	92	4,62
Sauerstoff	-118	5,08
Schwefeldioxid	158	7,88
Schwefelwasserstoff	100	9,01
Stickstoff	-147	3,39
Stickstoff(I)-oxid	36,4	7,27

Tabelle 30 (Fortsetzung)

Kritische Temperatur und kritischer Druck		
	$t_k/\,^\circ C$	p_k/MPa
Stickstoff(II)-oxid	−92,9	6,54
Wasserdampf	374	22,0
Wasserstoff	−240	1,30

Tabelle 31

Wärmeleitfähigkeit λ (bei 20 °C)		in $\dfrac{W}{m \cdot K}$	
Aceton (Propanon)	0,162	Ethan	0,0207
Aluminium (99 %)	220	Ethanol	0,165
Antimon, rein	17,5	Glas, Blei-	0,90
Asbestplatten	0,7	Flint-	0,78
Asbestwolle	0,156	Kron-	1,07
Anilin	0,172	Jena, 16 III	1,00
Anthrazit	≈ 0,25	Quarz-	1,36
Argon	0,0173	Glaswolle	0,042
Bakelit	0,23	Glimmer	0,5...0,7
Basalt	1,6	Glycerin	0,285
Baumwollgewebe	≈ 0,06	Gold	312
Benzin	0,12	Granit	2,1...2,9
Benzol (Benzen)	0,148	Graphit	169
Beton	≈ 1,0	Gummi	0,15
Blei	34,8	Gußeisen	≈ 50
Bronze	≈ 50	Hartgummi	≈ 0,2
Butan	0,0155	Hartpapier	≈ 0,26
Cadmium	93	Helium	0,15
Celluloid	0,022	Heptan	0,128
Chloroform	0,117	Hexan	0,123
Chromnickel-Heizdraht	11,6	Holz (trocken)	0,1...0,2
		Invar	11
Diethylether	0,13	Iridium	59
Duraluminium	165	Kalkstein	2,2
Eis (0 °C)	2,2	Kesselstein	≈ 3
Eisen	74	Kohlendioxid	0,016
Elektron	116	Kohlenmonoxid	0,025
Elfenbein	≈ 0,55	Koks	≈ 1,0
Erdreich	≈ 1,0	Konstantan	23
Essigsäure	0,160	Korkschrot	0,036

T

Tabelle 31 (Fortsetzung)

Wärmeleitfähigkeit λ (bei 20 °C)		in $\frac{W}{m \cdot K}$	
Kunsthorn	0,17	Quecksilber	8,2
Kupfer	384	Rizinusöl	0,181
Leder (trocken)	0,15	Rosesches Metall	16
Luft	0,026	Sand (trocken)	0,35
Magnesium	171	Sandstein	1,6…2,1
Manganin	22	Sauerstoff	0,026
Marmor	2,8	Schamotte	≈ 1,0
Messing	111	Schaumstoff	0,04
Methan	0,033	Schiefer	2,1
Methanol	0,198	Schwefelkohlenstoff	0,150
Methylchlorid	0,011	Seidengewebe	0,035
Methylenchlorid	0,143	Silber	407
Milch	0,550	Siliconöl	≈ 0,14
Mineralöl	≈ 0,15	Speckstein	3,3
Molybdän	132	Stahl	45
Monelmetall	22	V2A-	15
Motorenöl	0,14	Steinkohle	≈ 0,25
Natrium	126	Stickstoff	0,026
Neusilber	25,0	Styropor	0,036
Nickel	91	Tantal	56
Olivenöl	0,169	Teflon	≈ 0,2
Paraffin	0,26	Terpentinöl	0,14
Paraffinöl	0,124	Tetrachlormethan	0,105
Pentan	0,116	Titan	22
Pertinax	0,2…0,35	Toluol	0,133
Petroleum	0,127	Torfmull	0,07
Phenolharz	≈ 0,2	Transformatorenöl	0,13
Piacryl (Plexiglas)	0,19	Trichlorethylen	0,117
Platin	70	Vulkanfiber	0,30
Platin-Iridium (10 %)	31	Wachs	0,1
Platin-Rhodium (10 %)	30	Wasser	0,598
		Wasserstoff	0,184
Polyamid (Perlon, Nylon u. a.)	≈ 0,26	Watte	0,035
Polyethylen	≈ 0,40	Wolfram	177
Polystyrol	≈ 0,15	Wolle	0,04
Polyvinylchlorid PVC	0,16	Woodsches Metall	13
Porzellan	≈ 1,0	Xylol	0,134
Propan	0,017	Ziegelstein	≈ 0,6
Propylalkohol (Propanol)	0,155	Zink	112
		Zinn	65
		Zylinderöl	0,138

Tabelle 32   637

Tabelle 32

Wärmeübergangskoeffizient α (Richtwerte)	in $\dfrac{W}{m^2 \cdot K}$
Geschlossene Räume	
Luft an Innenseite der Wand	8,1
Außenseite der Wand	23
bei Sturm bis zu	116
Innenfenster	8,1
Außenfenster	12
Fußböden und Decken	
(von unten nach oben)	8,1
(von oben nach unten)	5,8
Luft senkrecht zur Metallwand	
ruhend	3,5 ... 35
mäßig bewegt	23 ... 70
kräftig bewegt	58 ... 290
Luft längs ebener Wände	
polierte Oberfläche	
($v \leq 5$ m/s)	$5,6 + 4v/\mathrm{m\,s}^{-1}$
($v > 5$ m/s)	$7,12(v/\mathrm{m\,s}^{-1})^{0,78}$
Eisenwand	
($v \leq 5$ m/s)	$5,8 + 4v/\mathrm{m\,s}^{-1}$
($v > 5$ m/s)	$7,14(v/\mathrm{m\,s}^{-1})^{0,78}$
Mauerwerk	
($v \leq 5$ m/s)	$6,2 + 4,2v/\mathrm{m\,s}^{-1}$
($v > 5$ m/s)	$7,52(v/\mathrm{m\,s}^{-1})^{0,78}$
Wasser um Rohre	
ruhend	350 ... 580
strömend	$350 + 2\,100\sqrt{v/\mathrm{m\,s}^{-1}}$
Wasser in Kesseln und Behältern	580 ... 2 300
mit Rührwerk	2 300 ... 4 700
Strömendes Wasser in Rohren	2 300 ... 4 700
Siedendes Wasser in Rohren	4 700 ... 7 000
Siedendes Wasser an Metallfläche	3 500 ... 5 800
Kondensierender Wasserdampf	11 600

T

Tabelle 33

Wärmedurchgangskoeffizient k (Richtwerte)	Innenwand			Außenwand				in $\dfrac{W}{m^2 \cdot K}$
Wanddicke d/cm:	9	19	24	24	30	39	49	
Vollziegel	2,56	1,94	1,73	2,00	1,78	1,45	1,22	
Langlochziegel	2,00	1,63	1,36	1,50	1,28	1,10	0,87	
Hochlochziegel	2,36	1,69	1,49	1,69	1,48	1,19	1,00	
Hochbauklinker	2,73		1,99	2,35				
Kalksand-Lochsteine	2,24	1,88	1,62	1,85	1,57	1,37	1,10	
-Vollsteine	2,52	2,19	1,94	2,28	1,97	1,74	1,43	
-Hartsteine	2,56	2,23	2,02	2,35	2,04	1,80	1,49	
Hüttensteine	2,24	1,88	1,60	1,81	1,57	1,37	1,10	
Hüttenhartsteine	2,43	2,08	1,80	2,08	1,81	1,60	1,30	
Gas- und Schaumbetonsteine								
600 kg/m³	1,64	1,28	1,04	1,12	0,94	0,80	0,62	
800 kg/m³	1,77	1,41	1,15	1,26	1,06	0,91	0,71	
1 000 kg/m³	1,90	1,52	1,26	1,38	1,17	1,01	0,79	
Leichtbetonvollsteine								
1 200 kg/m³	2,00	1,63	1,36	1,50	1,30	1,10	0,87	
1 400 kg/m³	2,17	1,81	1,52	1,72	1,48	1,29	1,02	
1 600 kg/m³	2,36	1,99	1,71	1,97	1,71	1,50	1,21	
Leichtbeton-Hohlblocksteine								
1 400 kg/m³			1,30	1,45	1,27			
1 600 kg/m³			1,42	1,59	1,38			

Wanddicke d/cm:	0,3	1	2	5	10	12	15	20	25
Glas	5,8	5,6							
Holzwand			3,8	2,4		1,7			
Kiesbeton				4,1	3,5		3,1	2,8	
Schlackenstein						2,7			1,7
Stahlbeton				4,2	3,7		3,3	2,9	

Ziegeldach ohne Fugendichtung	12
Ziegeldach mit Fugendichtung	6
Außenfenster, einfach	7
doppelt	3,3
Außentür, Holz	4,1

Tabelle 34   639

Tabelle 34

Emissionsgrad ε			
	Oberfläche	$t/^{\circ}C$	ε
Aluminium	poliert	20	0,04
	gewalzt	20	0,07
	Sandguß	20	0,3
	stark oxidiert	20	0,3
Aluminiumbronze	Anstrich	100	0,55
Asbestpappe		20	0,90
		1 000	0,70
Beton		20	0,88
Blei	grau oxidiert	20	0,28
Chrom	poliert	150	0,075
Dachpappe		20	0,90
Eis	glatt	0	0,92
Eisen	blank	20	0,29
	gerostet	20	0,65
Eisenblech	blankverzinnt	20	0,08
Emaillelack	weiß	20	0,91
Gips		20	0,8...0,9
Glas		90	0,88
Gold	poliert	20	0,02
		500	0,03
Gußeisen	blank	20	0,25
	oxidiert	20	0,6...0,8
	flüssig		0,3
	rauher Guß	20	0,94
Hartgummi		20	0,95
Holz		20	0,85...0,9
Kupfer	poliert	20	0,04
	leicht angelaufen	20	0,05
	schwarz oxidiert	20	0,6...0,8
	flüssig		0,15
	oxidiert	200	0,6
Mauerwerk	verputzt	20	0,93
Messing	poliert	20	0,05
Nickel	poliert	100	0,055
		1 000	0,19
Nitrolack	schwarz, glänzend	20	0,83
	blank, matt	100	0,05
Org. Kunststoffe		20	0,90

T

Tabelle 34 (Fortsetzung)

Emissionsgrad ε			
	Oberfläche	$t/°C$	ε
Papier		20	0,9
Platin	fein poliert,	100	0,05
		1 500	0,19
Porzellan	glasiert	20	0,95
		500	0,87
Quecksilber		0...100	0,09...0,12
Ruß		0...300	0,95
Sand			0,76
Schamotte		20	0,88
		1 000	0,55
Schmelzemaille	weiß	20	0,90...0,95
Schwarzer Körper			1,00
Silber	blank	20	0,02
		500	0,035
Stahlblech	Walzhaut	20	0,67
	poliert		0,286
	stark verrostet	20	0,85
	vernickelt		0,06
	verzinkt		0,25
Wasser		0...100	0,92
Wolfram	nicht oxidiert	100	0,03
		1 000	0,15
		2 000	0,28
Ziegel		20	0,93
Zink	grau oxidiert	20	0,25
Zinn	poliert	20	0,06
	nicht poliert	100	0,035

Tabelle 35   641

Tabelle 35

Schallgeschwindigkeit c			in m/s
Feste Stoffe (bei 20 °C)		*Flüssigkeiten* (bei 20 °C)	
Aluminium	5 110	Aceton	1 190
Basalt	5 080	Anilin	1 660
Blei	1 200	Benzol (Benzen)	1 320
Duraluminium	5 150	Bromoform	928
Eis (−4 °C)	3 200	Chlorbenzen	1 290
Eisen	5 180	Chloroform	1 000
Elfenbein	3 000	Diethylether	985
Flintglas	4 000	Dioxan	1 380
Gold	2 000	Ethanol	1 170
Granit	4 000	Glycerin	1 923
Gummi	54	Methanol	1 123
Hartgummi	1 570	Nitrobenzol	1 470
Holz, Ahorn	4 100	Oktan	1 192
Buche	3 300	Pentan	1 020
Eiche	3 800	Paraffinöl	1 420
Esche	4 700	Petroleum	1 320
Tanne	4 500	Propanol	1 220
Kork	500	Pyridin	1 415
Kronglas	5 300	Quecksilber	1 421
Kupfer	3 800	Schwefelkohlenstoff	1 158
Manganin	3 900	schweres Wasser	1 399
Marmor	3 800	Tetrachlormethan	943
Messing	3 500	Toluol	1 308
Neusilber	3 580	Xylol	1 357
Nickel	4 900	Wasser, dest. 0 °C	1 403
Paraffin	1 300	20 °C	1 483
Platin	2 820	40 °C	1 529
Porzellan	4 880	60 °C	1 551
Pyrexglas	5 170	80 °C	1 555
Quarzglas	5 400	100 °C	1 543
Silber	2 790	Wasser, Meer-	1 531
Stahl	5 100		
Wolfram	4 310	*Gase* (bei 0 °C und 101,3 kPa)	
Ziegel	3 650		
Zink	3 800	Ammoniak	415
Zinn	2 700	Argon	308
		Brom	135
		Bromwasserstoff	200

T

Tabelle 35 (Fortsetzung)

Schallgeschwindigkeit c			in m/s
Gase (bei 0 °C und 101,3 KPa)			
Chlor	206	Luft, trocken +40 °C	355
Chlorwasserstoff	296	Methan	430
Ethan	305	Neon	433
Ethen	317	Sauerstoff	315
Ethin	327	Schwefeldioxid	212
Helium	971	Schwefelwasserstoff	290
Kohlendioxid	258	Stadtgas	450
Kohlenmonoxid	337	Stickstoff	334
Luft, trocken −40 °C	307	Stickstoff(I)-oxid	257
−20 °C	319	Stickstoff(II)-oxid	326
0 °C	332	Wasserstoff	1 286
+20 °C	344	Xenon	170

Tabelle 36

Schalldämm-Maß R (Richtwerte)	Dicke d/cm	R/dB
Ziegelwand, verputzt 1/4 Stein	9	42
1/2 Stein	15	44
1/1 Stein	27	50
Betonwand	16	48
Leichtbauplatte	2,5	35
	8	43
Heraklithwand, verputzt		38
Koksascheplatte, verputzt	6,5	34
Bimsbetonplatte, verputzt	11	41
Sperrholz, lackiert	0,5	19
Fensterglas		28
Dachpappe		13
Einfachfenster		15...25
Doppelfenster		25...35
Einfachtür		15...20
Doppeltür		30...40
Geforderte Mindestwerte: Außenwände		50
Trennwände zwischen Wohnungen		40

Tabelle 37

Lautstärkepegel L_N	in phon
Hörschwelle	0
Leises Uhrticken, schalltoter Raum (gut isoliert)	10
Blätterrauschen, leises Flüstern, ruhiger Garten	20
Flüstern, mittlere Wohngeräusche, sehr ruhige Wohnstraße	30
Gedämpfte Unterhaltung, Wohnviertel nachts, leise Rundfunkmusik im Zimmer	40
Unterhaltung, Geräusche in Geschäftsräumen, stärkere Wohngeräusche, schwacher Straßenverkehr	50
Angeregte Unterhaltung, Schreibmaschine, Staubsauger	60
Unterhaltungssprache (1 m)	65
Laute Sprache, mittlerer Straßenverkehr, Straßenbahn	70
Büro mit Buchungsmaschinen	75
Schreien, laute Rundfunkmusik im Zimmer, starker Straßenverkehr, Pkw (7 m)	80
Motorrad (7 m)	85
Hupe, Druckluftbohrer, Lkw (7 m)	90
Kesselschmiede, in Webereien	100
Niethammer, Hupe (1 m), elektrische Sirene (7 m)	110
Flugzeug mit Strahlantrieb (200 m), Sandstrahlgebläse (1 m)	115
Flugzeug (3...4 m)	120
Schmerzgrenze, Druckluftsirene (7 m)	130

Tabelle 38

Lichtgeschwindigkeit c		in 10^8 m/s	
Aceton	2,21	Flintglas	1,86
Ammoniak	2,26	Kohlendioxid	2,66
Bariumoxid	1,52	Kronglas	1,97
Benzol (Benzen)	2,00	Kupfer(I)-oxid	1,11
Brom	1,81	Magnesiumoxid	1,73
Calciumoxid	1,65	Quarz	1,94
Chlor	2,20	Schwefelkohlenstoff	1,84
Chrom(III)-oxid	1,20	Steinsalz	1,94
Diamant	1,22	Sylvin	2,02
Ethanol	2,20	Wasser	2,24

T

Tabelle 39

Brechzahl n
(bezogen auf Luft von 20 °C und 1 013 hPa für λ = 589,3 nm)

Acetylcelluloid	1,47...1,50	Kronglas K 3	1,518 14
Aluminiumoxid	1,64	SK 1	1,610 16
Ammoniak	1,325	Leinöl	1,486
Amylalkohol	1,408	Lithiumfluorid	1,391 7
Anilin	1,586 2	Lithiumoxid	1,644
Bariumoxid	1,980	Magnesiumoxid	1,736
Benzol (Benzen)	1,501 4	Methanol	1,329 0
Bleinitrat	1,782	Methyleniodid	1,742 0
Bleisulfid	3,912	Monobromnaphthalen	1,658 2
Calciumfluorid	1,434	Phenolharz	1,63
Calciumoxid	1,83	Plexiglas	1,491
Calciumsulfid	2,137	Polyethylen	1,51
Chlorbenzol	1,526 8	Polystyrol	1,588
Chrom(III)-oxid	2,5	Propanol	1,385 8
Chrom(III)-sulfat	1,564	Pyridin	1,509 4
Diamant	2,417 3	Quarz, Achse, o	1,544 22
Diethylether	1,352 9	ao	1,553 32
Eis (0 °C), o	1,309 1	Quarzglas	1,458 86
ao	1,310 5	Rizinusöl	1,478
Ethanol	1,361 8	Schwefelkohlenstoff	1,627 74
Flintglas F 3	1,612 79	Silberchlorid	2,071
SF 4	1,754 96	Steinsalz	1,544 26
SFS 1	1,922 50	Strontiumnitrat	1,567
Fluor	1,000 2	Strontiumoxid	1,870
Flußspat	1,433 872	Sylvin	1,490 29
Glycerin	1,455	Terpentinöl	1,472 30
Heptan	1,387 77	Tetrachlormethan	1,460 7
Hexan	1,375 4	Trolon	1,577
Kalkspat, o	1,658 38	Wasser	1,332 99
ao	1,486 43	Wasser, schwer	1,328 44
Kanadabalsam	1,542	o-Xylol	1,502 7
Kassiaöl	1,604	m-Xylol	1,497 9
Korund, o	1,768	p-Xylol	1,495 8
ao	1,760	Zedernholzöl	1,505
Kronglas FK 3	1,464 44	Zimtaldehyd	1,619 49
BK 1	1,510 02	Zinn(IV)-chlorid	1,511 2
BK 7	1,516 25		

Tabelle 40

Grenzwinkel α_G		in Grad
Übergang von	nach Luft	nach Wasser
Benzol (Benzen)	41,763	(62,602)
Diamant	24,437	33,466
Ethanol	47,250	(78,194)
Flintglas F 3	38,319	55,742
SF 4	34,737	49,425
SFS 1	31,343	43,897
Glycerin	43,416	(66,369)
Kassiaöl	38,568	(56,206)
Kronglas FK 3	43,067	65,538
BK 1	41,471	61,978
BK 7	41,263	61,538
K 3	41,201	61,407
SK 1	38,393	55,880
Methanol	48,803	—
Plexiglas	42,120	63,383
Polystyrol	39,030	57,078
Quarzglas	43,272	66,025
Schwefelkohlenstoff	37,905	(54,977)
Steinsalz	40,358	(59,677)
Tetrachlormethan	43,204	(65,863)
Wasser	48,607	—

Klammerwerte wegen Durchmischung kaum realisierbar

Tabelle 41

Polarisationswinkel α_P ($t = 20\,^\circ$C; $\lambda = 589,3$ nm)		in Grad	
Ammoniak	52,96	Kronglas BK 7	56,59
Diamant	67,53	K 3	56,63
Ethanol	53,71	SK 1	58,16
Flintglas F 3	58,20	Plexiglas	56,15
SF 4	60,32	Polystyrol	57,80
SFS 1	62,52	Quarzglas	55,57
Kanadabalsam	57,04	Schwefelkohlenstoff	58,44
Kassiaöl	58,06	Steinsalz	57,07
Kronglas FK 3	55,67	Tetrachlormethan	55,60
BK 1	56,49	Wasser	53,12

T

Tabelle 42

Wellenlängen wichtiger Spektrallinien λ (sichtbarer Bereich)					in nm
393,366 6	Calcium	Ca	535,046	Thallium	Tl
396,846 8	Calcium	Ca	546,074 0	Quecksilber	Hg
404,656 1	Quecksilber	Hg	576,959 6	Quecksilber	Hg
410,173 5	Wasserstoff	H	579,065 4	Quecksilber	Hg
422,672 8	Calcium	Ca	587,561 8	Helium	He
430,790 5	Eisen	Fe	588,995 3	Natrium	Na
434,046 5	Wasserstoff	H	589,592 3	Natrium	Na
435,834 3	Quecksilber	Hg	610,364 2	Lithium	Li
438,354 7	Eisen	Fe	636,234 7	Zink	Zn
441,463	Cadmium	Cd	643,846 96	Cadmium	Cd
447,147 7	Helium	He	656,272 5	Wasserstoff	H
460,733 1	Strontium	Sr	667,814 9	Helium	He
468,029 83	Eisen	Fe	670,784 4	Lithium	Li
479,991 4	Cadmium	Cd	686,72	Sauerstoff	O
486,132 7	Wasserstoff	H	706,518 8	Helium	He
492,192 9	Helium	He	760,82	Sauerstoff	O
508,582 4	Cadmium	Cd	766,490 7	Kalium	K
527,036 02	Eisen	Fe	769,897 9	Kalium	K

Tabelle 43

Mittlere Dispersion ϑ und Abbesche Zahl ν					(bei 20 °C)
Aceton	0,0069	52,01	Kronglas FK 3	0,007 07	65,69
Anilin	0,027 2	21,55	BK 1	0,008 05	63,36
Benzol (Benzen)	0,016 6	30,20	BK 7	0,008 06	63,80
Brombenzol	0,019 2	29,16	K 3	0,008 79	58,95
Diethylether	0,006 4	55,14	SK 1	0,010 80	56,50
Essigsäure	0,006 6	56,33	Pyridin	0,016 90	30,14
Ethanol	0,007 1	50,94	Quarz, Achse, o	0,007 79	69,87
Flintglas F 3	0,016 6	36,94	ao	0,008 07	68,57
SF 4	0,027 43	27,52	Quarzglas	0,006 80	67,41
SFS 1	0,044 10	20,92	Schwefelkohlen-		
Flußspat	0,004 56	93,22	stoff	0,034 05	18,44
Glycerin	0,007 71	60,89	Steinsalz	0,012 71	42,82
Kalkspat, o	0,013 45	48,95	Sylvin	0,011 11	44,13
ao	0,006 18	78,71	Terpentinöl	0,010 03	47,09
			Wasser	0,005 97	55,76

Tabelle 44   647

Tabelle 44

Gesamtlichtstrom Φ und Lichtausbeute Φ/P von Lampen			
	P/W	Φ/lm	$\dfrac{\Phi}{P}\Big/\dfrac{\text{lm}}{\text{W}}$
Allgebrauchslampen (220 V)	15	120	8,0
(klar, Sockel E 27)	25	230	9,2
D = Doppelwendel	40D	430	10,75
	60D	730	12,17
	75D	960	12,8
	100D	1 380	13,8
	150D	2 220	14,8
	200D	3 150	15,75
(klar, Sockel E 40)	300	5 000	16,67
	500	8 400	16,8
	1 000	18 800	18,8
	2 000	40 000	20,0
Leuchtstofflampen (220 V); 38 mm $\varnothing$			
L 15 W Universal-Weiß 25	23	600	26,1
L 20 W Hellweiß 20	31	1 120	36,1
Universal-Weiß 25		950	30,6
Warmton 30		1 150	37,1
L 25 W Hellweiß 20	33	1 650	50,0
Universal-Weiß 25		1 350	40,9
Warmton 30		1 700	51,5
L 40 W Hellweiß 20	50	2 900	58,0
Universal-Weiß 25		2 300	46,0
Warmton 30		2 950	59,0
L 65 W Hellweiß 20	78	4 500	57,7
Universal-Weiß 25		3 600	46,2
Warmton 30		4 600	59,0
L 100 W Hellweiß 20	120	5 400	45,0
Universal-Weiß 25		4 800	40,0
L 120 W Hellweiß 20	144	7 000	48,6
Universal-Weiß 25		5 800	40,3
Leuchtstofflampen (220 V); U-Form			
L 16 W Universal-Weiß 25 U	24	820	34,2
Warmton 30 U		920	38,3

T

Tabelle 44 (Fortsetzung)

Gesamtlichtstrom Φ und Lichtausbeute Φ/P von Lampen				
		P/W	Φ/lm	$\dfrac{\Phi}{P} \Big/ \dfrac{\text{lm}}{\text{W}}$
L 20 W	Universal-Weiß 25 U	31	860	27,7
	Warmton 30 U		970	31,3
L 40 W	Hellweiß 20 U	50	2 350	47,0
	Universal-Weiß 25 U		2 100	42,0
	Warmton 30 U		2 450	49,0
L 65 W	Hellweiß 20 U	78	3 900	50,0
	Universal-Weiß 25 U		3 350	42,9
	Warmton 30 U		4 000	51,3
Leuchtstofflampen (220 V); Ringform				
L 22 W	Universal-Weiß 25 C	33	850	25,8
	Warmton 30 C		1 050	31,8
L 32 W	Universal-Weiß 25 C	41	1 550	37,8
	Warmton 30 C		1 850	45,1
L 40 W	Universal-Weiß 25 C	50	2 100	42,0
	Warmton 30 C		2 650	53,0
L 65 W	Universal-Weiß 25 C	78	3 100	39,7
	Warmton 30 C		3 900	50,0

Quecksilber-Hochdrucklampen (220 V)	I/A	P/W	Φ/lm	$\dfrac{\Phi}{P} \Big/ \dfrac{\text{lm}}{\text{W}}$
Klarglaskolben HQA mit Leuchtstoff HQL				
HQA und HQL 80 W	0,8	90	3 100	34,4
HQA und HQL 125 W	1,15	138	5 400	39,1
HQA und HQL 250 W	2,13	268	11 500	42,9
HQA und HQL 400 W	3,25	426	20 500	48,1
HQL 700 W	5,40	740	37 000	50,0
HQA und HQL 1 000 W	7,5	1 065	52 000	49,3
HQA und HQL 2 000 W (380 V)	8,0	2 080	125 000	60,1

Leuchtdiode	10^{-2}
Kerze	$5 \ldots 15$
Petroleumlampe	150
Gaslampe	$200 \ldots 1\,000$
Elektronenblitzröhre	bis $40 \cdot 10^{6}$

Tabelle 45   649

Tabelle 45

Spezifischer elektrischer Widerstand ϱ (bei 20 °C)

Leiter	$\varrho \big/ \dfrac{\Omega \cdot mm^2}{m}$	Isolierstoffe (Richtwerte)	$\varrho / \Omega \cdot m$
Aluminium	0,027	Bakelit	10^{14}
Leitungs-	0,028 7	Benzol (Benzen)	$10^{15} \ldots 10^{16}$
Bismut	1,17	Bernstein	$> 10^{16}$
Blei	0,208	Celluloid	$10^8 \ldots 10^{10}$
Cadmium	0,076	Elfenbein	$2 \cdot 10^6$
Chromnickel		Erde, feucht	$> 10^6$
(80Ni, 20Cr)	1,12	Flintglas	$3 \cdot 10^8$
Eisen	0,10	Galalith	$\approx 10^{14}$
Flußstahl	0,13	Glas	$> 10^{11}$
Gold	0,022	Glimmer	$10^{13} \ldots 10^{15}$
Goldchrom	0,33	Guttapercha	$\approx 4 \cdot 10^7$
Graphit	8,00	Hartgummi	$10^{13} \ldots 10^{16}$
Iridium	0,053	Holz, trocken	$10^9 \ldots 10^{13}$
Isabellin	0,50	Marmor	$10^7 \ldots 10^8$
Kalium	0,072	Kautschuk	$6 \cdot 10^{14}$
Kohle, Bürsten-	40	Kolophonium	$5 \cdot 10^{14}$
Konstantan	0,50	Papier	$10^{15} \ldots 10^{16}$
Kupfer	0,017 2	Paraffin	$10^{14} \ldots 10^{16}$
Leitungs-	0,017 8	Paraffinöl	10^{14}
Magnesium	0,044	Petroleum	$10^{10} \ldots 10^{12}$
Manganin	0,43	Plexiglas	10^{13}
Molybdän	0,054	Polyethylen	$10^{10} \ldots 10^{13}$
Natrium	0,046	Polystyrol	$10^{15} \ldots 10^{16}$
Neusilber	0,30	Polyvinylchlorid	bis 10^{13}
Nickel	0,087	Porzellan	$5 \cdot 10^{12}$
Nickelin	0,43	Quarzglas	$5 \cdot 10^{16}$
Novokonstant	0,45	Schellack	10^{14}
Palladium	0,11	Schiefer	10^6
Platin	0,107	Siegellack	$8 \cdot 10^{13}$
Platin-Iridium (20 %)	0,32	Silicium	$1,2 \cdot 10^7$
Platin-Rhodium (10 %)	0,20	Siliconöl	10^{13}
Quecksilber	0,96	Transformatorenöl	$10^{10} \ldots 10^{13}$
Resistin	0,51	Vaseline	$10^{10} \ldots 10^{13}$
Rotguß	0,127	Vulkanfiber	$10^{10} \ldots 10^{11}$
Silber	0,016	Wasser, destilliert	$(1 \ldots 4) \cdot 10^4$
Wolfram	0,055	Fluß-	$10 \ldots 100$
Zink	0,061	See-	$0,3$
Zinn	0,11		

T

Tabelle 46

Temperaturkoeffizient α (0 ... 100 °C)			in 10^{-3}/K
Aluminium	4,7	Molybdän	4, 7
Leitungs-	3,8	Natrium	5, 5
Bismut	4,5	Neusilber	0, 4
Blei	4,2	Nickel	6, 5
Cadmium	3,8	Nickelin	0, 2
Chromnickel (80Ni, 20Cr)	0,2	Novokonstant	0, 04
Eisen	6,1	Palladium	3, 3
Gold	3,9	Platin	3, 9
Goldchrom	0,001	Platin-Iridium (20 %)	2, 0
Graphit	−0,2	Platin-Rhodium (10 %)	1, 7
Iridium	4,3	Quecksilber	0, 99
Isabellin	0,02	Resistin	0, 008
Kalium	5,5	Rotguß	1, 5
Konstantan	0,03	Silber	3, 8
Kupfer	3,9	Wolfram	4, 5
Magnesium	4,2	Zink	4, 1
Manganin	0,02	Zinn	4, 6

Tabelle 47

Permittivitätszahl ε_r			
Aceton	21,4	Diethylether	4,34
Argon (NB :		Ethanol	25,1
0 °C; 101,3 kPa)	1,000 504	Gips	2,65
Asbest	4,8	Glas	3...15
Asbestkautschuk	4	Glimmer	5...9
Asphalt	2,66	Glycerin	41,1
Bakelit	3...5	Gummi	2,5...3,0
Benzol (Benzen)	2,28	Guttapercha	4
Bernstein	2,2...2,9	Hartgummi	3...4
Brom	3,1	Hartpapierplatten	5
Calit	6,5	Hartporzellan	5...6,5
Chloroform	4,8	Helium (NB)	1,000 066
Condensa C und F	80	Holz, imprägniert	3,5...5
Condensa N	40	Isolierleinen	3,5...4
Diacond	16	Kabelöl	2,25

Tabelle 47 (Fortsetzung)

Permittivitätszahl ε_r			
Kabelpapier, imprägn.	4...4,3	Quarz	3,5...4,5
Kabelvergußmasse	2,5	Quarzglas	4
Kerafar U	64	Rapsöl	2,2
Kerafar R	80	Rizinusöl	4,7
Kerafar W und X	32	Sauerstoff (NB)	1,000 486
Keravar S	70	Schellack	3,6...4
Keravar TT	45	Schiefer	6...10
Keravar V	19	Schwefelkohlenstoff	2,63
Kohlendioxid (NB)	1,000 985	Siegellack	4,3
Luft, trocken (NB)	1,000 594	Siliconöl	2,2...2,8
Marmor	8,4...14	Steatit	5,5...6,5
Methanol	33,5	Stickstoff (NB)	1,000 528
Mikanit	5	Teflon	2,0
Mineralöl	2,15	Tempa S	14
Naphthalen	3,78	Tempa X	30
Nitrobenzen	35,5	Tempa T	40
Olivenöl	3	Terpentinöl	2,2
Ölpapier	5	Toluol	2,38
Papier	1,2...3,0	Transformatorenöl	2,2...2,5
Paraffin	2,2	Trolit	4...7
Paraffinöl	2,2	Vaseline	2,1...2,3
Pertinax	3,5...5,5	Vulkanfiber	2,5
Petroleum	2,2	Wasser	81
Polyethylen	2,3	Wasserstoff (NB)	1,000 252
Polystyrol	2,3...2,5	Ziegel	2,3

Tabelle 48

Permeabilitätszahl μ_r			
Ferromagnetische Stoffe		Anfangswert μ_{ra} ($H = 0$)	Maximalwert $\mu_{r\,max}$
Armco-Eisen	0,1 C	300	5 000
Baustahl	0,2...0,4 C	100	800...2 000
Flußstahl	0,1 C	200	2 000...4 000
Gußeisen	3,3 Si 3,1 C	50...100	500
Hyperm 0	100 Fe	300	10 000
Hyperm 1	3...4 Si	500	8 500
Hyperm 4	3 Si	800	8 000

Tabelle 48 (Fortsetzung)

Permeabilitätszahl μ_r			
Ferromagnetische Stoffe		Anfangswert μ_{ra} ($H = 0$)	Maximalwert $\mu_{r\,max}$
Hyperm 5 T	3Si	2 500	35 000
Hyperm 20	20 Cr 5 Al	1 300	3 800
Hyperm 36 M	36 Ni	3 000	16 000
Hyperm 50 T	50 Ni	250	60 000
Hyperm 52	50 Ni	12 000	80 000
Hyperm 766	70…80 Ni	35 000	90 000
Hyperm 900	70…80 Ni	80 000	180 000
Hyperm Co 50	50 Co 2 V	1 000	11 000
Megaperm 6 510	65 Ni 10 Mn	3 000	26 000
Nicalloy	40 Ni	1 400	10 000
Permalloy	78,5 Ni 3 Mo	6 000	70 000
Mo-Permalloy	75,5 Ni 3,8 Mo	25 000	85 000

Paramagnetische Stoffe		μ_r	$\mu_r - 1 = \varkappa$	$\dfrac{\varkappa}{\varrho}\Big/10^{-9}\dfrac{m^3}{kg}$
Aluminium		1,000 020 8	$2,08 \cdot 10^{-5}$	+7,7
Barium		1,000 006 94	$6,94 \cdot 10^{-6}$	+1,9
Chlorwasserstoff		1,015 6	$1,56 \cdot 10^{-2}$	+9 500
Chrom		1,000 278	$2,78 \cdot 10^{-4}$	+38,7
Cobalt	1 200 °C	1,033 3	$3,33 \cdot 10^{-2}$	+3 800
	1 400 °C	1,007 71	$7,71 \cdot 10^{-3}$	+880
Cobaltchlorid		1,004 3	$4,30 \cdot 10^{-3}$	+1 280
Eisen	800 °C	1,149	$0,149$	+18 900
	1 200 °C	1,002 59	$2,59 \cdot 10^{-3}$	+330
Eisen(II)-chlorid		1,003 93	$3,93 \cdot 10^{-3}$	+1 320
Eisensulfid		1,000 871	$8,71 \cdot 10^{-4}$	+180
Kupfer(II)-chlorid		1,003 42	$3,42 \cdot 10^{-3}$	+1 120
Magnesium		1,000 017 4	$1,74 \cdot 10^{-5}$	+10,0
Mangan		1,000 871	$8,71 \cdot 10^{-4}$	+121
	600 °C	1,000 814	$8,14 \cdot 10^{-4}$	+113
Manganchlorid		1,004 31	$4,31 \cdot 10^{-3}$	+1 450
	420 °C	1,001 01	$1,01 \cdot 10^{-3}$	+340
Mangan(II)-oxid		1,004 56	$4,56 \cdot 10^{-3}$	+880
Mangansulfat		1,002 43	$2,43 \cdot 10^{-3}$	+1 150
	550 °C	1,000 907	$9,07 \cdot 10^{-4}$	+430
Nickel	400 °C			+2 400
	500 °C			+630
	800 °C			+151

Tabelle 48   653

Tabelle 48 (Fortsetzung)

Permeabilitätszahl μ_r			
Paramagnetische Stoffe	μ_r	$\mu_r - 1 = \varkappa$	$\dfrac{\varkappa}{\varrho} / 10^{-9} \dfrac{m^3}{kg}$
Nickelchlorid 17 °C	1,002 13	$2,13 \cdot 10^{-3}$	+600
Nickelsulfat	1,001 21	$1,21 \cdot 10^{-3}$	+330
Platin	1,000 257	$2,57 \cdot 10^{-4}$	+12,0
Sauerstoff	1,000 001 86	$1,86 \cdot 10^{-6}$	+1 300
Titan	1,000 18	$1,80 \cdot 10^{-4}$	+40,0
Uran	1,000 574	$5,74 \cdot 10^{-4}$	+30,0
Vanadium	1,000 348	$3,48 \cdot 10^{-4}$	+57,0
Diamagnetische Stoffe			
Aceton	0,999 986 4	$-1,37 \cdot 10^{-5}$	$-7,3$
Aluminiumoxid	0,999 986 4	$-1,37 \cdot 10^{-5}$	$-3,5$
Ameisensäure	0,999 993 3	$-6,71 \cdot 10^{-6}$	$-5,5$
Anilin	0,999 990 5	$-9,50 \cdot 10^{-6}$	$-9,3$
Argon		$-1,09 \cdot 10^{-8}$	$-6,1$
Benzol (Benzen)	0,999 992 2	$-7,82 \cdot 10^{-6}$	$-8,9$
Bismut	0,999 843 2	$-1,57 \cdot 10^{-4}$	$-16,0$
Calciumcarbonat	0,999 987 2	$-1,29 \cdot 10^{-5}$	$-4,4$
Calciumoxid	0,999 988 5	$-1,16 \cdot 10^{-5}$	$-3,4$
Calciumsulfat	0,999 985 8	$-1,42 \cdot 10^{-5}$	$-4,8$
Chlor		$-2,38 \cdot 10^{-8}$	$-7,4$
Chloroform	0,999 988 6	$-1,14 \cdot 10^{-5}$	$-7,7$
Diethylether	0,999 991 6	$-8,42 \cdot 10^{-6}$	$-11,8$
Essigsäure	0,999 992 9	$-7,13 \cdot 10^{-6}$	$-6,8$
Ethan		$-1,55 \cdot 10^{-8}$	$-11,4$
Ethanol	0,999 992 7	$-7,34 \cdot 10^{-6}$	$-9,3$
Glycerin	0,999 990 2	$-9,84 \cdot 10^{-6}$	$-7,8$
Helium		$-1,05 \cdot 10^{-9}$	$-5,9$
Kohlendioxid		$-1,19 \cdot 10^{-8}$	$-6,0$
Kupfer	0,999 990 4	$-9,65 \cdot 10^{-6}$	$-1,08$
Kupfer(I)-oxid	0,999 985	$-1,5 \cdot 10^{-5}$	$-2,5$
Methan		$-6,88 \cdot 10^{-9}$	$-9,6$
Methanol	0,999 993 1	$-6,97 \cdot 10^{-6}$	$-8,8$
Neon		$-4,05 \cdot 10^{-9}$	$-4,5$
Nitrobenzol	0,999 992 42	$-7,58 \cdot 10^{-6}$	$-6,3$
Pentan	0,999 991 36	$-8,64 \cdot 10^{-6}$	$-13,8$
Petroleum	0,999 989 06	$-1,09 \cdot 10^{-5}$	$-11,4$
Schwefelkohlenstoff	0,999 991 17	$-8,83 \cdot 10^{-6}$	$-7,0$

Tabelle 48 (Fortsetzung)

Permeabilitätszahl μ_r			
Diamagnetische Stoffe	μ_r	$\mu_r - 1 = \varkappa$	$\dfrac{\varkappa}{\varrho}\Big/10^{-9}\dfrac{m^3}{kg}$
Schwefelsäure	0,999 990 83	$-9,17 \cdot 10^{-6}$	$-5,0$
Stickstoff		$-8,60 \cdot 10^{-9}$	$-5,4$
Tetrachlormethan	0,999 991 23	$-8,77 \cdot 10^{-6}$	$-5,5$
Toluol	0,999 992 21	$-7,79 \cdot 10^{-6}$	$-9,0$
Wasser	0,999 990 97	$-9,03 \cdot 10^{-6}$	$-9,05$
Wasser, schweres	0,999 991 27	$-8,73 \cdot 10^{-6}$	$-7,9$
Wasserstoff		$-2,25 \cdot 10^{-9}$	$-25,0$
Zinkoxid	0,999 975 93	$-2,41 \cdot 10^{-5}$	$-4,4$

Tabelle 49

Curie-Punkt ferromagnetischer Stoffe t_C		in $^\circ$C
Bariumferrit		435
Cobalt		1 075
Eisen, rein		768
Eisencarbid		215
Heuslersche Legierung	je nach Zusammensetzung	60. . .380
Kupferferrit		450
Mangan-Zink-Ferrit		115
Nickel		360
Nickel-Zink-Ferrit		350
AlNi 090	12 Al 22 Ni, Rest Fe	730
AlNi 120	14 Al 28 Ni, Rest Fe	730
AlNiCo 160	10 Al 20 Ni 15 Co + CuTi	720
AlNiCo 190	Fe + 19 Ni 12 Al 15 Co 4 Cu	760
Co 050	Fe + 1C 6,5 Co 8,5 Cr	750
Hyperm 5 und 5 T	Fe + 3 Si	750
Hyperm 36 M	Fe + 36 Ni	250
Hyperm 52 und 50 T	Fe + $\approx$ 50 Ni	470
Hyperm 766 und 900	Fe + 70. . .80 Ni; Cu; Cr; Mo	400
Hyperm Co 90	Fe + 60 Co; 2 V	950

Tabelle 50   655

Tabelle 50

Beweglichkeit μ von Ladungsträgern			
Ionen (in wäßriger Lösung bei 18 °C und unendlicher Verdünnung)			
Kationen	$u/10^{-8}\,\dfrac{m^2}{V \cdot s}$	Anionen	$u/10^{-8}\,\dfrac{m^2}{V \cdot s}$
H^+	33	OH^-	18,2
Li^+	3,5	Cl^-	6,85
Na^+	4,6	Br^-	7,0
K^+	6,75	I^-	6,95
Ag^+	5,7	NO_3^-	6,5
NH_4^+	6,7	MnO_4^-	5,6
Zn^{++}	4,8	SO_4^{--}	6,1
Fe^{+++}	4,8	CO_2^{--}	6,2

Elektronen und *Defektelektronen* in Halbleitern (18 °C)			
$u_e^-/10^{-4}\,\dfrac{m^2}{V \cdot s}$	$u_e^+/10^{-4}\,\dfrac{m^2}{V \cdot s}$	$u_e^-/10^{-4}\,\dfrac{m^2}{V \cdot s}$	$u_e^+/10^{-4}\,\dfrac{m^2}{V \cdot s}$
C (Diamant) 1 400		PbS 550	600
Si 1 300	480	PbSe 1 020	930
Ge 3 800	1 800	PbTe 1 620	750
Se	$\approx 0,1$	Bi_2Te_3 1 250	515
Te $\approx 1\,000$	1 400	CdSb 300	300
AlAs 1 200	200	ZnO 190	
AlSb 400	150	ZnS 100	
GaP 80	17	ZnSe 100	16
GaAs 8 500	400	ZnTe	50
GaSb 4 000	650	CdS 200	
InP 4 600	700	CdSe 500	
InAs 30 000	240	CdTe 650	45
InSb 70 000	1 000	HgSe 18 500	
SiC 60	8	HgTe 22 000	160

T

Tabelle 51

Sprungtemperatur T_S bei Supraleitern				
Elemente		T_S/K	Legierungen Verbindungen	T_S/K
Niob	Nb	9,46	BiPb	8,8
Technetium	Tc	7,81	AsPb	8,4
Blei	Pb	7,19	PPb	7,8
Vanadium	V	5,30	AgPb	7,2
Lanthan	La	4,71	LiPb	7,2
Tantal	Ta	4,48	AuPb	7,0
Quecksilber	Hg	4,17	CaPb	7,0
Zinn	Sn	3,72	SbPb	6,6
Indium	In	3,40	CuPb	2,25
Thallium	Tl	2,39		
Thorium	Th	1,37	Nb_4Sn	18,5
Rhenium	Re	1,70	Nb_3Sn	18,05
Uran	U	1,25	$AlNb_3$	17,5...18
Aluminium	Al	1,18	SiV_3	17,0
Gallium	Ga	1,09	GaV_3	16,8
Molybdän	Mo	0,92	NNb	16
Zink	Zn	0,85	$GaNb_3$	14,5
Osmium	Os	0,65	CNb	14
Zirconium	Zr	0,55	NbH	13...14
Cadmium	Cd	0,54	MoN	12,0
Ruthenium	Ru	0,49	$AuNb_3$	11,5
Titan	Ti	0,39	CTa	11
Hafnium	Hf	0,35	Nb_2Zr	10,8
Wolfram	W	0,011	Nb_2N	9,5

Tabelle 52

Elektrochemisches Äquivalent $\ddot{A}$					
	Wertig- keit z	$\ddot{A} / \dfrac{mg}{C}$		Wertig- keit z	$\ddot{A} / \dfrac{mg}{C}$
Aluminium	3	0,0932	Cadmium	2	0,5824
Barium	2	0,7117	Caesium	1	1,3773
Bismut	3	0,7219	Calcium	2	0,2077
Blei	2	1,0737	Chlor	1	0,3674
Brom	1	0,8282	Chrom	3	0,1797

Tabelle 52 (Fortsetzung)

Elektrochemisches Äquivalent $\ddot{A}$					
	Wertig-keit z	$\ddot{A} / \frac{mg}{C}$		Wertig-keit z	$\ddot{A} / \frac{mg}{C}$
Cobalt	2	0,305 4	Nickel	2	0,304 1
	3	0,203 6		3	0,202 7
Eisen	2	0,289 4	OH-Gruppe	1	0,176 3
	3	0,192 9	Platin	4	0,505 7
Gold	3	0,681 2	Quecksilber	1	2,078 9
Kalium	1	0,405 2	Sauerstoff	2	0,082 9
Knallgas	—	0,093 37	Schwefel	2	0,166 1
Kupfer	1	0,658 8	Silber	1	1,117 9
	2	0,329 4	Strontium	2	0,454 1
Lithium	1	0,071 9	Wasserstoff	1	0,010 45
Magnesium	2	0,126 0	Zink	2	0,338 8
Mangan	2	0,284 6	Zinn	2	0,615 0
	3	0,189 8		4	0,307 5
Natrium	1	0,238 3			

Tabelle 53

Elektrochemische Spannungsreihe $\left(\dfrac{1\,\text{g Ion}}{1\,\text{l Lösung}} \text{ bei } 25\,^{\circ}\text{C} \right)$					
	Wertig-keit z	Normal-potential U/V		Wertig-keit z	Normal-potential U/V
Lithium	1	−3,02	Cobalt	2	−0,283
Caesium	1	−2,92	Nickel	2	−0,236
Kalium	1	−2,92	Zinn	2	−0,136
Calcium	2	−2,84	Blei	2	−0,126
Natrium	1	−2,71	Wasserstoff	1	±0,000
Magnesium	2	−2,35	Kupfer	2	+0,345
Aluminium	3	−1,67		3	+0,52
Mangan	2	−1,05	Silber	1	+0,799
Zink	2	−0,763	Quecksilber	2	+0,861
Eisen	2	−0,441	Platin	2	+1,2
Cadmium	2	−0,400	Gold	3	+1,42

T

Tabelle 54

Ablösearbeit W_A			
Photoemission	W_A/eV	Thermische Emission	W_A/eV
Aluminium	4,20	*Metallkathoden*	
Barium	2,52		
Blei	4,02	Caesium	1,94
Cadmium	4,11	Molybdän	4,29
Calcium	3,20	Nickel	4,91
Cobalt	4,97	Platin	5,30
Eisen	4,63	Thorium	3,35
Germanium	5,02	Wolfram	4,50
Gold	4,83	*Metallfilmkathoden*	
Kalium	2,25		
Kupfer	4,39	Bariumfilm	
Magnesium	3,70	auf Wolfram	1,5...2,1
Molybdän	4,29	Caesiumfilm	
Natrium	2,28	auf Wolfram	1,4
Nickel	5,09	Thoriumfilm	
Platin	5,66	auf Wolfram	2,8
Rhodium	5,03	Bariumfilm	
Selen	4,87	auf Wolframoxid	1,3
Silber	4,43	*Oxidkathoden*	
Silicium	3,59		
Thorium	3,47	Bariumoxid	1,0...1,5
Wolfram	4,50	Bariumoxid	
Zink	4,34	mit Strontiumoxid	0,9...1,3
Zinn	4,31	Thoriumdioxid	2,6

Tabelle 55

Chemische Elemente und ihre Isotope (Auswahl)	
S	Symbol *Z* Ordnungszahl *A* Massenzahl
A_r	relative Atommasse
H	Häufigkeit des Isotops im natürlichen Mischelement
ZA	Zerfallsart bei instabilen Nukliden
$T_{1/2}$	Halbwertszeit bei instabilen Nukliden
AZ	Aggregatzustand im Normzustand (0 °C; 101,325 kPa) f fest fl flüssig g gasförmig
k	künstlich hergestelltes Element bzw. Isotop

Tabelle 55   659

Tabelle 55 (Fortsetzung)

Chemische Elemente und ihre Isotope (Auswahl)							
	S	Z	A	A_r	H	ZA	$T_{1/2}$	AZ

	S	Z	A	A_r	H	ZA	$T_{1/2}$	AZ
Actinium	Ac	89						f
			227	227,027 75		β^-	22 a	
			228	228,031 08		β^-	6,1 h	
Aluminium	Al	13		26,981 54				f
			24	24,000 1	k	β^+	2 s	
			25	24,990 41	k	β^+	7,2 s	
			26	25,986 89	k	β^+	$7,4 \cdot 10^5$ a	
			27	26,981 539	100 %			
			28	27,981 905	k	β^-	2,3 min	
			29	28,980 442	k	β^-	6,6 min	
			30	29,981 6	k	β^-	3,3 s	
Americium	Am	95			k			f
			241	241,056 71	k	α	458 a	
			242	242,059 50	k	β^-	≈ 100 a	
			243	243,061 37	k	α	$8 \cdot 10^3$ a	
			245	245,066 34	k	β^-	2 h	
Antimon	Sb	51		121,75				f
			121	120,903 82	57,3 %			
			122	121,905 19	k	β^-	2,74 h	
			123	122,904 22	42,7 %			
			124	123,905 98	k	β^-	60 d	
			125	124,905 24	k	β^-	2,8 a	
Argon	Ar	18		39,948				g
			35	34,975 25	k	β^+	1,8 s	
			36	35,967 544	0,34 %			
			38	37,962 728	0,06 %			
			39	38,964 317	k	β^-	265 a	
			40	39,962 384	99,6 %			
			41	40,964 50	k	β^-	1,83 h	
Arsen	As	33		74,921 6				f
			74	73,923 933	k	β^+, β^-	18 d	
			75	74,921 596	100 %			
			76	75,922 40	k	β^-	26,8 h	
			77	76,920 65	k	β^-	38,8 h	
Astat	At	85		209,987				f
			215	214,998 66		α	10^{-4} s	
			216	216,002 41	k	α	$3 \cdot 10^{-4}$ s	
			218	218,008 61		α	≈ 2 s	
Barium	Ba	56		137,327				f
			130	129,906 24	0,1 %			
			132	131,905 1	0,1 %			
			134	133,904 61	2,4 %			
			135	134,905 6	6,6 %			
			136	135,904 3	7,9 %			
			137	136,905 5	11,2 %			
			138	137,905 0	71,7 %			
Berkelium	Bk	97			k			f
			247	247,070 26	k	α	$1,4 \cdot 10^3$ a	

T

Tabelle 55 (Fortsetzung)

Chemische Elemente und ihre Isotope (Auswahl)							
S	Z	A	A_r	H	ZA	$T_{1/2}$	AZ
	Bk	97	249	249,074 88	k	β^-	300 d	
			250	250,078 27	k	β^-	3,1 d	
Beryllium	Be	4		9,012 19				f
			8	8,005 308	k	α	$\approx 3 \cdot 10^{-16}$ s	
			9	9,012 186	100 %			
			10	10,013 534	k	β^-	$2{,}7 \cdot 10^6$ a	
			11	11,021 67	k	β^-	14 s	
Bismut	Bi	83		208,980 4				f
			209	208,980 394	100 %			
	(RaE)		210	209,984 121		β^-	5,0 d	
	(AcC)		211	210,987 30		α	2,15 min	
	(ThC)		212	211,991 279		β^-, α	60,6 min	
	(RaC)		214	213,998 69		β^-	20 min	
Blei	Pb	82		207,2				f
			204	203,973 044	1,5 %	α	$1{,}4 \cdot 10^{17}$ a	
			206	205,974 468	24,1 %			
			207	206,975 903	22,1 %			
			208	207,976 65	52,3 %			
			209	208,981 08	k	β^-	3,3 h	
	(RaD)		210	209,984 187		β^-	22,3 a	
	(AcB)		211	210,988 74		β^-	36 min	
	(ThB)		212	211,991 90		β^-	10,6 h	
	(RaB)		214	213,999 77		β^-	27 min	
Bor	B	5		10,811				f
			10	10,012 939	19,9 %			
			11	11,009 305	80,1 %			
Brom	Br	35		79,904				fl
			79	78,918 329	50,7 %			
			81	80,916 292	49,3 %			
			82	81,916 802	k	β^-	35,5 h	
Cadmium	Cd	48		112,411				f
			106	105,906 463	1,2 %			
			108	107,904 187	0,9 %			
			110	109,903 012	12,4 %			
			111	110,904 188	12,8 %			
			112	111,902 762	24,1 %			
			113	112,904 408	12,3 %			
			114	113,903 360	28,7 %			
			115	114,905 43	k	β^-	53,5 h	
			116	115,904 762	7,6 %			
			117	116,907 24	k	β^-	50 min	
Caesium	Cs	55		132,905 4				f
			133	132,905 36	100 %			
			134	133,906 82	k	β^-	2,1 a	
			135	134,905 8	k	β^-	$2 \cdot 10^6$ a	
			136	135,907 34	k	β^-	13 d	
			137	136,906 77	k	β^-	30 a	
Calcium	Ca	20		40,078				f
			40	39,962 589	96,9 %			

Tabelle 55   661

Tabelle 55 (Fortsetzung)

Chemische Elemente und ihre Isotope (Auswahl)							
S	Z	A	A_r	H	ZA	$T_{1/2}$	AZ
Ca	20	**42**	41,958 625	0,65 %			
		43	42,958 780	0,14 %			
		44	43,955 490	2,1 %			
		45	44,956 190	k	β^-	164 d	
		46	45,953 69	0,003 %			
		47	46,954 538	k	β^-	4,7 d	
		48	47,952 53	0,18 %			
		49	48,955 68	k	β^-	8,8 min	
Californium	Cf	98		k			f
		246	246,068 77	k		36 h	
		248	248,072 26	k		350 d	
		249	249,074 75	k		360 a	
		250	250,076 38	k	α	13,2 a	
		251	251,079	k	α	900 a	
		252	252,082	k		2,5 a	
Cer	Ce	58		140,115			f
		136	135,907 1	0,19 %			
		138	137,905 83	0,26 %			
		140	139,905 39	88,5 %			
		141	140,908 22	k	β^-	32,5 d	
		142	141,909 14	11,05 %	α	$5 \cdot 10^{15}$ a	
		143	142,912 33	k	β^-	33 h	
		144	143,913 59	k	β^-	284 d	
Chlor	Cl	17		35,452 7			g
		35	34,968 851	75,8 %			
		36	35,968 309	k	β^-	$3 \cdot 10^5$ a	
		37	36,965 898	24,2 %			
		38	37,968 005	k	β^-	38 min	
		39	38,968 01	k	β^-	56 min	
		40	39,970 4	k	β^-	1,4 min	
Chrom	Cr	24		51,996 1			f
		49	48,951 27	k	β^+	42 min	
		50	49,946 054	4,3 %			
		52	51,940 513	83,8 %			
		53	52,904 653	9,6 %			
		54	53,938 82	2,3 %			
		55	54,940 833	k	β^-	3,5 min	
Cobalt	Co	27		58,933 2			f
		59	58,933 189	100 %			
		60	59,933 813	k	β^-	5,27 a	
Curium	Cm	96			k		f
		242	242,058 79	k		163 d	
		243	243,061 37	k		35 a	
		244	244,062 82	k		18 a	
		245	245,065 37	k		10^4 a	
		246	246,067 20	k		$6 \cdot 10^3$ a	
		247	247,070	k	α	$1,6 \cdot 10^7$ a	
		248	248,072	k		$5 \cdot 10^5$ a	

Tabelle 55 (Fortsetzung)

Chemische Elemente und ihre Isotope (Auswahl)							
S	Z	A	A_r	H	ZA	$T_{1/2}$	AZ
Dysprosium Dy	66		162,50				f
		156	155,923 9	0,06 %	α	$2 \cdot 10^{14}$ a	
		158	157,924 45	0,1 %			
		160	159,925 20	2,3 %			
		161	160,926 94	18,9 %			
		162	161,926 80	25,5 %			
		163	162,928 76	24,9 %			
		164	163,929 20	28,2 %			
		165	164,931 82	k	β^-	2,35 h	
		166	165,932 81	k	β^-	81,5 h	
Einsteinium Es	99			k			f
		252	252,082 9	k	α	472 d	
		253	253,084 73	k	α	20 d	
Eisen Fe	26		55,847				f
		53	52,945 57	k	β^+	8,9 min	
		54	53,939 617	5,8 %			
		56	55,934 936	91,7 %			
		57	56,935 398	2,2 %			
		58	57,933 282	0,3 %			
		59	58,934 878	k	β^-	45 d	
Erbium Er	68		167,26				f
		162	161,928 74	0,14 %			
		164	163,929 29	1,6 %			
		166	165,930 31	33,6 %			
		167	166,932 06	22,9 %			
		168	167,932 38	26,8 %			
		169	168,934 61	k	β^-	9,3 d	
		170	169,935 56	15,0 %			
		171	170,938 13	k	β^-	7,5 h	
Europium Eu	63		151,965				f
		151	150,919 84	47,8 %			
		153	152,921 24	52,2 %			
		154	153,923 05	k	β^-	16 a	
		155	154,922 93	k	β^-	1,8 a	
Fermium Fm	100			k			f
		252	252,082 56	k	α	30 h	
		254	254,086 84	k	α	3,3 h	
		255	255,090	k	α	21 h	
		257	257,095 1	k	α	101 d	
Fluor F	9		18,998 403				g
		17	17,002 096	k	β^+	66 s	
		18	18,000 937	k	β^+	110 min	
		19	18,998 403	100 %			
		20	19,999 987	k	β^-	12 s	
Francium Fr	87		223,020				f
	(AcK)	223	223,019 74		β^-	22 min	
Gadolinium Gd	64		157,25				f
		152	151,919 79	0,1 %	α	10^{14} a	

Tabelle 55   663

Tabelle 55 (Fortsetzung)

Chemische Elemente und ihre Isotope (Auswahl)							
S	Z	A	A_r	H	ZA	$T_{1/2}$	AZ
	Gd	64	**154**	153,920 93	2,2 %			
			155	154,922 66	14,8 %			
			156	155,922 18	20,5 %			
			157	156,924 02	15,7 %			
			158	157,924 18	24,8 %			
			159	159,926 37	k	β^-	18 h	
			160	159,927 12	21,9 %			
			161	160,929 72	k	β^-	3,7 min	
Gallium	Ga	31		69,723				f
			68	67,927 992	k	β^+	79 h	
			69	68,925 574	60,1 %			
			70	69,926 035	k	β^-	21 min	
			71	70,924 706	39,9 %			
			72	71,926 372	k	β^-	14 h	
Germanium	Ge	32		72,61				f
			70	69,924 252	20,5 %			
			72	71,922 082	27,4 %			
			73	72,923 462	7,8 %			
			74	73,921 181	36,5 %			
			75	74,922 88	k	β^-	82 min	
			76	75,921 405	7,8 %			
			77	76,923 60	k	β^-	11 h	
Gold	Au	79		196,966 54				f
			197	196,966 54	100 %			
			198	197,968 231	k	β^-	2,70 d	
			199	198,968 77	k	β^-	3,15 d	
Hafnium	Hf	72		178,49				f
			174	173,940 36	0,18 %	α	$2 \cdot 10^{15}$ a	
			176	175,941 57	5,1 %			
			177	176,943 40	18,6 %			
			178	177,943 88	27,3 %			
			179	178,946 03	13,7 %			
			180	179,946 8	35,1 %			
			181	180,949 10	k	β^-	43 d	
Helium	He	2		4,002 60				g
			3	3,016 029 7	$1,3 \cdot 10^{-4}$ %			
			4	4,002 603 1	$\approx$100 %			
			6	6,018 893	k	β^-	0,82 s	
Holmium	Ho	67		164,930 4				f
			165	164,930 42	100 %			
			166	165,932 29	k	β^-	27 h	
Indium	In	49		114,82				f
			113	112,904 089	4,3 %			
			114	113,904 905	k	β^-	1,2 min	
			115	114,903 871	95,7 %	β^-	$6 \cdot 10^{14}$ a	
			116	115,905 32	k	β^-	14 s	
Iod	I	53		126,904 47				f
			127	126,904 470	100 %			

Tabelle 55 (Fortsetzung)

Chemische Elemente und ihre Isotope (Auswahl)							
S	Z	A	A_r	H	ZA	$T_{1/2}$	AZ
	I	53	128	127,905 838	k	β^-	25,0 min	
			129	128,904 987	k	β^-	$1,6 \cdot 10^7$ a	
			130	129,906 68	k	β^-	12,5 h	
			131	130,906 127	k	β^-	8,08 d	
			132	131,907 981	k	β^-	2,3 h	
			133	132,907 75	k	β^-	21 h	
			134	133,909 85	k	β^-	53 min	
			135	134,910	k	β^-	6,7 d	
Iridium	Ir	77		192,22				f
			191	190,960 64	37,3 %			
			192	191,962 70	k	β^-	74 d	
			193	192,963 01	62,7 %			
			194	193,965 12	k	β^-	20 h	
Kalium	K	19		39,098 3				f
			37	36,973 36	k	β^+	1,2 s	
			38	37,969 10	k	β^+	7,7 min	
			39	38,963 710	93,3 %			
			40	39,964 400	0,01 %	β^-	$1,27 \cdot 10^9$ a	
			41	40,961 832	6,7 %			
			42	41,962 41	k	β^-	12,4 h	
			43	42,960 73	k	β^-	22 h	
Kohlenstoff	C	6		12,011				f
			10	10,016 81	k	β^+	19 s	
			11	11,011 432	k	β^+	20,5 min	
			12	12,000 000	98,9 %			
			13	13,003 354	1,1 %			
			14	14,003 242		β^-	$5,7 \cdot 10^3$ a	
			15	15,010 600	k	β^-	2,3 s	
Krypton	Kr	36		83,80				g
			78	77,920 403	0,35 %			
			80	79,916 380	2,3 %			
			82	81,913 482	11,6 %			
			83	82,914 131	11,5 %			
			84	83,911 503	57,0 %			
			85	84,912 523	k	β^-	10,6 a	
			86	85,910 616	17,3 %			
			87	86,913 06	k	β^-	1,25 h	
Kupfer	Cu	29		63,546				f
			62	61,932 57	k	β^+	10 min	
			63	62,929 592	69,2 %			
			65	64,927 786	30,8 %			
			66	65,928 871	k	β^-	5,2 min	
Lanthan	La	57		138,905 5				f
			138	137,906 91	0,09 %	β^-	10^{11} a	
			139	138,906 14	99,91 %			
			140	139,909 44	k	β^-	40,2 h	
Lawrenzium	Lr	103			k			
			260	260,105 3	k	α	3 min	

Tabelle 55   665

Tabelle 55 (Fortsetzung)

Chemische Elemente und ihre Isotope (Auswahl)							
	S	Z	A	A_r	H	ZA	$T_{1/2}$	AZ
Lithium	Li	3		6,941				f
			6	6,015 125	7,5 %			
			7	7,016 004	92,5 %			
Lutetium	Lu	71		174,967				f
			175	174,940 64	97,4 %			
			176	175,942 66	2,6 %	β^-	$2,2 \cdot 10^{10}$ a	
			177	176,943 93	k	β^-	7 d	
Magnesium	Mg	12		24,305				f
			23	22,994 125	k	β^+	12 s	
			24	23,985 042	79,0 %			
			25	24,985 839	10,0 %			
			26	25,982 593	11,0 %			
			27	26,984 345	k	β^-	9,5 min	
			28	27,983 875	k	β^-	21,3 h	
Mangan	Mn	25		54,938 05				f
			55	54,938 050	100 %			
			56	55,938 910	k	β^-	2,58 h	
Mendelevium	Md	101			k			f
			258	258,098 6	k	α	56 d	
Molybdän	Mo	42		95,94				f
			92	91,906 81	15,2 %			
			94	93,905 090	9,1 %			
			95	94,905 839	15,9 %			
			96	95,904 674	16,7 %			
			97	96,906 022	9,4 %			
			98	97,905 409	24,2 %			
			99	98,907 72	k	β^-	66 h	
			100	99,907 475	9,4 %			
			101	100,910 35	k	β^-	14,6 min	
Natrium	Na	11		22,989 77				f
			21	20,997 655	k	β^+	23 s	
			22	21,994 437	k	β^+	2,6 a	
			23	22,989 771	100 %			
			24	23,990 962	k	β^-	15,0 h	
			25	24,989 955	k	β^-	60 s	
Neodym	Nd	60		144,24				f
			142	141,907 66	27,1 %			
			143	142,909 78	12,2 %			
			144	143,910 04	23,9 %	α	$5 \cdot 10^{15}$ a	
			145	144,912 54	8,3 %			
			146	145,913 09	17,2 %			
			147	146,916 07	k	β^-	11 d	
			148	147,916 87	5,7 %			
			149	148,920 12	k	β^-	2 h	
			150	149,920 92	5,6 %			
Neon	Ne	10		20,179 7				g
			18	18,005 711	k	β^+	1,5 s	
			19	19,001 881	k	β^+	18 s	

T

Tabelle 55 (Fortsetzung)

Chemische Elemente und ihre Isotope (Auswahl)							
S	Z	A	A_r	H	ZA	$T_{1/2}$	AZ
Ne	10	**20**	19,992 440	90,5 %			
		21	20,993 849	0,27 %			
		22	21,991 385	9,2 %			
		23	22,994 473	k	β^-	38 s	
		24	23,993 61	k	β^-	3,4 min	
Neptunium	Np	93		k			f
		237	237,048 06	k	α	$2,2 \cdot 10^6$ a	
		238	238,050 90	k	β^-	2 d	
		239	239,052 92	k	β^-	2,3 d	
		240	240,056 08	k	β^-	60 min	
Nickel	Ni	28	58,69				f
		58	57,935 342	68,1 %			
		60	59,930 787	26,1 %			
		61	60,931 056	1,2 %			
		62	61,928 342	3,6 %			
		63	62,929 664	k	β^-	120 a	
		64	63,927 958	1,0 %			
		65	64,930 072	k	β^-	2,6 h	
Niob	Nb	41	92,906 38				f
		93	92,906 382	100 %			
		94	93,907 30	k	β^-	$2 \cdot 10^4$ a	
		95	94,906 832	k	β^-	35 d	
		96	95,908 06	k	β^-	24 h	
		97	96,908 096		β^-	72 min	
Nobelium	No	102		k			f
		253	253,091 3	k		10 min	
		259	259,100 9	k	α	58 min	
Osmium	Os	76	190,2				f
		184	183,952 75	0,02 %			
		186	185,953 87	1,6 %			
		187	186,955 83	1,6 %			
		188	187,956 08	13,3 %			
		189	188,958 30	16,1 %			
		190	189,958 63	26,4 %			
		191	190,960 97	k	β^-	15 d	
		192	191,961 45	41,0 %			
		193	192,964 23	k	β^-	31,5 h	
Palladium	Pd	46	106,42				f
		102	101,905 61	1,0 %			
		104	103,904 01	11,0 %			
		105	104,905 06	22,3 %			
		106	105,903 479	27,3 %			
		108	107,903 891	26,6 %			
		109	108,905 954	k	β^-	13,5 h	
		110	109,905 16	11,8 %			
		111	110,907 67	k	β^-	22 min	
Phosphor	P	15	30,973 76				f
		30	29,978 317	k	β^+	2,6 min	
		31	30,973 765	100 %			

Tabelle 55   667

Tabelle 55 (Fortsetzung)

Chemische Elemente und ihre Isotope (Auswahl)							
S	Z	A	A_r	H	ZA	$T_{1/2}$	AZ
P	15	32	31,973 910	k	β^-	14,3 d	
		33	32,971 728	k	β^-	25 d	
Platin Pt	78		195,08				f
		190	189,959 95	0,01 %	α	$7 \cdot 10^{11}$ a	
		192	191,961 15	0,78 %			
		194	193,962 72	32,9 %			
		195	194,964 81	33,8 %			
		196	195,964 97	25,2 %			
		197	196,967 35	k	β^-	18 h	
		198	197,967 90	7,2 %			
		199	198,970 58	k	β^-	30 min	
Plutonium Pu	94			k			f
		238	238,049 51	k	α	86 a	
		239	239,052 15	k	α	$2,44 \cdot 10^4$ a	
		240	240,053 88	k	α	$6,6 \cdot 10^3$ a	
		241	241,056 74	k	β^-	13,0 a	
		242	242,058 72	k	α	$3,8 \cdot 10^5$ a	
		244	244,064	k	α	$8 \cdot 10^7$ a	
Polonium Po	84						f
		209	208,982 43	k	α	103 a	
(RaF)		210	209,982 876		α	138,4 d	
(AcC′)		211	210,986 657		α	0,5 s	
(ThC′)		212	211,988 866		α	$3 \cdot 10^{-7}$ s	
(RaC′)		214	213,995 201		α	$1,6 \cdot 10^{-4}$ s	
(AcA)		215	214,999 42		α	$1,8 \cdot 10^{-3}$ s	
(ThA)		216	216,001 92		α	0,15 s	
(RaA)		218	218,008 93		α	3 min	
Praseodym Pr	59		140,907 65				f
		141	140,907 65	100 %			
		142	141,909 98	k	β^-	19 h	
		143	142,910 78	k	β^-	14 d	
		144	143,913 25	k	β^-	17,3 min	
Promethium Pm	61						f
		147	146,915 11	k	β^-	2,5 a	
		149	148,918 33	k	β^-	53 h	
		151	150,921 20	k	β^-	28 h	
Protactinium Pa	91		231,035 9				f
		231	231,035 88	$\approx$100 %	α	$3,4 \cdot 10^4$ a	
		233	233,040 13	k	β^-	27 d	
(UZ)		234	234,043 30		β^-	6,7 h	
		235	235,045 4	k	β^-	23 min	
Quecksilber Hg	80		200,59				fl
		196	195,965 82	0,15 %			
		198	197,966 756	10,1 %			
		199	198,968 279	16,8 %			
		200	199,968 327	23,1 %			
		201	200,970 308	13,2 %			
		202	201,970 642	29,8 %			

T

Tabelle 55 (Fortsetzung)

Chemische Elemente und ihre Isotope (Auswahl)							
	S	Z	A	A_r	H	ZA	$T_{1/2}$	AZ
	Hg	80	203	202,972 880	k	β⁻	47 d	
			204	203,973 495	6,8 %			
			205	204,976 2	k	β⁻	5,4 min	
Radium	Ra	88		226,025 4				f
	(AcX)		223	223,018 50		α	11,4 d	
	(ThX)		224	224,020 22		α	3,6 d	
			226	226,025 36	100 %	α	$1{,}6 \cdot 10^3$ a	
	(MsTh₁)		228	228,031 14		β⁻	5,8 a	
Radon	Rn	86						g
	(An)		219	219,009 48		α	4,0 s	
	(Tn)		220	220,011 40		α	55 s	
	(Rn)		222	222,017 53		α	3,8 d	
Rhenium	Re	75		186,207				f
			185	184,953 06	37,4 %			
			186	185,955 02	k	β⁻	90 h	
			187	186,955 83	62,6 %	β⁻	10^{11} a	
			188	187,958 35	k	β⁻	16,8 h	
Rhodium	Rh	45		102,905 5				f
			103	102,905 511	100 %			
			105	104,905 67	k	β⁻	36 h	
Rubidium	Rb	37		85,467 8				f
			85	84,911 800	72,2 %			
			86	85,911 193	k	β⁻	19 d	
			87	86,909 186	27,8 %	β⁻	$4{,}7 \cdot 10^{10}$ a	
			88	87,911 3	k	β⁻	18 min	
Ruthenium	Ru	44		101,07				f
			96	95,907 598	5,5 %			
			98	97,905 289	1,9 %			
			99	98,905 936	12,7 %			
			100	99,904 218	12,6 %			
			101	100,905 577	17,0 %			
			102	101,904 348	31,6 %			
			103	102,906 31	k	β⁻	40 d	
			104	103,905 430	18,7 %			
Samarium	Sm	62		150,36				f
			144	143,911 99	3,0 %			
			146	145,912 99	k		$5 \cdot 10^7$ a	
			147	146,914 87	15,0 %	α	$1{,}3 \cdot 10^{11}$ a	
			148	147,914 79	11,2 %	α	$2 \cdot 10^{13}$ a	
			149	148,917 18	13,8 %	α	$4 \cdot 10^{14}$ a	
			150	149,917 28	7,4 %			
			151	150,919 92	k	β⁻	93 a	
			152	151,919 76	26,8 %			
			153	152,922 10	k	β⁻	47 h	
			154	153,922 28	22,8 %			
Sauerstoff	O	8		15,999 4				g
			14	14,008 597	k	β⁺	72 s	
			15	15,003 070	k	β⁺	124 s	

Tabelle 55   669

Tabelle 55 (Fortsetzung)

Chemische Elemente und ihre Isotope (Auswahl)							
	S	Z	A	A_r	H	ZA	$T_{1/2}$	AZ

	S	Z	A	A_r	H	ZA	$T_{1/2}$	AZ
	O	8	**16**	15,994 915	99,76 %			
			17	16,999 133	0,04 %			
			18	17,999 160	0,20 %			
			19	19,003 578	k	β^-	30 s	
Scandium	Sc	21		44,955 9				f
			43	42,961 165	k	β^+	3,9 h	
			44	43,959 406	k	β^+	3,9 h	
			45	44,955 919	100 %			
			46	45,955 173	k	β^-	84 d	
			47	46,952 413	k	β^-	3,4 d	
			48	47,952 221	k	β^-	1,83 d	
Schwefel	S	16		32,066				f
			32	31,972 974	95,0 %			
			33	32,971 462	0,8 %			
			34	33,967 965	4,2 %			
			35	34,967 865	k	β^-	87 d	
			36	35,967 090	0,015 %			
			37	36,971 01	k	β^-	5,1 min	
			38	37,971 2	k	β^-	2,87 h	
Selen	Se	34		78,96				f
			74	73,922 476	0,9 %			
			76	75,919 207	9,0 %			
			77	76,919 911	7,6 %			
			78	77,917 314	23,6 %			
			79	78,918 494	k	β^-	$6 \cdot 10^4$ a	
			80	79,916 527	49,7 %			
			81	80,917 984	k	β^-	18 min	
			82	81,916 707	9,2 %			
			83	82,918 9	k	β^-	23 min	
Silber	Ag	47		107,868 2				f
			107	106,905 094	51,8 %			
			108	107,905 949	k	β^-	2,4 min	
			109	108,904 756	48,2 %			
			111	110,905 32	k	β^-	7,5 d	
Silicium	Si	14		28,085 5				f
			28	27,976 929	92,2 %			
			29	28,976 496	4,7 %			
			30	29,973 763	3,1 %			
			31	30,975 349	k	β^-	2,74 h	
			32	31,974 02	k	β^-	710 a	
Stickstoff	N	7		14,006 74				g
			13	13,005 738	k	β^+	10 min	
			14	14,003 074	99,635 %			
			15	15,000 108	0,365 %			
Strontium	Sr	38		87,62				f
			84	83,913 430	0,56 %			
			86	85,909 285	9,9 %			
			87	86,908 892	7,0 %			

T

Tabelle 55 (Fortsetzung)

Chemische Elemente und ihre Isotope (Auswahl)							
S	Z	A	A_r	H	ZA	$T_{1/2}$	AZ
Sr	38	**88**	87,905 641	82,6 %			
		89	88,907 442	k	β^-	54 d	
		90	89,907 747	k	β^-	29 a	
		91	90,910 16	k	β^-	9,7 h	
		92	91,910 98	k	β^-	2,7 h	
Tantal	Ta	73	180,947 9				f
		180	179,947 54	0,012 %			
		181	180,948 01	99,99 %			
		182	181,950 17	k	β^-	114,4 d	
Technetium	Tc	43		k			f
		98	97,907 1	k	β^-	$1,5 \cdot 10^6$ a	
		99	98,906 249	k	β^-	$2,1 \cdot 10^5$ a	
		101	100,907 33	k	β^-	14 min	
Tellur	Te	52	127,60				f
		120	119,904 02	0,09 %			
		122	121,903 066	2,4 %			
		123	122,904 277	0,88 %			
		124	123,902 842	4,6 %			
		125	124,904 418	7,0 %			
		126	125,903 322	19,0 %			
		127	126,905 209	k	β^-	9,3 h	
		128	127,904 476	31,7 %			
		129	128,906 575	k	β^-	74 min	
		130	129,906 238	34,0 %			
		131	130,908 58	k	β^-	25 min	
		132	131,908 52	k	β^-	78 h	
Terbium	Tb	65	158,925 34				f
		159	158,925 34	100 %			
		160	159,927 15	k	β^-	72 d	
Thallium	Tl	81	204,383				f
		203	202,972 353	29,5 %			
		204	203,973 865	k	β^-	3,6 a	
		205	204,974 442	70,5 %			
		206	205,976 104	k	β^-	4,2 min	
	(AcC'')	207	206,977 45		β^-	4,8 min	
	(ThC'')	208	207,982 013		β^-	3,10 min	
	(RaC'')	210	209,990 05		β^-	1,3 min	
Thorium	Th	90	232,038 1				f
	(RdAc)	227	227,027 71		α	18,5 d	
	(RdTh)	228	228,028 75		α	1,91 a	
		229	229,031 65	k	α	$7 \cdot 10^3$ a	
	(Io)	230	230,033 09		α	$8 \cdot 10^4$ a	
	(UY)	231	231,036 29		β^-	25 h	
		232	232,038 12	100 %	α	$1,4 \cdot 10^{10}$ a	
		233	233,041 47	k	β^-	22,4 min	
	(UX$_1$)	234	234,043 58		β^-	24 h	
Thulium	Tm	69	168,934 2				f
		169	168,934 24	100 %			

Tabelle 55   671

Tabelle 55 (Fortsetzung)

Chemische Elemente und ihre Isotope (Auswahl)							
	S	Z	A	A_r	H	ZA	$T_{1/2}$	AZ
	Tm	69	170	169,936 06	k	β^-	125 d	
			171	170,936 53	k	β^-	2 a	
Titan	Ti	22		47,88				f
			45	44,958 129	k	β^+	3,1 h	
			46	45,952 632	8,0 %			
			47	46,951 768	7,3 %			
			48	47,947 950	73,8 %			
			49	48,947 870	5,5 %			
			50	49,944 786	5,4 %			
Uran	U	92		238,028 9				f
			233	233,039 52	k		$1,6 \cdot 10^5$ a	
	(U II)		234	234,040 90	0,005 6 %	α	$2,5 \cdot 10^5$ a	
	(AcU)		235	235,043 92	0,718 %	α	$7 \cdot 10^8$ a	
			236	236,045 64	k		$2,4 \cdot 10^7$ a	
			237	237,048 61	k	β^-	6,7 d	
	(U I)		238	238,050 77	99,276 %	α	$4,5 \cdot 10^9$ a	
			239	239,054 30	k	β^-	23,5 min	
			240	240,056 59	k	β^-	14 h	
Vanadium	V	23		50,941 5				f
			48	47,952 259	k	β^+	16,1 d	
			50	49,947 164	0,26 %	β^-	$5 \cdot 10^{14}$ a	
			51	50,943 961	99,74 %			
			52	51,944 780	k	β^-	3,77 min	
Wasserstoff	H	1		1,007 94				g
			1	1,007 825 2	99,985 %			
	D		**2**	2,014 102 2	0,015 %			
	T		3	3,016 049 7		β^-	12,3 a	
Wolfram	W	74		183,85				f
			180	179,947 00	0,14 %			
			182	181,948 30	26,3 %			
			183	182,950 32	14,3 %			
			184	183,951 02	30,7 %			
			185	184,953 52	k	β^-	74 d	
			186	185,954 44	28,6 %			
			187	186,957 24	k	β^-	24 h	
Xenon	Xe	54		131,29				g
			124	123,906 1	0,10 %			
			126	125,904 288	0,09 %			
			128	127,903 540	1,92 %			
			129	128,904 784	26,4 %			
			130	129,903 509	4,0 %			
			131	130,905 085	21,2 %			
			132	131,904 161	26,9 %			
			133	132,905 82	k	β^-	5,3 d	
			134	133,905 397	10,5 %			
			135	134,907 0	k	β^-	9,1 h	
			136	135,907 221	8,9 %			
			137	136,911 1	k	β^-	3,9 min	

Tabelle 55 (Fortsetzung)

Chemische Elemente und ihre Isotope (Auswahl)							
	S	Z	A	A_r	H	ZA	$T_{1/2}$	AZ
Ytterbium	Yb	70		173,04				f
			168	167,9342	0,14 %			
			170	169,93502	3,1 %			
			171	170,93643	14,3 %			
			172	171,93636	21,9 %			
			173	172,93806	16,1 %			
			174	173,93874	31,8 %			
			175	174,94114	k	β^-	4,2 d	
			176	175,94268	12,7 %			
			177	176,94541	k	β^-	1,9 h	
Yttrium	Y	39		88,9059				f
			89	89,905872	100 %			
			90	89,907163	k	β^-	64 h	
			91	90,90730	k	β^-	59 d	
			92	91,90893	k	β^-	3,6 h	
			93	92,90955	k	β^-	10 h	
Zink	Zn	30		65,39				f
			64	63,929145	48,6 %			
			66	65,926052	27,9 %			
			67	66,92714	4,1 %			
			68	67,924857	18,8 %			
			69	68,926541	k	β^-	55 min	
			70	69,925334	0,6 %			
			71	70,92751	k	β^-	2,2 min	
Zinn	Sn	50		118,71				f
			112	111,90484	0,96 %			
			114	113,902773	0,66 %			
			115	114,903346	0,35 %			
			116	115,901745	14,5 %			
			117	116,902958	7,6 %			
			118	117,901606	24,2 %			
			119	118,903313	8,6 %			
			120	119,902198	32,6 %			
			121	120,904227	k	β^-	27 h	
			122	121,903441	4,7 %			
			123	122,90574	k	β^-	40 min	
			124	123,905272	5,9 %			
			125	124,90775	k	β^-	9,4 min	
Zirconium	Zr	40		91,224				f
			90	89,904700	51,5 %			
			91	90,905642	11,2 %			
			92	91,905031	17,1 %			
			93	92,906450	k	β^-	10^6 a	
			94	93,906313	17,4 %			
			95	94,908035	k	β^-	65 d	
			96	95,908286	2,8 %			
			97	96,91097	k	β^-	17 h	

Tabelle 56   673

Tabelle 56

Elektronenanordnung bei den Elementen																		

Z		K	L		M			N				O				P			Q
		1s	2s	2p	3s	3p	3d	4s	4p	4d	4f	5s	5p	5d	5f	6s	6p	6d	7s
1. Periode																			
1	H	1																	
2	He	2																	
2. Periode																			
3	Li	2	1																
4	Be	2	2																
5	B	2	2	1															
6	C	2	2	2															
7	N	2	2	3															
8	O	2	2	4															
9	F	2	2	5															
10	Ne	2	2	6															
3. Periode																			
11	Na	2	2	6	1														
12	Mg	2	2	6	2														
13	Al	2	2	6	2	1													
14	Si	2	2	6	2	2													
15	P	2	2	6	2	3													
16	S	2	2	6	2	4													
17	Cl	2	2	6	2	5													
18	Ar	2	2	6	2	6													
4. Periode																			
19	K	2	2	6	2	6		1											
20	Ca	2	2	6	2	6		2											
21	Sc	2	2	6	2	6	1	2											
22	Ti	2	2	6	2	6	2	2											
23	V	2	2	6	2	6	3	2											
24	Cr	2	2	6	2	6	5	1											
25	Mn	2	2	6	2	6	5	2											
26	Fe	2	2	6	2	6	6	2											
27	Co	2	2	6	2	6	7	2											
28	Ni	2	2	6	2	6	8	2											
29	Cu	2	2	6	2	6	10	1											
30	Zn	2	2	6	2	6	10	2											
31	Ga	2	2	6	2	6	10	2	1										
32	Ge	2	2	6	2	6	10	2	2										
33	As	2	2	6	2	6	10	2	3										
34	Se	2	2	6	2	6	10	2	4										
35	Br	2	2	6	2	6	10	2	5										
36	Kr	2	2	6	2	6	10	2	6										
5. Periode																			
37	Rb	2	2	6	2	6	10	2	6			1							
38	Sr	2	2	6	2	6	10	2	6			2							
39	Y	2	2	6	2	6	10	2	6	1		2							
40	Zr	2	2	6	2	6	10	2	6	2		2							

T

Tabelle 56 (Fortsetzung)

Elektronenanordnung bei den Elementen																		
Z		K	L		M			N				O				P			Q
		1s	2s	2p	3s	3p	3d	4s	4p	4d	4f	5s	5p	5d	5f	6s	6p	6d	7s
5. Periode																			
41	Nb	2	2	6	2	6	10	2	6	4		1							
42	Mo	2	2	6	2	6	10	2	6	5		1							
43	Tc	2	2	6	2	6	10	2	6	6		1							
44	Ru	2	2	6	2	6	10	2	6	7		1							
45	Rh	2	2	6	2	6	10	2	6	8		1							
46	Pd	2	2	6	2	6	10	2	6	10									
47	Ag	2	2	6	2	6	10	2	6	10		1							
48	Cd	2	2	6	2	6	10	2	6	10		2							
49	In	2	2	6	2	6	10	2	6	10		2	1						
50	Sn	2	2	6	2	6	10	2	6	10		2	2						
51	Sb	2	2	6	2	6	10	2	6	10		2	3						
52	Te	2	2	6	2	6	10	2	6	10		2	4						
53	I	2	2	6	2	6	10	2	6	10		2	5						
54	Xe	2	2	6	2	6	10	2	6	10		2	6						
6. Periode																			
55	Cs	2	2	6	2	6	10	2	6	10		2	6			1			
56	Ba	2	2	6	2	6	10	2	6	10		2	6			2			
57	La	2	2	6	2	6	10	2	6	10		2	6	1		2			
58	Ce	2	2	6	2	6	10	2	6	10	2	2	6			2			
59	Pr	2	2	6	2	6	10	2	6	10	3	2	6			2			
60	Nd	2	2	6	2	6	10	2	6	10	4	2	6			2			
61	Pm	2	2	6	2	6	10	2	6	10	5	2	6			2			
62	Sm	2	2	6	2	6	10	2	6	10	6	2	6			2			
63	Eu	2	2	6	2	6	10	2	6	10	7	2	6			2			
64	Gd	2	2	6	2	6	10	2	6	10	7	2	6	1		2			
65	Tb	2	2	6	2	6	10	2	6	10	9	2	6			2			
66	Dy	2	2	6	2	6	10	2	6	10	10	2	6			2			
67	Ho	2	2	6	2	6	10	2	6	10	11	2	6			2			
68	Er	2	2	6	2	6	10	2	6	10	12	2	6			2			
69	Tm	2	2	6	2	6	10	2	6	10	13	2	6			2			
70	Yb	2	2	6	2	6	10	2	6	10	14	2	6			2			
71	Lu	2	2	6	2	6	10	2	6	10	14	2	6	1		2			
72	Hf	2	2	6	2	6	10	2	6	10	14	2	6	2		2			
73	Ta	2	2	6	2	6	10	2	6	10	14	2	6	3		2			
74	W	2	2	6	2	6	10	2	6	10	14	2	6	4		2			
75	Re	2	2	6	2	6	10	2	6	10	14	2	6	5		2			
76	Os	2	2	6	2	6	10	2	6	10	14	2	6	6		2			
77	Ir	2	2	6	2	6	10	2	6	10	14	2	6	7		2			
78	Pt	2	2	6	2	6	10	2	6	10	14	2	6	9		1			
79	Au	2	2	6	2	6	10	2	6	10	14	2	6	10		1			
80	Hg	2	2	6	2	6	10	2	6	10	14	2	6	10		2			
81	Tl	2	2	6	2	6	10	2	6	10	14	2	6	10		2	1		
82	Pb	2	2	6	2	6	10	2	6	10	14	2	6	10		2	2		
83	Bi	2	2	6	2	6	10	2	6	10	14	2	6	10		2	3		
84	Po	2	2	6	2	6	10	2	6	10	14	2	6	10		2	4		
85	At	2	2	6	2	6	10	2	6	10	14	2	6	10		2	5		
86	Rn	2	2	6	2	6	10	2	6	10	14	2	6	10		2	6		

Tabelle 56 (Fortsetzung)

Elektronenanordnung bei den Elementen							

Z		K 1s	L 2s 2p	M 3s 3p 3d	N 4s 4p 4d 4f	O 5s 5p 5d 5f	P 6s 6p 6d	Q 7s
					7. Periode			
87	Fr	2	2 6	2 6 10	2 6 10 14	2 6 10	2 6	1
88	Ra	2	2 6	2 6 10	2 6 10 14	2 6 10	2 6	2
89	Ac	2	2 6	2 6 10	2 6 10 14	2 6 10	2 6 1	2
90	Th	2	2 6	2 6 10	2 6 10 14	3 6 10	2 6 2	2
91	Pa	2	2 6	2 6 10	2 6 10 14	2 6 10 2	2 6 1	2
92	U	2	2 6	2 6 10	2 6 10 14	2 6 10 3	2 6 1	2
93	Np	2	2 6	2 6 10	2 6 10 14	2 6 10 4	2 6 1	2
94	Pu	2	2 6	2 6 10	2 6 10 14	2 6 10 6	2 6	2
95	Am	2	2 6	2 6 10	2 6 10 14	2 6 10 7	2 6	2
96	Cm	2	2 6	2 6 10	2 6 10 14	2 6 10 7	2 6 1	2
97	Bk	2	2 6	2 6 10	2 6 10 14	2 6 10 9	2 6	2
98	Cf	2	2 6	2 6 10	2 6 10 14	2 6 10 10	2 6	2
99	Es	2	2 6	2 6 10	2 6 10 14	2 6 10 11	2 6	2
100	Fm	2	2 6	2 6 10	2 6 10 14	2 6 10 12	2 6	2
101	Md	2	2 6	2 6 10	2 6 10 14	2 6 10 13	2 6	2
102	No	2	2 6	2 6 10	2 6 10 14	2 6 10 14	2 6	2
103	Lr	2	2 6	2 6 10	2 6 10 14	2 6 10 14	2 6 1	2

Tabelle 57

Dosisleistungskonstante Γ			in $10^{-13}\,\dfrac{\text{Sv} \cdot \text{m}^2}{\text{h} \cdot \text{Bq}}$		
Natrium	Na 22	3,1	Iod	I 131	0,56
	Na 24	4,8		I 132	3,1
Kalium	K 40	5,0	Caesium	Cs 134	2,3
	K 42	0,37		Cs 137	0,81
Chrom	Cr 51	0,039	Lanthan	La 140	3,1
Mangan	Mn 52	4,9	Cer	Ce 144	0,047
	Mn 54	1,2	Europium	Eu 152	1,3
Eisen	Fe 59	1,7		Eu 154	1,6
Cobalt	Co 58	1,5		Eu 155	0,087
	Co 60	3,4	Thulium	Tm 170	0,0066
Kupfer	Cu 64	0,31	Tantal	Ta 182	1,6
Zink	Zn 65	0,73	Iridium	Ir 192	1,3
Brom	Br 82	3,8	Gold	Ir 198	0,60
Rubidium	Rb 86	0,13	Radium	Ra 226	2,2
Antimon	Sb 124	2,6	Thorium	Th 228	1,84
Iod	I 130	3,2	Uran	U 238	0,024

T

Tabelle 58

Halbwertszeit und Zerfallsenergie radioaktiver Isotope (Auswahl)						
Z	Element		A	ZA	$T_{1/2}$	E_k/MeV	E_γ/MeV

Z	Element		A	ZA	$T_{1/2}$	E_k/MeV	E_γ/MeV
1	T	Wasserstoff	3	β^-	12,3 a	0,018	—
6	C	Kohlenstoff	11	β^+	20,5 min	0,96	—
			14	β^-	5730 a	0,158	—
8	O	Sauerstoff	15	β^+	124 s	1,73	—
11	Na	Natrium	22	β^+	2,6 a	0,54	1,274
			24	β^-	15 h	1,39	2,75; 1,37
15	P	Phosphor	32	β^-	14,3 d	1,71	—
16	S	Schwefel	35	β^-	87 d	0,167	—
17	Cl	Chlor	36	β^-	$3 \cdot 10^5$ a	0,71	—
			38	β^-	38 min	4,8	2,2;1,6
19	K	Kalium	40	β^-	$1,27 \cdot 10^9$ a	1,35	1,46
			42	β^-	12,4 h	3,55; 1,98	1,52
20	Ca	Calcium	45	β^-	164 d	0,254	—
21	Sc	Scandium	46	β^-	84 d	0,36	1,12; 0,89
23	V	Vanadium	48	β^+	16,1 d	0,69	1,3; 0,99
24	Cr	Chrom	55	β^-	3,5 min	2,8	—
25	Mn	Mangan	52	β^+	5,7 d	0,575; 0,30	1,434; 0,938
26	Fe	Eisen	59	β^-	45 d	0,46; 0,27	1,29; 1,10
27	Co	Cobalt	60	β^-	5,27 a	0,31	1,33; 1,17
28	Ni	Nickel	63	β^-	120 a	0,067	—
30	Zn	Zink	65	β^+	246 d	0,33	1,12
33	As	Arsen	76	β^-	26,8 h	2,97; 2,41	0,66; 0,56
			77	β^-	38,8 h	0,68	0,52; 0,25
35	Br	Brom	82	β^-	35,5 h	0,44	0,78; 0,55
36	Kr	Krypton	85	β^-	10,6 a	0,67	0,51
37	Rb	Rubidium	87	β^-	$4,7 \cdot 10^{10}$ a	0,27	—
38	Sr	Strontium	89	β^-	54 d	1,5	—
			90	β^-	29 a	0,54	—
39	Y	Yttrium	90	β^-	64 h	2,27	—
43	Tc	Technetium	99	β^-	$2,1 \cdot 10^5$ a	0,3	—
47	Ag	Silber	111	β^-	7,5 d	1,05	0,25; 0,34
49	In	Indium	115	β^-	$6 \cdot 10^{14}$ a	0,63	—
51	Sb	Antimon	124	β^-	60 d	0,62; 2,3	0,60; 1,69
53	I	Iod	131	β^-	8,08 d	0,61; 0,33	0,364; 0,64
54	Xe	Xenon	133	β^-	5,3 d	0,34	0,081
55	Cs	Caesium	134	β^-	2,1 a	0,66; 0,09	0,80; 0,60
			137	β^-	30 a	0,52; 1,2	0,614
57	La	Lanthan	140	β^-	40,2 h	1,4; 1,1	1,6; 0,49
58	Ce	Cer	142	α	$5 \cdot 10^{15}$ a	1,5	—
			144	β^-	284 d	0,32; 0,18	0,134; 0,08
60	Nd	Neodym	144	α	$5 \cdot 10^{15}$ a	1,8	—
61	Pm	Promethium	147	β^-	2,5 a	0,22	—
63	Eu	Europium	154	β^-	16 a	0,9; 1,85	1,6...
69	Tm	Thulium	170	β^-	125 d	0,97; 0,88	0,084

Tabelle 58   677

Tabelle 58 (Fortsetzung)

Halbwertszeit und Zerfallsenergie radioaktiver Isotope (Auswahl)						
Z	Element		A	ZA	$T_{1/2}$	E_k/MeV	E_γ/MeV

Z	Element		A	ZA	$T_{1/2}$	E_k/MeV	E_γ/MeV
73	Ta	Tantal	182	β^-	114,4 d	0,52; 0,43	0,559
74	W	Wolfram	185	β^-	74 d	0,43	0,125
75	Re	Rhenium	187	β^-	10^{11} a	0,002	—
79	Au	Gold	198	β^-	2,7 d	0,96	0,405
81	Tl	Thallium	204	β^-	3,6 a	0,76	—
84	Po	Polonium	210	α	138,4 d	5,3	0,80
85	At	Astat	210	α	8,3 h	5,53; 5,44	1,18; 0,241
86	Rn	Radon	220	α	55 s	6,29	0,54
			222	α	3,824 d	5,49	0,51
87	Fr	Francium	223	β^-	22 min	1,2	0,05; 0,08
88	Ra	Radium	226	α	1 600 a	4,78; 4,6	0,738
89	Ac	Actinium	227	β^-	22 a	0,046	0,16...
				α		4,95	
90	Th	Thorium	232	α	$1,41 \cdot 10^{10}$ a	4,01	0,06
91	Pa	Protactinium	231	α	$3,4 \cdot 10^4$ a	5,05...	0,36...
			233	β^-	27 d	0,26; 0,15	0,42
92	U	Uran	234	α	$2,5 \cdot 10^5$ a	4,77; 4,72	0,12; 0,05
			235	α	$7,1 \cdot 10^8$ a	4,35; 4,56	0,18; 0,14...
			238	α	$4,5 \cdot 10^9$ a	4,2	0,048
93	Np	Neptunium	239	β^-	2,3 d	0,72...	0,33...
94	Pu	Plutonium	239	α	$2,44 \cdot 10^4$ a	5,15; 5,13	0,42...
95	Am	Americium	243	α	$8 \cdot 10^3$ a	5,27	0,075
96	Cm	Curium	245	α	10^4 a	5,35; 5,45	0,13; 0,17
97	Bk	Berkelium	247	α	$1,4 \cdot 10^3$ a	5,51; 5,67	0,08; 0,27
98	Cf	Californium	250	α	13,2 a	6,0	0,041
99	Es	Einsteinium	254	α	480 d	6,4	0,06
100	Fm	Fermium	255	α	21 h	7,0	0,08; 0,06
101	Md	Mendelevium	255	α	28 min	7,3	—
102	No	Nobelium	254	α	3 s	8,3	—
103	Lr	Lawrenzium	257	α	8 s	8,6	—

T

Tabelle 59

Schwächungskoeffizient für γ-Strahlung μ						in 1/cm
in Abhängigkeit von der Quantenenergie E						
E/MeV	Blei	Wasser	Aluminium	Eisen	Graphit	Luft
0,010	1 610	5,18	70,5	1 415	5,00	$6,44 \cdot 10^{-3}$
0,015		1,60	21,3	459	1,70	$2,00 \cdot 10^{-3}$
0,02	1 043	0,772	9,07	200	0,954	$9,68 \cdot 10^{-4}$
0,03	361	0,368	2,99	64,1	0,569	$4,49 \cdot 10^{-4}$
0,04	171	0,262	1,46	28,4	0,461	$3,14 \cdot 10^{-4}$
0,05	96,3	0,221	0,950	14,9	0,333	$2,62 \cdot 10^{-4}$
0,06	58,1	0,204	0,721	9,27	0,392	$2,39 \cdot 10^{-4}$
0,08	26,9	0,183	0,530	4,64	0,362	$2,15 \cdot 10^{-4}$
0,10	65,0	0,171	0,455	2,91	0,342	$2,00 \cdot 10^{-4}$
0,15	22,8	0,151	0,371	1,55	0,304	$1,76 \cdot 10^{-4}$
0,20	11,1	0,137	0,328	1,15	0,277	$1,59 \cdot 10^{-4}$
0,30	4,43	0,119	0,280	0,865	0,241	$1,38 \cdot 10^{-4}$
0,40	2,62	0,106	0,249	0,740	0,214	$1,23 \cdot 10^{-4}$
0,50	1,80	0,0966	0,227	0,661	0,196	$1,12 \cdot 10^{-4}$
0,60	1,41	0,0896	0,210	0,605	0,181	$1,04 \cdot 10^{-4}$
0,80	0,999	0,0786	0,184	0,526	0,159	$9,13 \cdot 10^{-5}$
1,0	0,798	0,0279	0,165	0,471	0,143	$8,21 \cdot 10^{-5}$
1,5	0,591	0,0575	0,135	0,382	0,117	$6,68 \cdot 10^{-5}$
2,0	0,518	0,0493	0,116	0,334	0,0999	$5,74 \cdot 10^{-5}$
3,0	0,475	0,0396	0,0950	0,284	0,0801	$5,74 \cdot 10^{-5}$
4,0	0,472	0,0340	0,0834	0,260	0,0684	$3,98 \cdot 10^{-5}$
5,0	0,480	0,0302	0,0761	0,247	0,0603	$3,54 \cdot 10^{-5}$
6,0	0,491	0,0276	0,0713	0,240	0,0554	$3,25 \cdot 10^{-5}$
8,0	0,519	0,0242	0,0651	0,233	0,0482	$2,87 \cdot 10^{-5}$
10	0,552	0,0220	0,0619	0,233	0,0439	$2,62 \cdot 10^{-5}$
15	0,628	0,0193	0,0584	0,241	0,0380	$2,31 \cdot 10^{-5}$
20	0,694	0,0180	0,0578	0,250	0,0351	$2,19 \cdot 10^{-5}$
30	0,792	0,0170	0,0584	0,269	0,0329	$2,08 \cdot 10^{-5}$
40	0,863	0,0166	0,0603	0,285	0,0320	$2,06 \cdot 10^{-5}$
50	0,915	0,0166	0,0616	0,299	0,0320	$2,08 \cdot 10^{-5}$
60	0,960	0,0166	0,0629	0,310	0,0320	$2,08 \cdot 10^{-5}$
80	1,024	0,0169	0,0654	0,326	0,0322	$2,12 \cdot 10^{-5}$
100	1,070	0,0169	0,0675	0,339	0,0326	$2,17 \cdot 10^{-5}$

Tabelle 60

Schwächungskoeffizient für γ-Strahlung des Co 60					
	$\varrho / \dfrac{kg}{dm^3}$	$\mu / \dfrac{1}{cm}$		$\varrho / \dfrac{kg}{dm^3}$	$\mu / \dfrac{1}{cm}$
Blei	11,34	0,53	Beton	2,4	0,1
Stahl	7,7	0,34		2,05	0,09
Gußeisen	7,4	0,3	Ziegel	1,7	0,075
Beton	3,2	0,14		1,5	0,065
	2,7	0,12			

Tabelle 61

Halbwertsschichtdicke $d_{1/2}$ für γ-Strahlung									in cm
E_γ/MeV:	0,1	0,25	0,5	1,0	2,0	3,0	5,0	10,0	2,5*
Blei	0,012		0,41	0,88	1,39	1,57	1,45	1,14	1,6
Kupfer	0,18	0,76	1,0	1,4	1,96	2,17	2,57	2,24	
Eisen	0,25		1,0	1,5	2,23	2,28	2,84	3,24	
Aluminium	1,6	2,4	3,1	4,2	6,1	7,1	9,25	11,35	
Stahl									2,8
Beton	1,7			4,9					10
Erde									15
Wasser	4,1			9,8					20
Holz									25
Schnee, locker									50
Luft									250 m

* mittlere Quantenenergie bei Mischstrahlungen

Tabelle 62

Maximale Reichweite R_m und Halbwertsschichtdicke $d_{1/2}$ für β-Strahlung in Aluminium		
β-Strahler	R_m/mm	$d_{1/2}$/mm
Kohlenstoff 14	0,1	0,007
Schwefel 35	0,11	0,01
Krypton 85	1	0,093
Strontium 90	4,06	0,59
Yttrium 90	4,06	0,59

T

Tabelle 63

Physikalische Größenarten und ihre Einheiten		
(Erläuterungen → Tabellenende, S. 691)		
Größenart *Formelzeichen*		Dimension
Einheit, Einheitenzeichen, Beziehung	Gültigkeit	VT
Abklingkoeffizient δ		T^{-1}
1/Sekunde = 1/s	SI	/
Aktivität *A*		T^{-1}
Becquerel, Bq = 1/s	SI	+
Curie, Ci = $3, 7 \cdot 10^{10}$ Bq = 37 GBq	ug	+
Äquivalentdosis *H*		$L^{-2}T^{-2}$
Sievert, Sv = J/kg = m^2/s^2	SI	+
Rem, rem = 10^{-2} J/kg = 10^{-2} Sv = 10 mSv	ug	+
Arbeit *W*		L^2MT^{-2}
Energie *E*		
Wärmemenge *Q*		
Joule, J = N $\cdot$ m = W $\cdot$ s = kg $\cdot$ m^2/s^2	SI	+
Kilowattstunde, kWh = $3, 6 \cdot 10^6$ J = 3, 6 MJ	g	−
Elektronvolt, eV = $1, 602\,177\,33 \cdot 10^{-19}$ J	(g)	+
Kilopondmeter, kp $\cdot$ m = 9, 806 65 J	ug	−
Erg, erg = 10^{-7} J = 0, 1µJ	ug	+
Kalorie, cal = 4, 1868 J	ug	+
PS $\cdot$ h = 0, 735 498 75 kWh = $2, 647\,795\,5 \cdot 10^6$ J	ug	−
= 2, 647 795 5 MJ		
horsepower-hour, hp $\cdot$ h = 2, 684 52 MJ	a	−
inch-pound-force, in $\cdot$ lbf = 0, 112 98 J	a	−
foot-pound-force, ft $\cdot$ lbf = 1, 355 8 J	a	−
yard-pound-force, yd $\cdot$ lbf = 4, 067 45 J	a	−
foot-ton-force, ft $\cdot$ tonf = 3, 037 kJ	a	−
foot-poundal, ft $\cdot$ pdl = 42, 14 mJ	a	−
British thermal unit, Btu = 1, 055 06 kJ	a	−
Beleuchtungsstärke *E*		$L^{-2}J$
Lux, lx = lm/m^2 = cd $\cdot$ sr/m^2	SI	+
footcandle, fc = 10, 764 lx	a	−

Tabelle 63   681

Belichtung H		$L^{-2}TJ$
Luxsekunde, $lx \cdot s = cd \cdot sr \cdot s/m^2$	SI	/
Beschleunigung a		LT^{-2}
Meter/Sekundenquadrat, m/s^2	SI	/
$km/(h \cdot s) = 0,277\,778\ m/s^2$	g	/
Gal, $Gal = 10^{-2}\ m/s^2 = 1\ cm/s^2$	ug	+
Bestrahlung H_e		MT^{-2}
Joule/Quadratmeter, $J/m^2 = kg/s^2$	SI	/
Bestrahlungsstärke E_e		MT^{-3}
Watt/Quadratmeter, $W/m^2 = kg/s^3$	SI	/
Brechwert D		L^{-1}
Dioptrie, $dpt = 1/m$	(g)	–
Dämpfungskonstante β		MT^{-1}
Kilogramm/Sekunde, kg/s	SI	/
Dichte ϱ		$L^{-3}M$
Kilogramm/Kubikmeter, kg/m^3	SI	/
Kilogramm/Kubikdezimeter, kg/dm^3 $= t/m^3 = 10^3\ kg/m^3$	VT	/
Gramm/Kubikzentimeter, g/cm^3 $= kg/dm^3 = t/m^3 = 10^3\ kg/m^3$	VT	/
pound per cubic foot, $lb/ft^3 = 16,02\ kg/m^3$	a	–
pound per cubic inch, $lb/in^3 = 27,68\ t/m^3$	a	–
pound per cubic yard, $lb/yd^3 = 0,593\ kg/m^3$	a	–
ounce per gallon (UK), $oz/gal = 6,236\ kg/m^3$	a	–
ounce per gallon (US), $oz/gal = 7,49\ kg/m^3$	a	–
Dielektrizitätskonstante ε		$L^{-3}M^{-1}T^4I^2$
Permittivität		
Farad/Meter, F/m $= A \cdot s/(V \cdot m) = A^2 \cdot s^4/(kg \cdot m^3)$	SI	/
Drehimpuls L		L^2MT^{-1}
$N \cdot m \cdot s = kg \cdot m^2/s$	SI	/
Drehmoment, Kraftmoment M		L^2MT^{-2}
Newtonmeter, $N \cdot m = kg \cdot m^2/s^2$	SI	/
Kilopondmeter, $kp \cdot m = 9,806\,65\ N \cdot m$	ug	–

T

Pondzentimeter, $p \cdot cm = 9,806\,65 \cdot 10^{-5}\,N \cdot m$ ug   −

$= 98,066\,5\,\mu N \cdot m$

Drehzahl   ⇒ **Frequenz**

Druck p		$L^{-1}MT^{-2}$
Pascal, Pa = N/m^2 = $kg/(s^2 \cdot m)$	SI	+
Bar, bar = 10^5 Pa = 0,1 MPa	g	+
Millibar, mbar = hPa = 100 Pa	g	−
Torr = mmHg = 133,322 4 Pa	ug	+
technische Atmosphäre, at		
= 1 kp/cm^2 = 9,806 65 $\cdot 10^4$ Pa = 98,066 5 kPa	ug	+
physikalische Atmosphäre, atm		
= 760 Torr = 1,013 25 bar = 1,013 25 $\cdot 10^5$ Pa		
= 101,325 kPa	ug	+
Meter Wassersäule, mWS = 0,1 at = 9,806 65 kPa	ug	−
Millimeter-Quecksilbersäule, mmHg = 133,322 4 Pa	(g)	−
pound-force per square inch, lbf/in^2	a	−
= psi = 6,894 76 kPa		

Elastizitätsmodul   ⇒ **Spannung, mechanische**

Elektrizitätsmenge, Ladung Q		TI
Coulomb, C = A $\cdot$ s	SI	+
Amperestunde, Ah		
= 3 600 A $\cdot$ s = 3 600 C = 3,6 kC	g	/

Energie   ⇒ **Arbeit**

Energiedosis D		L^2T^{-2}
Gray, Gy = J/kg = m^2/s^2	SI	+
Rad, rd = 10^{-2} Gy = 10 mGy	ug	+

Energiedosisleistung $\dot{D}$		L^2T^{-3}
Gray/Sekunde, Gy/s = W/kg = m^2/s^3	SI	/
Rad/Sekunde, rd/s		
= 10^{-2} W/kg = 10^{-2} Gy/s = 10 mGy/s	ug	/

Entropie   ⇒ **Wärmekapazität**

Federkonstante   ⇒ **Richtgröße**

Feldstärke, elektrische E		$LMT^{-3}I^{-1}$
Volt/Meter, V/m = kg $\cdot$ m/(s³ $\cdot$ A)	SI	/
Newton/Coulomb, N/C = V/m	SI	/
Volt/Zentimeter, V/cm = 10^2 V/m	VT	/

Tabelle 63　　683

Feldstärke, magnetische H		$L^{-1}I$
Ampere/Meter, A/m	SI	/
Newton/Weber, N/Wb = A/m	SI	/
Oersted, Oe = 79,577 5 A/m	ug	+
Fläche A		L^2
Quadratmeter, m^2	SI	−
Ar, a = 100 m^2	(g)	+
Hektar, ha = 100 a = 10^4 m^2	(g)	−
Barn, b = 10^{-28} m^2 = 100 fm^2	(g)	+
square mile, mi^2 = 3,097 6 · 10^6 yd^2		
$\quad$ = 2,589 988 km^2	a	−
square yard, yd^2 = 9 ft^2 = 1 296 in^2 = 0,836 13 m^2	a	−
square foot, ft^2		
$\quad$ = 144 in^2 = 0,092 902 9 m^2 = 9,290 29 dm^2	a	−
square inch, in^2 = 0,645 16 · 10^{-3} m^2 = 6,451 6 cm^2	a	−
acre, a = 4 046,86 m^2	a	−
circular foot, circ ft = 7,297 · 10^{-2} m^2 = 729,7 cm^2	a	−
circular inch, circ in = 5,067 · 10^{-4} m^2 = 5,067 cm^2	a	−
circular mil, circ mil = 5,067 · 10^{-10} m^2 = 506,7 μm^2	a	−
Flächenladungsdichte σ		$L^{-2}TI$
Verschiebungsdichte D		
Coulomb/Quadratmeter, C/m^2 = A · s/m^2	SI	/
Fluß, magnetischer Φ		$L^2MT^{-2}I^{-1}$
Weber, Wb = V · s = kg · $m^2/(s^2 \cdot A)$	SI	+
Maxwell, M = 10^{-8} Wb = 10 nWb	ug	+
Flußdichte, magnetische B		$MT^{-2}I^{-1}$
Induktion, magnetische B		
Tesla, T = Wb/m^2 = V · s/m^2 = $kg/(s^2 \cdot A)$	SI	+
Gauß, G = 10^{-4} T = 0,1 mT	ug	+
Frequenz f		T^{-1}
Drehzahl n		
Umlauffrequenz		
Hertz, Hz = 1/s	SI	+
Umdrehung/Sekunde, U/s = 1/s	o	−
Umdrehung/Minute, U/min = 1,666 $\bar{7}$ · 10^{-2} 1/s	o	−

T

Geschwindigkeit v		LT^{-1}
Meter/Sekunde, m/s	SI	/
Kilometer/Stunde, km/h $= 1/3, 6$ m/s $= 0, 277\,\overline{7}$ m/s	g	–
Knoten, kn $=$ sm/h $= 0, 514\,\overline{4}$ m/s $= 1, 852$ km/h	o	–
inch per second, in/s		
$\quad=$ ips $= 0, 025\,4$ m/s $= 0, 091\,44$ km/h	a	–
foot per second, ft/s $= 0, 304\,8$ m/s $= 1, 097\,3$ km/h	a	–
yard per second, yd/s $= 0, 914\,4$ m/s $= 3, 292$ km/h	a	–
mile per hour, mi/hr		
$\quad=$ mph $= 0, 447$ m/s $= 1, 609$ km/h	a	–
Gewichtskraft $\quad\Rightarrow$ **Kraft**		
Heizwert, spezifischer H		L^2T^{-2}
Joule/Kilogramm, J/kg $=$ m^2/s^2	SI	/
kcal/kg $= 4\,186, 8$ J/kg $= 4, 186\,8$ kJ/kg	ug	–
Impuls p		LMT^{-1}
Newtonsekunde, N $\cdot$ s $=$ kg $\cdot$ m/s	SI	/
Induktion, magnetische $\quad\Rightarrow$ **Flußdichte**		
Induktivität L		$L^2\,MT^{-2}I^{-2}$
Henry, H $=$ Wb/A $=$ kg $\cdot$ m^2/(s^2 $\cdot$ A^2)	SI	+
Ionendosis J		$M^{-1}TI$
Columb/Kilogramm, C/kg $=$ A $\cdot$ s/kg	SI	/
Röntgen, R $= 2, 58 \cdot 10^{-4}$ C/kg $= 258\ \mu$C/kg	ug	+
Ionendosisleistung $\dot{J}$		$M^{-1}I$
Ampere/Kilogramm, A/kg	SI	/
Röntgen/Sekunde, R/s		
$\quad= 2, 58 \cdot 10^{-4}$ A/kg $= 0, 258$ mA/kg	ug	/
Kapazität, elektrische C		$L^{-2}M^{-1}T^4I^2$
Farad, F $=$ C/V $=$ s^4 $\cdot$ A^2/(kg $\cdot$ m^2)	SI	+
Kompressionsmodul $\quad\Rightarrow$ **Spannung, mechanische**		
Kraft F		LMT^{-2}
Gewichtskraft G, F_{G}		
Newton, N $=$ kg $\cdot$ m/s^2	SI	+
Kilopond, kp $= 9, 806\,65$ N	ug	–
Pond, p $= 9, 806\,65 \cdot 10^{-3}$ N $= 9, 806\,85$ mN	ug	+
Dyn, dyn $= 10^{-5}$ N $= 10$ mN	ug	+
poundal, pdl $= 0, 138\,255$ N	a	–

Tabelle 63   685

pound-force, lbf = 4, 448 22 N	a	−
long ton-force, tonf = 9 964, 02 N = 9, 964 02 kN	a	−
short ton-force, sh tonf = 8 896 N = 8, 896 kN	a	−
Kraftmoment ⇒ **Drehmoment**		
Kreisfrequenz ω		T^{-1}
1/Sekunde, 1/s	SI	/
Ladung Q ⇒ **Elektrizitätsmenge**		
Länge $l, s, r, \ldots$		L
Meter, m	SI	+
astronomische Einheit, AE		
$\quad = 1, 496\,00 \cdot 10^{11}$ m = 149, 600 Gm	o	−
Lichtjahr, ly = 9, 640 5 $\cdot 10^{15}$ m	o	+
Parsec, pc = 3, 085 7 $\cdot 10^{16}$ m	o	+
Ångström, Å = 10^{-10} m = 0, 1 nm	ug	−
X-Einheit, XE = 1, 002 02 $\cdot 10^{-13}$ m = 0, 100 202 pm	ug	−
Seemeile, sm = 1852 m = 1, 852 km	o	−
Zoll, $''$ = 0, 0254 m = 25, 4 mm	ug	−
mile, mi = 1609, 344 m = 1, 609 344 km	a	−
yard, yd = 0, 914 4 m = 91, 44 cm	a	−
foot, ft = 0, 304 8 m = 30, 48 cm	a	−
inch, in = 0, 025 4 m = 25, 4 mm	a	−
Fermi, f = 10^{-15} m = 1 fm	ug	−
Leistung P		L^2MT^{-3}
Watt, W = J/s = kg $\cdot$ m^2/s^3	SI	+
Var, var = W = kg $\cdot$ m^2/s^3	(g)	+
kpm/s = 9, 806 65 W	ug	/
Pferdestärke, PS = 735, 498 75 W	ug	−
Kalorie/Sekunde, cal/s = 4, 186 8 W	ug	/
Kilokalorie/Stunde, kcal/h = 1, 163 W	ug	−
foot-pound-force per second, ft $\cdot$ lbf/s = 1, 355 8 W	a	−
inch-pound-force per second, in $\cdot$ lbf/s = 0, 112 98 W	a	−
yard-pound-force per second, yd $\cdot$ lbf/s = 4, 067 45 W	a	−
foot-poundal per second, ft $\cdot$ pdl/s = 42, 14 mW	a	−
horse-power, hp = 745, 7 W	a	−
British thermal unit per second, Btu/s = 1, 055 06 kW	a	−
British thermal unit per hour, Btu/h = 0, 293 W	a	−

T

Leitfähigkeit, elektrische $\varkappa$		$L^{-3}M^{-1}T^3I^2$
Siemens/Meter, S/m = $1/(\Omega \cdot m)$		
$\quad = s^3 \cdot A^2/(kg \cdot m^3)$	SI	/
Leitwert, elektrischer G		$L^{-2}M^{-1}T^3I^2$
Siemens, S = $1/\Omega$ = A/V = $s^3 \cdot A^2/(kg \cdot m^2)$	SI	+
Leuchtdichte L		$L^{-2}J$
Candela/Quadratmeter, cd/m^2	SI	/
Stilb, sb = cd/cm^2 = 10^4 cd/m^2 = 10 kcd/m^2	ug	+
Apostilb, asb = $0,318\,31$ cd/m^2	ug	−
lambert, la = $3,183 \cdot 10^3$ cd/m^2 = 1 kcd/m^2	a	−
foot-lambert, ft $\cdot$ la = $3,426$ cd/m^2	a	−
candela per square foot, cd/ft^2 = $10,76$ cd/m^2	a	−
candela per square inch, cd/in^2 = $1,550$ kcd/m^2	a	−
Lichtmenge Q		TJ
Lumensekunde, lm $\cdot$ s = cd $\cdot$ sr $\cdot$ s	SI	/
Lichtstärke I		J
Candela, cd	SI	+
Lichtstrom Φ		J
Lumen, lm = cd $\cdot$ sr	SI	+
Masse m		M
Kilogramm, kg	SI	−
Gramm, g = 10^{-3} kg	g	+
Tonne, t = 10^3 kg = 1 Mg	g	+
atomare Masseneinheit, u = $1,660\,540\,2 \cdot 10^{-27}$ kg	(g)	+
metrisches Karat, Kt = $2 \cdot 10^{-4}$ kg		
$\quad = 0,2$ g = 200 mg	(g)	+
long ton, ltn = ton = 2 240 lb = $1,016\,047$ t	a	−
short ton, sh tn = 2 000 lb = $0,907\,185$ t	a	−
pound, lb = 16 oz = $0,453\,592$ kg	a	−
ounce, oz = $0,028\,349\,5$ kg = $28,349\,5$ g	a	−
Masse, molare M		MN^{-1}
Kilogramm/Mol, kg/mol	SI	/
Oberflächenspannung σ		MT^{-2}
Newton/Meter, N/m = kg/s^2	SI	/
Dyn/Zentimeter, dyn/cm = 10^{-3} N/m = 1 mN/m	ug	/

Tabelle 63   687

Permeabilität μ $\qquad\qquad$ $LMT^{-2}I^{-2}$

Henry/Meter, H/m
$\quad = V \cdot s/(A \cdot m) = kg \cdot m/(s^2 \cdot A^2)$ $\qquad$ SI $\qquad$ /

Permittivität $\qquad\qquad$ $\Rightarrow$ **Dielektrizitätskonstante**

Raumwinkel Ω

Steradiant, $sr = m^2/m^2 = 1$ $\qquad\qquad$ SI $\qquad$ +

Richtgröße, Federkonstante k $\qquad\qquad$ MT^{-2}

Newton/Meter, $N/m = kg/s^2$ $\qquad\qquad$ SI $\qquad$ /
Kilopond/Zentimeter, $kp/cm = 980,665\ N/m$ $\qquad$ ug $\qquad$ /
Kilopond/Meter, $kp/m = 9,80665\ N/m$ $\qquad\qquad$ ug $\qquad$ /

Richtmoment $\qquad\qquad$ $\Rightarrow$ **Winkelrichtgröße**

Schalldruck p $\qquad\qquad$ $L^{-1}MT^{-2}$

Pascal, $Pa = N/m^2 = kg/(m \cdot s^2)$ $\qquad$ SI $\qquad$ +
Mikrobar, $\mu bar = 0,1\ Pa$ $\qquad\qquad$ g $\qquad$ –

Schallintensität J $\qquad\qquad$ MT^{-3}

Watt/Quadratmeter, $W/m^2 = J/(s \cdot m^2) = kg/s^3$ $\quad$ SI $\qquad$ /

Schmelzwärme, spez. $\qquad\qquad$ $\Rightarrow$ **Wärme, spezifische**

Schubmodul $\qquad\qquad$ $\Rightarrow$ **Spannung, mechanische**

Spannung, elektrische U $\qquad\qquad$ $L^2MT^{-3}I^{-1}$

Volt, $V = W/A = kg \cdot m^2/(s^3 \cdot A)$ $\qquad$ SI $\qquad$ +

Spannung, magnetische V $\qquad\qquad$ I

Ampere, A $\qquad\qquad$ SI $\qquad$ +

Spannung, mechanische σ $\qquad\qquad$ $L^{-1}MT^{-2}$

Elastizitätsmodul E
Kompressionsmodul K
Schubmodul G
Pascal, $Pa = N/m^2 = kg/(s^2 \cdot m)$ $\qquad$ SI $\qquad$ +
$kp/mm^2 = 9,80665 \cdot 10^6\ N/m^2 = 9,80665\ MPa$ $\quad$ ug $\qquad$ –
$kp/cm^2 = 9,80665 \cdot 10^4\ N/m^2 = 98,0655\ kPa$ $\quad$ ug $\qquad$ –

Stoffmenge n $\qquad\qquad$ N

Mol, mol $\qquad\qquad$ SI $\qquad$ /

Strahldichte L_e $\qquad\qquad$ MT^{-3}

$W/(sr \cdot m^2) = kg/(s^3 \cdot sr)$ $\qquad\qquad$ SI $\qquad$ /

T

Strahlstärke I_e		L^2MT^{-3}
Watt/Steradiant, $W/sr = kg \cdot m^2/(s^3 \cdot sr)$	SI	/
Strahlungsfluß Φ_e		L^2MT^{-3}
Strahlungsleistung		
Watt, $W = kg \cdot m^2/s^3$	SI	+
Stromdichte, elektrische J		$L^{-2}I$
Ampere/Quadratmeter, A/m^2	SI	/
Stromstärke, elektrische I		I
Ampere, A	SI	+
Temperatur, absolute T		Θ
Kelvin, K	SI	+
Grad Kelvin, $^\circ K = K$	ug	−
degree Rankine, $^\circ R = 5/9\,K$	a	−
degree Fahrenheit, $^\circ F$; $n\,^\circ F = 5/9(n - 32)\,^\circ C$	a	−
Temperatur, Celsius- t		Θ
Grad Celsius, $^\circ C$; $t = T - T_0$; $T_0 = 273,15\,K$	g	−
Temperaturdifferenz $\Delta T, \Delta t$		Θ
Kelvin, K	SI	+
Grad Celsius, $^\circ C = K$	g	−
Grad, grd = K	ug	−
Trägheitsmoment J		L^2M
Kilogramm-Quadratmeter, $kg \cdot m^2$	SI	/
Umlauffrequenz	$\Rightarrow$ **Frequenz**	
Verdampfungswärme, spezifische	$\Rightarrow$ **Wärme, spezifische**	
Verschiebungsdichte	$\Rightarrow$ **Flächenladungsdichte**	
Viskosität, dynamische η		$L^{-1}MT^{-1}$
Pascalsekunde, $Pa \cdot s = N \cdot s/m^2 = kg/(m \cdot s)$	SI	/
Poise, $P = 0,1\,Pa \cdot s$	ug	+
Zentipoise, $cP = 10^{-3}\,Pa \cdot s = 1\,mPa \cdot s$	ug	−
Viskosität, kinematische ν		L^2T^{-1}
Quadratmeter/Sekunde, m^2/s	SI	/
Stokes, $St = 10^{-4}\,m^2/s = cm^2/s$	ug	+
Zentistokes, $cSt = 10^{-6}\,m^2/s = mm^2/s$	ug	−

Tabelle 63   689

Volumen V		L^3
Kubikmeter, m^3	SI	–
Liter, $l = L = 10^{-3}\ m^3 = 1\ dm^3$	g	+
cubic yard, $yd^3 = 27\ ft^3 = 46\,656\ in^3 = 0,764\,555\ m^3$	a	–
cubic foot, $ft^3 = 1\,728\ in^3 = 2,831\,685 \cdot 10^{-2}\ m^3$ $\qquad\qquad = 28,316\,85\ dm^3$	a	–
cubic inch, $in^3 = 1,638\,706 \cdot 10^{-5}\ m^3$ $\qquad = 16,387\,06\ cm^3$	a	–
register ton, reg ton $= 100\ ft^3 = 2,831\,7\ m^3$	a	–
bushel (UK), bushel $= 8\ gal\ (UK) = 36,369\ dm^3$	a	–
gallon (UK), gal $= 4,546\ dm^3$	a	–
bushel (US), bu $= 35,239\ dm^3$	a	–
gallon (US), gal $= 3,785\ dm^3$	a	–
Volumen, molares V_m		$L^3 N^{-1}$
Kubikmeter/Mol, m^3/mol	SI	/
Wärme(menge) Q $\qquad\qquad\qquad \Rightarrow$ **Arbeit**		
Wärme, spezifische q		$L^2 T^{-2}$
Joule/Kilogramm, $J/kg = m^2/s^2$	SI	/
Kalorie/Gramm, cal/g $=$ kcal/kg $= 4\,186,8\ J/kg$ $\qquad\qquad = 4,186\,8\ kJ/kg$	ug	–
Wärmedurchgangskoeffizient k		$MT^{-3}\Theta^{-1}$
Wärmeübergangskoeffizient α		
$W/(m^2 \cdot K) = kg/(s^3 \cdot K)$	SI	/
$kcal/(m^2 \cdot h \cdot grd) = 1,163\ W/(m^2 \cdot K)$	ug	/
$cal/(cm^2 \cdot s \cdot grd) = 4,186\,8 \cdot 10^4\ W/(m^2 \cdot K)$ $\qquad\qquad = 41,868\ kW/(m^2 \cdot K)$	ug	/
Wärmekapazität C		$L^2 MT^{-2}\Theta^{-1}$
Entropie S		
Joule/Kelvin, J/K $\quad = W \cdot s/K = N \cdot m/K = kg \cdot m^2/(s^2 \cdot K)$	SI	/
Kilokalorie/Grad, kcal/grd $\quad = 4\,186,8\ J/K = 4,186\,8\ kJ/K$	ug	/
Kalorie/Grad, cal/grad $= 4,186\,8\ J/K$	ug	/
Wärmekapazität, molare C_m		$L^2\ M\ T^{-2}\Theta^{-1} N^{-1}$
$J/(mol \cdot K) = kg \cdot m^2/(s^2 \cdot mol \cdot K)$	SI	/

T

Wärmekapazität, spezifische c		$L^2 T^{-2} \Theta^{-1}$
J/(kg · K) = $m^2/(s^2 \cdot K)$	SI	/
kcal/(kg · grd) = cal/(g · grd) = $4\,186,8$ J/(kg · K)	ug	/
$= 4,186\,8$ kJ/(kg · K)		
Wärmeleitfähigkeit λ		$LMT^{-3} \Theta^{-1} 4$
W/(m · K) = kg · $m/(s^3 \cdot K)$	SI	/
kcal/(m · h · grd) = $1,163$ W/(m · K)	ug	/
cal/(cm · s · grd) = $418,68$ W/(m · K)	ug	/
Widerstand, elektrischer R		$L^2 MT^{-3} I^{-2}$
Ohm, Ω = V/A = kg · $m^2/(s^3 \cdot A^2)$	SI	+
Widerstand, spezifischer elektrischer ϱ		$L^3 MT^{-3} I^{-2}$
Ohmmeter, $\Omega \cdot$ m = V · m/A = kg · $m^3/(s^3 \cdot A^2)$	SI	/
Ohmzentimeter, $\Omega \cdot$ cm = $10^{-2}\, \Omega \cdot$ m	VT	/
$\Omega \cdot mm^2/m = 10^{-6}\Omega \cdot$ m = $\mu\Omega \cdot$ m	VT	/
Winkel, ebener $\alpha, \varphi, \ldots$		
Radiant, rad = m/m = 1	SI	+
Grad, $1° = (\pi/180)$ rad = $17,453\,29$ mrad	g	–
Minute, $1' = 1°/60 = 0,290\,888\,2$ mrad	g	–
Sekunde, $1'' = 1'/60 = 1°/3\,600 = 4,484\,14$ μrad	g	–
Gon, gon = $(\pi/200)$ rad = $0,9° = 15,707\,96$ mrad	g	+
Neugrad, $1^g = (\pi/200)$ rad = 1 gon	ug	–
Neuminute. $1^c = (\pi/2 \cdot 10^4)$ rad = 10 mgon	ug	–
Neusekunde, $1^{cc} = (\pi/2 \cdot 10^6)$ rad = $0,1$ mgon	ug	–
degree, $°$, d = $1,745\,329 \cdot 10^{-2}$ rad		
$= 17,453\,29$ mrad	a	–
Winkelbeschleunigung α		T^{-2}
Radiant/Sekundenquadrat, $rad/s^2 = 1/s^2$	SI	/
Grad/Sekundenquadrat, $°/s^2$		
$= 1,745\,329 \cdot 10^{-2}$ $rad/s^2 = 17,453\,29$ $mrad/s^2$	g	–
Winkelgeschwindigkeit ω		T^{-1}
Radiant/Sekunde, rad/s = 1/s	SI	/
Grad/Sekunde, $°/s = 1,745\,329 \cdot 10^{-2}$ rad/s	g	–
$= 17,453\,29$ mrad/s		

Tabelle 63   691

Winkelrichtgröße D'	$L^2M^2T^{-2}$	
Richtmoment		
Newtonmeter/Radiant, N · m/rad = kg · m^2/s^2	SI	/
Kilopondmeter/Rad, kp · m/rad = 9,806 65 N · m/rad	ug	/
Pondzentimeter/Grad, p · cm/°		
= 5,618 797 mN · m/rad	ug	/
Zeit t		T
Sekunde, s	BE	+
Minute, min = 60 s	g	–
Stunde, h = 60 min = 3 600 s	g	–
Tag, d = 24 h = 1 440 min = 86 400 s	g	–
Zerfallskonstante λ		T^{-1}
1/Sekunde, 1/s	SI	/

Erläuterungen:

Dimensionssymbole

L	Länge
M	Masse
T	Zeit
I	elektrische Stromstärke
Θ	Temperatur
N	Stoffmenge
J	Lichtstärke

Abkürzungen in der Spalte „Gültigkeit"

SI	SI-Einheit (Basis- oder kohärent abgeleitete Einheit)
VT	dezimale Vielfache oder Teile der SI-Einheiten
g	SI-fremde Einheit, jedoch gesetzlich
(g)	SI-fremde Einheit, jedoch gesetzlich, Gültigkeit aber eingeschränkt auf bestimmten *Anwendungsbereich*
o	SI-fremde Einheit, in Spezialgebieten benutzt, jedoch von den gesetzlichen Bestimmungen nicht betroffen
ug	ungesetzliche (ungültige) Einheit
a	ungesetzliche (ausländische) Einheit

Abkürzungen in der Spalte „Vielfache und Teile VT"

+	SI-Vorsätze sind zulässig
–	SI-Vorsätze sind nicht zulässig
/	zusammengesetzte Einheit, siehe bei der jeweiligen Einheit

T

SACHWORTVERZEICHNIS   S

S

S

S

S

S

S

S

Atomare Masseneinheit	u	$1,660\,540\,2 \cdot 10^{-27}$ kg
Avogadro-Konstante	N_A	$6,022\,136\,7 \cdot 10^{23}$ 1/mol
Boltzmann-Konstante	k	$1,380\,658 \cdot 10^{-23}$ J/K
Drehimpulsquantum	$\hbar$	$1,054\,572\,66 \cdot 10^{-34}$ J $\cdot$ s
Elektrische Elementarladung	e	$1,602\,177\,33 \cdot 10^{-19}$ C
Elektrische Feldkonstante	ε_0	$8,854\,187\,817 \cdot 10^{-12}$ F/m
Elektronenradius	r_e	$2,817\,940\,92 \cdot 10^{-15}$ m
Faraday-Konstante	F	$9,648\,530\,9 \cdot 10^{4}$ C/mol
Gaskonstante, molare	R_m	$8,314\,510$ J/(mol $\cdot$ K)
Gravitationskonstante	f	$6,672\,59 \cdot 10^{-11}$ N $\cdot$ m^2/kg^2
Lichtgeschwindigkeit (Vak.)	c_0	$2,997\,924\,58 \cdot 10^{8}$ m/s
Loschmidt-Konstante	n_0	$2,686\,763 \cdot 10^{25}$ 1/m^3
Magnetische Feldkonstante	μ_0	$1,256\,637\,061\,4 \cdot 10^{-6}$ H/m
Molares Normvolumen	V_{mn}	$22,414\,10 \cdot 10^{-3}$ m^3/mol
Normfallbeschleunigung	g_n	$9,806\,65$ m/s^2
Planck-Konstante	h	$6,626\,075\,5 \cdot 10^{-34}$ J $\cdot$ s
Ruhemasse des Elektrons	m_e	$9,109\,389\,7 \cdot 10^{-31}$ kg $5,485\,799\,03 \cdot 10^{-4}$ u
Ruhemasse des Neutrons	m_n	$1,674\,928\,6 \cdot 10^{-27}$ kg $1,008\,664\,904$ u
Ruhemasse des Protons	m_p	$1,672\,623\,1 \cdot 10^{-27}$ kg $1,007\,276\,470$ u
Rydberg-Konstante	R_∞	$1,097\,373\,153\,4 \cdot 10^{7}$ 1/m
Stefan-Boltzmann-Konstante	σ	$5,670\,51 \cdot 10^{-8}$ W/(m$^2 \cdot$ K^4)
Wellenwiderstand (Vakuum)	Z_0	$376,730\,313\,5\,\Omega$
Wien-Konstante	b	$2,897\,756 \cdot 10^{-3}$ m $\cdot$ K

SI-VORSÄTZE für dezimale Vielfache und Teile

Deka	Hekto	Kilo	Mega	Giga	Tera	Peta	Exa	Zetta	Yotta
da	h	k	M	G	T	P	E	Z	Y
10	10^2	10^3	10^6	10^9	10^{12}	10^{15}	10^{18}	10^{21}	10^{24}
10^{-1}	10^{-2}	10^{-3}	10^{-6}	10^{-9}	10^{-12}	10^{-15}	10^{-18}	10^{-21}	10^{-24}
d	c	m	μ	n	p	f	a	z	y
Dezi	Zenti	Milli	Mikro	Nano	Piko	Femto	Atto	Zepto	Yocto